国家级实验教学示范中心建设成果

高等院校农业与生物技术实验实训系列规划教材

昆虫学实验、野外采集和标本制作

——普通昆虫学实践指导

主　编　张传溪

副主编　徐海君　吴　琼

KUNCHONGXUE SHIYAN、
YEWAI CAIJI HE BIAOBEN ZHIZUO
—— PUTONG KUNCHONGXUE SHIJIAN ZHIDAO

ZHEJIANG UNIVERSITY PRESS
浙江大学出版社
国家一级出版社
全国百佳图书出版单位

·杭州·

图书在版编目（CIP）数据

昆虫学实验、野外采集和标本制作：普通昆虫学实践指导／张传溪主编．—杭州：浙江大学出版社，2023.4（2025.1重印）
ISBN 978-7-308-23563-1

Ⅰ．①昆…　Ⅱ．①张…　Ⅲ．①昆虫学－实验　Ⅳ．①Q96-33

中国国家版本馆CIP数据核字(2023)第038757号

昆虫学实验、野外采集和标本制作——普通昆虫学实践指导

KUNCHONGXUE SHIYAN、YEWAI CAIJI HE BIAOBEN ZHIZUO
——PUTONG KUNCHONGXUE SHIJIAN ZHIDAO

张传溪　主编

策划编辑　阮海潮（1020497465@qq.com）
责任编辑　阮海潮
责任校对　王元新
封面设计　林智广告
出版发行　浙江大学出版社
（杭州市天目山路148号　邮政编码　310007）
（网址：http://www.zjupress.com）
排　　版　杭州林智广告有限公司
印　　刷　杭州宏雅印刷有限公司
开　　本　787mm×1092mm　1/16
印　　张　9.5
字　　数　191千
版 印 次　2023年4月第1版　2025年1月第2次印刷
书　　号　ISBN 978-7-308-23563-1
定　　价　55.00元

前　言
PREFACE

普通昆虫学是植物保护专业学生的主干课程，而实验和野外实习是理论联系实践的主要环节，是普通昆虫学课程的重要组成部分。

根据目前浙江大学等高等院校的普通昆虫学的教学日历和学时数，我们设计了14个实验室教学实验和1次为期1～2周的短学期野外教学实习，其中，室内实验部分包括3个外部形态学、1个生物学、3个内部解剖与生理学、7个分类学实验内容。具体教学时可以根据实际情况进行适当调整。

本书是在浙江大学长期以来采用的自编普通昆虫学实验指导讲义的基础上，经进一步修改，特别是增加了大量的彩色照片（包括解剖或电镜照片）编写而成，大量原色和活体解剖彩照弥补了课堂实验采用浸渍标本和针插标本失真的不足，可以增强直观性和学习者对昆虫真实生活状态的理解。

本书的彩色昆虫照片绝大多数是笔者自30多年前担任浙江大学普通昆虫学主讲教师以来在教学过程中所积累的，特别是每年短学期带领本科生到杭州山区、天目山、莫干山、四明山、黄茅尖、清凉峰、大别山、秦岭、黎母山、尖峰岭等地进行昆虫学野外教学实习期间所拍摄。浙江大学植物保护系历届学生对标本采集贡献良多；部分内部解剖和种类照片是2020年制作昆虫学的计算机辅助教学（CAI）课件和教学PPT课件时所拍摄，部分是为编写本书而临时补充拍摄的。浙江大学昆虫标本室和宁波周尧昆虫博物馆的同事在标本方面提供了很大支持，国内多位同行提供了多种活虫标本，国内部分分类学专家帮助鉴定了许多昆虫图片所属种类，部分同行还直接提供了自己课题组拍摄的照片（已在相应的图中注明）。浙江大学生物医学电镜中心、宁波大学农产品质量安全危害因子与风险防控国家重点实验室电镜中心以及我们课题组师生等也参与了昆虫的部分电镜照片拍摄和3D制作，高瞻老师帮助绘制了全书所有AI图片。对以上各位老师、同学的大力帮助，谨致谢忱。最后，还要感谢浙江大学对本书的出版给予的经费资助。

徐海君和吴琼老师参与了全书的修订工作，并进行了认真的校对。

由于编者水平有限，书中难免有错漏，请各位读者和同行专家批评指正。

张传溪

于浙江大学紫金港校区

目 录
CONTENTS

第一部分 普通昆虫学实验 …… 1

普通昆虫学实验须知 …… 1
实验一 昆虫体躯外形和头部的构造 …… 2
实验二 昆虫的胸部、翅及附肢 …… 13
实验三 昆虫的腹部及其附属器官、体壁 …… 23
实验四 昆虫的生物学 …… 30
实验五 昆虫内部器官（系统）的位置、消化器官及排泄器官 …… 39
实验六 昆虫的神经系统、感觉器官及发音器 …… 46
实验七 昆虫的呼吸器官、循环系统及生殖系统 …… 52
实验八 原尾纲、弹尾纲、双尾纲以及昆虫纲各目的识别 …… 60
实验九 蜻蜓目、蜚蠊目（含等翅目）、直翅目、缨翅目的分科 …… 70
实验十 半翅目的常见科识别 …… 75
实验十一 脉翅目和膜翅目的常见科识别 …… 84
实验十二 鞘翅目的主要科识别 …… 93
实验十三 双翅目的主要科识别 …… 104
实验十四 鳞翅目成虫和幼虫的分科 …… 111

第二部分 昆虫野外采集和标本制作 …… 125

第一节 实习计划 …… 125
第二节 昆虫标本的采集方法 …… 126
第三节 昆虫标本的制作方法 …… 134

第三部分　昆虫学思考题……141
一、昆虫外部形态……141
二、昆虫内部解剖及生理……142
三、昆虫生物学……143
四、昆虫生态学……144
五、昆虫分类……145

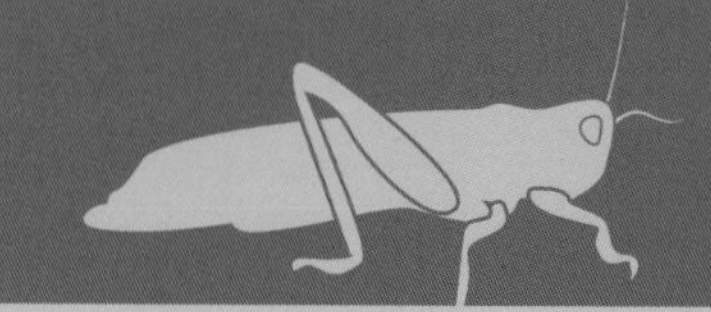

PART 1

第一部分

普通昆虫学实验

普通昆虫学实验须知

普通昆虫学实验和教学实习，是促进理论联系实际，加深学生对昆虫学基础知识掌握的重要教学环节，同时也是培养学生动手能力、观察能力和应用知识能力的主要教学手段之一。为保证实现这一教学目标，同学们应遵守以下规则：

（1）实验前必须详细阅读实验指导书，了解实验内容、原理、操作步骤和方法，准备好必要的物品和文具等。

（2）实验过程中要认真听从教师指导，注意观察，仔细分析，按时完成作业。

（3）实验过程中保持安静，严格按操作规程使用仪器设备和试剂药品，特别是毒品和腐蚀性药品。

（4）节约使用昆虫标本等实验材料，节约水电。

（5）爱护公共物品，仪器发生故障时应及时报告指导教师。

（6）保持清洁，实验完毕应将解剖用过的昆虫尸体等残物倒入指定容器内；仪器、用具检查后归还原处。

（7）值日同学应认真做好清洁整理工作，离开实验室前应认真检查水电开关是否已关好。

飞蝗*Locusta migratoria*的雌、雄成虫

实验一 昆虫体躯外形和头部的构造

一、目的要求

（1）认识昆虫体躯外形的一般特征。

（2）了解昆虫头部的构造及主要附属器官的着生位置，认识头壳上主要骨片和沟及骨骼，了解头型的变化。

（3）认识昆虫触角的基本构造及主要变化类型。

（4）认识典型的咀嚼式口器的基本构造及其与附肢的同源关系。

（5）认识口器的主要变化类型，并与咀嚼式口器比较各自的特点。

二、实验材料

（1）浸渍标本：蝗虫、蜜蜂、蝉、家蝇、菜粉蝶、家蚕幼虫，供解剖观察。

（2）针插标本：蟋蟀、步甲、蝉，仅供观察头型，勿破损。

（3）玻片标本：各类型触角，蜜蜂、蓟马、家蝇和蝗虫口器横切面。

三、内容、方法及步骤

（一）体躯的外形

观察蝗虫浸渍标本。体表为坚硬的外骨骼，整个体躯分头、胸、腹三部。头部各体节愈合，成为坚硬的头壳，上具一对触角、一对复眼、三个单眼和由三对附肢特化而成的口器（注意着生部位），是感觉和取食的中心。胸部有前胸、中胸、后胸三个体节（胸节），每个胸节的腹侧方各具足（附肢）一对，中、后胸背侧方各具翅一对。胸部是行动的中心。腹部由11个体节（腹节）组成，内藏各种内脏器官，第8、9腹节（♀）或第9腹节（♂）具外生殖器，第11腹节具尾须1对，是代谢和生殖的中心。蝗虫第1腹节两侧还有腹听器（图1-1-1）。

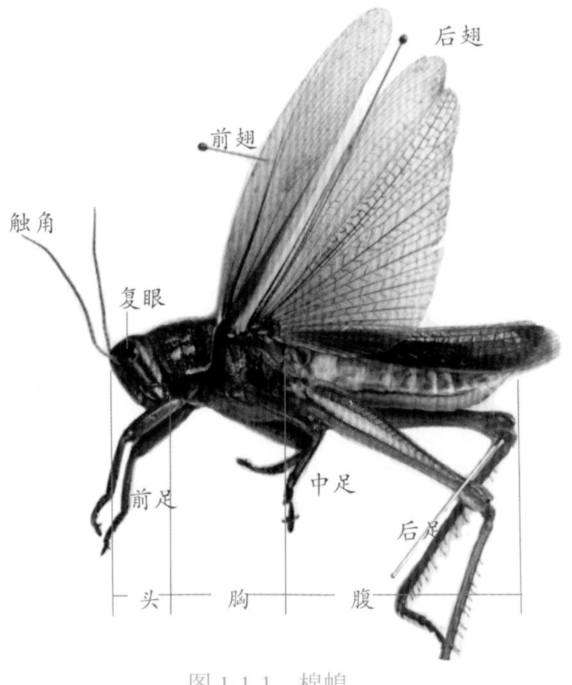

图1-1-1　棉蝗

（二）头壳的构造

取下蝗虫头部，置于染色皿中，依

次观察下列内容（胸、腹部勿破损，可供下次实验用）。

1. 头壳的外形和主要附属器官

头壳正面观，呈椭圆形，上方两侧具发达的复眼一对，复眼内侧具长丝形的触角1对，触角基部上方各有1个侧单眼，头壳前方正中有1个中单眼，最下端为口器。

头壳上有很多沟，将头壳划分成许多骨片。这些沟中，除次后头沟还保留着下颚节与下唇节的分界痕迹外，其余都是后生的；原始体节间的分界均愈合消失。头壳上的沟及骨片，主要有：

（1）头的上方为头顶，复眼位于其两侧，头顶正中有一条纵向倒“Y”形白线，是若虫期蜕皮时开裂的地方，称蜕裂线。

蜕裂线在蝗虫若虫期明显，到成虫期已不明显，在全变态昆虫成虫期则已消失，可结合观察蟋蟀的头部。

（2）头的前方，蜕裂线两侧臂以下为额。额的两侧以额颊沟（眼下沟）为界；下方有口上沟（额唇基沟），口上沟两端各有一内陷，称前幕骨陷；口上沟下方接连唇基，唇基下方有上唇沟（唇基上唇沟）。沟下为上唇，上唇组成口器的前壁。额、唇基、上唇可以合称为额唇基区（图1–1–2）。

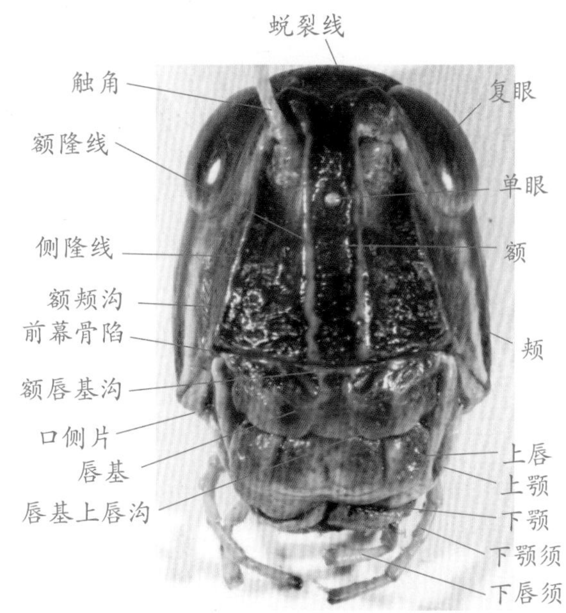

图1-1-2　棉蝗头部正面特征

（3）头的侧方，额颊沟之后，为颊（头侧区），颊的上方与头顶间无明显分界线，下缘前方着生口器的上颚。头的前方和侧方常合称为额面（图1–1–3a）。

（4）头的后方，中央是一个大孔，称后头孔，是消化道、神经索、大动脉和气管等内脏器官系统从头部连向胸部的通道（图1–1–3b）。

沿后头孔背、侧三面，有一很薄的弓形骨片，称为次后头。次后头下端生下唇，内缘生颈膜，外方围以次后头沟。次后头沟两端各有一内陷，称为后幕骨陷；沟外为一下宽上狭的弓形骨片，称后头弓。后头弓下端生下颚，上、侧方外围以后头沟与头顶及颊分界，常又分为二部：头顶后方为后头，两颊后方为后颊，但两者之间无分界线。后头弓与次后头合称为后头区。

头壳上的沟和骨片的位置与形状因昆虫种类不同而异，因而是昆虫分类的重要依据。

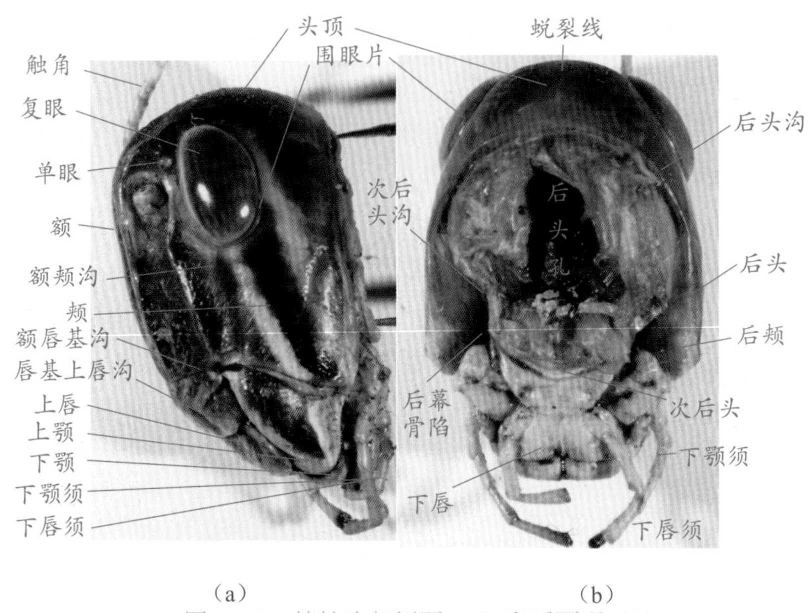

图 1-1-3　棉蝗头部侧面（a）和后面观（b）

2. 头壳的内骨

将上颚、下颚和下唇小心用力取下，用镊子除净内部肌肉，即可见头壳上每条沟的内方都有脊状突起，称为内脊；前幕骨陷和后幕骨陷内方都有大型脊状突起，称为内突；内突和内脊即组成头部的内骨，因头部的内突前后左右结合成幕架状，故称为幕骨（图 1–1–4）。蝗虫的幕骨呈“π”形，各部名称是：

（1）幕骨后臂：由次后头沟两端的后幕骨陷处内陷而成，左右相向伸展连接，呈弓形，称后幕骨桥。

（2）幕骨前臂：由额唇基沟两端的前幕骨陷处内陷而成，向后伸展，结合于后幕骨桥中部，并在结合处扩展成板块状，称为幕骨体。

（3）幕骨背臂：是两幕骨前臂近中部向前上方的细条状突起，端部终止于触角着生处内面，但不与触角着生处连接。

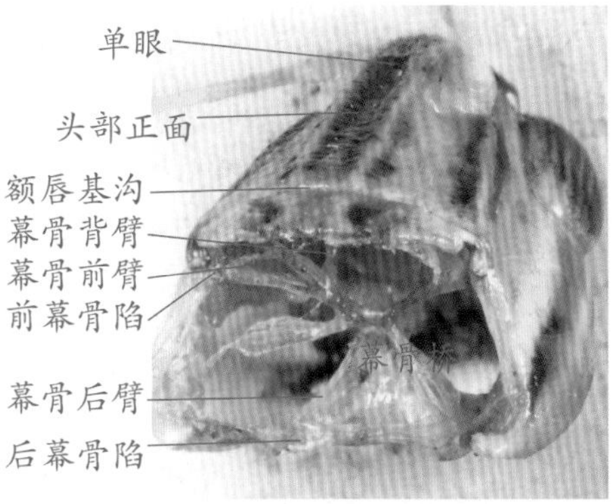

图 1-1-4　棉蝗头部内骨

幕骨的功能是着生口器及触角等的肌肉，并加固头壳，其形状和构造在各类昆虫中不同，也可用于分类。

（三）头部的形式

昆虫的头部，根据口器的位置，可分为三种形式。

（1）下口式：观察蝗虫、蟋蟀，口器向下，口器方向与体躯纵轴垂直（图 1–1–5a）。

（2）前口式：观察步行虫，口器向前，与体躯纵轴几乎在一条直线上（图 1-1-5b）。

（3）后口式：观察蝽等半翅目昆虫，口器伸向下后方，与体躯纵轴成一锐角（图 1-1-5c）。

(a)下口式（螽斯）　(b)前口式（步甲）　(c)后口式（猎蝽）

图 1-1-5　昆虫头式类型

（四）触角的基本构造及变化类型

观察昆虫触角各类玻片标本或虫体。

昆虫的触角由三部分组成：基部第一节称柄节，第二节称梗节，其余各节统称为鞭节。鞭节的节数和形状变化很大，形成各种类型，是识别昆虫种类和性别的重要依据。常见的触角类型有：

（1）丝形（线形）：细长如丝，各节长筒形，最为常见，如蝗虫、叶甲（图 1-1-6a）等。

（2）串珠形（念珠形）：各节如圆珠，连接在一起如一串珠，如白蚁（图 1-1-6b）。

（3）鬃形（刚毛形）：触角很短，基部第一、二节较大，其余各节突然缩小，尖细如鬃毛，包括叶蝉、蜉蝣、蜻蜓（图 1-1-6c）等触角都属此类型。

(a)　(b)　(c)

图 1-1-6　十星瓢萤叶甲（a）、黄翅大白蚁（b）和碧伟蜓（c）的触角

（4）球杆形：基部各节细如杆，至端部渐次膨大，如蝶类（图 1-1-7a）。

（5）锤形：端部数节突然膨大，形状如锤，如小蠹虫、皮蠹（图 1-1-7b）。

（6）锯齿形：各节端部一角向一侧突出，似锯齿，如红萤（图 1-1-7c）、绿豆象（♀）。

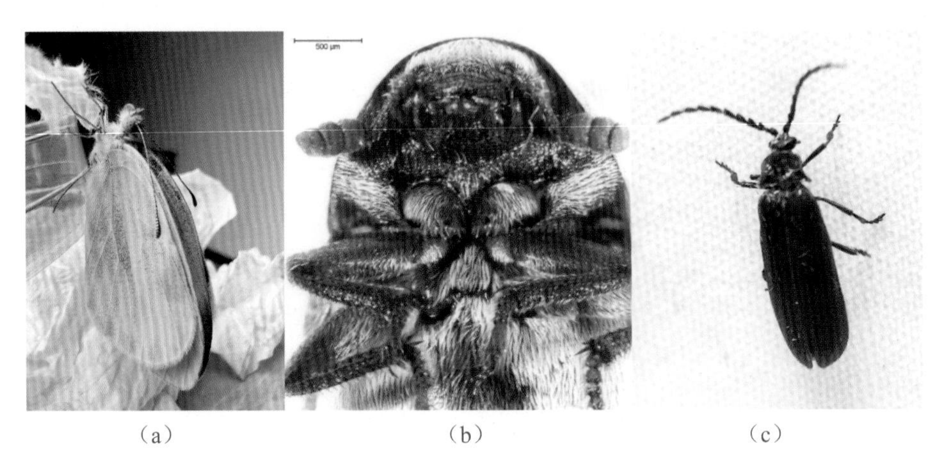

（a）（b）（c）

图 1-1-7　东方菜粉蝶（a）、白腹皮蠹（b）和红萤（c）的触角

（7）栉齿形（梳形）：各鞭节一侧突起呈细枝状，如绿豆象（♂）（图 1-1-8a）。

（8）羽形（双栉齿形）：各鞭节两侧均突起呈细枝状，如家蚕蛾、天蚕蛾（图 1-1-8b）等。

（9）鳃叶形：鞭节的端部数节侧扁呈片状，可以并合如鳃片，如金龟甲（图 1-1-8c）。

（a）（b）（c）

图 1-1-8　绿豆象（♂）（a）、天蚕蛾（b）和小云鳃金龟甲（c）的触角

（10）膝形：柄节长，与梗节及鞭节间折成膝肘状，如蜜蜂（图 1-1-9a）、蚂蚁。

（11）轮毛形：鞭节各节轮生长毛，如蚊（雄）（图 1-1-9b）。

（12）具芒形：粗短，仅三节，第三节上有一触角芒，为蝇类特有（图 1-1-9c）。

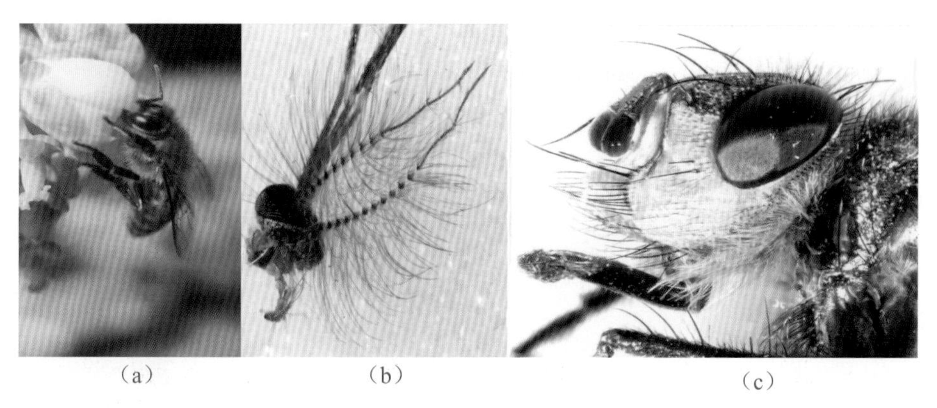

图 1-1-9　蜜蜂（a）、蚊（b）和蝇（c）的触角

（五）口器

1. 咀嚼式口器

咀嚼式口器是昆虫口器的原始类型，适于咀嚼固体食物；其他口器都是由其演化而来的。解剖观察蝗虫口器，认识各部的基本构造，了解各自与附肢的同源关系及功能（图 1–1–10）。

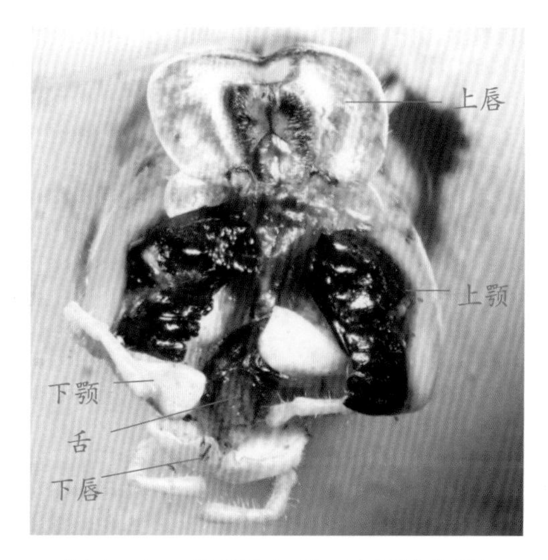

图 1-1-10　棉蝗的口器（上唇被翻开）

（1）上唇：位于唇基下方，是头壳的一个下垂的横向骨片，组成口器的前壁，其前缘中间有一缺刻。

用镊子轻轻撕下上唇，反转在镜下观察其内壁，可见中部有毛，色较深且柔软，称内唇，是味觉器官（图 1–1–11）。

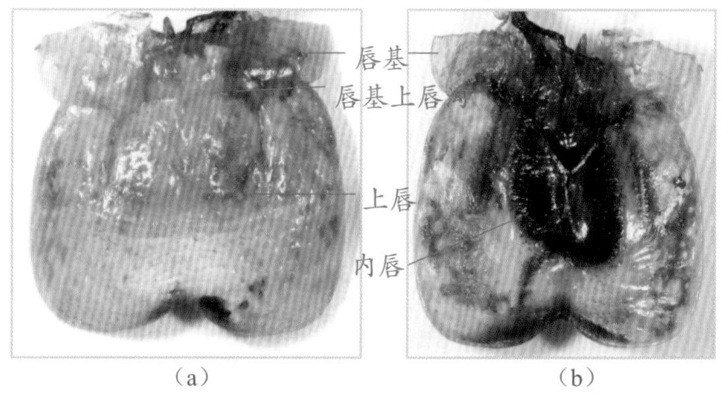

图 1-1-11　棉蝗上唇外观（a）和内观（b）

（2）上颚：撕去上唇后，即可见一对粗硬的黑褐色上颚，它由头部第一对附肢变成，以前后两关节支接于颊的下缘，可做内外运动。

用镊子取下两上颚，在镜下观察，其内侧近基部为臼叶，上具磨槽状构造，可磨碎食物；端部为齿叶，具数个利齿，可切断食物；基部生两个肌腱（内大，外小），上生肌肉，可控制上颚的切割和咀嚼运动（图 1–1–12）。

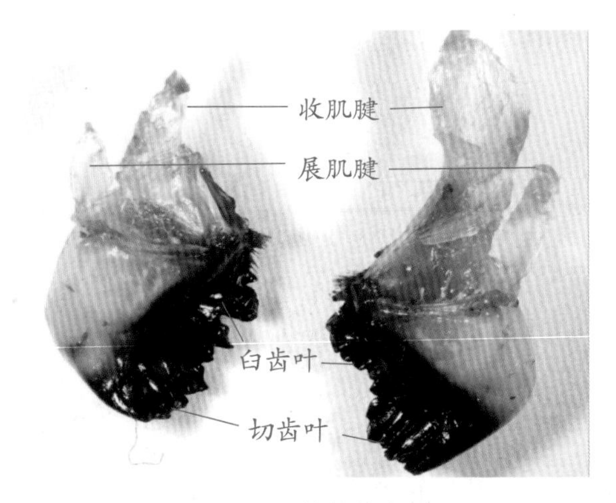

图 1-1-12　棉蝗的上颚

（3）下颚：取出上颚后即露出其后一对分节的下颚，它由头部第 2 对附肢变成，以一个关节连接于后头的下缘。

取下两下颚，在镜下观察，可见下列 5 个构成部分（图 1–1–13）：

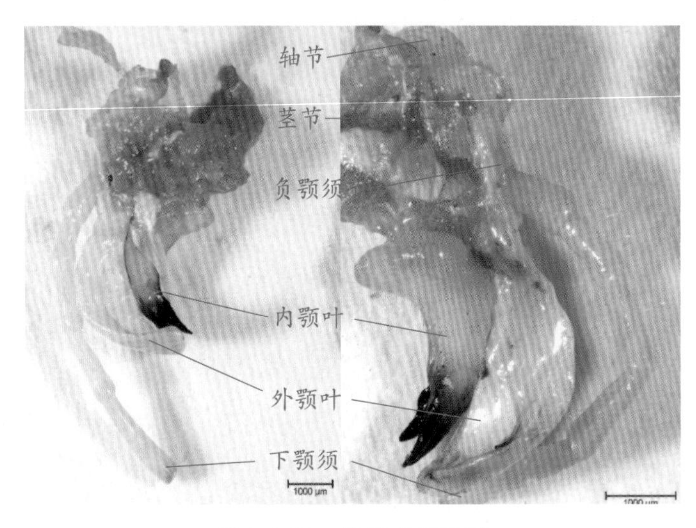

图 1-1-13　棉蝗左右下颚

①轴节和茎节，为附肢的基肢节。基部三角形部分为轴节，下方长方形部分为茎节。

②外颚叶和内颚叶，是附肢的基内叶，接于茎节端部，外方片状略弯曲者为外颚叶；内方较硬具齿者为内颚叶，是把持食物的机构。

③下颚须，为附肢的端肢节，生于茎节端部外侧的突起上，由 5 节组成，具有感觉功能。着生下颚须的突起称为负颚须节。

（4）下唇：组成口器的后壁。基部以关节连接于次后头下缘，系头部第 3 对附肢合并而成。其各部构造与下颚基本相当，仅左右愈合，故又称第二下颚（图 1–1–14a）。

取下下唇在镜下观察，并与下颚比较。

后颏：位于基部，呈铲状，与下颚的轴节相当。后颏常又分亚颏（后部）和颏（前部）两部。

前颏：紧接后颏前，呈梯形，与下颚的茎节相当。

侧唇舌：接于前颏前缘两侧，成对，半圆形，与下颚外颚叶相当。

中唇舌：嵌于两侧唇舌中间基部，蝗虫该部较小，是一对左右不对称的尖角形小突起，与下颚内颚叶相当。

下唇须：生于前颏两侧的突起上，由3节组成，与下颚须相当。着生该部的突起，称负唇须节。

（5）舌：上面各部取下后，可见一褐色的囊形物生于口器中央，即为舌，系头部的体壁突起，上着生许多粗刚毛。舌有运送食物和感觉的功能（图1–1–14b）。

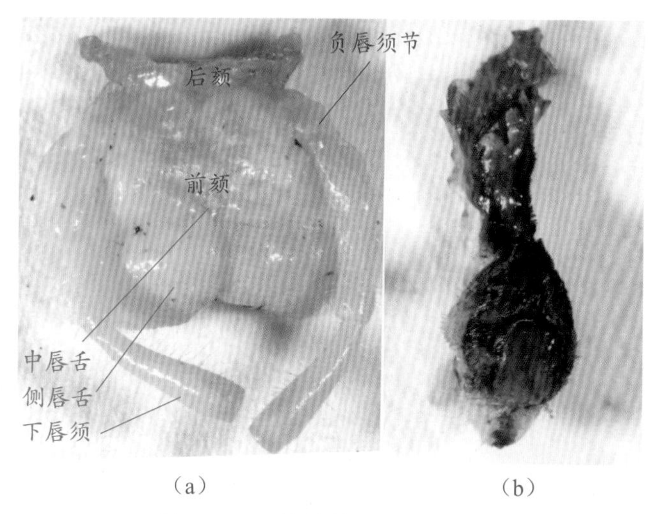

图1-1-14　棉蝗的下唇（a）和舌（b）

2. 咀纺式口器

咀纺式口器是蝶蛾类幼虫所特有，具有咀嚼、吐丝两种功能，为咀嚼式口器的一种变型。

取家蚕幼虫头部，先从正面观察。头部下方有一前缘具凹缺的横形骨片，即为上唇；上唇后方两侧是发达的上颚，两者构造与功能均与咀嚼式口器相同。

腹面观察，头部下端有1个由下颚、下唇和舌愈合而成的复合体，两侧为下颚须，是2个较大的突起（注意勿与触角混淆，触角还在外方，较长而粗）；中央后壁为下唇，前壁为舌，上有3个突起，两侧为下唇须，中间较大的突起为吐丝器，即为吐丝结茧的器官（图1–1–15）。

图1-1-15　家蚕幼虫的咀纺式口器

3. 嚼吸式口器

嚼吸式口器兼具咀嚼式口器和吸收式口器的功能，其构造和摄食方式也两者兼有。取下蜜蜂头部，在镜下先观察口器各部在头部的着生位置和外部形态。上唇位于头部正前方下端，横向狭片状；上颚生于上唇后方两侧，长锥状，端部有齿，用于嚼食和筑巢，后方是喙，由下颚、下唇和舌特化而成，用于吸食花蜜。

结合观察蜜蜂口器喙的玻片标本：下唇位于中间，是喙的主体，其亚颏于颏之下，很发达，圆柱状；前颏端部是一个细长的管，系两中唇舌合并延长而成，管的腹面中央有一纵沟，是唾液的通道（涎管），管的末端具一球形下唇瓣（中唇瓣）；两侧唇舌退化很小，短杆状，生于中唇舌的基部两侧；下唇须发达，分 4 节，生于前颏端部两侧，外侧有纵凹槽。下颚位于下唇两侧，轴节特化成棒状，基部有关节接于头壳上，下连粗大的茎节，抱于下唇之间前颏两侧；茎节下方为外颚叶，发达，呈刀片状，内侧具纵凹槽，适与下唇须外侧的纵槽吻合，组成食物道，内颚叶退化消失；下颚须很小，分 2 节，附于茎节末端两侧（图 1–1–16）。

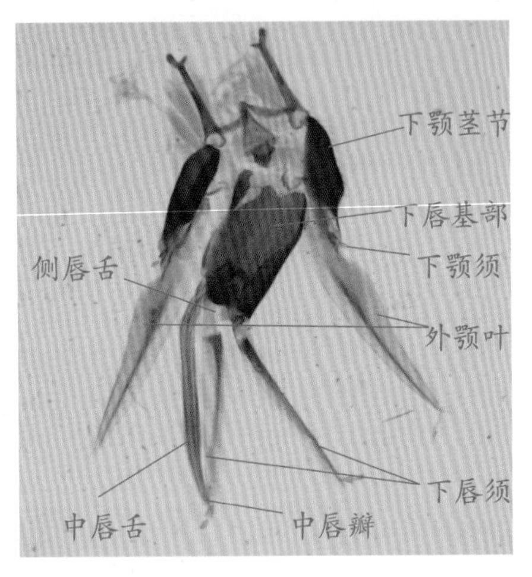

图 1-1-16　蜜蜂的嚼吸式口器的喙部

4. 刺吸式口器

适于刺吸动植物的血液或汁液，各部构造均特化。实验以蝉为例进行观察。仔细取下蝉的头部，正面置于双筒镜下观察。整个头部呈三角形，口器位于其最下端。首先看到的是一条细长呈圆筒形的喙，系由下唇特化而来，分 3 节，基部两节较粗短，端部一节细而长，前壁中央有一条纵沟，称唇槽。喙的基部前壁紧贴着一个小的长三角形骨片，是退化的上唇（图 1–1–17a）。

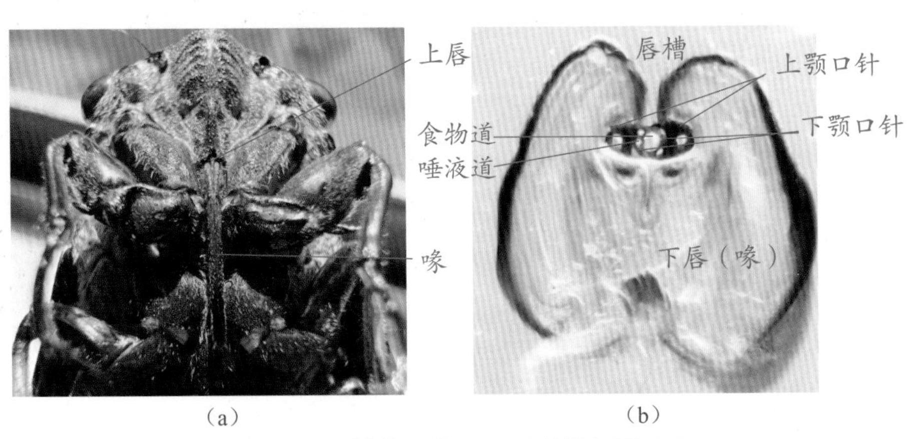

图 1-1-17　蝉的口器（a）及其横切面（b）

轻轻将喙向下拉，即可见唇槽中包纳 4 条口针，即 1 对上颚和 1 对下颚，上颚口针较粗，位于两侧；下颚口针较细，嵌于两上颚口针间，两下颚口针结合很紧，粗看似一条，用解剖针轻轻刮之，即可分开。其内壁有一大一小两纵槽，合起后大者成食物道，小者成唾液道。口针基部之间，紧贴有一个锥形物，称舌叶，由舌特化而成，其前壁具槽沟，是食物流向咽喉的通道。

观察蝉的喙横断面示范标本，进一步理解下唇、上颚、下颚的嵌合方式及食物道、唾液管的组成（图 1–1–17b）。

由于取食方式的改变和口器各部的特化，头壳构造也随之起了很大变化。正面中间隆起，呈盾状，极发达，上具很多槽沟，为唇基，唇基分上、下两部，上部大者为后唇基，下部狭者为前唇基。唇基两侧的复眼下方，各有两条狭长骨片，内方者下端连接上颚口针，称上颚片；外方者下端连接下颚口针，称下颚片。两者合称为颊，唇基和颊合称为颜面。由于唇基很大，把额推向后方，为三角形区域，上生三只单眼，两侧前下方着生一对刚毛形触角。额后、复眼间为头顶，头顶与额的一部分常合称为头冠。

5. 锉吸式口器

观察蓟马口器（图 1–1–18）（示范镜下）玻片标本。

头部下方有一短喙，由上颚、下颚一部分和下唇合并特化而成，喙内具 3 根口针，其中 2 根为下颚口针，1 根为左上颚口针（右上颚常退化）。口针能上下收缩，取食时先以左上颚口针锉破植物表皮，然后以下颚口针组成食物道吸取液汁。

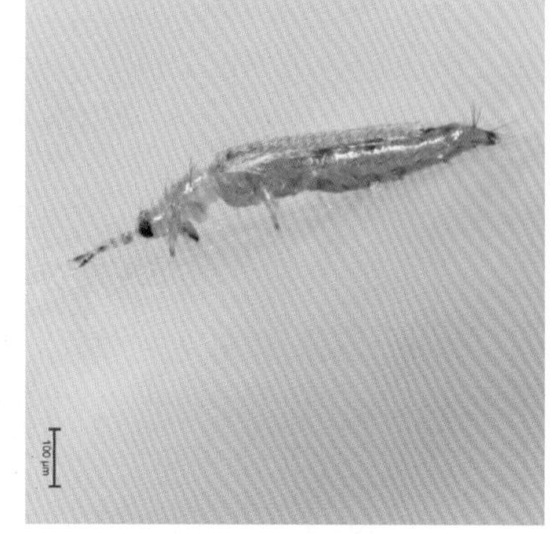

图 1-1-18　蓟马的锉吸式口器

6. 虹吸式口器

虹吸式口器适于吸收液体食物，构造很简化，为蝶、蛾成虫所特有。实验以菜粉蝶（图 1–1–19）为例进行观察。

头部前方中央有一条卷曲成钟条状的细长管，即为喙，系由下颚的外颚叶特化而来，内具食物道，是吸食花蜜、果汁等的器官。喙的基部上方有一狭小骨片，为上唇；喙的基部下方有一三角形小骨片，为下唇，两者均被头部长鳞毛覆盖，观察时应仔细。下唇两侧各伸出一条长有长毛、可分 3 节的下唇须。除上述构造外，口器其余各部均已退化或完全消失。

图 1-1-19　东方菜粉蝶的虹吸式口器

7. 舐吸式口器

舐吸式口器为蝇类特有，以家蝇和其口器玻片标本为材料进行观察。整个口器在头部下方，呈粗筒状，自基部至端部可分为基喙、中喙、口盘（端喙）三部分（图 1–1–20）。

基喙膜质，两侧各嵌有一条由下颚的茎节变化而来的下颚棒，前方生一对不分节的下颚须。

中喙由下唇变成，脊面中央有一口沟，沟内藏纳上唇和舌，上唇在上，长片状，腹面中央具纵凹槽；舌在下，锥状。背面中央具纵凹槽，与上唇腹面凹槽合成食物道，舌内通涎管。

吸盘（端喙）包括两个由下唇须变化而来的大型下唇瓣，为海绵状构造，上具很多环沟，称拟气管，每条拟气管基部均与食物道相通，为舐吸食物的机构。

图 1-1-20　蝇舐吸式口器

四、作业

（1）绘出蝗虫头部正面图，并注明各沟、骨片及附属器官名称。

（2）绘蝗虫口器解剖图，并详细注明各部分名称。

（3）任绘一种触角图，并注明三部分名称。

实验二 昆虫的胸部、翅及附肢

一、目的要求

（1）认识三个胸节的基本构造，背板、侧板和腹板的骨片及沟和内骨骼。

（2）了解胸部附肢足的基本构造，并认识其主要变化类型。

（3）认识翅的基本构造及变化类型。

（4）了解翅脉的分布、变化及命名法。

二、实验材料

（1）浸渍标本：蝗虫，解剖、观察胸部。

（2）针插标本：螳螂、龙虱、蜜蜂（工蜂）等，仅观察足的构造，勿破损。

（3）玻片标本：牛虱，观察足的构造。

（4）散装干（或湿）标本：天蛾、蜜蜂、菜粉蝶（观察翅的连锁）、蟪象、金龟子、蝇，观察翅及脉序，尽量不使破损。蜉蝣（示范）。

（5）玻片标本：石蛾前翅、蓟马、赤眼蜂，观察翅及脉序。

三、内容、方法及步骤

（一）胸部的基本构造

1. 胸部分节及附属器官

观察蝗虫胸部浸渍标本，蝗虫胸部分前胸、中胸和后胸三部分，头胸部间以颈膜相连。颈膜两侧有“V”形颈骨片。每个胸节均以一个背板、二个侧板、一个腹板合成筒状，各胸节腹侧方各生一对足，依次称为前足、中足和后足；中胸和后胸的背侧方各生一对翅，依次称为前翅和后翅，中、后胸之间愈合，构造相似。因中、后胸具有翅，故称具翅胸节。

2. 三个胸节的背板、侧板、腹板上的骨片和沟

用剪刀和镊子仔细除下腹部及胸足和翅，在镜下依次观察。前胸背板特大，马鞍形，与其他两胸节分离，可单独取下观察，上有数条明显横沟，但无专有名称。前胸侧板很小，仅有一块小三角形的前侧片附于背板的前下角。前胸腹板位于两前足之间，前端新月形部分为前腹片，继后为基腹片，最后为小腹片，分别以前腹沟、腹脊沟为界。在腹脊沟两端各有腹内突陷（叉内突陷），小腹片中央有一内刺突陷。某些蝗虫种类（如棉蝗）在基腹片中央常有一锥形突起，称为前胸腹板疣（图1-2-1）。

（1）背板：观察中胸或后胸背板。中胸最前缘是一条很狭窄的骨片，即为端背片。其后以前脊沟和前盾沟为界，前盾片中央很狭窄，两侧呈三角形，后面以弓形

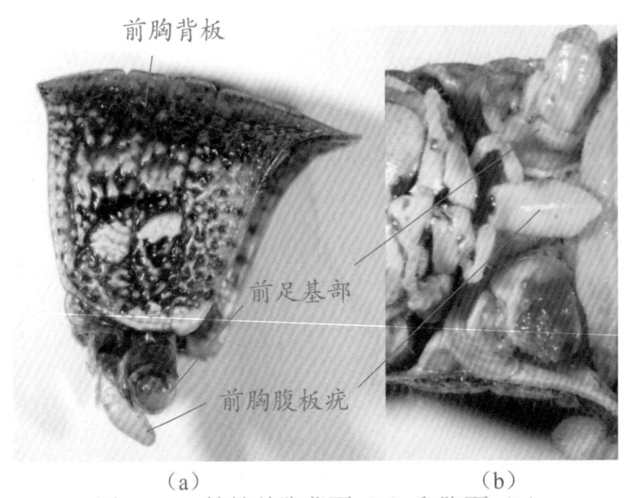

图 1-2-1　棉蝗前胸背面（a）和腹面（b）

的前盾沟与盾片分界。盾片位于背板中央，稍隆起，面积最大，其后以“∧”形盾间沟（中部常消失）与小盾片分界；其两侧前后各有一个突起，称前背翅突和后背翅突，分别为翅的前后关节。小盾片呈三角形隆起，其后为狭长、平坦的后背板（后小盾片），两者间以节间缝分界。后背板是后一体节的端背片发展而来，因蝗虫后胸背板的端背片没有发展成中胸的后背板，故蝗虫中胸没有后背板（图 1–2–2a）。

（2）侧板：中、后胸侧板紧密结合而不可分开，但其间还有节间缝为界。两胸节侧板由前至后依次为中胸前侧片、中胸后侧片、后胸前侧片和后胸后侧片，前侧片与后侧片之间均以侧沟为界；侧沟下端有侧基突，上端有侧翅突，分别为足的上方及翅的下方的支撑关节。前、后侧片上方各有一膜质区，膜质区中各嵌有 1 ～ 2 个小骨片，分别称为前上侧片和后上侧片（图 1–2–2b）。

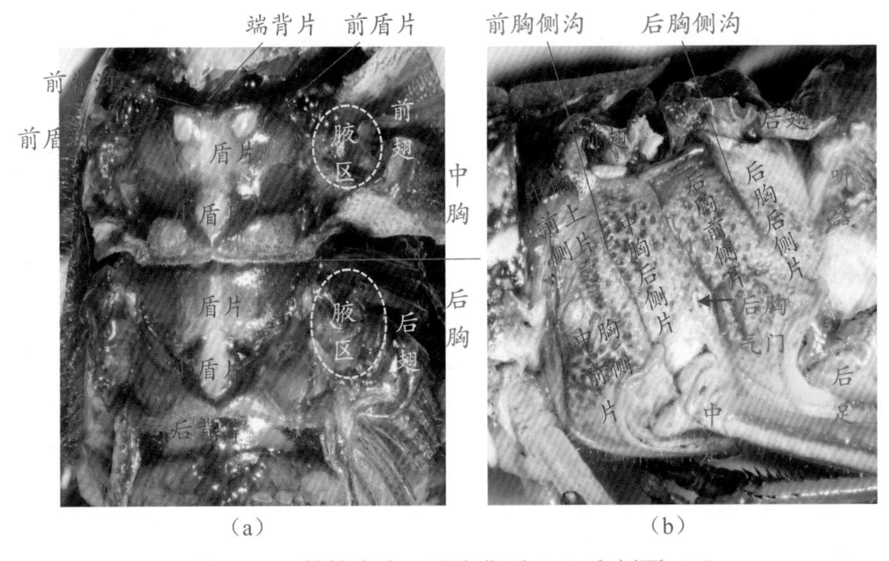

图 1-2-2　棉蝗中胸、后胸背面（a）和侧面（b）

（3）腹板：蝗虫的中、后胸腹板及第一腹节腹板已紧密愈合，但其间都还可以“π”形节间缝为界。中胸腹板的前沿有一狭窄的弓形骨板，即为前腹片，其后以前腹沟和基腹片为界。基腹片面积最大，呈梯形，两侧有腹侧沟与侧板分界，后方以腹脊沟与小腹片及间腹片分界。腹脊沟上有两个凹陷，为腹内突陷（叉内突陷）。腹脊沟之后，“π”形节间缝两侧为小腹片，小腹片之间为间腹片，间腹片与后胸腹板间无明显分界线，实际上是后胸的前腹片发展而来，其前方中央有一凹陷，为内刺突陷。因间腹片上生有内刺突陷，故也称具刺腹片。后胸腹板除没有前腹片外，其余构造均同中胸（图 1–2–3）。

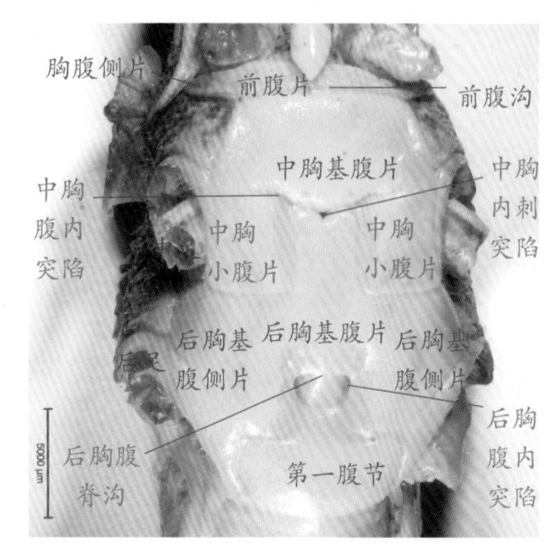

图 1-2-3　棉蝗中、后胸腹面观

3. 中、后胸的内骨骼

胸部是行动的中心，为适应行动（飞行、爬行等）的需要，内具发达的内骨骼，以供着生肌肉。中、后胸的内骨骼尤为发达，除每条沟的内方均有内脊外，在一定位置上还有强大的成对内突（图 1–2–4）。

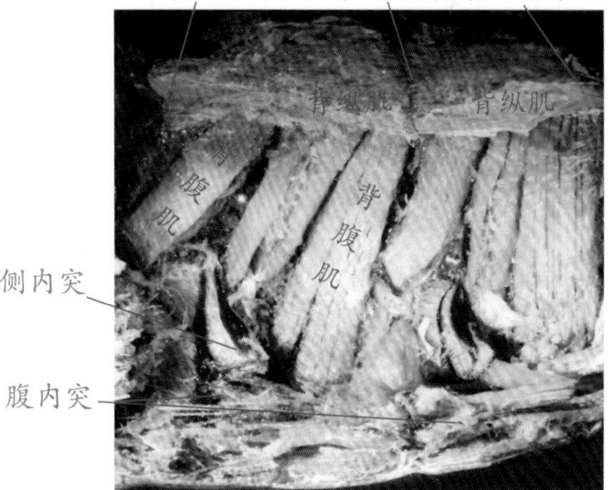

图 1-2-4　棉蝗胸部内骨骼和部分肌肉

用镊子仔细除去蝗胸腔内的肌肉和内脏，分别观察背板、侧板和腹板上的主要内突。

（1）背板上的内突：中、后胸背板的内突主要有三对，均呈板状，因其向下悬挂，特称悬骨。三对悬骨分别由中胸、后胸和第一腹节的前脊沟内的前内脊的两侧延展而来，依次称第一悬骨、第二悬骨和第三悬骨，其中以第二悬骨最发达，第三悬骨次之，第一悬骨最小，悬骨间着生背纵肌，背纵肌是主要间接飞行肌，其收缩和放松为翅的拍击提供主动力。

（2）侧板上的内突：在中、后胸各有一对侧内突，分别由侧沟内的侧内脊延展而成，其上着生肌肉，控制翅和足的行动。

（3）腹板上的内突：中胸有一对腹内突，由腹内突陷内陷而成，因其呈叉状，所以称叉内突；一个内刺突，由内刺突陷内陷而成。后胸只有一对叉内突，无内刺突。前胸也有一对叉内突和一个内刺突。三胸节的叉内突和叉内突间，前、中胸的内刺突间及叉内突和内刺突间着生多组腹纵肌，以控制胸部及足的行动。

（二）足的基本构造及主要变化类型

1. 足的基本构造

观察蝗虫和蜚蠊的后足，由 6 节组成，从基部至端部分别称为基节（粗短）、转节（小型）、腿节（粗壮）、胫节（细长）、跗节（可分数小节）、前跗节（又称爪，1 对钩状物）。前跗节间还有爪间垫（爪间突）。

2. 足的变化类型

不同昆虫由于生活环境及生活方式的不同，足的构造也发生了变异，主要的有下列数种类型：

（1）步行足：腿节和胫节均细长，适于爬行，如蜚蠊的 3 对足，蝗虫前中足（图 1–2–5a）。

（2）跳跃足：腿节特别粗壮，胫节细长有力，适于跳跃，如蝗虫的后足（图 1–2–5b）。

（3）开掘足：腿节粗短，胫节扁阔具齿如耙，蝼蛄的第一、二跗节也常变成扁齿状，适于掘土。如蝼蛄（图 1–2–5c）、金龟子的前足。

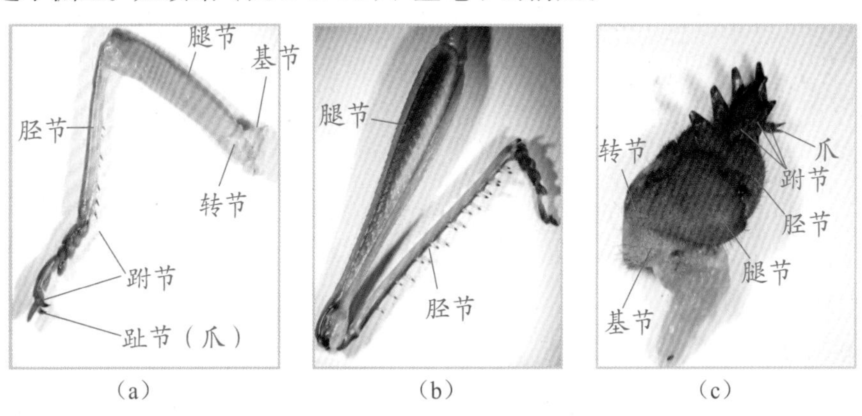

图 1-2-5 棉蝗前足（a）、棉蝗后足（b）和蝼蛄前足（c）

（4）捕捉足：基节特长如臂，腿节粗扁，腹方具槽及齿，且与纵扁具齿的胫节组成镰刀状，适于捕获食物，如螳螂的前足（图 1–2–6a）。

（5）游泳足：胫节和跗节扁阔，边缘生长毛，适于游泳，如龙虱的中、后足（图 1–2–6b）。

（6）携粉足：胫节端部扁宽，外侧凹且边缘生长毛，组成携带花粉的花粉筐；第一跗节扁平，内侧具刺毛列，构成花粉刷；用于采集花粉，如蜜蜂的后足（图 1–2–6c）。

（7）攀缓足：胫节膨大，顶端内缘突起如指，与跗节及弯曲的爪联合成挂钩状构造，适于在寄主的毛发上栖息和爬行，如虱的足（图 1–2–7）。

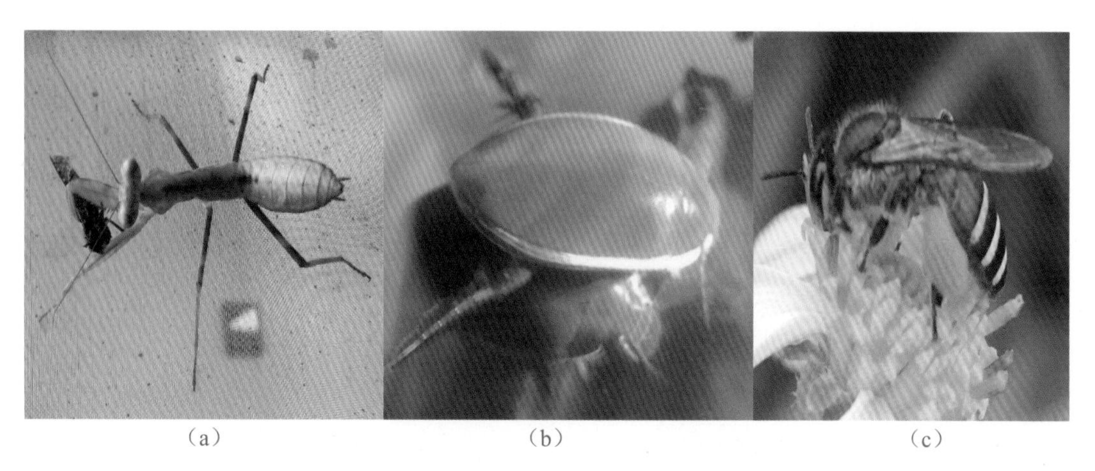

（a） （b） （c）

图 1-2-6　螳螂前足（a）、龙虱中后足（b）、蜜蜂后足（c）

图 1-2-7　牛虱的足

图 1-2-8　黄缘龙虱前足

（8）抱握足：雄性龙虱的前足基部 3 跗节膨大呈吸盘状，在水中交配时用以抱握光滑的雌虫（图 1–2–8）。

（三）翅

1. 翅的基本构造

观察蜚蠊或蝗虫后翅（图 1–2–9）。用剪刀紧贴体壁剪下，展开在载玻片或培养皿上，先观察翅的外形。

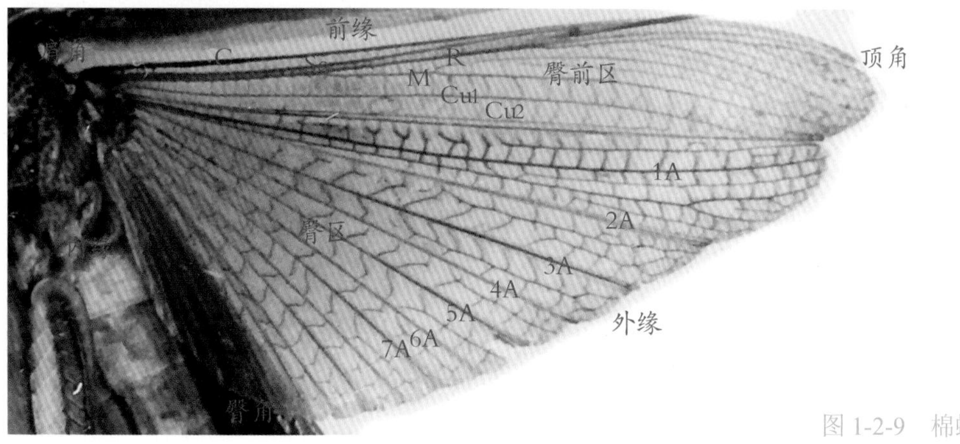

图 1-2-9　棉蝗的后翅

翅为双壁构造，上壁与背板相连，下壁与侧板相连，其间分布着很多纵横的翅脉（原为气管）。

翅的外形一般为三角形，有3个边和3个角；前面的边称前缘，外面的边称外缘，后面的边称后缘；前缘与后缘的夹角称肩角，前缘与外缘的夹角称翅尖（顶角），外缘与后缘的夹角称臀角，通常在臀角与肩角间有一条折褶，称臀褶，把翅面分为臀前区和臀区前后两部，但蝗虫后翅的臀区特别大。

有的昆虫翅呈四边形，靠近体躯增加一个边，称内缘，内缘与后缘间增加一个夹角，称内角。

翅的基部称腋区，在镜下观察，可见其内有数块骨片（腋片），是翅脉与体躯连接的关节。棉蝗后翅主要腋片及其着生方式（见胸部背板图1–2–2）如下：

（1）翅基片（肩片）：位于前缘基部，外侧连接前缘脉。

（2）第一腋片：位于翅基片后方，呈不正三角形，略向外弯曲，前角与亚前缘脉相连，内边与前背翅突连接，外边则与第二腋片形成关节。

（3）第二腋片：并列于第一腋片外方，呈不正方形，前端略弯，与径脉相连，下方则刚好架于侧翅突上。

（4）第三腋片：略呈“Y”形，前内角连接于第二腋片后方，前外角与臀脉相连，后角则与后背翅突形成关节。

（5）中片：位于第二腋片外方，第三腋片的前方叉内，呈三角形，分成两片，外方与中脉和肘脉相连，两片间的分界线是翅在折叠时的重要关节。

图 1-2-10　黑蚱蝉前后翅的卷褶型连锁器

2. 前后翅的连接方式

昆虫在飞行时，前后翅多联合行动，前后翅连锁的方式主要有五种。

（1）卷褶型：前翅后缘下卷成褶，后翅前缘有一短而向上卷的褶，上下钩扣，如蝉等（图1–2–10）。

（2）翅抱型（粘连型、膨膊型）：前翅后缘与后翅前缘部分粘连，一般后翅前缘基部扩大成膨膊。如菜粉蝶等（图1–2–11）。

图 1-2-11　菜粉蝶前后翅的翅抱型连锁

（3）翅钩型：后翅前缘有一列翅钩，钩住前翅后缘的骨化卷褶，如蜜蜂和胡蜂等（图 1–2–12a）。

（4）翅缰和翅缰钩：前翅基部腹面有一列小钩刺（翅缰钩），后翅基部前缘有一至数条细长硬刺（翅缰），飞行时以翅缰串入前翅的翅缰钩，如很多蛾类（观察天蛾或毒蛾，翅缰仅一条）（图 1–2–12b）。

（5）翅轭型：前翅后缘轭区有指状突起，用于飞行时夹住后翅前缘。低等蛾类，如虫草蝙蝠蛾类所具有（图 1–2–12c）。

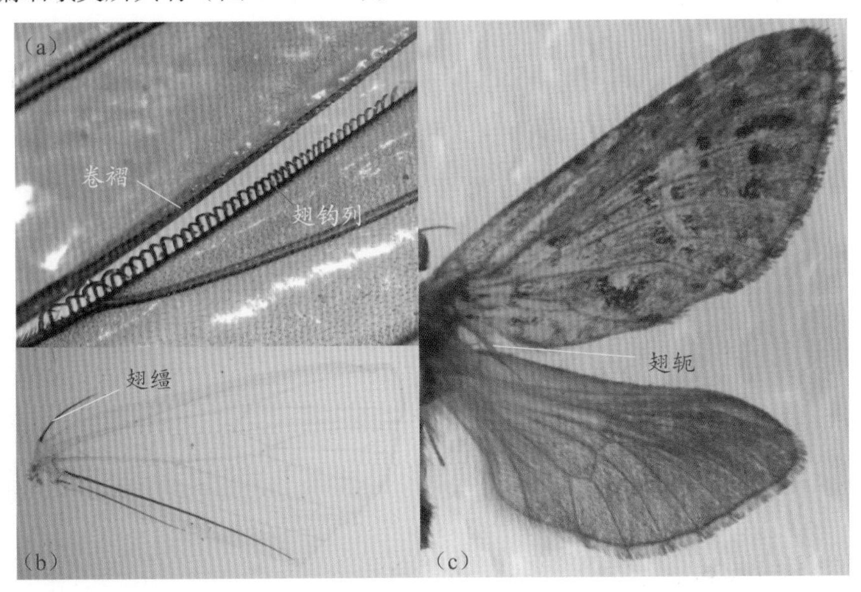

图 1-2-12　金环胡蜂（a）、毒蛾（b）和蝙蝠蛾（c）的前后翅连锁器

3. 翅的类型

观察各标本。

（1）膜翅：膜质透明，用于飞行，多数昆虫具有，如蜜蜂、蜻蜓（图 1–2–13）。

（2）复翅：外形狭长或短宽，革质或牛皮纸质，无飞行能力，仍有明显翅脉，覆于腹背，主要起保护和辅助飞行作用。如螳螂、蜚蠊、蝗虫、螽斯等的前翅（图 1–2–14）。

图 1-2-13　晓褐蜻前后翅为膜翅

图 1-2-14　日本条螽前翅为复翅

（3）鞘翅：角质或革质，坚硬而厚，翅脉消失，主要起保护作用，鞘翅目昆虫所具有，如锹甲的前翅（图 1–2–15）。

图 1-2-15　锹甲前翅为鞘翅

（4）革翅：与鞘翅类似，角质或革质，但很短。革翅目昆虫所具有，如各种蠼螋（图 1–2–16）。

图 1-2-16　蠼螋的前翅为革翅

（5）半鞘翅：基部革质或角质，端部膜质，主要起保护作用，只有辅助飞行能力，如半翅目异翅亚目（蝽）的前翅（图 1–2–17）。

（6）鳞翅；膜质，但表面密被鳞片或鳞毛，前后翅都是飞行翅，如蝶、蛾的翅（图 1–2–18）。

图 1-2-17　暗绿巨蝽前翅为半鞘翅

图 1-2-18　鬼脸天蛾前后翅均为鳞翅

（7）毛翅：膜质，表面生有很多细刚毛，起飞行作用，如石蛾的翅（要在镜下观察）（图 1–2–19）。

（8）缨翅：膜质，狭长，边缘生很多细长刚毛，起飞行作用，缨翅目昆虫所特有，如各种蓟马的翅（图 1–2–20）。

图 1-2-19　石蛾的前后翅均为毛翅

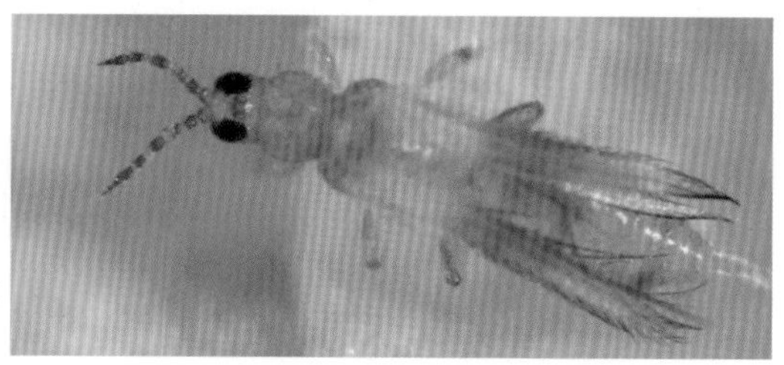
图 1-2-20　普通大蓟马（图为初羽化）前后翅为缨翅

（9）平衡棒：细长，端部膨大，呈球杆状，在飞行时起平衡体躯的作用，为双翅目昆虫所特有，如蚊、蝇的后翅（图 1–2–21）。

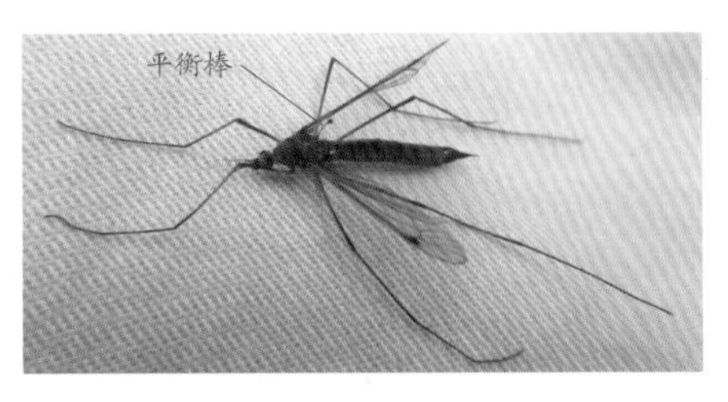

图 1-2-21　大蚊的后翅为平衡棒

4. 脉序及其变化

先复习假想脉序（通用脉序），然后观察下列昆虫的脉序，了解其主要变化。

（1）石蛾前翅脉序：在镜下观察玻片标本，其脉序比较接近假想脉序，仅稍有变化，一般 A 脉 3 条，缺 J 脉（图 1–2–22）。

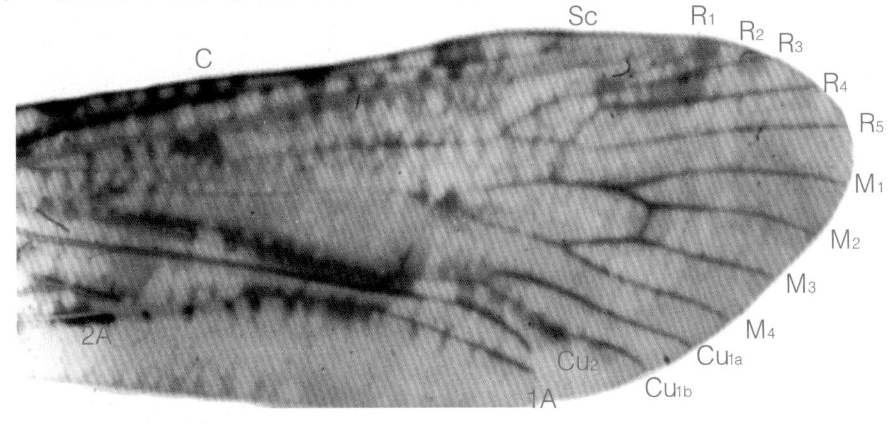

图 1-2-22　一种石蛾前翅的翅脉（比较接近假想脉序）

（2）蜉蝣前翅脉序：观察示范标本。蜉蝣的纵脉和无数横脉（无一定名称）组成网状脉序。纵脉中 Sc 不分支，R_4 与 R_5 合并。R_2 与 R_3 及 R_3 与 R_4 间有数条闰脉；M 脉具 MA 3 条。MP 脉的 M_1 与 M_2 及 M_3 与 M_4 分别合并，其间也有数条闰脉；Cu_1 不分支，缺 A 及 J 脉（图 1–2–23）。

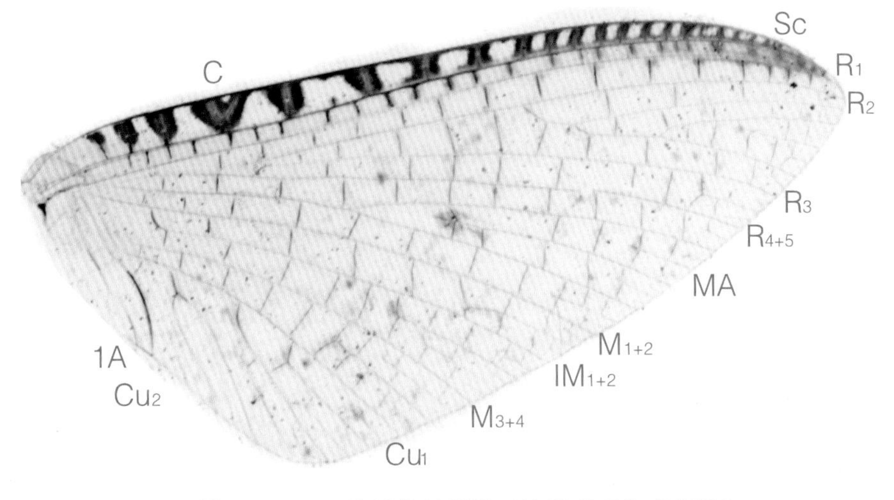

图 1-2-23　一种蜉蝣的翅脉（注意多了许多闰脉）

（3）蝶蛾类脉序：观察菜粉蝶或棉小夜蛾前后翅，其主要特点是：①R、M及Cu脉的主干及其外方的一些横脉围成一个大的中室；除Sc及A脉外，其余各脉均由中室发出，呈辐射状。②C脉并于前缘，Sc脉不分支，位于中室前方，后翅则与R_1脉合并，Rs各脉均出自中室前沿（菜粉蝶前翅的R_2与R_3合并），后翅不分支。M脉多缺主干，仅有3支（有些种类仅2支），均出自中室外沿，Cu脉仅2分支，出自中室后缘。A脉1～3条，各条基部均分离，缺J脉（图1-2-24）。

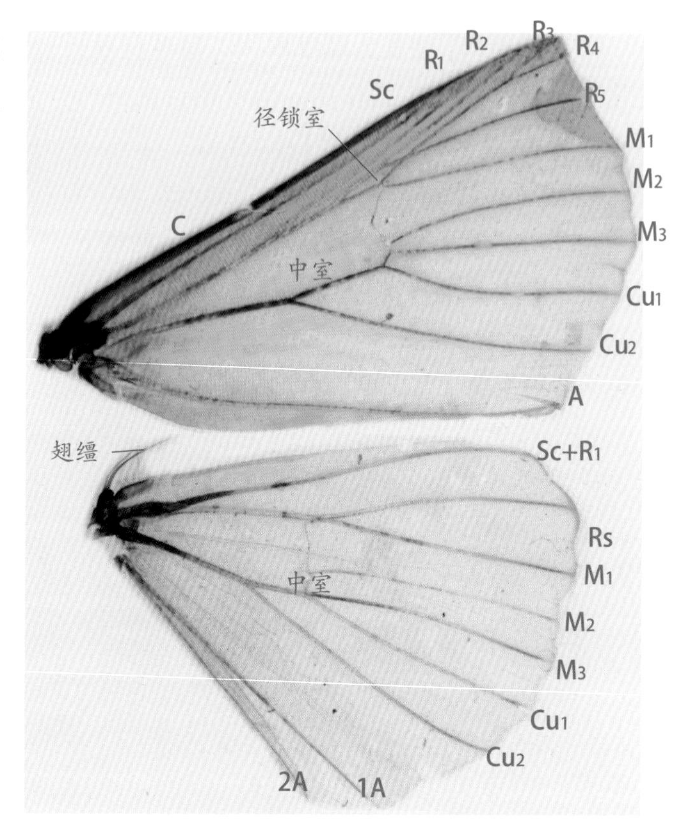

图 1-2-24 棉小夜蛾翅脉

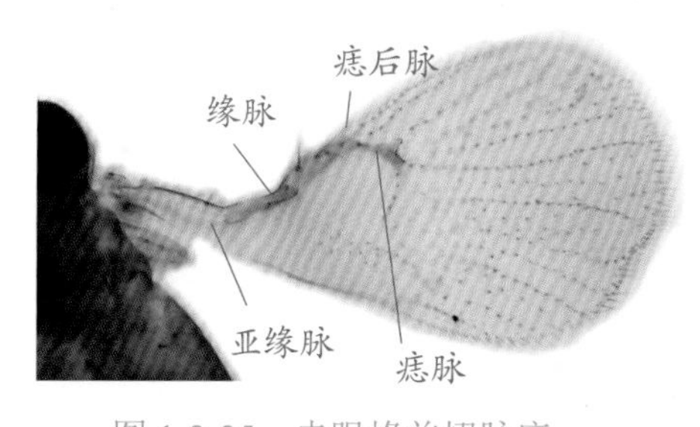

图 1-2-25 赤眼蜂前翅脉序

（4）赤眼蜂前翅脉序：在镜下观察玻片标本，其脉序高度简化，仅有靠前缘的一条弓形脉，从基部至端部分为三段，依次称亚缘脉、缘脉及后缘脉（痣后脉）；在缘脉处还有一向下分支，称痣脉（克氏命名法命名）（图1-2-25）。

四、作业

（1）描绘实验指导书中的蝗虫后胸背板、中后胸侧板及腹板图，注明各部分名称。

（2）绘蝗虫后足侧面图，注明各部分名称。

（3）绘石蛾前翅脉序图，用字母注明各脉名称。

实验三　昆虫的腹部及其附属器官、体壁

一、目的要求

（1）认识昆虫腹部及外生殖器的基本构造。

（2）认识昆虫腹部的主要附肢、

（3）认识昆虫体壁的一般构造及外长物。

二、实验材料

（1）浸渍标本：雌雄蝗虫、雌螽斯、雌雄家蚕蛾（供解剖观察）；叶蜂及家蚕幼虫（观察腹足）

（2）针插标本：石蛃

（3）示范标本：体壁切面、跳虫（玻片）等。

三、内容、方法及步骤

（一）腹部及雌雄外生殖器的基本构造

1. 雌蝗虫腹部和外生殖器（图 1-3-1）

图 1-3-1　棉蝗雌虫的腹部和外生殖器

先观察外形：整个腹部由 11 节组成，每一腹节都由一个背板和一个腹板以两侧的膜上下相联而成圆筒状。第一腹节背板两侧有一对半月形的听器。第 1 ～ 8 腹节背板前下角各有 1 对气门。第 9、10 腹节背板狭小，腹板退化。第 11 腹节背板位于腹部末端背方，特称肛上板。腹板分成 2 片三角形骨片，分生于肛上板下方两侧，特称肛侧板，肛门即位于其间。在第 10 腹节背板后方，肛侧板两侧有一对锥状物，为尾须，由第 11 腹节的附肢变成（图 1–3–1a）。

然后观察腹部末端的外生殖器（产卵器），可见由 3 对产卵瓣组成，腹方 1 对称第一产卵瓣（腹产卵瓣），背方 1 对称第三产卵瓣（背产卵瓣），分别为第 8、9 节附肢基内叶演化而来。张开背、腹两对产卵瓣，当中还有小型的第二产卵瓣（内产卵瓣）。第 8 腹板很发达，并向后延伸，包住第一产卵瓣基部，称为下生殖板，生殖孔即位于其内方；其后缘中央有一个向上弯曲的刺状突起，称为导卵器，因第 8、9 两腹节具外生殖器，故常合称为生殖节（图 1–3–1b，c）。

2. 雄蝗虫腹部（图 1-3-2）

腹部的一般构造与雌虫基本相同，但第 8、9 两腹节的附肢已全部退化消失，生殖节只有第 9 腹节一节（图 1–3–2a）。

第 9 腹节的腹板很发达，向后延伸成下生殖板（盖片），与上面的肛上板及肛侧板一起，将外生殖器包于其内。拉下盖片，即可见外生殖器（阳茎）。阳茎分两部分，外方坚硬部分称阳茎端，内方柔软部分称基褶（阳茎基），阳茎端顶部有一对骨化的钩状物称阳茎端插入器（阳端突），其基部称阳基端侧叶。阳茎基内上方有一对骨化刺状物，称阳基背片（阳基侧突）。这些构造系第 9 腹节的体壁突起（图 1–3–2b）。

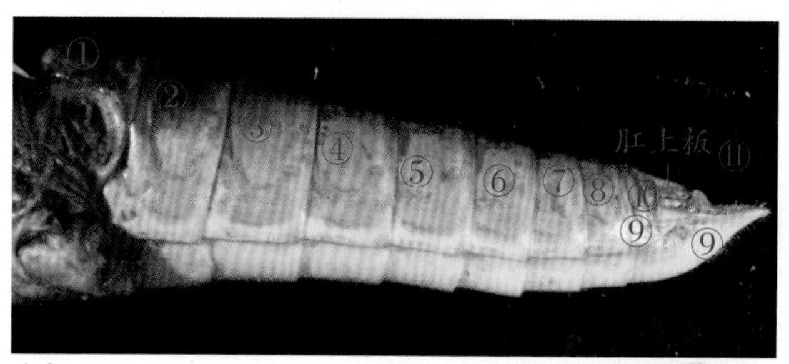

(a)

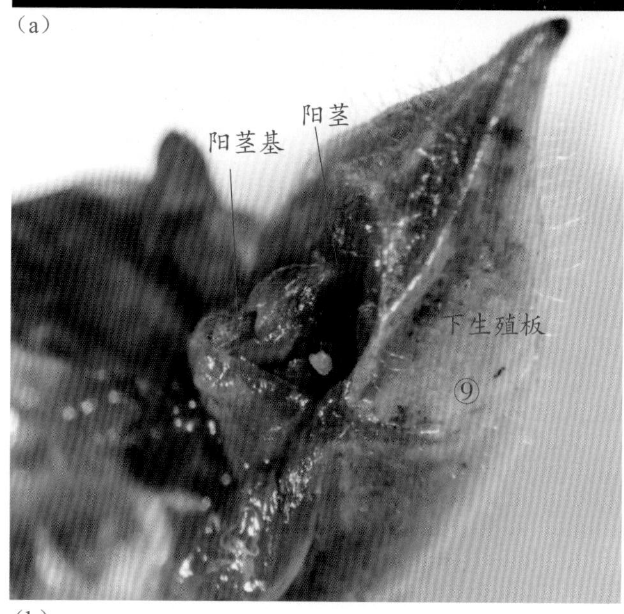

(b)

图 1-3-2　棉蝗雄虫腹部

3. 雌螽斯腹部

雌螽斯腹部的一般构造与雌蝗虫相似，但第 1 腹节无听器

（听器位于前足胫节基部），产卵器呈弯剑刀状；三对产卵瓣均很发达，长片状，第一、三产卵瓣形成鞘，第二产卵瓣包于其中（图 1–3–3）。

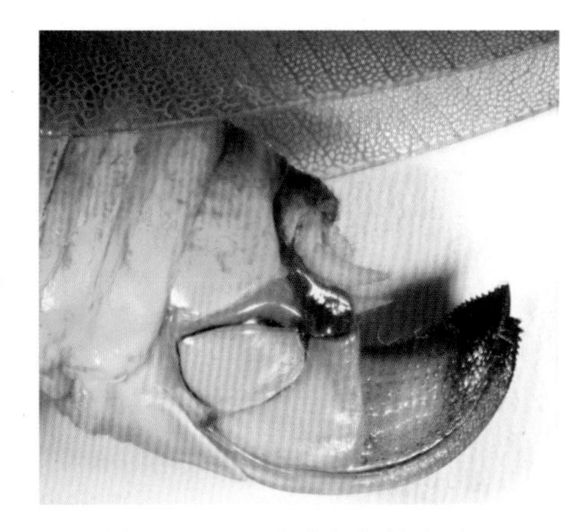

图 1-3-3　一种雌螽斯外生殖器

4. 观察家蚕雌蛾外生殖器

雌蚕蛾生殖器由第 8、9 腹节及部分第 10 腹节变成，包围在第 7 腹节的背板和腹板之间。第 8 腹节腹板后缘有齿，称锯齿板，锯齿板和第 7 腹节腹板间的正中线上有一交配孔。在第 8 腹节背、腹板间的中央，有一对密生刚毛的囊状体，称侧唇，系第 9、10 腹节的背板愈合而成，有探索产卵场所的作用。侧唇中央具纵沟，沟上有两个小孔，上孔为肛门，下孔为产卵孔。侧唇和第 8 腹节间的节间膜可膨突成囊状，能分泌性信息素，称引诱腺（图 1–3–4）。

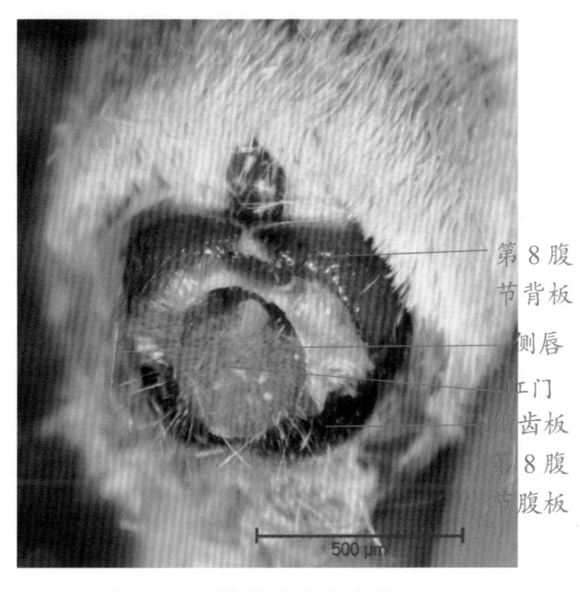

图 1-3-4　雌蚕蛾外生殖器

5. 家蚕雄蛾外生殖器

家蚕雄蛾外生殖器由第 9 腹节及部分第 10 腹节特化而成，包围在第 8 腹节内。第 9 腹节背板变成背兜。腹板变成基腹弧，其间两侧生一对由该节附肢变成的细长抱握器。第 9 腹节腹板的中央有一囊形突，在囊形突后方，基腹弧的弧形凹间可见阳茎伸出（图 1–3–5）。阳茎分阳茎端和阳茎基两部分，阳茎端箭状，骨化；阳茎基囊状，腹质，围于阳茎端基部的囊口部分特称为阳茎鞘。第 10 腹节接于背兜后端，向下略弯，背板变成弧形突（钩形

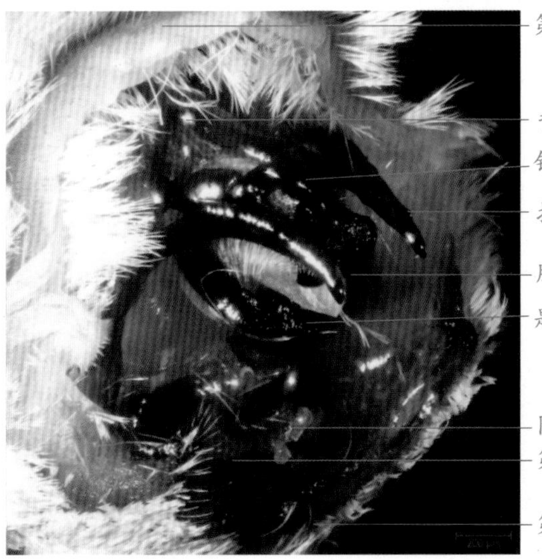

图 1-3-5　雄蚕蛾外生殖器

突）。腹板变成匙形突。其间包围的腹质部上有肛门。

（二）腹部的附肢

高等昆虫的成虫期的腹部除了生殖肢和尾须外，一般无其他附肢，不少种类连这两类附肢也消失了。但在低等昆虫和某些高等昆虫的幼虫期腹部则有附肢。

1. 观察衣鱼或石蛃

衣鱼和石蛃是低等无翅昆虫，腹部 11 节。衣鱼在腹部第 7（8）～ 9 节，石蛃在第 2 ～ 9 腹节的腹面各有一对针突，系退化的附肢（图 1–3–6）。末节有细长的尾须 1 对，尾须间还有一条由第 11 腹节背板延长特化而成的细长中尾丝，还有数条较短丝状物为生殖肢。具有中尾丝是衣鱼目、石蛃目和部分蜉蝣目的重要形态特征。

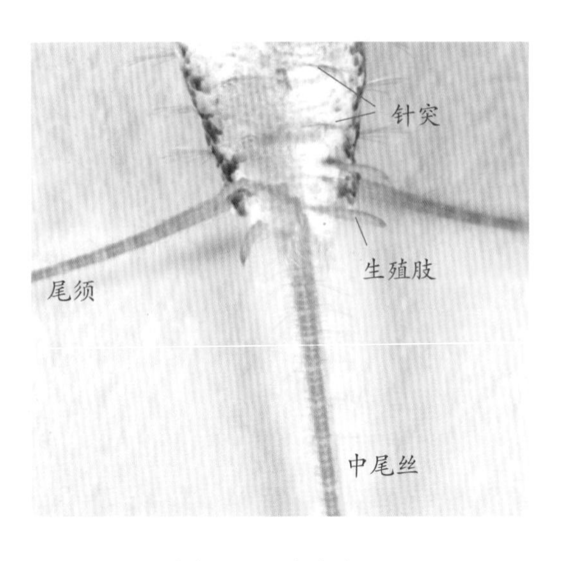

图 1-3-6　斑衣鱼

2. 观察跳虫示范镜

弹尾纲跳虫也是低等的无翅昆虫，腹部不超过 6 节，在第 1、3、5 腹节腹面分别有一对黏管、握弹器和弹器，是这些腹节的特化附肢（图 1–3–7）。

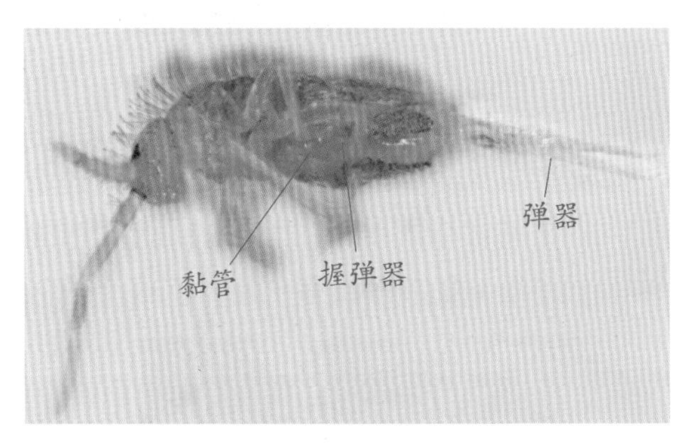

图 1-3-7　曲毛裸长跳虫

3. 观察叶蜂幼虫

腹部 10 节，在第 2 ～ 8 及 10 腹节腹面各有一对腹足（图 1–3–8）。

图 1-3-8　麦叶蜂幼虫

4. 观察家蚕幼虫

腹部也是10节，在第3～6及10腹节腹面各有一对腹足，腹足的构造似叶蜂幼虫，但在端部生有趾钩。鳞翅目幼虫的腹足数量和趾钩排列是幼虫分类的重要特征（图1–3–9）。

图1-3-9　家蚕幼虫腹足

（三）体壁及其外长物

1. 体壁的构造

观察家蚕、黏虫幼虫或蝗虫、螽斯体壁切片标本（示范）。先寻找真皮细胞层，它是一单层细胞组织，有明显的细胞核。细胞层内面是一层很薄的底膜，外面是很厚的表皮层。表皮层分三层，内表皮层最厚，浅色而柔软，外表皮较薄，色深而坚硬（图1–3–10、图1–3–11）。

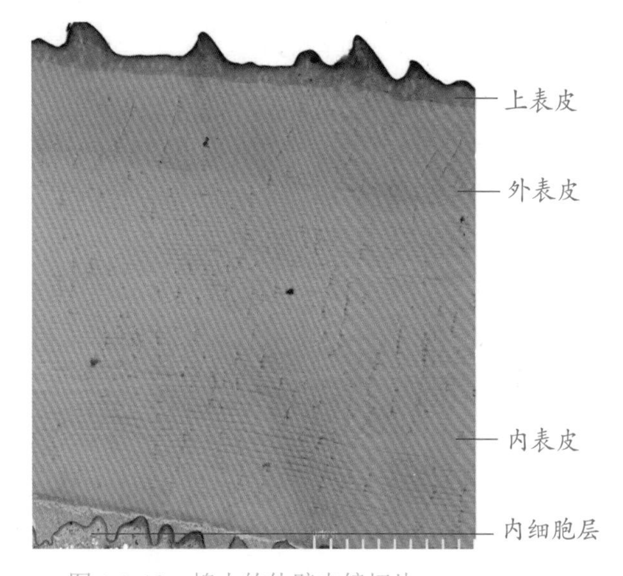

图1-3-10　蝗虫的体壁电镜切片

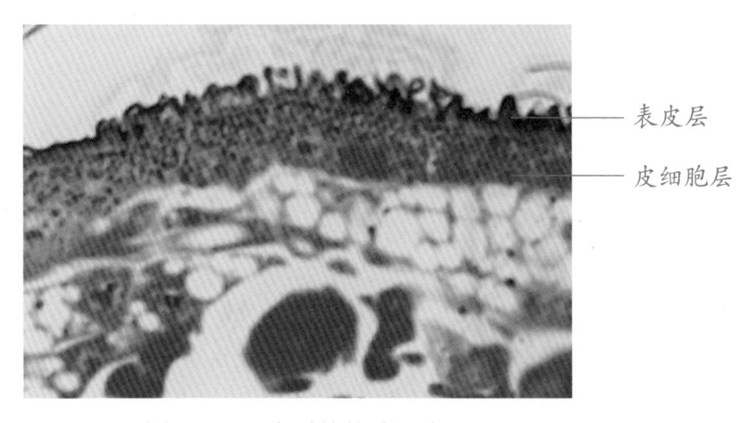

图1-3-11　家蚕的体壁切片

2. 体壁外长物

（1）非细胞性外长物：观察金龟子鞘翅上的隆脊及刻点，粉蝶翅缘的细毛，它们都是表皮的突起而无细胞参加。

（2）单细胞外长物：观察家蚕幼虫体表的刚毛、蛾翅上的鳞片（图 1–3–12）。

（3）多细胞外长物：观察蝗虫后足胫节背方的刺和胫节端部的距，试拨动之，看看刺和距的区别（图 1–3–13），也可观察天蚕蛾幼虫体上的枝刺。

3. 体色

（1）色素色（化学色），观察螽斯针插标本及浸渍标本，其绿色系色素物质存在于体壁中所造成，经长期浸泡（或煎煮、漂白等），绿色色素即被破坏而变成黄褐色（体壁的原色）（图 1–3–14）。

图 1-3-12　拟灯蛾鳞片

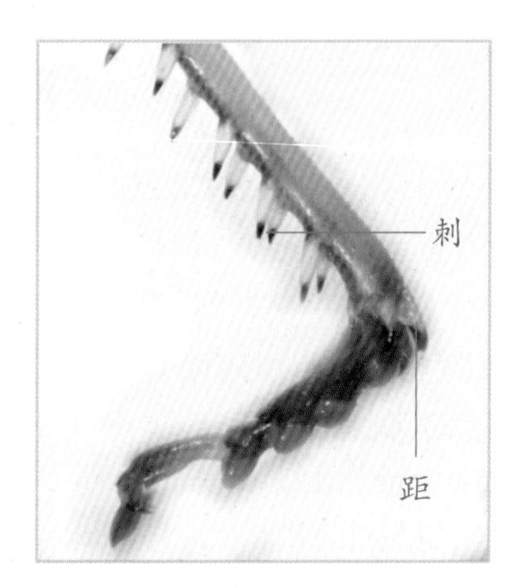

图 1-3-13　棉蝗后足的刺和距

图 1-3-14　拟叶螽的色素色

（2）结构色（物理色）：观察铜绿金龟子针插标本，其铜绿色系体表光的折射、反射和干涉等原因所产生，故不会褪色（图 1–3–15）。

（3）组合色（混合色）：观察端紫斑蝶针插标本（图 1–3–16），由色素色及结构色组合而成，从不同的角度观察，颜色不同（直视为紫色，斜视为褐色）。

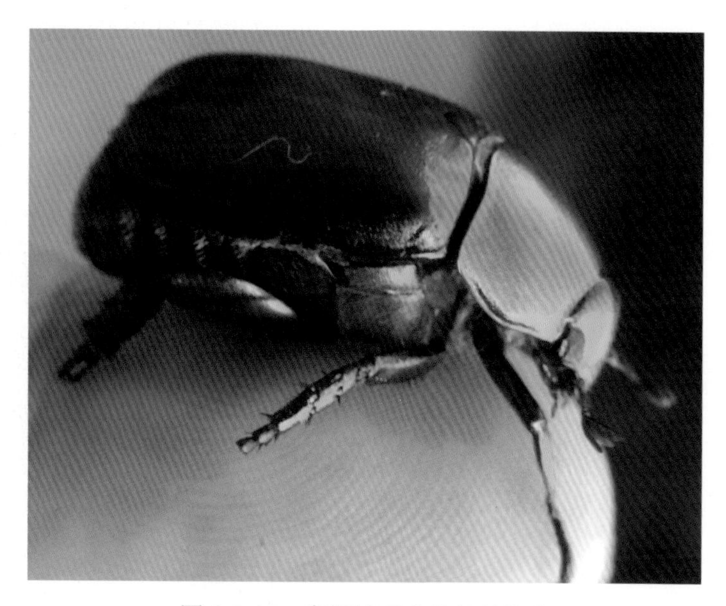

图 1-3-15　青铜异丽金龟的结构色

图 1-3-16　端紫斑蝶的组合色

四、作业

（1）绘雌蝗虫腹部侧面图，并注明各部分名称。

（2）绘雌蝗虫或家蚕雄蛾外生殖器图，并注明各部分名称。

实验四 昆虫的生物学

一、目的要求

（1）掌握昆虫的变态类型，认识其特点。

（2）掌握昆虫卵及幼虫的形态学和生物学上的主要特征。

（3）学习幼虫龄期的鉴别方法。

（4）掌握昆虫蛹的类型及各类型的主要特征。

（5）认识昆虫的成虫性二型及多型现象。

（6）认识昆虫的拟态及保护色。

（7）学习生活史的表示方法。

二、实验材料

（1）示范标本及挂图：石蛃的若虫和成虫；蜉蝣、蜻蜓的稚虫和成虫；芫菁挂图。

（2）生活史盒装标本：蝗虫、蟀象、蚕豆象、三化螟、二化螟、菜白蝶等。

（3）昆虫的卵：蝗虫、蟀象、叶蝉、飞虱、三化螟、菜白蝶、稻苞虫、天蚕蛾、夜蛾、叶蝉、蜚蠊、螳螂、稻纵卷叶螟、草蛉等。

（4）昆虫的幼虫：叶蜂、家蚕、银纹夜蛾、三化螟、尺蠖、刺蛾、叩头虫、金龟子、瓢虫、天牛、象虫、蝇等及东亚飞蝗、棉铃虫的各龄幼虫标本。

（5）蛹标本：胡蜂、稻苞虫、稻纵卷叶螟、菜白蝶、家蚕、蝇等。

（6）雌、雄成虫盒装标本：三化螟、黑尾叶蝉、稻纵卷叶螟、稻螟蛉、菜白蝶、桑蟥等。

（7）示范标本：雌雄独角仙及黑蚱蝉，各型白蚁及褐飞虱、蚜虫、绿螽斯、食蚜蝇与蜜蜂、透翅蛾与胡蜂、尺蠖幼虫、枯叶蛾等。

三、内容、方法及步骤

（一）昆虫的变态

昆虫的变态主要分为五大类。

1. 增节变态

幼虫和成虫相似，仅体小和体节少；初孵时仅为 9 节，成虫 12 节，在第 8 节与末节间渐增 3 节。参考实验八原尾虫的图。

2. 表变态

若虫和成虫极相似，仅体较小，成虫期还要蜕皮，弹尾纲、双尾纲、石蛃目、衣鱼目都属这一类。观察跳虫、衣鱼或石蛃示范标本（图 1–4–1）。

（a）

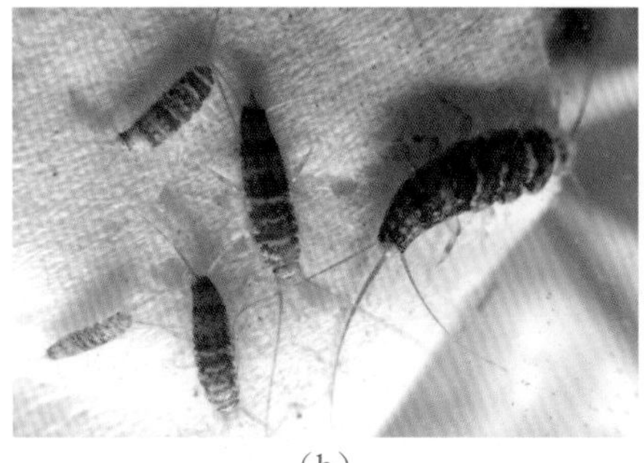
（b）

图 1-4-1　曲毛裸长跳虫（a）和斑衣鱼（b）的表变态

3. 原变态

蜉蝣幼虫水生，称稚虫，腹部两侧有气管鳃等临时性器官，翅在体外发育，有亚成虫期（再蜕皮一次变为成虫）。观察蜉蝣示范标本（图 1–4–2）。

（a）（b）（c）

图 1-4-2　蜉蝣稚虫（a）、亚成虫（b，翅不全透明）和蜉蝣成虫（c，翅透明）

4. 不完全变态

主要特点是整个世代只有卵、幼虫、成虫等三个虫期（虫态），翅芽在体外发育。不完全变态又可分下列几类：

（1）半变态：幼虫水生，称稚虫，有下唇捕获器，有直肠鳃或尾鳃等临时性器官；翅体外发育。观察蜻蜓、豆娘示范标本（图 1–4–3）。

（2）渐变态：幼虫与成虫的形态、习性均相似，称若虫，在发育过程中仅体躯渐长大，翅芽渐生长，触角节数渐增加等变化。观察蝗虫、

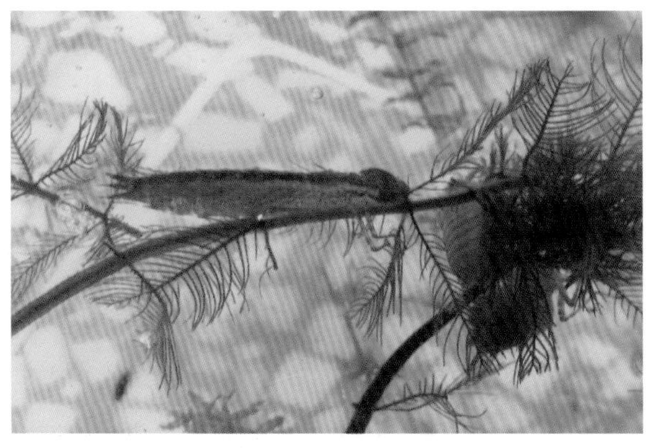

图 1-4-3　蜻蜓稚虫

蟀等生活史标本（等翅目、蜚蠊目、直翅目、半翅目都属这一类）（图 1–4–4）。

（a）（b）（c）

图 1-4-4　飞蝗的渐变态（a. 卵；b. 若虫；c. 成虫）

（3）过渐变态：特点同渐变态，仅若虫与成虫间有一个不食不动的伪蛹期，其翅芽在体外发育。参考观察介壳虫等挂图。蓟马（缨翅目）变态类型也属这一类（图 1–4–5）。

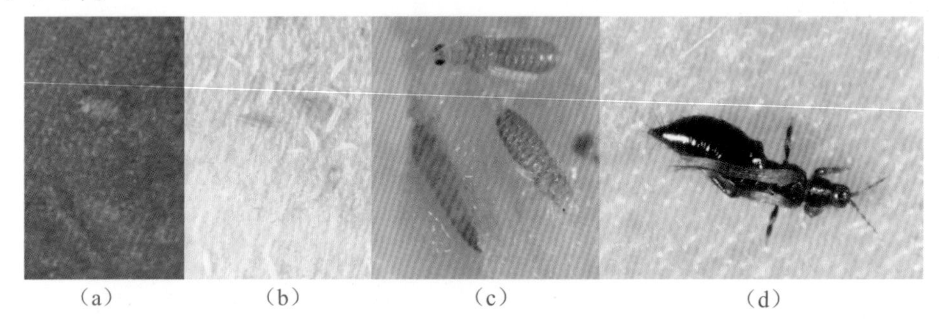

（a）（b）（c）（d）

图 1-4-5　普通大蓟马的过渐变态（a. 卵；b. 若虫；c. 伪蛹；d. 成虫）

5. 完全变态（全变态）

个体发育经历卵、幼虫、蛹、成虫 4 个虫期（虫态），翅在体内发育。

（1）全变态：幼虫和成虫的形态和习性都有很大差别，幼虫的各器官大都要在蛹期消解，成虫的新器官在蛹期快速形成。脉翅目、鳞翅目、双翅目、膜翅目、鞘翅目等都属这一类。观察三化螟、二化螟、菜粉蝶等生活史标本（图 1–4–6）。

（a）（b）（c）（d）

图 1-4-6　东方菜粉蝶的完全变态（a. 卵；b. 幼虫；c. 蛹；d. 成虫）

（2）复变态：是全变态的一种，但幼虫期还有蛃型、蛴螬型、蛆型等多种变化，如芫菁。

（二）昆虫的卵（图 1-4-7）

卵的形态变化很大，各种昆虫不同，按下列主要性状，观察区分供给的各种昆虫卵。

（1）形态学上的性状：如形状、大小、颜色、刻纹、附属物等。

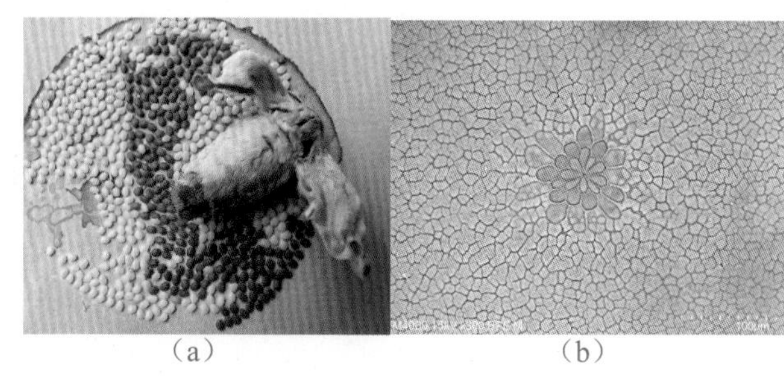

（a）　（b）

图 1-4-7　蚕产下的卵（a）和卵受精孔（b）

（2）生物学上的性状：如散产或成块，卵的排列方式，外表保护物，产卵部位（植物表面、组织内、土中）等。

（三）全变态幼虫的类型

根据足的发达情况，主要可分为以下几类（观察瓶装幼虫标本）。

1. 原足型

如卵寄生蜂的幼虫（图 1-4-8）。很像一个发育未完全的胚胎，腹部不分节，头、胸部的附肢仅为几个突起。

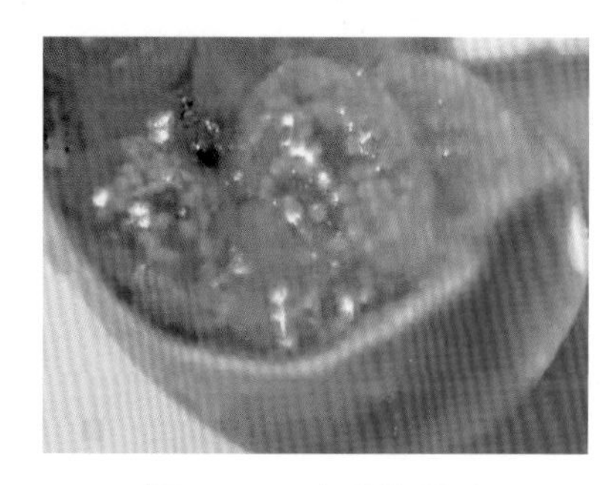

图 1-4-8　赤眼蜂幼虫

2. 多足型

除 3 对胸足外，还有腹足，根据腹足的对数和趾钩有无，又可分为两类。

（1）蝶蛾类：有腹足 2 ～ 5 对，各对端部有趾钩，常可再分为以下四类：

蛞蝓型：如刺蛾幼虫，胸足均退化成疣状突起，行动似蛞蝓（图 1-4-9）。

尺蠖型：如尺蠖幼虫，腹足仅 2 对，生于第 6 节及第 10 节（图 1-4-10）

图 1-4-9　刺蛾蛞蝓型幼虫

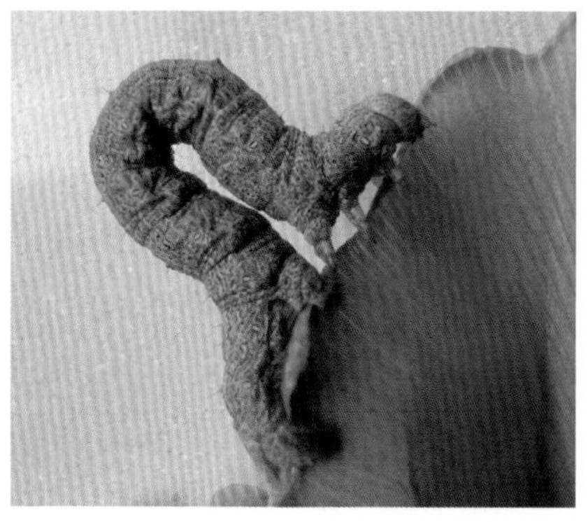

图 1-4-10　尺蠖

拟尺蠖型：如部分夜蛾幼虫，腹足3～4对，生于第4～6节和第10节上（图1-4-11）。

真蠋型：如多数蝶蛾幼虫，腹足5对，生于第3～6节及第10节上（图1-4-12）。

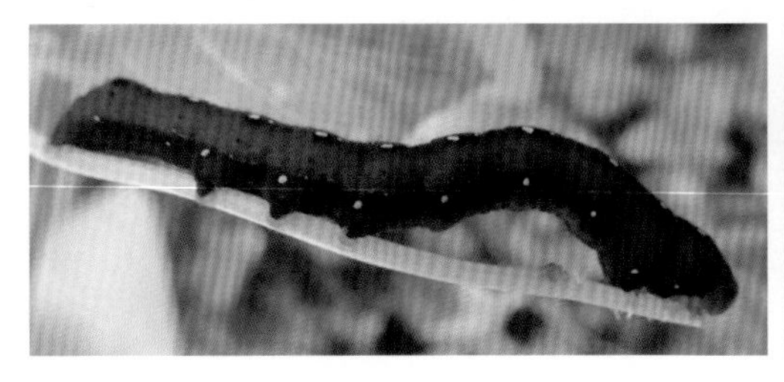

图 1-4-11　疖角壶夜蛾拟尺蠖型幼虫

图 1-4-12　一种夜蛾幼虫

（2）叶蜂类：腹部10节，在第2～8及10腹节各有一对腹足（图1-3-8）。

3. 寡足型

只有3对胸足，无腹足，根据体型等又可分为三类。

（1）蛃型：如瓢虫、草蛉等虫。体略呈纺锤形，大多为前口式，胸足发达，行动活泼（图1-4-13）。

图 1-4-13　瓢虫幼虫

（2）蠕虫型：如黄粉虫、叩头虫等甲虫幼虫，体细长、前后粗细相仿，胸足不很发达，行动不很活泼（图1-4-14）。

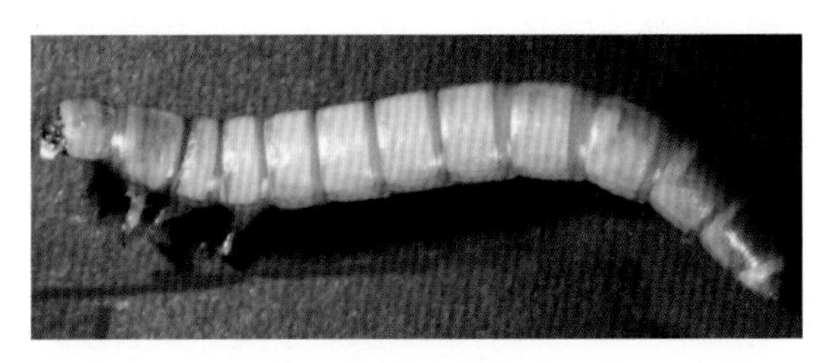

图 1-4-14　黄粉虫

（3）蛴螬型：如金龟子等幼虫，体肥胖，弯曲呈"C"形，胸足一般细长，行动极迟缓（图1-4-15）。

图 1-4-15　金龟子幼虫（蛴螬）

4. 无足型

胸足和腹足均退化或消失，根据头部发达情况可分为三类。

（1）显头型：如天牛、豆象等幼虫，头部正常外露（图1-4-16a，b）。

（2）半头型：如虻等幼虫，头部后半部缩入前胸（图1-4-16c）。

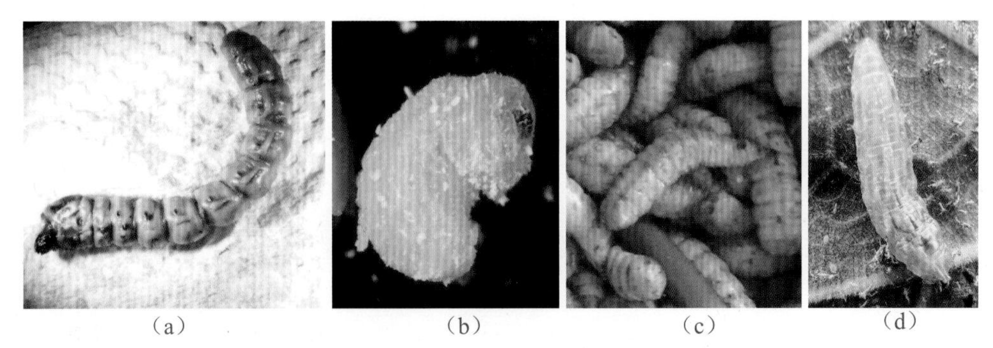

图 1-4-16　天牛（a）、四纹豆象（b）、黑水虻（c）、食蚜蝇（d）幼虫

（3）无头型：如蝇类等幼虫，头部退化，仅留上颚口钩等（图 1–4–16d），且全部缩入胸部。

（四）幼虫的龄期及其鉴别方法

1. 观察东亚飞蝗各龄若虫

根据体长、体色、触角节数，头、胸、腹三部比例，翅芽的发育情况等特征，区分飞蝗各龄若虫（图 1–4–17）。

1 龄：体长 4.9 ～ 10.5mm，灰黑色，触角 13 ～ 14 节，头及前胸特大，前胸背板后缘直，翅芽还未出现。2 龄：体长 8.4 ～ 14.0mm，黑色，头部略显红褐色，触角 18 ～ 19 节，翅芽出现，翅尖向下。3 龄：体长 10.0 ～ 21.2mm，大部黑色，头及前胸背板两侧红褐色，触角 20 ～ 21 节，前胸背板后缘中央钝角状，翅芽明显，翅尖向下。4 龄：体长 16.4 ～ 25.4mm，大部分红褐色，复眼、前胸背面及腹部背面的斑纹黑褐色，触角 22 ～ 23 节，前胸背板中部向后延伸，盖住中胸背板一部，翅芽向上翻褶，后翅芽在外，掩盖前翅芽，伸达第 2 腹节。5 龄：体长 25.7 ～ 39.6mm，体色同 4 龄，触角为 24 ～ 25 节，翅芽很大，伸达第 4、5 腹节，并覆盖听器的大部。

图 1-4-17　飞蝗 1 ～ 5 龄若虫

2. 观察蚕或棉铃虫各龄幼虫

用放大镜下的测微尺及三角板测量各龄幼虫头宽及体长，并算出头壳增长系数（r）：

r=后一龄头宽/前一龄头宽

根据头壳增长系数，只要知道一龄头宽，就可以估计实际幼虫的虫龄（该龄头宽=第一龄头宽×r^n）及各龄虫的头宽。在害虫测报中有一定的参考价值，这也是鉴别鳞翅目幼虫龄期的方法之一，这种方法称戴尔定律（图1–4–18）。

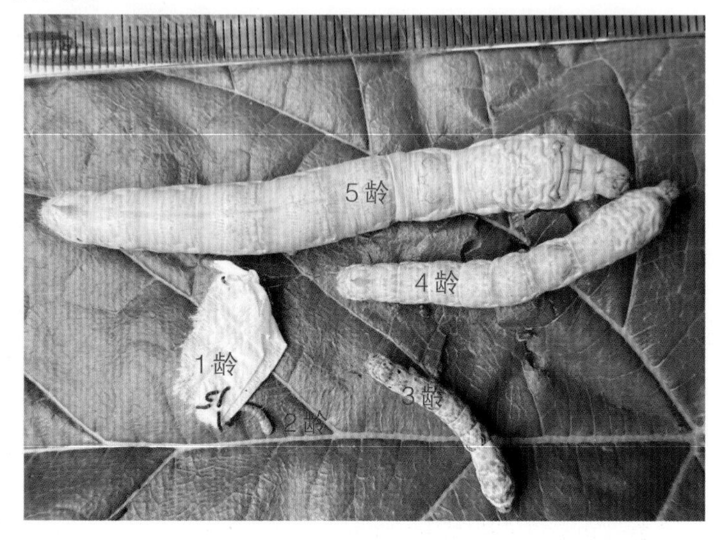

图 1-4-18　家蚕 1 ～ 5 龄幼虫

（五）蛹的类型

蛹一般分为三类。

（1）被蛹：口器、触角、足翅等附肢和附器由一层薄膜紧密地包粘于体上，不能活动。蝶、蛾、蚊、虻等均属这一类。观察稻苞虫、稻纵卷叶螟、菜粉蝶、家蚕等的蛹（图 1–4–19a）。

（2）裸蛹（离蛹）：附肢和附器不粘于体上，可以活动。鞘翅目、脉翅目、膜翅目都是这类蛹。观察胡蜂、黄粉虫等蛹（图 1–4–19b）。

（3）围蛹：外包一桶形蛹壳（最后 2 龄幼虫蜕皮硬化而成），内藏裸蛹，为蝇类特有。观察家蝇或寄蝇的蛹（图 1–4–19c）。

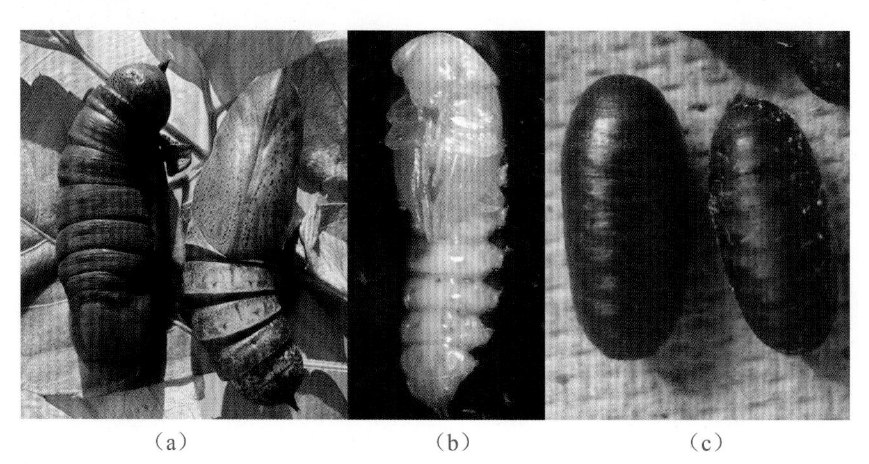

（a）　（b）　（c）

图 1-4-19　蛹的类型［a. 葡萄天蛾（被蛹）；b. 黄粉虫（裸蛹，离蛹）；c. 蚕追寄蝇（围蛹）］

（六）成虫的性二型及多型现象

1. 性二型

观察三化螟、稻纵卷叶螟、菜白蝶、犀金龟（图 1-4-20）、竹节虫（图 1-4-21a）、黑尾叶蝉（图 1-4-21 b，c）等的雄虫和雌虫，比较它们第二性征的区别。

图 1-4-20　犀金龟，雄（上）、雌（下）

（a）　（b）　（c）

图 1-4-21　雌雄二型［a. 竹节虫，雌（下）、雄（上）；b. 黑尾叶蝉（雄）；c. 黑尾叶蝉（雌）］

2. 多型现象

（1）观察白蚁示范标本，认识其长翅蚁、蚁后、雄蚁、工蚁、兵蚁等各型的特征。

（2）观察褐飞虱的长翅型与短翅型雌雄虫，蚜虫的有翅型与无翅型个体（图 1-4-22）。

（a）　（b）

图 1-4-22　褐飞虱的长翅和短翅型（a）、白尾红蚜的有翅和无翅型（b）

（七）昆虫的拟态及保护色

1. 拟态

观察比较食蚜蝇与蜜蜂（图 1–4–23）、透翅蛾与胡蜂的形态模拟。

图 1-4-23　食蚜蝇和蜜蜂

2. 保护色

观察绿螽斯与青草、枯叶蝶与枯树叶、尺蠖幼虫与树枝之间的色形模拟（图 1–4–24）。

图 1-4-24　枯叶蛱蝶

（八）生活史的表示方法

棉红铃虫 1 ～ 3 代的发生盛期如表 1–4–1 所示。

表 1-4-1　棉红铃虫 1 ～ 3 代的发生盛期

代次	卵	幼虫	蛹	成虫
越冬代		9 / 下—10 / 上	6 / 上中	6 / 中下
第 1 代	6 / 底—7 / 上	7 / 中	7 / 下	7 / 下—8 / 上
第 2 代	7 / 底—8 / 中	8 / 中	8 / 下	8 / 下—9 / 上
第 3 代	9 / 中下	9 / 下—10 / 上		

四、作业

（1）绘多足型、寡足型及无足型幼虫图各一，并注明昆虫名称。

（2）列表比较昆虫的类型和特征，并绘制蚕蛹腹面图，注明主要部位名称。

（3）课外饲养一种昆虫，观察各阶段形态特征，并记载其卵期、各龄幼虫（若虫）期、蛹期（全变态昆虫）和成虫的寿命及雌虫的产卵量。

实验五 昆虫内部器官（系统）的位置、消化器官及排泄器官

一、目的要求

（1）了解昆虫内部各器官（系统）的分布位置。

（2）认识昆虫消化道的一般构造及其组织。

（3）认识马氏管的一般构造及其分布。

（4）了解脂肪体的构造及其分布。

二、实验材料

（1）蝗虫、家蚕幼虫、蝉、蜜蜂浸渍标本。

（2）蝗虫消化道及马氏管切片标本、黏虫幼虫（脂肪体）切片标本（示范）。

三、内容、方法及步骤

（一）内部器官（系统）的位置，解剖观察蝗虫（图 1-5-1）

取蝗虫一只，先剪去翅和足，然后用剪刀尖端自后向前沿背板两侧逐步去背板（注意：只剥取体壁，不损伤内部），并沿蜕裂线剪开头部直至口上沟（额唇基沟），置于蜡盘中，用大头针展开并固定于蜡盘上，加水淹没虫体，再移至双筒镜下，仔细除去胸部及头部肌肉（注意：不损坏其他器官），即可依次观察其内部器官在体腔内的分布位置。

最先在背面看到的是一条纵贯头尾循环系统的背血管，用镊子除去背血管，可见在腹部体内有一层薄膜，即背膈，背膈以上的空腔即为背血窦，因主要是背血管的心脏部分在其内，故又称围心窦。

揭去背膈，可见中央是一条纵贯头尾的消化道（消化器官），两侧为气管系统

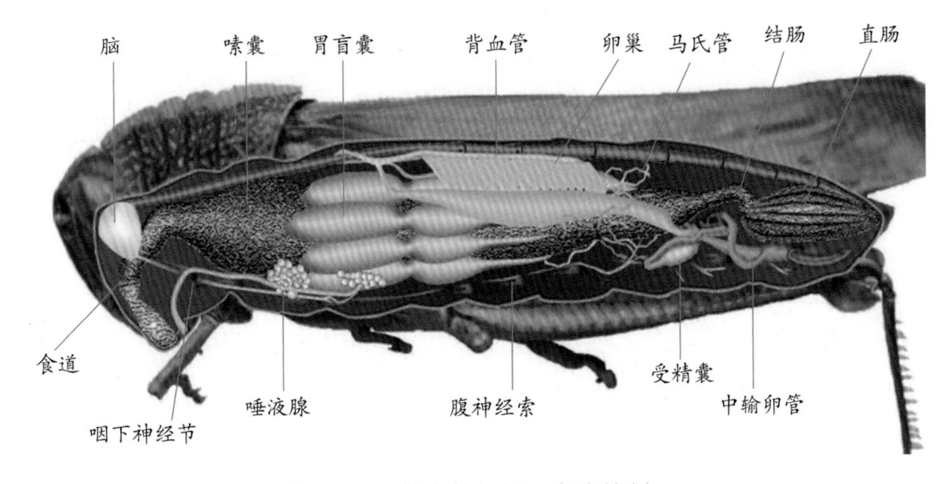

图 1-5-1　蝗虫的纵切（高瞻绘制）

（呼吸器官），中、后肠交界处的细管为马氏管（排泄器官），以上器官统称为内脏器官。

去尽内脏（注意将消化道从头至尾完整取下，勿损坏，以备下一步观察），在腹部体腔内可见一层薄膜，即为腹膈。腹膈以上、背膈以下各内脏所在的空腔称为围脏窦。

揭开腹膈，即可见一条纵贯头尾、梯形的腹神经索（神经系统），腹膈以下，神经所在的空腔即为腹血窦（围神经窦）。

此外，在体腔内，各器官间还可以看到很多淡黄色的颗粒状脂肪体，体壁内方还有很多条状结构的肌肉。

（二）消化器官的构造及组织

1. 消化道的一般构造

观察蝗虫消化道（图 1–5–2）。

将上一步取下的消化道置于蜡盘中，用大头针固定其两端，移至双筒镜下，用镊子仔细除去附于其上的生殖器官及脂肪体（注意不损坏中、后肠交界处的马氏管，下一步还要观察），然后观察消化道一般构造。整条消化道自前至后可明显分为前肠、中肠、后肠三段。

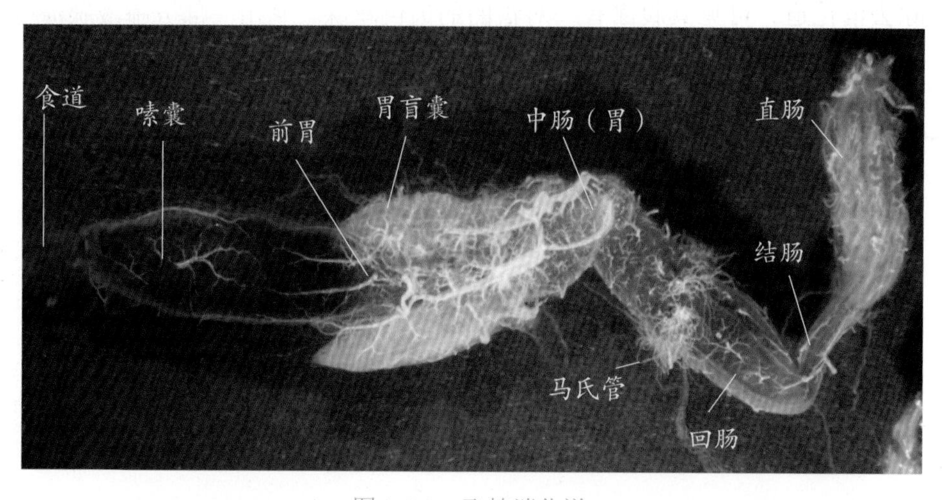

图 1-5-2　飞蝗消化道

（1）前肠：前端开口于上唇和舌的基部之间，开口呈喇叭形的一小段为口腔；口腔之后为咽喉及食道。两者都很短小；食道之后膨大的囊状体为嗉囊，是贮藏所吃食物的处所；嗉囊之后的较小球形体为前胃，是磨碎食物的地方。前胃后端陷入中肠内，形成贲门瓣与中肠分界。

（2）中肠（胃）：是消化吸收的主要部位，位于消化道中段，呈圆筒形，中肠前端有 6 条管状突起，称为胃盲囊，它分为前、后两叶，分别包围于前肠后端及中肠前端，胃盲囊可以增加消化吸收的面积。中肠后端以马氏管着生处与后肠分界。

（3）后肠：自前至后分为回肠（小肠）、结肠（大肠）、直肠明显三段，回肠前粗后细，前端内面具幽门瓣；结肠细而弯曲；直肠粗大，呈长椭圆形，其末端开口即为肛门。

（4）唾腺：在胸腔内还有成串的葡萄状颗粒，称唾液腺，其前部有 2 条细管（涎管），至端部合并，开口于舌下基部，是分泌唾液（涎液）帮助消化的器官。

2. 消化道的变异

因昆虫种类和食性不同，昆虫的消化道各部分构造有许多相应的变化，观察下列昆虫消化道的构造。

（1）家蚕幼虫的消化道（图 1–5–3）：将家蚕幼虫自腹部至头部，从背中线纵向剖开，用大头针将体壁固定在蜡盘上，并加水淹没虫体，仔细去除体腔内脂肪体，在双筒镜下进行观察。

整个消化道粗大，呈圆筒形，无前胃及胃盲囊。一般自头部至第 1 胸节为口、咽喉、食道三部（较细），第 3 胸节至第 6 腹节后缘为粗大的嗉囊及中肠，互相之间并没有明显的分界，后肠也分为三部：回肠圆球形，其前端着生 3 对细长的马氏管；结肠略弯曲；直肠膨大，椭圆形，后端接肛门。

除去消化道，可见其腹面有一对盘曲的肉色丝腺，它由一部分唾液腺演变而来，是产丝的主要部位，至前端两涎管并合并开口于吐丝器端部。

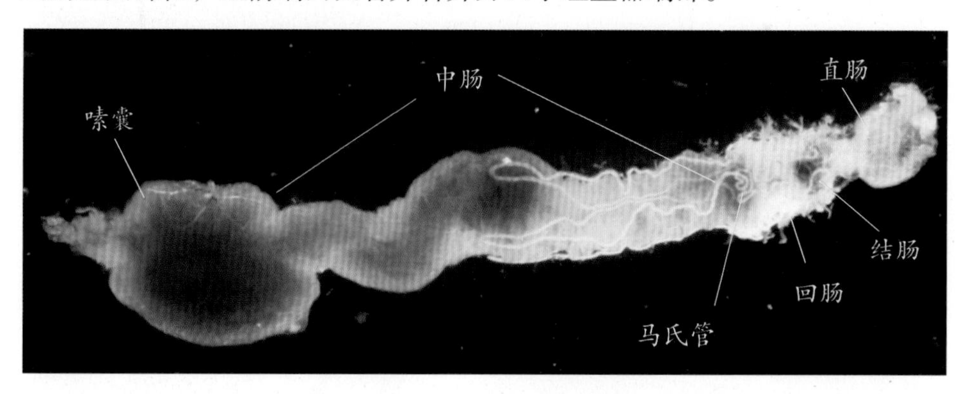

图 1-5-3　3 龄蚕消化道和马氏管

（2）蝉或褐飞虱的消化道（示范）：稻飞虱食道明显，有比较大的前盲囊，中肠后端环状盘绕，但不形成明显的滤室，马氏管 2 条，直肠明显，具体结构如图 1–5–4 所示。蝉前肠细而短，中肠极长，分为第一胃、

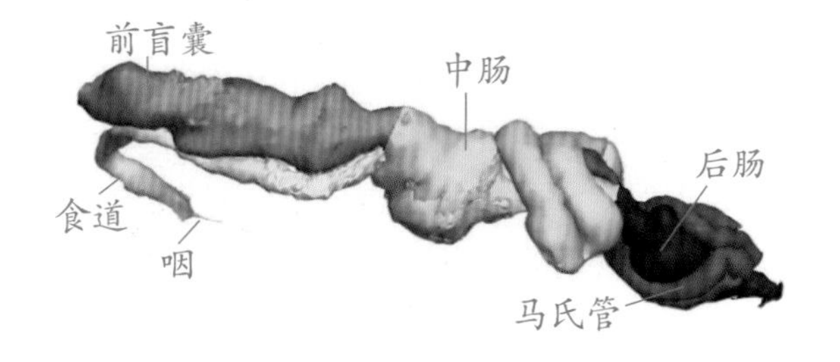

图 1-5-4　褐飞虱消化道和马氏管

第二胃、第三胃三段。第一胃粗短，包于滤室中，第二胃发达，膨大成圆筒形，其后接细长盘曲的第三胃，第三胃的后端也包于滤室中。后肠也分成三部分：回肠与结肠细长盘曲，其间无明显分界，前端也包于滤室中；直肠膨大如葫芦状，其后接于肛门，马氏管 4 条。叶蝉也有滤室，中肠分 3 段，马氏管有 4 条（图 1–5–5）。

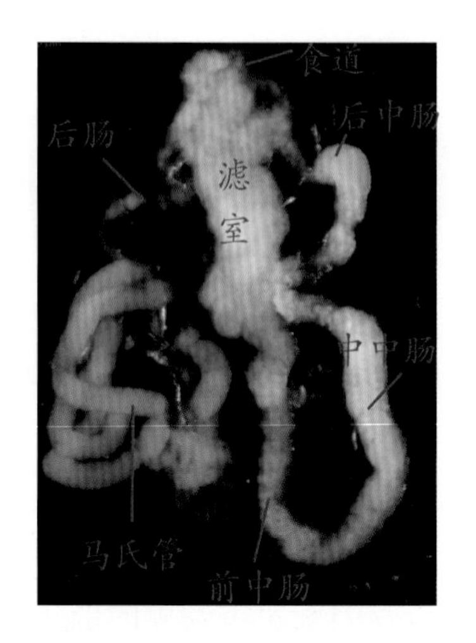

图 1-5-5　电光叶蝉消化道

（3）蜜蜂的消化道（图 1–5–6）：蜜蜂的咽喉和食道细小，嗉囊膨大，用以储存吸取的花蜜并进行加工，特称蜜胃。前胃内陷于嗉囊后端，呈圆球形，如嗉囊之底塞，特称蜜室。中肠较粗而长，表面多皱襞，能胀、缩，呈弯曲状排列，中后肠交界处有很多马氏管，后肠的回肠、结肠较细长；再往后为直肠，较粗，呈梨状。

3. 消化道的组织

在示范镜下观察蝗虫嗉囊或前胃、中肠、直肠的横切面玻片标本，识别其组织特点，并比较其异同点。

（1）嗉囊或前胃（图 1–5–7、图 1–5–8）：系由外胚层内陷而成，故在组织上与体壁相似，从内向外分内膜、肠壁细胞、底膜、纵肌、环肌、围脏膜六层。内膜很厚，相当于体壁的表皮部分，上有纵褶及坚硬的刺或齿，有磨碎食物之功能；肠壁细胞近方形，相当于体壁的皮细胞层，呈单层排列，细胞核明显。

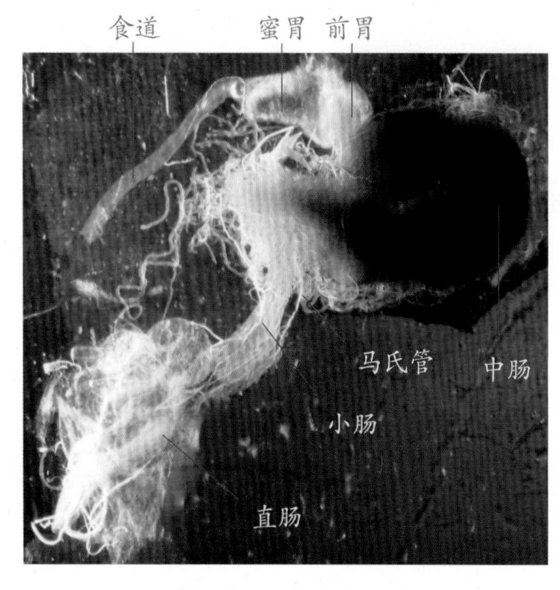

图 1-5-6　蜜蜂消化道

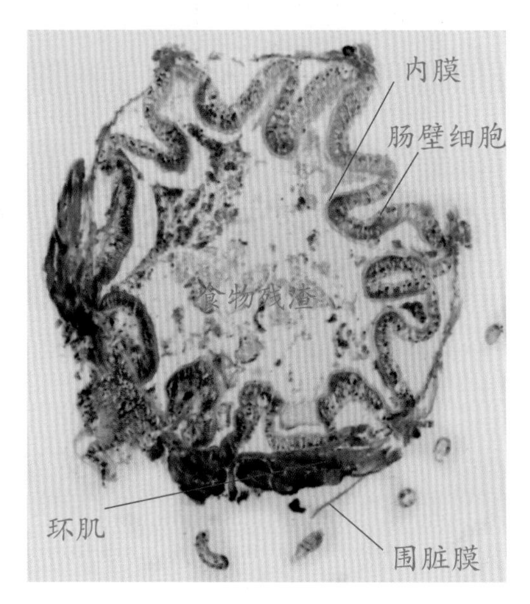

图 1-5-7　蝗前肠横切面

底膜黏附于细胞层上，很薄，不易分辨；肌肉层很发达（特别在前胃部分）。试在镜下分辨纵肌和环肌；围脏膜很薄（切片时，常被破坏，故镜下不易看到）。

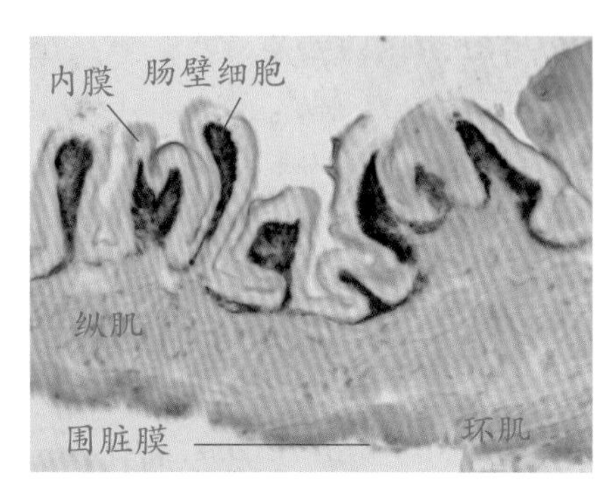

图 1-5-8　蝗前胃横切面（局部）

（2）中肠（图 1–5–9、图 1–5–10）：中肠来源于胚胎期的内胚层，没有内膜，但有一层围食膜（可脱落）。肠壁细胞有两种：一种为单层柱形细胞，成群排列成鸡冠状，称消化细胞，其表面有一层原生质丝状的条纹边，有增加分泌消化液和吸收养料的功能；另一种为再生细胞，较小，成群分布于消化细胞基部之间，有补充消化细胞的功能，肌肉层较前肠薄，排列方式也不同，即环肌在内，纵肌在外。其他与前肠类似。

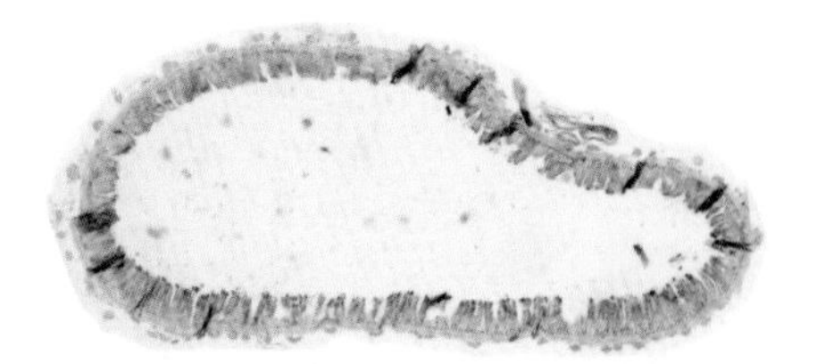
图 1-5-9　蝗中肠横切面

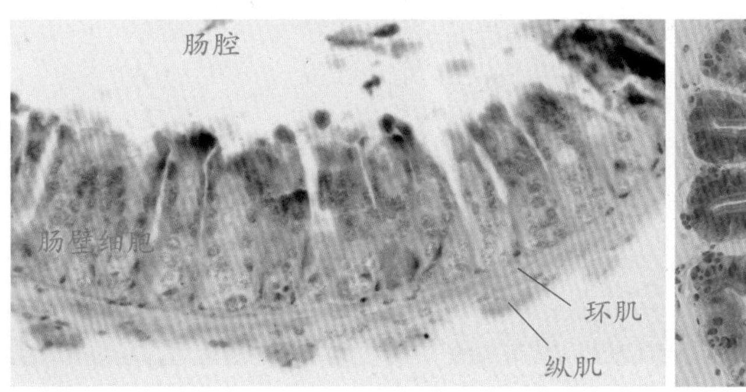

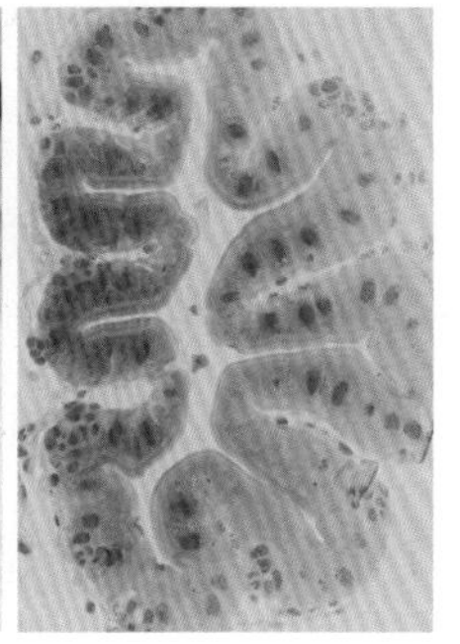
图 1-5-10　蝗中肠局部（左图）和胃盲囊（右图）横切面

（3）直肠：与前肠同源，故其组织与前肠相似，只是其内壁具 6 条纵走突起，称直肠乳突（直肠垫），突起表面内膜较薄，具有吸回食物残渣中的水分和无机盐的功能（图 1–5–11）。

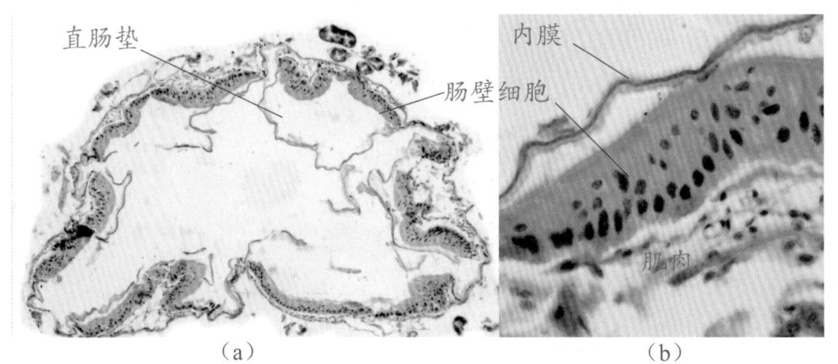

图 1-5-11　蝗直肠横切面（a. 整个直肠横切；b. 局部横切）

（三）排泄器官的分布及构造

昆虫的排泄器官主要是马氏管和脂肪体内的部分细胞。

1. 马氏管

（1）马氏管的数目和分布：马氏管是盲管，由后肠向外突起延伸而成，基端多开口于中、后肠交界处，整条游离于体腔中，顶端则封闭。其数目则因昆虫种类不同而异。

蝗虫的马氏管：在双筒镜下用解剖针仔细整理中后肠交界处的褐色马氏管，可见共有 300 条，分成 12 组，每组 25 条，其中约 1/3 向前分布至中肠，2/3 向后分布到第 8 腹节（图 1–5–12）。

家蚕幼虫的马氏管：将家蚕幼虫消化道的中、后肠交界放置到双筒镜下，可见共有 6 条白色的马氏管，分成 2 组，每组 3 条，基部连接于小囊体上（图 1–5–13）。

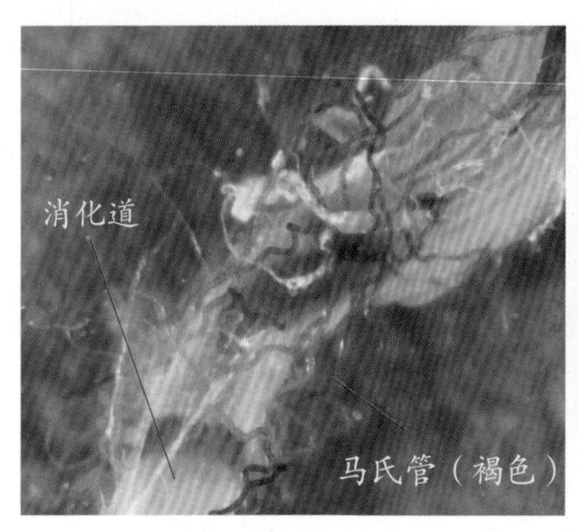

图 1-5-12　飞蝗马氏管

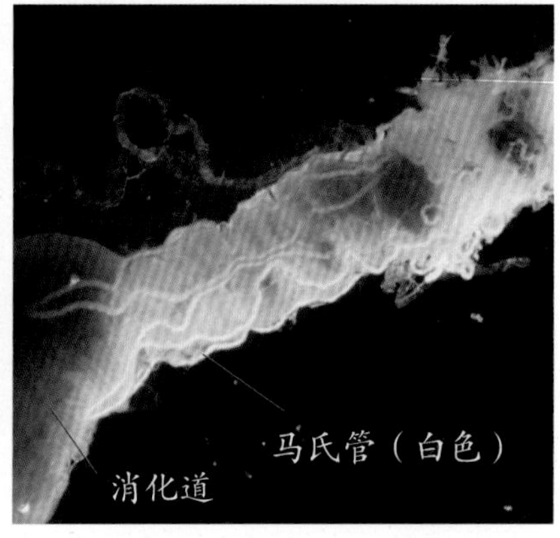

图 1-5-13　家蚕马氏管

蜜蜂的马氏管（示范）：共 100 条。蝉的马氏管（示范），共 4 条，从滤室后端伸出，基部包在滤室中。

（2）马氏管的组织（示范切片标本）：由内向外分条纹边、管壁细胞、底膜、围膜四层。条纹边在最内面，由无数丝状微绒毛突起组成；管壁细胞是一层大型扁平细胞，每个细胞围管径一半以上，家蚕的马氏管细胞内有很多管道通往马氏管腔，管道也分布有微绒毛，细胞间的分界一般不清，核很大，位于细胞中央；底膜和围膜很薄，一般不易分开（图 1–5–14）。

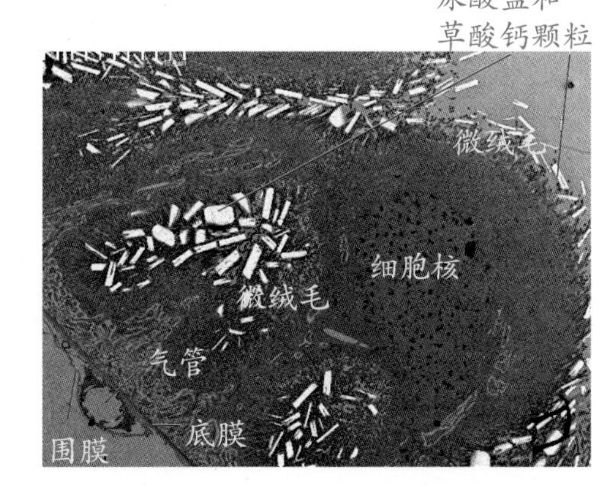

图 1-5-14　家蚕马氏管细胞

2. 脂肪体

昆虫体内往往有比较多的脂肪体，尤其老熟幼虫和将性成熟的成虫，如草地贪夜蛾老熟幼虫体内充满脂肪体（图 1–5–15）。观察黏虫脂肪体切片标本（示范），它是一群细胞的集合组织，主要功能是贮藏脂肪等营养物质，但其中的尿盐细胞可以用来积聚尿酸等废物，故可视为一种排泄组织（称贮藏排泄）。

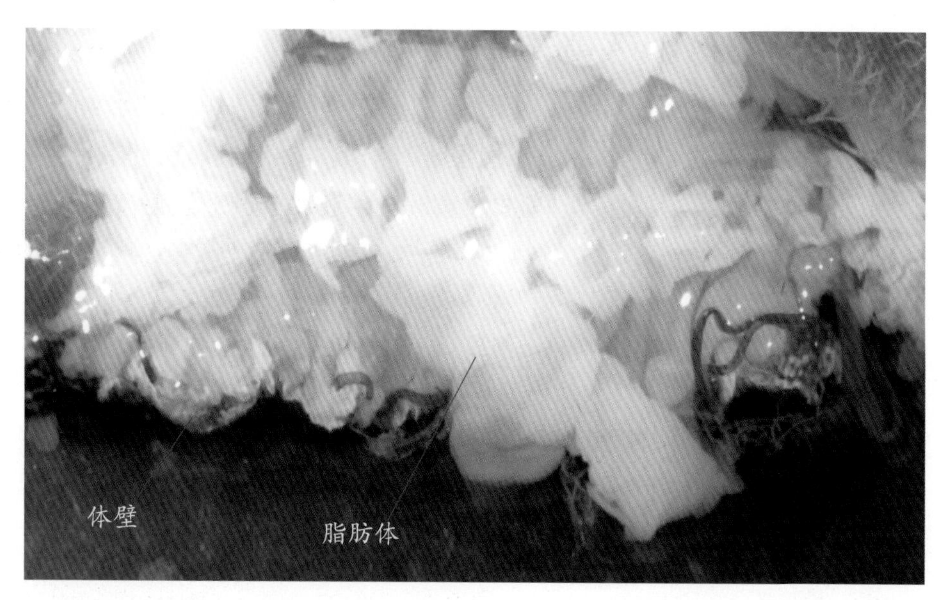

图 1-5-15　草地贪夜蛾老熟幼虫体内充满脂肪体（白色）

四、作业

（1）绘蝗虫消化道（包括马氏管）离体图，并注明各部分名称。

（2）绘蝗虫前胃（或嗉囊）及中肠横切面图（可绘一部分），并注明各层组织名称。

实验六 昆虫的神经系统、感觉器官及发音器

一、目的要求

（1）认识神经系统，特别是中枢神经系统及口道（口和食道）交感神经系统（附内分泌腺）的基本构造及分布，神经节的组织。

（2）认识感觉器官及发音器官的种类、分布和构造。

二、实验材料

蝗虫成虫、家蚕幼虫的活体或浸渍标本，其中枢神经系统离体标本，蝗虫神经节、舌及复眼，螽斯听器切片标本，蚜虫、蜜蜂触角玻片标本（示范）。

三、内容、方法及步骤

（一）神经系统的基本构造及分布

1. 解剖观察蝗虫的神经系统（图 1-6-1）

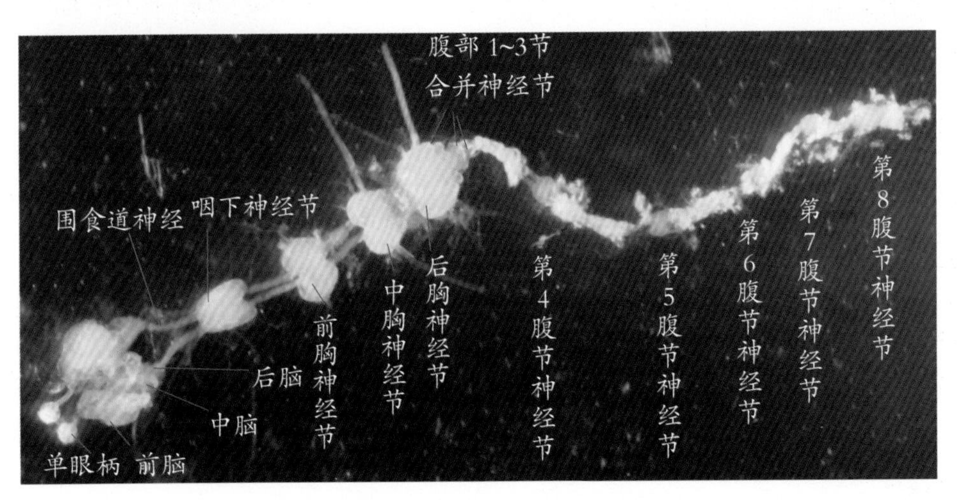

图 1-6-1 蝗虫中枢神经系统

取蝗虫一只，除去口器、翅和足，用剪刀、镊子和锋利的解剖刀细心剥去头壳，并沿背中线将胸、腹部纵向剖开，以大头针固定在蜡盘上，加水淹没虫体，剪除嗉囊以后的消化道部分（注意勿将嗉囊破坏，并将其置于一边）及生殖系统，置于双筒镜下，细心除尽头部肌肉和胸、腹部体腔内的腺体、肌肉、脂肪体等组织（上述操作必须十分细心进行），依次按下列步骤进行观察（结合观察示范标本）。

（1）中枢神经系统：包括一个位于头部食道背面的脑和一条起自食道下，纵贯于消化道腹面的腹神经索，脑与腹神经索以环绕在食道两侧的围食道神经连索相连。脑可分前脑、中脑和后脑三个连续部分。前脑最大，两侧各有一个发达的漏斗状视

叶（控制复眼的视觉）；前方有三个喇叭状单眼柄，呈倒三角形排列，分别与两个侧单眼及一个中单眼联系；中脑接于前脑下方，系一对突出物，各有一条触角神经通至触角肌肉（控制触角活动和感觉）；后脑紧接中脑下，分左右二叶，跨于食道之上，以一条围绕于食道下面的围食道神经连索相连（这是头部4节说认为后脑原是食道下的一对神经节向前并入前、中脑的例证），并发出上唇神经联系上唇肌肉。

（2）腹神经索：包括一个位于头部的食道下方的咽下神经节和一连串纵贯于胸腹部消化道腹面的各体节神经节，以及使它们前后之间相连的成对的神经连索。咽下神经节由头部三个体节的神经节——上颚神经节、下颚神经节、下唇神经节愈合而成，前端以一对围食道神经索与后脑两边相连；两侧依次分出成对神经分别管辖上颚、舌、下颚、下唇、涎管及颈部的部分肌肉，后端有一对神经连索与前胸神经节相连。胸腹部各体节中，胸部有3个神经节，前胸神经节较小，其上发出神经，通至本体节的体壁肌、前足肌及颈部的部分肌肉；中胸神经节较大，分出神经控制中足、前翅及本体节体壁肌和气管系统；后胸神经节最大，由本体节及1、2、3腹节四个神经节愈合而成。其上分出神经联系后足、后翅、听器及四个体节的体壁肌和气管系统。腹部有5个神经节，分别是第4～8腹节的神经节，但位置已前移，依次位于第2、4、6、7、8腹节内，而其分出的神经，则仍都达到原体节，以管辖体肌及气管系统。第8腹节的神经节很发达，由第8～11腹节四个神经节愈合而成。因此，除了管辖第8腹节外，还分出神经管辖生殖器官、后肠、肛门、尾须等肌肉的运动。

（3）食道交感神经系统（又称口道交感系或胃交感系）及内分泌腺：食道交感神经系统，包括1个位于胸的前方、咽喉背壁的额神经节，1个位于胸的后方、背血管前端腹面、嗉囊前背壁的后头神经节，2个位于嗉囊两侧的嗉囊神经节以及1根通连额神经节和后头神经节的回神经（逆走神经），1对联系后头神经节和嗉囊神经节的嗉囊神经。

额神经节以一对额神经连索与后脑两边的下端相连，其前方发出神经通至上唇之内唇，其后方以回神经沿着食道背壁，经过脑下及背血管前端腹面连接后头神经节，后头神经节背面发出神经通至背血管，前端分出神经与后胸相连，两侧各有一短神经连接食道两侧之白色、椭圆形的咽侧体，后端以一对嗉囊神经与嗉囊神经节联系，嗉囊神经节发出很多神经管辖消化道前肠的后部。

（4）内分泌腺：最主要包括脑神经分泌细胞、前胸腺和咽侧体，它们能分泌激素（脑激素、蜕皮激素、保幼激素等）以控制昆虫的生长和发育。

2. 家蚕幼虫的中枢神经和腺体

脑愈合成一个椭圆形构造，横置于食道背壁上，两侧各分出6条神经联系蝴单眼。腹神经索共包括12个神经节：1个位于头部食道腹面的食道下神经节，3个分别位于第1～3胸节内的胸神经节，8个分别位于第1～8腹节内的腹神经节（第7～8两腹节神经节很靠近）。内分泌腺可见心侧体和咽侧体（图1-6-2）。

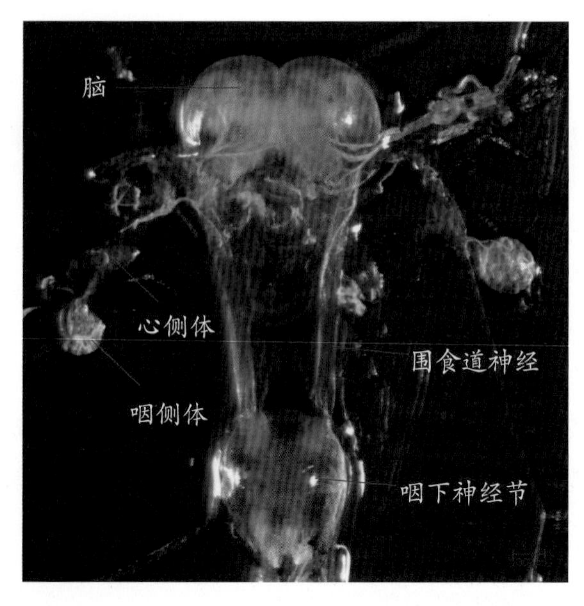

图1-6-2　家蚕幼虫中枢神经和内分泌腺

3. 蝉的中枢神经系统（示范）

蝉的脑很发达，两侧视叶呈棒状；前面三个单眼柄基部合并，细长，食道下神经节和前胸神经节均较小，中、后胸及腹部各神经节愈合成为一个大型的神经节，位于中、后胸节内，但仍分出神经通至各体节。

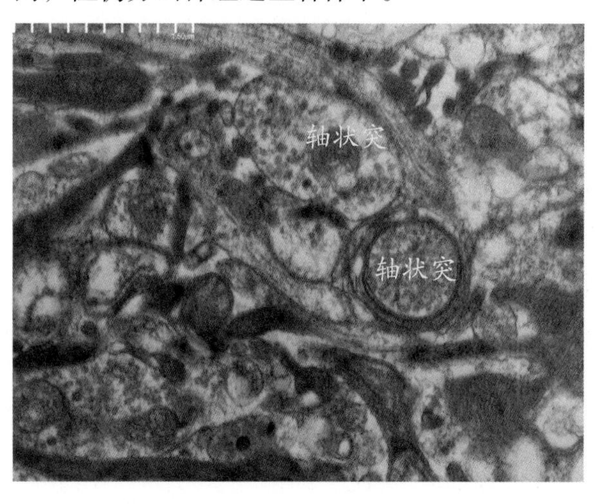

图1-6-3　蝗虫神经节透射电镜观测

4. 神经节的组织

在示范镜下观察蝗虫神经节纵切面玻片标本。整个神经节近圆形，外面包围着一层神经膜，神经节前后端各有一对神经连索（看到的仅为小突起）；中间充满神经纤维及体液，形成神经髓；周缘排列着很多神经细胞（图1-6-3）。

（二）感觉器官的构造及分布

1. 感觉器官

在示范镜下，观察蚜虫及蜜蜂触角上的感觉器官，它们的作用主要是触觉和嗅觉。

（1）蚜虫触角上的感觉器是一种板形的感觉器，通称为感觉圈，一般位于触角各节腹面（它在各节上的数目、形状及着生方式是蚜虫分类上的重要特征之一）。此外，其上还有一些毛形感觉器（图1-6-4）。

（2）蜜蜂触角上的感觉器是一种坛形感觉器，通称感觉孔。感觉孔的数目：工蜂约6000个，雌蜂约2000个，而雄蜂多达约30000个。

2. 感觉毛

在示范镜下观察螽斯舌下的感觉毛，其主要是味觉功能，并观其基部的感觉细胞。

3. 鼓膜听器

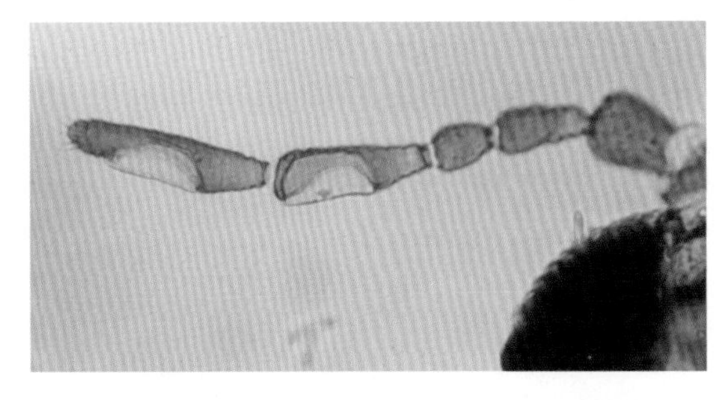

图 1-6-4　五倍子蚜虫的触角感觉器

在双筒镜下观察蝗虫第 1 腹节两侧及螽斯前足胫节基部两侧的鼓膜听器。

（1）蝗虫腹部鼓膜听器：由 3 块骨片围绕着一个鼓膜组成。第 1 块骨片称气门片，位于听器前方，呈三角形，中央着生气门；第 2 块骨片称边圈，起自气门片的上角，经听器的上方和后方，围至下方的中点，呈狭窄的弓形，表面光滑；第 3 块骨片称下听叶，连于边圈和气门片下角之间，呈不正的半圆形，上有皱褶。3 块骨片的中央是平滑而呈半圆形的膜，即为鼓膜，其上可透见内面有 4 个硬化的听器，第 1 个称锥状体，在靠近气门片边缘，内陷成囊状；第 2 个称沟状体，紧接斜生于锥状体后下方，下缘隆起呈脊状；第 3 个称柄状体，位于锥状体前上方，表面稍突起，椭圆形，薄片状；第 4 个称梨状体，位于近鼓膜中心，表面光亮，呈梨形。这些听器是鼓膜内神经末梢，传到中枢神经，构成听觉（图 1–6–5）。

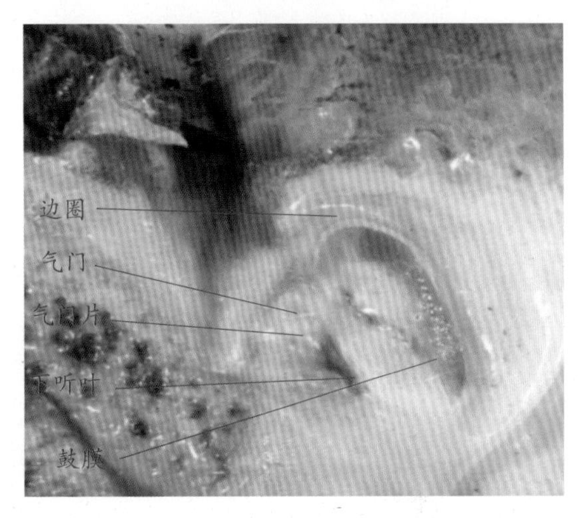

图 1-6-5　棉蝗腹部第 1 节鼓膜听器

（2）螽斯前足胫节鼓膜听器：外面观之，两侧各呈一个半月形的缝，内面中央纵隔一鼓膜，分左右两个鼓膜室，伸入胫节的气管在鼓膜的二缘分成二支，使胫节内部分成前后两区。横切面观之（示范玻片），两侧各有一缝口，缝口内各为一鼓膜室，两鼓膜室中央隔一鼓膜，鼓膜前后面各具一空腔（即被气管分支分成的前后两区），前腔内部充满着血液、脂肪体及弦音受器（着生神经末梢的听体），后腔内部则充满了血液、肌肉及神经组织（图 1–6–6）。

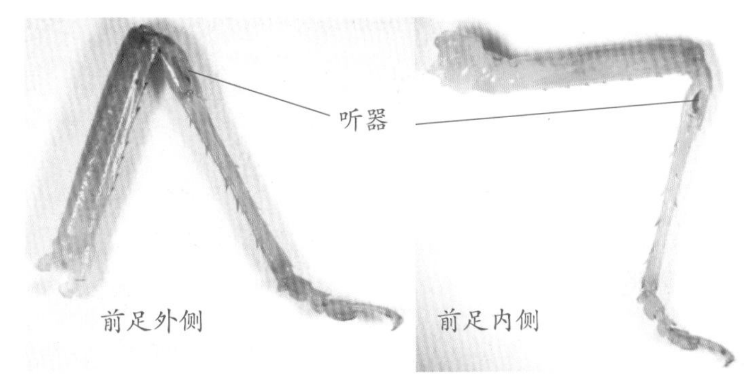

图 1-6-6
螽斯前足胫节鼓膜听器

4. 观察主要视觉器官复眼的外形及组织

（1）丽蝇或蜻蜓的复眼：在双筒镜下观察，丽蝇、蚊（图 1–6–7、图 1–6–8）或蜻蜓的复眼外形及小眼面紧密地聚合成复眼，每个小眼面呈六角形，数目很多，蜻蜓有 10000 ～ 28000 个。

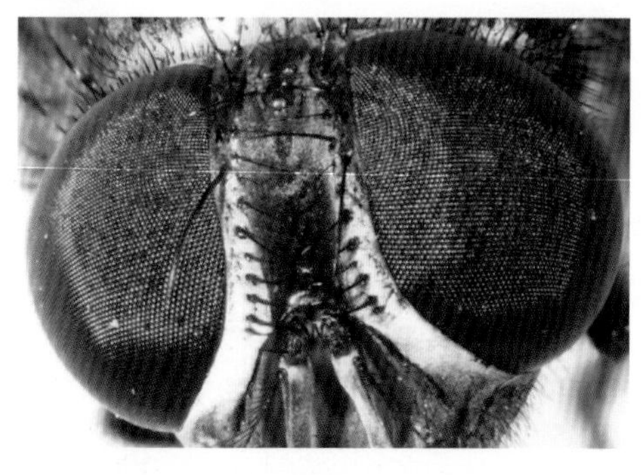

图 1-6-7　丽蝇的复眼

图 1-6-8　库蚊的复眼

（2）昆虫复眼的纵切面：在示范镜下观察一种昆虫复眼的纵切面玻片标本，可见由很多锥形的小眼集合而成，每个小眼又由角膜、角膜细胞（分泌角膜，但在小眼发育完成后退化）、视杆（由视觉细胞及其中央的视小杆组成）、虹膜色素细胞（在稻飞虱中为晶锥细胞），有的夜间活动昆虫的小眼在视杆外还有网膜色素细胞（图 1–6–9）。

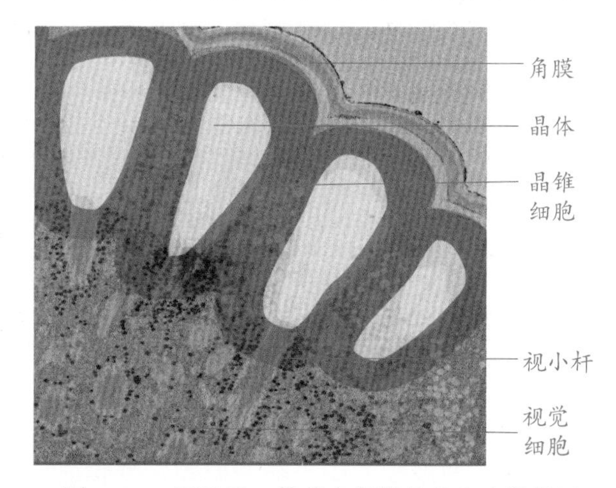

图 1-6-9　稻飞虱 4 龄若虫复眼的几个小眼纵切

（三）各类昆虫发音器的构造及分布

一般具有发达听器的昆虫，雄性个体常有发达的发音器，在示范镜下观察雄性螽斯或蟋蟀的翅发音器和雄蝉的腹发音器。

1. 雄性蟋蟀和螽斯的翅发音器

螽斯和蟋蟀以左翅基部腹面的锉器（为一条横生的锉状构造）与右翅后缘基部的刮器（是翅缘硬化突起）相摩擦，并通过右翅基部面的鼓膜等薄膜（一层光滑的薄膜）的共鸣作用，发出洪亮的声音（图 1–6–10）。

图 1-6-10　黄脸油葫芦（一种蟋蟀）在发音

2. 雄蚱蝉腹发音器

在第 1 腹节两侧可见一对半圆形音盖，剪去一侧音盖和部分背板侧缘，可见音盖及背板内方各有空腔（音盖下的空腔大，称腹腔，背板下的空腔小，称侧腔），腹腔有 2 个平滑的薄膜，略呈直角状着生，上方的称褶膜，下方的称听膜（鼓膜、镜膜），其中间横生一条内方着生强大肌肉的骨片。侧腔有一半球形具皱褶的膜，称发音膜，在其内方有一个腹部空气室，空气室内有两束强大的肌肉，其一端连于腹部的第 2 腹节腹板叉内突，另一端连于鼓膜内面，发音时依赖强大肌肉的伸缩运动，使发音膜发生振动，并借助褶膜、听膜及腹部空气室的共鸣作用而产生响亮的声音，同时，由于音盖的开闭，调节着声音的高低和强弱（图 1–6–11）。在听膜基部有听神经，通至中枢神经系统，构成听觉。

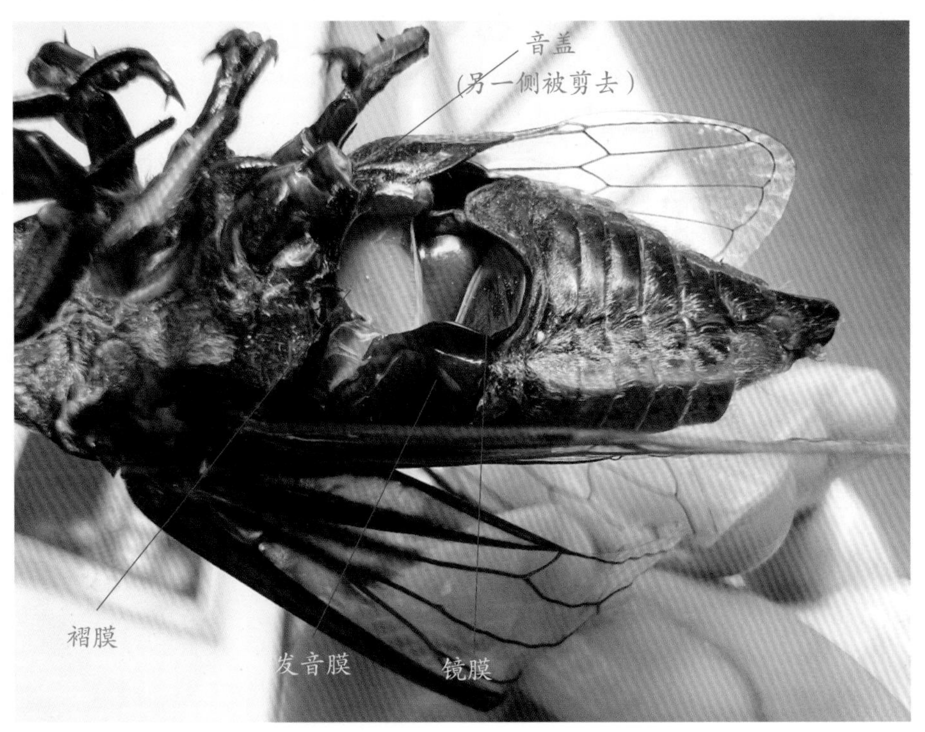

图 1-6-11　黑蚱蝉雄性发音器

四、作业

（1）绘蝗虫神经系统（附咽侧体）离体（侧面观）图，并注明各部分名称。

（2）绘一昆虫小眼结构图，注明各部分名称。

实验七 昆虫的呼吸器官、循环系统及生殖系统

一、目的要求

（1）认识气管系统的构造及类型，了解水栖昆虫的呼吸机构及呼吸方式。

（2）了解背血管的构造、心脏的搏动、血液在体内的流动途径及血细胞的类型。

（3）认识雌、雄昆虫生殖系统的构造和各部分的来源与功能。

二、实验材料

（1）蝗虫、家蚕幼虫、龙虱、蝇幼虫（蛆）、蜉蝣稚虫、蜻蜓稚虫、豆娘稚虫等浸渍标本。

（2）蚊幼虫（孑孓）及蛹、黏虫气管切片标本。

（3）活的家蚕幼虫（或菜粉蝶等其他浅色软体鳞翅目幼虫）、活的蜚蠊成虫。

（4）雌、雄蝗虫，蝗虫睾丸切片标本。

三、内容、方法及步骤

（一）气管系统的构造及水生昆虫的呼吸机构

1. 气门数量

（1）全气门式：观察蝗虫，共有10对气门，分别着生在中胸（在侧板前端节间膜上，剪去前胸背板后缘才能看到）、后胸（在中足基节上方的中后胸节间缝上）及第1～8腹节两侧（第1腹节气门在听器前方的一个小骨片上，其余各腹节都在背板前下角）（图1-7-1）。

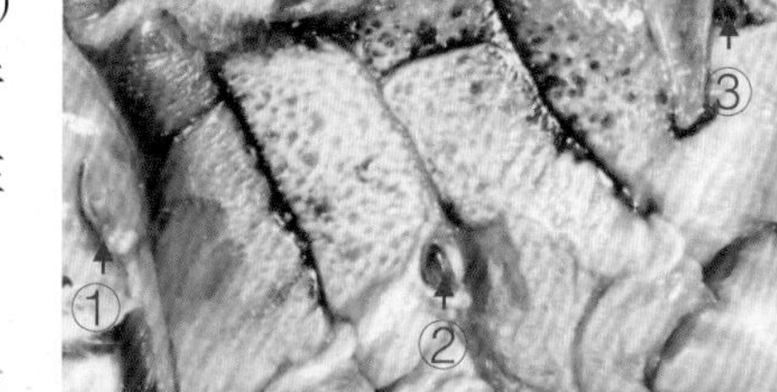

图1-7-1　飞蝗10对气门的分布

（2）周气门式（侧气门式）：观察家蚕幼虫，共有 9 对气门，分别生于前胸及第 1 ～ 8 腹节的两侧（图 1–7–2）。

图 1-7-2　家蚕 9 对气门分布

（3）寡气门式：包括前端气门式、后端气门式和两端气门式三类。

①前端气门式：观察蚊蛹玻片标本，仅有一对气门，位于前胸背面的一对喇叭状呼吸管内（图 1–7–3）。

②后端气门式：观察蚊幼虫（孑孓）玻片标本，也只有一对气门，位于腹部末端的一对长筒形呼吸管内（图 1–7–4）。

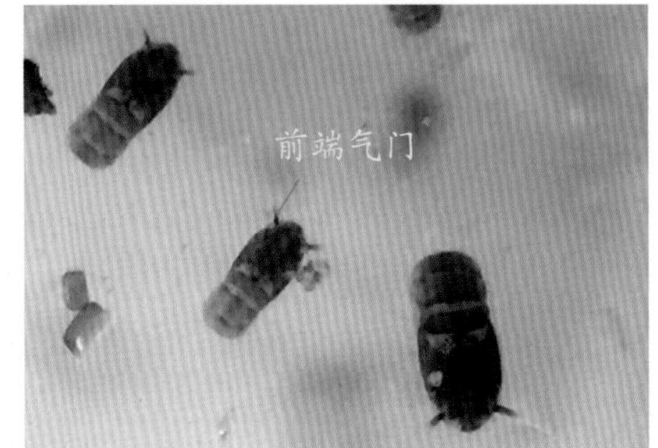

图 1-7-3　蚊蛹的前端气门式

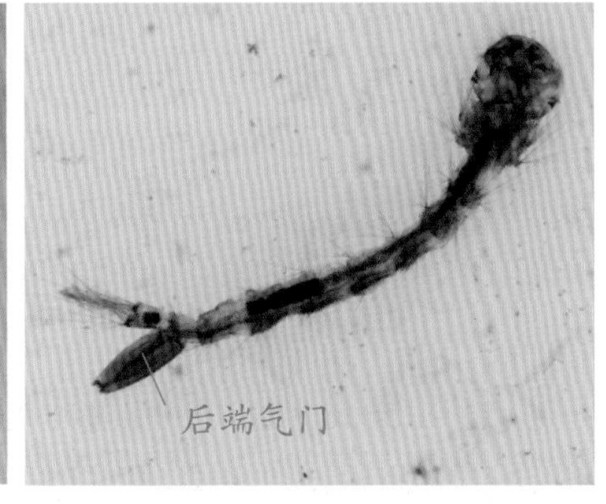

图 1-7-4　蚊幼虫后端气门式

③两端气门式：观察果蝇或家蝇幼虫（蛆）或蛹，有 2 对气门，一对生于前胸背面的一对小突起上，另一对生于第 8 腹节背面的凹穴内（图 1–7–5）。

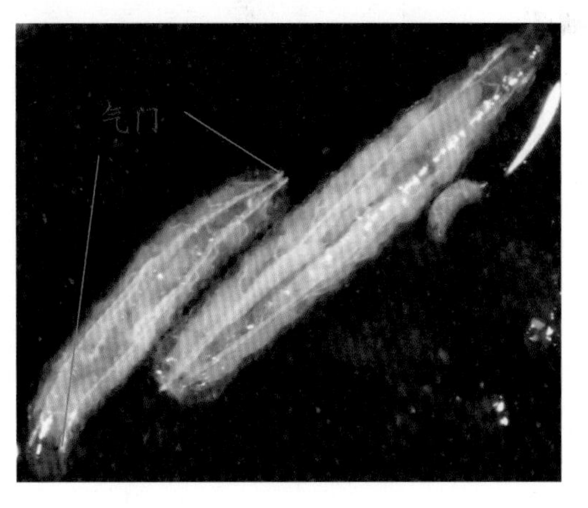

图 1-7-5　果蝇幼虫两端气门式

（4）无气门式：体表无气门，依赖其他特殊机构或体壁进行呼吸。结合观察水生昆虫的呼吸机构及呼吸方式，观察蜻蜓稚虫、豆娘稚虫、蜉蝣稚虫等示范标本，它们分别以直肠鳃、尾鳃和气管鳃呼吸（见后面水生昆虫呼吸）。

2. 气门的构造

（1）外闭式气门：观察蝗虫中胸或后胸气门，主要由下列几部分组成：外面有两片对生的能够启合的半圆形活瓣，活瓣下方连以具弹性的弓状垂叶，垂叶内着生闭肌，构成开闭机构，开闭机构内面有一空腔，称为气门腔；气门腔内面开口，即为气管口，气管口里面连接气管（图 1-7-6）。

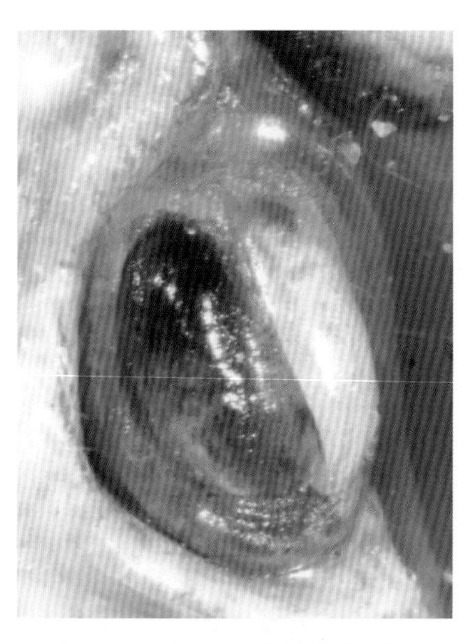

图 1-7-6　飞蝗中胸外闭式气门

（2）内闭式气门：观察家蚕幼虫气门及气管玻片标本，主要由以下几部分组成：外面有一圈黑色骨片，称围气门片，其间两侧生有两列相对的筛状过滤机构（筛板），内面即为气门腔，腔内即为气管口。在气管口具有开闭机构，由气管口壁骨化而成为半环形开弓、具柄状闭弓、闭弓相对一面的柔软闭带（气门腔壁特化成的内褶）及控制开弓和闭弓的开肌和闭肌组成。

3. 气管

（1）气管的构造及分布：解剖观察家蚕幼虫及蝗虫。

①家蚕幼虫气管：将家蚕幼虫自腹部末端至头沿背线纵向剖开，用大头针左右展开并固定于蜡盘上，加水淹没虫体，用镊子细心除去脂肪体、肌肉及丝腺等组织，即可见很多黑色细管，即气管。气门内方一小段短而粗的气管，称气门气管；其内侧有一条粗而直的纵向气管前后连通，称侧纵干。侧纵干内侧，各气门气管相应位置上有很多气管分支（支气管），主要可分成三组：一组伸入背血窦，称背气管（标本左右剖开，故分列于两侧），一组分布于内脏组织，称内脏气管（主要在消化道上），另一组伸入腹血窦，称为腹气管（在消化道的下方）（图 1-7-7）。

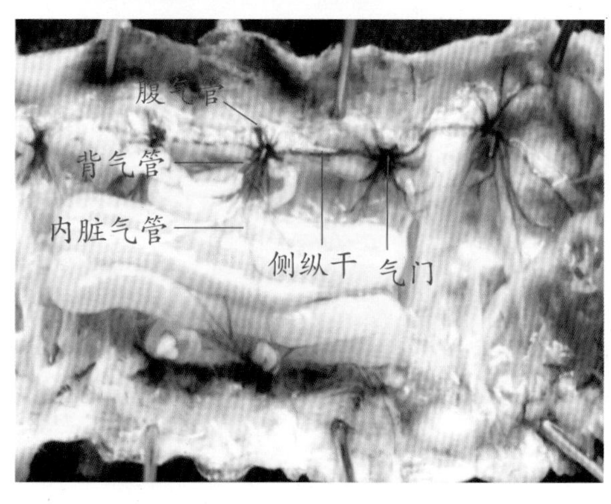

图 1-7-7　家蚕气管

②蝗虫的气管及气囊：解剖观察示范标本。

体内有很多白色的气管。气门气管和侧纵干与家蚕幼虫相似。在背气管、腹气管、内脏气管的各分支上有纵向气管前后连通，分别称为背纵干、腹纵干和内脏纵干，在各纵干的各分支气管的相对位置上，再分出较小的气管分支，分布于各器官组织间。此外，在各气管分支及纵干上还可看到很多膨大的囊体，称为气囊，其中以背纵干的胸部气囊为最发达（图 1–7–8、图 1–7–9）。

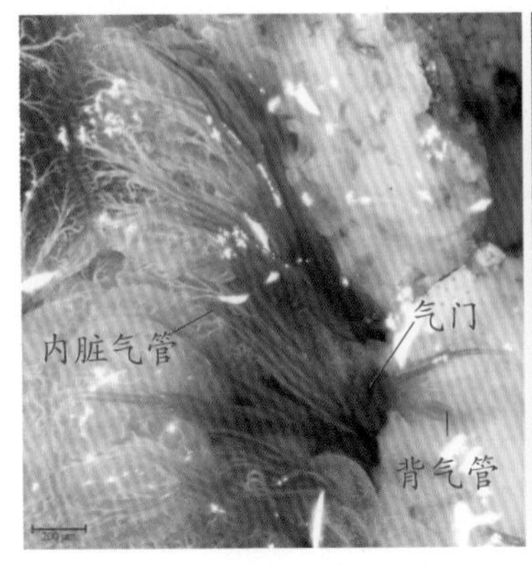

图 1-7-8　飞蝗气管

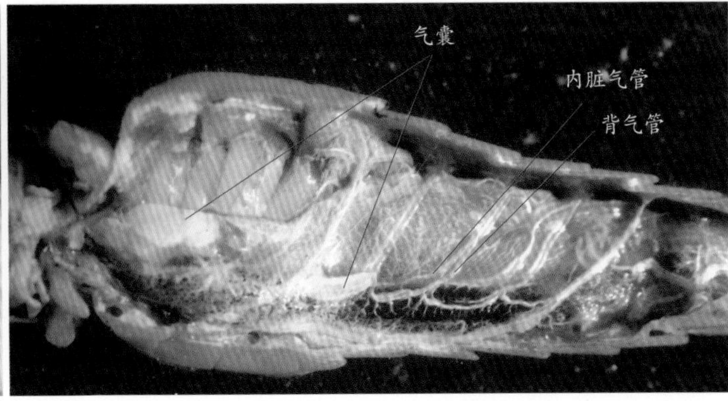

图 1-7-9　蝗虫的部分气管和气囊

（2）气管的组织：观察黏虫气管组织切片示范标本，可见气管管壁自外向内由底膜（很薄）、管壁细胞（单层、六角形、中央有圆形细胞核）、内膜（上有突起的螺旋丝）等三层组成。

4. 水生昆虫的呼吸机构和呼吸方式（示范标本）

（1）完全适应水生

①蜉蝣稚虫的气管鳃：生于第 2 ～ 7 腹节两侧，呈叶片状，系附肢特化而来（图 1–7–10）。

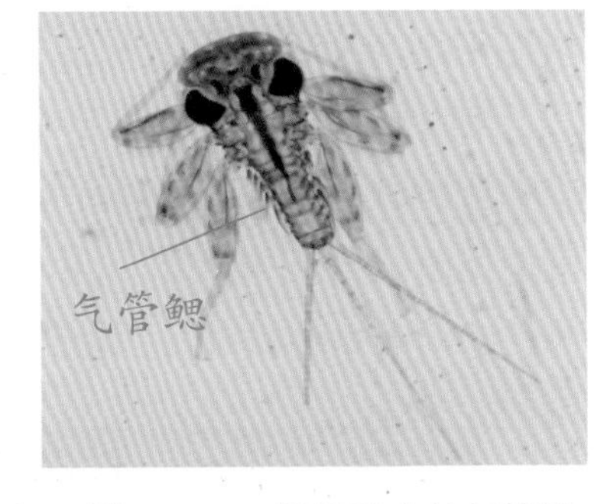

图 1-7-10　蜉蝣稚虫的气管鳃

②豆娘稚虫的尾鳃：生于腹部末端，共 3 支，呈桨状，由肛上板和肛侧板延展而成（图 1–7–11）。

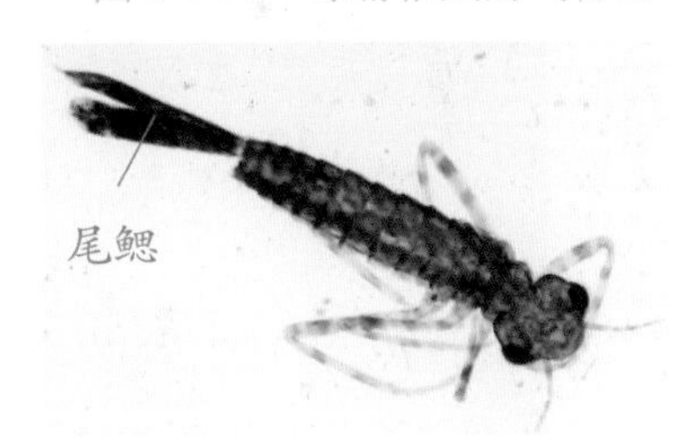

图 1-7-11　豆娘稚虫的尾鳃

③蜻蜓稚虫的直肠鳃：生于直肠内壁，呈片状（图 1–7–12）。

（2）部分适应水生的昆虫

①呼吸管：蚊的幼虫（孑孓）及蛹、蝎蝽等均以细长的呼吸管定时伸出水面，以管内的气门呼吸（图 1–7–13）。

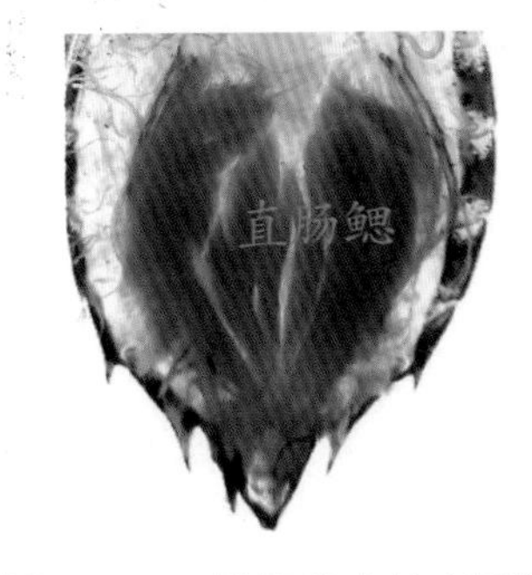

图 1-7-12　蜻蜓稚虫的直肠鳃

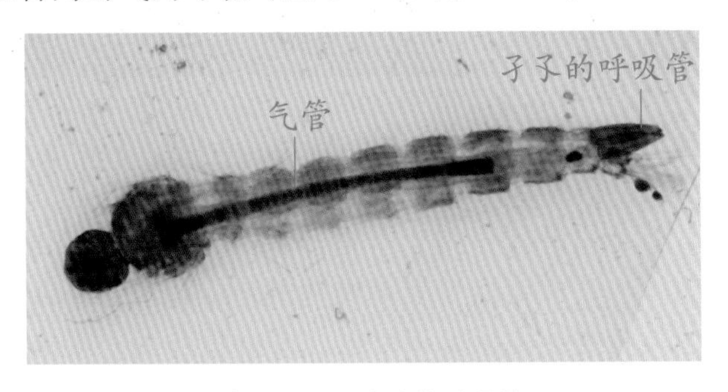

图 1-7-13　孑孓的呼吸管

②物理性鳃：龙虱、负子蝽成虫在鞘翅下与腹部背面间形成一空室，称物理性鳃，它在水中每隔 10 ～ 20 分钟需至水面换气一次，换气时以其尾端的小孔呼气，贮于物理性鳃中，以供水下呼吸，呼吸仍以腹背的气门进行。物理性鳃除了贮藏空气外，还有能部分摄取水中氧气的功能（图 1–7–14）。

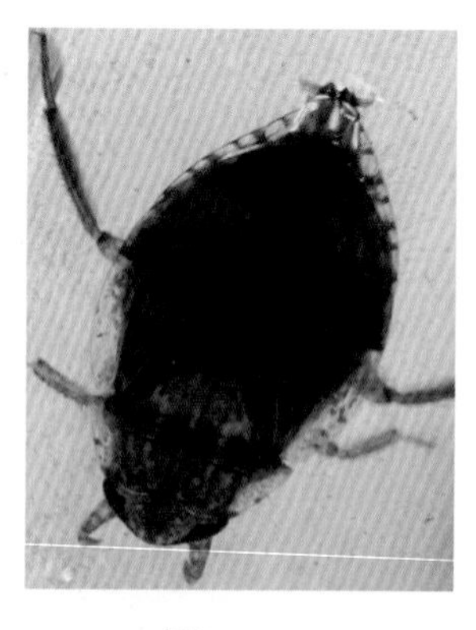

图 1-7-14
负子蝽携带气泡呼吸

（二）循环系统的构造及循环途径

1. 背血管的构造

解剖观察蜚蠊的背血管。

取活蜚蠊一只，浸于生理盐水至不活动，用剪刀剪去足，沿腹板中央自腹末至头部解剖开，然后将其背板向下，以大头针展开并固定在蜡盘中，加生理盐水淹没虫体，移至双筒镜下，除尽体内消化道、脂肪体等器官组织，即可见在背膈下背板中央有一条纵贯头部至腹末的背血管。

背血管分两部：前部直管为大动脉，后面有 11 个略膨大的心室，合成心脏。心脏两侧有成对的翼状肌。翼状肌的张开一端生在背膈上，并拢的一端附着于背板两侧，它的收缩和松弛可以使背膈带动心脏，产生搏动（图 1–7–15）。

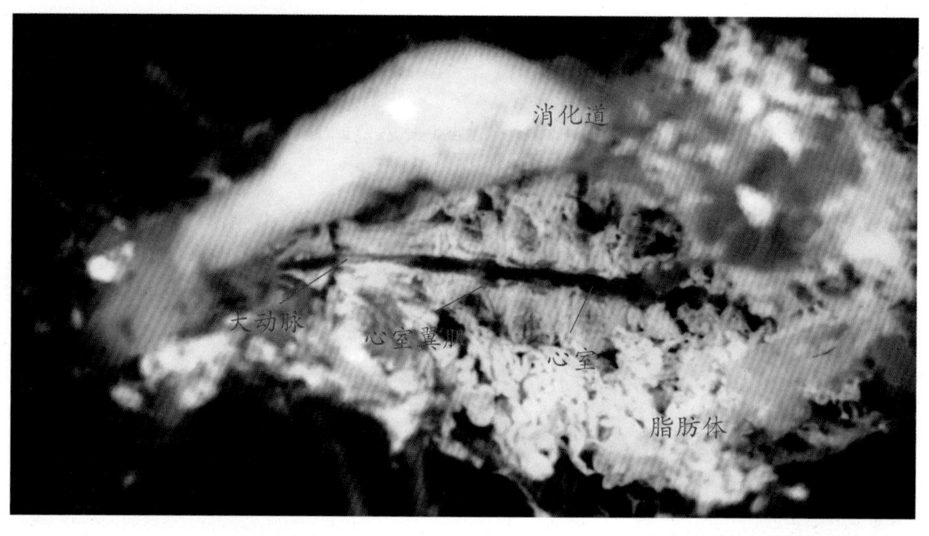

图 1-7-15　蜚蠊在生理盐水中解剖，解剖后相当一段时间内可见心室仍在搏动（收缩和扩张）

2. 血液在体内的循环途径（示范）

（1）血液在背血管及体腔内的流动途径：取活家蚕或菜粉蝶等鳞翅目幼虫，用注射器自腹部末端注入少量洋红，可见红色液体在背方由后向前逐渐流动，至前端后向下并向后扩散（图 1–7–16）。

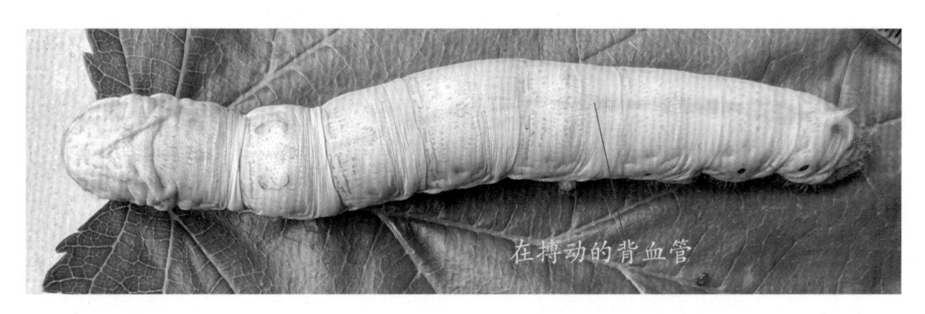

图 1-7-16　家蚕背血管，活虫在背面直接可见有规律搏动的心室

（2）血液在翅内的流动途径（示范）：将活蜚蠊固定于软木片上，并平展其后翅，在翅下衬以黑纸，黑纸上再衬锡纸，以强光照射，置于双筒镜下，即可观察血液在翅内的流动途径。

（三）生殖系统

1. 蝗虫的生殖系统

取雌、雄蝗虫各一只，分别自腹部末端至胸部，沿背中线纵向剖开（注意切勿将内部器官剪坏）。用大头针将体壁固定在蜡盘中，加水淹没虫体，置于双筒镜下仔细解剖观察。

（1）雌性蝗虫的生殖系统（图 1–7–17）：在雌蝗虫成虫消化道背方两侧，可见卵巢。每一卵巢由许多卵巢管组成；每一卵巢管端部有一端丝，各卵巢管的端丝互相集合成悬带，端丝后方是卵巢管本部，它是卵巢管的主要部分，其端部称生殖区，是产生生殖细胞的地方；基部称生长区（或卵黄区），由一系列渐次膨大的卵室组成，

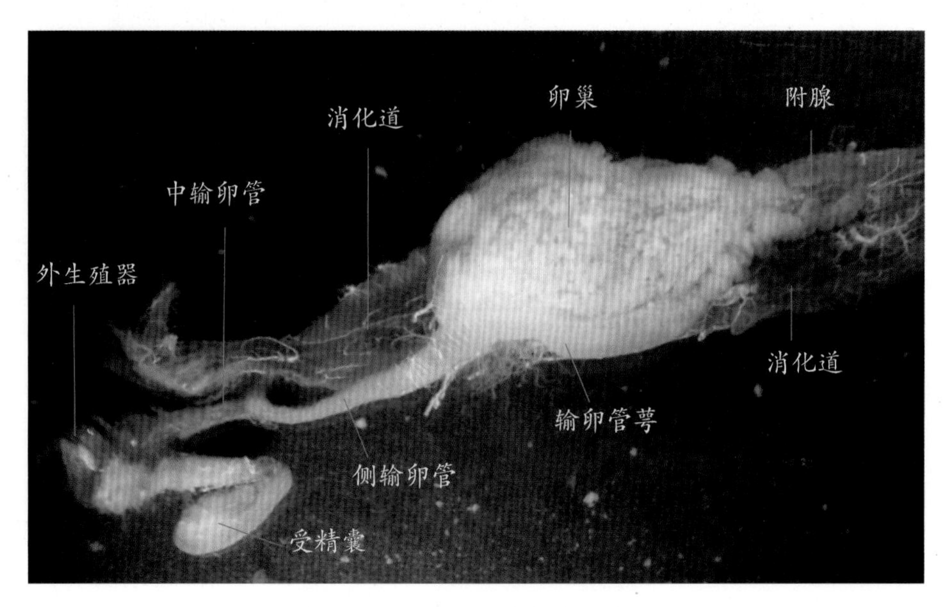

图 1-7-17　雌性蝗虫的生殖系统

是生殖细胞分裂成卵原细胞，再形成卵母细胞，进而逐步发育成为卵细胞的场所。卵巢管本部的后面有一短小的卵巢管柄，各卵巢管柄依次开口于其下方发达呈囊形的输卵管萼上，输卵管萼是临时贮卵之场所，两输卵管萼前端各有一条盘曲的管状附腺，有分泌胶质，粘包卵块的功能；后端连接侧输卵管。以上各组织构造均起源于中胚层。

除去消化道及腹神经索后端，即见两侧输卵管汇合在其下方的一条较粗的中输卵管上，中输卵管开口于阴道基端内的生殖孔。阴道粗短，通达并开口于导卵器基部的阴门，并在其背壁着生一个具有细长而弯曲管道（受精管）的受精囊。阴门是交尾和产卵的共同门户，其外即为外生殖器——产卵器。以上各组织构造均起源于外胚层。

（2）雄性蝗虫的生殖系统（图 1-7-18）：在雄蝗虫成虫消化道背方，可见睾丸紧密而靠拢，并由一围膜包被，围膜部延伸成悬带，附着于胸部背壁肌肉上借以将睾丸固定。

将睾丸分开，每一睾丸由许多睾丸管组成，均相互紧靠，下端以短小的输精小管汇集并开口于细长的输精管端部。以上各组织构造都来源于中胚层。

除去消化道和腹神经索后端，可见两输精管在其下汇合于一条很短而粗的射精管上，射精管壁肌肉很发达，有帮助射精的功能。在其前端两输精管汇合处，生有两束盘曲成团的小管，除其中一对较粗而略呈黄色的为贮精囊外，其余均是白色的附腺。贮精囊是临时贮存精子的场所，附腺则能分泌液体，有稀释精子、为精子提供营养和有利精子运动的作用。射精管后端开口于外生殖器的阳茎中。以上各组织

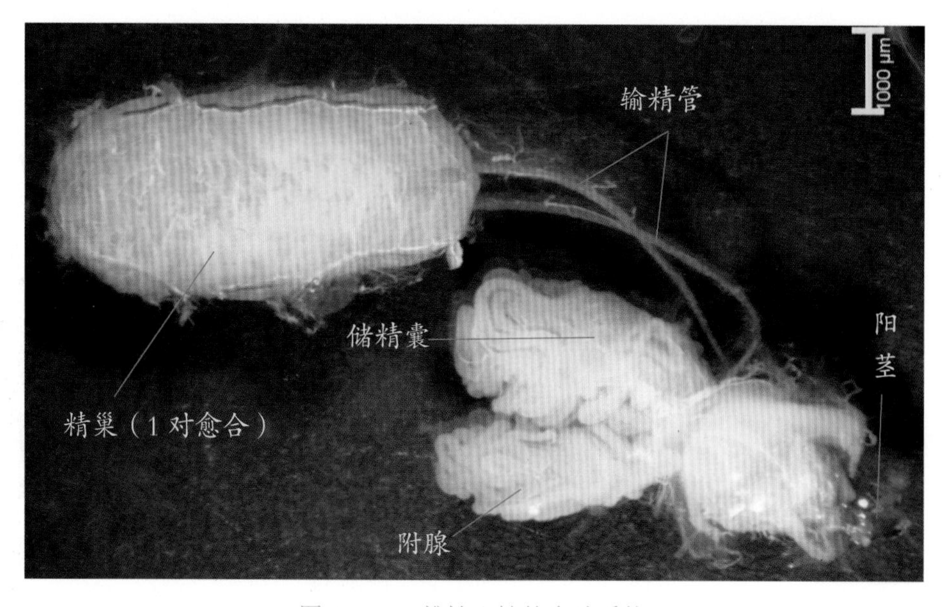

图 1-7-18　雄性飞蝗的生殖系统

构造均来源于外胚层。

3. 在示范镜下观察蝗虫睾丸管的切片标本（图 1-7-19）

睾丸管的外形是一条棒形的囊体，内面自端部至基部明显地分为生殖区、生长区、成熟区、转化区四个部分。

生殖区内密集许多精原细胞，精原细胞近圆形，细胞核大，位于其中央。

生长区内成群地聚集着很多精母细胞，每群精母细胞被育精囊所包围，原由一个精原细胞分裂而成。

成熟区内聚集成群的、具有短毛的精细胞，精细胞由精母细胞经过减数分裂后形成。

转化区内为具有长鞭毛的精子，精子由精细胞发育而来，开始成群成束包于育精囊中，至基部渐渐成熟，并破育精囊壁而趋分散。

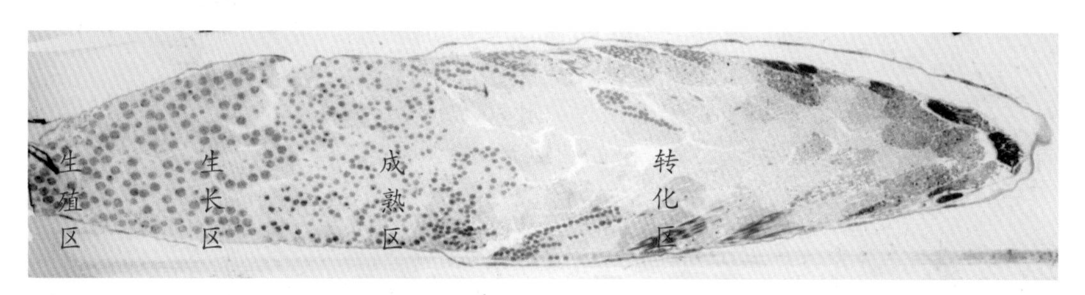

图 1-7-19　飞蝗睾丸管（精巢小管）的纵切图

四、作业

（1）绘蝗虫雌雄生殖系统离体图，并注明各部位名称。

（2）绘家蚕幼虫气管系统分布图（侧面观或背面解剖状态），并注明各主要器官名称及体节次序。

实验八 原尾纲、弹尾纲、双尾纲以及昆虫纲各目的识别

一、目的要求

掌握原尾纲、弹尾纲、双尾纲以及昆虫纲无翅亚纲和有翅亚纲各目的主要形态特征和生物学特性，并学会检索表的编制和使用方法。

二、实验材料

各个目的针插、浸渍标本和玻片标本。

三、内容、方法及步骤

（一）原尾纲 Protura 原尾虫（图 1-8-1）

主要特征：体长不过 2mm，细长，白色，半透明；吸吮式口器，陷于头内，无眼、无触角；前胸小，前足长而前伸，代替触角的作用；跗节 1 节，端部有 1 爪，腹部 12 节，第 1 ～ 3 节腹面各有一对刺突，无尾须，增节变态。

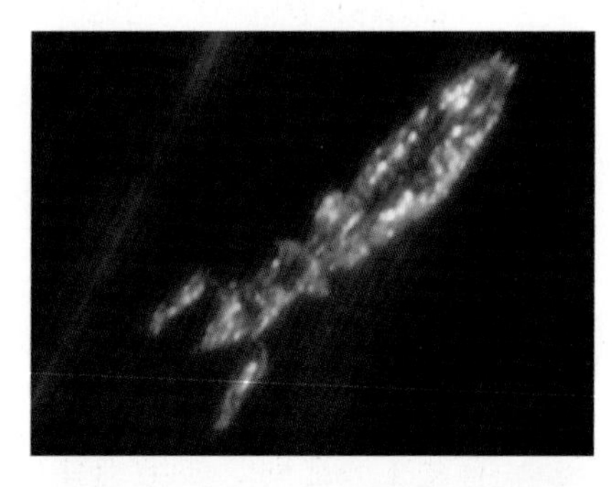

图 1-8-1　原尾虫

（二）弹尾纲 Collembola 跳虫

主要特征：体小，密被细毛；咀嚼式口器，内陷，眼由 8 个或 8 个以下的分离小眼集成；腹部最多不超过 6 节，在第 1、3、4 或 5 节腹面依次有黏管、握弹器、弹器三对特化的附肢，无尾须（图 1-8-2）。

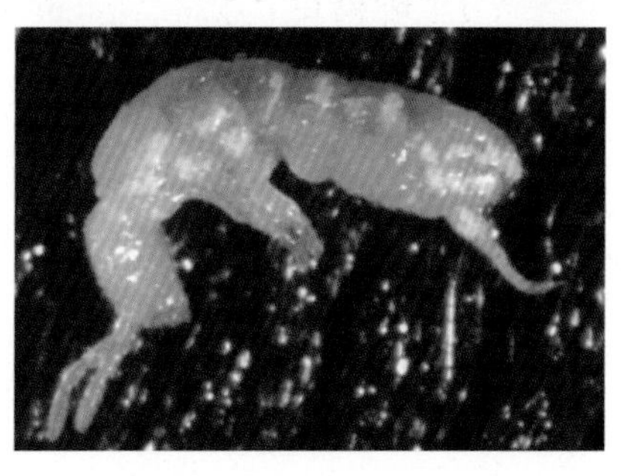

图 1-8-2　白符跳虫 *Folsomia candida*

（三）双尾纲 Diplura 双尾虫

主要特征：体小，细长，多毛；咀嚼式口器，内陷，无眼，触角长丝形；腹部 11 节，第 1 ～ 7 节腹面各有一对刺突，尾须细长，有的呈铗形（图 1-8-3）。

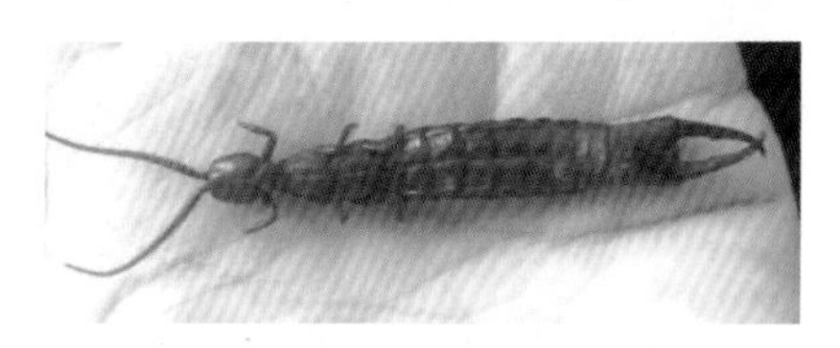

图 1-8-3　巨铗虮

（四）昆虫纲

1. 无翅亚纲 Apterygota

原始无翅，腹部生殖节前有附肢，表变态。

（1）石蛃目 Archaeognatha 石蛃

主要特征：体小，长扁，密被鳞片；咀嚼式口器外露，复眼发达，常有单眼，触角长丝形；胸节具侧背叶，腹部 11 节，第 2 ～ 9 节腹面各有一对刺突，尾须细长，中间还有一条细长的中尾丝（图 1-8-4）。

（2）衣鱼目 Zygentoma 衣鱼

主要特征：体小，长扁，密被鳞片；咀嚼式口器外露，复眼发达，常有单眼，触角长丝形；胸节具侧背叶，腹部第 7 ～ 9 或 8 ～ 9 节腹面各有一对刺突，尾须细长，中间还有一条细长的中尾丝（图 1–8–5）。

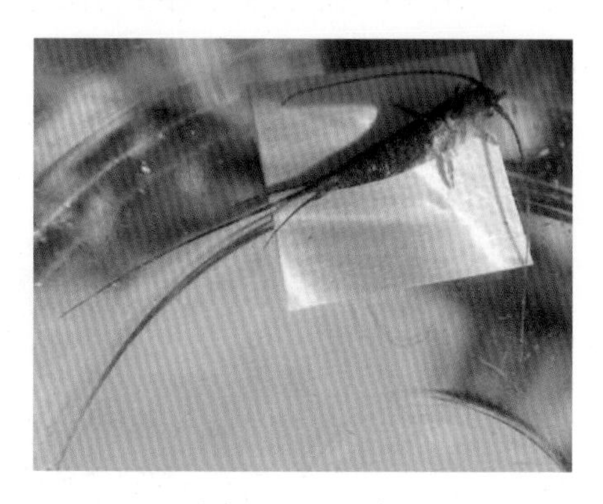

图 1-8-4　石蛃

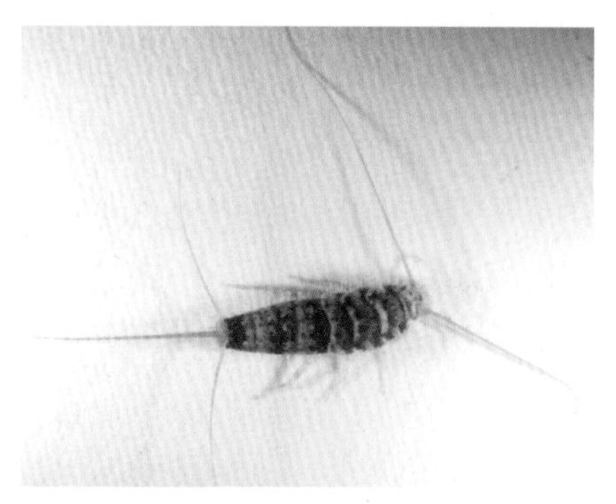

图 1-8-5　斑衣鱼 *Thermobia domestica*

2. 有翅亚纲 Pterygota

有翅 1 ～ 2 对，少数退化，生殖前节无附肢，原变态、不完全变态和完全变态。

（1）蜉蝣目 Ephemerida 蜉蝣

主要特征：体中小型，柔弱，长形；头小，具颈，能扭转活动，触角鬃形，咀嚼式口器，退化；足细长而弱，不适爬行；翅 2 对，均膜质，前翅大，后翅小或退化，脉网状，多闰脉，停息时竖立背方；腹部 10 节，尾须长丝形，其间常还有一条细长的中尾丝（图 1–8–6）。

图 1-8-6　蜉蝣 *Ephemera sp.*

（2）蜻蜓目 Odonata 蜻、蜓、豆娘、色蟌

主要特征：体中至大型；头能扭转活动，复眼极大，常左右接触，触角鬃形，咀嚼式口器，发达；中、后胸向前下方倾斜，足细长多刺毛，适于捕捉；翅 2 对，均膜质，前、后翅大小相似，停息时平展体侧或竖立背方，脉网状，有翅痣、结脉、弓脉、三角室或四边室等；腹部细杆状，10 节，尾须短而不分节（图 1–8–7）。

图 1-8-7　红蜻 *Crocothemis servilia*

（3）𫚭翅目 Plecoptera 石蝇

主要特征：体中小至中大型，扁平，稍硬；头部阔大，复眼小，触角长丝形，咀嚼式口器；三胸节大小相似，背板呈方形；前翅狭长，后翅阔大，停息时平折背

方，多横脉；腹部 10 节，尾须长丝形（图 1–8–8）。

图 1-8-8　刺䗛*Styloperla sp.*

（4）缺翅目 Zoraptera 缺翅虫

主要特征：体小，与白蚁极相似，体长仅 3mm 许，群体小，生活在树皮下及土中，具有翅型和无翅型两类；有翅个体复眼发达，无翅个体眼退化；前翅大，后翅小，横脉很少，不呈网状，无肩缝，翅由基部脱落（图 1–8–9）。

图 1-8-9　墨脱缺翅虫 *Zorotypus medoensis*

（5）革翅目 Dermaptera 蠼螋

主要特征：体小至中型，体长而扁，坚硬，多有光泽；头部前口式，复眼小，触角长丝形，咀嚼式口器；前翅为革翅，短小，后翅为膜翅，半圆形，停息时纵横折叠于前翅下，脉呈辐射状，足粗短健壮，善爬行；腹部 11 节，尾须钳状（图 1–8–10）。

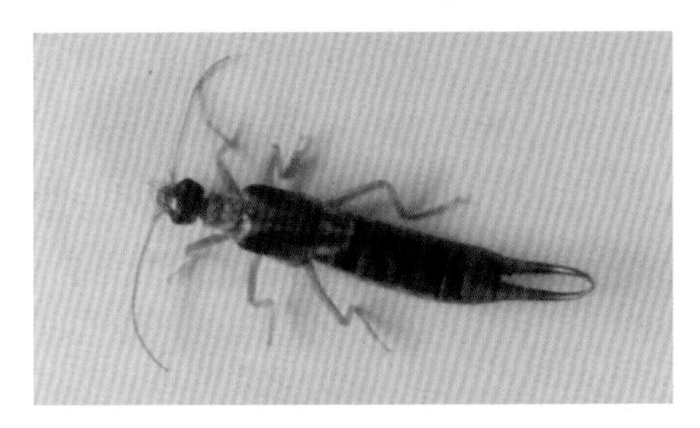

图 1-8-10　条纹蠼螋 *Labidura riparia*

（6）直翅目 Orthoptera 蝗虫（图 1–8–11）、螽斯、蟋蟀、蝼蛄

主要特征：体中小型至大型；咀嚼式口器；前胸背板发达，中后胸愈合；前翅为复翅，后翅为膜翅，翅脉多网状，少数为短翅或无翅型，后足多为跳跃足，少数前足为开掘足；腹部多 11 节，产卵器发达，瓣状、刀状或矛状，尾须不分节、长或短；雄虫多有翅发音器；一般两性均有听器，生于第一腹节或前足胫节基部。

图 1-8-11　飞蝗 *Locusta migratoria*

（7）螳螂目 Mantodea 螳螂

主要特征：体中至大型，多绿色或褐色。头部三角形可扭转活动，触角长丝形；咀嚼式口器；前胸特长，前足为捕捉足，前翅为复翅，后翅为膜翅，脉网状；腹部 11 节，尾须短而分节，雄虫第 9 腹板后缘有一对刺突（图 1–8–12）。

图 1-8-12　广斧螳 *Hierodula petellifera*

（8）蜚蠊目 Blattodea 蜚蠊（蟑螂）

主要特征：体中至大型，扁平，椭圆形；头小，触角长丝形，咀嚼式口器；前胸背板大，盾形，盖住头或头大部；前翅为复翅，后翅为膜翅，折扇状折于前翅下方，脉网状；步行足发达善爬行；腹部 11 节，尾须粗短而分节，雄虫第 9 节腹面有一对刺突（图 1-8-13）。

图 1-8-13　樱桃蟑螂 *Blatta lateralis*

（9）等翅目 Isoptera 白蚁

分子进化等分析确定蜚蠊目中取食枯木、具亚社会性的隐尾蠊科与等翅目很接近，反而与姬蠊科和硕蠊科等关系较远，因此等翅目目前已被归并到蜚蠊目，是蜚蠊目中营社会性生活的一个类群。这里暂按传统分类予以单独描述。

主要特征：体中小型，有长翅型繁殖蚁（部分种类有短翅型或无翅型繁殖蚁），以及工蚁、兵蚁等类型，营群居社会生活；繁殖蚁复眼发达，非繁殖蚁复眼退化，触角串珠形，咀嚼式口器，兵蚁上颚特化，异常发达，作为御敌工具；三胸节大小相似，有翅 2 对，非繁殖蚁无翅；前、后翅一般均大小相似，停息时平叠于腹部背方，脉多网状，近翅基部有一横缝，分群后均须脱翅，仅留下近三角形的翅鳞；腹部 10 节，外生殖器不外露；尾须短小，第 9 腹板后缘常有一对刺突（图 1-8-14）。

图 1-8-14　黑翅土白蚁
Odontotermes formosanus

（10）纺足目 Embioptera 足丝蚁、蝓（示范针插标本，雌雄各一）

主要特征：体小型，细长，柔软，形似白蚁；头能扭转活动，复眼小，触角串珠形，咀嚼式口器；足粗短，善爬行，前足第一跗节膨大成纺丝器；雌虫无翅，雄虫有翅，雄虫一般有 2 对翅，膜质，脉简单，前、后翅形状相似，停息时平叠于体背；腹部 11 节，尾须短，分 2 节，腹末构造左右常不对称（图 1-8-15）。

图 1-8-15　足丝蚁

（11）竹节虫目（䗛目）Phasmida 竹节虫、叶䗛

主要特征：体中大型，细长如枝干或扁阔如叶片，是拟态的典型；头小，复眼小，触角丝形，或长或短，咀嚼式口器；足细长或扁阔，适合爬行；有翅或无翅，有翅者前翅呈鳞片状或叶片状，后翅折扇状，停息时折叠于前翅下；腹部 10 节，尾须短，不分节（图 1-8-16）。

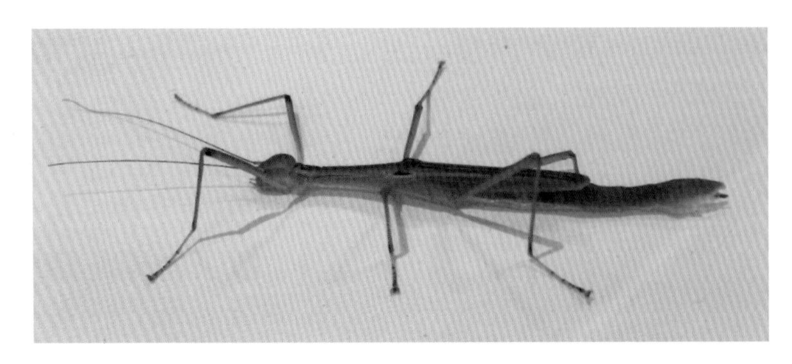

图 1-8-16　竹节虫

（12）半翅目 Hemiptera 蝽（图 1–8–17）、蝉、叶蝉、飞虱、蚜、蚧

同翅目和半翅目分别作为独立的目，与同翅目、半翅目类群组成统一的半翅目，一直是分类学长期并存的两种观点。目前被普遍认可的是它们作为统一的半翅目，绝大多数原半翅目类群归为半翅目异翅亚目，原同翅目类群分为头喙亚目和胸喙亚目。

图 1-8-17　菜蝽
Eurydema dominulus

主要特征：体微小到大型；触角线形、刚毛状或锥状，刺吸式口器，上颚和下颚特化为 4 根口针，下唇特化为喙，大多 3 ～ 4 节；前胸背板发达，中胸明显，背可见小盾片；前翅半鞘翅、覆翅或膜翅，后翅膜翅；异翅亚目的半鞘翅基半部加厚部分常被分为革片和爪片，膜质的端半部称为膜片，膜片上常有翅脉和翅室；无尾须，部分胸喙亚目产卵器发达；陆生异翅亚目胸部腹面常有臭腺。

（13）啮虫目 Psocoptera 啮虫、书虱（针插标本）

主要特征：体小，柔弱；头大，下口式；复眼小，触角长，丝形，咀嚼式口器，上下颚相接处有一凿形附器，唇基大，方形，隆起；前胸小，颈状；有翅或无翅，有翅者为膜翅，前翅大，后翅小，停息时叠于体背呈屋脊状，翅脉简单，各脉多出自 Sc 基部而共柄；腹部 10 节，椭圆形，无尾须，外生殖器不外露（图 1–8–18）。

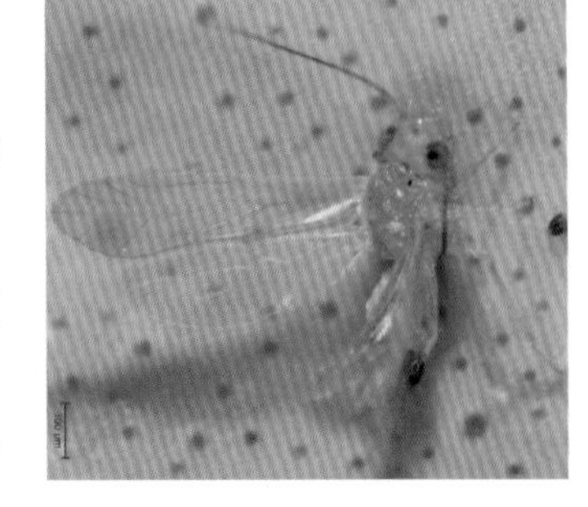

图 1-8-18　啮虫

（14）虱目 Phthiraptera 虱、鸟虱、羽虱（示范玻片标本或浸渍虱标本）

该目的分类地位一直在变化，原来分为刺吸式口器、吸血的虱目（Anoplura）以及咀嚼式口器、取食羽毛和兽毛的食毛目（Mallophaga），后来这两个目被合并为虱目（Phthiraptera）。近年的分子进化分析显示啮虫目中的书虱科与虱目亲缘关系其实很近，不少学者主张将虱目并入啮虫目。

主要特征：体小，扁平；复眼小，无单眼；触角短小，3～5节，吸血类群为刺吸式口器，取食羽毛的类群为咀嚼式口器；无翅，足粗短为攀缘足，跗节1～2节，爪1～2个（羽上生活的为2爪，哺乳动物毛上生活的为1爪），弯成钩状；腹部9～10节，无尾须，无产卵器（图1-8-19）。

图1-8-19 虱

（15）缨翅目Thysanoptera 蓟马（玻片标本）

主要特征：体小型，长形而略扁，坚韧而粗糙；头部下口式；复眼大，各小眼面凸起，两触角基部相接，丝形，上有毛状、孔状、带状感觉器，锉吸式口器；前胸大，中、后胸愈合；翅2对或退化，如具翅则为缨翅，脉退化至少数几条脉；足为步行足，末端有伸缩泡；腹部有11节，纺锤形，无尾须，产卵器锯状或退化（图1-8-20）。

图1-8-20 蓟马

（16）膜翅目Hymenoptera 蜂（图1-8-21）、蚁（针插标本）

主要特征：体微小到大型；头大，复眼发达，触角丝形或膝形，咀嚼式或嚼吸式口器；三胸节紧密愈合，中胸特大；翅膜质，前大后小，以翅钩列连锁，翅脉弯曲复杂或极大简化；腹部一般可见6～7节，细腰亚目的第1腹节并入后胸为“并胸腹节”，第1、2腹节常形成“腹柄”，致使胸、腹部明显隔开；腹部无尾须，产卵器发达或特化成螯刺。

图1-8-21 亚非马蜂 *Polistes hebraeus*

（17）蛇蛉目Raphidiodea 蛇蛉（示范针插标本）

主要特征：体中小型；头部前口式，大而长；复眼圆珠形，触角长，丝形，咀嚼式口器；前胸细长如颈，两对翅均膜质，前翅稍大，停息时叠于体背呈屋脊状，网状脉，具翅痣；腹部10节，无尾须，雌虫有针状产卵器，雄虫有发达的抱握器（图1-8-22）。

图1-8-22 盲蛇蛉 *Inocellia sp.*

（18）广翅目Megaloptera 鱼蛉（图1-8-23）、泥蛉（针插标本）

主要特征：体中到大型；头大，前口式，口器咀嚼式，上颚发达，雄虫尤其发达，触角一般为丝形或羽

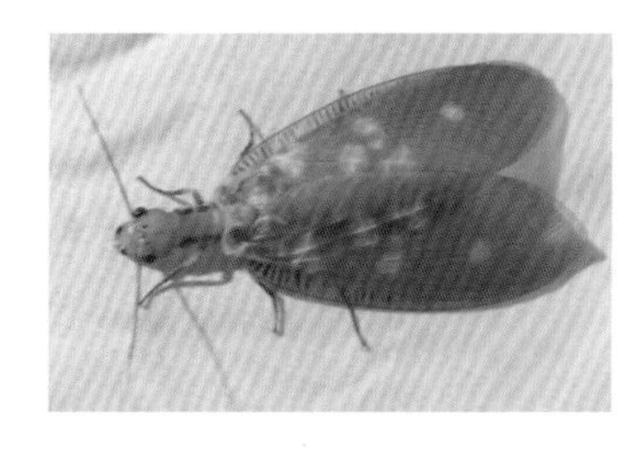
图1-8-23 花边星齿蛉 *Protohermes costalis*

状；前胸背板发达，近方形；两对翅均膜质，脉网状，停息时折叠于腹部背方呈屋脊状；腹部10节，无尾须，外生殖器不外露。

（19）脉翅目 Neuroptera 粉蛉、褐蛉、草蛉（图1-8-24）、蝶角蛉、蚁蛉（针插标本）

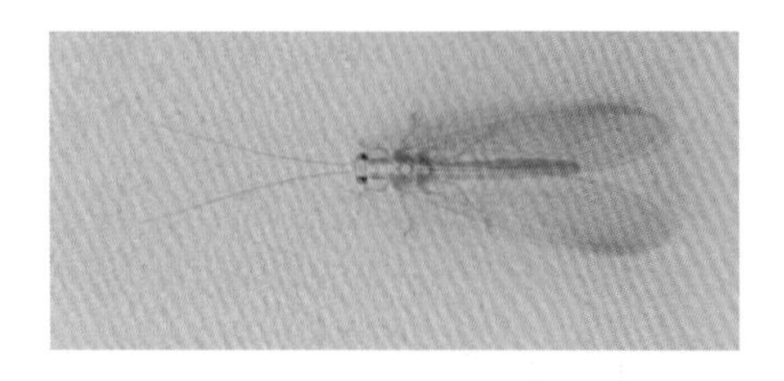
图 1-8-24　草蛉

主要特征：体中型，较柔软；下口式，复眼突出，触角长，丝形、棒形或栉形，咀嚼式口器；两对翅均膜质，脉网状，纵脉端部多副脉，停息时折叠于体背呈屋脊状，常有翅痣；腹部10节，无尾须，外生殖器不外露。

（20）鞘翅目 Coleoptera，统称甲虫，如步行甲、叶甲、天牛、金龟甲（图1-8-25）（针插标本）

图 1-8-25　彩丽金龟 *Mimela sp.*

主要特征：体坚硬；一般无单眼，复眼较发达，触角类型多变，咀嚼式口器；前胸背板发达，中、后胸多愈合，被鞘翅覆盖，仅露中胸小盾片；前翅为鞘翅，后翅为膜翅，后翅停息时纵横折叠于前翅下；腹部背面全部或大部被鞘翅覆盖；腹面可见5～9节，无尾须，外生殖器一般不外露。

（21）捻翅目 Strepsiptera 捻翅虫（图1-8-26）（示范玻片标本）

图 1-8-26　蝙

主要特征：体小型，雌雄异型，寄生昆虫。雌虫长卵形，一般头胸部愈合、扁硬，上有口及一对气门，复眼、触角、足、翅全部退化消失，腹部仅见7节，外裹一囊状物，第2～6节腹面各有一生殖孔。雄虫头部发达，下口式，复眼大，触角4～7节，有旁枝，口器退化；前、中胸小，后胸大，前翅退化成拟平衡棒，后翅大，扇状，脉退化；腹部10节，基部隐藏于后胸小盾片下，无尾须。

（22）双翅目 Diptera 蚊、虻、蝇（图1-8-27）（针插标本）

图 1-8-27　红尾粪麻蝇 *Bercaea cruentata*

主要特征：体多刚毛（鬃）；头后有颈可扭转活动；复眼发达，占据头之大部，舐吸、刺吸式口器；三胸节愈合，中胸特别发达；前翅发达，膜质，后翅特化为平衡棒；无尾须，外生殖器不外露。

（23）长翅目 Mecoptera 蝎蛉（示范针插标本）

主要特征：头部下口式，头向下延长；复眼发达，触角长丝形，咀嚼式口器；前胸小，足细长；两对翅均膜质、狭长，大小、构造相似，翅脉较原始，多横脉；腹部 10 节，有尾须，雄虫末端膨大，上屈如蝎尾，雌虫有产卵器（图 1–8–28）。

图 1-8-28　蝎蛉

（24）蚤目 Siphonaptera 跳蚤（图 1–8–29）（示范玻片标本）

主要特征：体小，坚硬，侧扁，多刚毛；头小，下口式，刺吸式口器；单眼和复眼通常很退化，触角短棒状，仅 3 节，藏于触角窝中；胸部小，但足的各节粗壮强大，善跳跃；翅退化；腹部大，10 节，末节有一背温度感觉器称为臀板，雄虫有一对抱握器。

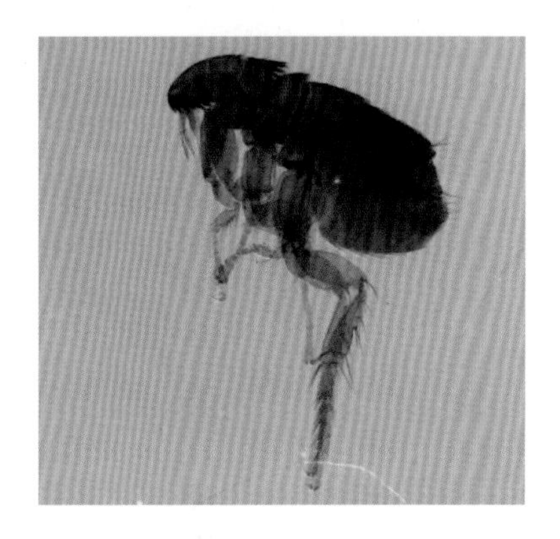

图 1-8-29　跳蚤

（25）毛翅目 Tricoptera 石蛾（图 1–8–30）（示范针插标本）

主要特征：体小到大型；触角长丝形，咀嚼式口器，较退化；翅两对，停息时呈屋脊状，翅面密被刚毛（毛翅），脉序近似假想脉序；腹部圆柱形，无尾须。

（26）鳞翅目 Lepidoptera 蝶、蛾（图 1–8–31）（针插标本）

图 1-8-30　石蛾

图 1-8-31　迹斑绿刺蛾 *Latoia Pastoralis*

主要特征：体微小至特大型，全体密被鳞片及毛；虹吸式口器，触角丝形、栉形、羽形或球杆形；翅为鳞翅，前翅大于后翅，脉序常有中室；腹部 10 节，有的具鼓膜听器，外生殖器不外露。

备注：除上述目外，昆虫纲还有两个目未列在上面，其中螳䗛目Mantophasmatodea我国未发现，蛩蠊目Grylloblattodea国内已知3种，包括采集于吉林长白山的中华蛩蠊、吉林集安市的吉林原蛩蠊和采集于新疆喀纳斯的陈氏西蛩蠊。这两个目缺乏标本，暂不观察。

四、检索表的类型及应用

检索表（Key）是昆虫分类鉴定的工具，广泛应用于各分类单元的鉴定。常用检索表有以下3种，注意：下面内容选了几个昆虫目作为检索表类型区别的例子，不是真正完整的分目检索表。

（一）包孕式（退格式）

这种检索表的优点是明显醒目，缺点是相对性状距离甚远，浪费篇幅。

A、成虫口器咀嚼式
　B、前翅膜翅
　　C、雌腹部末端有螫刺 ······························· 膜翅目
　　CC、雌腹部末端无螫刺 ······························ 脉翅目
　BB、前翅复翅或鞘翅
　　C、前翅复翅，后足跳跃足 ··························· 直翅目
　　CC、前翅鞘翅，后足非跳跃足 ························ 鞘翅目
AA、成虫口器吸收式
　B、翅一对，后翅为平衡棒 ······························ 双翅目
　B、翅两对
　　C、前后翅为鳞翅或缨翅
　　　D、前后翅为鳞翅，口器虹吸式 ······················ 鳞翅目
　　　DD、前后翅为缨翅，锉吸式口器 ····················· 缨翅目
　　CC、前翅为膜质或革质，后翅为膜翅
　　　D、前翅为膜质或革质，刺吸式口器 ·················· 半翅目
　　　DD、前翅短，为革翅，口器咀嚼式 ··················· 革翅目

（二）连续式（二行相对式）

这种检索表也明显醒目，但篇幅比较节省，相对性状还是相离很远，如：

1（8）成虫口器咀嚼式
2（5）前翅膜翅
3（4）雌腹部末端有螫刺 ·································· 膜翅目
4（3）雌腹部末端无螫刺 ·································· 脉翅目
5（2）前翅鞘翅或复翅

6（7）前翅复翅，后足跳跃足 ………………………………………………… 直翅目
7（6）前翅鞘翅，后足非跳跃足 ……………………………………………… 鞘翅目
8（1）成虫口器吸收式
9（10）翅一对，后翅为平衡棒 ……………………………………………… 双翅目
10（9）翅两对
11（14）前后翅为鳞翅或缨翅
12（13）前后翅为鳞翅，口器虹吸式……………………………………… 鳞翅目
13（12）前后翅为缨翅，锉吸式口器……………………………………… 缨翅目
14（11）前翅为膜质或革质，后翅为膜翅
15（16）前翅为膜质或革质，口器刺吸式………………………………… 半翅目
16（15）前翅短，为革翅，口器咀嚼式…………………………………… 革翅目

（三）两项式（一条两项式）

这是目前比较通用的形式，其优点是每对性状互相靠近，便于比较，循着号码检索非常便利，篇幅也节省，缺点是各单元的关系有时不明显，如：

1 成虫口器咀嚼式 …………………………………………………………………… 2
成虫口器吸收式 …………………………………………………………………… 5
2 前翅膜翅 …………………………………………………………………………… 3
前翅复翅或鞘翅 …………………………………………………………………… 4
3 雌腹部末端有螯刺 ………………………………………………………… 膜翅目
雌腹部末端无螯刺 ………………………………………………………… 脉翅目
4 前翅复翅，后足跳跃足 …………………………………………………… 直翅目
前翅鞘翅，后足非跳跃足 ………………………………………………… 鞘翅目
5 翅一对，后翅为平衡棒 …………………………………………………… 双翅目
翅两对 ……………………………………………………………………………… 6
6 前后翅为鳞翅或缨翅 ……………………………………………………………… 7
前翅为膜质或革质，后翅为膜翅 ………………………………………………… 8
7 前后翅为鳞翅，口器虹吸式 ……………………………………………… 鳞翅目
前后翅为缨翅，锉吸式口器 ……………………………………………… 缨翅目
8 前翅为膜质或革质，口器刺吸式 ………………………………………… 半翅目
前翅短，为革翅，口器咀嚼式 …………………………………………… 革翅目

四、作业

（1）试根据本实验 11 个完全变态昆虫目的特征，编制一个简单检索表。

（2）列表归类：有翅亚纲各目的口器和翅的类型。

实验九 蜻蜓目、蜚蠊目（含等翅目）、直翅目、缨翅目的分科

一、目的要求

掌握蜻蜓目、蜚蠊目、直翅目、缨翅目的分类方法以及常见科的形态特征。

二、实验材料

（1）蜻蜓目：蟌、色蟌、蜻、蜓等针插标本。

（2）蜚蠊目：姬蠊（德国小蠊）、蜚蠊（黑胸大蠊）、中华地鳖等针插标本。

（3）等翅目：山林原白蚁（示范）、铲头堆砂白蚁（示范）、黄胸散白蚁、黑翅土白蚁针插标本。

（4）直翅目：蝗虫、马头蝗（短角蝗）（示范标本）、菱蝗、蚤蝼、螽斯、蟋蟀、蝼蛄。

（5）缨翅目：纹蓟马（玻片）、稻蓟马（玻片）、管蓟马（玻片）。

三、内容、方法及步骤

（一）蜻蜓目

观察蜻蜓目昆虫的形态特征，注意其头部的复眼、触角、胸部侧板的构造、翅的构造及脉序、腹部外生殖器的特殊变化，并根据标本形态检索其所属亚目和总科（图 1-9-1）。

图 1-9-1 蜻蜓目 4 个总科代表：a. 蜻；b. 蜓；c. 蟌；d. 色蟌

蜻蜓目主要总科检索表

1 前后翅形状、大小及脉序相似，有四边形室。静止时双翅竖立背方（束翅亚目） …… 2
前后翅不相似，后翅基部常大于前翅，中室分三角室和上三角室，静止时翅平置两侧（差翅亚目） ………………………………………………………………………… 3
2 结前横脉2～4条，弓脉位于翅结与翅基之中间，有显著翅柄 ……………………
……………………………………………………………………… 蟌总科Caenagrioidea
结前横脉5条以上，弓脉位于翅结与翅基之间或较近于翅基部，翅柄不显著 ……
……………………………………………………………………… 色蟌总科Agrioidea
3 上下两列结前横脉多不相接，前后翅的三角室相似，下唇须2节 …………………
……………………………………………………………………… 蜓总科Aeschnoidea
上下两列结前横脉多相接，前后翅三角室形状与位置均不相似 ……………………
……………………………………………………………………… 蜻总科 Libelluloidea

（二）蜚蠊目

观察蜚蠊目昆虫的形态特征，注意观察其复眼形态、前胸背板、口器、前后翅、尾须和雄性针突等部位特征。

（1）鳖蠊科 Corydiidae（Polyphagidae）：体隆起，多无翅，如有翅，后翅臀域小，腿节下方缺刺（光腿）（图 1–9–2）。

图 1-9-2　中华地鳖 *Eupolyphaga sinensis*

（2）姬蠊科 Blattellidae：体小型（短于15mm）；雌第 7 腹板完整，翅常退化，雄腹刺有时不对称，腿节下方有刺（毛腿）。德国小蠊是分布十分广泛的室内卫生害虫（图 1–9–3）。

图 1-9-3　小蠊 *Blattella sp.*

（3）蜚蠊科 Blattidae：体中大型，雌第 7 腹板分裂为 2 瓣，雄左右两腹刺对称，腿节下方有刺（毛腿）（图 1–9–4）。

图 1-9-4　美洲大蠊 *Periplaneta americana*

（三）等翅目

观察白蚁身躯的构造，包括囟的有无、兵蚁前胸背板形状、前翅鳞和后翅鳞及其大小。注意它与蜚蠊的近似构造，以及观察其各型的形态特点。再按分科主要形态特征观察。

（1）木白蚁科Kalotermitidae：头部缺囟；有单眼；前翅鳞大；跗节分为4节；前胸背板平坦，一般宽于头部；有拟工蚁，无真工蚁。如堆砂白蚁（图1–9–5）。

（2）原白蚁科Termopsidae：头部缺囟；缺单眼；前翅鳞大；跗节，背面观为4节，腹面观为5节；前胸背板平，较头部狭窄；有拟工蚁，无真工蚁（图1–9–6）。

（3）鼻白蚁科Rhinotermitidae：头部有囟；有单眼；前翅鳞一般较长；跗节分为4节，极少数3节；翅常具网状脉，无刚毛；前胸背板平；有工蚁（图1–9–7）。

图1-9-5　堆砂白蚁 *Cryptotermes sp.*（李鸿杰摄）

图1-9-6　山林原白蚁 *Hodotermopsis sjostedti*

图1-9-7　黄胸散白蚁 *Frontotermes flaviceps*

（4）白蚁科Termitidae：头部有囟；有单眼；前翅鳞短，翅的脉序减少，翅面没有或仅有微弱的网状纹，刚毛很少；跗节4节，少数3节；工蚁、兵蚁的前胸背板狭窄，前缘翻起；均栖居地下，多有菌圃腔（图1–9–8）。

（a）　（b）

图1-9-8　黑翅土白蚁 *Odontotermes formosanus* 有翅繁殖蚁（a）和白蚁工蚁（b）

（四）直翅目

仔细观察直翅目的蝗虫、菱蝗、螽斯、蟋蟀、蝼蛄及蚤蝼的形态特征（图1–9–9），然后依据下列直翅目分科检索表查出各个昆虫的科名。

直翅目常见科检索表

1 触角丝状，30节以上，常长于或等于体长，后腿节背侧方光滑，听器存在时，位于前足胫节基部，雄虫以两前翅摩擦发音，雌虫产卵器长形，呈刀状、剑状、矛状或退化（剑尾亚目Ensifera）……………………………………………………2

触角短于体长，30节以下，后腿节背侧方有纵隆脊或粒状突，听器存在时，位于第1腹节两侧。雄虫以后腿节摩擦前翅径脉等发音，雌虫产卵器粗短，瓣状（锥尾

图 1-9-9 直翅目常见 6 个科：a. 螽斯；b. 蟋蟀；c. 蝼蛄；d. 蝗；e. 菱蝗；f. 蚤蝼

亚目Caelifera）……………………………………………………………………………4

2 跗节4节，雌虫产卵器剑状、刀状 ……………………………… 螽斯科Tettigoniidae

跗节3节，雌虫产卵器针状、长矛状或退化 ……………………………………………3

3 前足开掘足、后足步行足，雌虫产卵器不外露，听器狭缝状………………………
…………………………………………………………………………… 蝼蛄科Gryllotalpidae

前足步行足、后足跳跃足，雌虫产卵器针状、矛状，有前翅发音器和胫节听器
……………………………………………………………………………………… 蟋蟀科Gryllidae

4 体中～大型，前胸背板不向后极度伸长，最多仅能盖住中后胸背。跗节式3–3–3，有爪间突（中垫），有发音器和腹听器 ……………………………… 蝗科Locustidae

体小型，跗节式2–2–3或2–2–1，缺爪间突，缺发音器和腹听器 ………………… 5

5 前胸背板向后极度伸长，常超过腹末，前翅小鳞片状，后翅发达，纵折于前胸背板下，前足步行足，跗节式2–2–3………………………… 蚱（菱蝗）科Tettigidae

前胸背板不向后极度伸长，跗节式2–2–1，后足腿节很大善跳，前足开掘足……
………………………………………………………………………… 蚤蝼科Tridactylidae

（五）缨翅目

观察蓟马的翅面、触角、产卵器形态，然后先区分缨翅目的两个亚目，再分别观察各标本蓟马所属的科名，注意其分科的主要特征。

缨翅目总科检索表

1 雌虫无特殊产卵器，腹部末节雌雄均呈管状，翅缺或前、后翅相似，前翅仅有一中央纵脉，但不达翅顶，翅面缺细微毛（管尾亚目 Tubulifera）………………………………………………………………………………管蓟马总科 Phlaeothripoidea

雌虫有锯齿状产卵器，雌虫腹部末节圆锥形，一般有翅，前翅至少有一前缘脉及一纵脉，伸达翅基至翅顶间，翅面有细微毛（锥尾亚目Terebrantia） ……………… 2

2 前翅阔，翅顶圆，有横脉及环脉，产卵器向上弯曲 …… 纹蓟马总科Aeolothripoidea

翅一般狭尖，无横脉，产卵器向下弯曲 ……………………………… 蓟马总科Thripoidea

（1）纹蓟马科 Aeolothripidae：虫多呈暗褐色，翅常有白色或暗色花纹；单眼 3 个，触角 9 节，第 3、4 节有长形感觉锥；前翅阔，翅顶圆，有横脉及环脉；产卵器发达，向上弯曲。捕食性蓟马（图 1–9–10）。

（2）蓟马科 Thripidae：体较扁平；触角 6 ～ 8 节，第 6 节一般最长，第 3 及第 4 节上常有感觉锥；翅一般狭尖，有的缺翅；雌虫腹末节锥形，产卵器发达，向下弯曲（图 1–9–11）。

（3）管蓟马科 Phlaeothripidae：体暗褐色或黑色，常有白色或暗色之翅；头前部圆形，触角 8 节，少数种类 7 节，有感觉锥，末节管状，后端狭，有较长的刺毛；翅表面光滑无毛，前翅无翅脉（图 1–9–12）。

图 1-9-10 建水密纹蓟马 *Streothrips jianshuiensis*（张宏瑞提供）

图 1-9-11 花蓟马 *Frankliniella intonta*

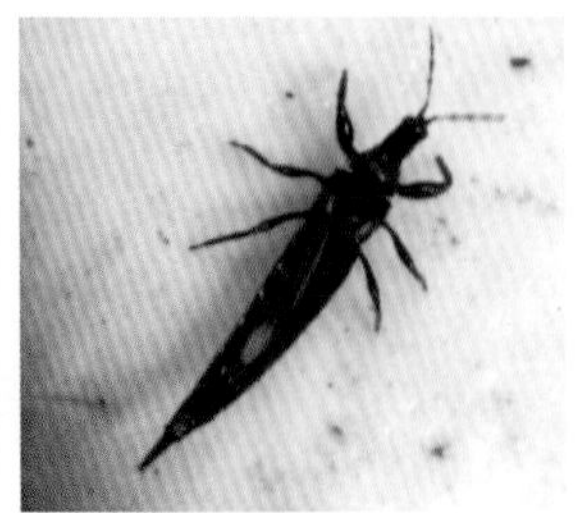

图 1-9-12 榕管蓟马 *Gynaikothrips uzeli*

四、实验作业

（1）试以蝗虫、菱蝗、螽斯、蟋蟀、蝼蛄、蚤蝼为例，列表比较各科特征。

（2）列表比较蜻、蜓、蟌、色蟌的特征，并绘制蜻、蜓翅的特征图。

（3）试选择任何一种蓟马，绘触角、前翅及腹部末端图。

实验十 半翅目的常见科识别

一、目的要求

掌握半翅目的分类方法、各亚目以及常见科的形态特征。

二、实验材料

蝉、角蝉、沫蝉、叶蝉、飞虱、蜡蝉、广翅蜡蝉、象蜡蝉、蛾蜡蝉、木虱、粉虱、倍蚜、绵蚧、粉蚧、蜡蚧、盾蚧、蝎蝽、负子蝽、划蝽、仰泳蝽、臭虫（玻片）、盲蝽、猎蝽、网蝽、长蝽、缘蝽、蝽。

三、内容、方法及步骤

先观察半翅目昆虫的形态特征（图 1–10–1），特别注意观察口器结构、着生位置，翅的分区和产卵器情况，然后依次观察半翅目各标本的形态特征，并按检索表查出它们所属的总科，再对照各科的特征。

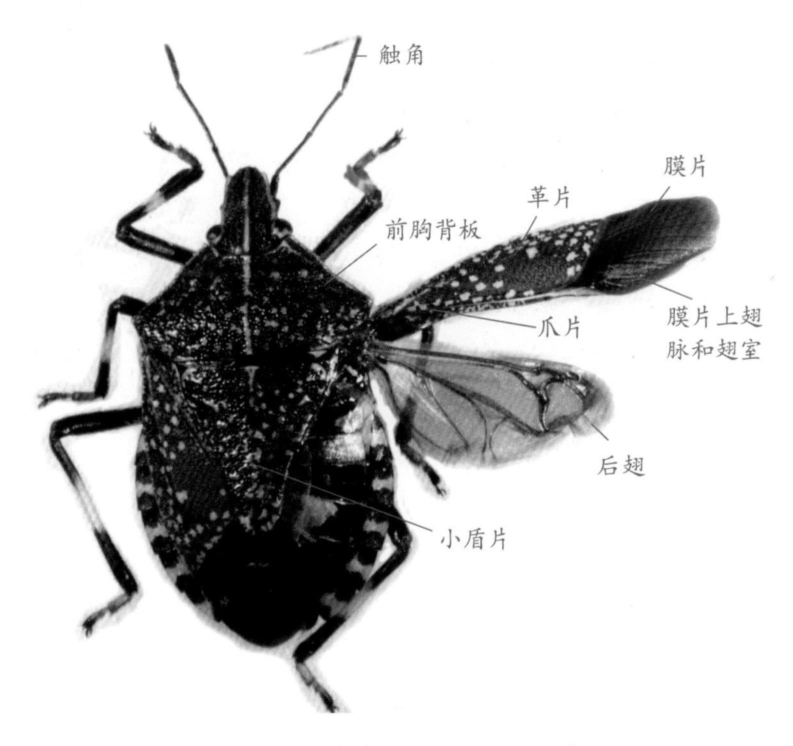

图 1-10-1 麻皮蝽 *Erthesina fullo* 特征

（一）半翅目分亚目

半翅目目前分为异翅亚目 Heteroptera、头喙亚目 Auchenorrhyncha、胸喙亚目 Sternorryncha 和鞘喙亚目 Coleorrhyncha 等 4 个亚目，其中鞘喙亚目数量很少，取食苔藓，只分布于澳洲。

半翅目分亚目检索表

1（2）喙从头部前下方长出，前翅半鞘翅，雌虫产卵器有2对产卵瓣，触角线形 ……………………………………………………………………… 异翅亚目 Heteroptera

2（1）喙从头部后下方或两前足基节间长出，前翅膜质或革质，雌虫产卵器锯状或缺，触角线形或刚毛形……………………………………………………………… 3

3（4）喙从头部后下方长出，触角短，刚毛状或锥状，前翅有明显的爪片，跗节3节 …………………………………………………………………… 头喙亚目 Auchenorrhyncha

4（3）喙从头部后两前足基节间长出，触角线形，跗节2节以下，或触角与足完全退化…………………………………………………………… 胸喙亚目 Sternorrhyncha

（二）异翅亚目常见科

（1）黾蝽科 Gerridae：体腹有银白色疏水毛，翅常消失，革区和膜区不分，体足细长，后足腿节远超过腹末（图 1–10–2），游弋水面。

（2）划蝽科 Corixidae：头宽于前胸，后端套于前胸前缘，前足杓状，跗节式 1–1–2（图 1–10–3）。

（3）蝎蝽科 Nepidae：体常细长，触角 3 节，呼吸管长，不能伸缩，前足为捕捉足，中后足为步行足，跗节式 1–1–1（图 1–10–4）。

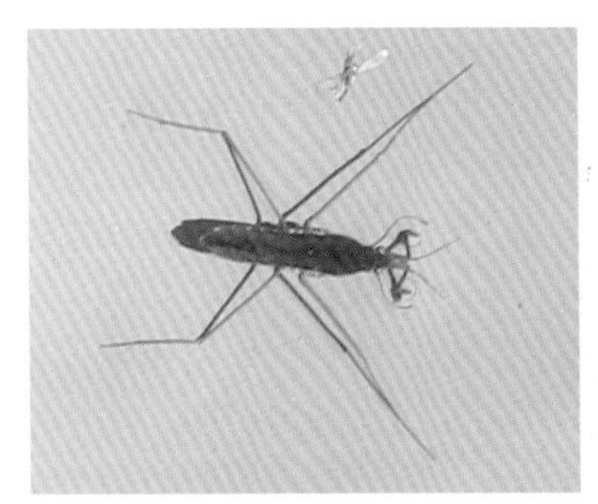

图 1-10-2　黾蝽
Aquarius sp.

图 1-10-3　四纹小划蝽
Micronecta quadristrigata

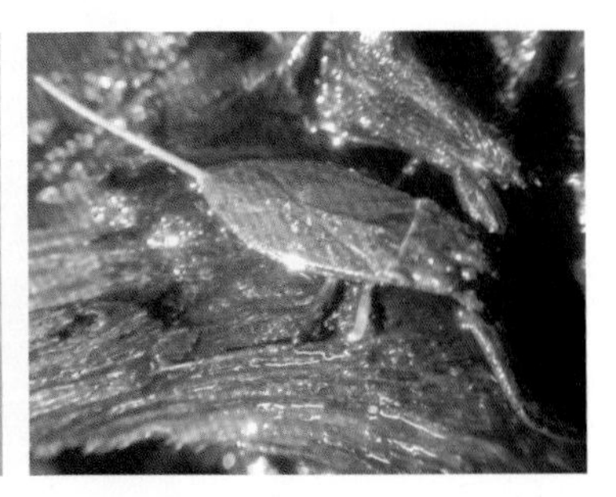

图 1-10-4　蝎蝽
Laccotrephes sp.

（4）仰泳蝽科 Notonectidae：头狭于前胸，后端陷于前胸内，体背隆起如船底状，后足长为游泳足，跗节式 2–2–2（图 1–10–5）。在水中仰泳。

（5）田鳖科（负子蝽科）Belostomatidae：体大而扁阔，触角 4 节，呼吸管短且扁，能伸缩，中后足为游泳足，跗节式 1–2–2（图 1–10–6）。

（6）猎蝽科 Reduviidae（食虫蝽科）：头后有细颈，喙 3 节，粗壮而弯曲，有单眼，跗节 3 节，翅有 2 ～ 3 个闭室，2 ～ 3 条纵脉，膜区比例大，前胸腹板有 1 纵沟，腹侧缘发达（图 1–10–7）。

（7）臭虫科 Cimicidae：体扁多短毛，红褐色，翅退化，外寄生性（图 1–10–8）。

图 1-10-5　仰泳蝽
Notonecta sp.

图 1-10-6　负子蝽
Diplonychus sp.

图 1-10-7　云斑瑞猎蝽
Rhynocoris incertus

（8）花蝽科 Anthocoridae：体微小，有单眼，前翅具楔片，膜区仅有不很明显的纵脉 1 ～ 3 条（图 1-10-9）。

（9）盲蝽科 Miridae：无单眼，半鞘翅具楔片，膜质区基端有 2 个闭室，跗节 2 节（图 1-10-10）。大多数为害植物，也有的是害虫天敌。

（10）网蝽科 Tingidae：体微小，无单眼，前胸背板及前翅面具网状花纹，前翅质地均一，不能分出膜片（图 1-10-11）。

（11）缘蝽科 Coreidae：体一般细长，中胸小盾片三角形，不达膜质部，前翅膜区基部有横脉，在横脉上长出 5 条以上纵脉（图 1-10-12）。

（12）长蝽科 Lygaeidae：体多细长，细而直，有单眼，半鞘翅膜质部仅 4 ～ 5 条纵脉，小盾片后端不达膜质部（图 1-10-13）。

（13）蝽科 Pentatomidae：体椭圆形，喙 4 节，中胸小盾片舌形，达半鞘翅膜质部，前翅膜区基部有横脉，在横脉上长出 5 条以上纵脉（图 1-10-14）。多植食性。

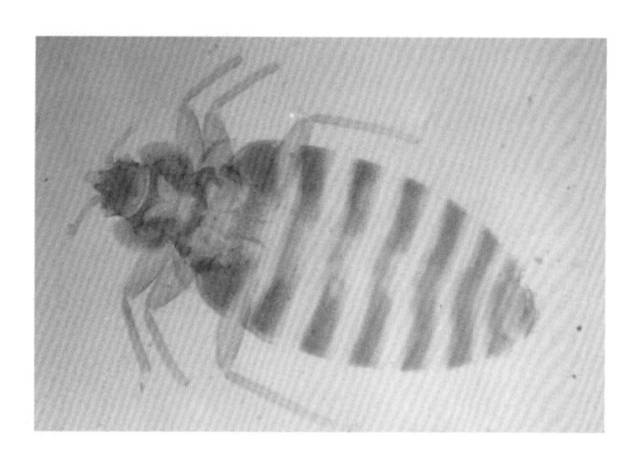
图 1-10-8　臭虫

图 1-10-9　南方小花蝽 *Orius strigicollis*

图 1-10-10　黑肩绿盲蝽 *cyrtorrhinus lividipenis*

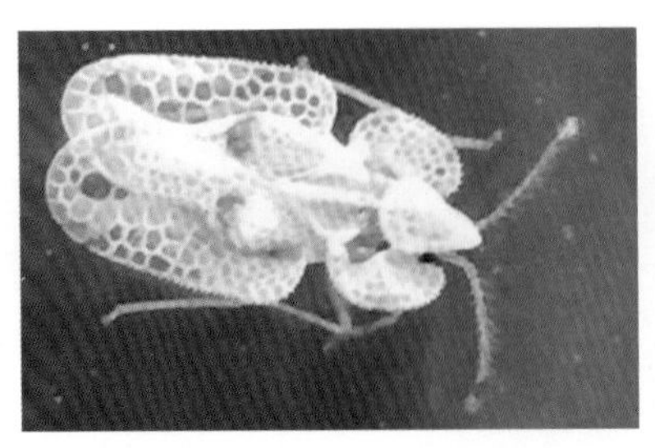

图 1-10-11　悬铃木方翅网蝽
Corythucha ciliate

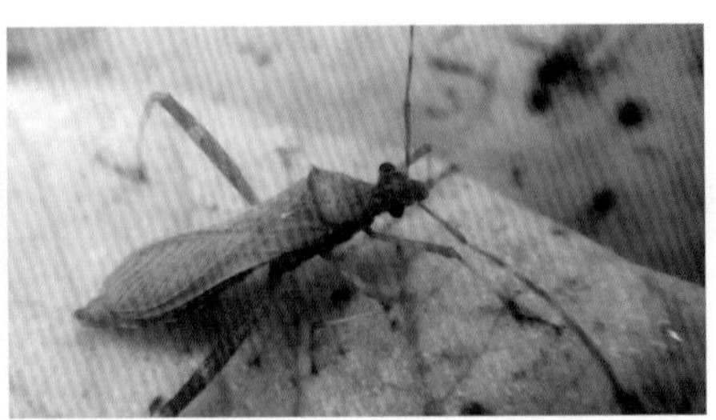

图 1-10-12　点蜂缘蝽
Riptortus pedestris

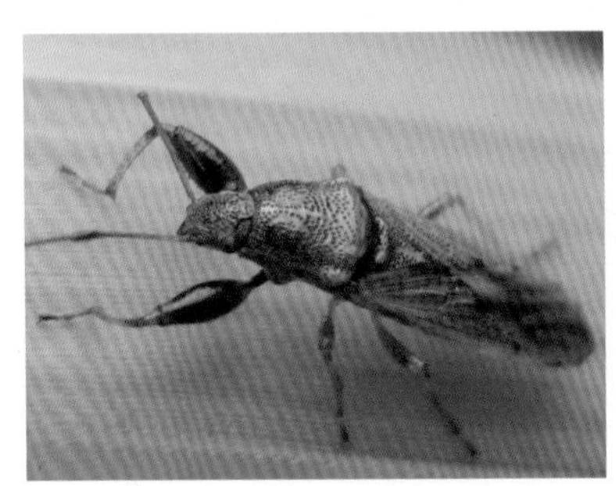

图 1-10-13　长须梭长蝽
Pachygrontha antennata

图 1-10-14　茶翅蝽
Halyomorpha halys

（三）头喙亚目总科和常见科

头喙亚目可以分为蝉总科、角蝉总科、叶蝉总科、沫蝉总科和蜡蝉总科等，但目前已有不少分类系统把叶蝉总科并入角蝉总科。而蜡蝉总科是一个很大的总科，包括了飞虱科、蜡蝉科等重要类群。

头喙亚目 Auchenorrhyncha 总科检索表

1 单眼3个，前足腿节粗，下方多刺，无中垫。雄性常有发音器，位于腹部基部
………………………………………………………… 蝉总科Cicadoidea

单眼2个或无，前足不如上述，中垫发达，后足能跳跃，无发音器 ……………… 2

2 前胸背板畸形发达，通常向后延伸盖住小盾片 …………… 角蝉总科Membracoidea

前胸背板正常，不向后延伸盖住小盾片 ………………………………………… 3

3 后足基节长，扩展到腹板的侧缘，胫节有纵脊突起，生有2列以上的刺毛，触角鬃状 ………………………………………………… 叶蝉总科Cicadellaidea

后足基节短，不向侧面扩张，胫节没有成列的刺毛，但有侧刺和端刺，触角锥状 4

4 中足基节短，左右互相接近，后足基节活动，前翅前缘基部没有肩板 …………
………………………………………………………… 沫蝉总科Cercopoidea

中足基节长，着生在体侧，互相远距，后足基节固定不活动，前翅前缘基部有肩板
………………………………………………………… 蜡蝉总科Fulgoroidea

（四）常见科简介

（1）蝉科 Cicadidae：体中到大型，复眼发达，单眼 3 个，触角鬃形，雄虫腹基节一般具发音器及听器，雌虫一般仅有听器，产卵器发达（图 1–10–15）。

（2）角蝉科 Membracidae：体小到中型，形状特殊，单眼 2 个，位于复眼之间，触角鬃状，前胸特化，变为各种畸形的延伸或突起，通常盖住中胸或腹部（图 1–10–16）。

（3）沫蝉科 Cercopidae：体卵形，常隆起，单眼 2 个，前胸背板大，中胸小盾片外露。前翅革质，长过腹部，后翅径脉近端部分叉形成一端室，后足胫节有 2 侧刺。第 1、2 跗节也有端刺（图 1–10–17）。

图 1-10-15　黑蚱蝉 *Cryptotympana atrata*

图 1-10-16　三刺角蝉 *Tricentrus sp.*

图 1-10-17　东方丽沫蝉 *Cosmoscarta heros*

（4）叶蝉科 Cicadellidae：体小型，狭长或较扁，触角鞭毛形，生于两复眼间，单眼 2 个，少数缺如。前翅质地较厚，色彩较明显。3 对足胫节均棱角形，后足胫节有 1 ～ 2 列刺，爪间突较大，跗节式 3–3–3，善跳跃，有横走习性（图 1–10–18）。

图 1-10-18　琼凹大叶蝉 *Bothrogonia qiongana*

（5）蜡蝉科 Fulgoridae：体中到大型，色泽多艳丽，额延长，前翅端区翅脉多分叉、多横脉、呈网状，后翅臀区翅脉呈网状（图 1–10–19）。

（6）广翅蜡蝉科 Ricanidae：体中型，似蛾，头部通常比胸部阔，中胸背板很大，前翅宽大，翅脉细，放射状，前缘区有很多横脉，多不分叉。爪片的脉上没有颗粒，后足第 1 跗节短（图 1–10–20）。

图 1-10-19　斑衣蜡蝉 *Lycorma delicatula*

（7）蛾蜡蝉科 Flatidae：体型与广翅蜡蝉科很相似，头部比前胸狭，体色多碧绿、黄或玉白色，中胸背板很大，前翅阔大，前缘横脉多分叉。爪片的脉纹上多颗粒状突起（图 1–10–21）。

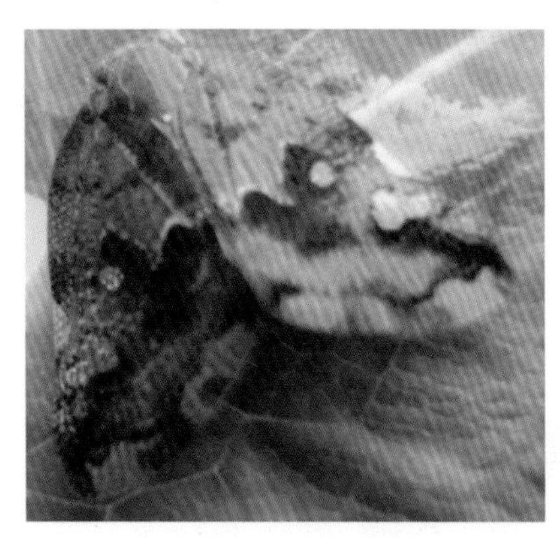

图 1-10-20 八点广翅蜡蝉
Ricania speculum

图 1-10-21 碧蛾蜡蝉
Geisha distinctissima

（8）飞虱科 Delphacidae：均小型，能跳跃，后足胫节末端有一显著而且能活动的扁平的距，触角短，锥状，翅透明，不少种类有长翅型和短翅型（图 1–10–22）。

（9）象蜡蝉科 Dictyophoridae：体中小型，有细长的足和狭长的翅。头极度延长成象鼻状，单眼 2 个，翅脉在端部多分叉及横脉，略呈网状，前翅有翅痣（图 1–10–23）。

图 1-10-22 白背飞虱
Sogatella furcifera

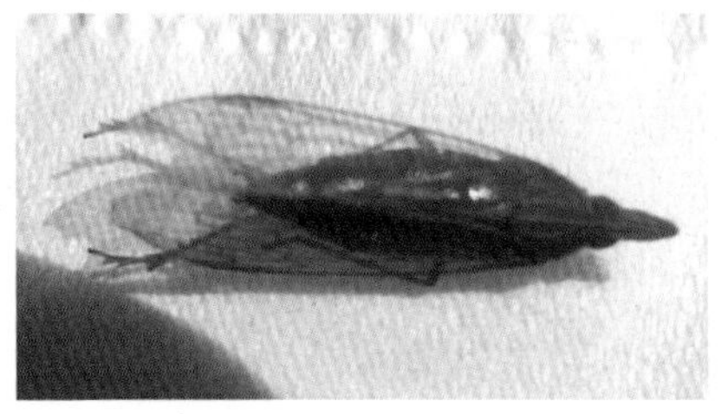

图 1-10-23 绿象蜡蝉
Tenguna watanabei

（五）胸喙亚目总科和主要科

胸喙亚目可分为木虱总科、粉虱总科、蚜总科和蚧总科，其中蚜总科和蚧总科种类繁多。

胸喙亚目 Sternorrhyncha 总科检索表

1 跗节2节，2节同样发达，两性均有翅 ………………………………………………… 2
  跗节1节或2节，但第一节退化，或足完全退化，有无翅的个体或世代 …………… 3
2 触角10节，末端有2根刚毛，前翅革质或膜质，有明显的爪片，主脉有3个叉状的分支，雄虫腹末端背面伸出管状的载肛突及弯曲的阳茎，雌虫末端有背腹2生殖板，

呈鸟喙状 …………………………………………………………………… 木虱总科Psylloidea

触角7节，前翅膜质，没有爪片，主脉简单，腹部末节背面有皿状孔、盖片及舌状突。雄虫末端伸出成对的抱握器及阳茎。雌性腹末有3个生殖瓣 ……………… ……………………………………………………………………… 粉虱总科Aleyrodoidea

3 触角3～6节，有明显的感觉器，翅如有，2对，前翅有翅痣，翅脉有4个以上分支，腹部常有腹管 …………………………………………………………………… 蚜总科Aphidoidea

触角节数不定，没有明显的感觉器，雄虫有翅1对，翅脉2分支，没有翅痣，腹部没有腹管，雌虫无翅，足及触角也常退化 ………………………………… 蚧总科Coccoidea

（1）木虱科Psyllidae：体小，质较硬，活泼，善跳，头宽于长，复眼发达，单眼3个，喙3节，触角9～10节，生于复眼间前方，末端有刚毛2根。雌雄均有2对翅，前翅革质或膜质，有爪片，R、M及Cu脉在基部长距离愈合成主干，M、Cu各2分支。雌虫腹末有背腹2生殖板，合成鸟喙状，内包产卵器。雄虫第9腹板大，为下生殖板，第10节在第9节背面，形成管状的载肛突，背板骨化，末端有肛门开口，载肛突后方有一膝状的阳茎及一对铗，为抱握器（图1-10-24）。

（2）粉虱科Aleyrodidae：微小型种类，两性均具翅，单眼2个，触角7节。前翅最多只有R、M、Cu三条翅脉，后翅只有一条翅脉。跗节2节，有2爪及1中垫，腹部第9节背面凹入，称为皿状孔（Vesiform），中间有第10节背板［称盖片（Operculum）］及一管状的肛下片［称唇舌（Lingula）］。雌虫有3片产卵瓣（图1-10-25）。

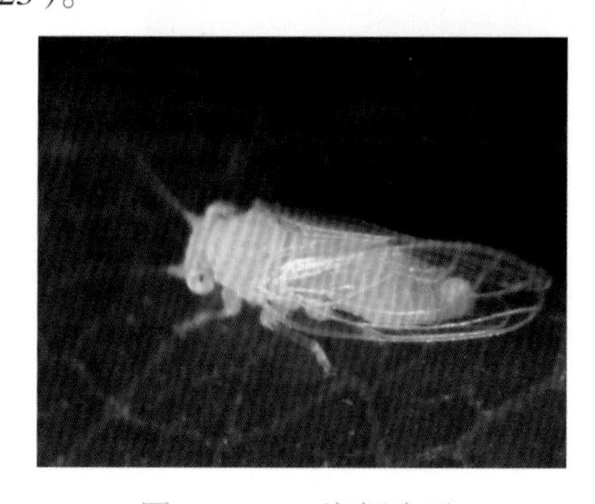

图1-10-24　海桐木虱

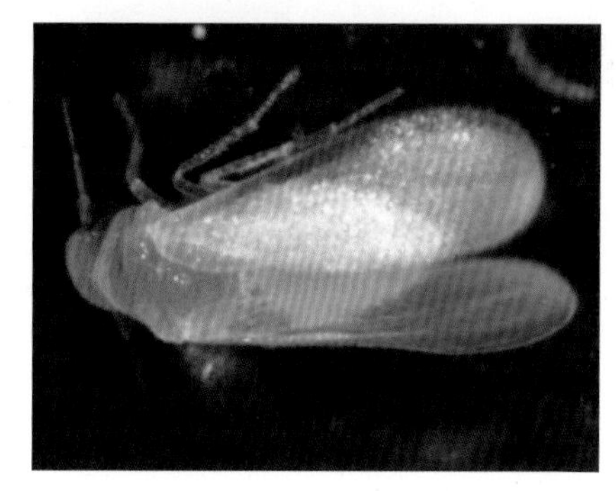

图1-10-25　烟粉虱*Bemisia tabaci*

（3）倍蚜科（绵蚜科）Eriosomatidae（=Pemphigidae）：有蜡腺，分泌白色绵状白蜡，触角的次生感觉圈呈横带状或不规则的圆环形。有性蚜，其体小、无口器、无翅；而有翅的孤雌生殖蚜的前翅Rs分支，M脉分2支（基部愈合），Cu脉与A脉单独分出。腹管全缺或退化。其第1寄主均为木本，产生虫瘿、拟虫瘿、卷叶或疣，第2寄主多为草本植物。如五倍子蚜虫，第1寄主为盐肤木，第2寄主为苔藓植物，触角6节或5节（图1-10-26）。

（4）蚜科 Aphididae：体小而弱，有翅或无翅，裸体或被蜡质分泌物，有单性及两性型，分泌甘露，有腹管（Cormicles），形状不同，腹端有尾片（Couda），触角长，通常 6 节，少数 5 节或 3 节，末节中部突然变细，明显分为基部和鞭部，在基部的顶端和鞭部交界处有一个大型或数个小型感觉孔，称为原生感觉孔，第 3 ～ 6 节基部可能还有圆形、椭圆形的次生感觉孔，其数目和分布可作为种的特征。有翅蚜的翅脉特征是：前翅 R1 和 Rs 分离，M脉有 2 ～ 3 个分支，Cu与A脉分离，后翅由一条纵脉上分出 R、M、Cu（图 1-10-27）。

图 1-10-26　角倍蚜
Schlechtendalia chinensis

（5）绵蚧科 Margarodidae：体较大，常见者 3.5 ～ 16mm，雌虫常为椭圆形，体壁有弹性，常有蜡粉，体节明显，触角通常 6 ～ 11 节。足发达，腹部气门 2 ～ 8 对。肛门周围无明显的肛环及刺毛。分泌腺孔有多种形式，产卵期有的具有卵袋，胸足跗节 1 节，少数 2 节，能爬行。雄虫触角 7 ～ 13 节，有复眼及单眼，大多有 1 对前翅，后翅类似平衡棒，少数种类翅消失（图 1-10-28）。

图 1-10-27　豌豆修尾蚜
Megoura japonica

图 1-10-28　绵蚧

（6）粉蚧科 Pseudococcidae：雌虫体壁通常柔软，被有蜡粉，有时体侧的蜡粉突出呈线状，腹部末节有 2 瓣状突起，其上各有一根刺毛，称为臀瓣刺毛，肛门周围有骨化环，上生 6 根刺毛，仅有胸部气门 2 对，产卵时有卵袋。触角 5 ～ 9 节，有时退化。有单眼或缺，口喙 1 ～ 3 节，足正常，少数退化。雄虫有翅或缺。触角 3 ～ 10 节，单眼 4 ～ 6 个，无复眼。腹末前节有 2 个柱状腺排出 2 条细长蜡丝，交配器短，基部粗（图 1-10-29）。

（7）蚧科 Coccidae：雌虫体圆形或长卵形，扁平或半球形、圆球形，体坚硬或有弹性。裸或被蜡，体背面不分节，有足和触角，触角通常 6 ～ 8 节，有时退化。喙 1 节，仅有胸部气门 2 对，具 2 ～ 3 根气门刺。腹末端有深的裂缝，即臀裂（肛裂），肛门盖有 2 块三角形骨片，称肛板（三角板），其上有圆盘状孔和 6 ～ 8 根刚毛。雄虫有翅，触角 10 节，单眼 4 ～ 12 个，足正常（图 1–10–30）。

图 1-10-29　扶桑绵粉蚧
Phenacoccus solenopsis

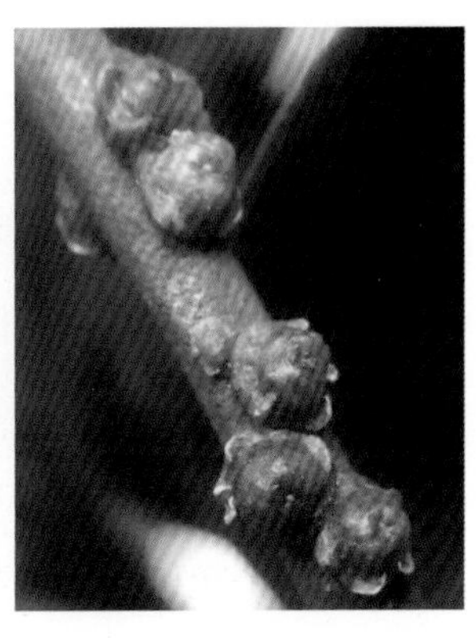

图 1-10-30　红蜡蚧
Ceroplastes rubens

（8）盾蚧科 Diaspididae：若虫及雌成虫均被介壳。雌虫背面有 2 层蜕皮（1 龄及 2 龄若虫的蜕皮）和一层丝质分泌物重叠而成，体盖在介壳下，头与前胸愈合。中、后胸及腹部前节分节明显，后数节常愈合成一整块骨板，称臀板。臀板背面有肛门，腹面有生殖孔以及大小不同的圆柱形腺管的孔。臀板边缘有成对的附器分布：臀叶、臀栉、腺刺。触角退化成疣状，胸部气门 2 对，喙 1 节，足退化，大多缺单眼，体长 0.9 ～ 1.5mm。雄成虫多有刺，触角 10 节，小眼 4 ～ 6 个，腹末交配器狭长。1 龄若虫分泌 1 扁平介壳。2 龄若虫和伪蛹也有介壳，但只有一层蜕皮和一层分泌物造成，缺复眼（图 1–10–31）。

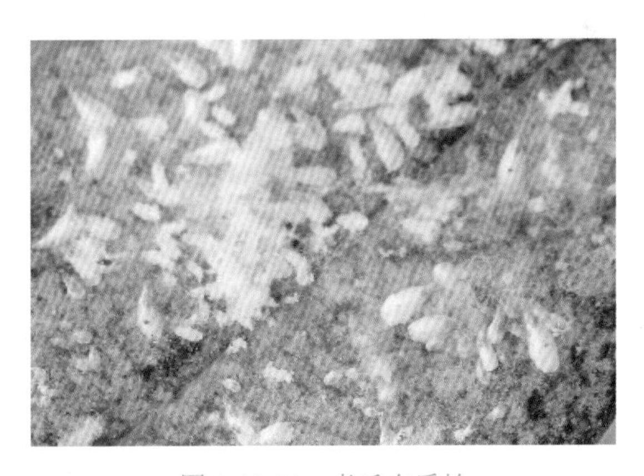

图 1-10-31　考氏白盾蚧
Pseudaulacaspis caspiscockerelli

四、作业

（1）绘一种叶蝉后足简图。

（2）绘一种飞虱后足简图。

（3）绘一种蚜虫的前、后翅简图，并注明各脉名称。

（4）列表比较异翅亚目各常见科的主要特征。

实验十一 脉翅目和膜翅目的常见科识别

一、目的要求

掌握脉翅目和膜翅目的分类方法，膜翅目 2 亚目以及常见科的形态特征。

二、实验材料

（1）螳蛉、褐蛉、溪蛉、草蛉、蚁蛉、蝶角蛉、粉蛉（示范）针插标本。

（2）叶蜂科、三节叶蜂、茎蜂（示范）、树蜂（示范）、姬蜂、茧蜂、瘿蜂、小蜂、蚁、泥蜂、土蜂、胡蜂、马蜂、蜾蠃、青蜂、蜜蜂、熊蜂、木蜂等针插标本。

（3）赤眼蜂（玻片示范）、金小蜂、缨小蜂、缘腹细蜂（玻片示范）等玻片标本。

三、内容、方法及步骤

（一）脉翅目

先观察脉翅目昆虫的形态特征，特别注意观察其触角长度和类型、单眼数量、前足类型、翅脉的前缘横脉和翅面是不是被有粉状物，然后按检索表查出标本所属的科。

脉翅目常见科检索表

1 体和翅均有白粉，翅缘不分叉，前缘无横脉列，体多小型 ……………………………
……………………………………………………………… 粉蛉科Coniopterygidae

体翅无白粉，翅脉近翅缘多分成小叉，前缘有横脉列，体多中大型 ……………… 2

2 触角末端膨大，呈棒状或球杆状 …………………………………………… 10

触角为丝状，念珠状或栉状，末端均不膨大 …………………………………… 3

3 前胸很长，前足为捕捉足 ……………………………………… 螳蛉科Mantispidae

前胸不长，前足非捕捉足 ………………………………………………………… 4

4 雄虫触角栉状，雌虫有长产卵管 ……………………………… 栉角蛉科Dilaridae

雌、雄虫触角相同，丝状或念珠状，雌虫无长产卵管 …………………………… 5

5 前翅至少有两条Rs，由R脉上分出 ……………………………… 褐蛉科Hemerobiidae

前翅只有一条Rs，由R分出再分为许多条 ……………………………………… 6

6 有单眼 ……………………………………………………………… 溪蛉科Osmylidae

无单眼 ………………………………………………………………………… 7

7 翅极宽，Sc、R_1、R_5三条纵脉平行形成一中肋，触角很短 …… 蝶蛉科Psychopsidae

翅不宽，无中肋（mid-rib），触角细长 ……………………………………… 8

8 翅缘在脉间有缘饰 ………………………………………………………… 9

翅缘在脉间没有缘饰 ………………………………………… 草蛉科Chrysopidae

9 后翅Cu1有很长一段与翅后缘平行 …………………………………… 鳞蛉科Berothidae
后翅Cu1不与后缘平行 ……………………………………………………… 水蛉科Sisyridae
10 触角短于体长的1/2，棒状 ………………………………………… 蚁蛉科Myrmeleontidae
触角至少为体长的2/3，细长，末端膨大 ……………………… 蝶角蛉科Ascalaphidae

脉翅目重要科特征如下：

（1）草蛉科Chrysopidae：体多黄色、绿色、灰白色和红色，触角线状，前翅前缘横脉不分叉。幼虫称蚜狮，著名天敌（图 1-11-1a）。

（2）褐蛉科Hemerobiidae：体翅常为黄褐色，触角念珠状，约等翅长或至少过翅一半。双翅多具有褐色斑纹，前翅前缘区横脉多分叉（图 1-11-1b）。

（3）螳蛉科Mantispidae：前足为捕捉足，头部和胸部像螳螂，腹部类似黄蜂（图 1-11-1c）。

（4）蝶角蛉科Ascalaphidae：体型似蜻蜓，触角球杆状，似蝴蝶触角（图 1-11-1d）。

（5）蚁蛉科Myrmeleontidae：形似蟌，触角短棒形，小于1/3体长，翅多深色斑，幼虫在沙土上挖筑陷阱，捕蚂蚁等，称为蚁狮。蚁蛉科是脉翅目最大一科（图 1-11-1e）。

图 1-11-1　脉翅目常见科：a. 草蛉科；b. 褐蛉科；c. 螳蛉科；d. 蝶角蛉科；e. 蚁蛉科

（二）膜翅目

膜翅目昆虫重点观察是否有腹柄、触角节数和类型、口器类型（咀嚼式和嚼吸式）、前胸背板是否到达翅基片、胸部背面和侧面沟的分布，翅的脉序、翅室、翅痣以及翅面毛的分布排列，并胸腹节，足的转节数量、胫节端距数量、跗节数量，腹部节数和形状，产卵器形状和伸出位置（图 1–11–2、图 1–11–3）。

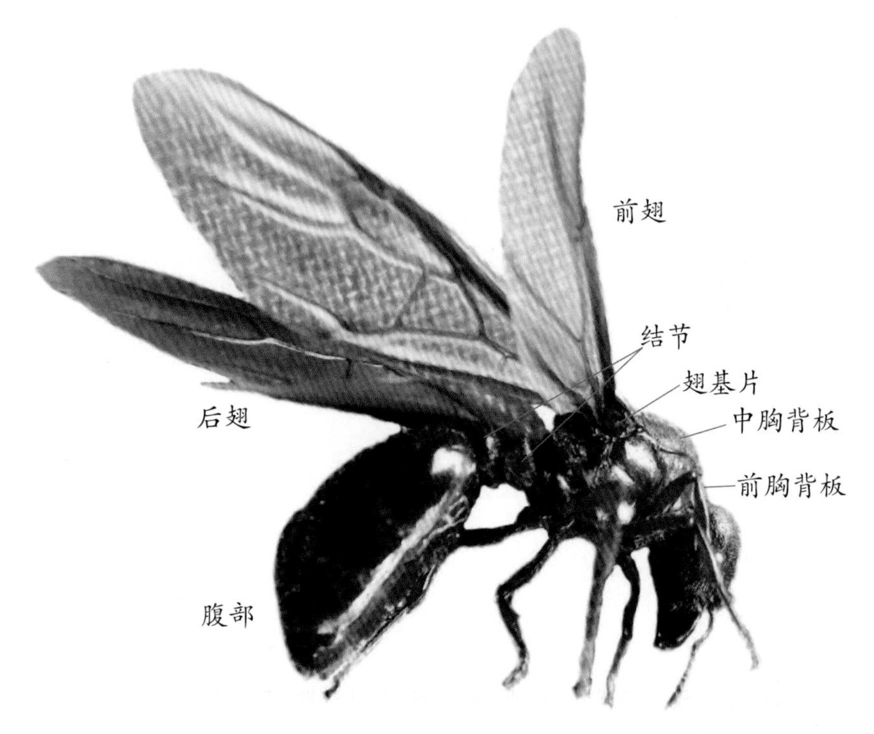

图 1-11-2　一种切叶蚁的有翅繁殖蚁

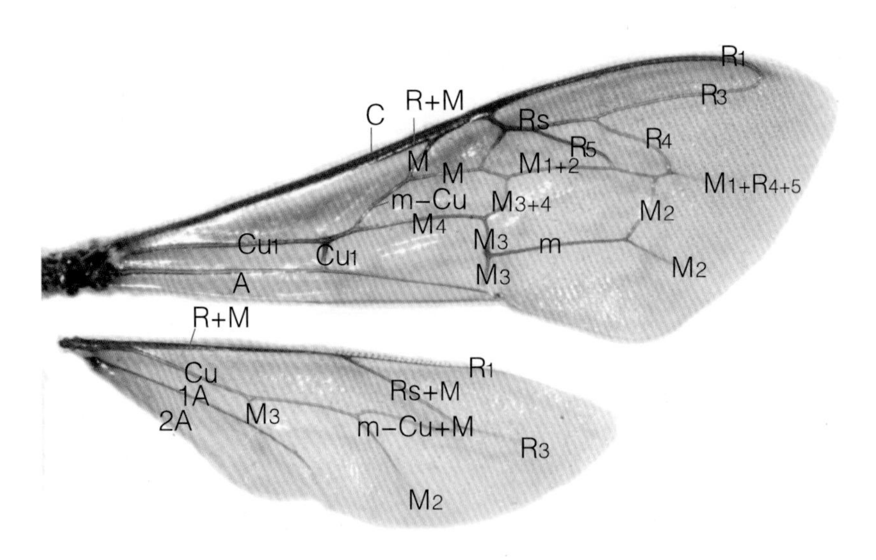

图 1-11-3　蜜蜂的脉序（Comstock 命名法）

以叶蜂和姬蜂为例，观察膜翅目两个亚目的形态特征差别。

广腰亚目 Symphyta：无“腹柄”，产卵器锯状或针状；翅脉序复杂，后翅基部至少有 3 个完整的闭室，足转节 2 节，触角长丝形；幼虫多足型或寡足型，植食性。包括叶蜂、树蜂、茎蜂等（图 1–11–4a）。

细腰亚目 Apocrita：有明显腹柄，转节 1 ～ 2 节；触角丝形或膝形，产卵器针状或长锥状，后翅基部最多只有 2 个闭室；幼虫无足型。寄生蜂和蜜蜂等（图 1–11–4b）。

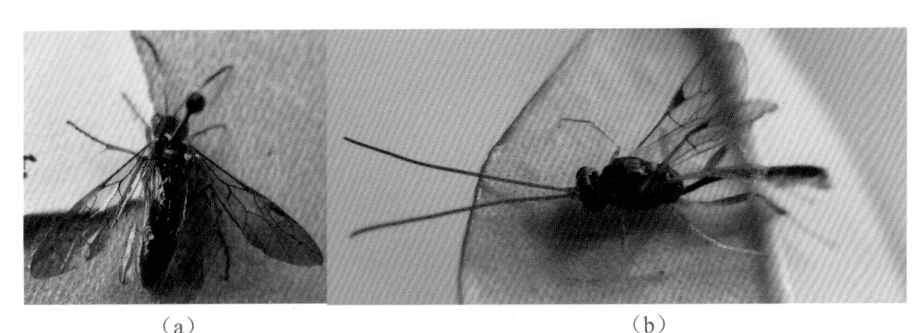

（a）　　（b）

图 1-11-4　广腰亚目（a）和细腰亚目（b）的区别

细腰亚目又可以根据产卵器伸出位置和形状分为锥尾组 Terebrantia 和针尾组 Aculeata。

锥尾组的产卵器针状，有一对与产卵针等长的鞘，从腹部末端板纵裂处伸出；转节多 2 节或分节不明显，后翅无臀叶。锥尾组包括瘿蜂、姬蜂、茧蜂、小蜂等（图 1–11–5a）。

针尾组产卵器针状，无鞘，从腹部末端伸出，腹部末端腹板不纵裂，产卵器多变为螯刺；转节多为 1 节，后翅多有臀叶。针尾组包括胡蜂、土蜂、蚁、泥蜂、蜜蜂等（图 1–11–5b）。

（a）　　（b）

图 1-11-5　锥尾组（a）和针尾组（b）的区别

1. 广腰亚目

（1）叶蜂科 Tenthredinidae：成虫体小到中型，触角线形，7 ～ 12 节，多 9 节；中胸背板向前突出，超过前翅翅基片，前足胫节有 2 距；腹部短筒形，产卵器锯片状

（图 1–11–6）。幼虫拟蠋型（但无趾钩），而且腹足 6 对以上。

（2）三节叶蜂科 Argidae：似叶蜂科，触角 3 节，且第 3 节很长（图 1–11–7）。三节叶蜂科是叶蜂总科第二大科。

（3）茎蜂科 Cephidae：体小到中型，常黑色而有黄斑；前胸背板后缘直或略向前凹，中胸的中叶与小盾片不相接，前翅翅痣狭长；前足胫节有 1 距；腹部侧扁，产卵器短角状，下有锯状齿，能收缩（图 1–11–8）。

图 1-11-6　叶蜂

图 1-11-7　三节叶蜂

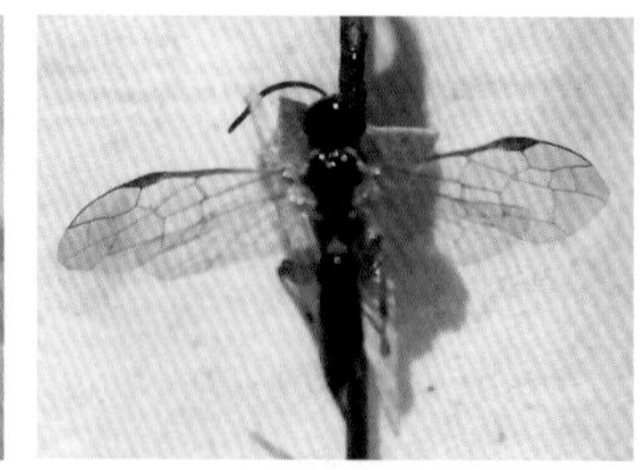

图 1-11-8　茎蜂

（4）树蜂科 Siricidae：体中到大型，圆筒形，有黄、黑、棕色组成的斑纹，前胸背板后缘向前深凹，中胸中叶与小盾片相接，前足胫节有 1 距；腹部长筒形，产卵器长针状（图 1–11–9）。

图 1-11-9　树蜂

2. 细腰亚目

Ⅰ. 姬蜂总科 Ichneumonoidea：体小到中型，触角长丝形，16 节以上；前胸背板向后伸达翅基片，翅脉较复杂，前翅翅室 5 个以上，多有翅痣；转节明显 2 节；腹柄部细长形，腹板膜质，中央有纵折，产卵器细长；本总科均为寄生性。

图 1-11-10　姬蜂

（5）姬蜂科 Ichneumonidae：前缘脉和亚前缘脉合并故无前缘室，有第二回脉，盘室 3 个，第一肘室与第一盘室合并，多不分开；各腹节均不愈合，可自由活动，并胸腹节大，常有脊和刻纹（图 1–11–10）。

（6）茧蜂科 Braconidae：与姬蜂相似，无第二回脉，盘室仅 2 个，第一盘室与第一肘室分开，也有不分开（少数）；第 2 ～ 3 腹节愈合，有时虽有节间缝，但不能动（图 1–11–11）。幼虫老熟

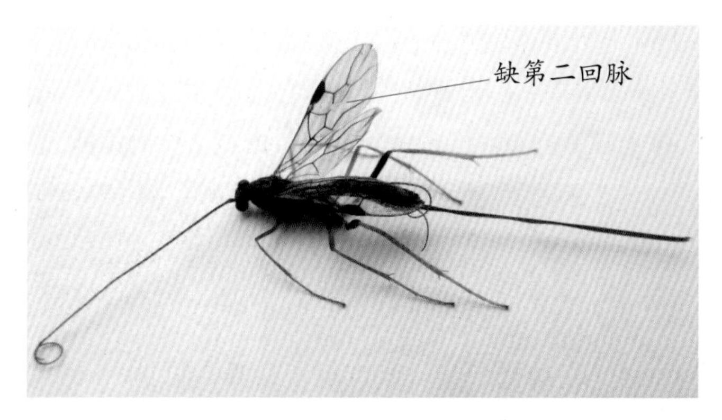

图 1-11-11　茧蜂

后常爬出寄主体外并结茧化蛹。

Ⅱ.瘿蜂总科 Cynipoidea

（7）瘿蜂科 Cynipidae：体小型，触角丝形，16 节以下；前胸背板达翅基片，翅脉较退化，前翅翅室不超过 5 个，无翅痣，转节分节不明显；腹部卵形或卵圆形，略侧扁，腹板硬化，第 1 腹节背板很大，几乎占全腹之半，产卵器能伸缩而卷曲（图 1–11–12）。幼虫在栎等植物上形成虫瘿。

图 1-11-12　瘿蜂（吴琼提供）

Ⅲ.小蜂总科 Chaicidoidea：体微至小型，触角多膝形或线形，5 ～ 13 节，末节多呈棒状；前胸背板不达翅基片，翅脉极简化，仅有前缘脉一条，转节明显 2 节；腹部的腹板硬化，产卵器一般较小，但个别种类产卵器较长。

（8）小蜂科 Chalcidae：体小型，多呈褐色而有黄斑；触角 6 ～ 13 节且短，单眼在头顶排成直线或弧形；胸部膨大而隆起，有刻点，后足腿节粗大（俗称大腿蜂），下方有锯齿或轮状齿，胫节内弯，跗节 5 节（图 1–11–13）。寄生其他昆虫幼虫、蛹等。

图 1-11-13　黄腿大腿小蜂 *Brachymeria sp.*

（9）赤眼蜂科 Trichogrammatidae：体微小，多黑褐色，复眼常红色，触角 3 ～ 7 节，膝形；中胸三角片前伸超过翅基片，前翅阔，翅面有成行的微毛（放射状），后翅尖刀形，有长缘毛，跗节式 3–3–3（图 1–11–14）。均寄生于其他昆虫卵中。

（10）金小蜂科 Pteromalidae：体微小（2 ～ 4mm），多具绿、蓝色金属光泽，触角 13 节；胸部大而隆起，中胸侧板有凹沟，盾纵沟短而不完整，跗节 5 节，后胫节有粗距（图 1–11–15）。幼虫寄生其他昆虫的幼虫或蛹。

（11）缨小蜂 Mymaridae：体微小，黑或黄色，触角 8 ～ 13 节；翅狭长，基部缢束成柄状，多有长缘毛；跗节 4 ～ 5 节（图 1–11–16）。幼虫为卵寄生。

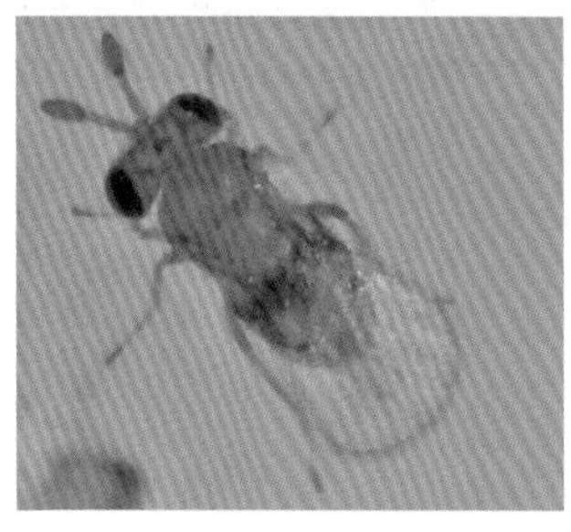

图 1-11-14　松毛虫赤眼蜂 *Trichogramma dendrolimi*

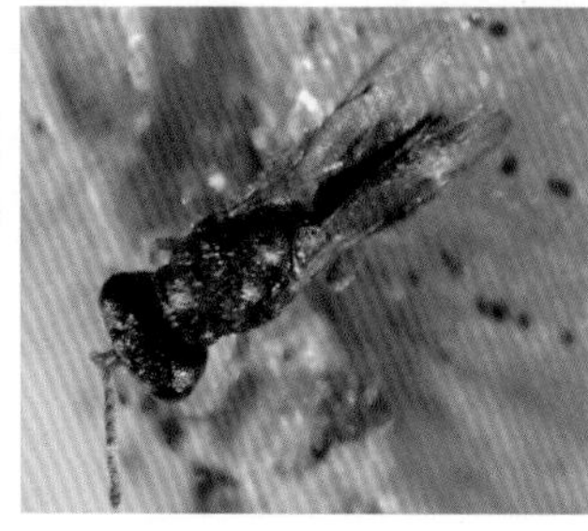

图 1-11-15　蝶蛹金小蜂蜂 *Pteromalus puparum*

图 1-11-16　缨小蜂

Ⅳ. 细蜂总科 Scephoidea：与小蜂总科外形较为相似，体微小至小型、瘦长，触角膝形或直；前胸背板达翅基片，翅脉也退化近似小蜂总科翅脉。

（12）缘腹细蜂科 Scelionidae：体多黑色，触角 12 节；前翅无翅痣，腹部长卵形，两侧有脊（图 1–11–17）。寄生于其他昆虫的卵或蜘蛛的卵。

Ⅴ. 青蜂总科 Chrysidoidea

（13）青蜂科 Chrysididae：体小到中型，体色极鲜艳，常呈绿、蓝、紫色，并有强金属光泽，体上多粗点刻；触角膝形，12 ～ 13 节；胸部大，前胸背板不达翅基片，小盾片发达，并胸腹节侧后缘有锐刺，后翅无闭室，爪有 2 ～ 6 齿；腹部背板很硬，仅可见 2 ～ 5 节，腹板软，内凹可向下弯卷，腹末常有齿（图 1–11–18）。

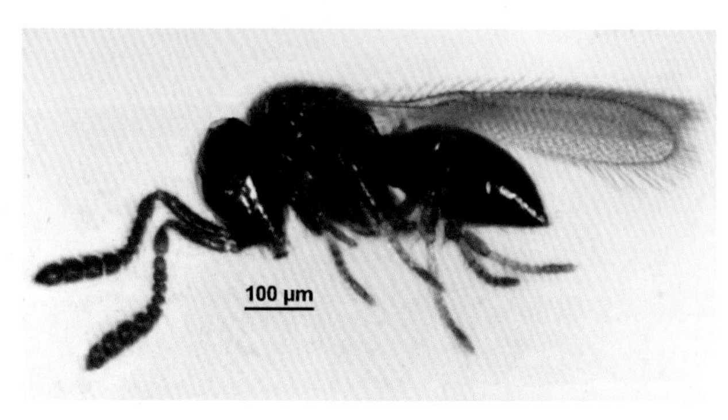

图 1-11-17　夜蛾黑卵蜂 *Telenomus remus*（王竹红摄）

图 1-11-18　上海青蜂 *Chrysis shanghaiensis*

Ⅵ. 胡蜂总科 Vespoidea：体中到大型，强壮，黄、红色而间有黑褐斑纹；触角线形；前胸背板达翅基片，足细长；翅狭长，停息时纵折。捕食性昆虫。

（14）胡蜂科 Vespidae：中足胫节有 2 端距，爪无齿；腹部圆锥形，腹部前端平截或渐细，第 1 节常圆锥形（图 1–11–19、图 1–11–20）。社会性昆虫。

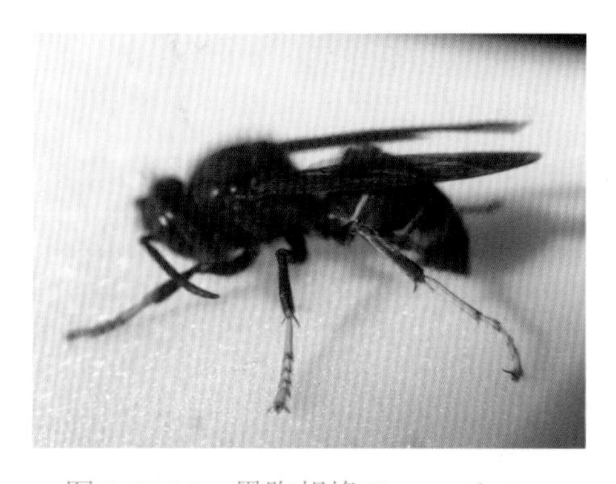

图 1-11-19　墨胸胡蜂 *Vespa velutina*

图 1-11-20　亚非马蜂 *Polistes hebraeus*

（15）蜾蠃科 Eumenndae：似胡蜂科；上颚多呈刀状；中足胫节仅有一端距，爪有 1 ～ 2 个齿；腹部 1、2 节间多有明显细缢沟（图 1-11-21）。也有的分类系统将该科归为胡蜂科的一个亚科。

图 1-11-21　原野华丽蜾蠃 *Detta campaniforme*

Ⅶ.蛛蜂总科 Pompiloidea

（16）蛛蜂科 Pompilidae：雌性触角 12 节，常呈卷曲状。前胸背板达翅基片，中胸侧板有一横缝将侧板分成上下两部分，足长多刺（图 1-11-22）。捕食蜘蛛。

Ⅷ.土蜂总科 Scolioidea

（17）土蜂科 Scoliidae：体中型，黑色，腹部常黑白或黑黄色环相间，多毛；触角丝形，端部常卷曲；前胸背板达翅基片，翅脉多不达外缘，足短健，两中足间距离大而平；腹部腹面第 1 ～ 2 节间有较深横沟（图 1-11-23）。成虫捕食金龟子幼虫等供自己幼虫外寄生。

图 1-11-22　蛛蜂（吴琼提供）

图 1-11-23　长腹土蜂 *Campsomeris sp.*

Ⅸ.蚁总科 Formicoidea

（18）蚁科 Formicidae：社会性昆虫，具多型现象，有社会分工，繁殖蚁分有翅或无翅，还有工蚁和兵蚁等；触角膝形；前胸背板达翅基片；腹部 1 ～ 2 节有结节，上有片状、刺状、瘤状突起（图 1–11–24）。

Ⅹ.泥蜂总科 Sphecoidea

（19）泥蜂（细腰蜂）科 Sphecidae：体中到大型，黑色而有黄红等斑纹；触角丝形；前胸小三角形，背板不达翅基片，足细长，适于掘土、爬行及捕食；腹柄常特细长，其后腹节呈锤状（图 1–11–25）。

图 1-11-24　黄猄蚁 *Oecophylla smaragdina*

图 1-11-25　黄腰壁泥蜂 *Sceliphron madraspatanum*

Ⅺ.蜜蜂总科 Apoidea

（20）蜜蜂科 Apidae：体密被羽状毛，触角膝形，嚼吸式口器，后足携粉足，胫节和第一跗节特化成花粉筐及花粉刷，蜜食性。包括蜜蜂（图 1–11–26）、熊蜂（图 1–11–27）、竹木蜂（图 1–11–28）、芦蜂、花蜂等。

图 1-11-26　蜜蜂 *Apis sp.*

图 1-11-27　熊蜂 *Bombus sp.*

图 1-11-28　竹木蜂 *Xylocopa tranquebarorum*

四、作业

（1）列表比较草蛉、螳蛉、褐蛉、蚁蛉和蝶角蛉的形态差异。

（2）列表比较广腰亚目、细腰亚目，以及锥尾部和针尾部的形态和习性差异。

（3）绘姬蜂、茧蜂、小蜂前翅脉序，并注明各脉及翅室名称。

实验十二 鞘翅目的主要科识别

一、目的要求

掌握鞘翅目的分类方法，2 个亚目以及常见科的形态特征。

二、实验材料

（1）肉食甲亚目：步行虫（步甲）、虎甲、龙虱针插标本。

（2）多食甲亚目：水龟虫（牙甲）、隐翅甲、萤火虫、叩甲、吉丁虫、皮蠹、长蠹、瓢虫、芫菁、拟步行虫、金龟子、独角仙、天牛、叶甲、豆象、谷盗，象甲、小蠹针插标本；露尾甲、扁甲、锯谷盗等玻片标本。

（3）幼虫浸渍标本：叩甲（金针虫）、吉丁虫、瓢虫、黄粉虫、金龟甲（蛴螬）、天牛、叶甲幼虫。

三、内容、方法及步骤

鞘翅目分科主要特征包括口式、复眼形状和位置、单眼数量和位置、触角类型和节数、外咽片是不是发达（象甲）、前胸背板形状、侧角和刻点、前胸是否有背侧缝、中胸小盾片大小和形状、后足基节是不是将第 1 腹板分为左右两部分、足的类型和跗节形态及跗节式、腹节数量等（图 1–12–1）。幼虫为寡足型还是无足型。

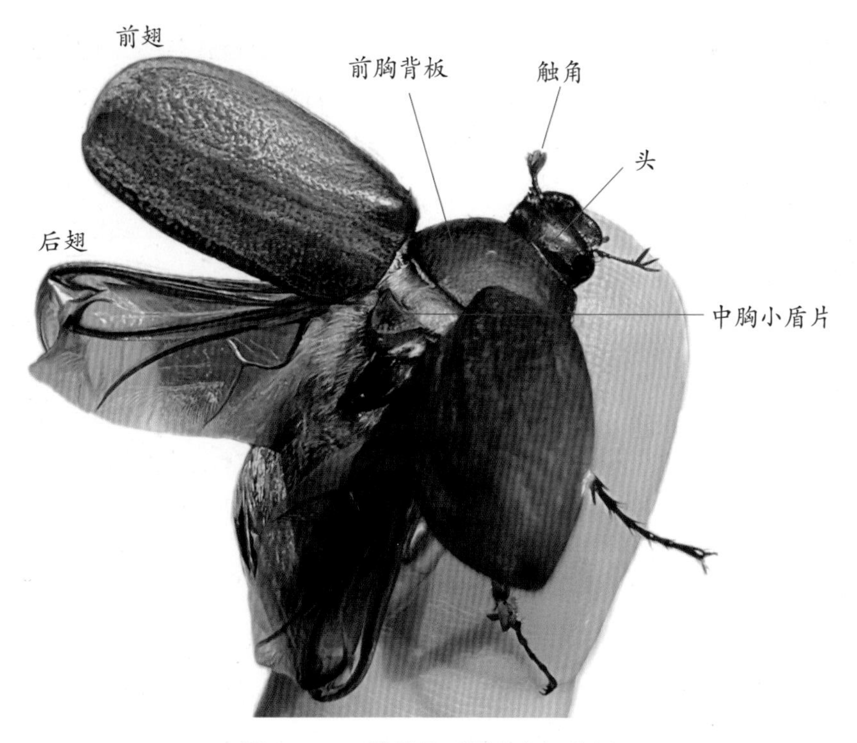

图 1-12-1　鞘翅目（鳃金龟）特征

鞘翅目目前被分为肉食甲亚目Adephaga、多食甲亚目Polyphaga、原鞘亚目Archostemata和藻食亚目Myxophaga，其中藻食亚目体极小（<1mm），触角的棒状部分3节，栖息于潮湿的溪边岩石、小水坑、泥土，取食藻类，很少见。本实验主要掌握常见的肉食甲亚目和多食甲亚目重要或常见的科。

可按下列顺序逐个观察上列昆虫所属科别的特征，同时观察所提供幼虫标本的特征。

（一）肉食甲亚目Adephaga

触角丝形，11节，前胸有背侧缝，后足基节固定在腹板上，将第1腹板分为左右两部分。

（1）步甲科Carabidae：头部前口式，比胸部狭，触角位于上颚基部与复眼之间，两触角基部的距离大于唇基的阔度，下颚内颚叶无能动的钩；后胸腹板基节前有一明显横沟，后足基节不达鞘翅，足为步行足，体长形略扁，多暗色，少数艳丽，有金属光泽（图1–12–2）。陆生。

图1-12-2　奇裂跗步甲*Dischissus mirandus*

（2）虎甲科Cicindelidae：头部下口式，比胸部宽，触角位于额部两复眼间稍前方，两触角基部的距离小于唇基的阔度，下颚内颚叶有能动的钩。后胸腹板、后足基节、足的类型与步甲科相同，体长圆筒形，多有艳丽色斑及金属光泽（图1–12–3）。

图1-12-3　离斑虎甲*Cosmodela separate*

（3）龙虱科Dytiscidae：体流线形、光滑，水生；腹背与鞘翅间形成物理性鳃，后胸腹板基节前无横沟，后足基节达鞘翅，后足为游泳足，雄虫前足第1～3跗节特化为吸盘（图1–12–4）。水生。

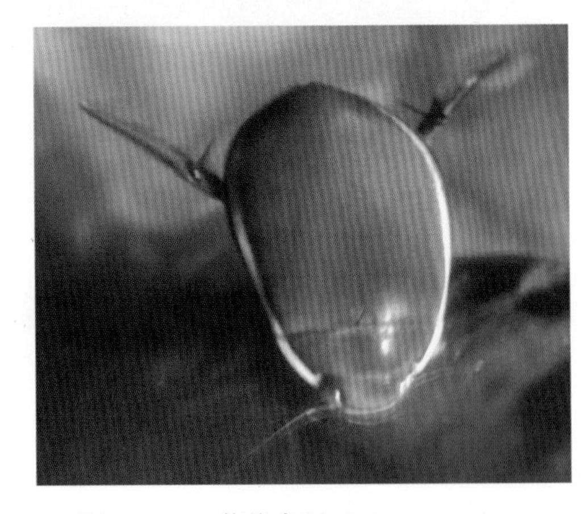

图1-12-4　黄缘龙虱*Cybister trpuatus*

（二）多食甲亚目Polyphaga

触角形状和节数在各类群中变化很大，前胸无背侧缝，后足基节可活动，第1腹板不被后足基节分隔，跗节数变化很大。

（1）吉丁甲科Buprestidae：头较小，垂直向下，后部嵌入前胸；触角短，生于额上，锯齿状，11节；足短，前、中足的基节球形，后足基节横阔、跗节5节，第1及第4节下方有扁平膜状附属物。前胸腹板后端突起，其先端嵌入中胸腹板，腹部5节，第1～2节愈合（图1-12-5）。幼虫体扁而白，胸部扁阔如头，腹部细形，常向一边弯曲，注意与天牛幼虫区别（图1-12-6）。

图1-12-5　白蜡窄吉丁虫 *Agrilus planipennis*

（2）叩甲（叩头虫）科Elateridae：触角锯齿形、栉齿形、丝形，11～12节；前胸背后缘两角突出，前胸腹板有一突起，向后伸入中胸腹板沟内，能借此弹跳，足较短，跗节5节；腹部腹面可见5节，少数6节。幼虫称金针虫，体细长、圆筒形，坚硬，多黄褐色，前口式，缺上唇。蜕裂线侧凸形，臀板边缘有齿或呈臀叉，气门双孔式，二孔狭长，下方靠近呈"V"形。幼虫与拟步甲科幼虫外形有些相似，注意区别（图1-12-7）。

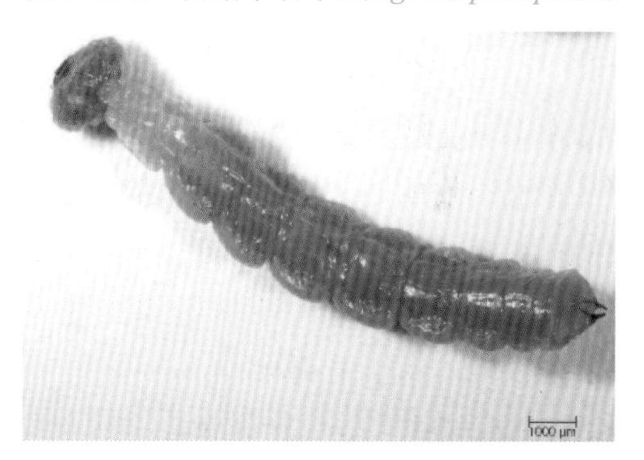

图1-12-6　柑橘吉丁虫幼虫

（3）萤科Lampyridae：体小到中型，一般细长而扁平；前胸背板常盖及头部。触角11节，丝形、锯齿形或栉齿形，雄虫一般有翅，雌虫多数无翅（*Luciola*属雌、雄均有翅）；腹部7～8节，末端下方一般有发光器，雌虫的光较强，雄虫发光器位于第6～7腹节，雌虫发光器位于第7腹节（图1-12-8）。

（a）　（b）　（c）

图1-12-7　叩甲的成虫［背面（a）和腹面（b）］和幼虫［金针虫（c）］

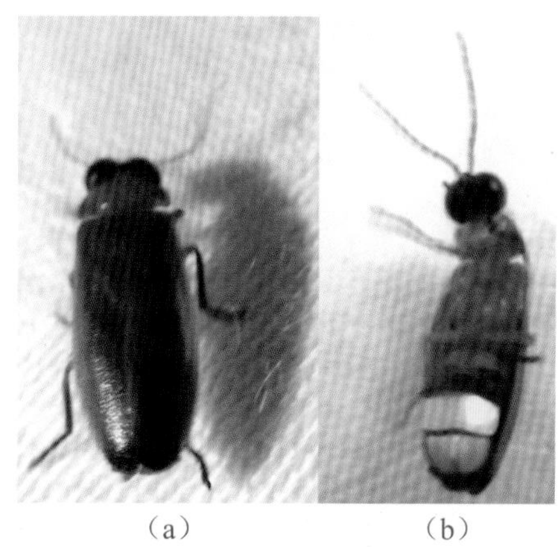

（a）　（b）

图1-12-8　端黑萤 *Abscondita chinensis* 背面（a）和腹面（b）

（4）水龟甲科Hydrophilidae：体背面龟背形，腹面较平坦、暗色；多水生，少数陆生；下颚须细长，长于或等于触角长，触角锤形；跗节5节，第1节特小，中、后足为游泳足，中胸腹面有一根很大的腹刺，直伸至腹部腹面（陆生种类多无刺）（图1-12-9）。

（a）

（b）

图 1-12-9　水龟虫 *Hydrophilus sp.*
腹面（a）和背面（b）

（5）隐翅虫科Staphylinidae：体小、细长；触角丝形或棒形；鞘翅短，末端截形；腹末端背面露出4节以上，爬行时尾部翘起，腹部腹板可见6～8节，末节背板常分叉呈“尾须”状（图1-12-10）。

图 1-12-10　红胸隐翅虫 *Paederus fuscipes*

（6）金龟甲科Scarabaeidae：体小到大型，常长卵形，有的有金属光泽；触角端部3～8节呈鳃片状。其中，臂金龟甲亚科：前足极长，尤其雄性（图1-12-11a）；鳃金龟甲亚科：足两爪等长（图1-12-11c）；花金龟甲亚科：中胸小盾片长大于宽（图1-12-11d）；丽金龟甲亚科：体有金属光泽，两爪不等长（图1-12-11e）（犀金龟甲亚科和蜣螂亚科见下页）。幼虫（金龟甲总科）：头大，触角长，足细长，4节，末节膨大呈圆形，上有很多扁刺毛。肛门“一”字形开裂，气门呈“C”形或肾形；整个体躯常弯曲呈“C”形（图1-12-11b）。

图 1-12-11　金龟甲科的 4 个亚科：a. 臂金龟甲亚科成虫；b. 臂金龟甲亚科幼虫；c. 鳃金龟甲亚科；d. 花金龟甲亚科；e. 丽金龟甲亚科

犀金龟甲亚科：头部及前胸背板有角状突起，从背面可以见到上颚，片状且弯；前胸腹板呈片状，前突；腹部气门全被鞘翅盖住（图 1–12–12）。

蜣螂亚科：体粗短，体多黑、褐色；头前口式，前端铲状；小盾片不可见，后足基节靠近体后端，腹部气门全被鞘翅盖住（图 1–12–13）。

图 1-12-12　双叉犀金龟 *Allomyrina dichotoma*

（7）锹甲科 Lucanidae：体中到大型，头前口式；雄性上颚极发达；触角在鳃角类中很特别，叶片状，不发达，不能像金龟甲的触角一样开合，其端部 3 ～ 6 节向一侧延伸呈栉状，整个触角肘状，下唇不明显，不能活动（图 1–12–14）。

图 1-12-13　金龟甲科蜣螂亚科

图 1-12-14　褐黄前锹甲 *Prosopocoilus astacoides*

（8）长蠹科 Bostrychidae：体小到中型，一般长圆筒形，平滑、粗糙面有点刻及细毛，暗褐或黑色；头部下口式，背面不能见到，触角短，生于复眼前，10 ～ 11 节，末端 3 节棒状，内侧呈锯齿形；前胸背板呈弧形、平滑、粗糙有颗粒，鞘翅平滑或有点刻，后端倾斜部常有齿，足短、跗节 5 节，第 1 节甚小，第 2 节与第 5 节长形；腹部 5 节，第 1 腹板甚长（图 1–12–15）。

图 1-12-15　谷蠹 *Rhizopertha dominica*

（9）皮蠹科 Dermestidae：体小型，体暗褐色，常有斑纹，平滑或密生鳞片或毛；头较小，略带下口式；触角短，棒形或锤形，11 节，藏于前胸下面触角沟内，复眼发达，单眼 1 个，位于颜面（仅 *Dermestes* 属缺单眼）；翅发达能飞行，足短，常缩于体下，前足基节长形，左右相接，跗节 5 节；腹部 5 节，背部全被鞘翅覆盖（图 1–12–16）。

图 1-12-16　小圆皮蠹 *Anthrenus verbasci*

（10）瓢虫科 Coccinellidae：体小型，半球状，平滑光泽或密生微毛，色泽大多艳丽，或有斑点；头小，缩入前胸内，复眼大，触角 11 节，棍棒部 3 节，少有 8 ～ 10 节者，上颚有齿，末端叉状，植食性种类上颚基部无齿，但末端有数齿，足短而粗，跗节隐 4 节（拟 3 节），第 1 ～ 2 节呈二叶状，第 3 节甚小，爪一对；腹部可见 5 ～ 6 腹板（图 1–12–17）。幼虫触角 3 节，单眼 3 ～ 4 个，上颚三角形，体被枝刺和毛疣；足适于爬行和附着在枝叶上，跗节 1 节，三角形，腹部 10 节（图 1–12–18）。

图 1-12-17　异色瓢虫 *Harmonia axyridis*

图 1-12-18　瓢虫幼虫

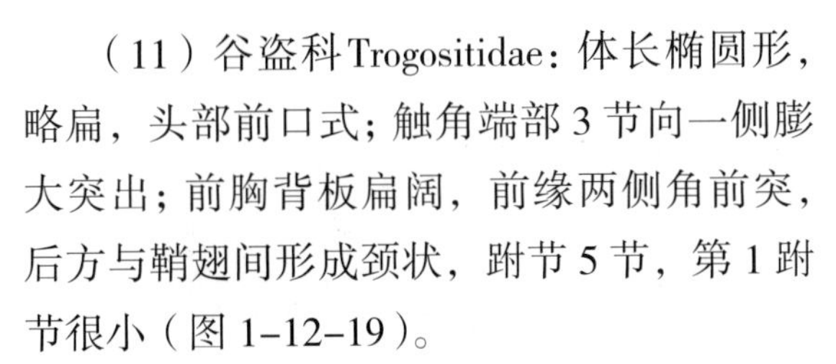

（11）谷盗科 Trogositidae：体长椭圆形，略扁，头部前口式；触角端部 3 节向一侧膨大突出；前胸背板扁阔，前缘两侧角前突，后方与鞘翅间形成颈状，跗节 5 节，第 1 跗节很小（图 1–12–19）。

图 1-12-19　大谷盗 *Tenebroides*

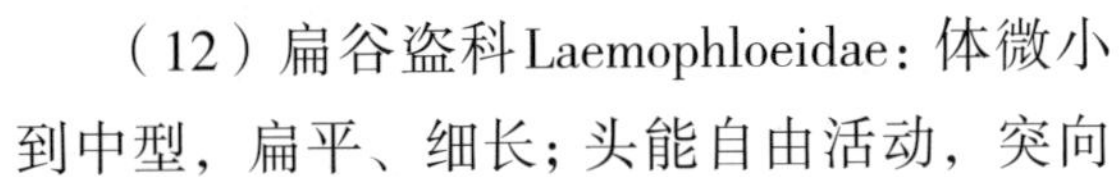

（12）扁谷盗科 Laemophloeidae：体微小到中型，扁平、细长；头能自由活动，突向前方；上颚发达，触角线形 11 节，下颚须 4 节，下唇须 3 节；前胸背板后方狭小，可自由活动，前足基节窝后方开式，跗节 5 节，雄虫后足跗节为 4 节，每 1 节较小；腹板可见 5 节，第 1 节与第 2、3 节之和等长（图 1–12–20）。

图 1-12-20　扁谷盗 *Cryptolestes sp.*

（13）锯谷盗科 Silvanidae：体微小扁平，一般褐色；头可自由活动，触角近棒形，末端 3 节粗大；前胸背板长形、后方狭小，侧缘有边或锯齿，前胸腹板颇发达，后胸腹板较大，前足基节窝后方闭式，跗节 5 节，少有雄虫之后足跗节为 4 节，第 1 节不甚短小，第 4 节较小，第 3 节下面呈叶片状；腹面可见 5 节，鞘翅全盖腹部（图 1–12–21）。

图 1-12-21　锯谷盗 *Oryzaephilus surinamensis*

（14）露尾甲科Nitidulidae：体小，扁平较阔，体平滑有光泽，常被以细毛或点刻；体黑或褐色，有的有斑纹或金属色泽；头较大，复眼大，触角短，11节，棒形，前胸背板宽大于长，足短跗节5节，第4节小（少数种类跗节3～4节）；腹部腹面可见5节，背面因鞘翅常短形，露出腹端2节（图1-12-22）。

图1-12-22　露尾甲

（15）拟步甲科Tenebrionidae：体型多变化，一般为暗黑色，亦有赤裸及着有花纹的，体表平滑、点刻、颗粒、线纹等；头较小，口器发达，上颚大，触角11节，复眼突出。足粗而长，跗节式5-5-4，鞘翅一般盖住全腹部，后翅仅少数种类可以飞行，一般退化；腹大，5节。幼虫体细长呈圆筒形，腹面扁，触角3节，单眼4对，上颚粗大，足分4节。腹部10节，末节缩小，第9节有1对小而不分节的"尾须"（图1-12-23）。

图1-12-23　黄粉虫*Tenebrio molitor*，成虫、蛹和幼虫

（16）芫菁科Meloidae：体长圆筒形、粗而软，有细毛、暗灰、褐、黄褐色；头较大，后部收缩成颈，复眼大，触角11节，线形或念珠形，雄虫触角有粗节；前胸窄于鞘翅基部、鞘翅长于或短于腹部、两鞘翅汇合线不密接，末端常分离，后翅有的发达，有的退化或缺。足细长，爪裂为二叉状；腹部可见6节（图1-12-24）。

图1-12-24　豆芫菁*Epicauta sp.*

（17）天牛科Cerambycidae：体长圆筒形，略扁，坚硬；复眼肾形，围于触角基部，触角多长于或等于体长，上颚特别发达。前胸多狭于鞘翅，背板上常有瘤状或角状突起及侧刺，鞘翅基部多有颗粒状突起。幼虫体细长，略扁而直，乳白色，头部部分缩入前胸，前胸大，背面有骨化区，上面有颗粒状小突起，中、后胸及各腹节背腹面都有硬化的行动器。幼虫蛀树干（图1-12-25）。

（18）叶甲科Chrysomelidae：体型多变，有椭圆形、长卵形、半球形和长筒形，体一般光滑，少被毛或具长刺；触角不超过体长的1/2，复眼圆形，不围于触角基部。幼虫体表一般被毛，头部一般外露，前口式或下口式，有触角，单眼有或缺，有胸足或退化，中胸有气门1对，腹部10节，末两节常隐缩，第1～8节各有1对气门（图1–12–26、图1–12–27）。

图1-12-25　星天牛*Anoplophora chinensis*成虫和幼虫

图1-12-26　黄守瓜*Aulacophora indica*

图1-12-27　酸模角胫叶甲*Gastrophysa atrocyane*成虫和幼虫

（19）豆象科Rruchidae：体椭圆形或卵圆形，肥胖，密被绒毛，且常形成斑纹；头小，向下延展成短宽的口吻，触角生于复眼前方，且基部被复眼包围，长度不超过体半；鞘翅不能盖住腹末，后足腿节粗大，且下方常有齿，爪基部有齿（图1–12–28）。幼虫第1龄有3对胸足，自第2龄之后，足消失或退化成乳突状，体色乳白色，体肥短，略呈“C”形，头小，部分缩 入前胸，中胸有1对气门，腹部气门8对。

（20）象甲科Curculionidae：体多变化，前口式；触角有线状、膝状、串珠状、棍棒状，10～12节，末端常膨大，头前端有象鼻状突起，有的短而宽，缺上唇；跗节5节，第4节小；腹板5节，前两节愈合（图1–12–29）。幼虫体肥而弯曲，头部发达，无足，体表平滑或有皱纹，有突起供移动，气门双孔式，常为椭圆形。一般隐居生活。

图 1-12-28　四纹豆象 *Callosobruchus maculatus*

图 1-12-29　象甲

（21）蚁象甲科 Cyladidae：目前分类系统一般将其归属于三锥象甲科 Brentidae。触角细长，不呈膝形，10 节，末端稍粗，但缺明显的棍棒部，第 1 节不长，而末节很长（图 1–12–30）。

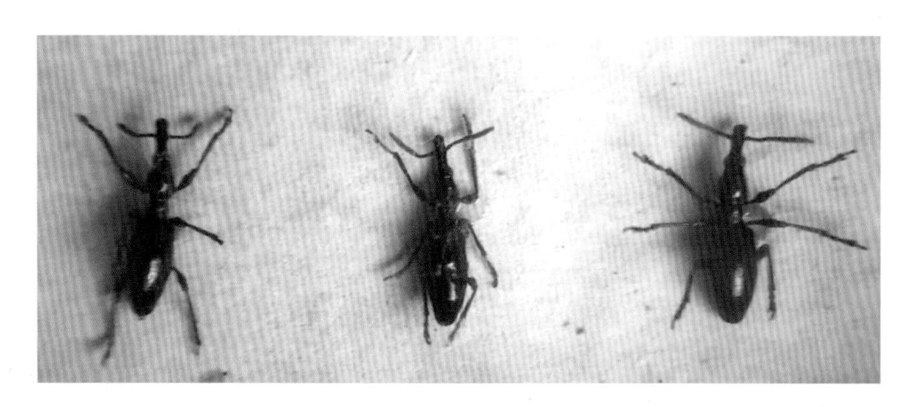

图 1-12-30　甘薯小象甲 *Cylas formicaris*

（22）小蠹科 Scolytidae：喙短宽，触角短，锤形 + 膝形；前胸帽状，盖住头大部分，形似长蠹科，胫节有齿（图 1–12–31）。

图 1-12-31　小粒材小蠹 *Xyleborus saxeseni*

（三）原鞘亚目

体长，两侧平行，触角丝状 11 节，前胸有大而坚硬的裸露侧板，有背侧缝，翅上有网状刻纹。仅包括一总科——长扁甲总科 Cupedoidea，见于树皮下或腐木中，全世界已知不足 50 种。浙江天目山分布有长扁甲（图 1–12–32）。

图 1-12-32　长扁甲 *Tenomerga tianmuensis*

四、作业

（1）绘叶甲、瓢虫、拟步甲、芫菁后足图。

（2）试列表比较步甲与拟步甲、叶甲与瓢甲、天牛与叶甲、叩甲与吉丁虫的特点。

（3）天牛和吉丁虫、叩甲和拟步甲幼虫有何不同?

实验十三 双翅目的主要科识别

一、目的要求

掌握双翅目的分类方法，各亚目以及常见科的形态特征。

二、实验材料

（1）针插标本：大蚊、蚊、摇蚊、虻、食虫虻、食蚜蝇、实蝇、潜叶蝇、杆蝇、水蝇、寄蝇、麻蝇、丽蝇、蝇、花蝇。

（2）玻片标本：蠓、瘿蚊、果蝇、潜叶蝇、水蝇、头蝇、孑孓、摇蚊幼虫（红丝虫）（示范）、小麦吸浆虫（示范）。

（3）幼虫浸渍标本：水虻幼虫、蝇蛆。

三、内容、方法及步骤

双翅目主要分类特征包括触角节数和形态、触角芒上是不是有毛和毛的分布、复眼大小及两复眼是不是相接、口器类型、头部是不是有额囊缝、是不是有下腋瓣、鬃毛和分布、翅脉脉序和翅室等。特别注意观察额囊缝形状和位置、下腋瓣的形状和颜色、口鬃（鬣）的形状和位置及是否存在、前翅前缘脉（C脉）的“缺切”（缘脉折、C脉骨化弱或不骨化部位）、臀室位置和形状，领会这些专有名称的概念（图1-13-1、图1-13-2）。

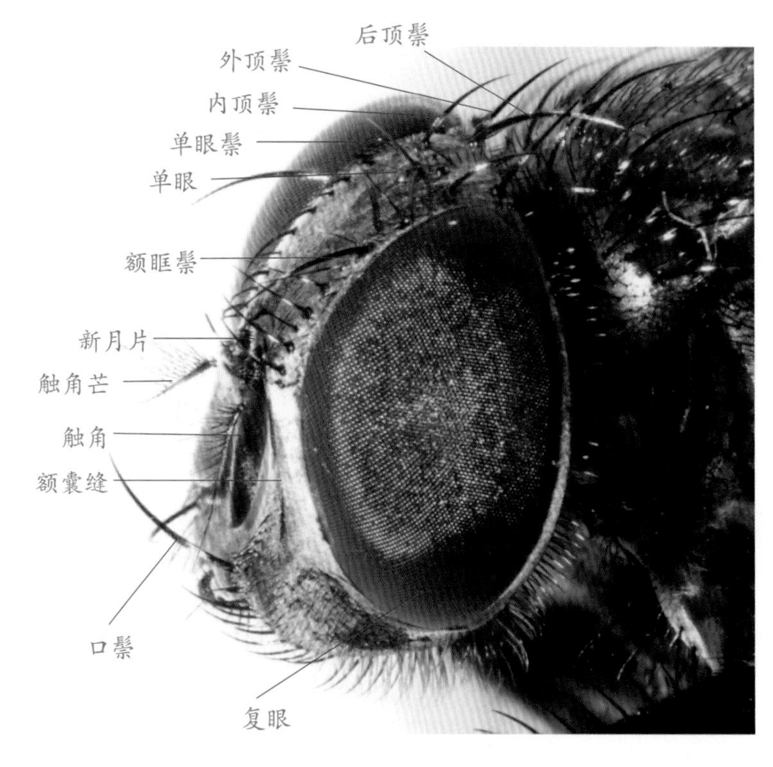

图1-13-1 丽蝇头部刚毛

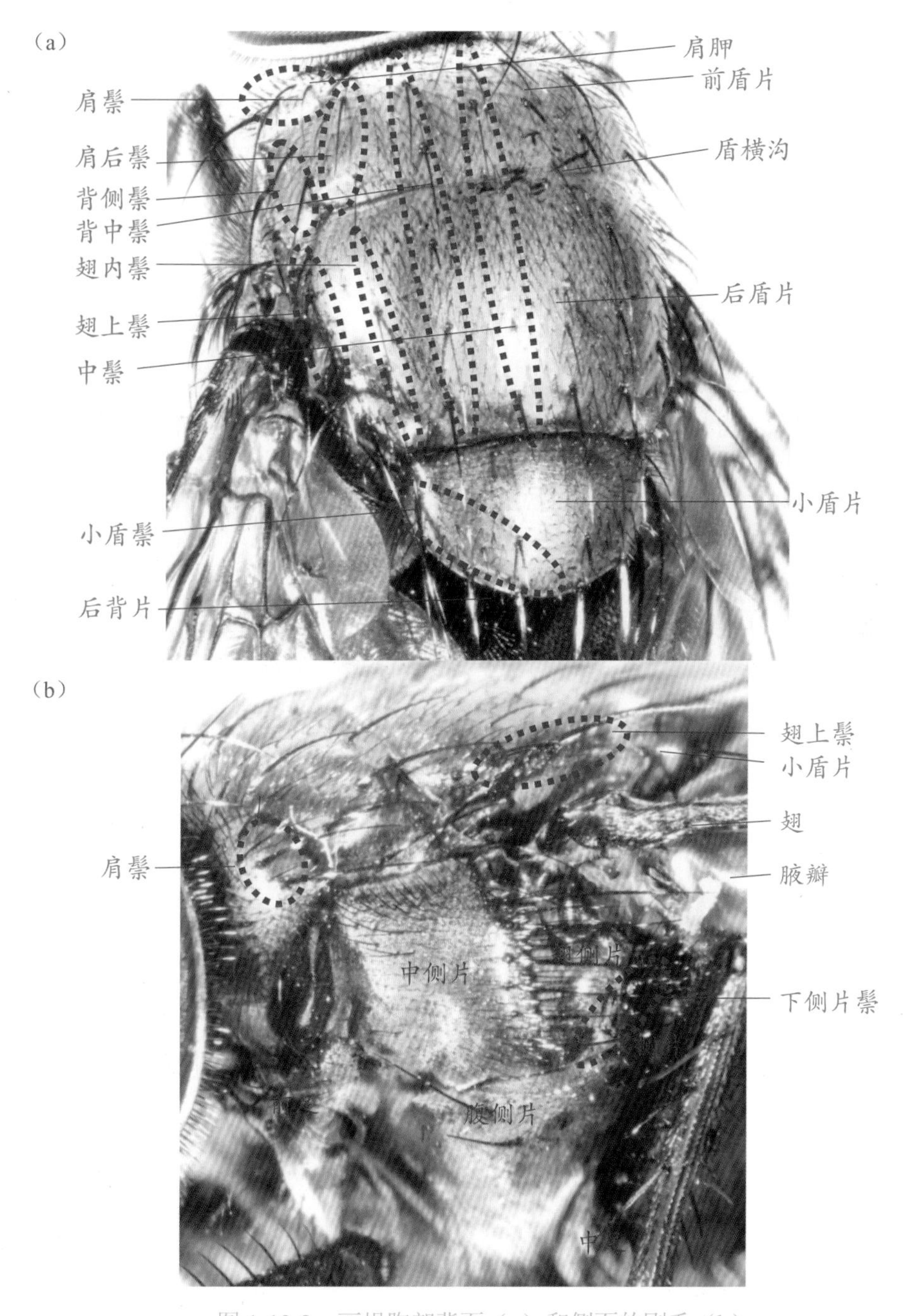

图 1-13-2　丽蝇胸部背面（a）和侧面的刚毛（b）

（一）长角亚目 Nematocera

触角线形或念珠形，细长，6 节以上，口器刺吸式或退化，无单眼，足及体均细长，统称蚊类。成虫羽化时由蛹顶端呈“T”形裂开，故也有的分类系统与短角亚目一起合为直裂亚目 Orthorrhapha。

（1）大蚊科 Tipulidae：体中到大型；喙退化；中胸背板盾沟明显，呈“V”形，翅脉近端部多横脉，足极细长，易脱落（图 1–13–3）。

（2）蚊科 Culicidae：体小型，被有鳞片及毛；雌成虫喙发达（能吸血），雄虫的喙退化，触角轮毛形，雄虫触角轮毛特长；胸背隆起，小盾片分三叶，栖息时后足翘起，翅缘及脉上有鳞片，有 9 条脉达翅缘（图 1–13–4）。幼虫为孑孓，水生，其头大，胸部球形，外形锤状，生有毛簇；眼明显，触角 1 节，咀嚼式口器的各部发达；后端气门式，气门生于呼吸管上。

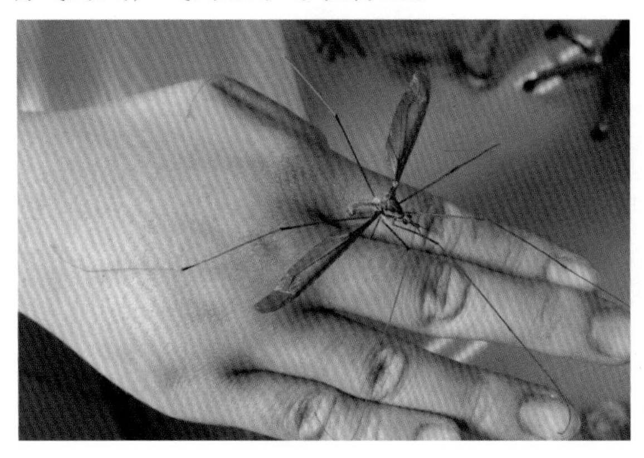

图 1-13-3　大蚊

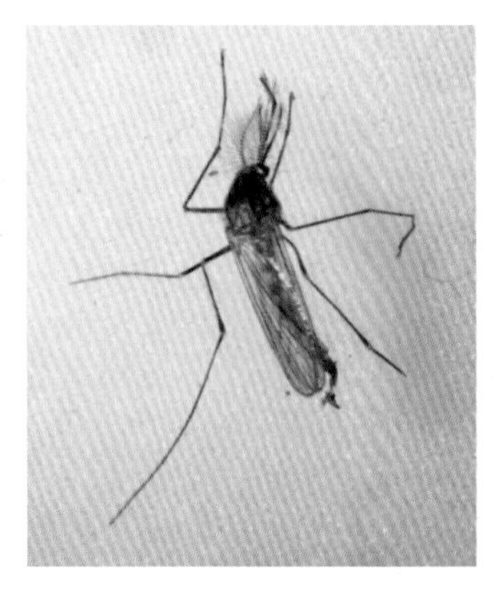

图 1-13-4　淡色库蚊 *Culex pipiens pallens*（雄）

（3）摇蚊科 Chironomidae：摇蚊形似蚊，主要区别有：雌、雄虫的喙均退化，雄虫触角羽状；前足特长（前跗节延长），栖息时翘起；翅缘及脉上无鳞片，翅后部脉不明显（图 1–13–5）。

（4）蠓科 Ceratopogonidae：体微小、粗短，喙粗壮发达；翅长卵形，多光滑，脉少，R 脉凸起为 2 支，M 脉 2 支（图 1–13–6）。

（5）瘿蚊科 Cecidomyiidae：体微小，喙退化，足、触角较长，触角各节葫芦形，环生细毛；中胸小盾片发达、隆起呈驼峰状，翅上有毛或鳞片，纵脉仅 2 ～ 5 条（图 1–13–7）。

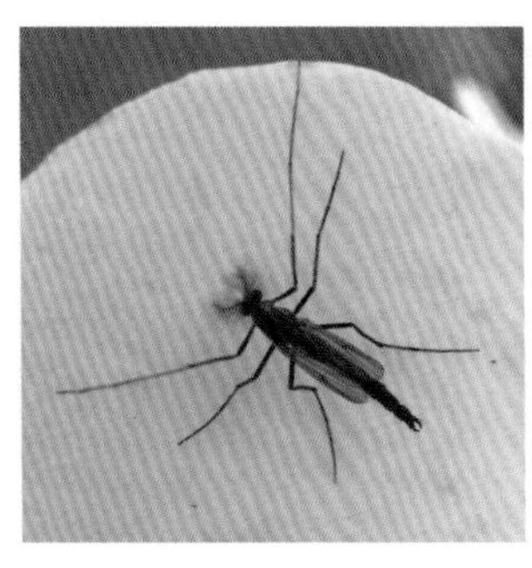

图 1-13-5　摇蚊

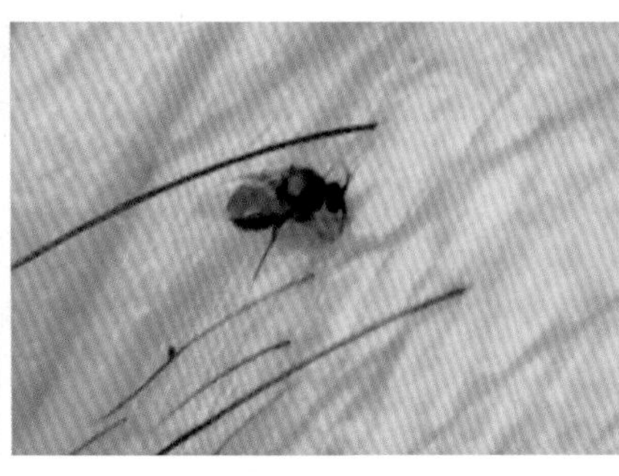

图 1-13-6　铗蠓 *Forcipomyia sp.*

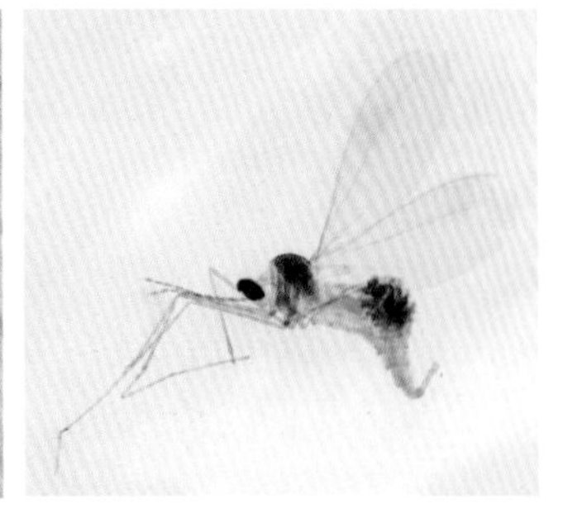

图 1-13-7　瘿蚊（吴琼摄）

（二）短角亚目 Brachycera

触角粗短，刀形，具刺形或棒形，一般3节，不超过5节（末节常分为若干亚节）；口器刺吸式或喙较退化，粗壮；有单眼。成虫羽化时由蛹顶端呈“T”形裂开。故也有的分类系统与长角亚目一起合为直裂亚目 Orthorrhapha。

（1）虻科 Tabanidae：体中到大型，略扁，多黄、褐色，有黑斑；触角刀状，3节，爪间突片状；翅宽大，腋瓣发达，前缘脉包围全翅缘（图1–13–8）。

（2）水虻科 Stratiomyiidae：体小到中型，体长2～25mm，细长或粗壮，体色常鲜艳或黑色；头部较宽，触角鞭节分5～8亚节，翅有明显五边形中室（图1–13–9）。幼虫半头无足型，腐食。

图1-13-8　虻

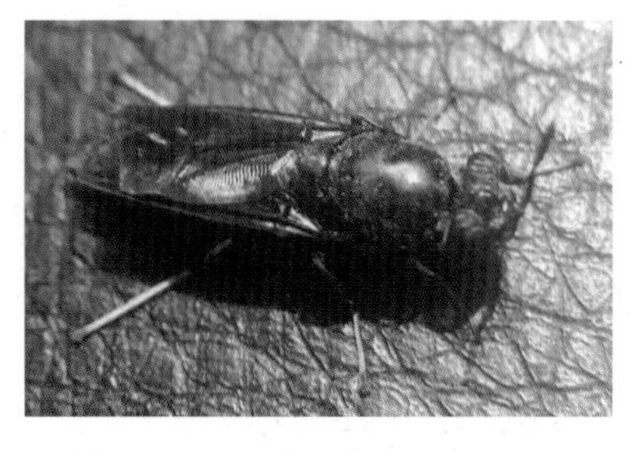

图1-13-9　黑水虻 *Hermetia sp.*

（3）盗虻（食虫虻）科 Asilidae：体中到大型，圆锥形，灰褐色，多毛；复眼间凹陷，触角具刺形，3节；爪间突刺状，足长而多毛，适捕食；翅较长，前缘脉终止处远超过顶角或至后缘（图1–13–10）。

图1-13-10　食虫虻

（三）环裂亚目 Cyclorrhapha

触角具芒形，3节，口器舐吸式或刺吸式，有单眼。成虫羽化时由蛹壳呈环形裂开。

Ⅰ.无缝组 Aschiza：无额囊缝，Cu脉连接在1A近端部处。

（1）食蚜蝇科 Syrphidae：体小至中型，有黄色等鲜明斑纹，拟态蜜蜂；翅宽阔 M_{1+2} 及 M_3+Cu_1 二脉端部回归成与外缘平行的横脉，R与M脉 间有一条明显的假脉（图1–13–11）。

（2）头蝇科 Pipunculidae：体小、暗色，有光泽；头大，球形，绝大部分为复眼占据；M及Cu脉端部不回归而是与外缘平行，R与M脉间无假脉（图1–13–12）。

Ⅱ.有缝组 Schizophora：有额囊缝。又可根据下腋瓣是不是存在，分为无瓣类和有瓣类。

Ⅱ–a.无瓣类 Acalyptratae：翅基部无下腋瓣或退化甚小；中胸盾沟不明显，中部消失。

图 1-13-11　黑带食蚜蝇 *Episyrphus balteatus*

图 1-13-12　头蝇

（1）实蝇科 Trypetidae：体小至中型，黄褐色，有明显黑斑；头大，有额眶鬃，缺鬣；翅宽大，前缘有 2 个缺切；Sc 端部弯曲向前，臀室三角形；雌虫腹部末端有细长、坚硬、分为 3 节的“产卵器”（图 1–13–13）。

图 1-13-13　瓜实蝇 *Bactrocera tau*

（2）果蝇科 Drosophilidae：体小型，眼多红色，触角芒羽形，有口鬃，翅前缘 2 缺切，Sc 细弱，臀室小（图 1–13–14）。

（3）潜蝇科 Agromyzidae：体小型，黑或黄色；后顶鬃分开，有鬣；翅大，Sc 退化或与 R_1 合并，在 R_1 终止处有一缺切；臀室很小；雌虫腹部第 7 节长而骨化（图 1–13–15）。

（4）杆蝇科 Chloropidae：也称黄潜蝇科，体小，多淡黄色，单眼三角区大；后顶鬃会合或缺；Sc 脉短，终止处有一缺切，Cu 消失，无臀室（图 1–13–16）。

图 1-13-14　黑腹果蝇 *Drosophila melanogaster*

图 1-13-15　豌豆潜叶蝇 *Hromatomyia horticola*

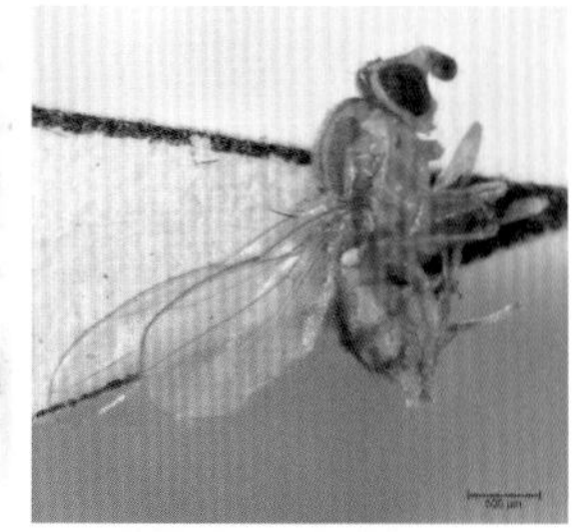
图 1-13-16　稻杆潜蝇 *Chlorops oryzae*

（5）水蝇科 Ephydridae：体小型，暗色；后顶鬃分开或缺，无鬣；翅脉似杆蝇，但除 Sc 终止处有一缺切外，在肩横脉处还有一个缺切（图 1–13–17）。

Ⅱ–b. 有瓣类 Calyptratae：翅瓣发达，盖住平衡棒，中胸盾沟明显。

（1）寄蝇科 Tachinidae：体小到中型，黑褐色，有浅色斑纹，多粗毛；触角芒光滑或有微毛；中胸后盾片发达，突出于小盾片之下呈舌状，有下侧鬃列，M_{1+2} 脉端部向上急折，靠近 R_{4+5}；腹部腹板几乎全为背板包盖（图 1–13–18）。

（2）麻蝇科 Sarcophagidae：外形似寄蝇，体多银灰色，胸部多有黑色纵条斑，毛较疏少；触角芒中段以内有羽状毛；中胸后小盾片退化；腹部腹板不被背板全包盖（图 1–13–19）。

（3）丽蝇科 Calliphoridae：体中型，蓝、绿色，有金属光泽；触角芒全部有羽状毛；中胸后小盾片退化，有下侧鬃列，脉似寄蝇；雄虫第 5 腹板后缘分裂（图 1–13–20）。

图 1-13-17　稻叶毛眼水蝇 *Hydrellia sinica*

图 1-13-18　寄蝇

图 1-13-19　麻蝇

图 1-13-20　海南绿蝇 *Lucilia hainanensis*

（4）蝇科 Muscidae：体小到中型，灰黑色；触角芒全部有羽状毛；中胸后小盾片退化，无下侧鬃列，M_{1+2} 脉末端向上弯曲靠近 R_{4+5}，但不急折（图 1–13–21）。

（5）花蝇科 Anthomyiidae：体小到中型；触角芒光滑具细羽毛，复眼大，雄虫复眼接合；前翅 M_{1+2} 不弯曲，直达翅缘（图 1–13–22）。

图 1-13-21　裸芒综蝇 *Synthesiomyia nudiseta*

（四）双翅目常见幼虫

可以分为以下主要类型。

（1）大蚊型：如大蚊幼虫，体圆筒形，半头式，咀嚼式口器，有触角，腹末有 3 对突起；两端气门式（图 1–13–23a）。

（2）蚊型：如孑孓（玻片），头大，胸部球形，外形锤状，生有毛簇；有眼且大，触角 1 节，咀嚼式口器，各部发达；后端气门式，生于呼吸管上（图 1–13–23b）。

（3）摇蚊型：红丝虫（示范），体细长，杆状，红色或乳白色。前胸及腹末各有一对伪足，半头式，有触角，咀嚼式口器；无气门，在第 8 腹节和肛门周围有 2 对血

图 1-13-22　横带花蝇
Anthomyia illocata

鳃（图 1-13-23c）。

（4）瘿蚊型：如小麦吸浆虫、稻瘿蚊（玻片示范），体纺锤形，头退化，缩入胸节；中胸腹面有“Y”形剑骨片（图 1-13-23d）。

（5）虻型：如虻幼虫，体长纺锤形，半头式，触角发达，口器为口钩，各环节生小突起，且多纵皱，两端气门式，腹末有短而可伸缩的呼吸管（图 1-13-23e）。

（6）蝇型：蛆（芒角亚目全部幼虫），体前端小，末端大，呈锤形；头退化（无头式）缩入胸部，口钩后有口咽骨；两端气门式，前端气门外有很多突起，后端气门内陷分裂成三个口，且有很多气管分支（图 1-13-23f）。

图 1-13-23　双翅目常见幼虫类型
a. 大蚊型（徐鹏摄）；b. 蚊型；c. 摇蚊型；d. 瘿蚊型；e. 虻型；f. 蝇型

四、作业

（1）绘蚊、虻、丽蝇三种触角图。

（2）用二项式作环裂亚目主要科成虫检索表。

实验十四　鳞翅目成虫和幼虫的分科

一、目的要求

掌握鳞翅目成虫和幼虫的分类特征和方法，鳞翅目常见科成虫和幼虫的形态特征。

二、实验材料

（1）针插标本：木蠹蛾、小菜蛾、麦蛾、透翅蛾、蓑蛾、刺蛾、卷蛾、斑蛾、螟蛾、尺蛾、夜蛾、毒蛾、灯蛾、舟蛾、天蛾、枯叶蛾、天蚕蛾、蚕蛾、弄蝶、凤蝶、粉蝶、蛱蝶、眼蝶。

（2）玻片标本：夜蛾脉序、毒蛾脉序、黏虫幼虫趾钩、玉米螟幼虫毛序。

（3）幼虫浸渍标本：蓑蛾、舟蛾、尺蠖、蚕、天蛾、凤蝶、斑蛾、灯蛾、毒蛾、枯叶蛾、粉蝶、天蚕、蛱蝶、弄蝶、眼蝶（示范）、透翅蛾、木蠹蛾（示范）、菜蛾、麦蛾、螟蛾、卷叶蛾，夜蛾（拟尺蠖型、毛虫型、蠋型）。

三、内容、方法及步骤

鳞翅目成虫分科的主要特征（图 1–14–1、图 1–14–2、图 1–14–3）包括触角类型、喙发达程度、下唇须发达程度和伸出方向、翅的形状、色彩和斑纹、前后翅的连锁方式、鼓膜听器是否存在和形状、外生殖器等。鳞翅目翅的脉序在分类中很重要，但许多鳞翅目成虫由于翅正面上往往覆盖着厚厚的鳞片，从翅反面观察效果好一些，尤其不是要长期保存的标本如果加滴少量 75% 乙醇湿润一下，翅脉会较清晰可见。如果能够脱鳞片和染色，制成玻片，则效果更佳。可以参考昆虫玻片标本制作方法。本实验暂以观测整体外形为主，翅脉脉序供参考。

图 1-14-1　鳞翅目特征（小地老虎 *Agrotis ypsilon*）

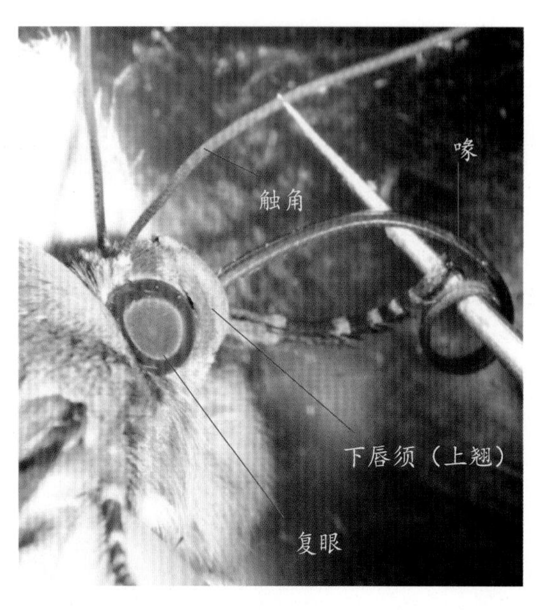

图 1-14-2　苧麻夜蛾 *Arcte coerula* 头部

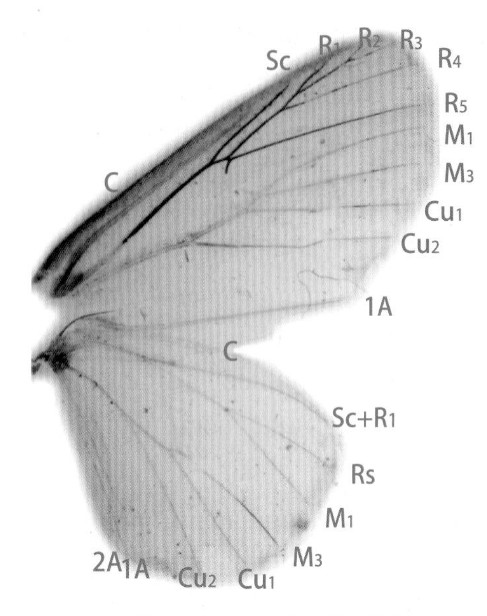

图 1-14-3　一种毒蛾翅脉

鳞翅目昆虫是为害农作物的最重要类群，我们在农林作物上见到其为害，基本都是幼虫，因此其幼虫分类也非常重要。鳞翅目幼虫分科常用特征包括幼虫体型、类型、是否被毛或枝刺、刚毛和毛序、头上角状突起、体上肉状丝突、翻缩腺、臭丫腺、尾突、枝足、上唇缺切和形状、足式、趾钩排列、毛序、臀栉等（图 1-14-4、图 1-14-5）。鳞翅目幼虫属于广义的蠋型，但为了便于认识和记忆，还可以根据其形态进一步分为尺蠖型、拟尺蠖型、臭腺型、尾角型、舟型、巢居型、肉刺型、刺虫型、毛虫型、真蠋型、细蛾型、潜蛾型等。

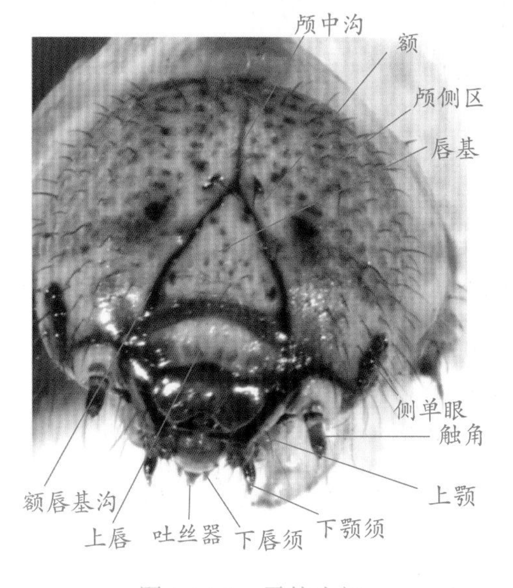

图 1-14-4　蚕的头部

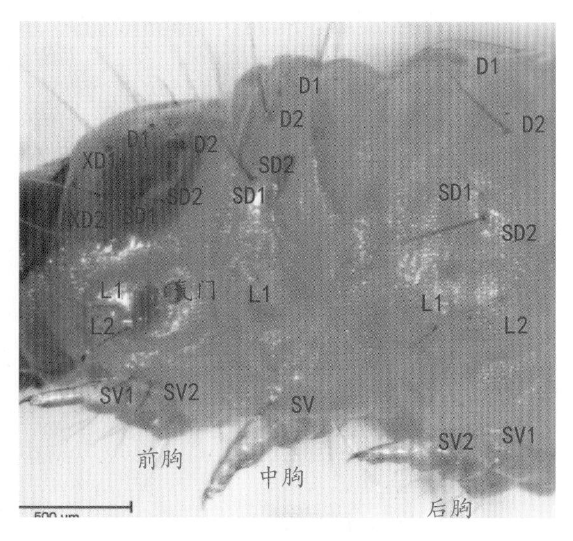

图 1-14-5　印度谷螟幼虫胸部毛序

（一）观察鳞翅目成虫常见科标本

1. 蛾类Heterocera

触角丝形、栉形或羽形，休止时翅叠于背方呈屋脊状（少数平展体侧），且后翅多有翅缰，一般夜出性。

（1）木蠹蛾科Cossidae：体中到大型，肥胖；喙退化；翅面多有深色斑点，中室内有2分叉的M主干，前翅R脉上有一副室，后翅A脉3支（图1-14-6）。

（2）菜蛾科Plutellidae：体小型；触角细长，休止时常向前水平伸出；翅狭长，外缘及后缘有长缘毛，休止时前翅外缘缘毛常后翘如鸡尾；中室内有M主干，后翅M_1与M_2共柄。小菜蛾（盒装标本）（图1-14-7）。

图 1-14-6 大豹斑蠹蛾（多斑豹蠹蛾）*Zeuzera multistrigata*

图 1-14-7 小菜蛾 *Plutella xylostella*

（3）麦蛾科Gelechiidae：体小；下唇须长而上弯过头顶；前翅披针形，后翅菜刀形，外缘凹入，翅尖突出，缘毛很长，前翅R_4与R_5共柄，R_4、R_5终止于前缘，1A仅留基段或缺，2A与3A端部愈合；后翅R_5与M_1共柄或接近。棉红铃虫、甘薯卷叶虫（图1-14-8）。

图 1-14-8 甘薯卷叶虫 *Brachmia triannuella*

图 1-14-9 透翅蛾

（4）透翅蛾科Aegeriidae：体小至中型，外形似胡蜂；触角端部有毛或数节呈锯齿状，下唇须尖而上弯；翅面鳞片常局部缺少，故透明，前翅狭长，中室开放式，R_4与R_5共柄；后翅$Sc+R_1$常与Rs愈合，且紧靠前缘。腹末鳞片列成扇形。透翅蛾（图1-14-9）（针插标本）。

（5）蓑蛾科Psychidae：雌雄异形。雌虫无翅，无触角，无眼，纺锤形，足退化，第7腹节有一圈细毛或刺（示范），居于幼虫巢中。雄虫喙退化，触角羽形；翅发达，翅面常少鳞或极薄，中室内有M脉主干，且分支，前翅A脉3条，端部多合成一条；后翅缺。大蓑蛾（图1–14–10）等（针插标本）。

图 1-14-10 大蓑蛾 *Gryptothelea formosicola*

（6）刺蛾科Eucleidae：体中型，粗短，鳞毛厚而疏松；触角雌虫丝形，雄虫羽形或栉形，喙退化；翅短阔，鳞片厚实，中室内有M脉主干，前翅A脉3条，2A与3A仅在基部分叉，后翅 $Sc+R_1$ 与Rs在中室基部并接，A脉3条。黄刺蛾（图1–14–11）等（针插标本）。

（7）卷蛾科Tortricidae：体小至中型，多褐色或棕色；前翅近长方形，外缘直，且翅尖向前翘起，故停息时合拢于背，外形呈钟罩形；各翅脉均出自中室，Cu_2 出自中室后缘中部，小卷叶蛾的后翅Cu脉基部有栉状毛。卷蛾（图1–14–12）（针插标本）。

图 1-14-11 黄刺蛾 *Cnidocampa flavescens*

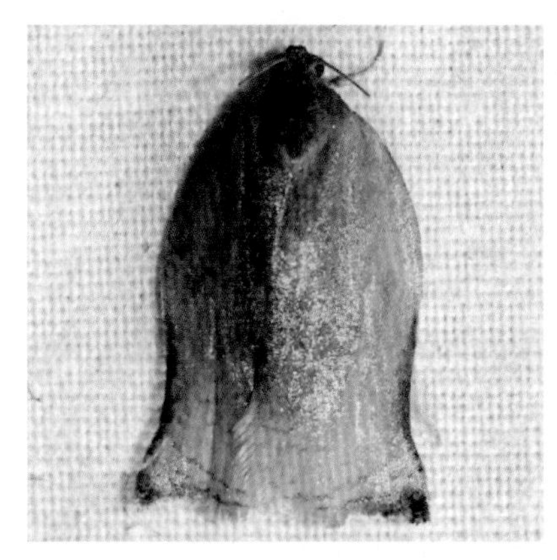
图 1-14-12 卷蛾

（8）斑蛾科Zygaenidae：体型大小不一，白天飞翔，体色深但常有金属光泽；喙发达，触角丝状末端粗大；翅鳞片薄，半透明，中室有M脉主干，前翅2A与3A合并，仅基部分开，后翅 $Sc+R_1$ 与Rs合并至中室外端，A脉3条且分离。梨星毛虫、重阳木锦斑蛾（图1–14–13）等（针插标本）。

图 1-14-13 重阳木锦斑蛾 *Histia rhodope*

（9）螟蛾科Pyralidae（广义上，含螟蛾科和草螟科）：体小到中型，细瘦，鳞片细而密；触角细长，喙退化，下唇须发达前伸，足细长，

图 1-14-14 稻纵卷叶螟 *Cnaphalocrocis medinalis*

前翅三角形或狭长方形，后翅宽广，前后翅 M_2 均接近 M_3，后翅 $Sc+R_1$ 与 Rs 在中室外一度并接或从基部就开始并接。三化螟、二化螟或稻纵卷叶螟（图 1–14–14）（针插标本）。

（10）尺蛾科 Geometridae：体小至中型，细瘦，翅宽大，鳞片细而薄，休止时四翅平展体侧，前后翅有暗色斑纹，且常相似或连接。前翅 M_2 位于 M_1 与 M_3 之间；后翅 Rs 基部极度弯曲，然后与 $Sc+R_1$ 短接。棉大造桥虫等尺蠖（图 1–14–15）（针插标本）。

（11）夜蛾科 Noctuidae：体中至大型，粗壮；喙发达，复眼大而光亮，触角丝形（雌）或栉形（雄）；翅面多有线状、带状及环状等斑纹，前翅 R 脉常有副室，M_2 接近 M_3，后翅 $Sc+R_1$ 与 Rs 基部有点并接。小地老虎、斜纹夜蛾（图 1–14–16）等（针插标本）。

图 1-14-15 黄连木（木橑）尺蛾 *Culcula panterinaria*

图 1-14-16 斜纹夜蛾 *Spodoptera litura*

（12）毒蛾科 Lymantiidae：体中型，鳞片及鳞毛厚而密，有白、黄、褐等色；触角羽形，喙退化；前翅短宽，脉序似夜蛾，但后翅的 $Sc+R_1$ 与 Rs 在中室近中部处一度并接；雌蛾腹末多丛毛。桑毛虫、缘黄毒蛾等（图 1–14–17）（针插标本）。

图 1-14-17 缘黄毒蛾 *Somena scintillans*

（13）灯蛾科 Arctiidae：体中型，粗壮，色鲜艳；触角丝形或栉形，喙多退化；翅上多有深色斑点或点线，前翅臀角多钝圆，翅脉似夜蛾，但后翅 $Sc+R_1$ 与 Rs 有长距离并接。灯蛾（图 1–14–18）（针插标本）。

（14）舟蛾科 Notodontidae：体中型，多灰色或褐色；前足胫节多有丛毛，休止时前伸似兔足（故有的称兔蛾），翅面多有波状斑纹，翅脉似夜蛾，但后翅 $Sc+R_1$ 与 Rs

接近或平行而不并接。杨柳舟蛾、黑蕊尾舟蛾（图 1–14–19）（针插标本）。

图 1-14-18　大丽灯蛾 *Aglaeomorpha histrio*

图 1-14-19　黑蕊尾舟蛾 *Dudusa sphingiformis*

（15）枯叶蛾科 Lasiocampidae：体中至大型，粗短，鳞毛多而松，多枯叶色，少数绿色；触角羽形，喙退化，下唇须特长而前伸；后翅有特大膨肩，休止时叠于腹背但常露出前翅前缘，内有 1 ～ 3 条粗大肩横脉，无翅缰，前翅 R_4 出自中室外端，R_5 与 M_1 共柄，M_2 邻近 M_3，后翅 M_2 与 M_3 共柄。松毛虫等枯叶蛾（图 1–14–20）（针插标本）。

图 1-14-20　枯叶蛾 *Gastropacha sp.*

（16）蚕蛾科 Bombycidae：体中型，粗短；触角羽形，喙退化；前翅顶角突出，其外缘有一弧形缺切，R_2 ～ R_5 共柄。M_2 位于 M_1 与 M_3 之间；后翅缺翅缰，$Sc+R_1$ 与 Rs 之间在中室前以一支脉（R_1）相接。蚕蛾、桑蟥、野蚕等（图 1–14–21）（针插标本）。

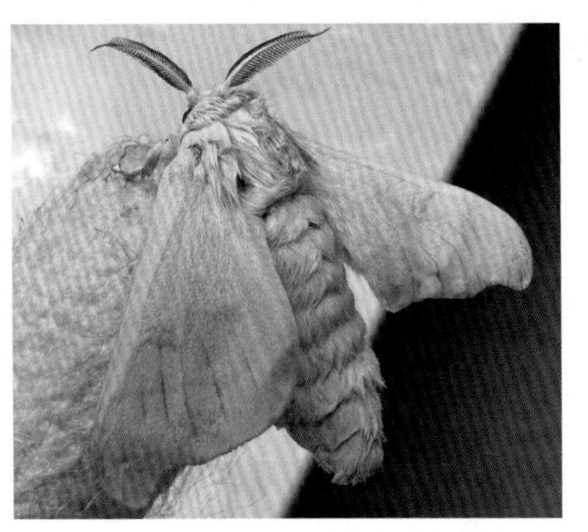

图 1-14-21　家蚕 *Bombyx mori*

（17）天蛾科 Sphingidae：体大，纺锤形，强健，鳞片厚而紧密，似小鸟；触角中部至端部渐膨大，顶端尖且弯成钩状，喙发达，复眼大而光亮；前翅大，呈狭长三角形；后翅小，$Sc+R_1$ 与 Rs 平行至中室外，且以一斜横脉（R_1）在中室前连接。也有些种类翅缺鳞片而透明，形似蜂。豆天蛾、甘薯天蛾等（图 1–14–22）（针插标本）。

（18）天蚕蛾科Saturniidae：体大至巨型，粗短，鳞片厚而密，色艳丽；喙退化，触角羽形；翅面常有透明眼状斑，后翅膨肩大，无翅缰，有的在臀角处有燕尾状突起，A脉1～2条，后翅$Sc+R_1$与Rs自中室基部即远离。樗蚕蛾等（图1-14-23）（针插标本）。

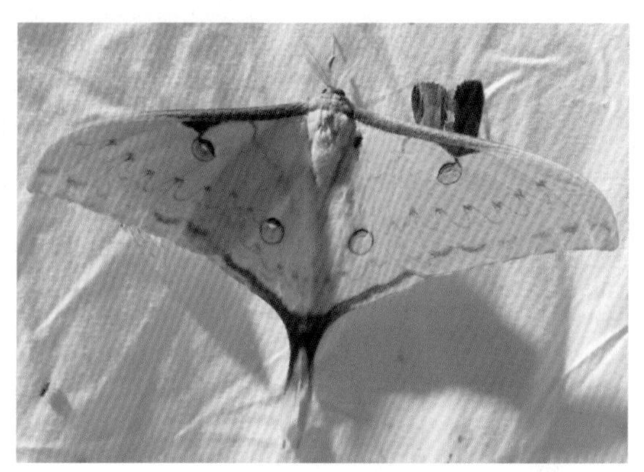

图1-14-22　白星天蛾*Dolbina inexacta*　图1-14-23　黄尾大蚕蛾*Actias heterogyna*

2．蝶类Rhopalocera

触角球杆型，休止时翅竖立在背方或平展体侧，前后翅连锁方式为膨肩型，无翅缰。进化上蝶类属于凤蝶总科Papilionoidea，是蛾类的一个分支。

（1）弄蝶科Hespetidae：体中型，暗色，常有金属光泽；两触角基部远离，端部尖且弯成钩状；翅上有浅色斑点或斑纹，前翅各脉均出中室，后翅A脉3条。弄蝶（图1-14-24）（针插标本）。

图1-14-24　直纹稻弄蝶*Parnara guttata*

（2）凤蝶科Palolionidae：体大型，美丽；后翅臀角多有燕状突起，M_3伸入其中，前翅R_4与R_5共柄；后翅M_2出中室后缘，故Cu脉似有4支（四叉脉）。柑桔凤蝶（图1-14-25）等（针插标本）。

（3）粉蝶科Pieridae：体中至大型，色浅淡，多为白、黄、橙等色；翅面上常有黑斑，前翅R_2～R_5都出自中室外，且共柄，有的合并，后翅M_3与2条Cu脉形成“三叉脉”。菜粉蝶（图1-14-26）（针插标本）。

（4）蛱蝶科Nymphalidae：体中至大型，美丽；翅外缘常呈小波状凹缺，前翅R_3～R_5共柄，但无合并，后翅M_3与Cu基部很接近或共柄，前足退化，很小（故称四足蝶）。苎麻蛱蝶等（图1-14-27）（针插标本）。

图 1-14-25　柑橘凤蝶 *Papilio xuthus*

图 1-14-26　东方菜粉蝶 *Pieris canidia*

（5）眼蝶科Satyridae：体中至大型，暗色；前足也退化为很小，翅上（尤其反面）有大小环形眼纹，翅脉似蛱蝶，但前翅Sc及Cu脉基部特别膨大。稻眼蝶等（图1–14–28）（针插标本）。

图 1-14-27　黄钩蛱蝶 *Polygonia c-aureum*

图 1-14-28　瞿眼蝶 *Ypthima sp.*

（6）灰蝶科Lycaenidae：小型蝶种。触角各节多具白环；翅正面以灰、褐、黑等色为主，部分种类翅表面具紫、蓝、绿等金属光泽，反面斑纹多样，颜色丰富。翅常有尾状突，能动。小灰蝶等（图1–14–29）。

图 1-14-29　小灰蝶 *Zizina sp.*

（二）观察鳞翅目常见科的幼虫标本

为便于形态分类和记忆，可将鳞翅目幼虫归纳为以下几种类型。

1. 巢居型

幼虫生活在可携带的丝巢中，露出头

胸取食。如鞘蛾科（以胶制成巢），部分谷蛾科（以丝+食物粉屑）和蓑蛾科等。

蓑蛾科：匿居于枯枝叶与丝混结而成的巢中，且携巢而行动；体较硬而粗糙，暗色；前胸气门特大，横形，生于发达的前胸盾上；腹足粗短，5对，趾钩单序缺环。大、小蓑蛾（图1-14-30）（幼虫浸渍标本）。

图1-14-30　小蓑蛾 *Cryptothelea minuscala*

2. 蛞蝓型

幼虫体扁，头小缩于前胸内，足很退化，形似蛞蝓。如部分灰蝶科、刺蛾科。

刺蛾科：体粗短，椭圆形或扁椭圆形，色艳，各体节有枝刺和毛瘤，且有毒，俗称“毛辣虫”。头小，缩入前胸。胸足很小，腹足退化成吸盘状（图1-14-31）。

3. 舟型

尾足不发达（至少没有趾钩）。停息时头尾上翘如舟。除舟蛾科外，还有钩翅蛾Drepanidae，其完全无臀足。

舟蛾科：圆筒形，栖息时头尾上举呈龙舟状，色艳，多长毛，但不成毛瘤；上唇缺切很深，呈“V”形，唇基膜高低不平，分为5个部分；前胸背部常有翻缩腺，腹足趾钩单序中带，臀足常退化成很小或变成枝状（图1-14-32）。

图1-14-31　丽绿刺蛾 *Parasa lepida*

图1-14-32　核桃上一种舟蛾

4. 尺蠖型

腹部仅第6腹足和臀足，余足退化（少数腹足2对，但仅1对有趾钩），爬行时弓曲，似以手量物长。

尺蛾科：体细长，腹足仅1对，连臀足共2对，爬行时伸屈如以手量物，拱桥状，故又称“造桥虫”，停息时以腹足和臀足握物，体伸直斜立，拟态小枝条；腹足趾钩为双序中带。如各种尺蠖（图1–14–33）。

图1-14-33　尺蛾幼虫

5. 拟尺蠖型

腹足2～3对，前1～2对退化，行动如尺蠖（细蛾科虽然腹足也3对，但生在3～5腹节上）。

夜蛾科（部分）：形似尺蠖，但腹足2～3对，趾钩为单序中带，如金翅夜蛾亚科、部分裳蛾亚科幼虫（图1–14–34）。

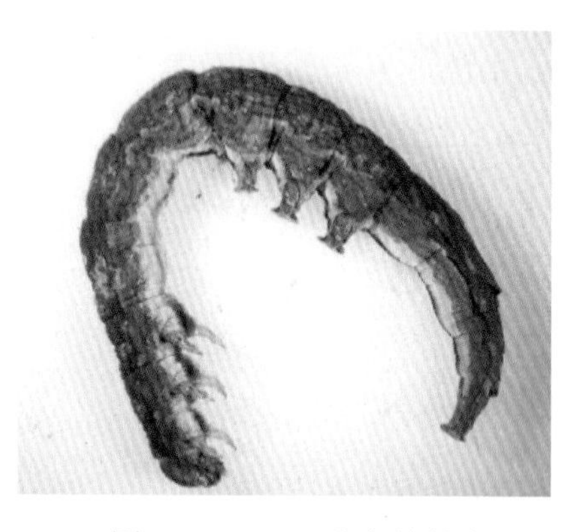

图1-14-34　一种夜蛾幼虫

6. 尾角型

第8腹节背面有一尾角。

（1）蚕蛾科：体圆筒形，中胸特大拱起软而光滑，有时体节有横皱，多环，腹足趾钩为双序中带（图1–14–35）。

（2）天蛾科：体圆筒形，粗壮，皮厚，多横皱，每节分6～9环；色艳，常有斜纹和圆斑，腹足左右靠近，趾钩为双序中带（图1–14–36）。

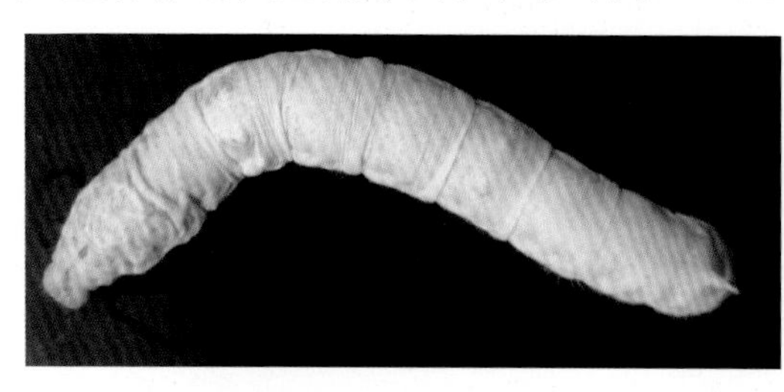

图1-14-35　家蚕幼虫

图1-14-36　葡萄天蛾幼虫

7. 臭腺型

具“Y”形臭腺，受惊时伸出散臭气。

凤蝶科：前胸背中央有一能伸缩的“Y”形腺体，能发散特殊臭气；体光滑，色艳，有很多花纹；腹足趾钩双序或三序中带（图1–14–37）。

8. 毛虫型

体密被长、短毛（次生刚毛），且大多（除粉蝶科外）呈毛疣或毛簇。

（1）斑蛾科：各体节有毛瘤，瘤上生短毛，放射状，中后胸毛瘤均在L_1毛上面，每节6个毛瘤，故多称“星毛虫”；头小，部分缩入前胸，气门小，圆形；腹足趾钩为单序中带，胸足爪基部有匙状毛（图1–14–38）。

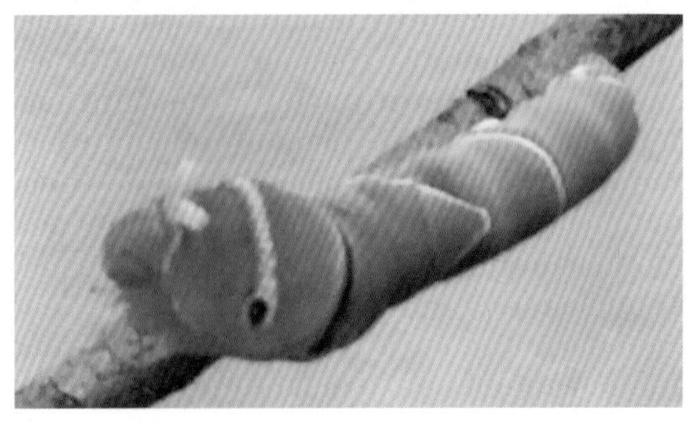

图 1-14-37　柑橘凤蝶幼虫

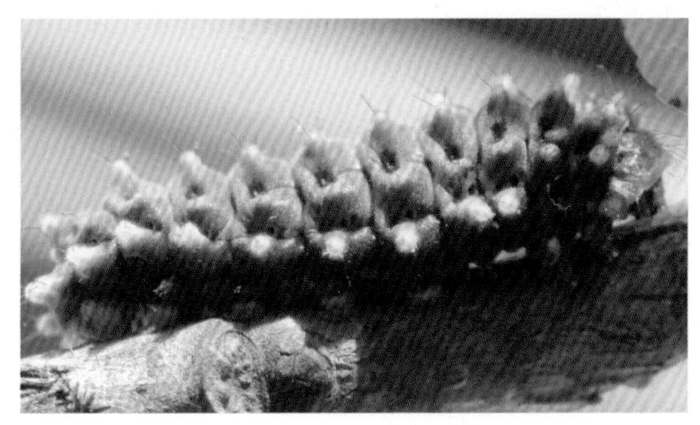

图 1-14-38　重阳木锦斑蛾幼虫

（2）灯蛾科：毛多而密，长短及色泽较一致，毛生在毛瘤上，中后胸L_1上有2个毛瘤，腹足发达，趾钩为单序异形中带（中央的趾钩长、两端的甚短小）（图1–14–39）

（3）毒蛾科：毛有长短，生于毛瘤上或成毛簇，色艳；有的体节毛瘤特大，毛特长，且有毒；第6、7腹节背面常各有1个翻缩毒腺或第7腹节有1个翻缩毒腺；腹足发达，趾钩为单序中带（图1–14–40）。

图 1-14-39　灯蛾幼虫

图 1-14-40　古毒蛾幼虫

（4）枯叶蛾科：体略扁，毛有各色，各节近足处有突起，毛长短粗细不一，散生，常无毛瘤，胸部毛常成簇，趾钩为双序中带或多行缺环（图1–14–41）。

（5）粉蝶科：毛多浅色，纤细而较短，生在小突起上，体多横皱，腹足趾钩为双序或三序中带（图1–14–42）。

图 1-14-41　枯叶蛾幼虫

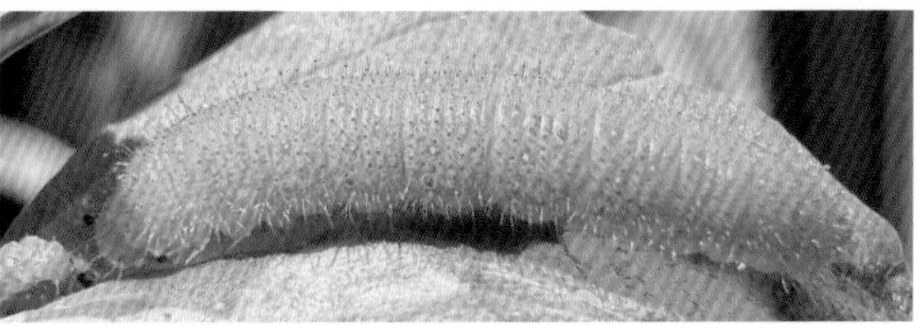

图 1-14-42　东方菜粉蝶幼虫

9. 刺虫型

体上生枝刺（刺蛾科也可归入刺虫型）。

（1）天蚕蛾科：体粗壮，枝刺硬，色艳，趾钩为双序中带，能作茧（图 1–14–43）。

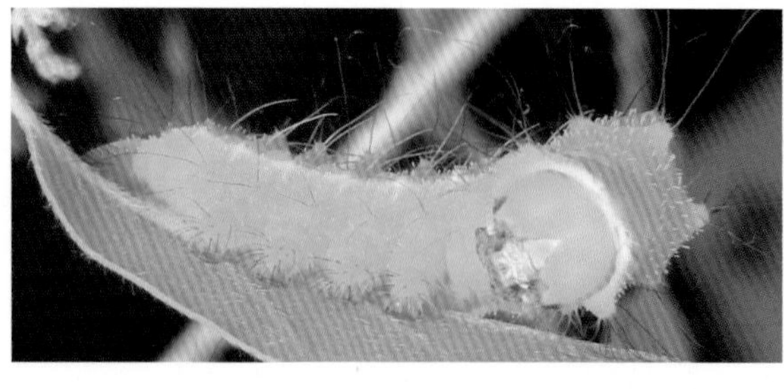

图 1-14-43　天蚕蛾幼虫

（2）蛱蝶科：体、刺均较细长而软，头上多有角状突起，趾钩为三序（少数双序）中带（图 1–14–44）。

10. 真蠋型

腹足 4 对（连臀足 5 对），体光滑，仅有初生和亚原生刚毛，无或很少次生刚毛。

（1）弄蝶科：体近纺锤形，头大，前胸小，似颈状；趾钩为双序或三序全环，有臀栉（图 1–14–45）。

图 1-14-44　蛱蝶幼虫

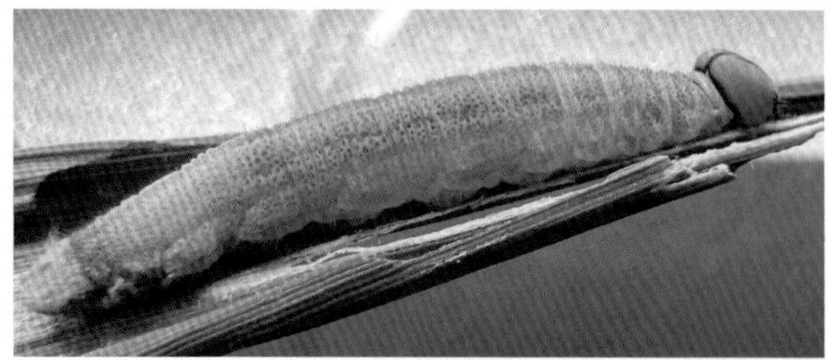

图 1-14-45　稻弄蝶幼虫

（2）眼蝶科：体纺锤形，头大，头分 2 叶，或有角状突起，前胸小，似颈状，臀板叉状；趾钩为单序、双序或三序中带，臀板分叉（图 1–14–46）。

（3）透翅蛾科：细长杆状，前胸盾和臀盾特别发达，趾钩为单（双）序，二横带，前胸L毛 2 根，内蛀树茎干（图 1–14–47）。

图 1-14-46　稻眼蝶幼虫

图 1-14-47　葡萄透翅蛾幼虫

（4）木蠹蛾科：体粗大、略扁，少毛，黄白色到紫红色，钻蛀为害；前胸盾发达，在中后缘常有列刺，腹足粗短，趾钩为二序或三序环（图 1–14–48）。

（5）菜蛾科：体小，前胸L毛 3 根，腹足细长，臀足后伸行动活泼，进退自如，趾钩为单序或双序，全环式 2 ～ 3 列。小菜蛾趾钩多列缺环（图 1–14–49）。

图 1-14-48　木蠹蛾幼虫

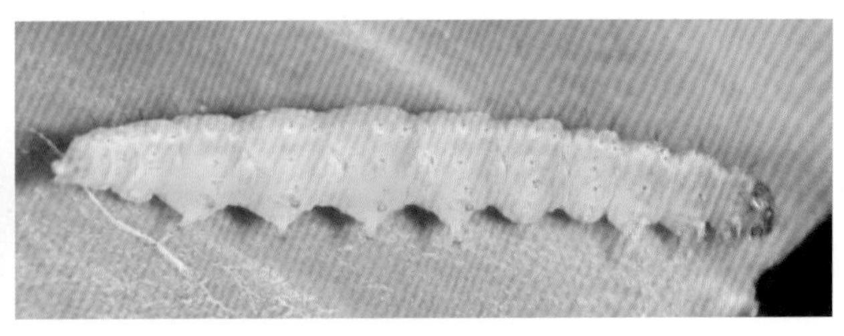

图 1-14-49　小菜蛾幼虫

（6）麦蛾科：长圆筒形，两端较细，白或红色，趾钩为二序环或二横带，内蛀性者腹足常退化，趾钩仅留 2 ～ 3 个，L 毛 3 根，有臀栉（图 1–14–50）。

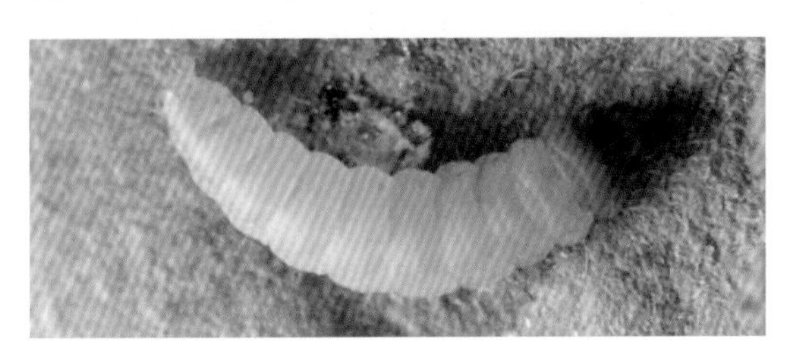

图 1-14-50　马铃薯块茎蛾幼虫

（7）螟蛾科：细长圆筒形，光滑，白、黄、淡绿或淡褐色，前胸气门的毛片有 L 毛 2 根，L1、L2 靠近，趾钩为二序或三序缺环，少数为单序全环（图 1–14–51）。

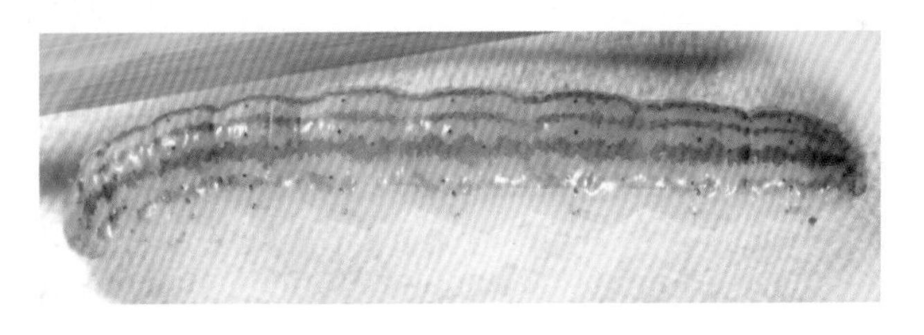

图 1-14-51　二化螟幼虫

（8）卷蛾科：前胸 L 毛 3 根。体略扁，趾钩为二序、三序或单序全环，第 8 腹节气门大，有臀栉。该科幼虫活泼（可快速进退），吐丝下垂，内蛀、卷叶等（图 1–14–52）。

图 1-14-52　梨小食心虫

（9）夜蛾科：体常粗壮，多暗色，内蛀性有白色或淡紫色，体多光滑，前胸L毛2根，趾钩为单序中带。少数散生长毛，上唇缺切（图1-14-53）。

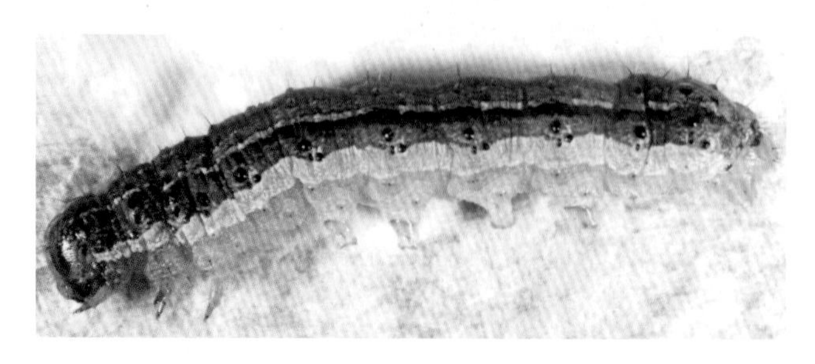

图1-14-53　草地贪夜蛾幼虫

四、作业

（1）绘夜蛾、螟蛾前后翅脉序图，并注明各脉名称。

（2）制作一个蝶类分科检索表。

（3）绘夜蛾、三化螟、透翅蛾幼虫趾钩图，并注明其型式名称。

（4）绘黏虫或草地贪夜蛾幼虫的侧面图，注明各纵体线名称。

（5）绘任一幼虫前胸盾、臀盾、毛序、臀栉简图。

第二部分

昆虫野外采集和标本制作

第一节　实习计划

一、实习目的

教学实习是“普通昆虫学”课程理论联系实际、加深对课堂知识的理解和记忆、拓宽知识面的重要环节。通过实习，力求达到以下目的：

（1）加深认识和提高鉴别已学过的昆虫主要类群能力，进一步掌握它们的主要特征和习性，并初步认识未学过的常见昆虫类群。

（2）学习和掌握昆虫标本的采集、制作和保存的方法。

（3）进一步熟练掌握应用检索表和对照图、文识别昆虫并进行分类鉴定的技术。

（4）初步认识一些常见的农林作物害虫和益虫种类，为学习“农业昆虫学”课程打下基础。

（5）采集和制作一批合格的昆虫标本，为教学和科研提供材料。

二、实习要求

在为期 1 ～ 2 周的实习期间，要求每个同学至少达到：采集到 18 个昆虫目、60 个科、150 个以成虫为主的个体，记载采集地点，注意观察其生活环境和食性，最后将它们制作成合格的标本，并根据形态特征和生物学特性鉴定其所属的目和主要的科。

三、实习内容和方法

（1）利用各种采集工具，在野外实习山区和校园内采集植物上、空中、土石下、水中、室内、动物体表等各处的昆虫标本，并注意观测它们的生物学和生态学特性。

（2）将采得的昆虫成虫制成针插干标本，卵、幼虫（包括若虫、稚虫）和蛹制成浸渍标本，并一一插（附）上采集标签，用绘图墨水写明采集地点、采集日期和采集人。

（3）将制作好的标本，应用课堂上学过的知识和教科书、参考书上的检索表和图文描述，进行分类鉴定，要求鉴定到目和主要科。

（4）合格的昆虫标本分类鉴定后按分类系统整理，成虫插入标本盒。幼体浸入小玻瓶，并在同类群标本前插（粘）上目、科名标签。尚未干透的整姿、展翅成虫标本，不能下板者，应把采集标签和目、科名标签插在标本旁边，以备下板后归类。未能制成合格的成虫干标本，也应以分类系统用三角纸袋或棉层纸包好，在包内附以采集标签，包外写明目、科名称。

（5）按组为单位，排列出整理好的标本，进行展览，互相观察学习和评比；个人均需写出小结（表 2-1-1）；最后由指导教师根据采集、制作的标本数量、质量及实习时的态度和表现、实习记录和实习报告综合评定成绩。

表 2-1-1　昆虫标本统计

小组：　　　　采集人：

目名	科名	个体数	目名	科名	个体数
…					
…					
合计					

四、注意事项

（1）各采集点均系自然保护区、风景区和农区。应爱护一草一木，凡需采集带回的有虫的植物器官标本，均应遵照有关规定采集，不得任意乱采和对植物造成不必要的损害，尽量分散少采，以不伤害林木花草美观和农作物为准则。

（2）每次外出野外采集前要带好相关采集工具，要爱护采集、制作标本的器具，不得损坏和遗失，违者照价赔偿。毒瓶要由专人妥善保管，不得乱放乱丢，如有破损，应及时报告指导教师，用剧毒药品制作的毒瓶要作深埋和无害化处理。

（3）外出采集一切听从指导教师指挥。野外采集时，应注意安全，以小组为单位集体行动，不得个人行动，任意离组。

（4）遵守作息时间，校外采集不得误车，饮水自备自带；校内活动按上课作息时间。

第二节　昆虫标本的采集方法

昆虫标本的采集是进行昆虫学研究的基础工作之一，特别是进行害虫调查、昆虫区系调查或进行昆虫分类研究，采集昆虫的工作显得更加重要。要得到比较全面而完整的昆虫材料，必须了解昆虫的分布地区、栖境和它的生活习性，同时又要善于运用各种采集工具和采集方法。有时还要针对目标昆虫的特点，特制一些更加方便和适合的采集工具。

一、采集工具和使用方法

（一）捕虫网

捕虫网是采集跳跃、飞翔、游泳昆虫和其他较活泼昆虫，如蝶蛾类、蝗虫、蜻蜓、甲虫、蜂类等的必要工具。

1. 捕虫网及捕虫技巧（图 2-2-1）

网圈采用能折叠的不锈钢，通常直径以 30 ～ 40cm 为宜，网袋用细密白色纱网（网袋最好用珠罗纱或尼龙纱制作，以减少空气阻力，加速挥网速度），纱网孔径 0.2 ～ 0.3mm（约 70 ～ 50 目），网深 60cm（深度可定制），网杆最好用铝合金（如果经常使用，也可以用更加轻便的碳素杆），总长通常 1.5m 左右，分 3 挡，可拉拔、伸缩，方便携带。使用时可用单手或双手持握，捕捉静止或正在取食的昆虫比较容易，一般横扫即可。捕捉正在飞翔中的昆虫时，应等其飞近时再急挥捕虫网捕捉，一般不宜长距离追赶昆虫。如果捕捉蝶类，应观察其“蝶道”，在“蝶道”旁等候，待其再度飞经人附近时，网口对准飞蝶作急行挥舞。昆虫一旦入网后立即封住网口，方法是随扫网的动作顺势将网袋向上甩，连虫带网翻到上面来；或迅速翻转网柄，使网口与网袋叠合，以免捕到的飞虫逃逸。大型的蜻蜓、普通蝽类、蝗虫、甲虫等可用手直接从网取出。对一些大型的蝶蛾类，则宜先用手指夹网，将其胸部紧捏，使其胸肌受损，再取出放入毒瓶，这样可以防止过度挣扎，使鳞片受损。有些如系咬人、有毒或螫人的昆虫，如胡蜂、蜜蜂类、毒隐翅虫、大天牛、猎蝽等，可连网底一起塞入毒瓶内，盖住瓶盖，待虫死后再取出。有些微、小昆虫，可将网的中下部捏住，伸进毒瓶将其毒死后，放进棉层纸袋内，或直接倒入广口瓶里用酒精浸。有些大型昆虫，也可向腹部直接注射 95% 乙醇或卡氏液（乙醇：冰醋酸：甲醛：水＝17 ：6 ：2 ：28）将其杀死。

图 2-2-1　捕虫网和用捕虫网捕住蝴蝶的过程

2. 扫网

扫网专门用于扫捕草丛中生活的昆虫。扫网多是用白色粗布或亚麻布制成的，网柄一般也较短。一般会在网底作一开口，在开口处缚一采集管，扫捕到的标本都会集中在管内，待捕到一定数量后，将采集管取下来用塞塞好，再换上另一个新采集管即可。使用扫网时常在草丛中行进时作“8”字形扫捕。

3. 水网

水网专门用作采集水生昆虫，一般用细网纱或金属丝网制作，呈铲形或圆形，柄可视水深浅而定。

（二）吸虫管（图 2-2-2）

采集微小的昆虫时，可用吸虫管吸捕。专用特制橡皮吸球的吸虫管或电动吸虫管可以在网络上购买。如果自制，可以用一个 15mL或 50mL离心机用透明塑料管，塑料管盖子上打个孔并插入剪掉细头的移液器枪头，中间塞以脱脂棉防止虫被吸入口内，再在移液器枪头上配一塑料软管用于嘴巴吸气。塑料管底部开口插入也剪掉细头的移液器枪头，插入约 2cm，用于吸虫。可以根据虫体大小，确定吸虫口大小，吸虫口小一些吸力会大一些。吸了一定数量小虫后，就可以打开盖子取出小虫。采集飞虱等小虫还可以用拍虫盘结合吸虫管一起使用。

图 2-2-2　简易吸虫管和使用方法

（三）毒瓶

一般采集的昆虫如果不是用于进一步饲育观察，都会用毒瓶立即将昆虫杀死。传统的方法是用剧毒的氰酸气熏杀。毒瓶可选用广口玻璃瓶（容易不小心打碎）或透明度很好的塑料瓶（如透明无色水杯），瓶的大小随使用的目的来决定。制作方法是先在底部放 5 ～ 10mm 厚的氰化钠（NaCN）或氰化钾（KCN）粉末，然后盖上一层 10 ～ 15mm 厚的细木屑，用一底面平的棍子将木屑压紧压平，再盖上一层干燥的熟石膏粉，然后用滴管渐渐加入水至石膏湿润，或直接将石膏糊倒入，然后置于通风处晾干，待石膏凝固并充分干燥后再配一个橡皮塞或软木塞，如果是透明塑料瓶盖上盖子即可应用。氰化物遇水即放出氰化氢，毒性极强且持效久，杀虫速度快，是制作毒瓶的较理想药物。毒瓶制作过程和使用过程中切忌用鼻凑近或吸气。万一毒瓶破碎，应就近掘一深坑，加水溶解毒物，将毒瓶埋掉。

但由于氰化物剧毒，是严格管制药品。目前一般用乙酸乙酯、三氯甲烷、四氯甲烷或敌敌畏等毒性较强的药品。毒瓶制作方法也相对简单，可以在瓶中放若干棉球，滴加乙酸乙酯，上面再覆盖 1 ～ 2 层硬纸即可使用（图 2-2-3）。但这些药品挥发快，毒效不持久，要同时准备一个小瓶装这些药品液体，药效不好时适时加药。另一个缺点是鳞片容易被粘，要及时取出标本。

图 2-2-3　简易毒瓶和使用

外出采集时，毒瓶一次不宜放入过多虫，随死随取出，不然色泽易褪，也容易损坏。为了避免虫体爬行和挣扎导致相互之间的摩擦，注意鳞翅目昆虫不能和甲虫、蜂类等昆虫放在一起。尤其是甲虫死亡很缓慢，会在瓶内乱爬，易将鳞翅目昆虫标本损坏，因此最好有专瓶毒杀蝶蛾类，或鳞翅目昆虫毒杀后立即取出，置于三角纸袋内。为了防止瓶内昆虫互相碰撞，可加些吸水性强的软纸条，这样既可以避免虫体的相互摩擦而损坏标本，又可以吸去虫体表面的水分。

另外，为防止鳞翅目成虫鳞片脱落，应先捏压胸肌，使之失去扑拍能力，也可先放在三角包中，再将三角包放入毒瓶中毒杀。

（四）三角纸袋和棉层纸包（图 2-2-4）

昆虫毒死后，尽快取出，用纸袋临时包装保存。纸包所用的纸以光面纸、透明硫酸纸较适宜，光滑纸面可以防止昆虫鳞片被摩擦破坏。三角纸袋一般是由长方形的纸折成的，长与宽之比为 3 ∶ 2，常用的为 12cm × 8cm 和 15cm × 10cm 等，可视虫体的大小而定。标本装入纸袋后，应在外面写好采集地点、日期、采集人、寄主等，以备查用。棉层纸包一般是用 A4 打印纸，加一层薄薄的脱脂棉，再在脱脂棉上覆盖一张透明硫酸纸，可以将毒瓶中取出的甲虫、蜻蜓、蝗虫、蜂等，直接放在棉和透明硫酸纸之间，再将棉层纸包放入合适的塑料盒中带回即可。

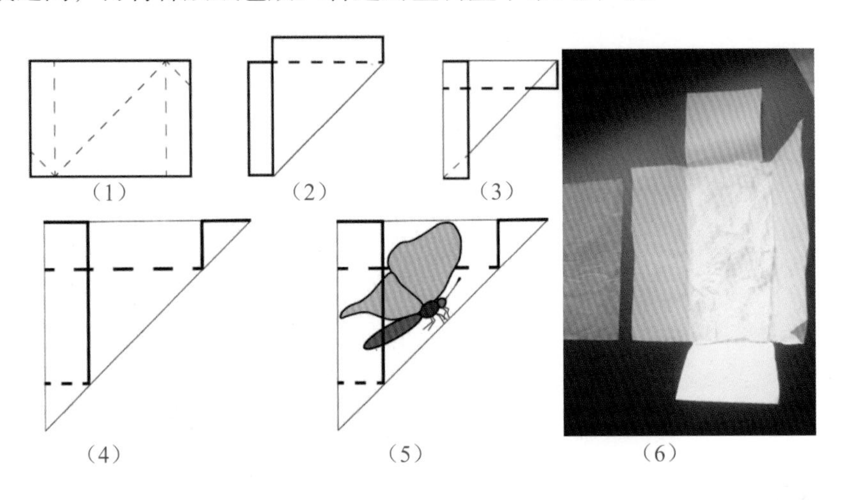

图 2-2-4　三角纸袋和棉层纸包的制作方法
（1）12cm×8cm 的 3:2 长方形硫酸纸，虚线表示折线位置；（2）先沿斜线折纸；（3）再沿两直线折纸；（4）进一步将突出的 2 个小三角折起，形成三角纸袋；（5）将采集的昆虫标本在三角袋中放置，包好携带；（6）一种棉层纸包示样

（五）采集袋

采集袋有肩背式和腰围式两种。采集袋是装放各种采集昆虫的必要工具的背袋，以方便装放工具和爬山、活动时使用方便为准。采集袋中可以装备铲子或采集耙（采集土下昆虫）、镊子（不宜直接用手抓的昆虫）、手持放大镜、方形塑料盒（装棉层纸包和三角纸袋，防压变形），装有酒精塑料管（可用于保存除了蜻蜓目、脉翅目、毛翅目和鳞翅目成虫以外的其他昆虫标本，特别是小型的昆虫和幼虫）、刀、剪刀、枝剪、毛笔（可以用酒精或水湿润后粘住小虫再放入酒精管中）、拍照手机、铅笔、记录本、胶布。此外，还可携带些必须的医药卫生用品和创可贴，如果被蜂螫、虫咬、毒蛇咬伤，或遭到其他的伤害，则可以及时进行初步治疗。

（六）诱虫灯和幕布

许多昆虫都有趋光性，诱虫灯和幕布用于诱集具有趋光性的昆虫。幕布不仅用于增强光线强度，也为诱到的昆虫有停息的场所，便于捕采。一般用黑光灯或用功率大于400W的白炽灯。除普通采集昆虫使用灯诱外，在害虫防治、掌握虫情方面也较广泛应用灯诱，可以诱到许多白天采不到的昆虫，如果连续不断地积累多年的资料，就能够掌握该地区昆虫发生的季节规律。

（七）其他工具

凡是需要带回饲育观察的昆虫，都要装入特制的活虫采集笼或活虫采集管。用网采集日出性的有翅昆虫，特别是膜翅目和双翅目昆虫，还常用挂网，尤其是马氏挂网。采集土壤表层或枯枝落叶层中的微小至小型昆虫，还常用烤虫筒或贝氏漏斗。

二、采集方法

（一）观察法

采集昆虫首先要找到它栖息的场所。除飞虫外，有些昆虫有发声的习性，有些昆虫在它们生活的地方会遗留下一些踪迹，因此，采集时要注意“眼观六路，耳听八方”。如蝉、蝈蝈、蟋蟀等可凭着听觉找到它；寄生的蚜虫，在寄主的枝叶或地面上常有蚜虫分泌的蜜露，并有蚂蚁等爬上爬下等现象；一些有咀嚼式口器的昆虫生活的地方，植物叶片破损，地面上有其排出的粪便；地老虎、金针虫或蛴螬等地下害虫往往使其生活的地方的禾苗枯倒。

（二）翻搜法

主要根据昆虫的栖境、寄主植物、为害状或虫粪来采集在泥土中、树皮下、砖石下、枯枝落叶层，以及腐烂物质中等场所营隐蔽生活的昆虫（图2-2-5）。例如，在比较阴湿的林地表面或腐烂树干中可找到独角仙、锹甲等；在牧场的粪便下寻找粪金龟；在花盆或砖石下可采到步甲、蠼螋等；在泥土翻掘过程中可采到金龟子的幼虫、金针虫以及多种昆虫的幼虫和蛹；在腐烂物质中可以采到蝼蛄、隐翅虫、蓟马等；在树皮下及树干中可采到天牛幼虫等；在积水塘或水坑可采到蚊虫、黾蝽、负子蝽、龙虱等昆虫。在鸡鸭、猫狗等动物身上可以找到虱、蚤等寄生昆虫；从采集不杀死的昆虫卵、幼虫、蛹中还会羽化出寄生蜂、寄生蝇等。

（三）击落法

许多昆虫有假死性的特点，猛然震击寄主植物，能使其自行落下进行采集。有些昆虫虽无假死性，但趁早晨或晚上气温较低，昆虫不甚活动时或当昆虫专心取食时，趁其不备，猛然震动寄主植物，也会被震落下来。例如，用击落法可采到金龟子、象甲、叶甲等昆虫，可将捕虫网置于植物枝条下抖动枝条，昆虫就会落入网内；也可在树底下或灌木丛下铺白布单或报纸或倒置张开的雨伞等，然后用手急摇或用脚猛踢树木，震落昆虫。注意，一定要及时收集落下的昆虫，否则它们会很快飞走。

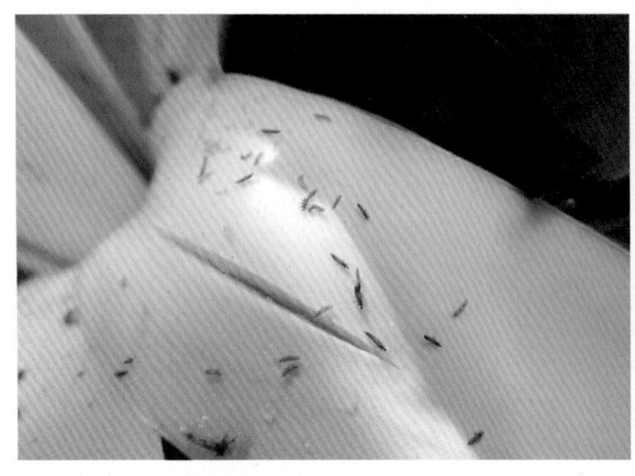

（a）翻开剑麻叶片，基部有很多蓟马

（b）拨开泡沫就会发现隐藏在其中的沫蝉

（c）天目山实习同学在鸡身上翻找鸡虱

（d）同学们将腐朽的木头抬起摔碎寻找昆虫

图 2-2-5　搜寻隐匿昆虫

（四）诱集法

最常用的是灯光诱集，也是我们平时野外实习使用的主要方法之一（图 2-2-6）。利用大多数昆虫的成虫都有趋光性的习性，可在夜晚使用诱虫灯来采集昆虫。将白色幕布挂起，上悬挂灯。诱虫灯应设置在空旷有代表性的田野中，四周要比较开阔，附近经常无火光，并且无房屋、竹园、树林等障碍物。由于各种昆虫夜间活动时间并不一致，每晚点灯始止时间也应依据诱虫对象而定，一般点灯时间为天黑至午夜 12 时，有时也可以通宵（注意防雨）。晴好无风无雨的闷热夜晚最适合于灯诱，无月光的晚上更佳。晚上待虫飞来，停在布上，可用指形管或毒瓶直接扣捕，大的昆虫用网捕。如果灯诱水生昆虫，可以把灯挂在靠近溪流、池塘或沼泽地等水生昆虫生活的环境。诱到的昆虫，最好每天分类记录，或者将每天的昆虫用纸包好，写上诱集日期、地点。

图 2-2-6　灯诱昆虫（小虫可以用毒瓶直接收集，大的蛾类等可用捕虫网捕捉）

除灯诱外，还可以用糖醋诱集蝶和蛾以及许多甲虫。一般可用红糖加少许酒和醋，在微火上熬成糖浆，使用时涂在树干上，白天常有蝶类飞来取食，晚间可诱到许多蛾类和一些甲虫；利用新鲜蔗渣也能引诱到一些寄生蜂；利用尿液也能诱捕蝴蝶；利用蜜糖还能诱集蜂、蚂蚁；利用腐烂水果引诱果蝇、胡蜂等。采集地面地下活动的甲虫、蚂蚁、蝼蛄、蟋蟀和蟑螂等昆虫，有时会应用陷阱诱集，把马粪、糖渣、酒糟等堆成小堆，便可诱集到多种地老虎的幼虫以及蝼蛄、金针虫等，或是把腐肉、烂水果等浅埋在土中，可诱集到多种昆虫；把一个大广口瓶埋在地下，广口瓶里面放上有气味的食物，广口瓶上面架上一个与地面平行的漏斗，这样采集的效果就更好。采集雄虫和预测预报经常会用性信息素诱集，许多公司有此类产品。有些昆虫对颜色比较敏感，可以用色诱法，即用黄盘诱集蚜虫和跳小蜂，用蓝盘诱集冠蜂等。蝇类或一些埋葬甲对动物尸体发出的气味很敏感，可以用尸诱法，就是利用腐肉或动物尸体诱集这些昆虫。

三、采集昆虫注意事项

（一）选择适宜的采集季节和时间

昆虫的种类繁多，习性各异，发生的世代也各不相同。即使同一种昆虫，在不同地区或不同环境中发生的时间也不尽相同。因此，要想采到理想的昆虫，首先要学习和掌握必要的昆虫知识。一般地，江浙一带每年晚春到秋末是采集昆虫最适宜的季节；但在我国南方地区，如海南，不少昆虫没有明显的冬眠阶段，而在北方每到冬季几乎不见野外飞行的昆虫，但还可以采到一些越冬昆虫的卵、幼虫、蛹以及成虫等。每天采集的时间也要根据不同的昆虫种类而定，例如白天或夜晚、天晴与天阴等，不同的昆虫活动都会不一样。一般地，在一天中，日出性昆虫和夜出性昆虫分别以 10—15 时和 20—23 时活动最频繁。

（二）选择适宜的采集地点和环境

不同种类的昆虫地理分布不同，栖居环境各异，因此要熟悉它们分布的地点和环境以利于采集。

（三）采集标本尽量要全

采集时不仅将雌雄个体采全，每类标本也尽量多采集几个个体，便于后期制作和交流，还要尽可能将同种昆虫的卵、幼虫、蛹、成虫采全。

（四）做好记录

外出采集应随身携带记录本，目前手机拍照都有定时定位功能，可以拍摄记录。不能拍摄记录的可以用记录表记录下来，做到细致严谨，包括但不限于采集地点、海拔、时间、日期、采集人、寄主、采集号码、体色、生态环境、发生数量、取食为害方式、为害程度、天敌等。

（五）注意安全

防止摔伤，防止毒蛇、山蚂蟥和毒虫叮咬。在森林采集时，不要单独行动，防止迷失道路和方向，在水潭采集水生昆虫时要注意防止落水。

第三节 昆虫标本的制作方法

一、制作的工具

（一）昆虫针

固定虫体的不锈钢针，按粗细长短的不同可分为00#、0# ～ 5#共七种。其中00#长约12.8mm，顶端无膨大的圆头，直径约0.3mm，专门用来制作微小昆虫标本，也叫二重针；小型昆虫或者制作成玻片标本，或者进行二重插针，或者放入指形瓶的酒精浸液中保存。

0#、1#、2#、3#、4#和5#长约39mm，顶端有膨大的圆头，直径分别为0.3、0.4、0.5、0.6、0.7和0.8 mm，可根据虫体的大小和软硬来选择针号（图2–2–7）。中、大型昆虫的成虫和虫体较大的不全变态昆虫的若虫均可直接插针。

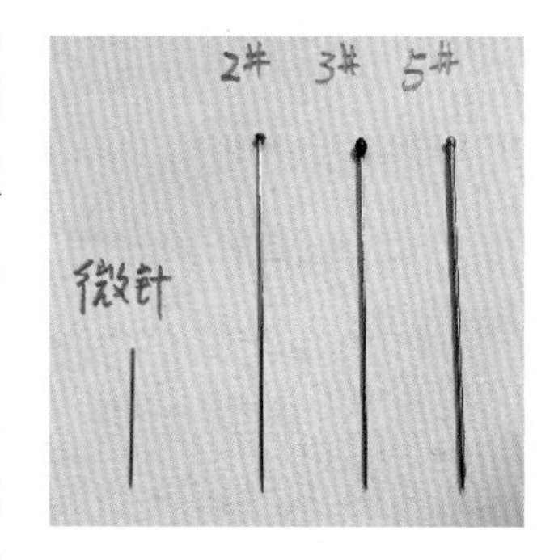

图2-2-7　不同规格昆虫针

（二）三级台

三级台是分为三级的小木块，长75mm，高24mm，每级8mm。每级中央有1小孔，制作昆虫标本时将昆虫针插入孔内，调节虫体和标签的高度，以确保标本和标签整齐美观和便于拿取。其中，第三级高24mm，是固定标本的高度；第二级高

16mm，是采集标签的高度；第一级高 8mm，是鉴定标签的高度（图 2–2–8）。

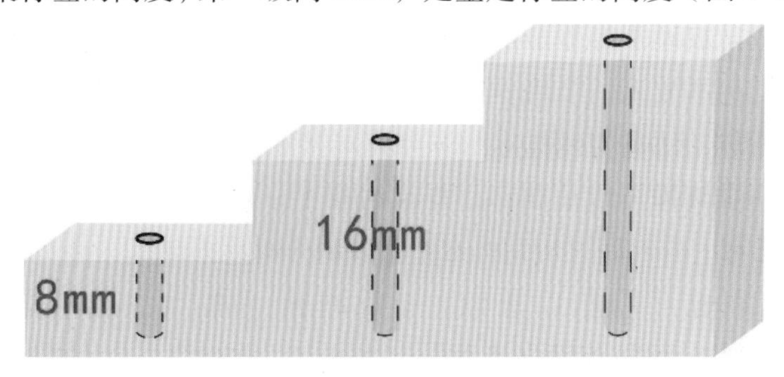

图 2-2-8　三级台

（三）展翅板

鳞翅目、脉翅目、蜻蜓目、毛翅目、大型膜翅目昆虫在标本保存和展览之前，一般需要进行展翅处理，以便能够将前后翅的特征很好地呈现出来。传统的展翅板是一个“工”字形的木架，上面装两块表面稍向内倾的木板，一块固定，另一块可以左右移动，以调节两板间的距离。木架中央有一槽，铺以软木或泡沫板，方便插针。但目前各种规格的泡沫塑料板价格很便宜，一般的展翅都采用不同规格的泡沫展翅板代替木质传统展翅板。也可以直接采购厚度为 10cm 以上的致密泡沫板，自己用美工刀按需要大小进行切割和制作展翅板。展翅板大小需要根据展翅的对象而定，如大型的蝴蝶和蛾类等，需要与其翅展长度相适应的宽展翅板。

（四）整姿板

甲虫和其他不需要展翅的昆虫在标本永久保存和展览之前，一般需要进行整姿处理。目前整姿板也是多采用厚度为 25 ～ 35mm、表面光滑、长方形的致密泡沫板制作，便于整姿时插针和用大头针固定。而整姿板面积大小可以根据需要和方便而定，A3 或 A4 纸大小均比较适合。

（五）其他工具

包括固定用的大头针、三角卡片纸、黏虫用的白乳胶或万能胶、剪刀、透明硫酸纸、标签纸、镊子、老虎钳、放置不同型号昆虫针的六孔针台（图 2–2–9）等。

图 2-2-9　六孔针台

二、制作方法

（一）标本回软

新鲜采回的昆虫标本或还没有干燥硬化的昆虫标本，可以直接进入制作程序。而对当时没有来得及整理制作的标本，以及保存时间较长的干燥昆虫标本，若想再展翅或整姿，必须回软后方能进行。

标本回软可以用回软缸，使已经干硬的标本重新恢复柔软，实际上有盖的容器都可用作回软缸，玻璃干燥器最常用。回软时，可以在缸底放些湿沙，先加几滴苯酚防霉，然后把标本放入一个培养皿中，再把皿放入缸内，密闭缸口，借缸中的高湿潮气使标本回软，注意勿使标本与湿沙直接接触。等到标本还软到翅、足、触角可轻轻拉动而不损坏即可取出制作，夏季约需 3 ～ 4 天，冬季要 1 周。若回软时间过长则标本易长霉，若时间过短则标本在整理制作时易损坏。

较少量标本也可以用巴氏液（工业酒精 ∶ 水 ∶ 乙酸乙酯 ∶ 苯 = 53 ∶ 49 ∶ 19 ∶ 7）回软。可将该液直接滴于虫体上，回软很快。也可以用热水或水蒸气回软，如甲虫可直接放入开水中浸泡回软，蝴蝶等昆虫可以放在热水器的壶嘴出蒸汽处，还软也快速。

（二）插针和插针位置

处死昆虫后，首先要用粗细合适的昆虫针进行插针。应按昆虫的大小，选用粗细适当的昆虫针，多数昆虫用 3# 昆虫针，大的甲虫、蝶蛾用 4# 和 5# 针，小虫用 0# ～ 2# 针，微小的昆虫二重针法用 00# 针。

对不同的昆虫，插针位置有一定的标准，必须按要求插入，不可任意乱插。一般都将昆虫针插在昆虫中胸背板的中央偏右，这样既可保持标本稳定，又不致破坏虫体中央的特征。但是，在昆虫分类研究中，不同类群的昆虫其针插部位常有所不同。通常的插针位置如图 2-2-10 所示：直翅目昆虫插在前胸基部稍右前方；半翅目

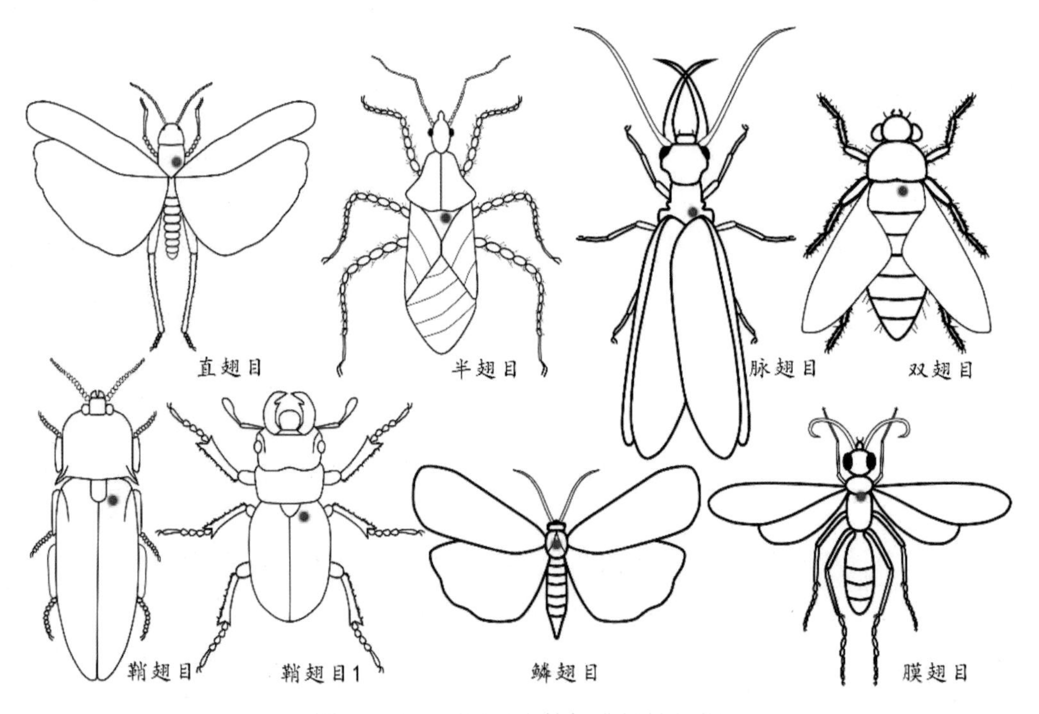

图 2-2-10　不同昆虫的标准插针部位

异翅亚目（蝽类）昆虫插在中胸小盾片前端中央偏右；鞘翅目昆虫插在右鞘翅基部的翅缝边，不能插在小盾片上；双翅目昆虫插在中胸偏右；鳞翅目、膜翅目、半翅目头喙亚目和蜻蜓目插在中胸背板正中央，再通过两中足基节中间穿出虫体腹面。要求昆虫针插入后应与虫体垂直，虫姿端正。

插好针之后，再将虫连针翻过身来，拿着针尖这头，而将针膨大头的一端插入三级台的第一级的孔中，将针插到底，调整虫体在针上的位置，这样由于三级台每级是 8mm，针顶端针头到虫背的距离就正好是 8mm。这样做出的标本待干燥插入标本盒后，不仅整齐美观，同时也便于取动标本（图 2-2-11a）。

微小昆虫如稻飞虱、米象、小蜂等，可以黏在三角纸上制作，具体是先将卡片纸剪成长 5.5mm 的小三角纸片，用昆虫针在三角纸尖端沾少许白乳胶或万能胶，然后将纸尖端贴在虫体的中足与前足间，或将虫用镊子摆在黏胶处，再用 3# 昆虫针从三角纸的底边插入，使它达到与昆虫一样的高度。小三角纸的尖端向左，虫体的前端向前（图 2-2-11b）。为便于观察特征，往往可以将同种两只小虫的正反面分别黏在一菱形的卡片纸（相当于 2 个三角纸片）。微小的昆虫可以采用二重针法，先用 00# 微针穿插小虫，然后再把微针插在小木块或小卡片纸上，再用 3# ～ 5# 针穿插小木块或小卡片纸，其高度与大虫一样（图 2-2-11c）。

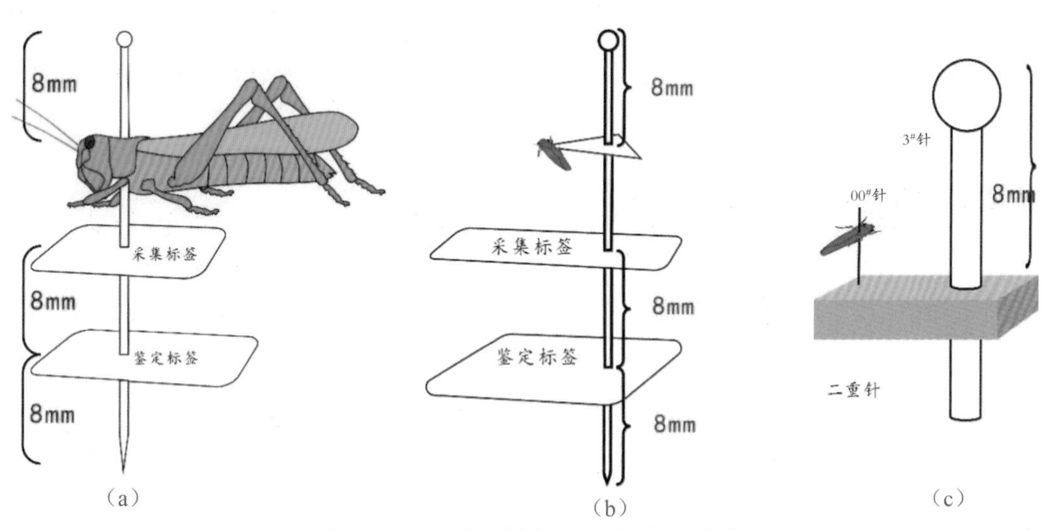

图 2-2-11　不同针插昆虫及标签的高度

（三）展翅方法

蛾蝶等昆虫，针插后再进行展翅。可以选择中间凹槽宽度适合于所展昆虫腹部大小的展翅板。有的展翅板两板间的槽沟宽度可以调节。然后可以用 0# 昆虫针，插在较粗的翅脉上，将翅向前拉，将前翅暂时固定在展翅板上，再拉后翅，使左右翅对称，并充分展平，最后用光滑透明硫酸纸条压住翅，经多枚大头针完全固定后，放到通风干燥处（最好是干燥柜），一直等到标本完全干燥后再取下插上标签和归类保存。不同昆虫展翅程度要求：鳞翅目昆虫的两前翅后缘在一直线上，后翅前缘压在前翅后缘下；蜻蜓目要求使两后翅前缘在一直线上，前翅后缘靠近后翅前缘；蜂类和蝇类可以使两前翅尖端与头前端相平齐。

在展翅过程中随时可用小号昆虫针临时固定前翅，再压小纸条，插上大头针固定，昆虫针拔后要能不留小孔。注意：大头针不要插在虫体上，以免留下孔洞。蝴蝶触角应与前翅前缘大致平行并压在纸条下，腹部应平直，不能上翘或下弯，如果腹部下垂明显，可在腹部下方垫些纸（图 2–2–12、图 2–2–13）。

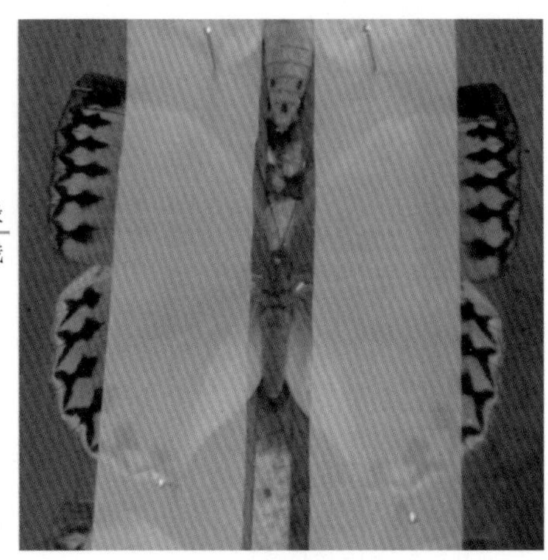

图 2-2-12　蝴蝶的展翅

图 2-2-13　实习同学正在进行蝴蝶展翅

（四）整姿方法

整姿的目的是让标本美观、特征易于展示观察。将插好针的甲虫、蝗虫、蜚蠊等不展翅的昆虫，直接插在泡沫板上，使昆虫的六条足伏在板上，再用小镊子小心摆好触角及足的位置，使其呈自然姿态，并用大头针或昆虫针交叉固定。要注意的是，整姿过程中，要使前足前伸，中后足后伸，并尽量靠近身体；触角短的昆虫，要使一对触角往前伸摆呈倒“八”字形；对于触角很长的昆虫，如蟋蟀、螽斯、天牛等，则尽量摆在身体两侧或上方，也用针交叉固定。整姿完毕，将标本放入干燥柜，待其完全干燥后再取下，插入标本盒保存（图 2–2–14、图 2–2–15）。

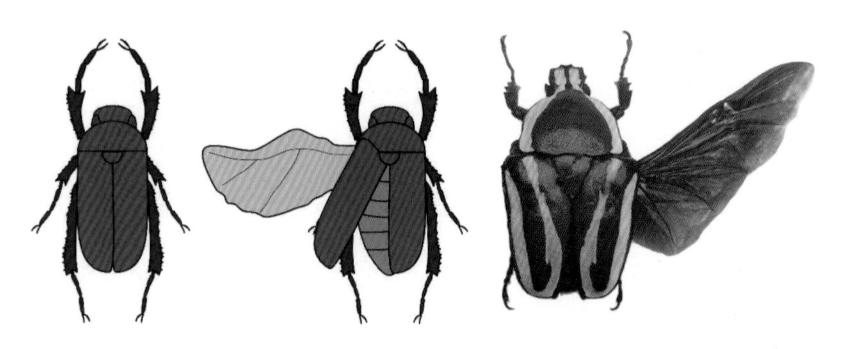

图 2-2-14 甲虫的整姿标准和单侧展翅

图 2-2-15 昆虫的整姿

甲虫、蝽、蝗虫、蜚蠊等一般不展翅，但在必要时，也可以展翅，有时甚至展一侧的翅，另一侧保持未展翅状态，这样可以观察到后翅的特征。

（五）固定干燥

展翅和整姿后，标本要进行干燥。目前一般用干燥柜+除湿机。标本干燥柜一般装有纱门。烘箱烘干也是一种方法，恒温箱 45℃左右，烘 3 天。没有条件的时候也可以自然干燥，在太阳下晒一周。干燥过程中要防蚂蚁、壁虎和老鼠损坏等。

（六）标签与装盒保存

标本完全干燥后就可以把事先检索好的标签贴上。昆虫下方的第一个为采集标签（通常长 15mm，宽 10mm），写明采集日期、采集地点、采集者以及寄主等。所有标本都要附采集标签，否则会失去科学价值。第二个标签为鉴定标签，写昆虫中文名、学名和鉴定人（图 2-2-16）。暂时不能确定的种类，鉴定标签可先空着。两种标签都可用绘图的细钢笔写或直接打印。标签的高度也要用三级台来矫正，采集标签距针尖 16mm，鉴定标签距针尖 8mm。

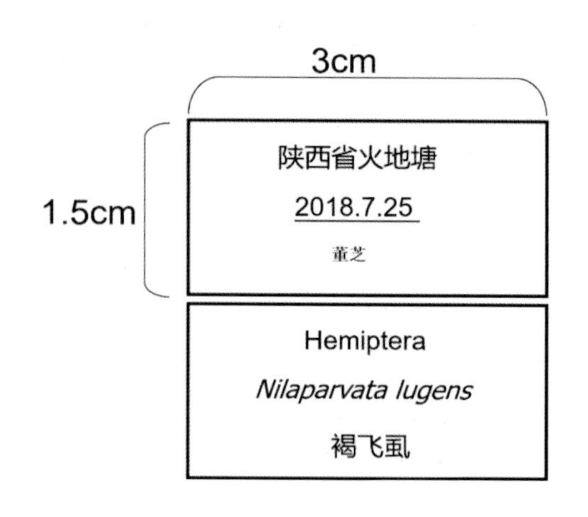

图 2-2-16　采集标签和鉴定标签样式之一

插好标签后，就可以把昆虫插到标本盒中，要根据所属目科进行归类装盒（图 2-2-17），放入樟脑（用纱布包，斜插固定在盒角）。归类好的标本保存于标本室中（图 2-2-18）。进入标本保存室前，需要进行除蛀虫处理，可用 -20℃处理 2 ～ 3 天，或用敌敌畏等熏蒸杀虫处理几天。装盒后保存过程要注意防霉（放吸湿剂、室内抽湿机），如果已经发霉的，要用无水酒精以软毛笔刷洗。另外要防尘、防虫（或用驱虫剂）、防阳光引起褪色等。蛀食昆虫标本的常见害虫有黑皮蠹、花斑皮蠹、日本珠甲、烟草甲、书虱、幕衣蛾等，要特别注意防治。

图 2-2-17　归类装盒

图 2-2-18　归类好的标本保存于标本室中

PART 3

第三部分

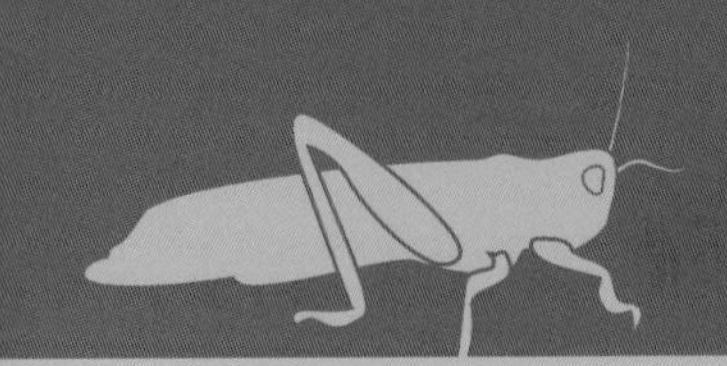

昆虫学思考题

一、昆虫外部形态

1.昆虫纲隶属于节肢动物门，哪些特性与其他节肢动物相同，哪些特性是昆虫纲特有的？

2.请你分析，昆虫纲为什么能成为地球上最繁荣的动物类群之一？

3.昆虫主要在哪些方面影响人类生活？

4.什么叫作一个体节？何谓体段？

5.什么叫初生分节、次生分节？

6.为什么我们在讲附肢同源构造时要与节肢动物原始附肢相比较？

7.头部起源四节说和六节说各认为头由哪几节组成？

8.头部有哪些附器、沟、骨片？

9.幕骨是怎样形成的？它有何功能？

10.什么叫口式（头式）？

11.触角的基本结构如何？为什么说鞭节是一节？其有哪些变异和功能？

12.简述咀嚼式口器的构造，并将其他口器类型与之进行比较说明口器构造对食性的适应性。

13.试述上颚、下颚、下唇与原始附肢的同源关系。

14.口器构造有何实践意义？

15.具翅胸节背、侧、腹板主要有哪些沟和骨片？

16.具翅胸节的后背片、间腹片、悬骨来源如何？

17.具翅胸节腹板在变异情况下，如何证明主腹片和间腹片的存在（如蝗虫）？

18.举例说明胸节的发达程度与胸足和翅的关系。

19.翅的来源如何？如何形成？请绘出翅的基本结构图和假想脉序图。

20.翅的折叠和前后翅的一致依靠什么机构？这些机构的构造如何？

21. 昆虫翅有哪些类型？各有什么特点和功能？

22. 昆虫足有哪些类型？其与生活环境或生活方式有何关系？

23. 腹部的构造与胸部有何不同？有哪些特点？

24. 阐明雌雄外生殖器基本构造及其附肢同源关系。

25. 除外生殖器外，昆虫腹部还有哪些是由附肢演化而来的（包括无翅亚纲和有翅亚纲）？

26. 学习昆虫外部形态学有何实践意义？

二、昆虫内部解剖及生理

1. 简述昆虫体壁的构造及各层的功能。

2. 昆虫为何要蜕皮？简述新表皮形成的主要过程。

3. 蜕皮受何因素控制？

4. 昆虫内部器官系统的位置与脊椎动物相比有何主要不同？

5. 昆虫消化道由哪几部分组成？各部来源、组织构造和功能有何不同？

6. 举例说明昆虫口器和消化道变异与食性的适应性。

7. 举例说明昆虫中肠液pH值与杀虫剂效果的关系。

8. 昆虫排泄系统有何功能？昆虫的排泄物包括哪些？以尿酸作为蛋白质的代谢物排出体外有何意义？

9. 没有马氏管的昆虫如何排泄？

10. 昆虫的直肠有何特殊功能？

11. 昆虫的呼吸与哺乳动物相比，有何特点？

12. 据有效气门数，昆虫气门形式有哪些？

13. 昆虫为何要控制气门关闭，如何控制？

14. 空气如何进入气管？在微气管末端气体交换是怎样进行的？

15. 生活在水中的昆虫如何获得氧气？

16. 温度和CO_2对昆虫的呼吸率有何影响？如何在防治昆虫中应用之？

17. 昆虫的循环系统有何特点和功能？

18. 昆虫血液在体内如何运行？动力来源如何？

19. 神经系统的基本单位是什么？有哪几类？绘图说明。

20. 脑和咽下神经节的功能如何？

21. 冲动如何在神经上传导，又如何在突触上传导？

22. 交感神经系统包括哪些神经节和神经？它们控制哪些器官的活动？

23. 简述复眼（小眼）的构造和各部分功能。
24. 何谓并列象和重叠象？日间和夜间均活动的昆虫如何调节？
25. 鼓膜听器位于何处（蝗虫、蟋蟀）？其基本构造如何？
26. 学习昆虫感化器和昆虫信息素有何实际意义？
27. 内激素和外激素有何不同？昆虫一般有哪些主要变态内激素？
28. 简述变态激素的分泌器官及这些激素对昆虫变态的控制作用。
29. 雌性生殖系统和雄性生殖系统有哪些相同部分和不同部分？
30. 卵巢管有哪些类型？构成卵囊和使卵粘成块的物质从何而来？
31. 精子如何形成？
32. 昆虫的失水途径有哪些？
33. 以陆生昆虫保持体内水分平衡为例，说明昆虫各器官系统的统一性。
34. 卵的构造如何，各主要器官系统分别由哪个胚层发育而来？
35. 解释下列名词：

（1）刺和距　（2）几丁质　（3）鞣化
（4）蜕皮　（5）色素色和结构色　（6）血腔和血窦
（7）嗉囊和胃盲囊　（8）内膜和围食膜　（9）贲门瓣和幽门瓣
（10）滤室　（11）唾腺　（12）尿酸
（13）马氏管和直肠垫　（14）尿盐细胞　（15）气门和气管口
（16）微气管　（17）气囊　（18）直肠鳃、气管鳃、物理性鳃
（19）辅搏器　（20）背血管和心脏　（21）神经元
（22）轴状突、神经纤维和神经　（23）突触
（24）蕈体　（25）神经索和神经连锁
（26）反射弧　（27）条件反射和非条件反射
（28）趋光性、趋化性　（29）并列象和重叠象
（30）琼氏器　（31）心侧体、咽侧体
（32）MH、JH、BH　（33）授精、受精
（34）受精囊、交配囊

三、昆虫生物学

1. 举例说明昆虫产卵的多样性。
2. 简述胚胎发育的主要过程。三个胚层各发育为哪些组织、器官？
3. 昆虫有哪些生殖方式？举例说明。

4. 幼虫阶段有哪些特点？
5. 昆虫有哪些变态类型？各有何主要特征？
6. 幼虫和蛹各有哪些主要类型？
7. 蛹期有什么特点？昆虫如何保护不能活动的蛹阶段？
8. 引起昆虫滞育的原因主要有哪些？
9. 根据食物范围不同，昆虫食性可以分为哪几种？
10. 解释下列名词：
（1）两性生殖、孤性生殖、多胚生殖、胎生、幼体生殖
（2）原足期、多足期、寡足期　（3）卵孔　（4）孵化、羽化
（5）龄和龄期　（6）变态　（7）蛹和茧
（8）性二型和多型现象　（9）补充营养
（10）个体发生和年生活史　（11）世代和世代交替
（12）休眠和滞育　（13）拟态和保护色
（14）胚胎发育和胚后发育　（15）若虫、幼虫、稚虫

四、昆虫生态学

1. 有效积温法则有何应用？有何局限性？
2. 生物因子与非生物因子作用特点有何不同？
3. 调节昆虫种群数量主要因素有哪些？
4. 农业生态系统与自然生态系统有何不同？
5. 世界陆地动物一般分为哪几个区？
6. 解释下列名词：
（1）种群　（2）群落　（3）生态系统
（4）农业生态系统　（5）生物圈　（6）环境
（7）栖息地　（8）生态位　（9）发育历期
（10）发育速率　（11）积温　（12）有效积温
（13）过冷却点　（14）温湿度系数　（15）趋光性
（16）长日照发育型　（17）抗虫性　（18）抗生性
（19）不选择性　（20）耐害性　（21）密度制约因子
（22）非密度制约因子　（23）生命表　（24）竞争排斥原理
（25）生态演替　（26）食物链和食物网
（27）生物钟　（28）顶极群落

五、昆虫分类

1. 学习昆虫分类学有何意义？

2. 昆虫纲分类常用哪些阶元？你如何理解“种”这一概念？

3. 何谓双名法、三名法、异名、同名、模式标本？

4. 连续式和双项式检索表各有何特点？如何编制和应用？

5. 现代分类学和传统分类学有何主要不同？

6. 昆虫纲分目主要根据哪些特征？其进化趋势如何？昆虫纲无翅亚纲 2 个目有何特征？

7. 六足亚门可分为哪几纲？如何理解原尾虫的原始性？

8. 何谓古翅类？蜉蝣目和蜻蜓目形态特征和生物学特性有何主要异同点？

9. 如何区别蜻总科和蜓总科？

10. 白蚁和蚂蚁有何异同？如何区分等翅目 4 个主要的科？为何目前要把等翅目归到蜚蠊目？

11. 如何区别直翅目的 2 个亚目？各有哪些常见科？

12. 目前已经将同翅目和半翅目归为一目，半翅目分哪几个亚目？

13. 试列举异翅亚目所属各科的主要生境、食性，并列表比较花蝽、盲蝽、猎蝽、长蝽、蝽、缘蝽科的形态特征。

14. 如何区分叶蝉、飞虱、沫蝉 3 科？如何识别蚧总科所属 4 科？

15. 试做一检索表区别缨翅目常见的 3 个科。

16. 为何目前有人建议把虱目并入啮虫目？

17. 如何区别步甲科与拟步甲科、豆象科与象甲科？

18. 区别下列幼虫：叩甲科与拟步甲科、吉丁虫科与天牛科、豆象科与象甲科。

19. 列举鞘翅目各常见科的主要生境和食性。

20. 常在发生蚜虫的植物叶芽上发现草蛉和瓢甲幼虫，你如何区分之？

21. 脉翅目有些科与蜻蜓目外形上很相似，如何识别？

22. 鳞翅目成虫根据哪些特征进行分科？

23. 试绘一鳞翅目成虫前后翅脉序图，与假想脉序有何不同？夜蛾科脉序有何特点？

24. 传统意义上蛾类和蝶类有何不同？蝶类与蛾类的进化关系如何？

25. 如何区别螟蛾、夜蛾、舟蛾科成虫？

26. 如何区分凤蝶、蛱蝶、眼蝶？

27. 试绘一鳞翅目幼虫胸部毛序图，注明各部分名称，并理解幼虫趾钩的序、列（行）、环（带）的概念。

28. 鳞翅目幼虫有何特征？其分科常根据哪些特征？

29. 夜蛾科幼虫与螟蛾、尺蛾、灯蛾、斑蛾科幼虫如何区别？

30. 如何区分双翅目传统的三个亚目？

31. 怎样分别蚊与摇蚊？

32. 何谓双翅目的有缝组和无缝组，有瓣类与无瓣类？

33. 如何区分寄蝇、麻蝇、蝇、丽蝇？

34. 如何识别膜翅目叶蜂类幼虫、鳞翅目幼虫和鞘翅目幼虫？

35. 何谓膜翅目锥尾部和针尾部？

36. 试绘一茧蜂科和姬蜂科前翅脉序简图，并注明各脉名称。

37. 膜翅目各科的主要习性有何不同？

38. 常见的“鸣虫”有哪些科？

39. 常见的“社会性昆虫”有哪些科？

40. 据你所知，哪些昆虫是重要的已经产业化的资源昆虫？（各属何科目？）

41. 人类主要卫生害虫有哪些？各属哪个目？

42. 你所学过的昆虫目、科中，哪些是在水中、水面生活的（包括成、幼期）？

43. 根据多数种类的食性，你所学过的目、科中，哪些是植食性、寄生性或捕食性的？

44. 哪些昆虫翅仅一对？哪些昆虫为后生无翅（翅退化）？

45. 哪些昆虫尾须发达？哪些昆虫无尾须？

46. 列举昆虫纲各目的变态类型。

47. 列举昆虫纲各目的口器类型。

48. 试述昆虫纲各目间的相互关系（进化）。

49. 熟记昆虫纲各目、各常见科学名。

50. 识别昆虫纲各目、各常见科标本。

前言

非标设备，顾名思义就是**“无标准的设备”**，制造上以满足客户生产或市场需求为首要准则。这种定制特性客观上使得我们在从事非标设备的机构设计工作中，几乎不太可能像传统或标准机械那样引经据典、精雕细琢。换言之，普通机械设计跟非标机械设计有本质区别，前者重技术机理，常聚焦于设备本身的功能指标达成；后者重应用导向，不一定是技术含量高或者设计难度大，只要能获得客户认可就是好设备——所谓不管黑猫白猫，能抓老鼠就是好猫，这对于非标设备来说是很真实的写照。然而，作为设计人员，尤其是刚毕业或刚入行的新人，对此往往比较迷茫和困惑。有鉴于此，本人在2016年开始推出“自动化机构设计工程师速成宝典系列丛书”，相信仔细阅读这套书并能做到举一反三的读者，应该已渐渐找到这个设计行当的工作特质和学习对策。

本书名曰“规范篇”，是“速成宝典”系列的终结篇。内容编排上既延续宝典的读书笔记、实战总结风格，同时更注重关联设计工作内容，围绕“如何把非标准设备机构做好一些”这条主线，结合行业见闻和工作经验，为广大设计新人读者梳理总结常见的原则、做法、规范、方法等。比如，技术方案的制订思路、零件的外形设计、零件之间的定位和紧固、简单的标准件选用、必要的计算校核、设计禁忌的规避……这些“必修课”对资深设计人员来说可能“有点鸡肋”，但对从业新人来说，都是些非常实用的技术认知和建议，务必重视并加强。同时，为促进读者高效学习，温馨提示：

1. 请勿把本书当技术进阶书来看。所谓“速成宝典”，分享和建议的不是高精尖机构的“研究心得”和“技术成果”，而是定位于帮助设计新人以较短的时间掌握机构设计的本质、重点和方法，因此已有丰富经验的同行，未必能够通过阅读本书达到更高水平。

2. 请勿把本书当专业工具书来看。本书编写的出发点是给新人读者提供“简单、速成、实用、提升”的技术“快餐”，难免就会舍弃大量相对烦琐、艰涩的内容，如若部分读者需要了解、掌握，建议此时可自行查阅更多的专业教材，如机械设计手册等。

3. 请勿把本书当机构案例书来看。网上有很多设备机构的3D案例，直观易懂，读者自行检索、下载、学习即可，本书重点论述的是机构背后的逻辑和机理，以及个人见闻、观念、经验、建议，而这些恰恰都是从业的必修基本功。

设计工作是一项极其复杂的思维活动，很难一蹴而就。广大读者在看书之余，只有不断通过项目的实践、锤炼，且有一定的时间经历，才能真正提升个人能力。在技术之路的漫漫求索中，衷心希望本书能切实帮助到大家。最后再次感谢支持！

柯武龙

目录

前言

第 1 章　技术层次的自我评估与提升建议……1

1.1　如何界定设计工程师的技术层次……1

1.1.1　入行新人的“成长建议”……2

1.1.2　企业的用人误区……2

1.2　工程师跨入高阶层次的“三座大山”……6

1.2.1　非标机械设计工程师≠机械设计工程师……7

1.2.2　“三大专业能力”……10

1.2.3　“机构四件套”（略）……14

1.3　推崇以工作需要为中心的学习策略……14

第 2 章　如何制订项目的技术方案……22

2.1　大公司的设备验收 / 制造要求（对非标定制化设备来说是重中之重）……22

2.2　技术方案——万能评估导图……22

2.3　熟悉常见工艺及其实施细节（学习策略）……28

2.3.1　项目技术方案的制订环节……28

2.3.2　项目技术方案的工艺学习……33

2.4　建立专属的机构素材库……41

第 3 章　“计算方法”在机构设计中的应用……58

3.1　常用的计算公式及其经验数据……59

3.1.1　重要概念……59

3.1.2　基本公式……74

3.2　整机方案相关的计算……91

3.2.1　设备生产节拍（C/T）……91

3.2.2　设备能耗（功率、耗气量）与机台质量……93

3.2.3　设备的其他数据（如核算成本、占据空间、使用寿命、配置技师等）……99

3.3　构件设计相关的计算（略）……100

3.4　气动选型相关的计算……101

3.4.1　气缸及电磁阀选型相关的计算……102

3.4.2 真空系统选型计算 106
3.4.3 气动配件选型相关的计算 109
3.5 常见的传动设计相关的“计算” 112
3.5.1 “电动机+同步带”模组 114
3.5.2 “电动机+齿轮齿条”模组 119
3.5.3 “电动机+输送带”模组 122
3.5.4 “电动机+滚珠丝杠”模组（略） 123
3.5.5 “电动机+（凸轮）分割器”模组（略） 123

第4章 常见的非标机构设计规范及禁忌 126

4.1 线体/整机方案设计规范 126
4.1.1 线体/设备全局 127
4.1.2 机架/电控箱 134
4.1.3 安全防护设计 136
4.1.4 其他方面 138
4.2 机构与零件设计规范 140
4.2.1 机构的定位和限位设计 141
4.2.2 零件的紧固设计 161
4.2.3 零件的外形设计 189
4.2.4 典型零件的选材 226
4.2.5 常用标准件的选型（略） 241
4.3 其他常见的设计禁忌 241
4.3.1 见仁见智的禁忌 245
4.3.2 约定俗成的禁忌 254

第5章 高效的案例学习方法 262

5.1 案例学习的切入点：找茬儿/找亮点 262
5.1.1 找茬儿（略） 262
5.1.2 找亮点 262
5.2 案例学习的终极目标 268
5.2.1 化为己用（入行新人的目标） 270
5.2.2 持续改善（多数人员的目标） 273
5.2.3 破旧立新（资深达人的目标） 278

附录 工程图纸的规范标注 287

后记 288

第1章 技术层次的自我评估与提升建议

人才市场上大都根据工作年资或经验，把技术工程师笼统地分为初级、中级、高级、资深和总工等职业级别。但若从专业技能倾向看，其实还可以将工程师进行执行层、思维层、战略层等技术层次的归类，如图 1-1 所示。职业等级的提升有时就是老板一句话的事，但技术层次的跨越，离不开大量的充电学习和项目磨炼，绝难一蹴而就。换言之，职业级别和技术层次不是一回事，前者反映职业发展的好坏，运气可能也是一个重要影响因素；后者衡量技术能力的高低和专业素养的优劣，难有投机取巧的情形。

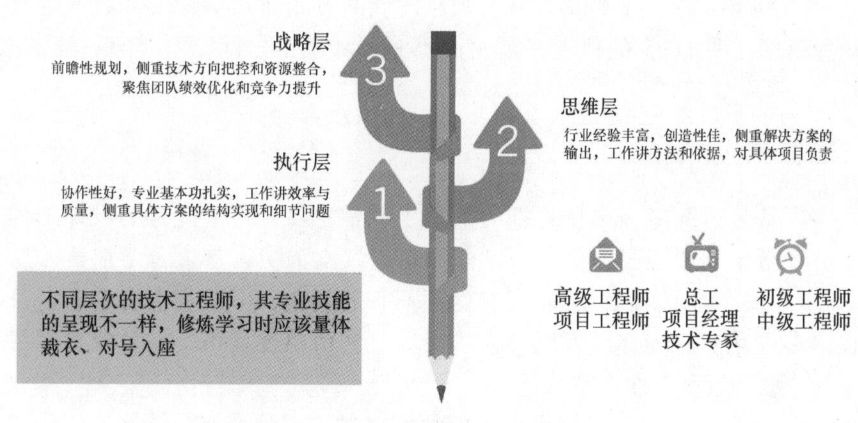

图 1-1　技术工程师的 3 个技术层次

1.1　如何界定设计工程师的技术层次

给非标机构设计工程师的技术层次做准确的评估，这几乎是不切实际的想法和做法。正如笔者在《自动化机构设计工程师速成宝典》（以下简称“速成宝典”）入门篇和实战篇提到的，机构设计工程师的能力呈现了“综合性”“动态化”“经验度”的特点，很难从某个方面、阶段，或不分领域地给予客观真实的评价。有的工程师看似“什么都不懂”，但却能把事情办好（把设备做好交付使用）；有的工程师“满腹经纶”，但却经常把项目搞砸，有的资深技术工程师在本职工作干了十年八年顺风顺水，但换个行业或跳槽后即便干同类型工作也出现“水土不服”的情况（管理职位例外）……类似案例比比皆是。

1.1.1 入行新人的“成长建议”

不同职业级别的工程师之间并无明显边界，且不同企业对于这种级别的定义和认可也多是模糊的，所以要量化殊为不易。一般来说，大学毕业到工作两年左右的为技术员 / 初级工程师，工作 2~5 年的为中级工程师，以此类推（温馨提示：本书定位的读者群体是中级及以下层次的工程师或技术员）。

企业对不同级别工程师的技能要求，以及相应设定的岗位工作内容是有差异的。譬如，**刚入行的设计新人，第一年的岗位角色不是助理工程师就是技术员，定位在协助工程师达成项目，具体工作内容不外乎是些图纸标注、清单整理、机构装配、样品试做甚至跑腿之类的“杂事”**。但随着其技能不断提升，慢慢会被委派更多重要的工作，也逐渐会接触更多陌生甚至困难的项目。这个过程绝对需要时间，长短因人而异。为了更好地胜任工作和发展职业，技术工程师除了有限的日常工作项目的历练，确实需要通过各种渠道加强学习，查缺补漏，而且不同阶段的侧重点不一样，对于入行新人的“成长建议”如图 1-2 所示。

整体而言，同职业等级的技术人员，尤其是入行前期阶段，薪资都差不多，越是往后差距越明显。技术人员追求职业发展的方式有很多，大多数人主要靠的还是职业等级（图 1-3）的往上拓展，而不是形式上的“跳槽”、年资，或是耐人寻味的“关系”“套路”。

1.1.2 企业的用人误区

许多设备公司的老板或技术部门的总工经常感叹，行业优秀的设计工程师太短缺了，经常招到“眼高手低”或“能力奇差”的人员，令人苦不堪言。这固然有自动化行业技术门槛低、从业人员良莠不齐的问题，但确实也有企业自身用人时存在诸多误区的原因。或者说，人才市场“劣币驱逐良币”的乱象，在某种程度上是部分急功近利的企业造成的。

● **混淆角色**。把非标机械设计工程师和机械工程师混淆或等同。比如招个以前做过 10 年工业机器人本体设计的工程师来做非标机械设计工作，又比如招个非标机构设计经验非常丰富的高工来做工业机器人本体设计，结果极大可能是相互失望。道理很简单，越是厉害的纯机械工程师越是固执于技术理论或思想，但忘了非标机械是定制化（90% 是客户说了算）项目，有时甚至是违背技术原则和常识的；反之，做惯了“客制化”项目的非标机械工程师，要正儿八经地设计一个有核心竞争力的机械产品，无论是技术基础还是从业理念都不太支持：结果可想而知。那么，行业有没有既能对客制化项目驾轻就熟，又能对机械产品“了如指掌”的工程师呢？兴许有吧，但应该少之又少。笔者也曾经希望自己是这样的“超能人”，

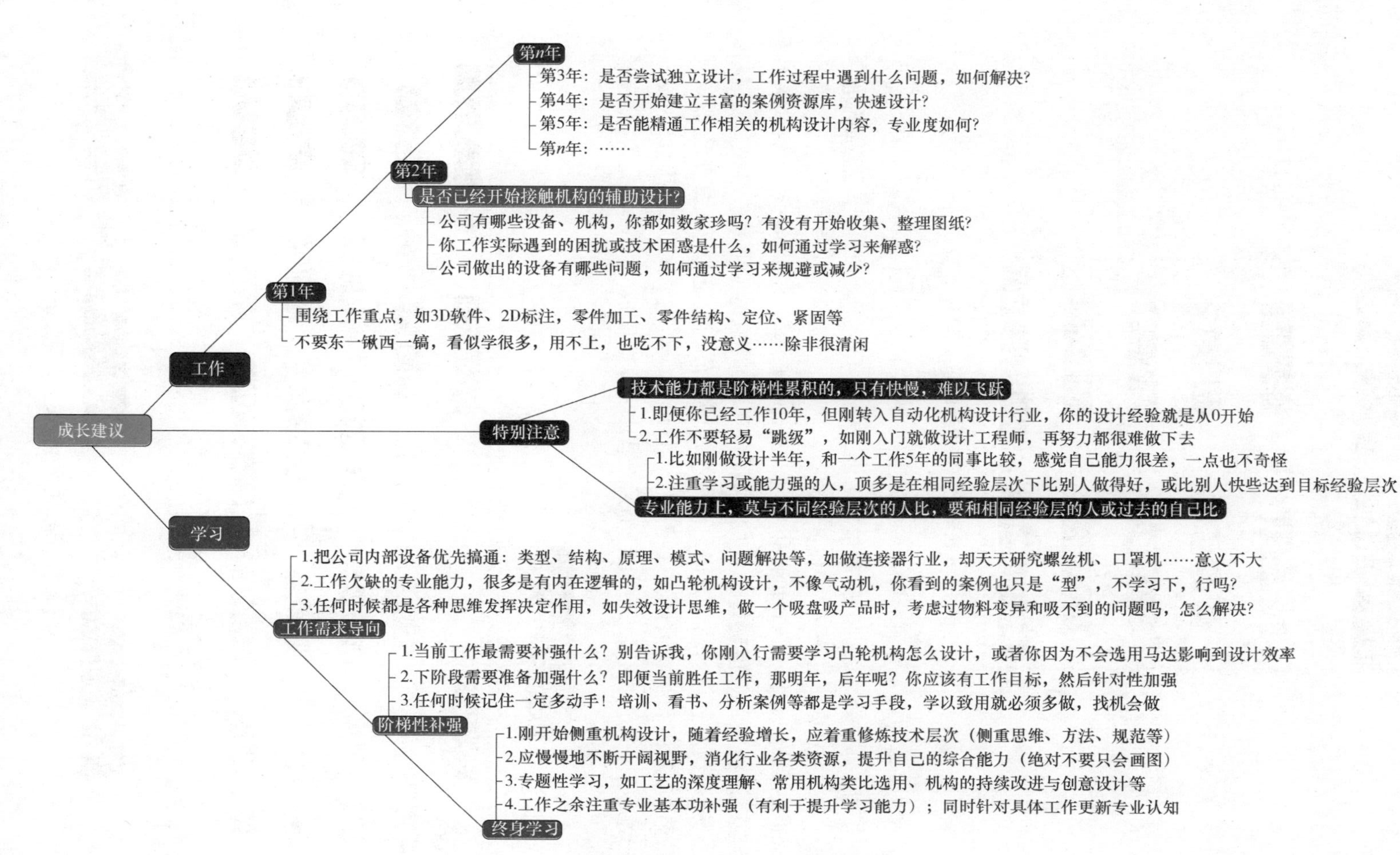

图 1-2　入行新人的“成长建议”

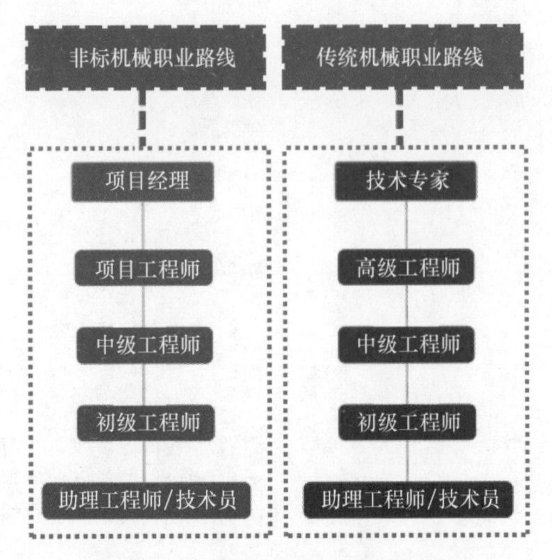

图 1-3 自动化机构设计的职业等级

但 20 年下来还是偏向了非标机械工程方向，主要工作还是输出定制化方案和集成化机构，因为有教育培训经验和学习习惯，保留了少部分纯机械工程师的理念和基础，不至于动辄“凭经验”，仅此而已。

既然非标机械工程师和机械工程师两者难以融合，企业在技术团队的人员配置上应有所讲究，方能让每个成员发挥所长，更好地达成项目或绩效。如图 1-4 所示，建议面对客户、输出方案、统筹技术的成员一定是非标机械工程师，或者更高级的项目工程师、项目经理；至于机构设计、细化工作，或者纯粹的技术研发、攻关项目，可以交由机械工程师乃至技术专家去完成。

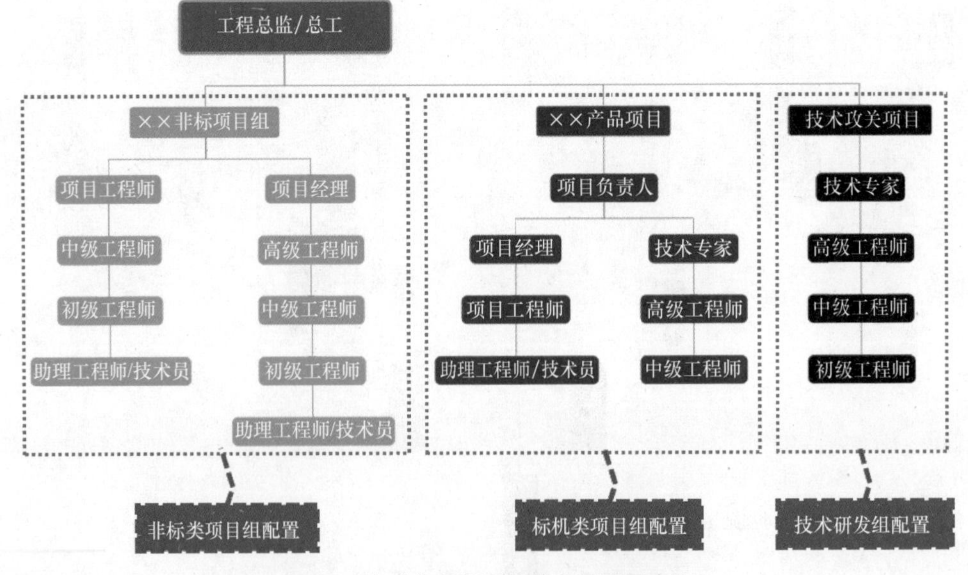

图 1-4 自动化项目团队的人员配置建议

● **揠苗助长**。比如，企业需求的是能统领设计部门、能运筹帷幄的总工（总工角色分析如图 1-5 所示），但实际上招的却是设计经验丰富、独当一面的高工，后者可能在具体项目达成 / 技术实现方面问题不大，但其工作绩效表现与岗位设定预期在多数情况下偏差较远。又比如，毕业 1 年以内的技术员，无论再努力再有悟性，也很难胜任工程师工作，难以自主顺畅地完成具体项目。但是，有些小微企业为了节省人力成本，喜欢把技术员 / 初级工程师当主力工程师用，让其做一些稍微烦琐的项目或设计，结果可想而知，偏离期望值在所难免。

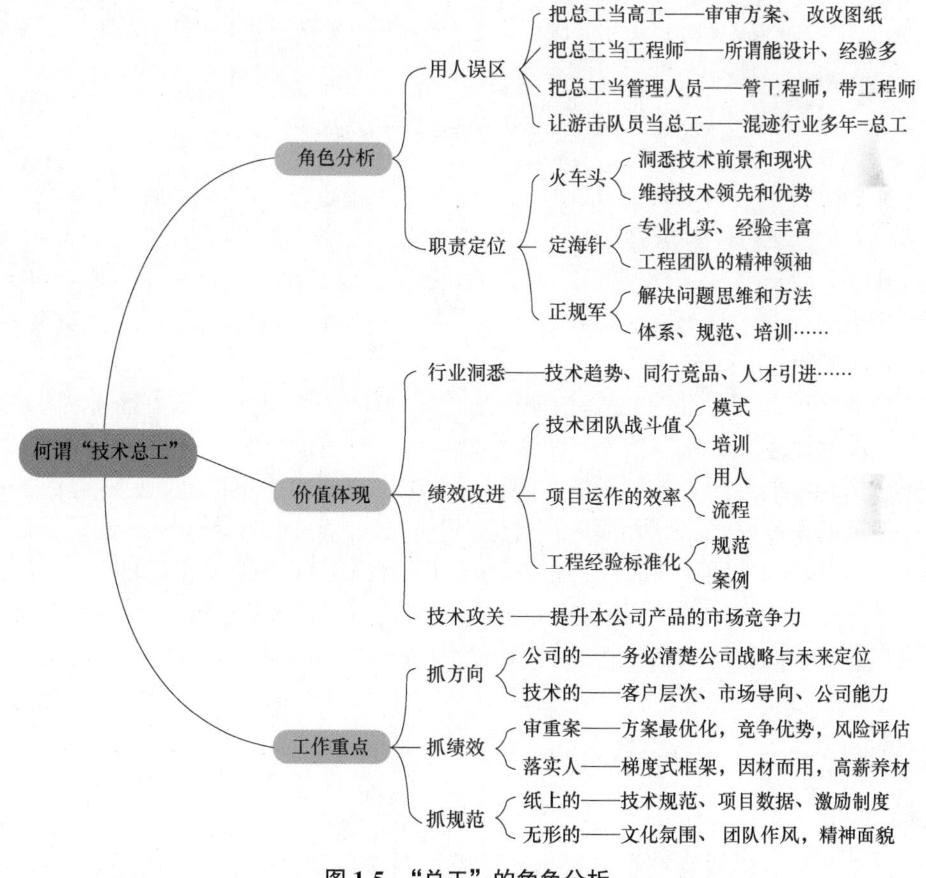

图 1-5 “总工”的角色分析

● **避熟就生**。忽视工程师从业背景和行业沉淀的重要性，以为在其他行业干多年就能胜任新行业的工作。非标设备机构设计工程师跟纯粹的机械工程师有本质区别，说“隔行如隔山”一点不为过，尤其是当工程师学习能力不佳时，往往对新领域或新事物不太容易适应，做起具体项目来自然也就不理想，乃至让人大跌眼镜。简单地说，如图 1-6 所示的两个应聘者，一个有本行业 5 年的工作经验，一个有其他行业 10 年的工作“经验”，在其他方面相差不大的前提下，前者的“性价比较高”。

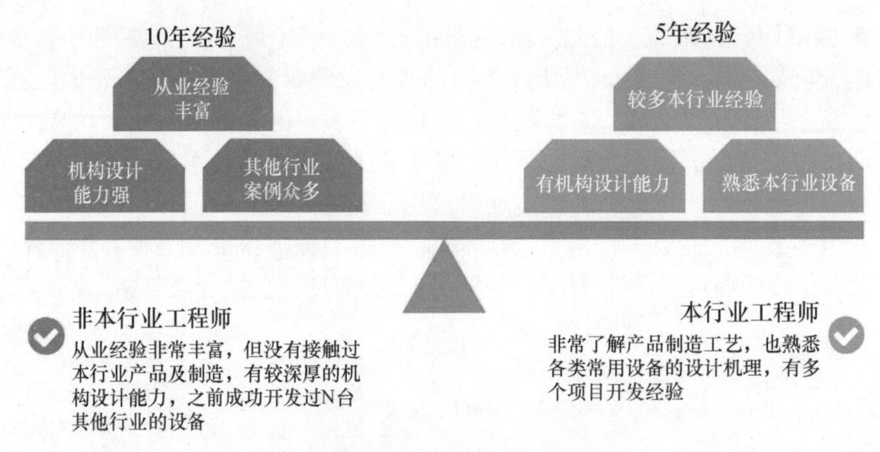

图 1-6 非标机构设计工程师的经验

- 来者不拒。做非标自动化项目，业务不太稳定，有时项目很少，企业经常会精减人员以减少经营压力，但有时订单较多、负荷较重，又急需扩充人力，“是个人就要”，难免会招进浑水摸鱼的员工。当然，这种情况在小微企业较常发生，上了规模的企业，对于技术人员还是有基本的招聘标准和资格要求的，也都会进行相对比较严谨的筛选。

凡此种种，难免会造成人才使用上的一些困扰和问题。个人在企业谋职时，最好也能有以上基本认知。尤其是在小微企业，专业能力和企业期望之间存在的差距过大，可能会产生各种矛盾，间接导致工作不愉快或不稳定。另一方面，从职业发展的角度来看，广大读者在挑选企业时最好能多打几个问号，比如太容易进的公司有好的发展空间吗？比如换家公司工资高 2000 元就是待遇更好吗（待遇高低一般要看时薪）？比如去小公司一定比大公司更能锻炼提升自己吗……没有稳定成长的职业，没有激励创新的氛围，没有公平竞争的机制，谈何对设计工作的热爱，又怎能静心学习、潜心钻研呢？

1.2 工程师跨入高阶层次的“三座大山”

许多从业人员在工作一两年后，有了基本的专业认知和工作经验（辅助工程师学到的）后，慢慢会被企业安排独立做一些项目，在边学边做的提升过程中，如能突破以下“三座大山”，则有助于更快地、实质性地（而不是靠资历）跨入高级 / 项目工程师行列。第一座大山是要认清自己的职业方向和角色，是机械工程师还是非标机械工程师，如果比较困惑，则无论是工作还是学习都会“事倍功半”。第二座大山是“三大专业能力（项目管理能力、工艺把控能力、机构设计能力）”的提升，一要实践，二要时间，这并非易事。第三座大山是“机构四件套”，即至少需要有“普通气动机构”“工业机器人集成机构”“凸轮机构”“连杆机构”等基本认知和集成设计能力，其中连杆机构视行业不同为可选项。第一座大山是从业理解和意识问题，已在本书进行强调，可供参考；第二座大山要靠广大读者自行在工作中训练加强；第三座大山需要学习的线索和程度，散落于“速成宝典”各个篇章的论述中，读者朋友可选择性学习。

1.2.1　非标机械设计工程师≠机械设计工程师

在“速成宝典”系列出版后，不时会有读者建议把常用的计算公式罗列一下，多做一些案例的设计分析，最好在书中放上大量的设计参数和图表……这部分读者可能是普通机械工程师（关注的只是机械本身），或者还没真正理解到非标机械工程师的特别之处（机械之外的东西才是重点）。机械工程师角色前面添加“非标”二字，无论是工作内容还是认知、能力体系，其实都产生了本质的变化。作为非标机械从业者，如果把自己当作普通机械工程师来规划职业，将会带来“三大不利”，如图 1-7 所示。

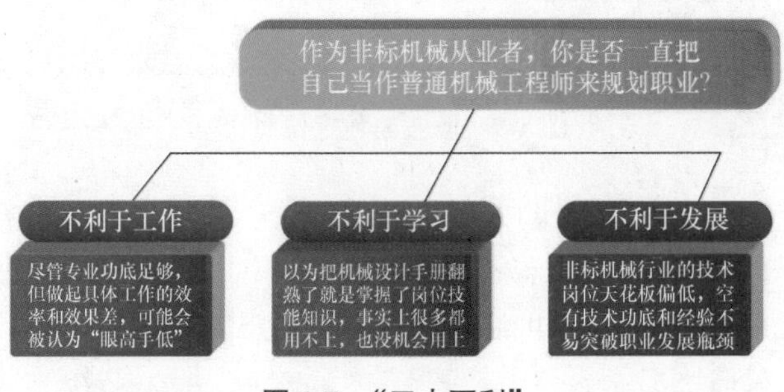

图 1-7　“三大不利”

那么两种群体之间到底有什么区别或关系呢？总结来说，分别是职业角色、工作绩效、知识架构和岗位性质等方面不太一样，如图 1-8 所示。“速成宝典”主要面向非标机械设计人员，因此从编排到内容，就不太可能以机械设计手册那样的框架、风格来展开了。

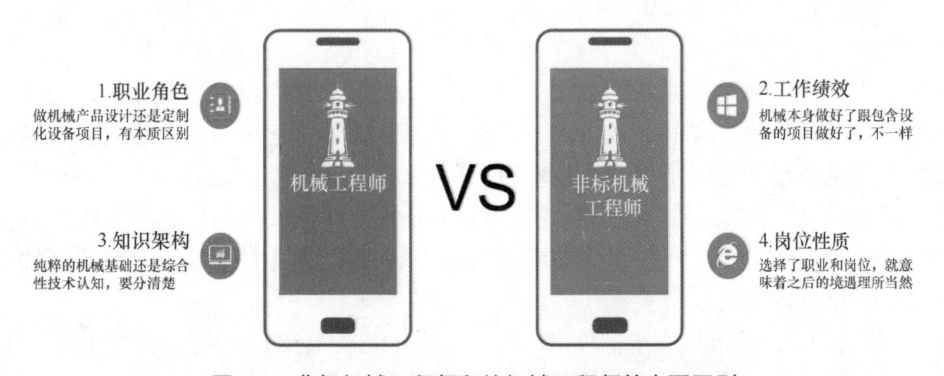

图 1-8　非标机械工程师和纯机械工程师的主要区别

首先，从职业角色的定位来看，如图 1-9 所示，机械工程师偏于传统机械或标准机械（如工业机器人）的领域，专业门槛较高，尤其是技术素养和能力要求方面，一般专注的是有技术含量的机械设备本身的研发设计，绝大多数普通非标机械设计工程师无法胜任。而非标机械工程师工作中研究的对象主要集中在制造业领域的普通机械设备，侧重应用，入行门槛较低，但要做好也不容易，即便再优秀的机械工程师，如果缺乏“工程思维”和行业沉淀，做起项目来也是磕磕绊绊，难度主要体现在：

图 1-9 职业角色定位对比

A. 各行业非标设备有较大的差异性，但这个工作恰恰是什么行业都可能接触到的，比如今天可能给 A 公司做个螺钉机，明天可能给 B 公司做个插件机，后天……即便同类型的设备，也可能会因为不同客户的定制要求而产生完全不同的设计内容，讲究灵活应对。

B. 非标机构设计的难度往往不是集中在某一个大的技术瓶颈，结果评估的影响因素较多，客户的不合理要求，物料品质难管控，成本投入太寒碜，生产线员工不配合……都会直接、间接地导致设备运行不理想，解决这些问题往往也不能只靠技术手段或工具，有时挺伤脑筋。

C. 机械之外的门门道道很多，比如产品制造技术的经验积累和沉淀，需要在特定行业有较长时间的摸索，比如从未接触过点胶工艺，若简单借鉴别人的案例，可能问题很多。

其次，从工作绩效来看，如图 1-10 所示，机械工程师做的是产品，只考虑设备本身性能的实现和精益求精，核心工作内容是输出有竞争力的设计内容，高层次的岗位角色是“资深工程师或技术专家”，第一思维是技术思维；非标机械工程师做的是项目，从某种意义上讲，是协助和服务客户办事的，核心工作内容是输出“合适的”（不一定是技术含量高的）有性价比的解决方案，高层次的岗位角色是“项目负责人或项目经理”，第一思维是工程思维。

然后，从知识架构来看，如图 1-11 所示，机械工程师需具备扎实的专业知识，有足够的理据研究能力，设计工作是技术导向，重内在机理。而非标机械工程师的知识框架偏综合化，需要有广阔的行业视野，侧重技术的集成应用和资源的整合。

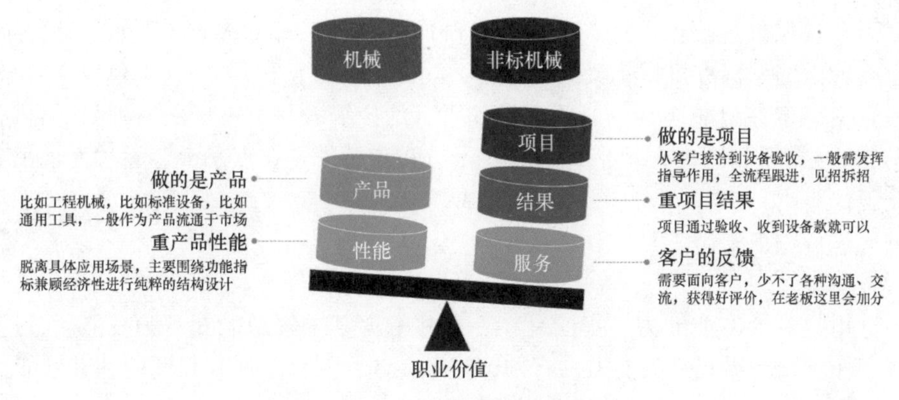

图 1-10　工作绩效对比

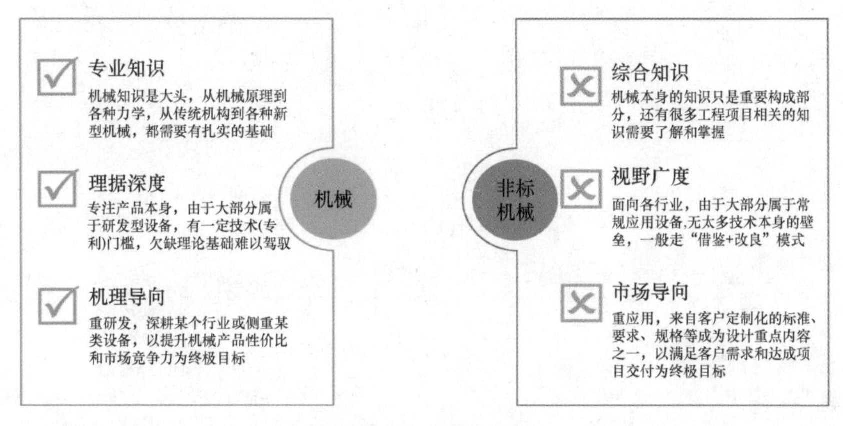

图 1-11　知识框架对比

此外，从岗位性质来看，如图 1-12 所示，机械工程师的设计工作偏研发性质，目标和流程纯粹一些，不太需要频繁变更项目，以提升产品性价比和竞争力为首要目标。而非标机械工程师的设计工作偏应用性质，需要频繁面对新项目，以满足客户需求和达成项目交付为首要目标。当然，整体来说，两者的工作强度都比较高，工作内容都比较枯燥，因此体力承受能力稍弱的女性设计人员较少。

图 1-12　岗位性质对比

因此，如果您根据上述判断，自身倾向于机械工程师多点（比如设计传统机械，或者做的是标准机械，又或者是在公司纯研发部门谋职等），则建议您将学习参考资料选定在机械设计手册或者学校既有的传统教材上；反之，则更适合研读“速成宝典”系列图书，把您有限的学习时间和精力花在点子上，无须面面俱到，重在工作应用。

1.2.2 “三大专业能力”

这里提到的专业能力，指的是在熟悉并掌握某个领域的知识和技能后，通过一些工作实践积攒起来的能力，有别于笔者在“入门篇”反复强调的“基础能力”（模仿、查阅、分析、动手、沟通）。前者完全是靠实践磨炼、后天养成，一般只适用在某个领域发挥作用，后者则先天、后天因素兼具，可以跨领域、跨技能发挥作用。在成为初级工程师、进入中级工程师之后，技术人员需要重点提升自己的综合专业能力，尤其是项目管理、生产工艺、机构设计三个方面，如图 1-13 所示，否则难以突破更高层次的职业与技能瓶颈。

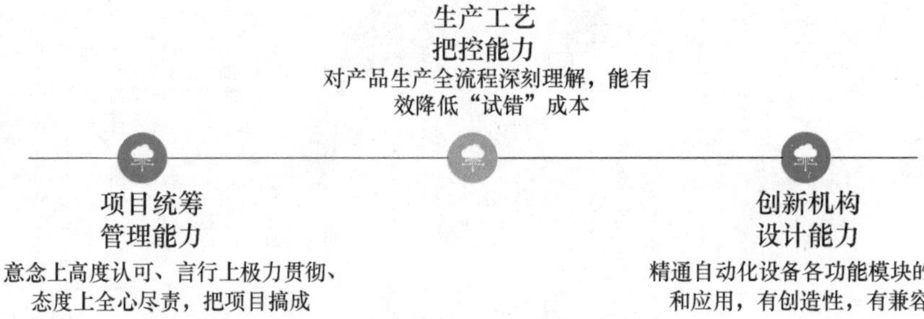

生产工艺
把控能力
对产品生产全流程深刻理解，能有效降低“试错”成本

项目统筹
管理能力
意念上高度认可、言行上极力贯彻、态度上全心尽责，把项目搞成

创新机构
设计能力
精通自动化设备各功能模块的原理和应用，有创造性，有兼容性

图 1-13 “三大专业能力”

常有新入行的读者问，自己能熟练使用软件，能否通过三个月培训后从事非标机构设计工作？笔者的答复是，如果选定某类设备且机构不太复杂的情形，只要针对性给予强化训练，是可以依葫芦画瓢达到“画机构”的预期的，但这个属于“伪设计”，要真正提升自己的设计能力或者真正地达到“设计机构”的目标，没个三两年时间是做不到的。

机构设计能力提升，一要有足够的专业基本功（认知），二要有足够的项目演练（实践），前者可以通过学习来达成，渠道方式多样，后者要靠项目来落实，往往就得从辅助、模仿设计开始。换言之，如图 1-14 所示，绝大多数设计人员要提升设计能力都得遵循客观规律，务必做好打持久战的准备，但也没必要过于焦虑。尤其是对于新人来说，应格外珍惜设计工作起步的缓冲期，协助工程师把他设计的东西实现出来，这次助力 20%，下次助力 50%，再下次可能就能 100% 了。“万事开头难”，当您了解行业，熟悉工作流程，也有了项目经验（哪怕不是自己主导）后，其实之后承担设计工作的重任是水到渠成的事。

图 1-14　技术提升循序渐进的规律

① **项目统筹管理能力**。笔者在“速成宝典”各个篇章中反复强调，非标机构设计工作本质上是“干项目或工程”，而不是“单纯地制造出设备”。要做好一台设备，可能技术好就行了，但要做好项目，牵扯的内容可就复杂多了。自动化项目（尤其大项目）是一个多部门协作的系统工程，需要业务、采购、生产、品质等不同人员通力合作才能顺利完成。这种工作特质必然会要求项目主导者或设计者具备综合能力和团队精神，并且随着职位升迁，要求会越来越高。因此，除了最基本的机构设计能力和生产工艺把控能力外，很显然，我们还需要一项很重要的项目管理能力。在笔者看来，这种项目管理能力的表现，既不是简单地做做报表催催进度（那叫文员跟单），也不是通过考试取得所谓的 PMP（Project Management Professional 的英文首字母缩写）证书，而是意念上高度认可，言行上极力贯彻，态度上全心尽责，把项目搞成。

笔者结合经验与见闻，对一些失败的项目进行过反思总结，结果让人大跌眼镜。如图 1-15 所示，因技术实在解决不了而导致失败的项目其实不多，倒是大量规划、沟通甚至人为等问题占了主因。反过来说，如何减少和规避失败风险，是首先摆在非标机构设计人员执行项目前要思考的问题。

可能有部分读者认为，项目成败是老板或总工的事，我只负责设计机构，机构没问题，即便项目失败了，也不关自己的事。不尽然，也许今天自己可能是个普通的机构设计人员，负责执行方案和细化机构的任务，的确不用去承担过多所谓的责任。但人往高处走，总要慢慢地提升为技术骨干，或者晋升后被委以重任，甚至可能自己要创业做老板的，那么之后的工作内容和责任肯定是越来越重。当被摆在项目工程师乃至项目经理位置的时候，工作重心会由单纯的机构设计转变为如图 1-16 所示的“四大重任”。

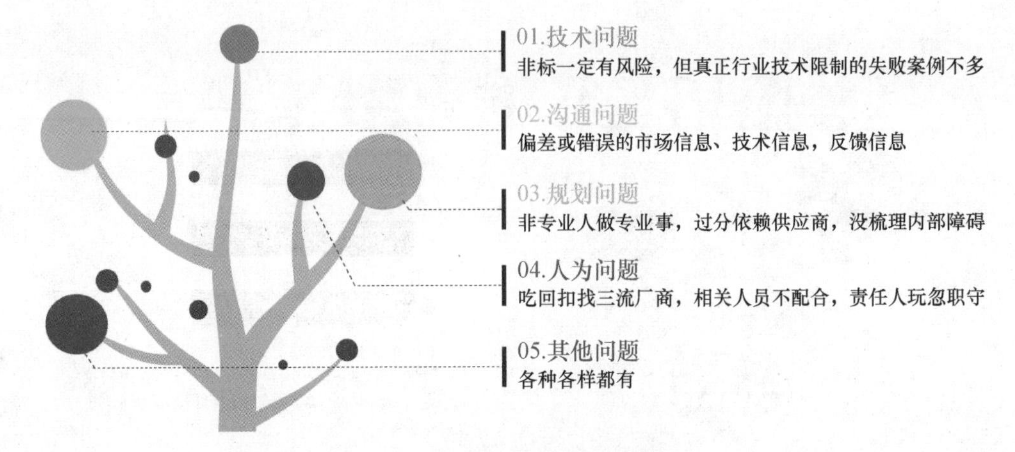

图 1-15 非标自动化项目失败的原因

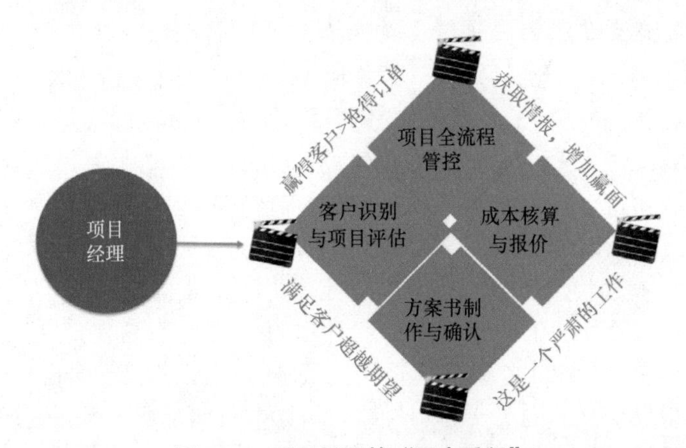

图 1-16 项目经理的“四大重任”

很多人以为“画画图”才是设计工作，这就狭隘了，观念上还是没有“从做设备转为做设备项目”。对项目来说，项目信息的搜集和转化，实施方案的整体规划，成本与报价的控制策略等，其实都是关键性的设计内容，而画机构图固然也是重要的设计环节，但实践上多为“执行层面”的工作。只有项目工程师或项目经理能力不足（比如岗位被公司定位为销售或文员）或失职（比如把自己定位在销售或文员层面）时，才会把“解决方案设计大任”转嫁给负责项目执行的工程师团队。

比方说工作重点之一的“客户识别与项目评估”，指的是对客户和项目的了解和把控，包含的内容如图 1-17 所示。简单地说，项目工程师或项目经理应该能根据客户—项目—订单的整体评估（图 1-18），准确无误地掌握项目信息（图 1-19），结合内外的实际运营状态和能力（图 1-20），输出一个项目是否执行的结论或建议，以供决策人拍板参考。这个工作看起来和“非标机构设计”没有多大关系，但它恰恰是贯穿项目始终的重要事宜，它解决了定制化设备比较关键的前提工作：调查和确认客户需求信息。优秀的项目工程师或项目经理在消化这些信息后，其实项目该怎么开展乃至机构怎么设计，基本上是心里有数了，后续工作交由其他工程师负责，还是自己亲自完成，一般是执行层的事。

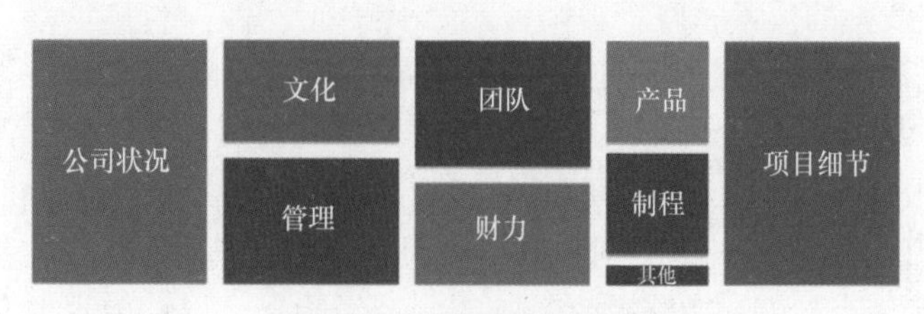

图 1-17　了解客户和项目

图 1-18　项目的价值评估

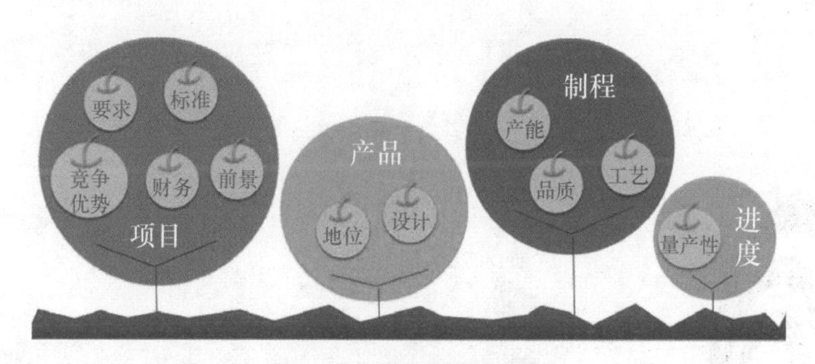

图 1-19　项目的具体信息

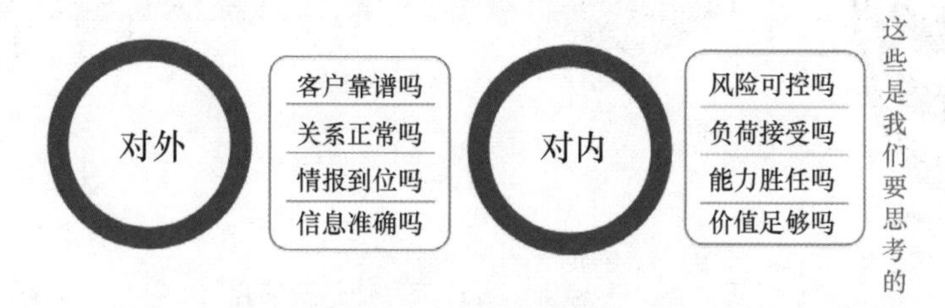

图 1-20　公司内外情况的考量

由于本书面向的是初中级工程师，并非高阶的项目工程师乃至项目经理，以上其他内容便不展开论述了，但提醒广大读者，项目管理思维和能力，的确是非标机构设计工程师技术经验增长到一定程度后必须重视修炼的，不然职业的天花板可能偏低。

② **生产工艺的把控能力（略）**。自动化设备必须深度整合产品和工艺方面的经验，对产品生产全流程深刻理解，能有效降低“试错”成本，这方面主要来自于自身在工作实践中的摸索，限于篇幅，此处不展开论述。

③ **创新机构的设计能力（略）**。设计人员必须精通自动化设备各功能模块的原理和应用。从机构设计认知来看，需要注重“机构四件套”的学习，充分了解“普通气动机构”（必修）“工业机器人集成机构”（必修）“凸轮机构”（必修）“连杆机构”（可选）等机构类别的设计机理、方法、应用等。在此基础上，要掌握一定的创新设计方法，能够吸收先进的制造经验，在设计内容上有意识地去落实。这方面在本书第 5 章有一些介绍，此处不再赘述。

1.2.3 “机构四件套”（略）

三大专业能力中的机构设计能力，是非标设备机构设计人员的修炼重点。展开来说，如图 1-21 所示，大概有工业机器人、凸轮机构、连杆机构以及普通气动机构四大专题，需要进行针对性的深入学习。除了连杆机构因为过于小众而无涉猎，其他类型机构的学习内容均散布于“速成宝典”的系列篇章。笔者站在设备、机构设计的角度，综合工作实践和网络资料梳理出大量个人的理解和建议，如广大读者能认真阅读并消化，对于个人设计能力提升而言，能起到促进和强化作用。

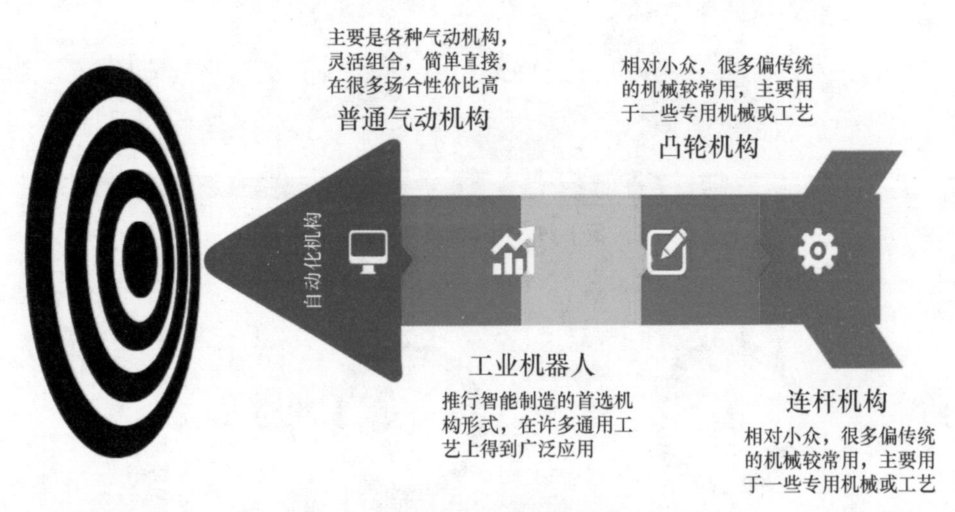

图 1-21 非标机构设计工程师“四件套”

1.3 推崇以工作需要为中心的学习策略

当今时代获取知识是轻而易举的事，但海量信息资源也带来无所适从的学习焦虑。笔者从业超过 20 年，一直秉持这样的学习原则：学海沉浮，只取一瓢。首先，自动化、机械相关的知识浩如烟海，绝大多数人穷其一生也不可能学全、钻透。其次，“非科研单位”的职场人士，尤其是从事非标自动化设备机构设计工作人员，经常忙得不亦乐乎，指望像学生时代那样通过系统、全面、深入的学习来提升自己，不切实际。再者，社会工作分工很细，并不需要我们什么都懂、什么都会，很多时候从业素养和学习能力起着关键作用。最后，必须清楚，工作本身就是最重要的学习，通过实战项目历练所悟到的东西才是最有用的，并不是非得上学、看书、参加培训才叫学习。希望广大读者重视以上建议，这样能减少一些学习困扰和工作烦恼。概括地说，职业规划、岗位要求、工作性质等，决定了“学无止境”这件事的重点和方向，职场人士应该以工作需要为中心，有选择地、高效率地、有策略地学习，建议如图 1-22 所示。

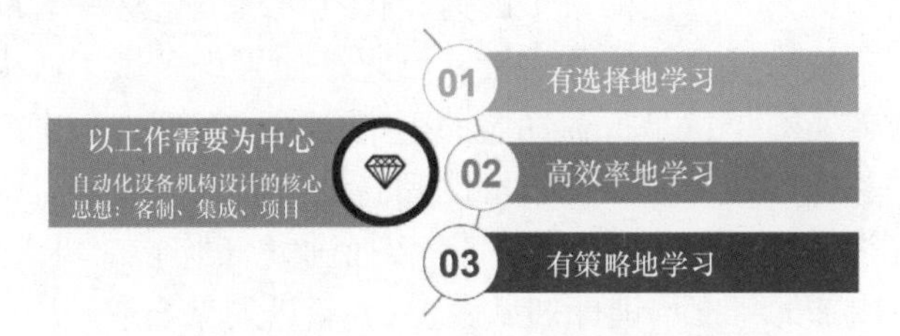

图 1-22　非标机构设计工程师的学习策略

● **以工作需要为中心**。非标自动化设备机构设计的核心思想，用三个词来概括：客制，集成，项目化。所谓客制，即客户自定义的，合理也好，瞎来也罢，你愿意接单就按其特定的要求和标准来落实，你不乐意接单自然有竞争对手争着做；所谓集成，指一切以达成总体目标为准则，将各种信息、资源、技术等灵活组合起来，为客户提供整体解决方案，客观上往往“不拘小节”（不太注重方案或问题的深度研究及底层机理）；所谓项目化，即发挥智慧，想尽办法，用最短时间、最少成本把事情给办成了。理解以上思想极其重要，我们在实际工作中设计制造一台设备，首先考虑的问题是客户到底要干什么，接下来才是我能怎么来实现，中途遇到的技术、成本、管理等一系列问题该如何平衡、协调、解决并快速交付。

假设某个项目的设备应该有 A、B、C 三个机构，A 机构做过了或有类似经验，B 机构虽然没做过但有把握达成，C 机构同样没做过且认为不好实现。显然，C 机构成为项目的技术障碍和瓶颈，没有解决对策的话，便难以继续推进。这时，作为非标机构设计人员，该有的思维是这样的：首先评估 C 机构是否有简化或变更（更易设计）的可能，再跟业务或客户进行沟通确认，其次扩大和深入行业了解，看看是否有替代或类似的参考案例，如果十分必要，最后才考虑全新“研发”该机构。那为什么不一开始就尝试寻找完美的或突破性的解决方案和技术手段呢？这就回到非标自动化设备机构设计的核心思想问题了。请牢记，您在做的不是一个设备，更不是某个机构，而是一个定制化项目——项目结束了，理论上再厉害的设备、机构也会跟着报废，如果跟其他项目之间缺乏关联性，则等于“设计成果”也付诸云烟。即便有新项目涉及同一个设备类型，但只要客户要求变更了，可能就用不到C机构，得用更高难度的D机构或容易实现的E机构。因此，对大多数实力有限的小微企业而言，“死磕”C机构可能不是解决项目技术瓶颈的“最优解”，除非对于当前或未来项目，有足够的复制价值或推广意义。绝大多数创新设计 / 行业突破都直接或间接来自于财大气粗、重视研发的那些大中型企业或科研组织。

技术学习方面也是类似道理。建议读者朋友分清楚自己的职业环境、工作性质和设计对象，以工作需要为中心去制定职业生涯的“长期学习”规划。比如，同样是学习减速机知识，如果您是在小微企业做普通非标机构设计工作的，把减速机怎么用搞清楚的意义，比深入了解齿轮传动机理或记忆一大堆公式图表大得多，因为前者已经能应付日常工作需要；反之，如果您是做工业机器人本体结构设计工作的，或者所在单位是行业知名的上市公司，但理论水平就停留在知道模数、压力角、减速比参数，或减速机可以提高输出动力、增强机构刚性、降低转速之类的，那就略显单薄了，甚至无法匹配到企业的工作技能要求。

某上市企业内部的年度培训计划见表 1-1，新进的见习或助理机械工程师培训内容集中在软件操作、设计系统、动力元件选型、公差配合、定位设计、案例了解等方面，刚入行的设计新人可参考。

表 1-1　某企业内部的年度培训计划

类别	序号	课程名称	课程大纲	主要培训对象									讲师
				新员工	机械 / 电气设计工程师				机械 / 电气组装工程师			管理人员	
					见习	助理	中级	高级	初级	中级	高级		
机械设计类	10	TEAM1 经典项目案例培训	经典项目		√	√	√						
	11	Solidworks 零件分类属性操作方法	Solidworks 零件分类属性操作方法		√	√	√						
	12	TEAM3 经典项目案例培训	经典项目		√	√	√						
	13	PLM 应用基础课程	1. 项目管理 2. 流程新建及审核 3. 图面及文档查看		√	√							
	14	PLM 机械设计课程	1. EC 模块 2. BOM 表制作 3. 物件变更及发行		√	√	√	√					

（续）

类别	序号	课程名称	课程大纲	主要培训对象									讲师
				新员工	机械/电气设计工程师				机械/电气组装工程师			管理人员	
					见习	助理	中级	高级	初级	中级	高级		
	15	常用折弯设计	常用折弯的设计方法		√	√	√						
	16	Solidworks 中级课程	1. 零件建模 2. 零件装配 3. 工程图生成		√	√							
	17	常用夹爪设计	设计禁忌及设计推荐		√	√	√						
	18	FESTO 选型培训	FESTO 选型		√	√	√						
	19	Solidworks 高级课程	1. 模版制作 2. 受力分折 3. 运动模拟				√	√					
	20	常用移载设计	设计禁忌及设计推荐		√	√	√						
	21	TEAM2 经典项目案例培训	经典项目		√	√	√						
机械设计类	22	常用动力元器件选型	1. 气缸选型 2. 电磁阀 3. 真空元器件 4. 电动机 5. 电缸		√	√	√						
	23	定位配合	设计禁忌及设计推荐		√	√	√						
	24	位置度和高度测试设计	1. gauge 测试 2. CCD 测试 3. 高度测试（接触式、非接触式） 4. 3D 扫描		√	√	√						
	25	几何公差和零件分类培训	几何公差和零件分类培训		√	√	√						
	26	TEAM4 经典项目案例培训	经典项目		√	√	√						
	27	常用输送线设计	1. 带输送线 2. 链条输送线		√	√	√						
	28	常用端子送料设计	1. 气缸送料 2. 伺服送料 3. 斜楔送料		√	√	√						

● **有选择地学习**。机械相关的专业常识浩瀚无边，我们基本上很难完全学懂、驾驭，只能在不同阶段侧重不同内容，以工作需求为出发点有选择性地学习。比如，从业第一年的机构设计方面的学习重点，一般是紧固件类型及孔槽元素的尺寸规范、定位和限位的形式和设计规范、气动件（气缸、电磁阀、真空组件等）和部分机械标准件（如紧固件）的选型、常用零件的“长法”及尺寸、2D图纸的规范标注等专题内容。原因很简单，您实际参加工作的阶段，需要经常考验自己技能的地方，主要就在这些方面，如果不够扎实，做起事来要么拖泥带水，要么捉襟见肘。

挺过第一年后，再根据工作内容和技能要求进行针对性的新的专题学习，可能是××机构、电动机选型、螺钉锁付工艺之类的，学习渠道、方式很多，学习对象、内容也很多，应结合实际去选择。凡是非标设备都是企业定制性质，也就没有绝对的通用标准或公开规范。比如教材挑选，要考虑作者水平、读者定位、内容设计、自身基础、学习目标等因素。如果做的是普通非标设备机构设计工作，其实笔者的“速成宝典”系列是非常好的选择，如果是从事深度研发类工作或者做的设备偏传统机械、标准机械时，则更应该多翻翻“机械设计手册”之类工具书或学校的基础教材。

● **高效率地学习**。以实际工作需求为中心，大概定一个学习目标，然后在尽可能短的时间内了解和掌握必备知识，即为高效率地学习。例如，网上有个“自动化机构设计工程师知识体系”图（图1-23），看起来像那么回事，但完全没有可操作性，如若照着这个框架去展开，会浪费大量的时间瞎折腾，还不如脚踏实地点，按照图1-24所示的建议去落实。

图1-23 工程师知识体系（网友整理）

（注：具体内容请扫描上方二维码查看）

● **有策略地学习**。入行的设计新人展开学习时应坚持两个原则：先从所在行业开始，先从借鉴模仿开始。比如，进入连接器行业，除了平时加强专业基本功的学习外，重点肯定是如图1-25所示的针对性内容，将常用设备归类后进行针对性研究。尝试先走出第一步，搞清楚既有成功案例“大概是怎么做的”，然后自己依葫芦画瓢，照做即可。等自己有了基本的行业认知、专业基本功、项目经验后，再相应地调整学习策略，往精深方向延展。读者们无需怀疑，那些所谓的机构设计大神，也是从“借鉴模仿”开始的，无一例外。这点笔者在“速成宝典”入门篇第144页~第148页有论述，最好重视下相关建议。

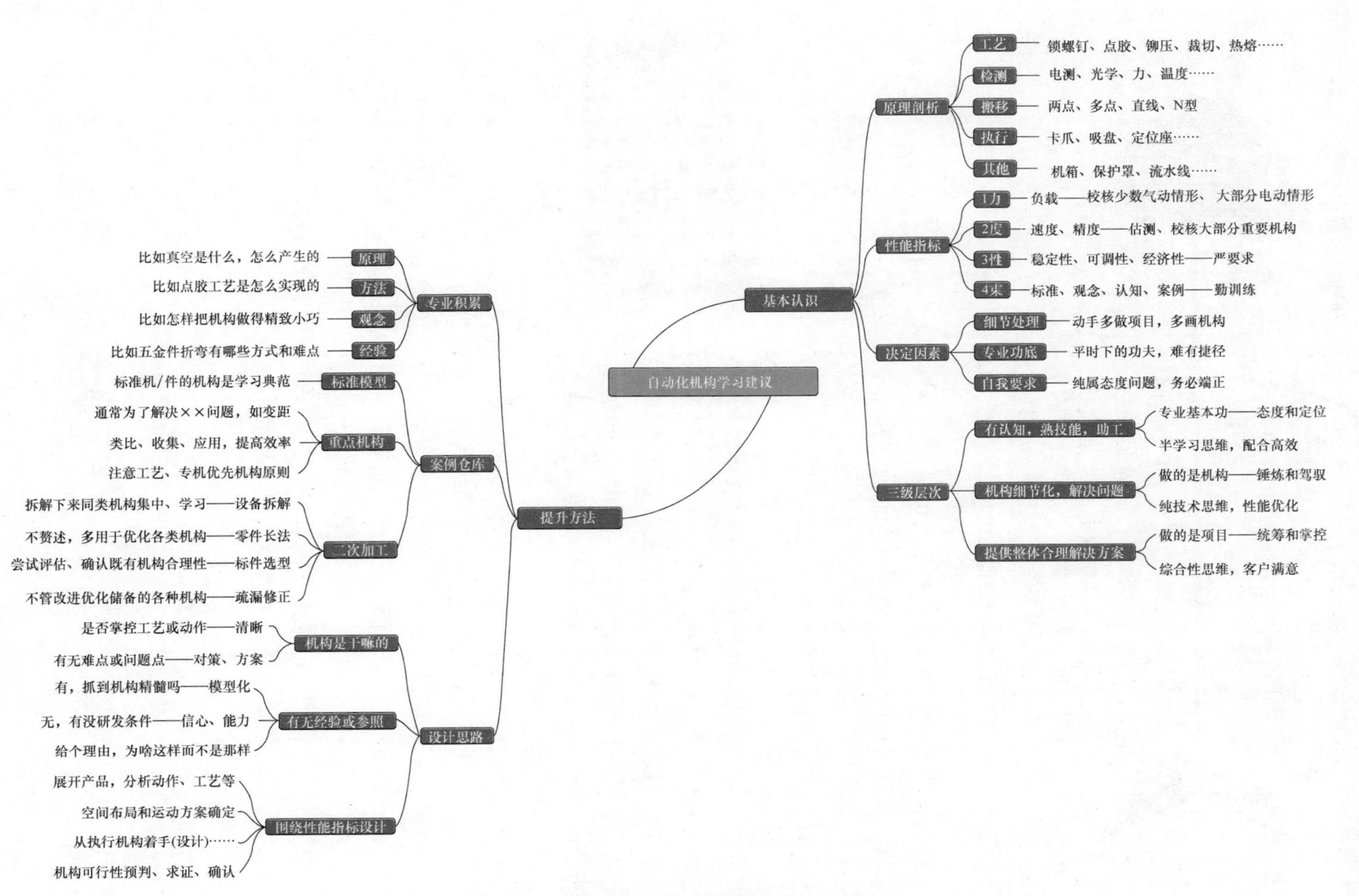

图 1-24　非标自动化机构设计的学习建议

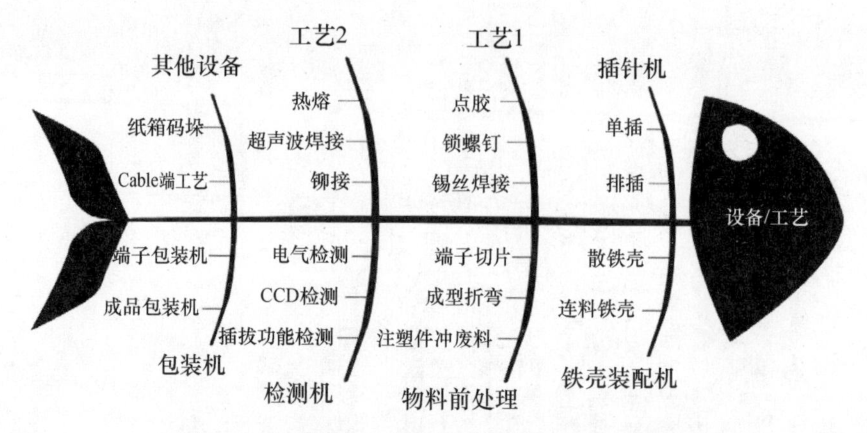

图 1-25 连接器行业常见的工艺及其设备机构类型

此外，学习规划务必结合自身实际情况，忌讳“为学习而学习”。比如，理论基础太差，这时反而不宜考虑系统全面地“补理论”，因为实际情况是，职场人士根本耗不起，囫囵吞枣式的学习，对多数人来说，除了多知道几个名词、定理和公式，没多大意义和效果，不如反过来多做些实际工作经验的梳理和总结，多请教有经验的前辈或同事，多看看类似带有经验总结的“速成宝典”。如果确实因为理论薄弱胜任不了工作，可以考虑适当调整职业方向或岗位，一样可以在职场发光发热。比如，明明是气缸怎么用都还没搞明白，就花心思去研究如图 1-26 所示的连杆机构，以为钻研的东西越有理论量越能体现自己的技术实力，这其实是自我安慰，本末倒置。

图 1-26 连杆机构的动作轨迹

正如“速成宝典”中反复提到的，非标自动化机构设计工程师要“懂”的东西非常庞杂，而且有许多内容是无法通过外部渠道获取的，只能自己在具体项目中边琢磨边成长。其中，对于方便传播和设计必备的，尤其是“机构设计本身”的部分内容，本书做了些梳理和总结，希望能够帮助广大读者更好地掌握。举个例子，对于气动相关的设计知识，刚入行做设计时可能只需要看看类似宝典实战篇介绍的内容，但随着经验的增长，必然会想要了解更多的内容，那就仰仗读者自身的学习能力和长期努力了。

阅读笔记（本页用于读者总结学习内容）

第2章 如何制订项目的技术方案

项目技术方案制订方面的内容，笔者在“速成宝典”实战篇第 96 页～第 117 页、第 306 页～第 317 页有论述过，读者可以自行温习。要强调的是，**读者朋友切莫以为类似项目技术方案的制订能力可以通过上个培训课（谁也不知道你的工作项目是什么）、听别人讲讲案例（思路始终是别人的）或看看书来获取。恰恰相反，通过阅读本书，希望大家能意识到由内而外的工作积累或能力提升才是自己设计工作游刃有余的支撑。**

由于本书设定的主体读者群为“开始从事机构设计工作的初、中级工程师”，将来日常工作的重点之一就是制订各种技术方案，因此本章从另一个角度，结合实际经验增加些互补性建议，并尽量避免内容与“速成宝典”系列其他篇重复。通过这部分内容学习可以了解到，练就项目技术方案制订的本领，需要在哪些方面“加强内功”。

2.1 大公司的设备验收 / 制造要求（对非标定制化设备来说是重中之重）

大公司的设备验收 / 制造要求具有普遍意义，可以找一两家公司的相关资料加以研读。“速成宝典”实战篇第 104 页～第 109 页也有部分描述，本书不再赘述。如果对客户整体的设备验收 / 制造要求没有真正理解、消化，技术方案将在源头上埋下隐患，大概率会导致实施过程各种折腾，我们在制订项目的技术方案时必须加以重视。遗憾的是，很多经验不足的设计新人，在制订项目的技术方案时往往不当回事，或贯彻得不够恰当、到位。

2.2 技术方案——万能评估导图

跟传统机械、标准设备的设计工作不同，作为非标自动化设备机构设计人员，你永远不知道下个项目要做什么，当然也就不可能“遇到项目总有现成的方案”，因此策略上应从自身方案设计能力提升的角度着手，学习上主要是坚持两大原则，即“工程思维”原则和“博闻强识”原则。功夫下到了，才有可能制订从 0 到 1 的项目方案，才可能提高方案制订的效率和成功率。

1.“工程思维”原则

从事技术相关工作的人员，肯定或多或少都有工科思维，如科学思维、技术思维、工程思维，见表 2-1。科学思维是真理导向，客观、严谨地探索和认识本质规律，比如伯努利原理的发现（重点在发明创造，至于有什么应用，这并非科学家关注的事）；技术思维为应用导向，基于科学规律、原理输出有可行性的工具、方法，精益求精，离开技术，若只看重理论，科学往往缺乏实用性，比如一种基于伯努利原理的吸盘制造方法；工程思维则为价值导向，追求性价比，用于解决实际问题，好比采用了 ×× 吸盘后能更稳定地实现制造工艺，至于该吸盘叫“伯努利”还是“利努伯”，对工程师来说意义不大。换言之，所谓工程思维，就是在基本的理念指导下，通过分析特定条件、要求形成的约束之后，进行技术、效率和效益的综合评估，最后决断、输出高性价比的能解决实际问题的（结构）方案，并达成既定的绩效目标。在工程思维活动中，理念是整个工程的核心与灵魂，在其指导下，根据一定的功能和要求巧妙构思，设计出效率和品质兼顾的结构、方案体系，并持续改进。

表 2-1　三大工科思维

类型	性　质	关　键　词	举 例 说 明
科学思维	真理导向，探索、认识规律，客观，求真，严谨	发现、抽象、深化、本质	科学家伯努利研究发现伯努利原理
技术思维	应用导向，输出新颖、巧妙、高效的方法与工具	原理、工具、方法、求精	有人发明基于伯努利原理的伯努利吸盘
工程思维	价值导向，目的性强，追求性价比，解决实际问题	理念、结构、约束、取舍	工程师应用伯努利吸盘来实施吸附工艺

注：工程思维是自动化机构设计工程师最核心也是最基本的思维形式，倘若能具备技术思维、科学思维则更佳。

笔者认为，不同层次、领域的人员，在思维形式上应该有所侧重。对从事自动化设备相关设计工作的工程师而言，最核心和最重要的思维形式是工程思维，而科学思维是态度，技术思维是基础。因为工程思维形式目的性强，更注重多维度考虑问题，更符合非标自动化设备机构设计的工作实际，如果缺失或不足，肯定会直接影响技术方案的制订能力和效率。那么，既然工程思维这么重要，我们平时该如何加强训练呢？

在制订自动化项目的技术方案时，如果我们仅有技术思维，一定是首先考虑设备 / 机构是基于什么原理，×× 机构该怎么画，又如何布局之类的，但如果具备工程思维，则首先应该有类似图 2-1 所示的相对全面的考量点：除了设备 / 机构设计本身，了解项目指标、生产环境、工艺问题、失效预防、客户要求等也是非常重要的事。

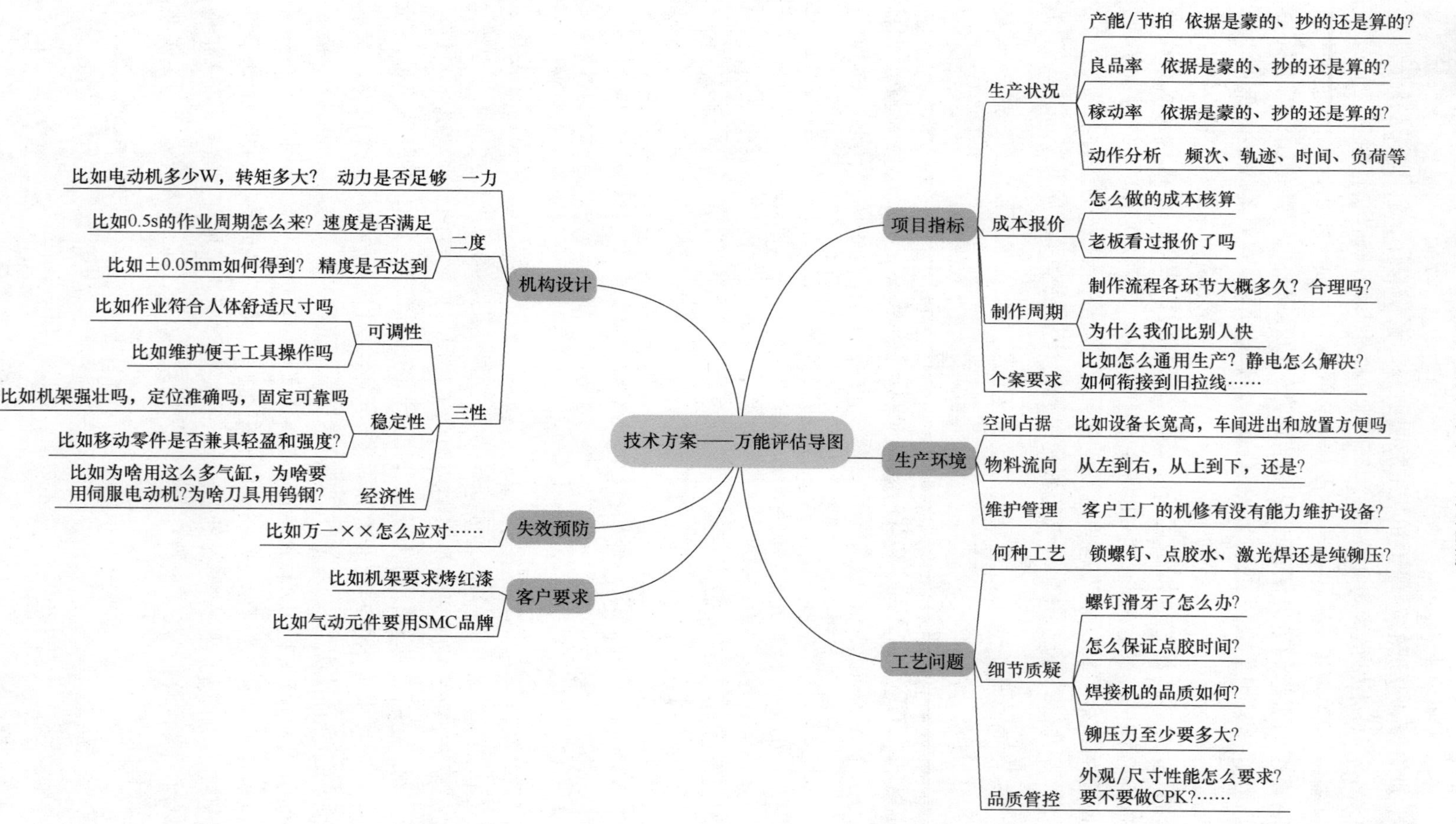

图 2-1 技术方案——万能评估导图

2. “博闻强识” 原则

制造业在近数十年的发展非常迅猛，每天都在诞生不计其数的自动化技术方案。但个人时间和精力十分有限，每年充其量也只能做十个八个项目，技术成长和经验增加比较缓慢，因此需要变通下，“善假于物也”，多关注行业技术信息和资源，必要时做些收集、整理、应用的工作。或者说，对于从事非标自动化设备/机构设计人员来说，“深度研究”未必有那么关键，但“博闻强记”却是非常重要的事，务必在平时给予重视。毕竟在做技术方案时，具备工程思维固然有重大意义，但是思路打不开同样无法进行下去。从提高学习效率的角度，以下几点建议可供参考。

● 生产线体是由各类设备构成的，如图 2-2 所示，而设备则是由功能机构组成的，机构包含了加工件和标准件……所以机构是我们学习设计的最小功能单元，拆分出来有供料、上料、移料、收料以及各种工艺、辅助机构等，这是通用的说法。具体到某个行业，由于产品、制程、品质等情况不同，各种设备机构也有差异。比如，很难把一个口罩生产设备跟连接器插针设备联系到一起，完全不是一个概念。但是仔细拆解一下，原理功能都类似的，也都是要供料、上料、移料、工艺、辅助等。因此，我们进入某个行业或某家公司，一定要首先干一件事，就是立足于本行业本公司的设备，将其展开成各种功能机构，分门别类地加以学习。等到工作内容能够轻松驾驭了，再去展开学习更多类型的设备与机构。学习是优先服务工作的，在此前提下才能再去拓展专业技术的深度和广度。

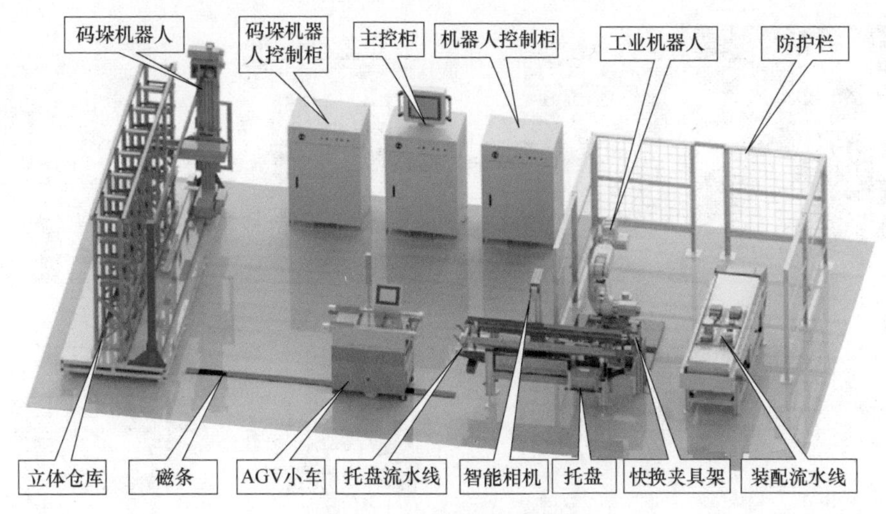

图 2-2　生产线体的构成

● 筛选工作领域所需的资源。类似图 2-3 和图 2-4 所示的非标自动化设备，其应用遍布产品制造的各行各业，而且项目的解决方案往往不是唯一的，所以客观上要求我们有足够的眼界，必须十分熟悉（包括竞争对手的）一些设备、机构、工艺，既要善于模仿、借鉴，更要善于改良、创新，这样才能立于不败之地。人的职业生涯虽然长久，但真正花在技术开发上的时间，可能也就是初期的十年八年。因此，应当立足当前，放眼未来，抓住你所处的行业和工作内容，加强针对性学习，在本职工作能够应付自如时再加以拓展。举个例子。有段时期因为疫情关系，口罩生产设备很火，于是有很多“外行人员”会花时间去搜集资料并学习，其实一点意义都没有。如果你是做电子产品设备的，公司评价你的能力，不会在意你口罩设备做得多“溜”，而是聚焦在你现搞的设备到底在生产线上转起来没有，有没有被投诉……本领域不优先下功夫学习、钻研，搞这搞那，得不偿失。

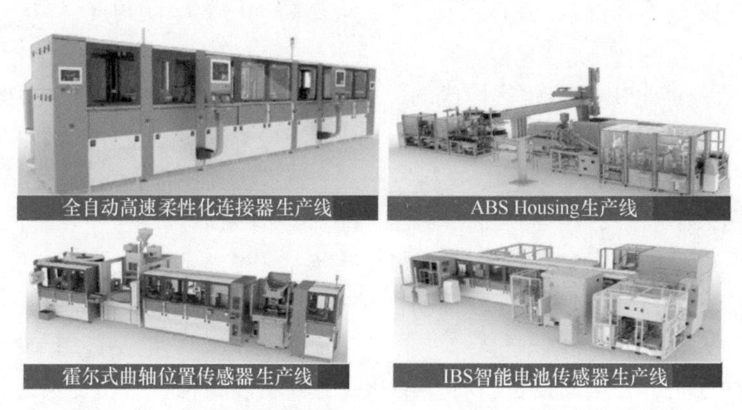

图 2-3 典型的非标自动化设备（一）

图 2-4 典型的非标自动化设备（二）

● 积累问题机构。我们学习的终极目标其实只有一个：把设备做好。所以计算机中不应该堆积越来越多的学习课件、资料，而是要吸取精华、转化为自己的理解，转化为一个个方案、机构，并熟练应用。那什么样的机构最有学习价值?答案是，解决问题的机构，比如变距机构（本章第2.4节有相关描述）。大家平时多留意自己公司生产制造或客户投诉反馈的问题点，它的解决方案（机构）是怎样的，也多留意下行业中带有特殊应用的机构，多积累相关的资料，因为您也可能会遇到同样的问题并且可能“思路卡壳”，或者需要耗费同样的精力和时间才能解决。

- **通晓机构背后的技术逻辑**。所谓技术逻辑，指的是观念、方法、原理、经验等，这些一般藏于机构背后，如图2-5~图2-7所示，捕捉不到则意味着“机构是别人的”。比如“方法中的工艺”，尽管各行业的自动化设备千差万别，但绝大多数情况是以工艺的不同来分类的，机构只是工艺实现的载体，因此平时学习时应汴重工艺的理解，才能更好地掌控设备。反之，如果我们看到了设备的结构设计，但是联想不到具体工艺，或者根本就不知道设备怎么运作的，那这样的“见识”或“视野”对设计工作来说意义不大、作用有限。

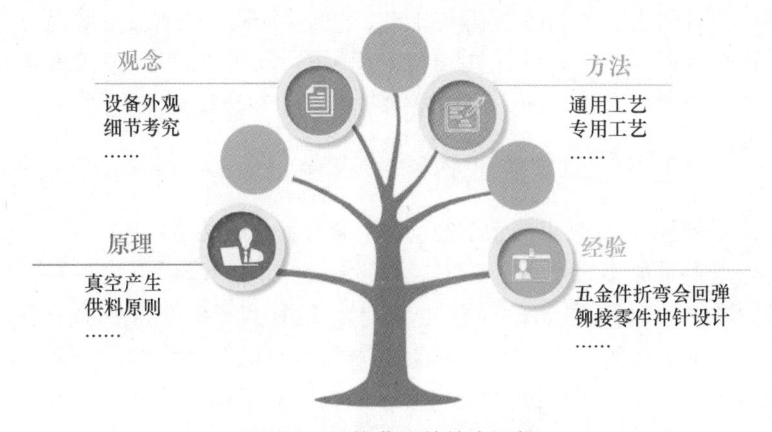

图 2-5　机构背后的技术逻辑

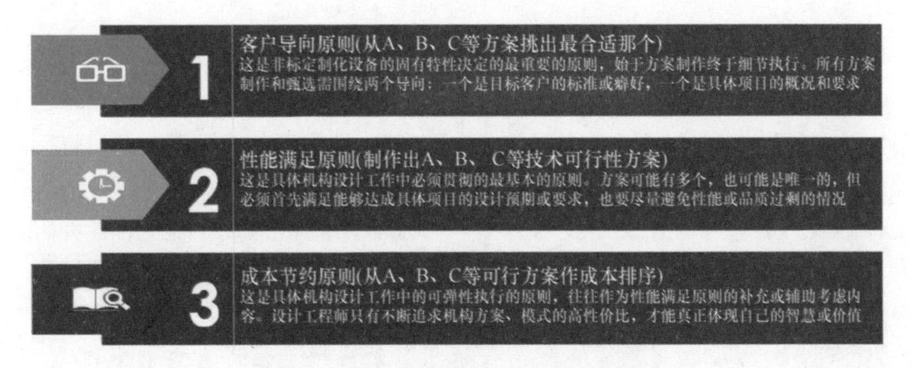

图 2-6　机构方案 / 模式选用的三个原则

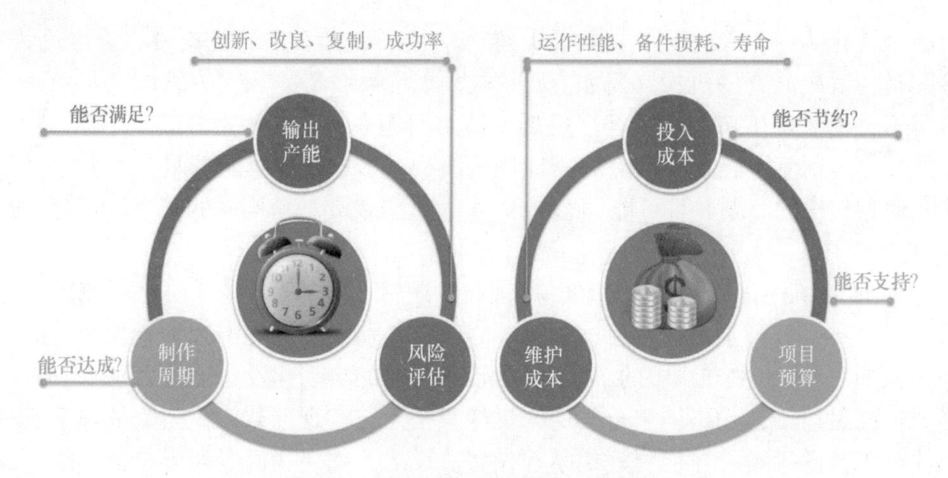

图 2-7　机构方案 / 模式设计的考量点

总之，项目技术方案的制订能力，绝非简单地看看教材或案例就能短期铸就的，需要一些时间去积累行业视野与工艺，也需要有一些训练去增强设计理念与思维。当我们具备一定的行业认知和技术逻辑时，制订项目的技术方案其实是在“做填空题”，即便仍有未知项，但构思的基本框架和流程要点大同小异。

2.3　熟悉常见工艺及其实施细节（学习策略）

工艺，即把原材料或半成品加工成产品的工作、方法、技术等。制造流程上的工艺类知识是最不合适在公开出版物发布的，因为制程工艺是制造企业最核心的技术护城河。或者说，真正的工艺技术，只有到了那个行业那个企业，读者朋友才可能真正了解和掌握，不太可能通过看书或培训来获取，所谓“隔行如隔山”。但为了让设计新人对工艺学习有基本的概念和足够的重视，笔者稍微总结了一些偏知识原理性的内容，属于共性强的必修内容，加强学习有助于培养正确的“工艺”学习态度和方法。

2.3.1　项目技术方案的制订环节

一般来说，项目的技术方案制订主要包括“实施思路”（“想法”）和“机构细节”（“做法”）两个层面。所谓“实施思路”，即为了达成预期项目目标而形成的流程、方法或原理等方面的技术构思。其规划属于真正意义上的设计内容。这个工作的展开有赖于“图 2-1 技术方案——万能评估导图”所描述的各种因素的综合考量、评估和决策。至于“机构细节”，即以设备或机构载体的形式，将“实施思路”或设计意图实物化。

【案例】　如图 2-8 所示，现需要采用激光焊接工艺将 A 和 B 装配到一起，要求焊点直径约为 0.50mm、位置度偏差在 ±0.10mm 以内、焊点要准确置于 B 上。请问方案如何落实？

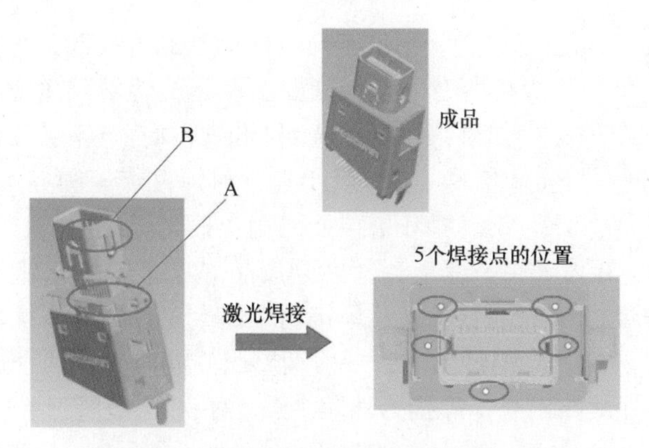

图 2-8　铁片组装的“激光焊接工艺”评估

【简析】 该项目技术方案的制订可拆分为两个环节，即“实施思路”（“想法”）和“机构细节”（“做法”）。

首先是“实施思路”（“想法”）。先分析待焊接产品：如图 2-9 所示，A 与 B 装配后形成高度为 6.4mm 的凸台，装配空间紧凑，焊点位于 1.4mm 或 2.2mm 内的中间位置，即焊点离凸台距离为 0.7~1.1mm，落在很小的范围内。

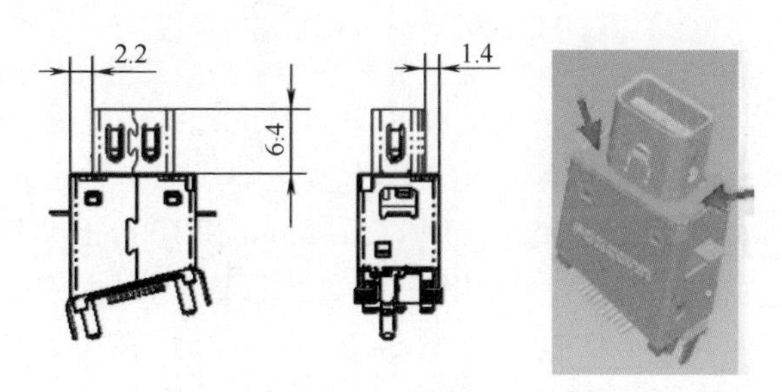

图 2-9　待焊接产品的结构和部件分析

接着评估焊接方式：从焊接方式和效率来看，有单光纤焊一个产品、单光纤焊多个产品、多光纤焊一个产品、多光纤焊多个产品等方案，各有特点，如图 2-10 所示。

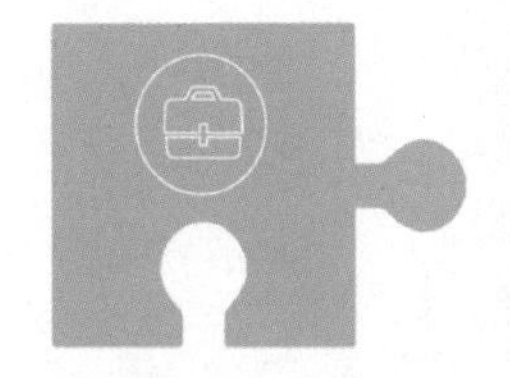

1.单光纤焊一个产品

每次焊接1个产品上的1个点，每个作业周期焊接1个产品。成本低，治具简单，调节方便，但效率低，不适合多点焊接和大批量生产

2.单光纤焊多个产品

每次焊接1个产品上的1个点，每个作业周期焊接多个产品。相比方案1，效率稍高，但对工作台(多点移动)和治具(定位精度)制作要求较高

3.多光纤焊一个产品

每次焊接1个产品上的2个或更多的点，每个作业周期焊接1个产品。效率获得提升，但产量一般，对焊点之间距离以及配套治具制作也有严格要求

4.多光纤焊多个产品

每次焊接1个产品上的2个或更多的点，每个作业周期焊接多个产品。效率大幅提升，产量较高，但对焊点之间距离以及配套治具制作有严格要求

图 2-10　激光焊接技术的实施方案比较

由图 2-11 可知，因为焊点分别位于凸台四周并靠近根部，焊接容易受凸台挡光影响。如果用单光纤焊接所有的点，则要求产品旋转不同角度才能完成，大大增加了设备的复杂程度。如果采用两根光纤同时焊接点 1 和点 2，就不能同时焊接点 3 和点 4；同时焊接点 2 和点 3，就不能同时焊接点 1 和点 4，整体效果和单光纤焊接方式类似，只是效率提升了。如果用 4 根光纤同时焊接 4 个点，则整机功率要求过大（>4kW）……综上，考虑到产品焊点多（有效率要求），位置要求较高，多焊头安装容易产生干涉以及焊接功率高、工作台体积大的问题，最终决定采用“4 根光纤方案”。但落实时，一次两路出光同时焊接两个点（1、2），然后切换分光闸，另外两路出光，焊接另外两个点（3、4），最后再单点焊接（5）。

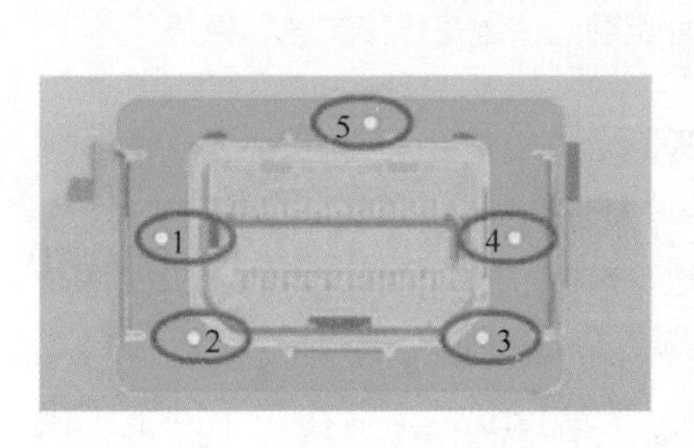

图 2-11　基于产品装配结构的考量

最后确认装置集成：光纤激光焊接机是激光经光纤传输后，通过准直透镜准直为平行光，再经过聚焦透镜聚焦于工件上实施焊接的一种激光设备。焊点与焊头之间的焦距一般是固定的，公司常用的有 80mm 和 100mm 两种，此处用 80mm 或 100mm 均可，因此哪个成本低就用哪个。由于光束通过聚焦后在焦距处形成高能量点（模拟光束如同一个锥体），如图 2-12 所示，所以在焊接中不能挡住其透镜聚焦后的光，影响焊接能量或烧伤。即为了避开产品凸台，焊头安装不能与产品垂直，必须倾斜一定的角度。

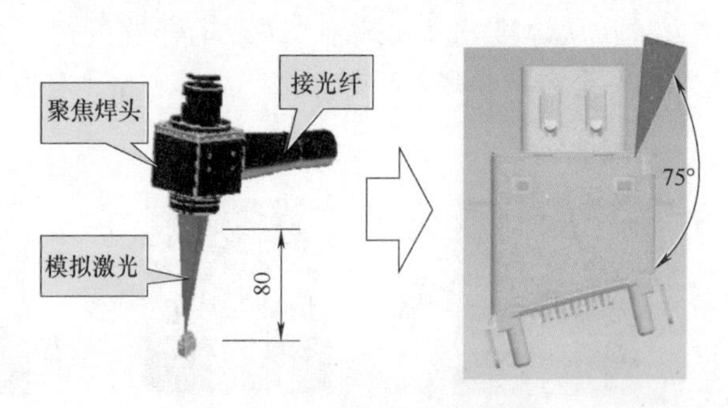

图 2-12　激光焊接的光束模拟

以上都是些看不见的“想法”“实施思路”，但关乎成败。设想下，如果不了解激光焊接技术和器件原理，如果不分析产品部件结构和工艺特性，如果不考量工艺的成本、品质、效率等综合因素……那基本上是很难制定出合理方案的，更别说之后工作的展开了。大部分设计人员在做项目技术方案时感觉困难重重，经常就是卡在这个环节了。如果要快速提升这方面的能力，只是从网上下载些图纸案例看看，或者听别人讲讲什么工艺，这能达成吗？有点难。

然后是“机构细节”（“做法”）。如果项目未开展，则一般体现为方案图或 3D 图的形式。由于本案例为现成的，便以实物来描述，道理是一样的。

考虑到焊点的精度要求，本案例工作台的设计采用焊头不动、产品运动的方式。光纤焊头调节部分，采用了固定 15° 斜块安装，斜平面内角度可调，而 *X*、*Y*、*Z* 方向分别采用细螺纹调节旋钮，如图 2-13 所示。工作台部分，*X*、*Y* 轴组合运动平台为伺服电动机驱动丝杠做直线运动，重复定位精度为 ±0.02mm，如图 2-14 所示；载具与平台之间为锥销定位，固定 *X* 和 *Y* 方向，以便于取放为原则，如图 2-15 所示；由于焊接工序是在装完塑胶（俗称 Housing）之后，所以设计载具时利用 Housing 进行产品定位，垂直方向取放产品，如图 2-16 所示……最终实体机（方案图）如图 2-17 所示。

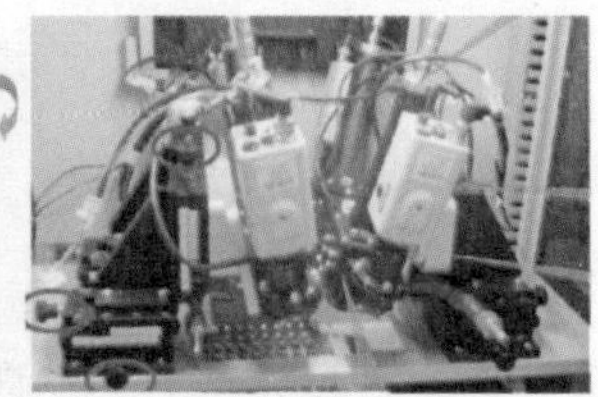

图 2-13　激光焊接头的可调和角度考量

图 2-14　工作台的 *X*、*Y* 轴移动采用伺服电动机驱动

图 2-15　放置产品的载具和工作台之间采用销定位

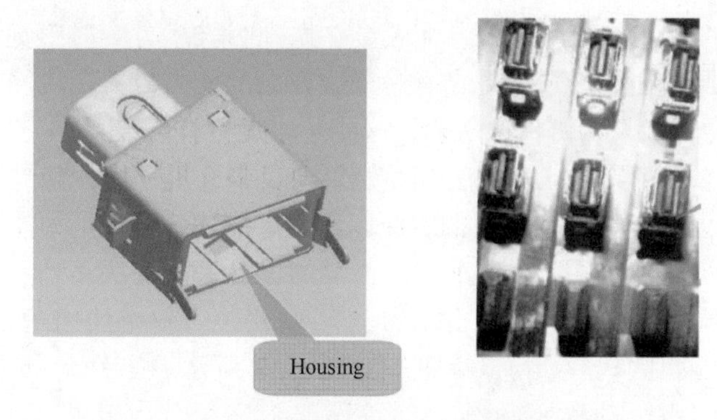

图 2-16 放置产品到载具时以塑胶作定位零件

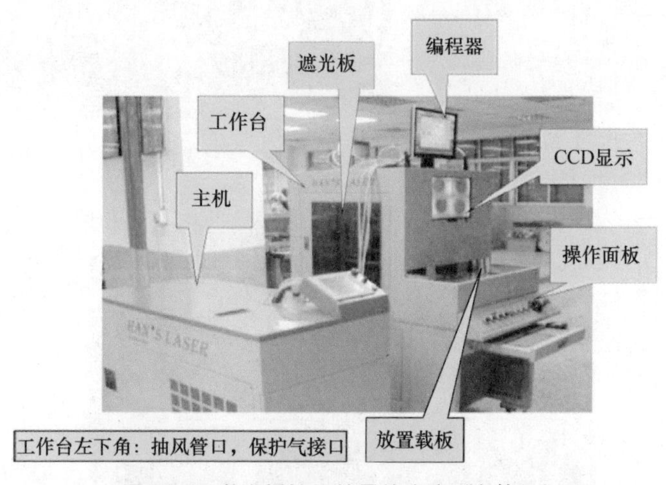

图 2-17 激光焊接机的最终方案（实体机）

以上是“想法”到“实物化”过程的一些关键点，如果是从 0 到 1 的情况，有时也是比较烧脑的。譬如，我们这个项目推出后，可能就会遇到类似这样的问题：

问题 1：由于同一产品的两焊点间距最小仅为 5mm，焊头安装紧凑，为方便调节焦距，原本是一次性同时焊接一个产品的两个点，需要改为同时焊接在两个产品的两点上，导致整个作业周期比方案规划的长一些。

问题 2：由于焊点离凸台外壁距离太近，焊接作业产生的烟尘会沾在产品凸台上，需要专人进行擦拭，费时费力，于是只好增加 0.2mm 厚的防尘罩来克服（在焊接前套住产品，焊接后再取下），如图 2-18 所示。

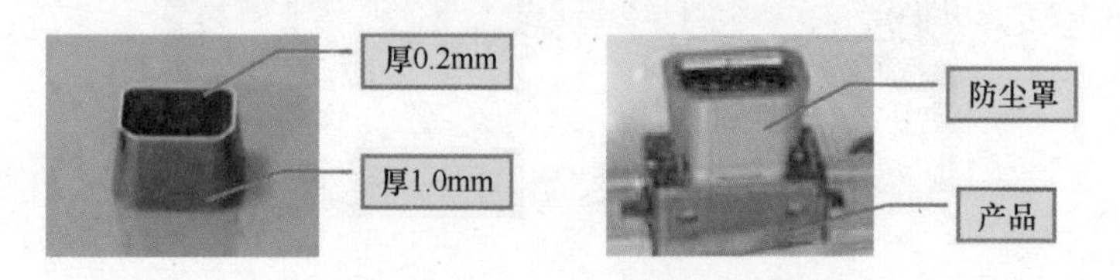

图 2-18 利用防尘罩克服烟尘飘落问题

……

笔者一直强调，做非标机构设计工作，视野和经验也是相当重要的因素。项目做多了，经验足够了，我们在制订项目技术方案时肯定会考虑得更充分、全面，也就间接提升了效率和准确率。该案例最后实际稳定的运行结果是采用 3 块载具轮换作业，每个载具一次装 54P 个产品进行焊接，每个产品焊接 5 个点，如图 2-19 所示，核算周期 ≤ 2s/ 个……当我们有这个经验后，下一次再有类似的项目时，不就轻车熟路了吗？而当我们的经验越来越丰富，不就意味着能应付更多的项目吗？如图 2-20 所示的新的项目，在进行相关技术方案的评估时，其实基本逻辑和思路大同小异。当然了，凡事皆有起点，也有过程，设计新人刚开始有些不适应是正常的，只要坚持和积累，自己总会成长起来，慢慢就会在工作中达到收放自如的状态。

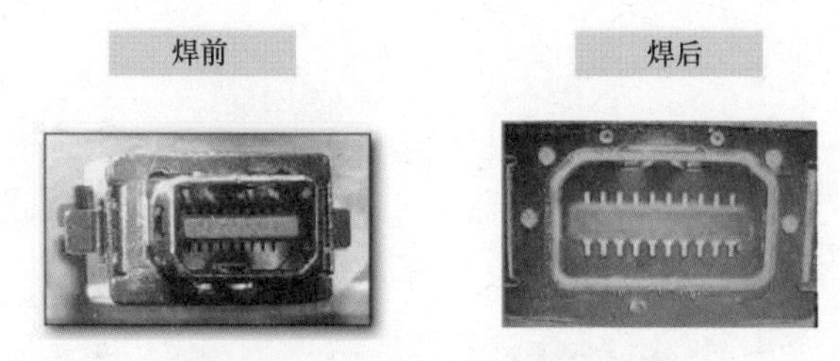

图 2-19　设计产品焊接前后对比

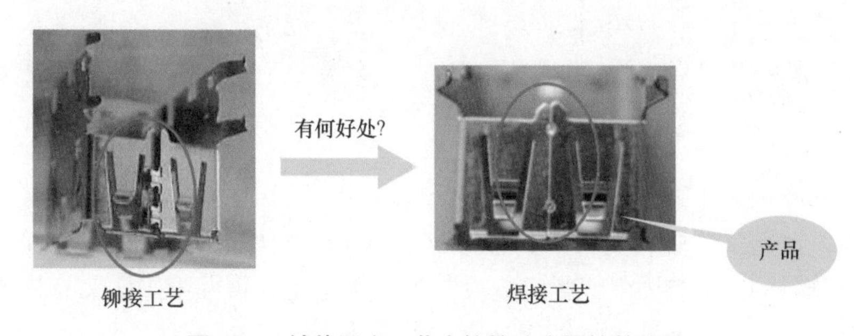

图 2-20　铁片固定工艺由铆接改为焊接的项目

我们说的项目方案制订的重点在于类似图 2-21 所示的“实施思路”规划，需要输出工艺的合理化排配、瓶颈问题的解决对策、工艺本身的细节处理等技术信息。但不可否认的是，最终还要可靠、高效地落实到机构的细节方面，也需要对常见工艺有比较深刻的理解，对常用工艺机构有比较专业的认知。

2.3.2　项目技术方案的工艺学习

尽管制造业门类众多、设备繁杂，但若以基础工艺来区分，大致可分为专用工艺和通用工艺，两者的主要区别如图 2-22 所示。

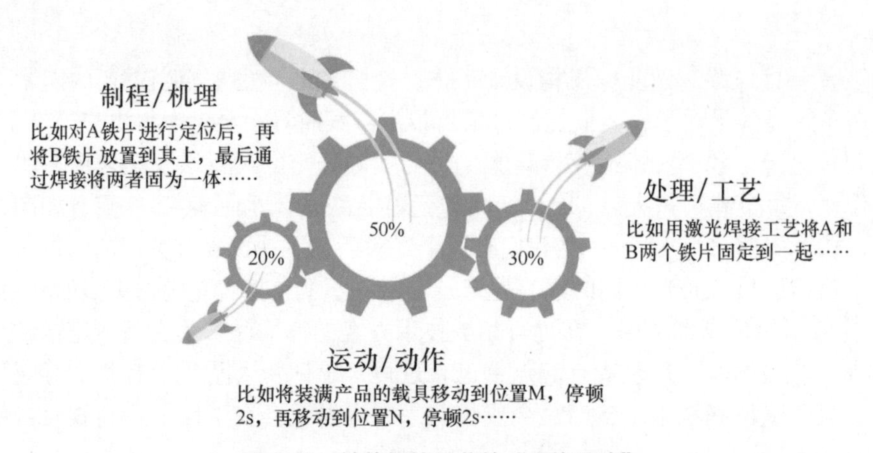

图 2-21 铁片焊接工艺的“实施思路”

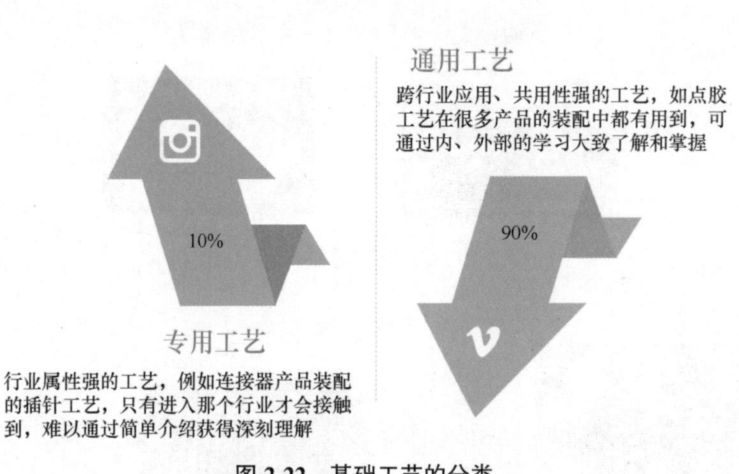

图 2-22 基础工艺的分类

其中，通用工艺中较为常见的是螺钉锁付（在“速成宝典”实战篇第 59 页 ~ 第 74 页有描述）、点胶（在“速成宝典”番外篇第 156 页 ~ 第 162 页有描述）、冲切（在“速成宝典”入门篇第 99 页 ~ 第 102 页和第 113 页 ~ 第 116 页有描述）、焊接、贴标等，如图 2-23 所示。除此之外，还有热压工艺、涂油工艺、清洗工艺、打磨工艺等，不一而足。由于书的篇幅有限，无法承载太多内容，敬请广大读者结合工作实践自行学习。

绝大多数工艺机构都有现成的案例或成熟的方案，也都比较简单、直接，并没有太深奥或繁杂的内容，因此我们平时注意“收集”“筛选”“学习”“转化”“完善”即可。换言之，当我们需要设计焊接或除尘装置时，脑海里若能“蹦出”如图 2-24 所示的“方案图”（流程 + 工艺 + 功能装置），则接下去的工作就像做填空题一样。换言之，涉及上述工艺的设备，机构设计的核心思想大同小异，就是聚焦于集成各类工艺机构，而不是研发工艺机构。

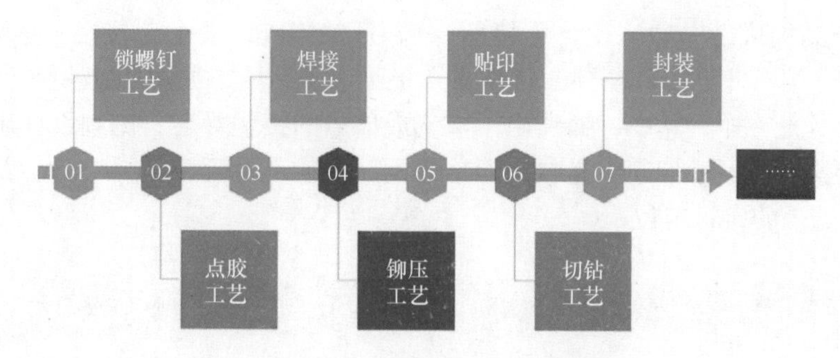

图 2-23　通用工艺的二级分类

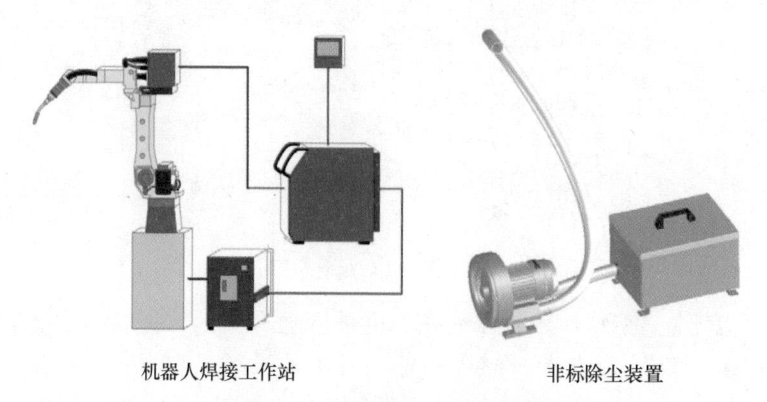

图 2-24　焊接方案和除尘方案图

下面以连接器行业常用的压深工艺为例，为读者简单介绍下工艺的学习要点。如果您不是那个行业的，或者看着比较吃力，可以忽略细节，重在举一反三。

所谓压深工艺，指的是将两个或多个零件装配到特定的位置。相应地，能实现这一工艺的装置，称为压深机构。在连接器行业里，压深工艺主要用于端子、铁片、螺母、塑胶等零件的装配作业。类似图 2-25 所示的连接器产品，由塑胶和端子两种零件构成，就是通过压深工艺装配而成的。那么我们展开学习时有哪些需要注意的点?

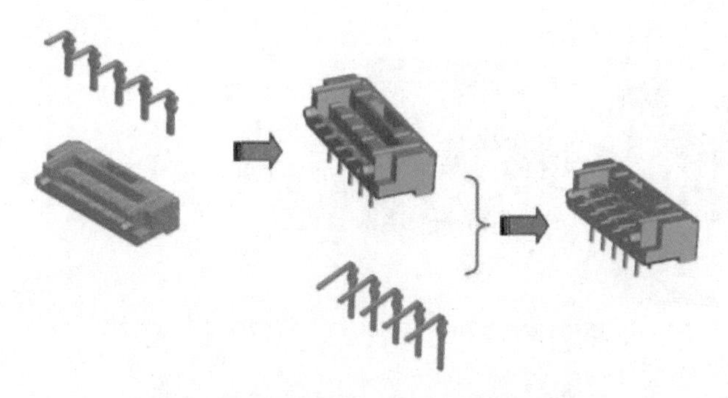

图 2-25　通过压深工艺装配得到连接器

● 产品构成。一般来说，连接器 = 端子 + 塑胶，装配工艺在“速成宝典”入门篇有介绍，此处不作赘述。这里重点提下端子结构，如图 2-26 所示，不同部位的功用不太一样。其中，弹片用于电流或信号的接触导通；倒刺设计确保其与塑胶孔过盈配合；料带起着连料和运输作用，在生产过程中需要去除，其上的孔用于卷料端子的供料定位……

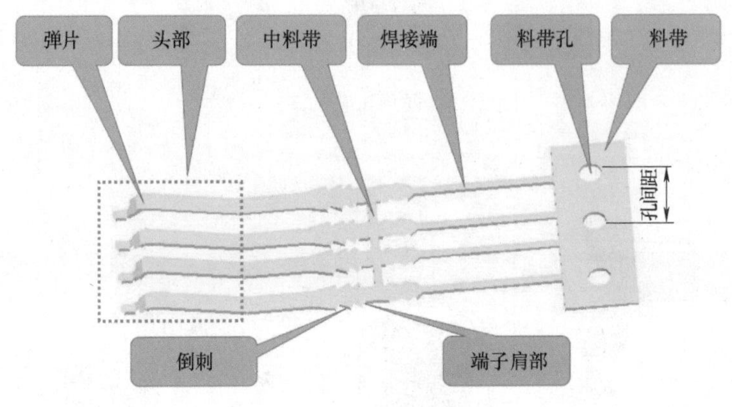

图 2-26 端子结构

● 现成案例。案例学习是必不可少也是行之有效的，但特别忌讳“舍近求远”和“贪多求杂”。既然是连接器行业，既然是压深工艺，类似表 2-2 和表 2-3 所示，是首先应当踏踏实实去了解和梳理的内容。可能有的读者会想，我是做自动化设备的，像这些简单工装治具的案例没有参考意义啊。那就认识粗浅了。实际上，再复杂的设备拆解后都是一个个相对简单的机构，而机构的设计重点或难点，往往就体现在对类似上面这些内容的理解和贯彻上。形象点说，自动化设备的设计方法，不过是在掌控工艺机构的基础上，考虑下如何移动物料，或者让工艺机构动起来罢了。

表 2-2 压深装置（一）

形式	结构示意 / 装置实物	特　点	应　用
立式	机架 ⇦ 模仁	气缸上下运动，实现压深动作，适用性，机架与模仁可分开，机架可通用；采用导柱 / 导套定位，精度高，开发周期短，成本低	新产品开发送样，小量生产时

（续）

形式	结构示意 / 装置实物	特　点	应　用
卧式		气缸水平运动，实现压深动作，机构简单，成本低，非标设计，设计周期稍长	零件需增加辅助定位或精度要求低的场合

表 2-3　压深装置（二）

形式	结构示意 / 装置实物	特　点	应　用
增力	斜楔 增压缸 连杆	结构形式多样，采用连杆、斜楔和增压缸等实现增力效果	需要输出力较大的场合
其他	所在行业、现有公司还有哪些实际案例？	……	……

● **分门别类**。即便是同一类产品，因为结构设计或零件形态不同，工艺也有或大或小的差异。所以我们需要把事情做细一些，针对各种已有或可能的状况进行针对性的总结。比如，根据不同端子的形态进行总结，见表 2-4 和表 2-5，对应的技术实施方案，见表 2-6～表 2-9。显然，之后再遇到“不同端子形态”的压深工艺项目，我们基本上就可以对号入座了，不仅可以输出合理的“实施思路”，而且在机构细节上也能兼顾经验。这些内容更多来自于所在行业所在公司的具体项目总结，所谓功夫在平时，不太可能来自于培训或教材。

表 2-4　端子形态分析（一）

端 子 形 态	结 构 特 点	压 深 方 式	备　注
	纯落料式，每个产品插 1 根端子，间距大，料厚 ≥ 0.15mm，端子长度 < 30mm	直接压料带	实施方案 A
	成型式，带 v-cut，每个产品插多根端子，间距较小，端子长 > 30mm，有弹片结构	夹紧焊接端，压料带	实施方案 B
	成型式，带 v-cut，每个产品插多根端子，间距较小，带辅助的保护脚，端子长度 > 30mm，有弹片结构	夹紧焊接端，压料带	实施方案 C

（续）

端子形态	结构特点	压深方式	备注
	成型式，每个产品插多根端子，无 v-cut，有弹片结构	夹紧焊接端，压料带	实施方案 D

表 2-5　端子形态分析（二）

端子形态	结构特点	压深方式	备注
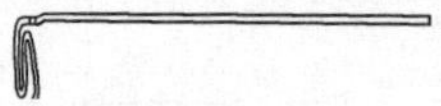	成型式，每个产品插多根端子，间距较小，端子头部结构复杂，无 v-cut，有弹片结构	夹紧焊接端，压端子头部	实施方案 E
	成型式，每个产品插多根端子，间距较小，焊接端结构复杂，无 v-cut，有弹片结构	夹紧焊接端，压肩部	实施方案 F
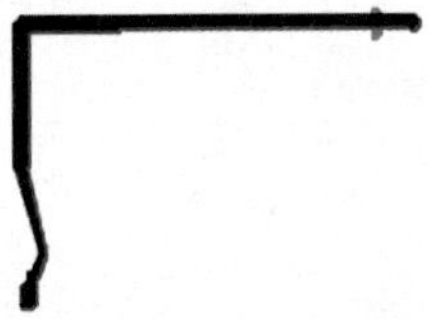	成型式，焊接端 90° 折弯，每个产品插多根端子，无 v-cut，有弹片结构	先梳理焊接端，再压肩部	实施方案 G
	成型式，焊接端 90° 折弯，每个产品插多根端子，无 v-cut，有弹片结构	夹紧焊接端，再压肩部	实施方案 H

表 2-6　压深工艺分析（一）

序号	结构示意	优缺点	备注
1	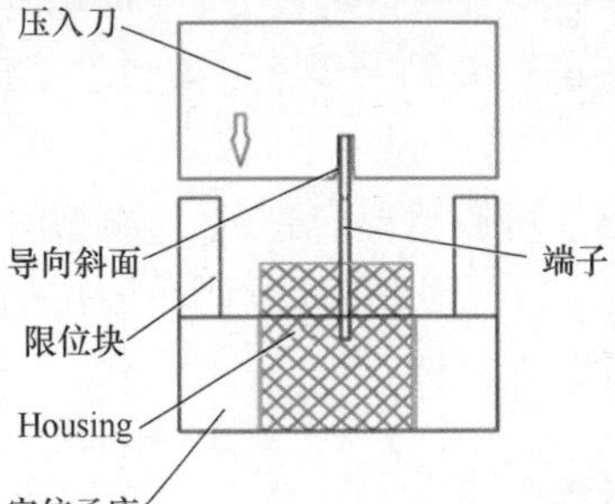 压入刀 导向斜面 限位块 Housing 定位承座 端子	优点：可一次性同时压多个产品，效率高、质量稳定、机构简单 缺点：适用范围有一定局限性，且压入深度较小（深度 ≤ 3.0mm）	压入刀齿槽宽 = 端子厚 T+0.08mm 压入刀齿槽高 = 料带宽度 L 的 2/3 以上 Housing 与定位座间隙 = 0.05mm 导向斜面尺寸约为 0.5mm × 1.5mm
2	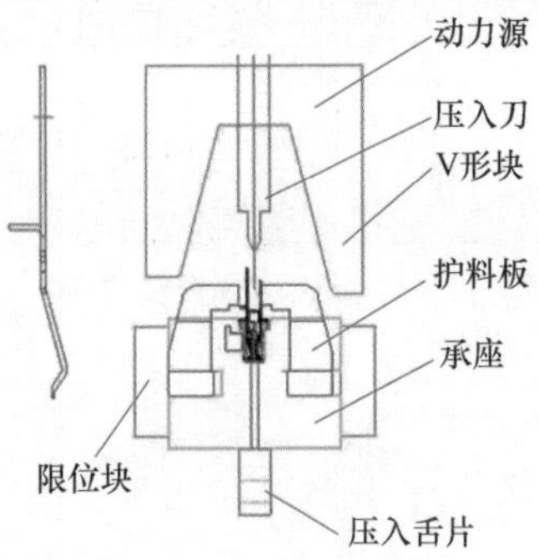 动力源 压入刀 V形块 护料板 承座 限位块 压入舌片	优点：压入过程中端子受力较好、质量稳定、效率较高，1 次可压 2 片端子 缺点：机构复杂、调机复杂	Housing 与定位座间隙 = 0.05mm

表 2-7　压深工艺分析（二）

序号	结构示意	优缺点	备　注
1	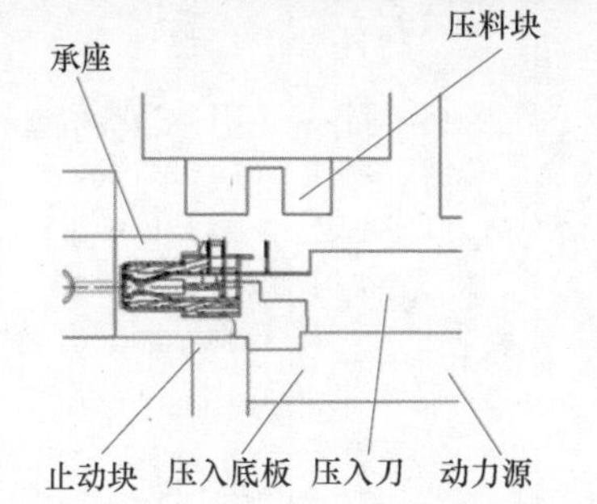 承座 压料块 止动块 压入底板 压入刀 动力源	优点：压入过程中端子受力较好、质量稳定、机构简单 缺点：效率较低，1 次只压 1 片端子	Housing 与定位座间隙 = 0.05mm
2	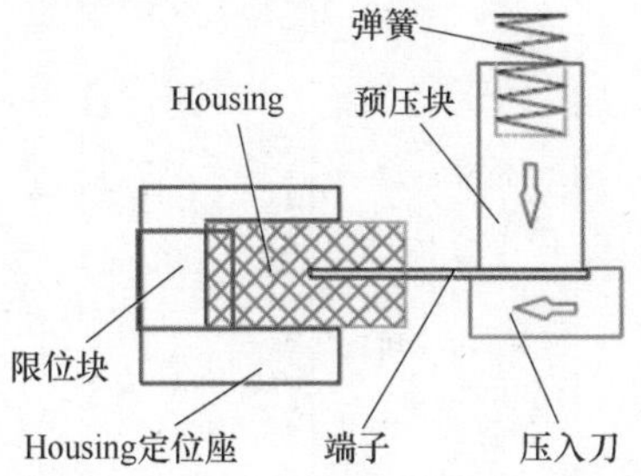 弹簧 Housing 预压块 限位块 Housing定位座 端子 压入刀	优点：压入过程中端子受力较好，质量稳定 缺点：效率较低	Housing 与定位座间隙 = 0.05mm

表 2-8　压深工艺分析（三）

序号	结构示意	优缺点	备　注
1	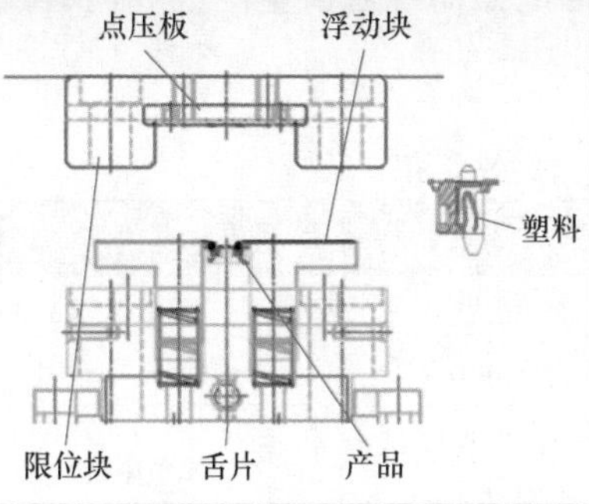 点压板 浮动块 塑料 限位块 舌片 产品	优点：压入过程中端子受力较好、质量稳定、效率较高，1 次可压 2 片端子 缺点：机构复杂、调机复杂	Housing 与定位座间隙 = 0.05mm
2	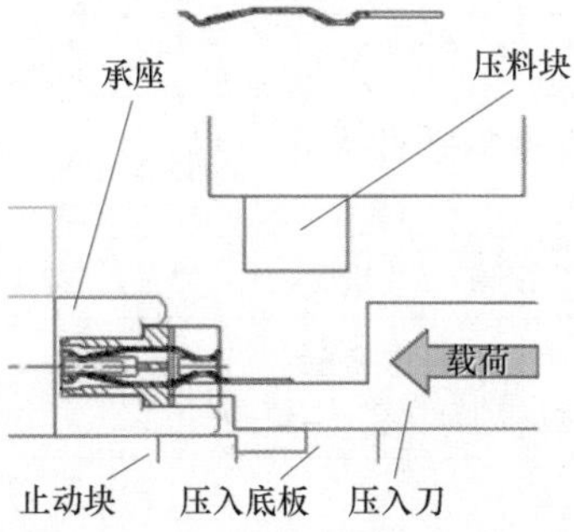 承座 压料块 载荷 止动块 压入底板 压入刀	优点：压入过程中端子受力较好、质量稳定、机构简单 缺点：效率较低，1 次只压 1 片端子	Housing 与定位座间隙 = 0.05mm

表 2-9 压深工艺分析（四）

序号	结构示意	优缺点	备注
1	齿状压入刀 弹簧 端子 预压块 限位块 端子Tail导向梳齿 Housing 定位承座	优点：效率高、质量稳定 缺点：机构复杂	压入刀齿槽宽 = 焊接端宽 +0.10mm 梳理刷子齿宽 = 焊接端宽 +0.12mm Housing 与定位座间隙 = 0.05mm（最大）
2	Tail压入刀 肩部压入刀 端子 定位块 定位承座 Housing	优点：效率较高、质量稳定 缺点：机构复杂	压入刀齿槽宽 = 焊接端宽 +0.10mm Housing 与定位座间隙 = 0.03mm（最大）

● 失效分析。工艺实施一定会有品质风险或失效问题，比如压入深度不够、深度过深、深度不一甚至压坏压垮等，设计上如何规避，生产上如何管控，需要针对性分析和拟好对策，见表 2-10。

表 2-10 压深工艺失效分析

	失效模式	可能原因	对策
【限位块设计】限位块固定于定位承座上，不可以螺钉代替，以防压入深度因随时可调而存在质量隐患。设计时确保合模压到位后的尺寸为 H，调机时以修模 / 加垫片的方式调整 H。	压入深度不够	气源压力小于 0.5MPa 和气缸缸径偏小	气压不足时报警停机和校核气缸规格
		加工或调试有误，限位块太高	调整限位块尺寸
		产品来料尺寸超规	产品尺寸检验、确认
		滑动部分不顺畅（阻力大）	保养 & 调试
	压入深度过深	产品来料尺寸超规	产品尺寸检验、确认
		加工或调试有误，限位块太低	调整限位块尺寸

（续）

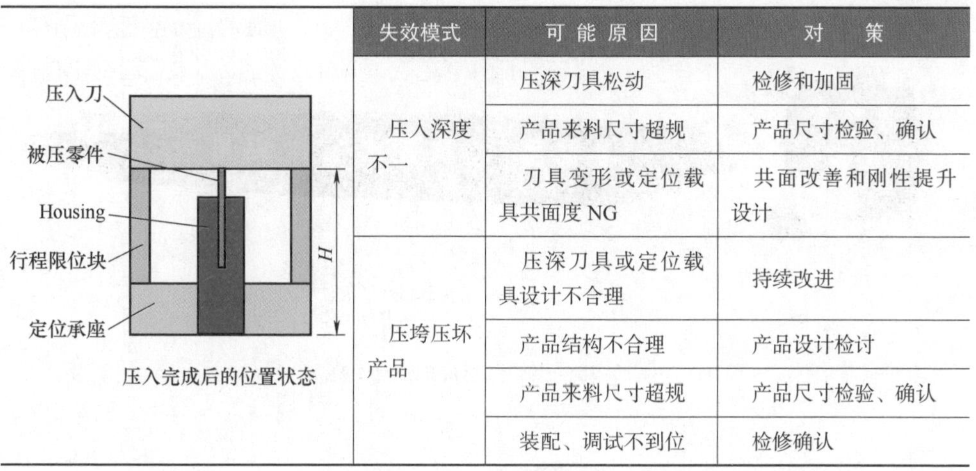

失效模式	可能原因	对　策
压入深度不一	压深刀具松动	检修和加固
	产品来料尺寸超规	产品尺寸检验、确认
	刀具变形或定位载具共面度 NG	共面改善和刚性提升设计
压垮压坏产品	压深刀具或定位载具设计不合理	持续改进
	产品结构不合理	产品设计检讨
	产品来料尺寸超规	产品尺寸检验、确认
	装配、调试不到位	检修确认

● 触类旁通。有了上述基本认知后，如果要做个端子压入项目，基本上能对号入座，输出方案，但如果遇到如图 2-27 所示的压半成品的项目呢？如何学习？或者方案如何落实？这方面就留给广大读者自行学习和总结了。

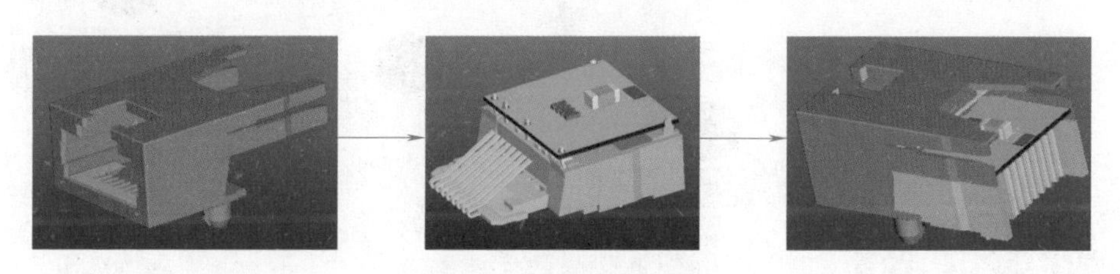

图 2-27　半成品压入塑胶

2.4　建立专属的机构素材库

实际的设计工作毕竟不是学习性质，许多时候既要快（效率）又要准（品质），确实会有较大的从业压力。因此，除了平时查缺补漏式的专业认知学习之外，大家还有一个很重要的事情需要完成，那就是设计素材的搜集、整理和转化，即建立专属的“机构素材库”——我们设计需要的时候，可以便捷地从中调用一些有设计细节的机构或案例，可以极大地提升设计效率。所谓“机构素材库”，应具有“三用”（能用，反复用，好用）特性，如图 2-28 所示。比如，与当前工作无关联的机构，只能用一次的机构（如 ×× 非标夹爪），容易有知识产权纠纷的机构……这些在设计时可能“用不了”，那还谈何设计素材？

原始素材的获取来源有很多渠道、方式，但保存于素材库的一定是精选的部分，需要用心经营，平时应反复进行多次“加工”。设计素材库建立的工作分几个步骤，如图 2-29 所示。

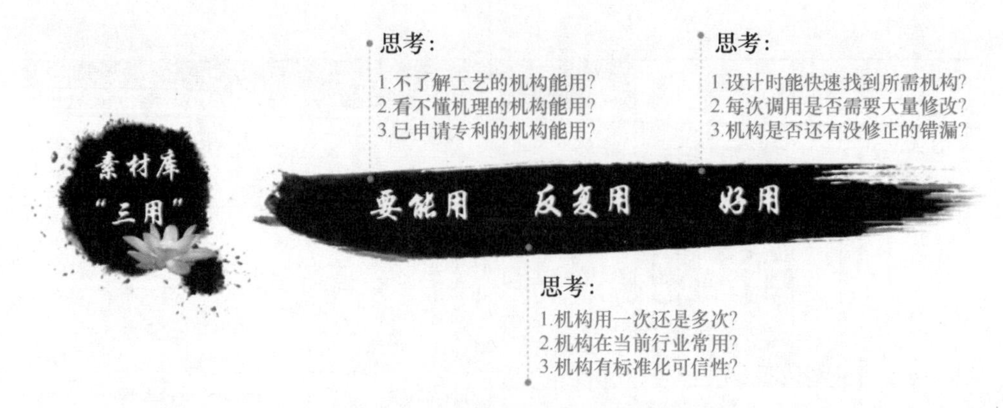

图 2-28 机构素材库的三个特性

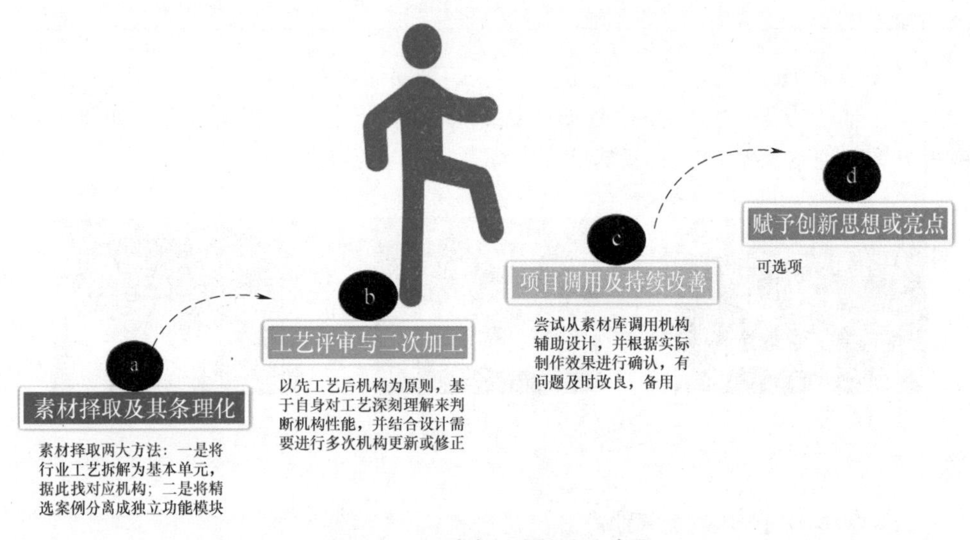

图 2-29 设计素材库的建立步骤

1. 素材择取及其条理化

精选案例是建立设计素材库最关键的环节。从实践来看，适合充实进“设计素材库”的机构有 4 种，如图 2-30 所示。一类是千锤百炼的“标准机构”，通过收集、消化后几乎可以拿来就用，比如螺钉锁付、点胶、焊接等通用工艺机构。一类是“二次加工机构”，虽然不是原创设计的机构，但是在零件“长法”、标准件选型、错漏修正方面作了持续改善的工作后，引用得当能极大地提升设计效率。还有一类是公司或自己设计的“经验机构”，由于“设计量较多”“针对性较强”，有较高的实用价值。最后一类是“问题机构”，顾名思义，即能解决某些特殊问题的机构，比如能解决物料搬移前后距离不同的问题的“变距机构”。

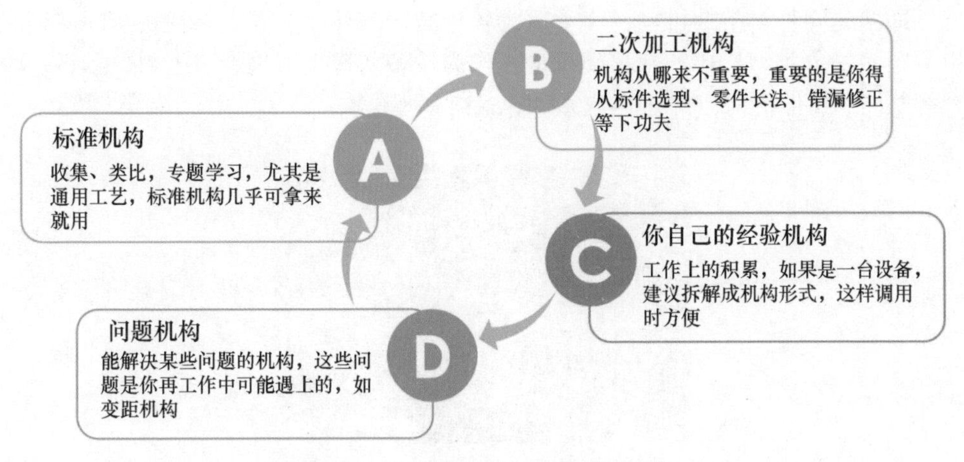

图 2-30　适合放入设计素材库的机构

有了大量精选案例，接着当然是做好“条理化”的工作。一般来说，针对某个特定行业的情况，可按供料、上料、移料、工艺、收料等功能机构分类来进行设计素材的梳理。方法也很简单，搜集大量现成的机台案例（不是网络下载的那种资源），根据功能组合将其拆解成若干机构即可。但若是面向不同行业的情况，则建议跳出具体行业的束缚，改从机构动作或原理着手进行分类，如图2-31所示。拿到一个机构，首先从动作或原理去评估，属于工艺、检测、搬运、执行还是其他类型？不同类型的机构有不同的设计要求和特点，自然就会有不一样的设计方法和思路。比如工艺机构，最重要的是什么，当然是注重工艺本身的理解，没搞懂工艺，机构做得再好也没用，常常“问题多多”；能够放到设计素材库的工艺机构，其工艺一定是自己熟悉或理解的。

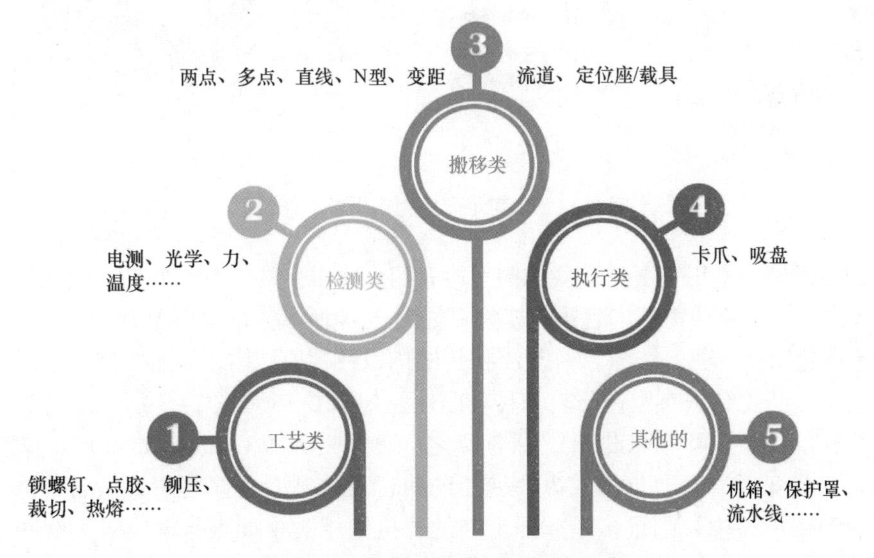

图 2-31　根据功用进行机构的分类

即便是同种类型的机构，为了适应各种应用条件或要求，往往在实际应用时也有很多细分类型。比如搬移类机构，作为设备实现类似供料、上料、移料、收料等功能的主体机构，常见的类型如图 2-32 所示。

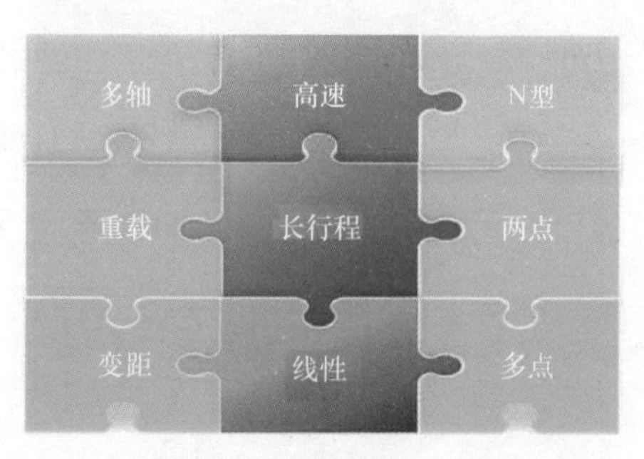

图 2-32　搬运机构的分类

我们取“变距”这个关键词，一起来学习。多数搬移类机构实现的是单个产品从 A 点到 B 点的搬移，但是效率较低。产量要求高的行业，可能会有一次搬移两个或以上产品的需要，除此之外，很多时候拾起、放下产品的间距可能也需要改变，如图 2-33 所示。那什么样的搬移类机构能同时满足这两个特殊应用的要求？答案是“变距机构”。下面以变距机构的设计素材为例，跟广大读者一起探讨如何择取素材及将其条理化。

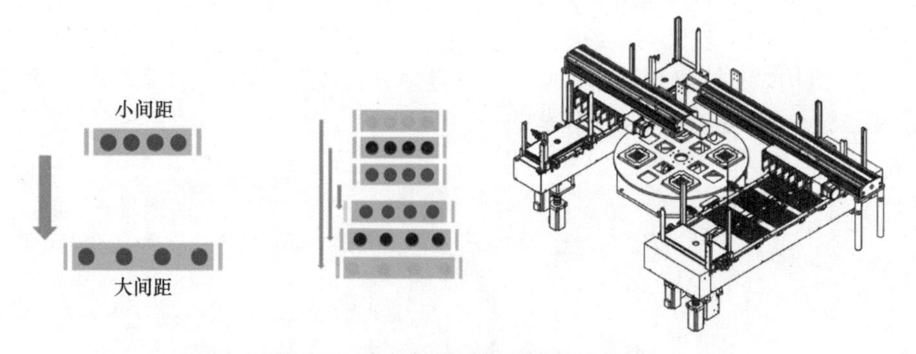

图 2-33　有变距取放物料需求的场景

变距机构的适用工况是移载机构里边有两个或以上的执行模块，在完成拾放动作过程中，这些模块需要实现距离变换，如图 2-34 所示。从原理上看，常见的变距结构有凸轮结构、剪刀结构、锯齿 & 搭钩结构以及其他结构，如图 2-35 所示。

其中，凸轮结构有圆柱凸轮和移动凸轮，如图 2-36 和图 2-37 所示。前者一般是外购标准件（亦可非标设计），通常称之为 PCU（Pick Changer Unit 的英文首字母缩写）或变距滑台，价格较高，变距的执行机构数量越多越贵；后者（包括剪刀结构和锯齿结构）则很多是非标定制的，机构相对笨拙点，现成案例有些细节做得不够好，需要二次优化，不宜直接“搬运设计”。

图 2-34　变距机构的特点

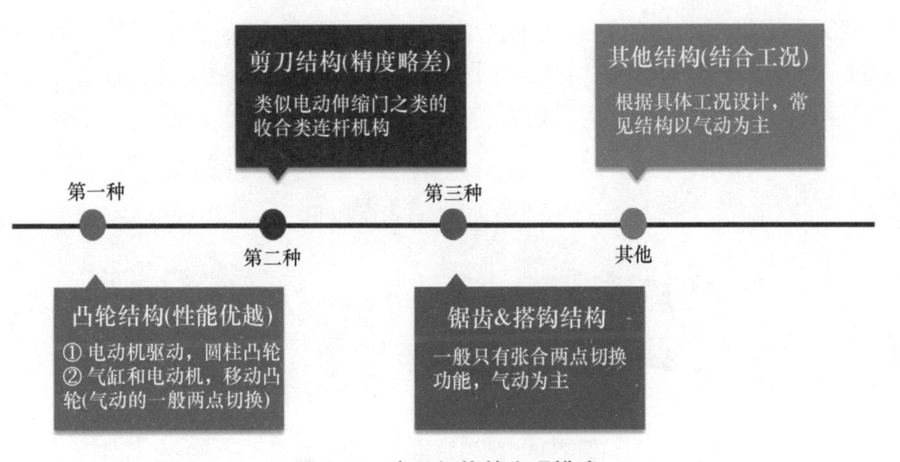

图 2-35　变距机构的实现模式

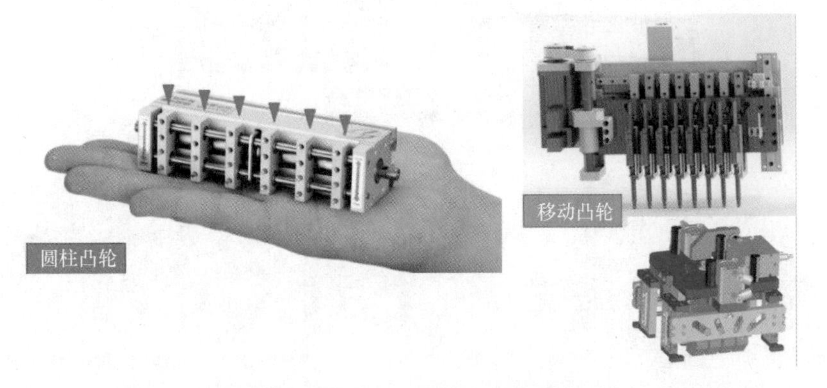

图 2-36　标准变距滑台（左）与非标变距装置（右）（一）

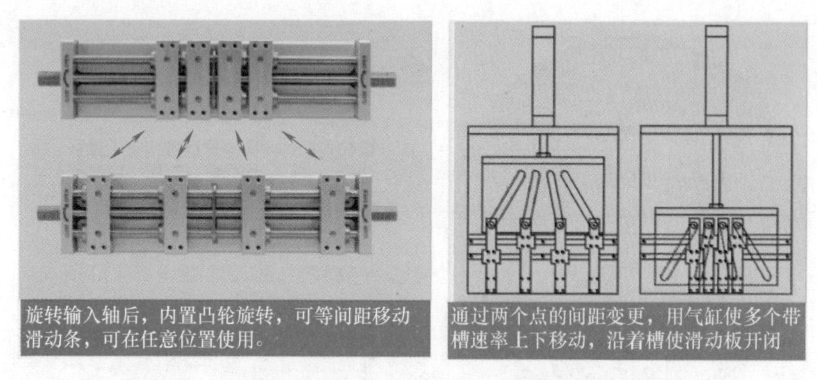

图 2-37　标准变距滑台（左）与非标变距装置（右）（二）

图 2-38 所示为剪刀结构的变距装置，采用连杆搭接方式实现执行机构的“分合”。相对来说精度略差，气缸作动力时，变距只有始末两个状态。图 2-39 和图 2-40 所示为搭钩结构的变距装置，尾部固定，头部可动，中间若干移动块搭钩到一起，有点类似剪刀结构。图 2-41 所示为锯齿结构的变距装置，通过一个类似锯齿一样有段差的零件来推动滑块收合，复位一般用拉簧来实现。

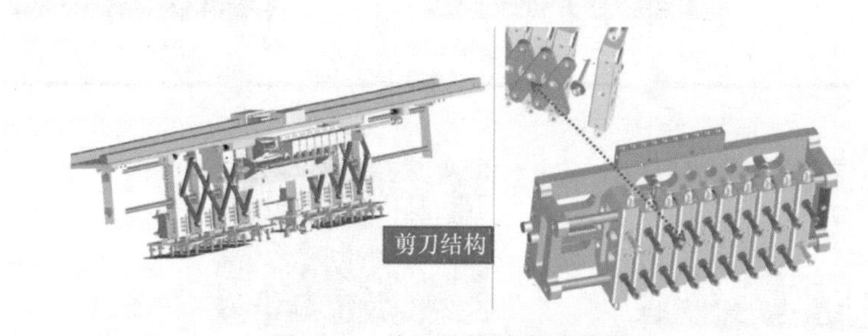

图 2-38　剪刀结构的变距装置

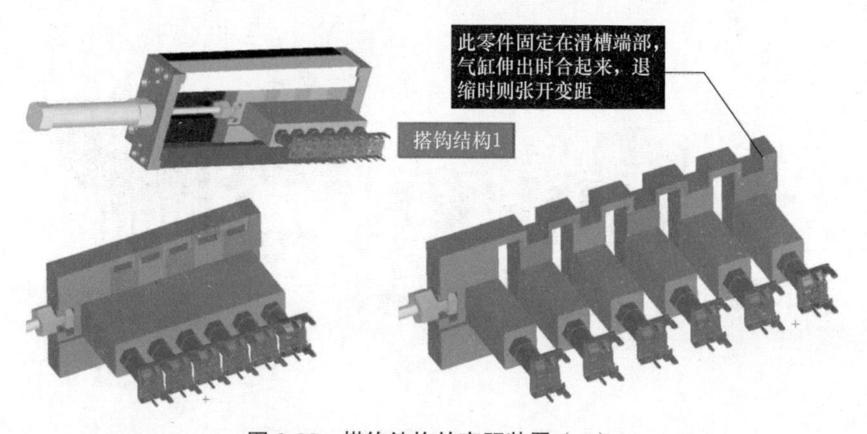

图 2-39　搭钩结构的变距装置（一）

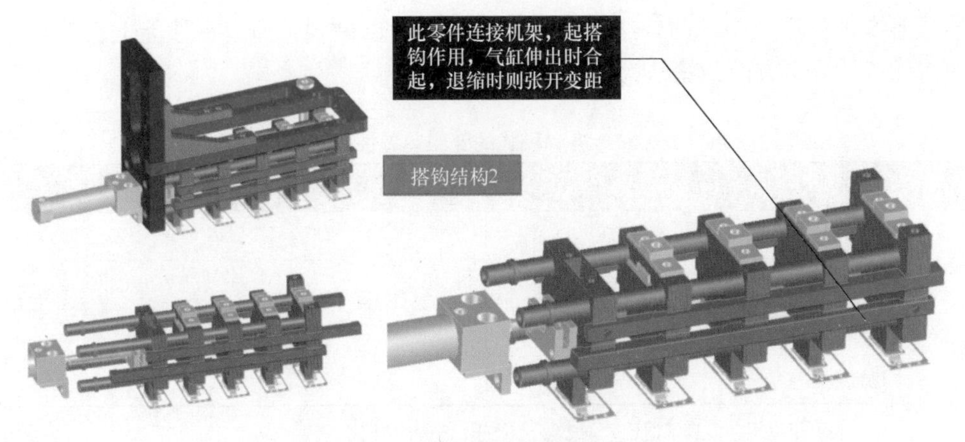

图 2-40　搭钩结构的变距装置（二）

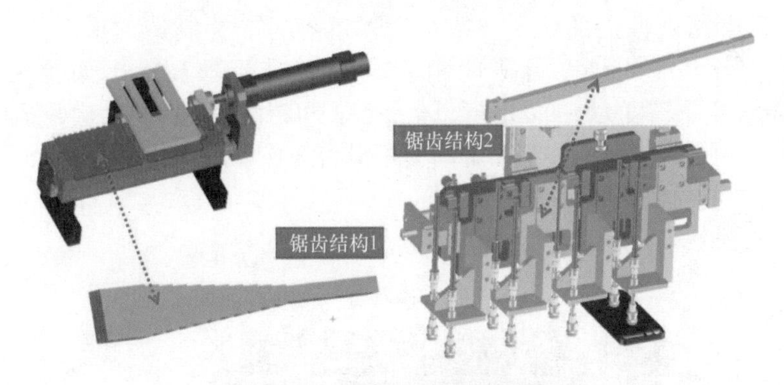

图 2-41　锯齿结构的变距装置

图 2-42 所示为根据实际需要制造的非标“变距机构”，有多个气缸的形式，也有在一般的移动凸轮上增加旋转功能的形式，还有摇臂式的（这个跟剪刀式有点区别），等等。

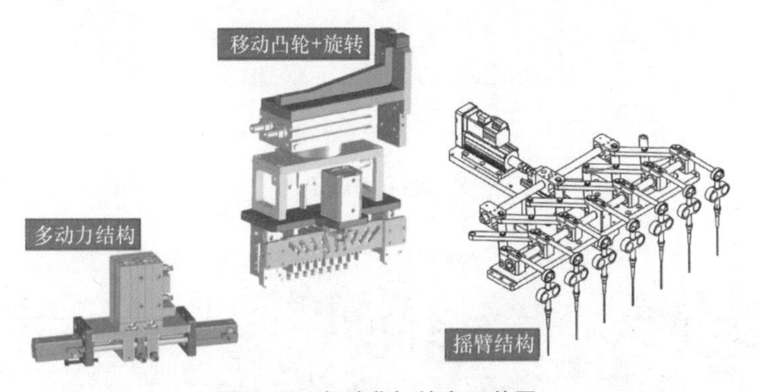

图 2-42　各种非标的变距装置

需要了解上述案例设计细节的读者，可自行到各大资源网站去下载。建议大家首先根据设计逻辑对不同类型机构的整体性能有个基本的了解，见表 2-11。比如，要实现任意变距，凸轮结构和剪刀结构都可以做到，但运行性能上，凸轮结构占优势，成本方面凸轮结构逊色点……

表 2-11　各种模式的变距装置性能对比

机构类型	任意变距	运行性能	成本优势
凸轮结构	○○	○○	×
剪刀结构	○	○	○
搭钩和锯齿结构	×	○	○
其他类型	—	—	—

注：○○表示很适用，○表示适用，× 表示不适用，—表示不定。

如果只看精度性能的话，一般场合可以考虑非标制造的形式，精度约为 ±（0.1~0.3）mm，寿命和调整性稍差；若工况要求高，比如重复精度为 ±0.025mm，定位精度为 ±0.05mm 以上，我们可以考虑用凸轮结构，尤其是外购变距滑台，如图 2-43 所示。某品牌的变距滑台规格如图 2-44 和图 2-45 所示，其中滑块 6 连式的规格如图 2-46 所示。

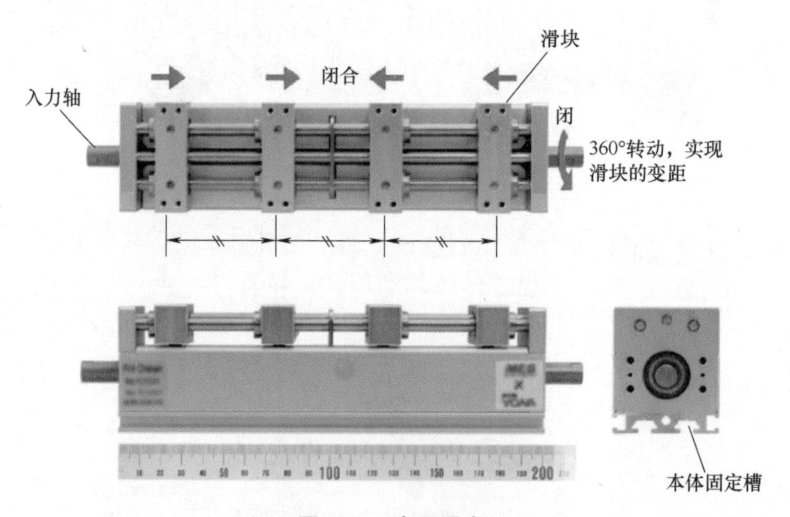

图 2-43　变距滑台

S型
四连
二连
L型
八连
六连

型式		连数 2	连数 4	连数 6	连数 8
S	PCU20050F2	●			
S	PCU20050F4		●		
L	PCU26050F6			●	
L	PCU26050F8				●

图 2-44　某品牌变距滑台规格（一）

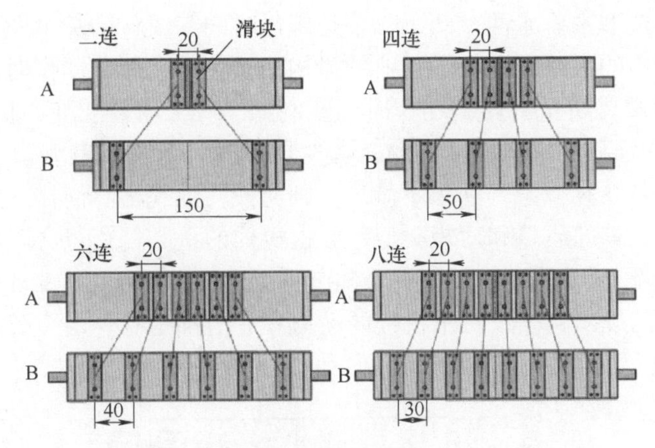

图 2-44　某品牌变距滑台规格（一）（续）

■ 基本样式

基本型式	PM08030				PM12030			
滑块连数	2	3	4	5	6	7	8	9
PITCH[M B]　/mm	8~56	8~28	8~18	8~14	8~18	8~15	8~13	8~11
重复精度　/mm	±0.025							
定位精度	±0.08							
滑块高度变化　/mm	±0.1							
驱动方式	外部输入							
输入轴转矩　/N·m	0.095以上							
原点sensor	选用							
最大使用频率	(120c/min)最大							
周围温度	10~40℃							
润滑	润滑脂							

图 2-45　某品牌变距滑台规格（二）

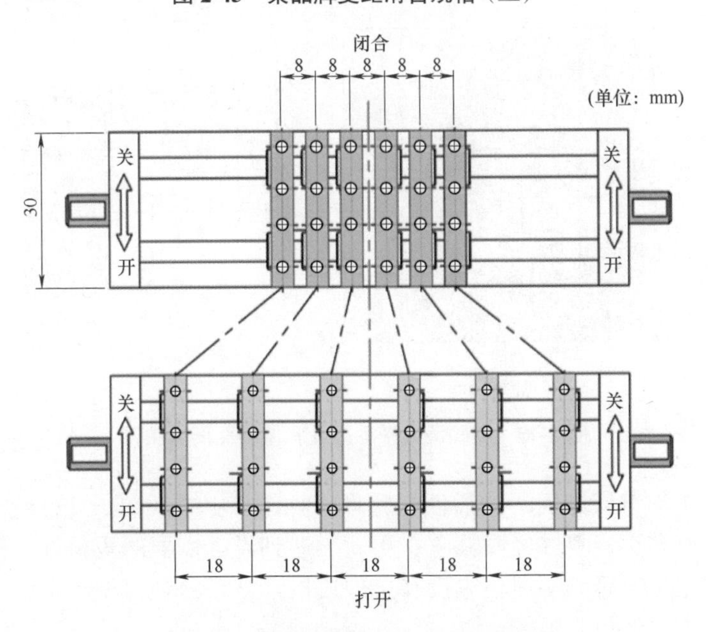

图 2-46　某品牌滑块 6 连式的变距滑台

变距滑台选型主要看两个图，一个是搬运时间和质量的关系图，一个是搬运质量和偏心距离的关系图。电子行业的机构注重速度，所以动作时间很重要，在选型时要注意搬运质量会影响动作时间。例如，有个项目要变距搬运 200g 的物料，如果要选用某个品牌本体宽 70mm 型号的 PCU，翻阅到其型录上如图 2-47 所示图样，大概要 0.2s 以上，如果不满足，则应换其他规格。同样，跟工业机器人应用需要限制工具的质量和弯矩类似，搬运机构的重心偏离也会影响性能，翻阅到其型录上如图 2-48 所示的图样，大概要满足 $H \leqslant 70\text{mm}$，$L \leqslant 110\text{mm}$。具体看实际产品型录的规格指引，每个机构的动力和导引都是有一定负荷能力的，既然用的标准件，就要确认、遵循。

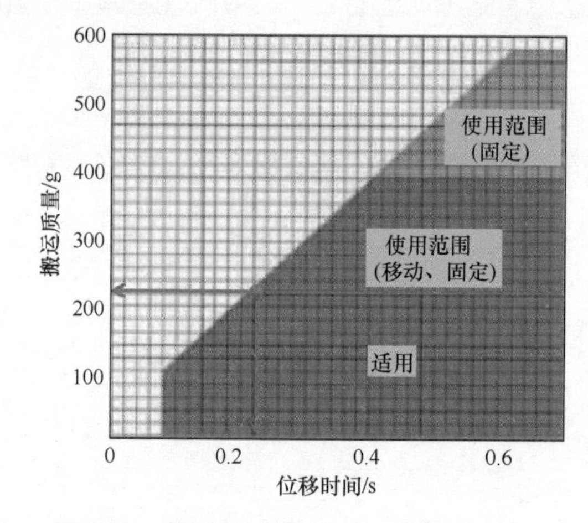

图 2-47 变距滑台搬运时间和质量的关系图

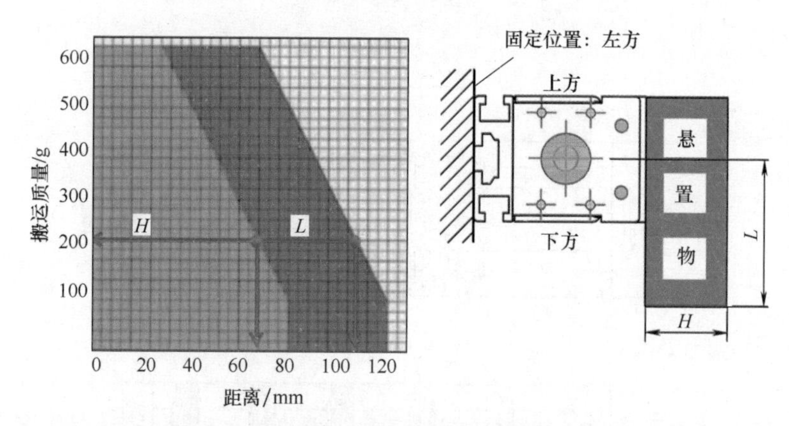

图 2-48 变距滑台搬运质量和偏心距离的关系

有了上述基本认知后，我们便能整理出如图 2-49 所示的“设计素材库”，平时就是往里边充实资料并经常修正、更新，遇到设计需要时再灵活调用即可。反之，既没有花时间研究学习，也没有梳理成设计素材，纯粹搜集一堆凌乱不堪的设计案例资料，弊大于利。

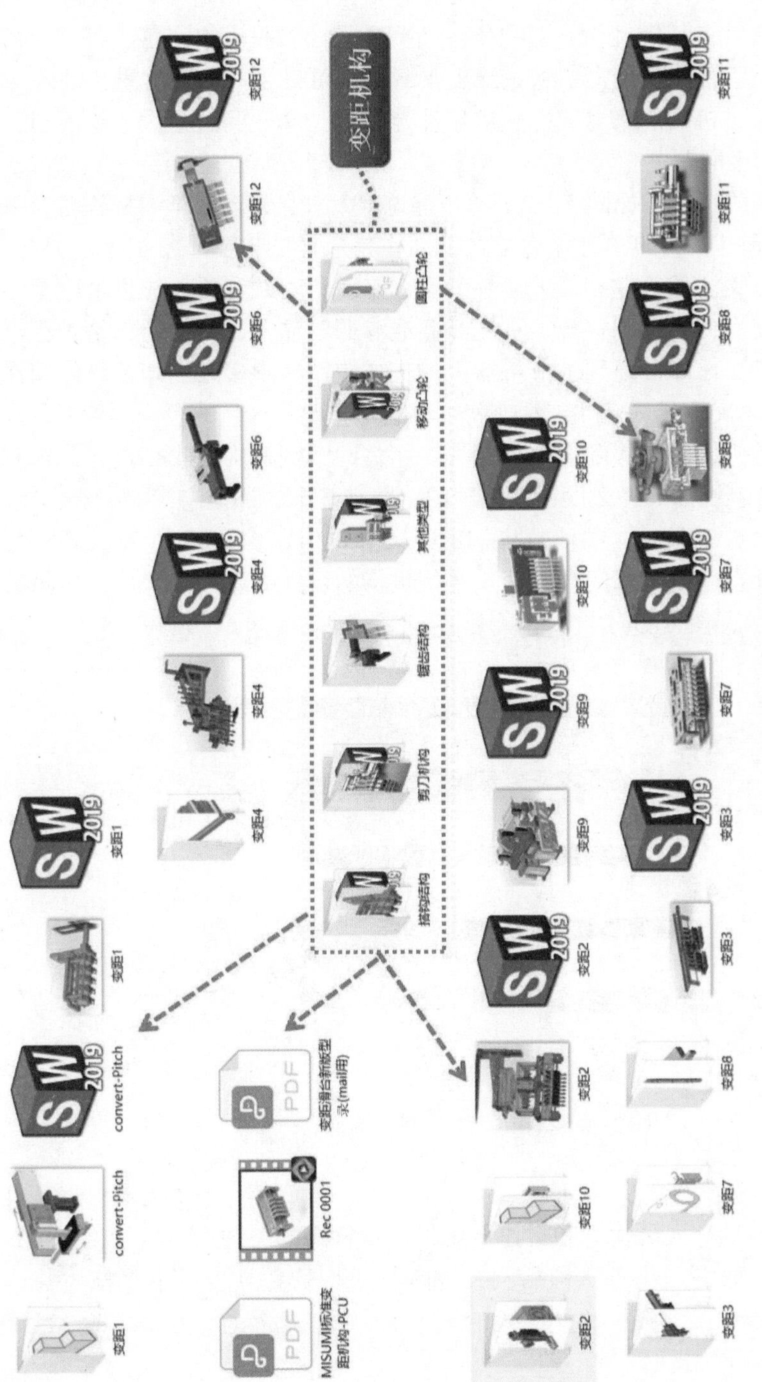
变距机构
圆柱凸轮
移动凸轮
其他类型
剪刀机构
convert-Pitch
Rec 0001
MISUMI标准变距机构-PCU
变距滑台新版型录(mail用)

图 2-49　设计素材库

上面对变距机构的学习进行的梳理和总结，最终目的不在于介绍这类机构本身，而是希望大家能以之为例，自己在学习工作中，能够自我完成更多类似的机构收集、整理，然后将其模型化、专题化，储藏在设计素材库内完善、备用。可能类似的机构，大家都能从网上、从论坛上下载到，可是否都在硬盘里“躺着”？或者说，是否对这类机构的来龙去脉、应用注意了如指掌呢？这是大家要问自己或要自己解决的一个问题。

机构设计学习的考量点如图 2-50 所示。首先，大家在设计或学习机构时，一定要搞清楚机构是干什么的，有什么工艺，动作是怎样的，要非常清晰。显然，学习对象具有自己关注的行业和工艺属性，学起来就相对顺利些，成果也容易转化为工作内容。其次，要善用资源，有无经验或参照的储备，有的话，是否已经抓到重点或精髓了。比如，提到工业机器人的集成应用，很多人的印象就停留在“成本高、做个简单夹治具固定在末端上就可以柔性作业”这样的粗浅印象上，根本没有去思考这类机构的优势和潜力，那学习相关的案例机构，收获自然就很有限。再者，既然是个机构，怎么设计是合理的，总有基本的评估内容吧，能不能、有没有加以理据分析？最后，搞清楚机构的意义和价值，比如解决了什么问题，抑或克服了什么难点……当我们真正消化案例机构的设计机理和细节后，再将其放入“设计素材库”，便可随时“拿来就用”。

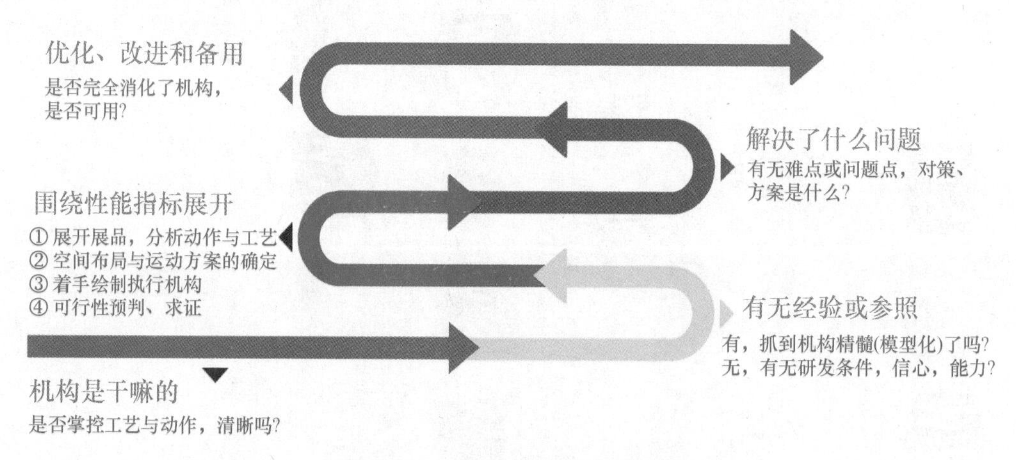

图 2-50 机构设计学习的考量点

2. 工艺评审与二次加工

图 2-51 所示为设计人员建立和运作专属设计素材库的关键点，包括见识（如知道有变距机构）、改进（提升机构品质）、理解（机构的特点）、维护（检讨并迭代）和应用（找机会用上）等。

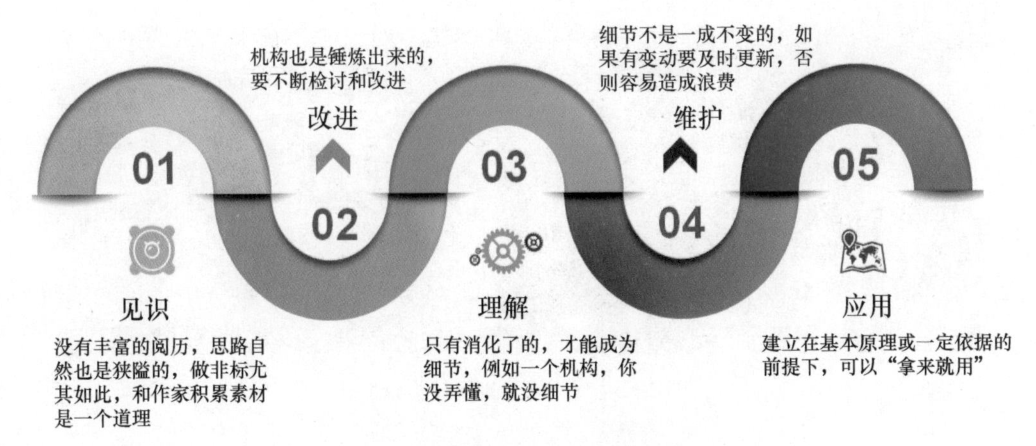

图 2-51　设计素材库的运作要点

比如设计素材库的“维护”，我们可以通过查阅各种技术资料，分析来自客户的回馈，交流部门同事的“头脑风暴”，参与各类行业展会、论坛等方式来达成，如图 2-52 所示。这个事情经常做，一来能留下更强烈的印象和意识，后面遇到类似项目时能条件反射地联想到“参考机构”；二来能确保素材维持一个相对有竞争力且是更新的状态，应用时可以“信手拈来”；三来是能及时给机构注入新的技术思想或减少潜在的疏失。

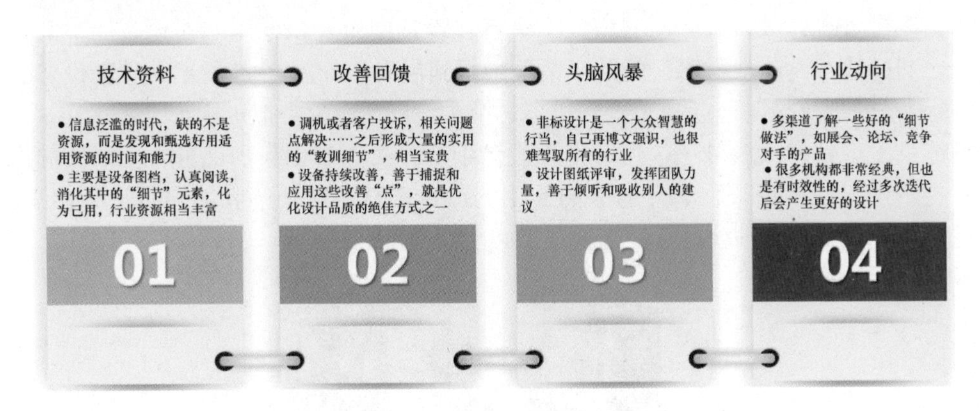

图 2-52　设计素材库的日常维护

3. 项目调用及持续改善

笔者早年在电子（连接器）行业从事自动化机构设计工作，做过一个工厂内部改造项目，如图 2-53 所示。要求基于 ×× 产品的设备生产线，重新开发一条新的“低成本模式”的设备线体，以解决既有产能不足的问题。该项目最后达成的结果是，简化版新线的产能虽然只有原设备线体的一半（达到预期），但成本也缩减了 2/3，场地占据更是大幅减少，算是比较成功的项目。

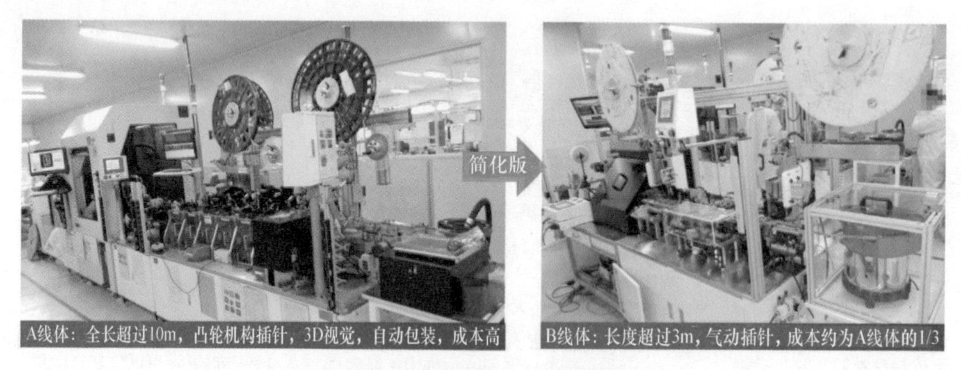

图 2-53 对生产线进行简化改造

若干年后，当笔者重新去审视该项目时，颇有些从业感触。由于产品要求较高，该项目设备本身就有一定的设计难度，在定下“低成本”的改造目标后，等于项目要“破旧立新”，颠覆原有设备的设计模式，这对设计人员的行业经验、视野、认知及创新思维是一大考验。笔者虽然没有做过类似产品的设备（相当于有同行业经验但没同项目经验），但平时重学习、勤积累，行业资源储备比较丰富，这些都在完成项目的过程发挥了辅助作用。比如，原设备关键工艺插针用的是凸轮机构，为了省成本，笔者将其改为气动机构——直接从“设计素材库”中的几个储备案例挑出来的，没有费多大工夫就完成了“设计”，如图 2-54 所示。再比如，原设备线体太长，为了省空间，笔者在设计中有意识地压缩新设备的空间尺寸，同样从“设计素材库”的某个案例中得到启发，如图 2-55 所示，将新设备的“物料前处理机构”竖起来布置在机器的上方空间（通常类似机构都是水平布局），整体长度得到有效缩减……还有许多设计细节，虽然有创新的部分，但借鉴的内容也不少。现在想来，离开这些的实用的设计素材，即便笔者能自行设计出来，也是费时费力，而且项目又赶进度，未必能做得更好。

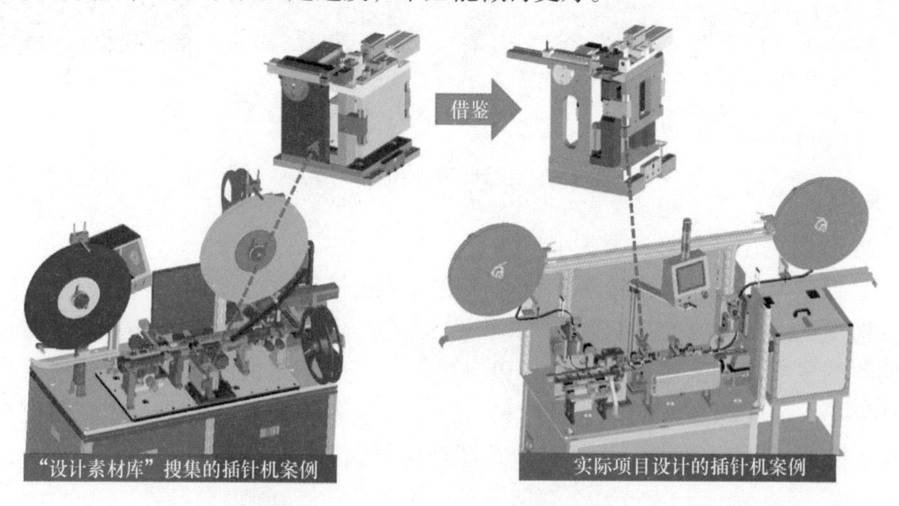

图 2-54 套用设计素材库的案例（一）

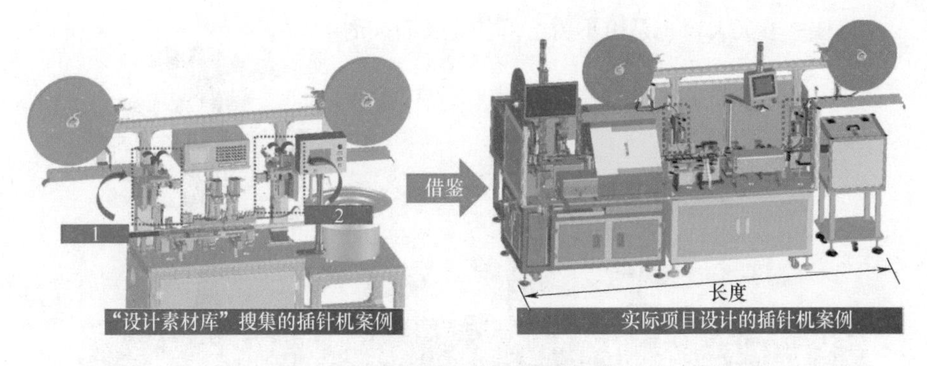

图 2-55　套用设计素材库的案例（二）

之所以资料能“拿来就用”，其实功夫在平时。原始资料来源于网络，在“设计素材库”时，都是经过学习确认的。比如借鉴的插针机构，如 2-56 所示，虽然看起来比较普通，但有设计紧凑（尤其宽度方向）的亮点，因此当项目有类似需求时，自然会联想到这个机构。假设笔者的设计素材库并没有该机构的储备，那么可能就两个选择，要么看看有无其他可借鉴的机构（实际是有的，但设计没那么紧凑），要么就是完全自己重新设计个机构出来。至于何种选择为优，建议广大读者先想想非标机构设计的核心思想是什么，再想想把设计时间花在别人做不到或觉得很难的场合是否更有价值，这样应该会有答案。换言之，就该项目而言，若没有参考乃至复制的“模板”，笔者在整体设计乃至部分细节设计上肯定也会有创新，只是在实施过程中，部分内容有选择性地采用“借鉴”“拿来就用”的策略，简化和加快了项目进程。

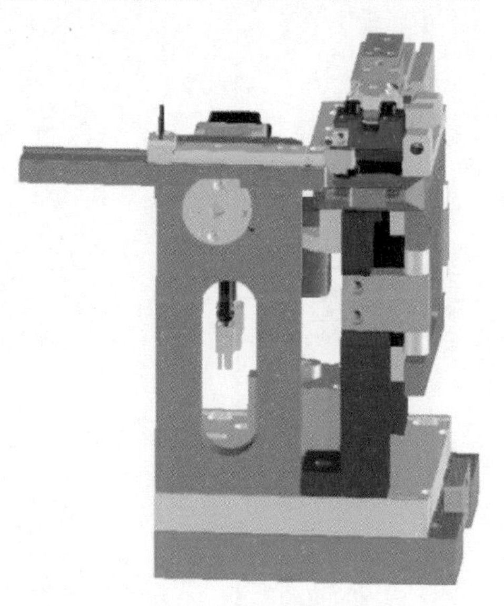

图 2-56　套用设计素材库的案例（三）

只有当您成为厨师，食材才会为您所用。自动化的专业学习亦是如此。只是搜集些干巴巴的案例资料，不会从本质上改变专业技能。在平时下点功夫梳理并建立相应的“设计素材库”，如图 2-57 所示，则设计时便能量体裁衣，对号入座。可以肯定地说，如果是在今天做同样的项目，笔者采取的策略和做法应该大同小异，只是随着自身创新设计意识的提升和从业经验的增长，可能创新和借鉴的比例稍微有所调整罢了。

记住：参天大树也是由小树苗茁壮成长而来的……

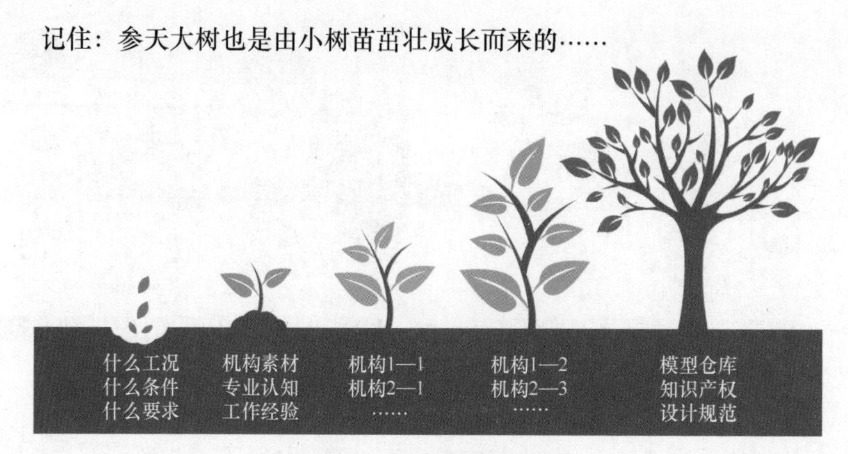

图 2-57　设计素材库的演化

4. 赋予创新思想或亮点（略）

阅读笔记（本页用于读者总结学习内容）

第3章 “计算方法”在机构设计中的应用

关于机构设计计算方面的理论教材，书市上多如牛毛，完全可以满足理据化设计的查询和参考需求。然而，正如笔者在“宝典”其他篇章所言，事实上很多企业在职人员“理论基础薄弱或荒废”，平时也忙碌得几乎没时间推敲，不容易“看懂”“用好”这些“大部头”；另一方面，在实际做非标定制化设备项目时，许多设计场合也是无法或者无需用传统理论来推演或解释的，尤其是气动类型的设备及其机构设计。本章笔者将结合实践对相关专题进行梳理加工，基于所做的以下两个工作，广大设计新人耐心阅读，会有收获。

● 精选，简化。在气动设备占主导的背景下，由于行业设备的特殊性（应用、成熟、非标、速成），设计人员真正需要了解和掌握的“设计理论”实属“沧海一粟”。为此，笔者精心选取了比较实用的部分理论（包括基础公式以及不便用公式表达的“理据内容”），在阐述时也尽量做到口语化、案例化，以便理解和应用。此外，本章很多内容虽然呈现的是“计算形式”，但结合经验也尽量转化为“文字描述”（如生产周期 / 生产节拍之类），读者朋友重在理解、应用即可，切莫动辄“公式伺候”。

做非标机构设计，淡化“计算”的策略未必是正确的，但一定是合理的。

● 归纳，建议。计算公式是理论最精髓的呈现方式，但如果没有建立在理解和应用的基础上，纯粹是一些冷冰冰的字母和符号，反之则带有引导正确设计方向的指引意义。笔者主要从实际工作需要的角度展开，既尊重传统理论的权威，也融入大量个人建议。理论基础不够扎实的读者，建议不要“钻”得太深，可选择性采纳结果或观点。换言之，本章内容最大的价值，其实不在于为广大读者重复性地提供各类计算公式或案例分析（市面其他教材相关内容已足够丰富、深入！），而在于罗列了许多从工作性质和实际需要出发的“避开烦琐计算公式”的从业思考。同时，在学习本章之前，强烈建议你将本书的第一章再看一遍：**非标机械工程师和机械工程师的职业角色有本质区别（工作重点不一样），我们所有的学习策略与内容，均应围绕这个现实展开。**

此外，由于宝典系列图书不是工具书，篇幅有限，不能覆盖太多的行业案例和知识点，请大家抓住线索和重点，多揣摩本书的一些思路和建议，在消化、理解的基础上“举一反三”……只有功夫下足，方能豁然开朗。

3.1 常用的计算公式及其经验数据

读者朋友们首先应树立这样一个观念：对从事非标自动化机构设计工作人员来说，计算本身不是设计（内容），只是设计过程的方法或手段之一，某些情形下，摸索出来或传承下来的“经验”可能更加重要，只是这些经验未必能或还没有表达为公式罢了。其次，也要充分认识到，经验固然“宝贵”“实用”，但很容易流于表面，缺乏深度和广度（理据化），或者应用的场景和条件不够精准、苛刻，有时传承与借鉴不当甚至容易“以讹传讹”。举个例子，我们在设计分割器集成设备时，有的厂商会给出“转盘直径大概是分割器规格5倍”的经验建议，其参考意义跟“身高1.7m的人质量大概是70kg”差不多，只是身高体重错了无所谓，但机构设计错了就可能导致该项目成本浪费。

3.1.1 重要概念

所谓概念，就是高度概括事物本质的最基本的思维形式（通俗点说，就是我们平时看书或与人交流时碰到的不太理解的“名词术语”）。当我们想要认识事物的本质时，得先从基本的“概念”入手，先熟悉和理解基本概念，然后将这些概念以一定的关系或规律串起来，组合到一块（变成定理、规律、法则等），就能形成对事物相对体系的认识。不理解概念，就很难在与别人的交流中、在看专业文章时获得共识，也容易产生不必要的认知偏差、错漏。有时我们看理论教材觉得吃力，主要原因是对概念理解不足，或者没有形成认知体系。比如，突然看到一个陌生的名词，不知道什么意思，或者公式有个数字系数，不理解怎么来的……另一方面，绝大多数读者都不太有时间、基础、兴趣再像学生似的反复学习和推导这些内容。因此，笔者的建议是，没必要纠结于要掌握多少理论或定律，如果有心学习，可尝试先从了解如图3-1所示的基本概念着手。

① **力的三要素（大小、方向、作用点）**。对工况进行力学分析时，首先要明确研究对象（受力物体！！！），将其从环境中“隔离”出来“特殊对待”，按顺序分析重力、接触力（弹力、摩擦力等）、场力（电磁力、浮力等）；其次就是画出力的图示或示意图，把力的三要素表达出来，如图3-2所示。要注意的是，沿着力的作用线方向移动力的作用点，不会改变力的作用效果，如图3-3所示；但如果偏离力的作用线移动力的作用点，或者改变力的作用方向，则力的效果将改变，此时应遵循“力的平移定理”。

● **力的平移定理**。如图3-4所示，当一个力F不通过轴心，我们可将其平移到轴心变成F'且$F'=F$，则相应地在该力与该平移点所决定的平面内需附加一个力矩M，这就是力的平移定理。

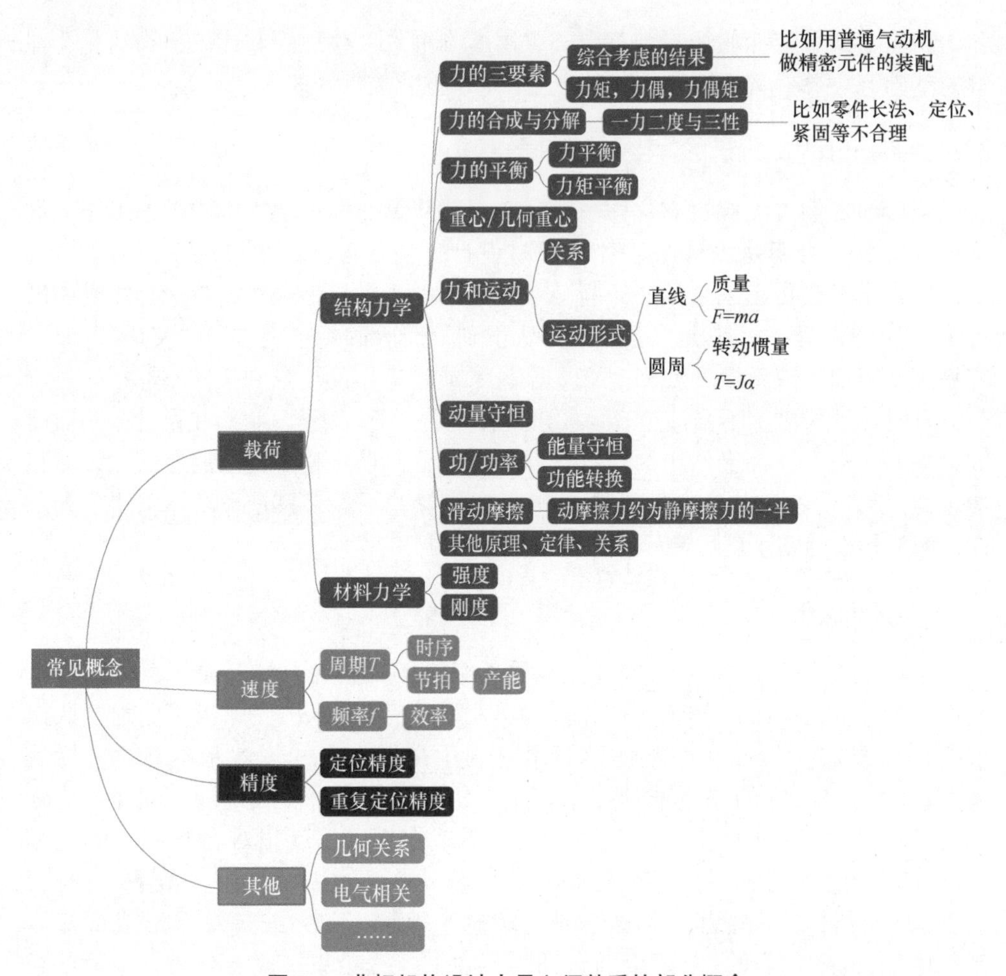

图 3-1　非标机构设计人员必须熟悉的部分概念

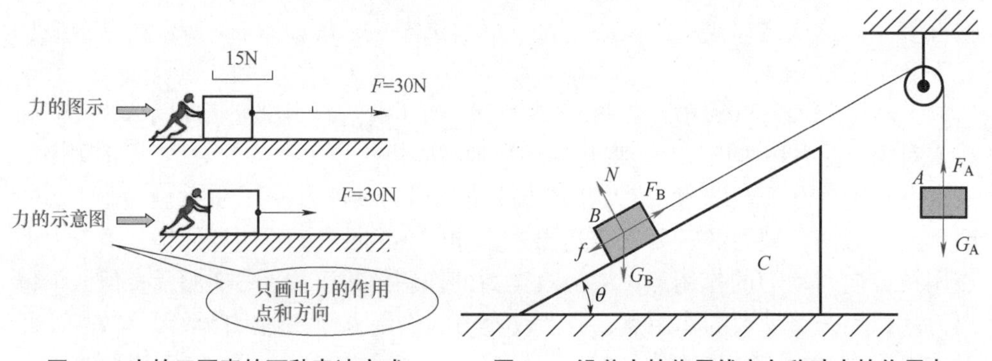

图 3-2　力的三要素的两种表达方式　　图 3-3　沿着力的作用线方向移动力的作用点

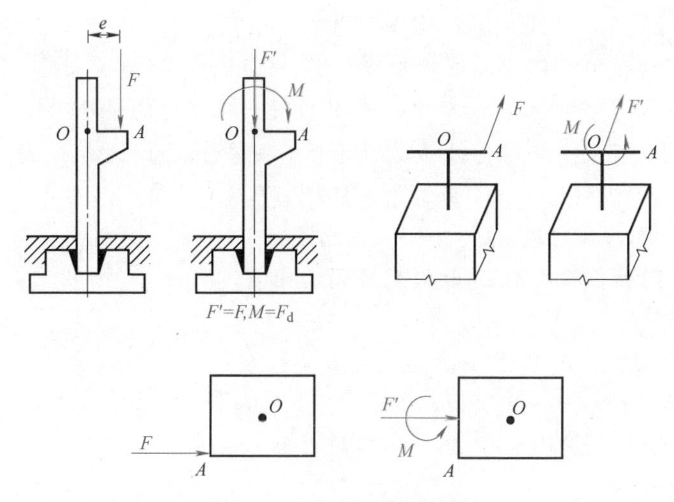

图 3-4 力的平移定理示意

根据这个原理，我们来分析下线性滑轨选型工作会遇到的问题。单滑块线性导轨的承载能力一般用 M_A、M_B、M_C 及 F 来定义，如图 3-5 所示，只要求出实际工况下的值，乘上安全系数后与具体的线轨规格进行比较即可。但如果是多个滑块且受力点不在滑块几何中心的情况，则需要具体问题具体分析。

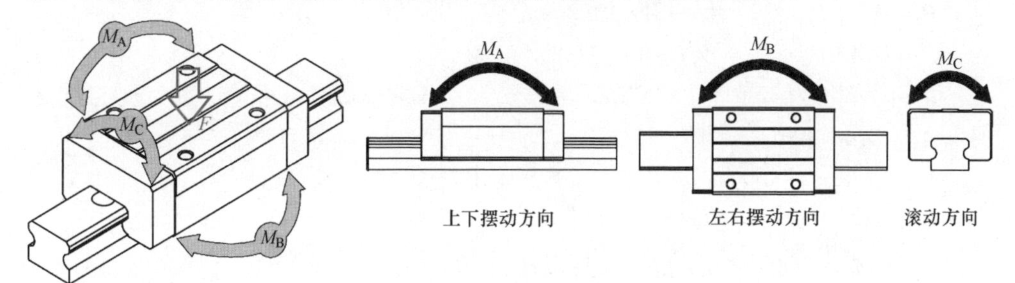

图 3-5 线性导轨的承载能力指标

【案例】 如图 3-6 所示的小型冲压装置，线性导轨部分有 4 个滑块，假定 F 为气缸最大出力和零部件重力的合力，如何分析线性导轨的受力状况（即如何确定实际机构的线性导轨承载能力的选型指标 M_A、M_B、M_C 及 F）？

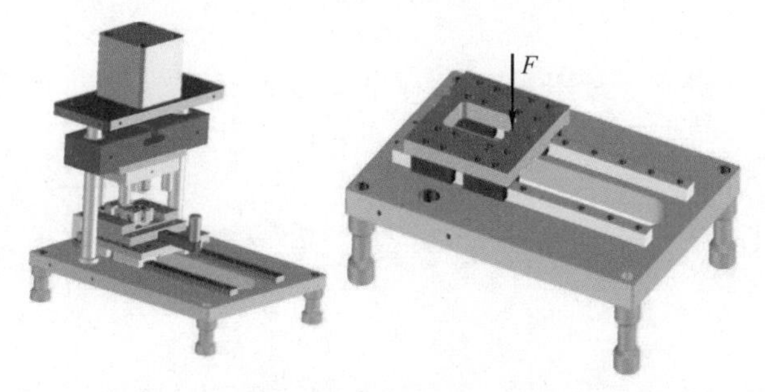

图 3-6 非标的小型冲压装置

【简析】 我们将案例简化成如图 3-7 所示，并先分析受力点不在几何中心 O 而在 A 位置的情况。假设底板对 4 个滑块的作用力分别为 P_1~P_4，以底板为分析对象，将力 W 从 A 点平移到对称中心 O 的位置，根据力的平移定理，W 的大小不变但会使得底板有一个绕对称轴转动的趋势（注意图示力矩 M_1 和 M_2 的方向），即 Y 方向的附加力矩 $M_1=WL_2$，单个滑块分摊 $WL_2/4$，X 方向的附加力矩 $M_2=WL_3$，单个滑块分摊 $WL_3/4$。若要维持平衡，需满足：

X 方向，附加在滑块 1~ 滑块 4 的作用力为 P_{a1}~P_{a4}

$P_{a1}=P_{a2}=P_{a3}=P_{a4}$

$P_{a1}L_1/2+P_{a2}L_1/2+P_{a3}L_1/2+P_{a4}L_1/2=M_2$

即 $P_{a1}=P_{a2}=P_{a3}=P_{a4}=WL_3/2L_1$

Y 方向，附加在滑块 1~ 滑块 4 的作用力为 P_{b1}~P_{b4}

$P_{b2}=P_{b3}=P_{b1}=P_{b4}$

$P_{b2}L_0/2+P_{b3}L_0/2+P_{b4}L_0/2+P_{b1}L_0/2=M_1$

即 $P_{b2}=P_{b3}=P_{b1}=P_{b4}=WL_2/2L_0$

根据附加力矩 M_1 和 M_2 的方向，显然滑块 1~ 滑块 4 对底板的作用力分别为

$P_1=W/4-P_{a1}+P_{b1}=W/4-WL_3/2L_1+WL_2/2L_0$

$P_2=W/4-P_{a2}-P_{b2}=W/4-WL_3/2L_1-WL_2/2L_0$

$P_3=W/4+P_{a3}-P_{b3}=W/4+WL_3/2L_1-WL_2/2L_0$

$P_4=W/4+P_{a4}+P_{b4}=W/4+WL_3/2L_1+WL_2/2L_0$

同时，滑块 1~ 滑块 4 对底板的平衡力矩（注意重心位置和重力矩方向），X 方向和 Y 方向分别为

$M_{A1}=M_{A4}=M_1/4-(W/4)(L_0/2)=WL_2/4-WL_0/8$

$M_{A2}=M_{A3}=M_1/4+(W/4)(L_0/2)=WL_2/4+WL_0/8$

$M_{C1}=M_{C2}=M_2/4+(W/4)(L_1/2)=WL_3/4+WL_1/8$

$M_{C4}=M_{C3}=M_2/4-(W/4)(L_1/2)=WL_3/4-WL_1/8$

根据牛顿第三定律，底板对滑块、滑块底板的作用力大小相等，方向相反。因此，我们在选用线性滑轨规格时需要确定如图 3-7 所示的几个负载参数，考虑安全系数之前的大小，“F”应以滑块 4 所受的力为准，$F=W/4+WL_3/2L_1+WL_2/2L_0$；“$M$”应以滑块 2 所受的力矩为准，$M_A=WL_2/4+WL_0/8$，$M_B$ 无需考虑，$M_C=WL_3/4+WL_1/8$。

如果外力的作用点一开始就在对称中心 O 的位置，则 L_3 和 L_2 为 0，则单个滑块的选型参数 $P_1=P_2=P_3=P_4=W/4$，$M_A=(W/4)(L_1/2)=WL_0/8$，$M_B=0$，$M_c=(W/4)(L_0/2)=WL_1/8$。

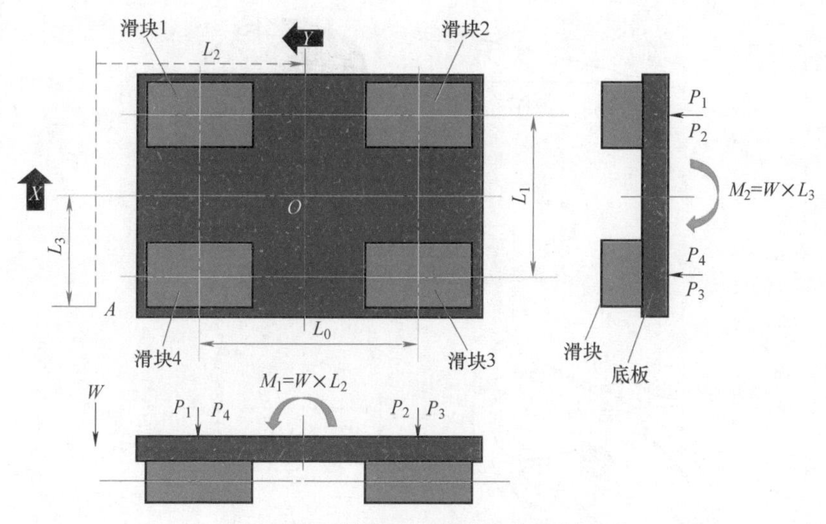

图 3-7　滑块 4 的线性导轨受力分析

② **力矩、转矩、力偶、力偶矩**。这几个概念描述的都是力和距离的整体作用效果，但有较大的差别，见表 3-1。当力的作用线经过矩心时，力矩为 0；力沿作用线移动时，对某点的矩不变，如图 3-8 所示；相互平衡的力对同一点的力矩之和为 0，如图 3-9 所示。

表 3-1　各种“矩”的对比

概　念	定　义	作　用	备　注
力矩	力对物体作用时所产生的转动效应（移动效应一般是力产生的）	使物体获得角加速度	$M=F\times L$，M 的单位 N·m，F 的单位为 N，L 的单位为 m
转矩	使物体发生转动的一种特殊的力矩	使物体获得角加速度 使物体弯曲变形	由内而发，一般指电动机的输出力矩，单位为 N·m，F 的单位为 N，L 的单位为 m
转矩 / 弯矩	转矩就是使轴产生轴向转动的力矩弯矩是指发生轴向弯曲所加的力矩	转矩使物体倾向转动 弯矩使物体弯曲变形	
力偶	作用于同一刚体上的一对大小相等、方向相反、但不共线的一对平行力	力偶使物体倾向转动	不能用一个力替代，只能用力偶平衡
力偶矩	力偶为 F 和 F'，两者之垂直距离为 d，则力偶矩 $M=\pm Fd$，逆正，顺负	两个力偶等效条件是其力偶矩相等	力偶和力偶矩的常识告诉我们：两个力的合力为 0，合力矩不一定为 0

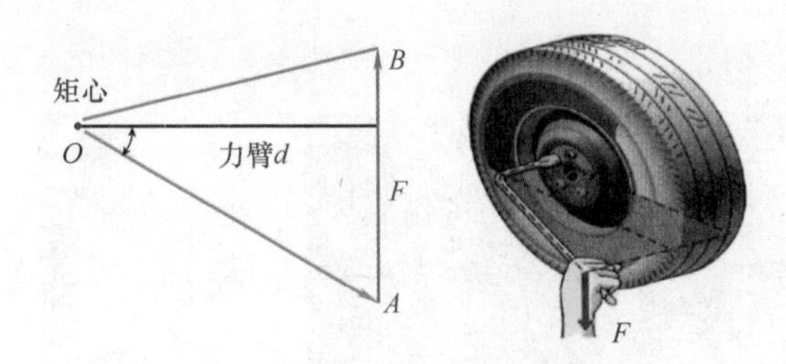

图 3-8　力矩接近于不变的场合

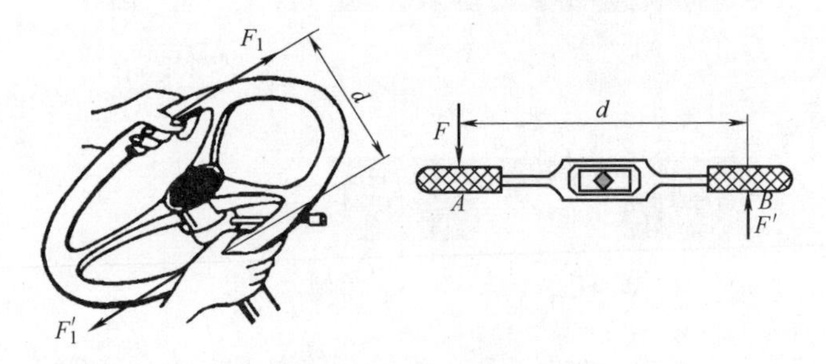

图 3-9　平衡力的力矩之和为 0

③ **力的合成与分解**。如图 3-10 所示，如果几个力（F_1、F_2 和 F_3）共同作用在物体上产生的效果与一个力（F_4）单独作用在物体上产生的效果相同，则把这个力 F_4 称为这几个力的合力，F_1、F_2 和 F_3 则称为这个力的分力。如图 3-11 所示，求合力 F 就叫力的合成，求水平方向（$F_y=F\cos\theta$）和垂直方向（$F_x=F\sin\theta$）的分力，就叫力的分解。要注意的是，合力与分力的关系是等效替代关系，即一个力若分解为几个分力，在分析和计算时考虑了分力的作用，就不可再考虑这个合力的作用效果；反过来，若考虑了合力的效果，也就不能再去重复考虑各个分力的效果。

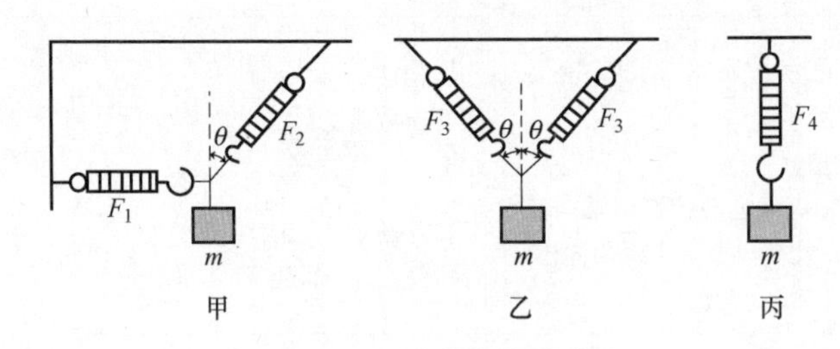

图 3-10　合力与分力的等效

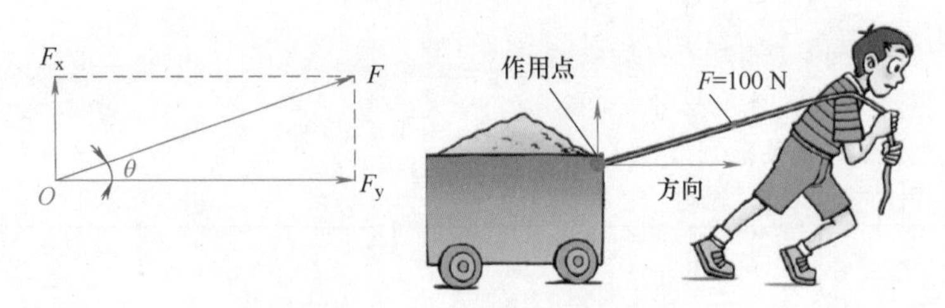

图 3-11　力的合成与分解示意

● 力的合成定则。物体同时受几个力的作用，如果这些力的作用线交于一点，则这几个力叫共点力。如图3-12所示，求共点力 F_1、F_2 的合力，可以把表示 F_1、F_2 的线段为邻边作平行四边形，它的对角线即表示合力的大小和方向；求 F_1、F_2 的合力，亦可以把表示 F_1、F_2 的有向线段首尾相接，从 F_1 的起点指向 F_2 的末端的有向线段就表示合力 F 的大小和方向。

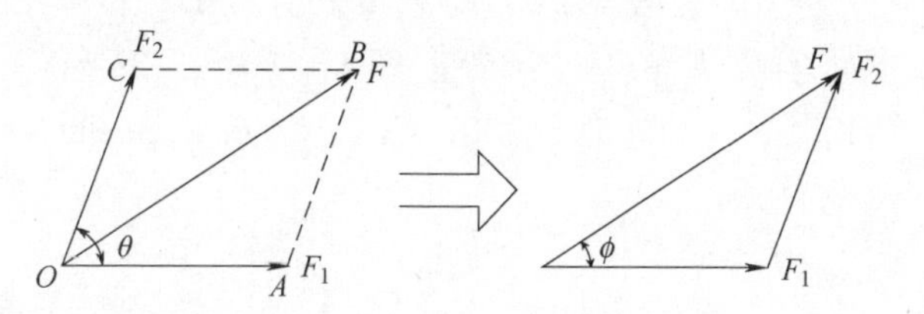

图3-12　力的合成定则（左：平行四边形定则；右：三角形定则）

如图3-13所示，若两个共点力 F_1、F_2 的夹角为 θ（F_2 从 O 点平移到 A 点后，其与 F_1 夹角不变），合力 F 和 F_1 的夹角为 ϕ，则有 $\tan\phi = CB/OB = CB/(OA+AB) = (F_2\sin\theta)/(F_1+F_2\cos\theta)$，当夹角 $\theta=90°$ 时，$\sin90°=1$，$\cos90°=0$，可得到 $\tan\phi = F_2/F_1$。

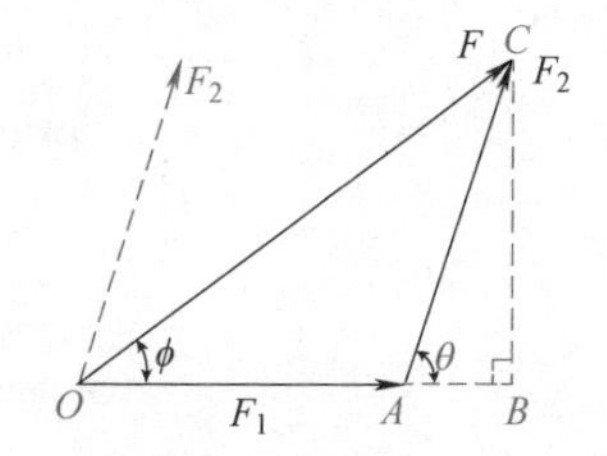

图3-13　任意夹角的两个分力的合成

● 三角函数关系（分析机构时常用）。基本的三角关系如图3-14所示，$\sin\theta=OB/AB=b/c$，$\cos\theta=OA/AB=a/c$，$\tan\theta=OB/OA=b/a$，$\sin\theta=OA/OB=a/b$。如图3-15所示，有些特殊角度，我们可以稍微记下函数值，比如 $\sin30°=DB/AD=1/2$。当然，我们也可以直接用计算器或者查询三角函数表，得到类似 $\tan10°=0.17632$，或者知道一个角度的余切值是0.55431，逆推得到这个角度是61°……

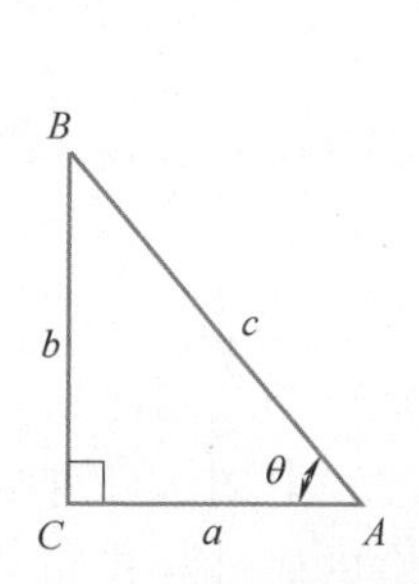

图3-14　三角形的边角关系

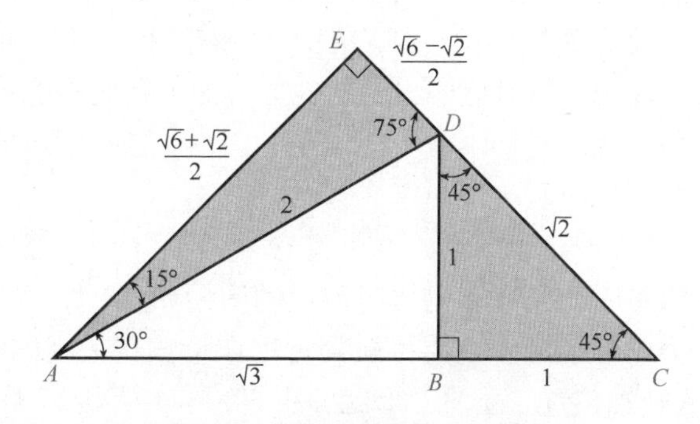

图3-15　特殊角度的三角关系

④ 力的平衡（施加于同一物体，牛顿第一定律）。在惯性参照系内，物体受到几个力的作用，仍保持静止状态，或匀速直线运动状态，或绕轴匀速转动的状态，则物体处于平衡状态，此时物体“受力平衡”（合外力或合外力矩为0）。换言之，

只要不受到“（合）外力”“（合）外力矩”，物体就会维持原有状态（即惯性），而改变该状态（惯性）的难易度只跟质量 m（平移物体）或转动惯量 J（转动物体）有关。

如图 3-16 所示，不考虑横梁重力，F_B 与横梁的夹角为 θ，如若要保持横梁水平静止状态，则应满足：

水平方向合外力为 0，$F_x=F_B\cos\theta$，即 $F_x-F_B\cos\theta=0$。

竖直方向合外力为 0，$F_y+F_B\sin\theta=2F$，即 $F_y+F_B\sin\theta-2F=0$。

绕 A 的逆时针和顺时针的外力矩为 0，$F_B\times AC=F_B\times(3a\sin\theta)=3aF_B\sin\theta=3aF$，即 $3aF_B\sin\theta-3aF=0$。

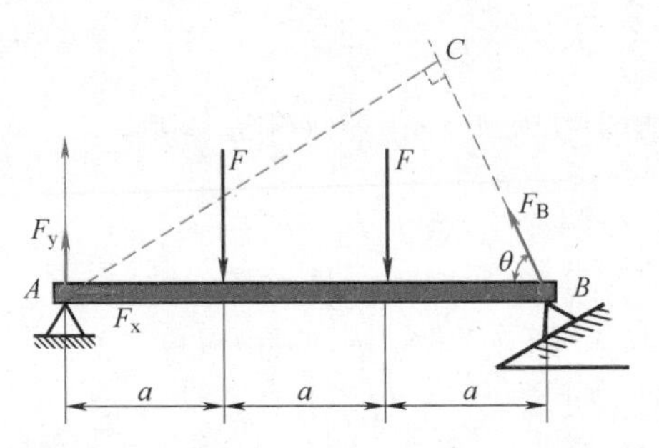

图 3-16 横梁保持水平状态的受力情况

● **力的相互作用（施加于不同物体，牛顿第三定律）**。力的作用是相互的。只要一个物体对另一个物体施加了力，受力物体反过来也肯定会给施力物体施加一个力，可简单概括为不同作用点、等值、反向、共线，如图 3-17 所示，左右两小孩互推时都能感受到对方施加给自己的推力。一对相互作用力必然是同时产生，同时消失的。举个例子，我们选用气缸时，首先就要先评估机构总的“阻力”，然后根据力的相互作用选择对应输出力的气缸。如果我们不能预估或判断机构本身可能出现的阻力（矩），后面的选型工作自然只有靠试验或撞运气了。

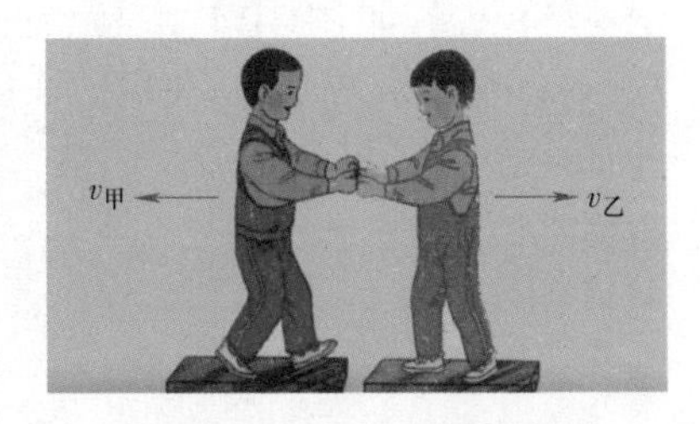

图 3-17 力的相互作用

⑤ **转动惯量**。这个概念稍微抽象点，把握不当容易“陷进理论的泥淖中”。跟平时研究移动物体时涉及的质量 m 类似，我们评估绕某个轴转动的刚性物体的力学性能时，需要接触到转动惯量。它是刚体转动惯性的量度，由刚体自身结构（转轴位置、质量、形状）决定，与外界因素无关，是刚体固有的属性。我们可以简单地认为，如果一个转动物体是规则且均质的，则可以通过理论计算出转动惯量（查下类似表 3-2 所示的图表，代入已知数据并简单计算即可），如果是不规则的，则需要通过实验、仿真之类手段去获取。转动惯量跟该转动体所受外力、怎么运动、转速高低等无关，计算的时候，只看物体的质量、截面形状，以及质心

到轴的距离三个要素；转动惯量具有可叠加特性。

表 3-2 几种简单形状、均质刚体的转动惯量

形 状	J 的计算公式	形 状	J 的计算公式
圆盘	$J=\frac{1}{8}WD^2$/kg·m^2 W：质量 /kg D：外径 /m	空心圆柱	$J=\frac{1}{8}W(D^2+d^2)$/kg·m^2 W：质量 /kg D：外径 /m d：内径 /m
棱柱	$J=\frac{1}{12}W(a^2+b^2)$/kg·m^2 W：质量 /kg a、b、c：3 条边长 /m	均质圆棒	$J=\frac{1}{48}W(3D^2+4L^2)$/kg·m^2 W：质量 /kg D：外径 /m L：长度 /m
直棒	$J=\frac{1}{3}WL^2$/kg·m^2 W：质量 /kg L：长度 /m	离开旋转中心的圆棒	$J=\frac{1}{8}WD^2+WS^2$/kg·m^2 W：质量 /kg D：外径 /m S：距离 /m
减速机	换算至 a 轴的惯量 $J=J_1+\left(\frac{n_2}{n_1}\right)^2J_2$/kg·m^2 n_1：a 轴转速 /（r/min） n_2：b 轴转速 /（r/min）	滚珠丝杠	$J=J_B+\frac{WP^2}{4\pi^2}$/kg·m^2 W：质量 /kg P：导程 /m J_B：滚珠丝杠的 J/kg·m^2
输送机	$J=\frac{1}{4}WD^2$/kg·m^2 W：输送机上的质量 /kg D：输送轮直径 /m （不含输送轮的 J）		

● **转动惯量的平行轴定理**。若有任一轴与过质心的轴平行，且该轴与过质心的轴的距离为 d，则刚体对其转动惯量为 J'，则有 $J'=J+md^2$，其中 J 表示相对通过质心的轴的转动惯量。如图 3-18 所示的钟摆，对于摆杆来说，其对旋转中心 A 的转动惯量 $J_m=mL^2/3$；对于摆盘而言，首先求出其相对盘中心转轴的转动惯量 $J_{M1}=MR^2/2$，再根据平行轴定理可知，将旋转轴移动（$L+R$）距离与 A 重合后，其转动惯量应为 $J_M=J_{M1}+M(L+R)^2=MR^2/2+M(L+R)^2$，因此总的转动惯量 $J=J_m+J_M=mL^2/3+MR^2/2+M(L+R)^2$。此外，转动惯量还有垂直轴定理，广大读者可自行展开学习。

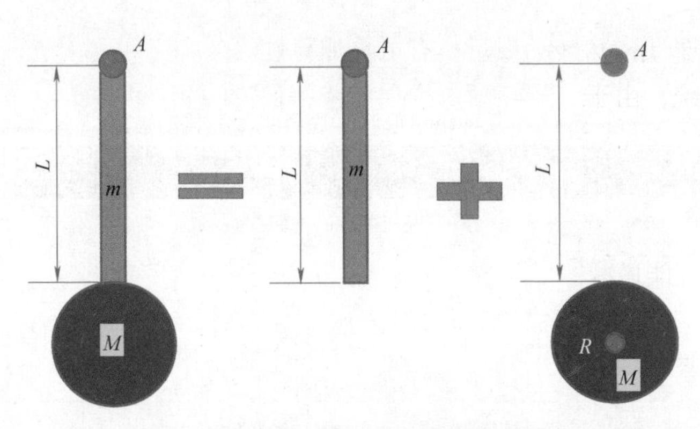

图 3-18　转动惯量平行轴定理的应用

● **飞轮矩（GD^2）**。当电动机拖动一个复杂的机械装置时，我们经常需要核算总的转动惯量，以便进一步评估系统的动力性能。这个过程可能会接触到一个叫作“飞轮矩”的名词，意义如图 3-19 所示。GD^2 是工程上用于量度电动机拖动的系统负载惯性大小。其与转动惯量 J 的关系为 $J=GD^2/4g$，或者 $GD^2=J\cdot 4g$。形象地说，飞轮矩和转动惯量，类似于亩和 m^2。例如，一套 $100m^2$ 的房子，如果说成有一套 0.15 亩的房子，理论上没错，因为 $1m^2=0.0015$ 亩，但前者更符合表达习惯。理解了这点，我们在具体分析机构时只要按转动惯量来处理，至于说要核对到飞轮力矩的情形，再稍微折算下即可。

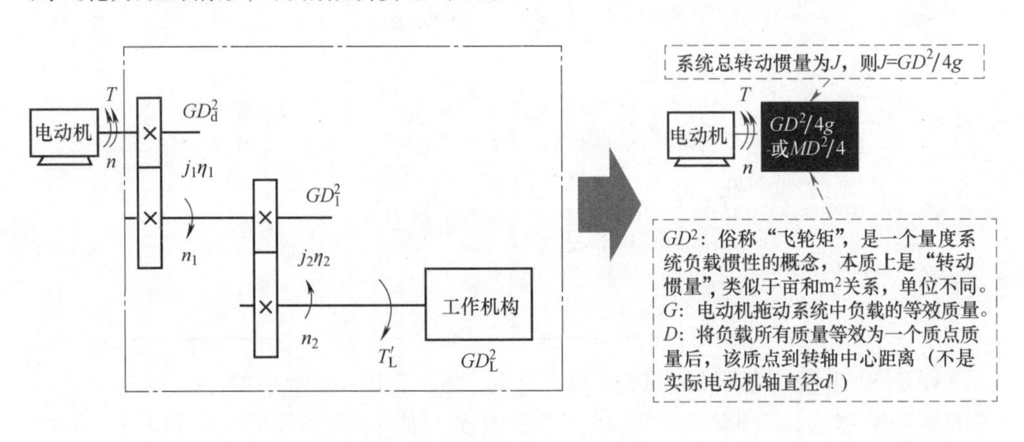

图 3-19　电动机拖动系统中的“飞轮矩”

● **控制电动机的惯量比**。网上关于这方面的问答和讨论挺多，普遍认为负载转动惯量与电动机转子转动惯量的比值应小于 5，或不超过 10。个人的理解和建议如下：

其一，伺服电动机型录规格里通常会有个机械（时间）常数。该参数表示空载时，伺服电动机从 0 加速到额定转速的 63%，被电动机自身的转子惯性所延时的时间，一般是 1ms 左右，越小表示加速性能越好。显然，如果电动机接入一个具体的机械系统，由于“惯性大大增加”，这个延时必然会相应拉长。

其二，电动机转子的惯量 J_Z 可查型录获得；机械系统总惯量 J_L，由包括诸如带轮 $J_{轮}$、联轴器 $J_{联}$、重物（执行机构）$J_{物}$之类叠加得到。一般来说，比值 J_L/J_Z 越大，加速特性越差，越小经济性越差。需要特别注意的是，当机械系统存在“减速机”（能增减速或改变转矩效果）之类的“传动装置”，则应考虑“惯量的加成效果”，并最终将其折算到电动机轴 J_M，即此时的惯量比应为 J_M/J_Z。

其三，如图 3-20 所示，假设加减速时间为 t，连接轴电动机端的转矩、转动惯量、角加速度、角速度分别为 T_M、J_M、α_M、ω_M，负载端的转矩、转动惯量、角加速度、角速度分别为 T_L、J_L、α_L、ω_L。左图为电动机直连负载，可以认为连接轴的电动机端和负载端两边各项参数相等。右图为在负载和电动机之间添加减速机，根据传动比定义，则 $i=\omega_M/\omega_L=(t\alpha_M)/(t\alpha_L)=\alpha_M/\alpha_L=T_L/T_M=(J_L\alpha_L)/(J_M\alpha_M)$，显然 $J_L=i(J_M\alpha_M)/\alpha_L=iJ_M(\alpha_M/\alpha_L)=i^2J_M$。显然，负载的惯量经过“减速装置”后，有较大的缩减（电动机端折合惯量仅为负载惯量的 $1/i^2$），但这是基于转矩和转速往有利于提升机构性能改变之后的“效果”，本质上转动惯量并没有减少。换言之，这种“惯量效果改善的情形”也是建立在“降低运作速度”和“耗费更多成本”的基础上的。

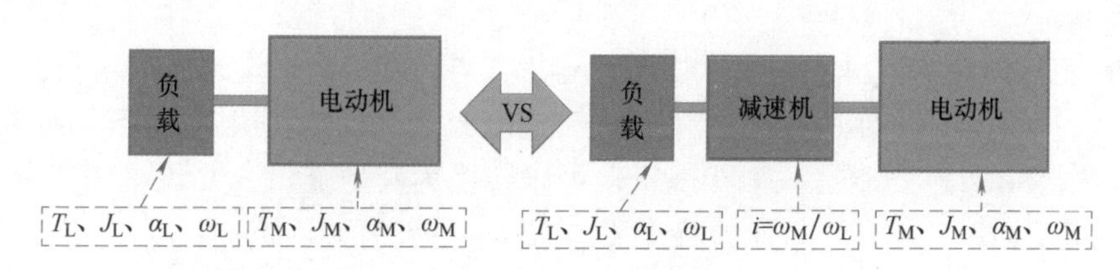

图 3-20 电动机与负载之间添加减速机前（左）后（右）

其四，专业厂商的建议是，当加减速性能要求高时，尽可能使惯量比 J_M/J_Z 接近 1，此时负载加速度最大，可直接相连；加减速要求一般时，取 4~7；普通场合尽可能不超过 10，否则可通过添加减速机之类的手段进行惯量配比方面的优化。如果惯量失配程度过大，可能会引起低频谐振或超调（驱动器的输出达不到额定功率）的发生，如图 3-21 所示，也就会产生“不稳定的运行状况”。

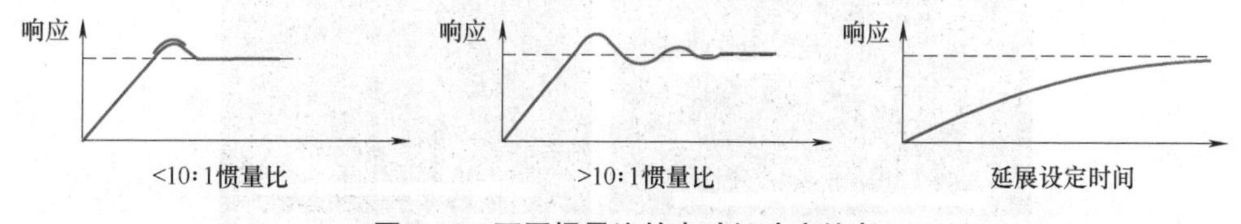

图 3-21 不同惯量比的电动机响应特点

⑥ **功率与做功**。功率 P 是单位时间内做的功。假设在 t 时间内做功 W，则 $P=W/t$。功率 P 反映做功快慢，其值越大代表同样的时间做功越多，或者做

同样的功耗费的时间短。在有加减速要求的场合选用伺服电动机时，除了考虑“惯量比”之外，主要就是确定功率参数。举个例子，将质量为 G=100kg 的物体在 t=1s 内提升高度 h=1m，在不考虑能量损耗的前提下，需要在 1s 做功 $Gh=10\times1\text{J}=100\text{J}$，即无论中间环节是否有“减速机”之类的省力设计，动力装置的功率理论上不应低于 100W。

假设功率为 P（W），转矩为 T（N），角速度为 ω（rad/s），转速为 n（r/min），则

$$P=T\omega=T\ (2\pi n)/60$$

$$T=(60/2\pi)\ P/n=9.554P/n$$

其中，T 是总的转矩，包括普通转矩 T_p 和惯性转矩 T_g，即 $T=T_p+T_g$。展开来说，T_p 指的是“克服阻力（转矩）”所需要的转矩，大小跟系统受力状况（合外力）和机构形态（力臂）有关，$T_p=F\times L$；T_g 则指的是“改变物体状态”所需要的转矩，大小跟物体转动惯量和加减速要求有关，$T_g=J\alpha$。注意，对于电动机而言，惯性转矩是折合到电动机轴端转动惯量和设定角加速度的乘积，为了保持电动机对于惯性转矩的实际稳定限制能力，专业厂商建议角加速度经折算后不大于 1.5g（g 为重力加速度，即 9.8m/s^2）。

如若电动机与负载之间接了减速装置，假设传动比为 i，负载端转矩为 T_L，电动机端转矩为 T_m，则 $i=T_L/T_m$。此外，凡是传动装置都会有效率损失，一般取 $\eta=0.6\sim0.9$。

● **机械能量**。机械能是表示物体运动状态与高度的物理量，包括动能 E_k 和势能 E_p。一个有质量的物体，只要有运动（速度）就有动能，决定动能的是质量与速度，$E_k=mv^2/2$。势能是一个状态量，可以转换为其他能量，并可进一步分为重力势能 $E_{重}$（$E_{重}=mgh$）和弹力势能 $E_{弹}$（$E_{弹}=kx^2/2$）。重力势能是物体因为重力作用而拥有的能量，取决于质量和高度（高度是相对的，与所选取的零势能面有关），如图 3-22 所示；弹性势能是因为物体发生弹性形变时，各部分之间存在弹力相互作用，弹性势能取决于劲度系数 k 与变形量 x。在弹性限度 x 内，弹力与形变量和劲度系数之间的关系遵循胡克定律 $F=kx$，由于该力与变形量成线性关系，做功可以用力的平均值计算，即压缩过程做功为 $W=F'x=kx^2/2$。

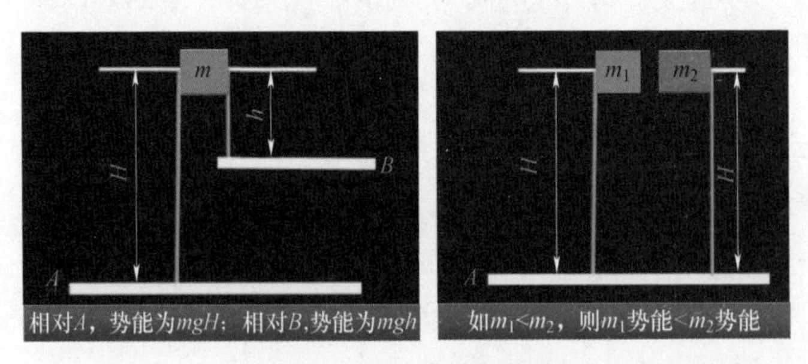

图 3-22　重力势能的比较

做功（work）是能量由一种形式转化为另一种的形式的过程。如图3-23所示，

如果系统只有重力和弹力做功，则只发生势能和动能的相互转化，遵循“机械能守恒定律”；如果受到其他类型的合外力或摩擦力等，做功将使得机械能总量发生变化，遵循“能量守恒定律”。

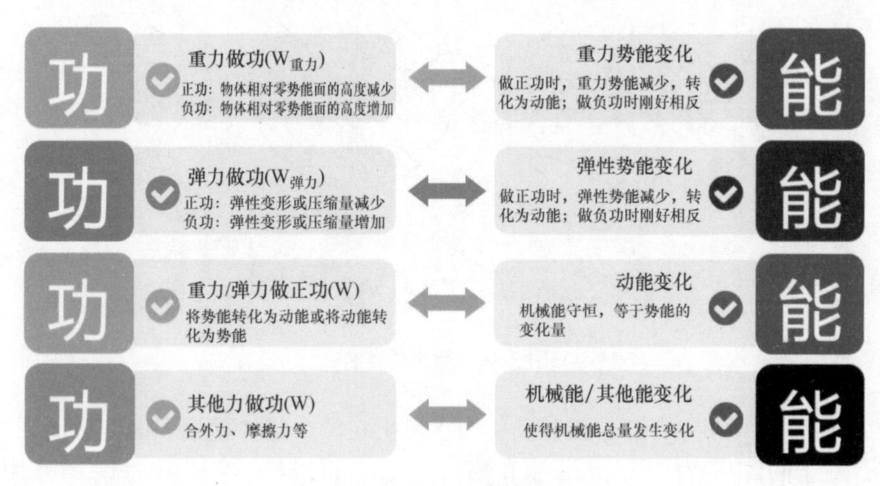

图 3-23 功 - 能转化

⑦ **传动比**。传动比 i 是机构中主、从转动构件（半径分别为 R_1 和 R_2）角速度 ω_1 和 ω_2 的比值，也称速比。由于啮合处的线速度 v 大小相同，显然有 $v_1=v_2$，$R_1\omega_1=R_2\omega_2$，以及 $\omega_1/\omega_2=R_2/R_1$。对于具体装置而言，传动比 i 一般定义为主动轮转速 n_1 与从动轮转速 n_2 之比，即 $i=n_1/n_2$。假设主、从转动构件对应转矩分别为 T_1 和 T_2，在忽略能量损失的情况下，根据功率 $P=T\omega$ 和功 - 能守恒关系可得 $T_1\omega_1=T_2\omega_2$，$\omega_1/\omega_2=T_2/T_1$，亦即 $n_1/n_2=T_2/T_1$；若考虑能量损失（即传动效率为 η），则有 $\eta T_1\omega_1=T_2\omega_2$，亦即 $\eta T_1n_1=T_2n_2$。比如，减速机的传动比 i 为 3，意思是该减速机的主动轮（动力输入端）转速是从动轮（动力输出端）的 3 倍，而输入端转矩 T_1 则只有输出端 T_2 的 1/3，亦即在同样的输入转矩 T_1 下，输出端虽然转速下降了，但转矩增大到了 T_2。

如果是齿轮传动，一般来说，我们会先根据电动机的功率或者转矩来定义小齿轮的模数 m，再核算齿轮的最小齿数 z_1，进而计算出小齿轮的分度圆（直径），最后通过传动比来得到大齿轮的分度圆。假设主动轮分度圆半径为 R_1，转速为 n_1，齿数为 z_1，模数为 m，从动轮分度圆半径为 R_2，转速为 n_2，齿数为 z_2，模数为 m，传动比为 i，中心距为 a。对于两个啮合齿轮而言，模数同为 m，则有 $2R_1=mz_1$，即 $R_1=mz_1/2$，$2R_2=mz_2$，即 $R_2=mz_2/2$，则 $i=n_1/n_2=R_2/R_1=(mz_2/2)/(mz_1/2)=z_2/z_1$，$a=R_1+R_2$。如图 3-24 所示，可以得到 $i=z_2/z_1=40/20=R_2/R_1=80/40=2$，$a=R_1+R_2=(40+20)\text{mm}=60\text{mm}$。

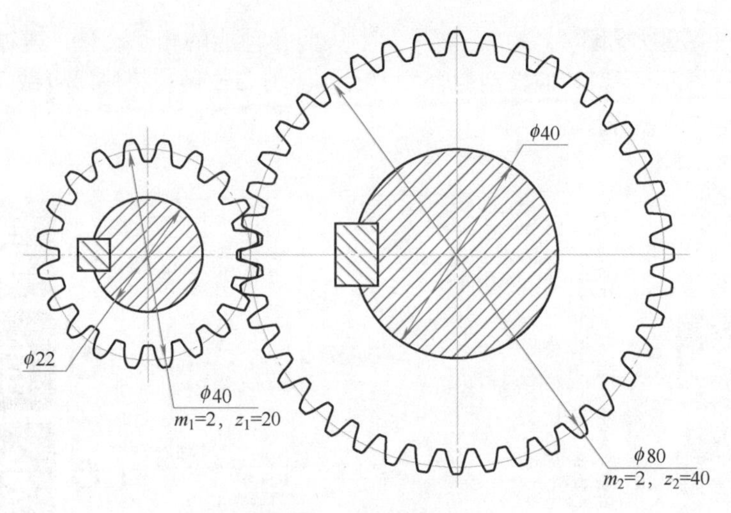

图 3-24　两齿轮啮合

⑧ **压力**（单位为 N）**与压强**。压力指发生在两个物体接触表面的作用力，或者气体对于固体和液体表面的垂直作用力，或者液体对于固体表面的垂直作用力。物体所受的压力与受力面积之比称为压强，压强用来比较压力产生的效果，压强越大，压力的作用效果越明显。如图 3-25 所示，压力总是垂直于接触面，但其大小不一定跟重力有关。

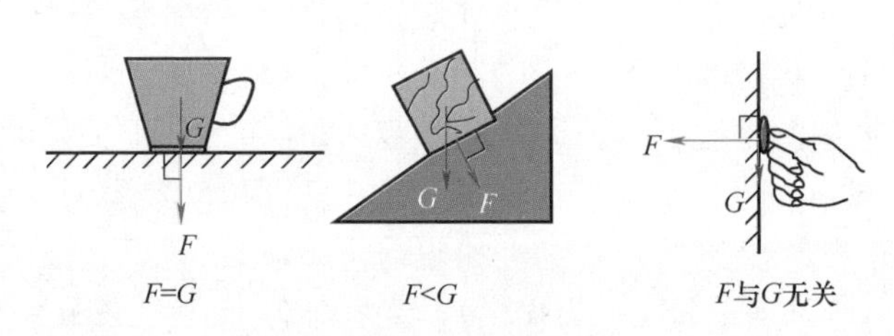

图 3-25　压力的特点

压强单位的表达方式主要有两种。一种是国际单位制，单位为 N/m^2，也可以表达为帕斯卡（Pa），$1Pa=1N/m^2$；另一种是以液柱高度表达，单位为毫米汞柱（mmHg），$1mmHg=133N/m^2$，$760mmHg\approx0.1MPa$，即 1 个标准大气压。注意以下 MPa、kPa、bar 之类表达的换算关系，即 $1MPa=10^6Pa$，1kPa=1000Pa，1bar=0.1MPa。此外，有些国家可能会用到 psi 之类的单位（p 指磅 pound，s 指平方 square，i 指英寸 inch），1psi=6.895kPa=0.06895bar=0.006895MPa。

【案例】　某工厂二楼的单位承重为 $500kg/m^2$。现有一台质量约为 1000kg 的设备，用 4 个（接触地板）半径 $R=50mm$ 的站脚支撑，将其放到工厂楼层上是否合理？

【简析】　单个站脚与地面的接触面积 $A'=\pi R^2=3.14\times0.05^2m^2=0.00785m^2$，则四个站脚的总接触面积 $A=4A'=0.0314m^2$，因此理论上设备对底板的压强 $P=$

$F/A=G/A=(1000\times9.8/0.0314)\ \text{N/m}^2=3.12\times10^5\text{N/m}^2=3.18\times10^4\text{kg/m}^2>500\text{kg/m}^2$，但是否据此判断不合理？非也。楼宇的单位承重指的是建设时的楼层负重能力。比如，100m^2 的车间可承受的总质量为（500×100）kg=50000kg，在没有其他负荷的情况下，理论上可以放置 50 台 1000kg 的设备。案例题目没直接给出“地板最大承受压强”的信息，因此无从判断。假设咨询工厂有关部门，得到的答复是“本工厂地面所能承受的最大压强是 2×10^5Pa”，则不宜将该设备直接放到工厂楼层上，应先进行减小压强的改善，如增大站脚的接触面积，或者在站脚下铺设大面积的钢板。

● **负压**。“负压”指低于常压（即常说的 1 个标准大气压）的气体压力状态。通常我们需要借助真空发生器或者真空泵来产生负压，但类似 SMT 车间有时也会独立设置中央负压系统，集中供应“负压”给“吸附工艺装置”或负压元件。如图 3-26 所示，一般正压压力表的示值，指的是以大气压力为基准进行测量后，大于这个基准多少 Pa；而真空压力表的示值，指的是以大气压力为基准进行测量后，小于这个基准多少 Pa。在绝对压力零位处的状态，一般称为“绝对真空”，存在于没有任何物质的封闭的空间。

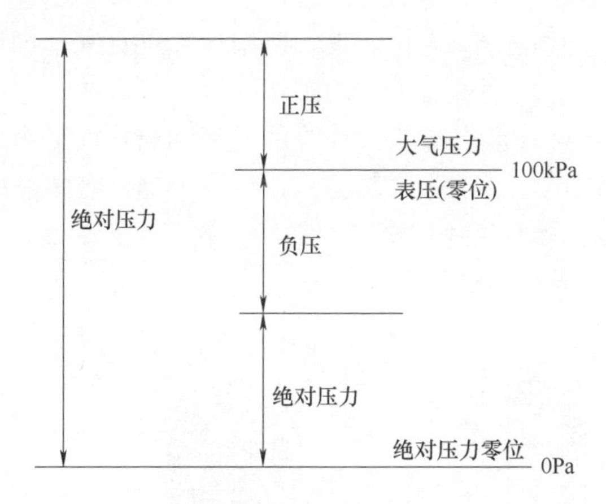

图 3-26 正负压力的关系

⑨ **周期 T 与频率 f**。这两个词是振动力学及电控领域的常用术语，可用来描述动作快慢或时间长短，互为倒数关系，$T=1/f$。其中，频率表示单位时间（1s）内出现的次数，单位为 Hz。例如，我国的交流电频率为 50Hz，表示发电机的转子每秒转过 50 圈，即电压每秒来回变化 50 次，方向改变 100 次。而周期则是指完成一个完整的运动所需的时间。如图 3-27 所示的

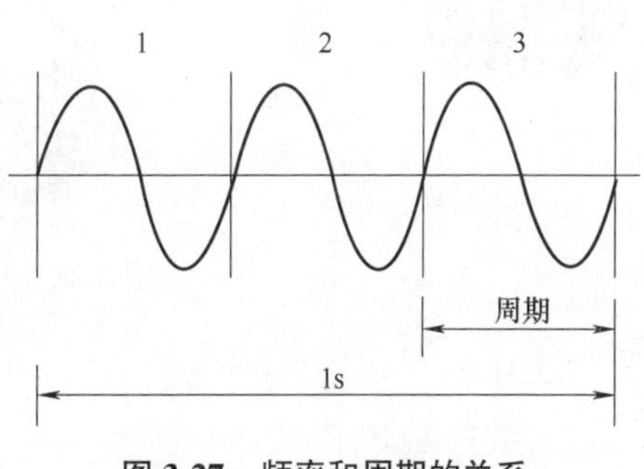

图 3-27 频率和周期的关系

正弦运动曲线，所示的频率为 3Hz，周期为 1/3s。

根据定义，显然如果研究的问题不是“1s 完成多少个周期（次）”（即高速）的情形，一般无须提到频率概念。具体到一个转动物体，假设角速度为 ω（每秒转过的弧度），则完成 1 个周期，即转过 1 圈（2π），所需的时间 $T=2\pi/\omega$，频率 $f=\omega/2\pi$。

⑩ **运动参数（略）**。“速成宝典”实战篇第 30 页～第 31 页有介绍，很重要，请务必温习，此处不再赘述。

⑪ **材料的强度与刚度（略）**。“速成宝典”入门篇第 74 页～第 91 页以及本书第 4.2.3 节有介绍，此处不再赘述。

⑫ **定位精度与重复定位精度**。“速成宝典”番外篇第 70 页～第 75 页有介绍，很重要，请务必温习，此处不再赘述。

还有很多高频接触且需要掌握的概念名词，散落于“速成宝典”各个篇章，敬请广大读者阅读时稍作留意，本书便不一一重复。

3.1.2 基本公式

基本公式指的是那些反复使用的原始公式（一般沿用国际单位制），许多复杂的公式都是由基本公式推导、演化而来。要用计算工具来辅助设计，首先需要掌握常见的基本公式，深刻理解其表达的规律、定理或方法，进而搞清楚“演化公式”的来龙去脉，这样才能提高公式计算的效率和质量。举个例子，我们经常会看到教材型录上写的电动机功率计算公式 $P=Tn/9554$，有些基础不牢的读者会对数字 9554 不明就里，乃至实际计算时经常代错数字。实际上，如果有类似图 3-28 所示的基本认识，一般就不容易出错。

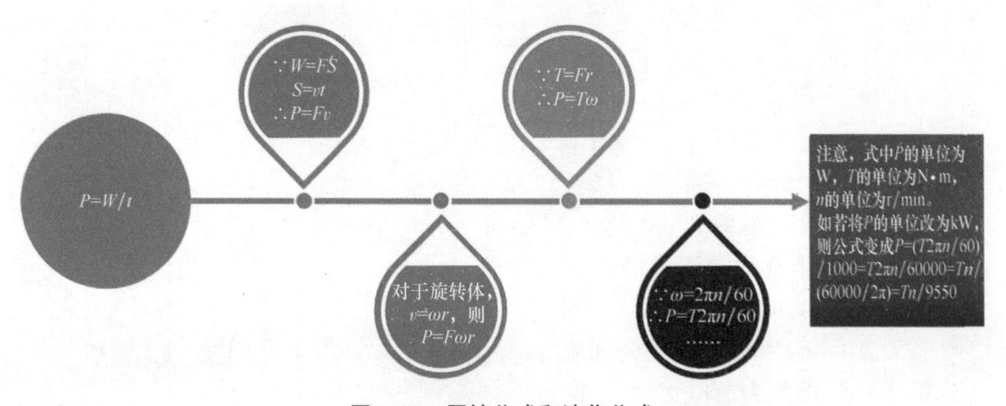

图 3-28　原始公式和演化公式

再比如，分割器选型校核过程会接触到的两个稍微复杂的公式，可进行推导学习，公式如下：

☞ 输出轴最大角加速度公式：$\alpha=Am(2\pi/s)[360°n/(60\theta)]^2$

假设分割器输入轴转速为 n，则角速度 $\omega=2\pi n/60$；运动周期为 T，转过的角位移为 2π，则 $T=2\pi/\omega=2\pi/(2\pi n/60)=60/n$。分割器间歇动作，动起来的时间为 t，对应驱动角为 θ，静止的时间为 t'，对应的静止角为 $(360°-\theta)$，两者存在比例关系；同时，在周期 T 内有 $T=t+t'$，所以 $t=(\theta/360°)\mathrm{T}=(\theta/360°)(60/n)=60\theta/(360°n)$。再假设分割器输出轴角速度为 ω'，角加速度为 α'，在 t 时间内转过的角度为 ϕ，实际转角和分割数 s 有关，则 $\phi=2\pi/s$。根据定义，$\omega'=\phi/t$，$\alpha'=\omega'/t=\phi/t^2$。将 t 代入，则 $\alpha'=(2\pi/s)/[60\theta/(360°\mathrm{n})]^2=(2\pi/s)[360°n/(60\theta)]^2$。由于是凸轮机构，最大角加速度 α 跟不同规律曲线的特征值 Am 有关，则 $\alpha=Am\alpha'=Am(2\pi/s)[(360°n)/(60\theta)]^2$。

☞ **入力轴转矩公式：$T_c=360°/(\theta_h s)\times Qm\times T_e$**

假设入力轴转矩为 T_c'，只在分割器动起来（对应驱动角位移为 θ，驱动角度为 θ_h）那段做功，则 $W_1=T_c'\times\theta$；输出轴转矩为 T_e，转过的角位移为 ϕ，跟分割数 s 有关，显然 $\phi=2\pi/s$，则做功 $W_2=T_e\times\phi=T_e\times(2\pi/s)$。在不考虑能量损失的前提下，入力轴做功转化为输出轴的能量，所以 $W_1=W_2=T_c'\times\theta=T_e\times(2\pi/s)$，也就是 $T_c'=(2\pi/s)/\theta\times T_e=2\pi/(\theta s)\times T_e$。由于是凸轮机构，实际扭力跟不同规律曲线特征值 Qm 有关，即 $T_c=Am\times T_c'=2\pi/(\theta s)\times Qm\times T_e$，或者 $T_c=360°/(\theta_h s)\times Qm\times T_e$。

1. 速度方面（略）

本部分内容在“速成宝典”实战篇第 30 页～第 31 页有介绍，此处不再赘述。强调两点：

1）速度“不是计算出来的”，绝大多数情况下是一个设计目标值。例如，要求设备产能为每个班次（工作时间为 8h）14400 个产品，则理论上设备的生产节拍为 2s，假设稼动率为 80%，显然瓶颈工序（耗时最多）的装置、机构速度，应满足跑完一个行程的时间在 1.6s 内。因此可以说，速度关系到设备“生产节拍”“产能”方面的评估，是项目方案的重点设计参数。怎样的速度设定是合理的，如何确保机构速度的达成，速度不足时有无其他解决对策……类似这些“非标问题”及解决思考，贯彻设计工作始终。

2）速度并不是越快越好，这会带来成本提升的副作用，而且许多时候实际生产速度（要兼顾停留等待）与机构理论速度（只看运动本身）不是一回事。例如，工业机器人的理论线性移动速度可达 2000mm/s，但实际项目考虑到工艺稳定性和安全问题，生产速度设定远远低于这个值。再例如，某个线性移载机构可以在 0.5s 内完成动作，但工艺时间（停留等待时间）是 5s，此时“动停比”为 0.1，显然要改善该机构的“作业周期”，花费成本和精力在“缩短停留时间”的意义要比“加快动作时间”更大一些。

2. 力学方面

各种力学内容非常庞杂，非“纯粹的传统的机械工程师”，建议只要有对类似以下内容的大概了解，实际设计工作以“定性为主”即可。

① **牛顿三大定律。定律一（惯性定律）：**在没有外力作用下物体将保持静止或做匀速直线运动。换言之，“运动并不需要力来维持”，如果物体受到的合外力为0，那它之前是什么速度，之后就依然是什么速度。物体“维持原来状态的惯性大小”，对于移动物体而言，与质量m成正比，对于转动物体而言，与跟转动惯量J成正比。

定律二（$F_{合}=ma$）：力可以改变物体的运动状态，使其速度发生变化。合外力越大，物体的速度变化越快，即加速度（单位时间内的速度变化量）越大。假设质量为m物体受到的合外力为$F_{合}$，产生加速度为a，则有$F_{合}=ma$。显然，物体的加速度不仅跟合外力有关，还跟质量有关，质量越大，同等合外力下获得的加速度越小，反之越大。

定律三（力的相互作用）：相互作用的两个物体之间的作用力和反作用力总是大小相等，方向相反，作用在同一条直线上。

② **惯量定理。**刚体定轴转动的角加速度α（单位为rad/s^2）与它所受的合外力距M（单位为N·m）成正比，与刚体的转动惯量J（单位为kg·m^2）成反比，即$M=J\alpha$。

③ **动能定理。**质量为m的物体因运动（速度为v）而具有的能量称为动能（单位为J），可表达为$E_k=mv^2/2$。假设合外力$F_{合}$在物体运动s距离的过程中做功为W，物体在初末点的速度分别为v_o和v_t，则动能定理可表述为$W=F_{合}s=\Delta E_k=E_{kt}-E_{ko}=mv_t^2/2-mv_0^2/2$。应用动能定理处理多过程运动问题的关键在于分清整个过程中有几个力做功，以及初末状态的动能，无需考虑其具体的运动过程，只需要注意初末状态。此外注意，动能定理与动量定理不一样，前者反映了力对空间的累积效应，是力在空间上的积分；后者表达式为$I=F_{合}t=mv_t-mv_o$，其中t为物体在合外力$F_{合}$的作用下速度从v_o到v_t所经历的时间，反映了力对时间的累积效应，是力在时间上的积分。

对于绕定轴z转动的刚体，如果在恒定合力矩M_z的作用下，刚体产生了角位移θ，转速从ω_o到ω_t，那么该力矩做功可表述为$A=M_z\theta=\Delta E_k=E_{kt}-E_{ko}=J\omega_t^2/2-J\omega_o^2/2$。

【案例】 图3-29所示为长度为l的均匀细直棒绕O点转动，则转过θ角度时的角速度ω为多少？

【简析】 转动过程中的力矩$M=mgl\cos\theta/2$，由于不是恒力矩，可以通过积分求做功，即$A=\int_0^\theta M\mathrm{d}\theta=\int_0^\theta(mgl\cos\theta/2)\,\mathrm{d}\theta$，查询三角函数的积分公式可得$A=mgl\sin\theta/2$。显然，根据动能定理有$A=mgl\sin\theta/2=J\omega^2/2-0=J\omega^2/2$，又因为$J=ml^2/3$，代入可求得$\omega=\sqrt{3g\sin\theta/l}$。

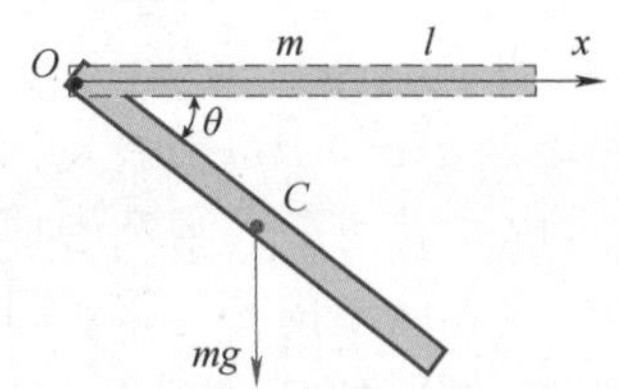

图3-29 均匀细直棒绕O点转动

④ **能量守恒定律。**能量既不会凭空产生，也不会凭空消失，它只会从一种形

式转化为另一种形式，或者从一个物体转移到其他物体，而能量的总量保持不变。总能量为系统的机械能、内能（热能）及除机械能和内能以外的任何形式能量的总和。如果一个系统处于孤立环境，即没有能量或质量传入或传出系统，则“孤立系统的总能量保持不变”。

能量守恒定律可以帮助我们简化一些问题的分析过程。如图 3-30 所示的案例，细直棒在水平位置时的动能为 0，势能 $E_{势}=mgh=mgl\sin\theta/2$，转动到 θ 角的过程中重力做功，势能转为为动能，即 $E_k=J\omega^2/2$，由机械能守恒定律可知，$E_{势}=mgl\sin\theta/2=E_k=J\omega^2/2$，又因为 $J=ml^2/3$，代入可得 $mgl\sin\theta/2=(ml^2/3)(\omega^2/2)$，即 $\omega=\sqrt{3g\sin\theta/l}$。

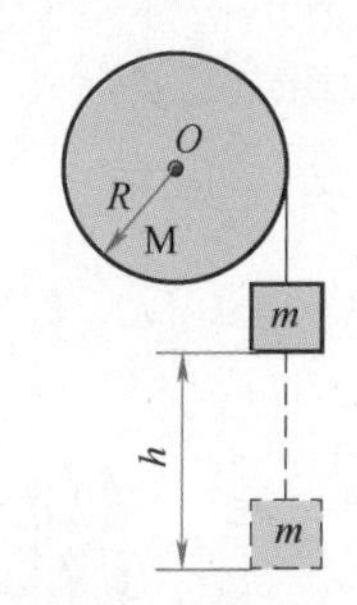

图 3-30　圆盘悬挂质量为 m 的物体

【案例】　如图 3-30 所示，圆盘的质量为 M，半径为 R，其上绕有一端悬挂物体质量为 m 的轻绳（质量不计），则物体在下降高度为 h 时，其速度 v 为多少？

【简析】　物体下降前的势能 $E_{势}=mgh$，下降 h 高度后，其动能为 $E_{K1}=mv^2/2$，而转盘此时的转速为 ω，对应的动能 $E_{k2}=J\omega^2/2$，根据能量守恒定律，有 $E_{势}=E_{K1}+E_{k2}=mv^2/2+J\omega^2/2$，又因为转盘的转动惯量为 $J=MR^2/2$，且角速度 ω 和转盘半径 R 的关系为 $\omega=v/R$，代入得到 $mgh=mv^2/2+J\omega^2/2=mv^2/2+(MR^2/2)(v/R)^2/2=mv^2/2+Mv^2/4$，进而可得 $v=\sqrt{4mgh/(2m+M)}$。

⑤ **动量定理。**假设质量为 m 的物体在合外力 $F_{合}$作用下，经历时间 t，速度从 v_o 到 v_t，则动量定理的表达式为 $I=F_{合}t=mv_t-mv_o$。动量定理反映了力对时间的累积效应，是力在时间上的积分。举个例子，同样高度落下的玻璃杯，落到水泥地容易打碎，而落到草地上不容易打碎，原因在于落到水泥地上的动量改变得快一些，或者说相互作用时间短一些。

⑥ **杠杆定理。**如图 3-31 所示，要使杠杆平衡，作用在杠杆上的两个力矩（力与力臂的乘积）大小必须相等，即动力 × 动力臂 = 阻力 × 阻力臂，用代数式表示为 $F_1L_1=F_2L_2$。式中，F_1 表示动力；L_1 表示动力臂；F_2 表示阻力；L_2 表示阻力臂。从该式可以看出，要使杠杆达到平衡，动力臂是阻力臂的几倍，阻力就是动力的几倍。

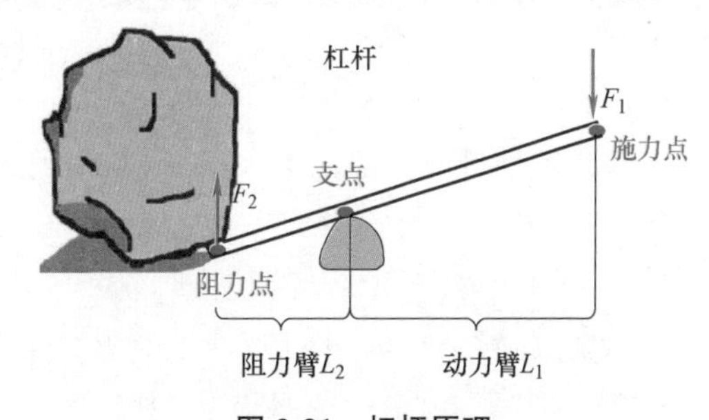

图 3-31　杠杆原理

⑦ **伯努利原理。**假设 p 为流体中某点的压强，v 为流体在该点的流速，ρ 为流体密度，g 为重力加速度，h 为该点所在高度，C 是一个常量，则伯努利原理可以表述为 $p+\rho v^2/2+\rho gh=C$。其实质是流体的机械能守恒，即动能 + 重力势能 +

压力势能 = 常数。由于伯努利方程是由机械能守恒推导出的，所以它仅适用于黏度可以忽略、不可被压缩的理想流体。

如图 3-32 所示，我们在 A 管中灌入液体，1 处（横截面大的地方）液体的流速小；2 处（横截面小的地方）液体的流速大。速度大的地方压力小，速度小的地方压力大，所以 1、2 处的液体压力不一样，但外面的大气压是一样的，因此 1、2 处管上升的液体就会形成高度差。伯努利原理在工业和生活中的应用很多，如图 3-33 所示。

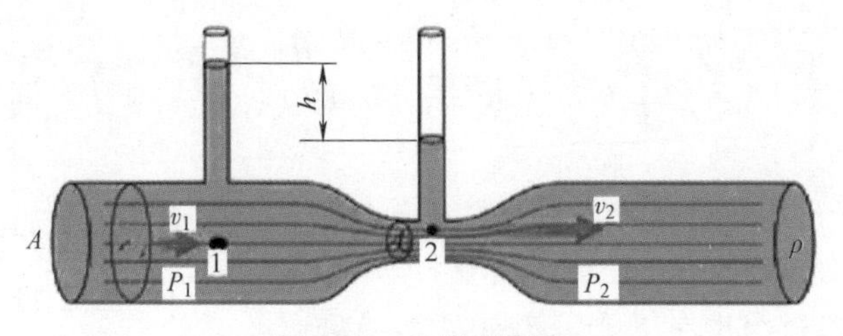

图 3-32　伯努利原理

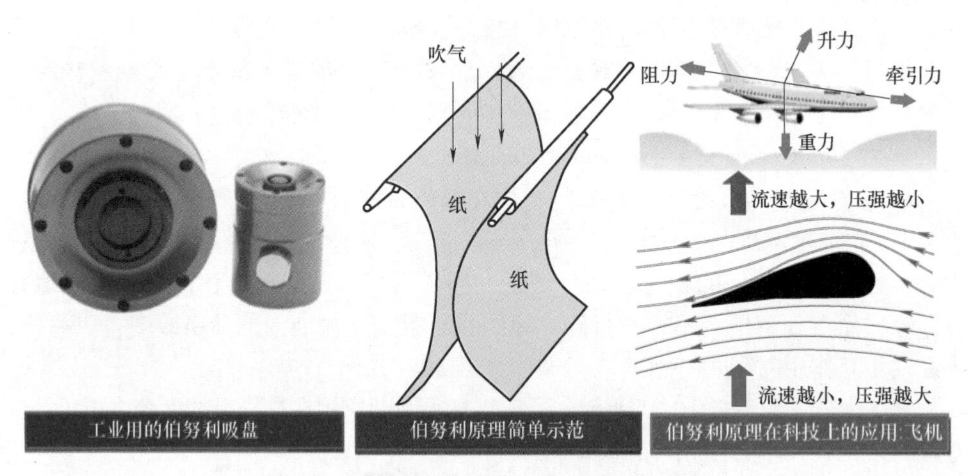

图 3-33　伯努利原理在工业和生活中的应用

⑧ 其他补充。除了基本的概念、原理、定律之外，还有类似下面这些简单但又高频使用的“计算公式”也需要温习。公式内容记不住没关系，但最好能慢慢地将其在认知体系中“串联”到一起。

【案例】 如图 3-34 所示的圆柱体，假设其半径为 R，高度为 h，直径为 D，（底面）截面积为 S，侧面积为 $S_{侧}$，底面圆周长为 C，体积为 V，质量为 m，密度为 ρ（常见材料的密度见表 3-3），如何计算出绕中心轴的转动惯量 J？

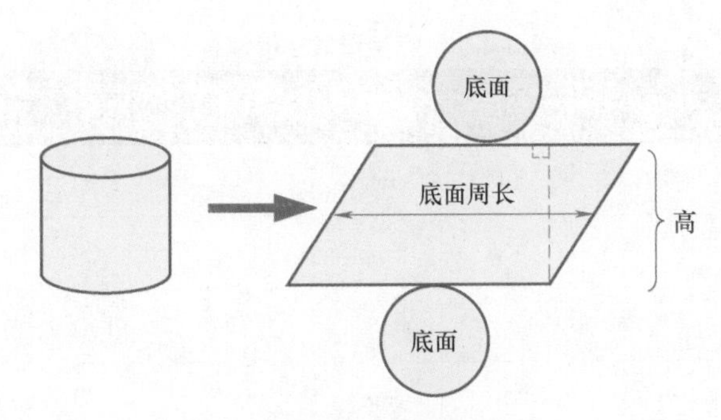

图 3-34 圆柱体及其展开

表 3-3 几种常见材料的密度

常用材料的密度（近似值）				
钢铁	铝	铜	酚醛塑料（电木）	聚乙烯塑料（PE）
7.9g/cm^3	2.7g/cm^3	8.9g/cm^3	1.5g/cm^3	1g/cm^3

【简析】 只知道圆柱体的材质、半径及长度，显然还需要查询该材料的密度参数，再计算出圆柱体的体积，进而得到其质量，最后根据对应转动惯量公式计算得到转动惯量的值。

直径 $D=2R$

截面积 $S=\pi R^2=\pi(D/2)^2=\pi D^2/4$

底面圆周长 $C=2\pi R=\pi D$

侧面积 $S_{侧}=Ch=2\pi Rh=\pi Dh$

体积 $V=Sh=\pi R^2$

质量 $m=\rho V=\rho\pi R^2$

转动惯量 $J=mR^2/2=\rho\pi R^2/2$

如果是其他形体呢？道理是一样的。能够用公式表达或计算的内容，通常都已经形成“技术规范”或收录于专业书籍、手册，随时随地均可查阅获取。

3. 精度方面

本部分内容在“速成宝典”番外篇（《工业机器人集成应用（机构设计篇）速成宝典》）第 70 页 ~ 第 75 页有论述，此处不再赘述。

4. 其他相关

① **常见符号、字母**。进行理据计算校核时，经常需要用到各种符号、字母。比如，刚体转动惯量一般用 J 表示（“学院派”人士也喜欢用 I 表示），如果有多个刚体，则以添加角标形式，用 J_1、J_2 或 $J_{轴}$、J_m 之类来描述。对于做应用设计而非理论研究的人员，公式上字母用 J 还是 I 本质上没差别，但为了阅读和沟通便利，最好在平时加以了解，使用时尽量参考权威教材或公开出版物的“样式”。常用的希腊字母表（带发音）见表 3-4。

表 3-4 希腊字母表（带发音）

字母	希腊文	近似发音	字母	希腊文	近似发音	字母	希腊文	近似发音
Αα	alpha	啊耳发	Ιι	iota	约塔	Ρρ	rho	柔
Ββ	beta	贝塔	Κκ	kappa	卡帕	Σσ	sigma	西格玛
Γγ	gamma	嘎玛	Λλ	ambda	兰姆达	Ττ	tau	滔
Δδ	delta	得耳塔	Μμ	mu	谬	Υυ	upsilon	依普西龙
Εε	epsilon	艾普西龙	Νν	nu	纽	Φφ	phi	弗衣
Ζζ	zeta	截塔	Ξξ	xi	克西	Χχ	chi	喜
Ηη	eta	衣塔	Οο	omicron	奥密克戎	Ψψ	psi	普西
Θθ	theta	西塔	Ππ	pi	派	Ωω	omega	欧米嘎

再比如，Δ 和 d 都可以表示变化量，但实际略有差别。Δ 是标准的改变量记号，使用最广，比如 Δx 的意思是新的 x 减去旧的 x，即 $\Delta x=x_2-x_1$；d 是微分符号，表示一个函数的局部线性近似。两者之间的关系如图 3-35 所示，x 从第一条灰线变化到第二条灰线，红线的长度就是 $dx=\Delta x$，蓝线的长度则是 Δy，绿线的长度是 dy。d 与 Δ 在自变量趋于 0 时等价无穷小，可认为 $dy=\Delta y$。

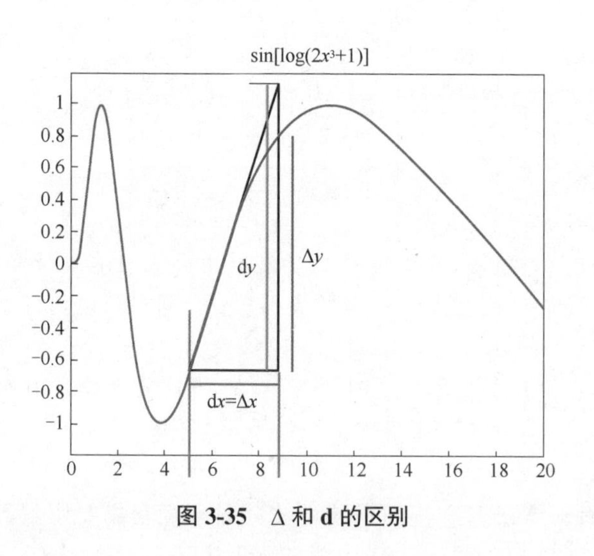

图 3-35 Δ 和 d 的区别

② 常用的计算单位。每一个概念或术语都有多个单位，因此非常容易混淆。常见概念的计算单位见表 3-5，单位之间的倍数关系见表 3-6。

表 3-5 常见概念的计算单位

概 念	米制单位	换算关系	备 注
时间	秒，s	1h=60min=60′=3600″，1min=60″，1s=1000ms	周期或生产节拍单位均为秒
频率	赫兹，Hz	1Hz 相当于 1s，10Hz 相当于 0.1s，以此类推	振动学概念
质量	千克，kg	1 吨 =1000kg，1kg=2 市斤，1 斤 =10 两 =500g，1g=1000mg	英制的 1 磅≈0.454kg
体积	立方米，m^3	$1m^3=1000dm^3=1000L$，1L=1000mL，英制 1 加仑≈4L	L 为容积公制单位
面积	平方米，m^2	$1m^2=100dm^2=10^4cm^2=10^6mm^2$	
长度	米，m	$1m=10dm=100cm$ $1000mm=10^6\mu m$，1km=1000m	
密度	千克每立方米，kg/m^3	$1kg/m^3=0.001g/cm^3$	
力	牛顿，N	1N=0.1kgf，1kgf=9.8N	$G=mg$，$g=9.8m/s^2$
应力	帕斯卡，Pa	$1Pa=1N/m^2$，1kPa=1000Pa，$1MPa=10^6Pa$	$\sigma=N/A$，N 为压力，A 为面积
力矩	牛米，N·m	1N·m=0.1kgf.m	
速度	米每秒，m/s	1m/s=100cm/s=1000mm/s=60m/min=3.6km/h	
加速度	米每二次方秒，m/s^2		$a=v/t=F/m$
转角	弧度，rad	转一圈是 2πrad	
角速度	弧度每秒，rad/s	1r/min=2πrad/60s=0.105rad/s	与转速 n 关系是 $\omega=2\pi n/60s$
角加速度	弧度每二次方秒，rad/s^2		rad 是角位移单位
压强	帕斯卡，Pa	$1Pa=1N/m^2$	
真空度	Pa	1 大气压 =1bar=100kPa=0.1MPa	
功 / 能量	焦耳，J		
功率	瓦特，W	1kW=1000W	
冲量	N·s		
动量	kg·m/s		
电阻	欧姆，Ω		
电压	福特，V		
电流	安培，A		
温度	摄氏度，℃	$T=t+273.15K$	K 为热力学温度的单位开尔文
……	……	……	……

表 3-6 单位之间的倍数关系

因数	词头		因数	词头		因数	词头	
	名称	符号		名称	符号		名称	符号
10^{18}	艾可萨	E	10^{2}	百	h	10^{-9}	纳诺	n
10^{15}	拍它	P	10^{1}	十	da	10^{-12}	皮可	p
10^{12}	太拉	T	10^{-1}	分	d	10^{-15}	飞	f
10^{9}	吉咖	G	10^{-2}	厘	c	10^{-18}	阿	a
10^{6}	兆	M	10^{-3}	毫	m			
10^{3}	千	k	10^{-6}	微	μ			

【案例】 已知非标吸盘的吸附孔为矩形，长为30mm，宽为1mm，水平吸附产品，真空发生器正常工作的真空度 P 为85kPa，则该吸盘能吸附质量 m 为多大的产品？

【简析】 吸盘的吸附面积 $S=ab=30\text{mm}^2$，最大真空度为85kPa。因为 $1\text{kPa}=10^3\text{Pa}$，$1\text{mm}^2=10^{-6}\text{m}^2$，代入原始公式有 $F=PS=(10^3P)(10^{-6}S)=10^{-3}PS$。则该吸盘产生的理论吸附力 $F=10^{-3}PS=(10^{-3}\times85\times30)\text{N}=2.55\text{N}$，根据厂商建议，安全系数取4，则能吸附的产品重力 $G\leqslant F/4=(2.55/4)\text{N}=0.64\text{N}$，相当于能吸附质量 $m=G/g=F/g=(0.64/10)\text{kg}=0.064\text{kg}$ 的产品。

如果采用原始单位制推导也是一样的，需要先转换单位，比如 $S=ab=(0.03\times0.001)\text{m}^2=0.00003\text{m}^2$，$P=(85\times1000\times1)\text{Pa}=85000\text{Pa}$，因此吸附力 $F=PS=(0.00003\times85000)\text{N}=2.55\text{N}$，后续 G、m 同前计算一致。

③ **经验数据**。一般来说，经验数据包含两大类：实际项目的“工程经验”，以及权威教材、厂商型录或公开出版物的数据图表。虽然这两类经验数据都很重要，但从非标机构设计实践来看，开展实际项目时对于“工程经验”的依赖性更强一些，而这部分内容因为是“非标的”，所以不太容易形成量化的规范，因此设计新人尤其需要重视和积累。可以肯定地说，“工程经验”越丰富，应对实际设计问题越游刃有余。

（A）实际项目的“工程经验”。所谓“工程经验”，就是在项目实践中摸索或总结出来的一些“有用的做法和数据”。设计新人不太有机会在短时间内积累“工程经验”，一般都是通过学习来间接获得，或通过“模拟”“试验”“推导”等方式“辅助评估和判断”。

【案例一】 图3-36所示为一台自动安装e型卡簧的设备。卡簧通过两边的流道进入安装位置后，气缸动作，将卡簧顶入前方的电动机轴（卡槽）。问题1：该气缸缸径如何确定？问题2：如果气缸的行程是100mm，则该气缸的实际动作周期是多少？

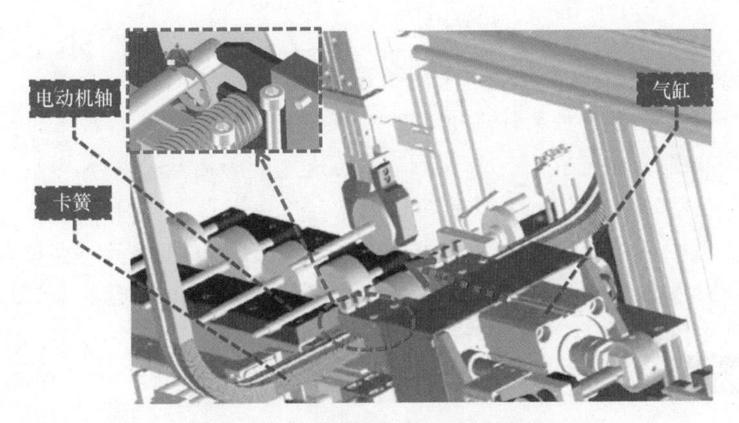

图 3-36 自动安装 e 型卡簧的设备

【简析】 类似气缸选型的问题 1，设计新人首先会卡在“不知道顶卡簧这个动作到底需要多大的力”，自然也就无法进行下一步的“模式化”选型工作。倘若此时寄望于通过查阅哪个设计手册，或者套用公式计算来解决问题，那结果极大可能是“费力不讨好”。事实上，处理这个问题至少有两种可行的方式或思路。方式一，类似卡簧组装有专用工具，如图 3-37 所示，可以直接手动操作“感觉下”大概多少 kg 的力能将卡簧装上，当然也可以用压力感应装置去检测精确的实际的力。方式二，没条件亲自“动手实验”获得结果的话，也可以基于一些事实或依据进行“模拟”或“推导”。比如，一个 120 斤的成年人，其推力大概在 300~400N，而具体到人工频繁操作的场合，显然这个力只会更小。据此可以判断，所需的推力也就几 kg，不太可能超过 10kg，从而得到了一个未必精确但合理的“粗略范围”（结果），用以气缸选型参考。

可能有的读者会想，方式二几乎是靠“猜”来做设计，有失严谨。其实不然，非标机构设计工作有其特殊之处，能快速得到相对准确的结果固然是首选（方式一），如若做不到，退而求其次，在合理的范围内抓个大概（方式二）也无不可——这种基于事实和依据的“估算”跟一窍不通的“蒙混”是有本质的区别的。

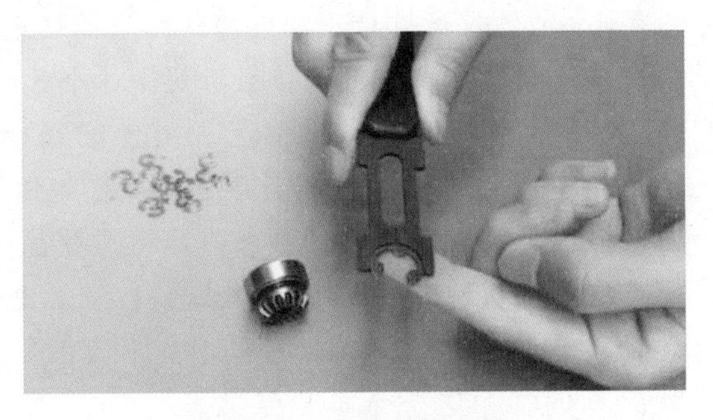

图 3-37 手动组装卡簧

对于问题 2，首先我们知道气缸的标准速度范围是在 50~500mm/s，理论上速度可达 1000mm/s，据此得到气缸大概的动作时间为 0.1~2s，但并不能因此确认“实际动作周期”。其次，气缸的耗气量与运作速度有关（气缸的最大耗气量 Q= 活塞面积 × 活塞速度 × 压力），应在满足作业周期的情况下尽可能慢速运行，尤其是大缸径气缸更应讲究。也就是说，如果 0.8s 或 0.5s 均能满足设备或装置整体的要求，应取0.8s。再者是气动装置存在较大的冲击，且电气控制本身也需要有延时，因此气缸在动作初末点往往需要留有停顿时间（0.1~0.5s）。最后，气缸速度可随时根据需要或工艺特点进行调节，如果工艺本身适合高速的，可以调快点，否则只能降低速度了。换言之，气缸的速度能力固然是先决条件，但“实际动作周期”往往取决于气缸之外的其他因素，况且气缸不可能按精确速度进行动作……基于上述“工程经验”的理解，我们可以认为该气缸的“实际动作周期”在0.4~1s，实际也可能快点或者慢点，但并不会影响设计结果；如果影响到了，则不应采用气动装置来实现该工艺。

【案例二】 请谈谈图3-38所示的气动移载机构作业周期的评估思路。

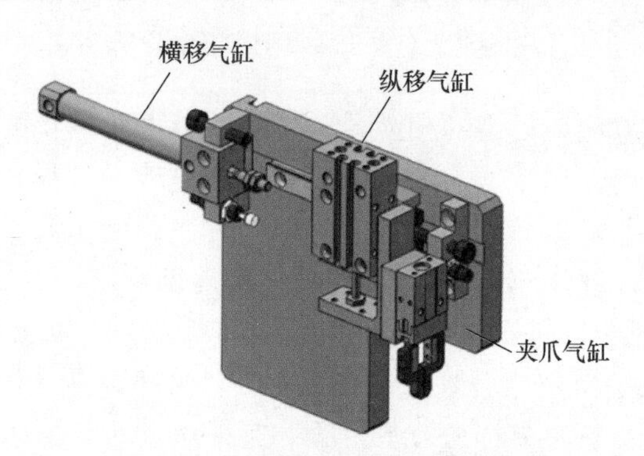

图3-38 常见的简易气动移载机构

【简析】 首先，由于条件不充分（比如没有给出气缸行程），难以进行相对合理的评估。其次，类似这种性质的机构，有板有眼的评估也不会得到准确的结果，或者说即便获得精确的评估结果，实际也可能由于工艺实施等原因，需要“调到合适的偏离设计预期或评估结果的速度”。

作为学习，我们可以稍微拆解下这个气动机构的动作，如图3-39所示。然后，我们可以利用图3-40、图3-41或图3-42所示的图表工具进行分析，从而比较直观地得到本案例的评估结果，即2.4s。需要强调的是，这类评估并无标准答案，不同设计人员，不同的项目要求，其结果往往是不一样的。从大量现成的案例来看，此类机构的实际作业周期基本上在1~3s，更快或更慢的情形比较少。因此，我们设计类似的机构，在做动作周期评估时，不妨参考这个“工程经验”。如果是行程较短、工艺简单的情形，可以给出类似1.5s左右的评估，如果是行程较长、工艺复杂的情形，尽量往2s以上定，除非有现成的案例佐证，否则不要轻易定到1s以内。

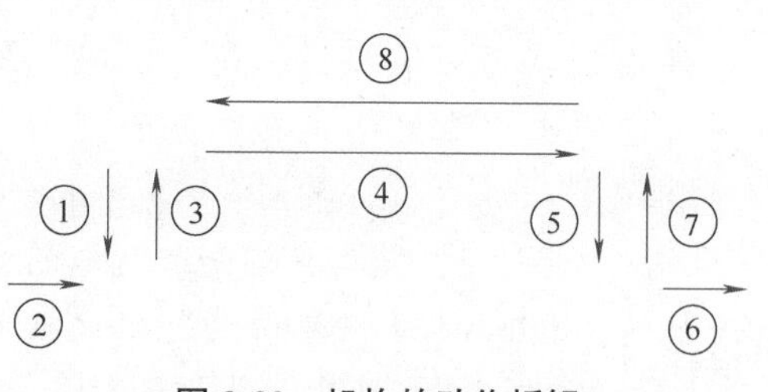

图3-39 机构的动作拆解

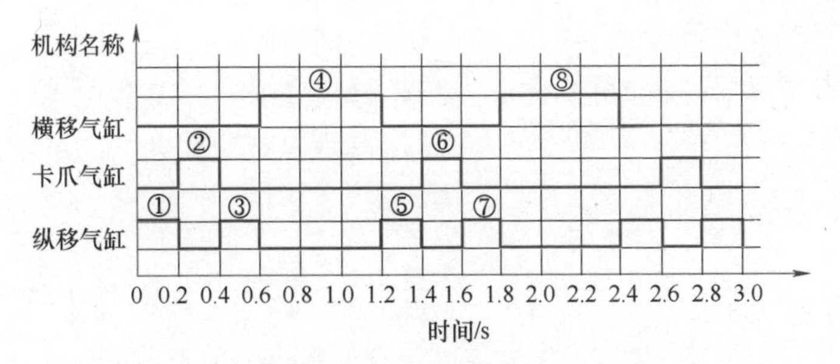

图 3-40 坐标式时序图（一）

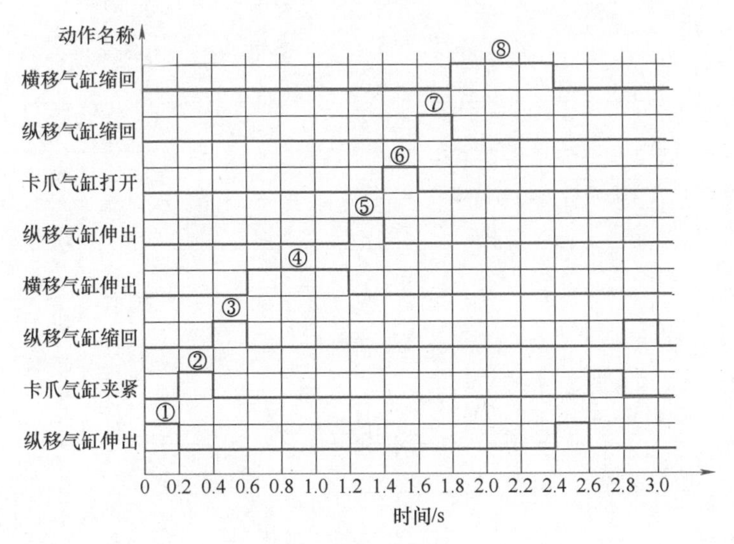

图 3-41 坐标式时序图（二）

序号	动作名称	动作周期	时序图														
			0.2	0.4	0.6	0.8	1.0	1.2	1.4	1.6	1.8	2.0	2.2	2.4	2.6	2.8	3.0
1	纵移气缸伸出	0.2	■												■		
2	卡爪气缸夹紧	0.2		■												■	
3	纵移气缸缩回	0.2			■												■
4	横移气缸伸出	0.6				■	■	■									
5	纵移气缸伸出	0.2							■								
6	卡爪气缸打开	0.2								■							
7	纵移气缸缩回	0.2									■						
8	横移气缸伸出	0.6										■	■	■			

图 3-42 表格式时序图

值得一提的是，工具毕竟是工具，本身并不是设计内容，而输入什么数据是合理的，如何确保机构朝着评估数据去运行，有无机会把评估数据进行优化……才是值得设计人员思考和锤炼的问题。

阅读笔记（本页用于读者总结学习内容）

（B）教材或公开出版物的数据图表。所谓“数据图表”，指的是在权威教材、厂商型录或公开出版物中发表的图表化的“规范和数据”。这部分属于“标准化”“知识性”内容，完全没必要强记硬背，需要引用或印证时，临时查询技术手册或相关资料即可。

● 查询工具书（比如材料的摩擦系数）。专业工具书是我们在设计工作中重要的数据来源和参考。例如，当我们需要设计有零部件滑动配合的装置，或分析零部件不打滑条件时，一般可以通过查询机械设计手册之类的工具书来获取材料的摩擦系数值。当然，为了简化查询内容，也可以将高频接触或使用的材料单独拎出来，制作成类似表 3-7 的形式，以供“个人专用”。

表 3-7 几种材料间的摩擦系数

几种材料间的摩擦系数粗略取值（静摩擦力系数 / 动摩擦力系数）				
钢（硬）与钢（硬）	铝与低碳钢	塑料与钢	铝与铝	铜与铜
有润滑（静 / 动）：0.1/0.2 无润滑（静 / 动）：0.8/0.5	有润滑：（不适用） 无润滑（静 / 动）：0.6/0.5	有润滑：0.3/（不适用） 无润滑：（不适用）	有润滑（静 / 动）：0.3/（不适用） 无润滑（静 / 动）：1.3/1.4	有润滑：0.1/（不适用） 无润滑：1.0/（不适用）

● 查询型录 / 说明书（比如动力器件的规格）。毫无疑问，这是非标机构设计工程师的常态化工作。要做好选型工作，除了具备基本的设计认知，还有一点很重要：务必理解厂商型录规格书里边的每个名词术语。例如，表 3-8 所示为多摩川品牌的 TS 系列电动机规格表，什么是瞬时最大转矩（启动瞬间允许超额的最大值），转子转动惯量有什么用（判定负载和电动机惯量比），机械常数指的是什么（空载时加速到 63% 的额定转速的时间），刹车摩擦转矩跟额定转矩有区别吗（有，刹车转矩远大于额定转矩）……当我们对类似“这些概念背后要描述的东西”有了足够的认识，选型工作才会变得相对简单、直接、准确。

除了表的方式，许多设计参考数据也会以图文的形式呈现，要培养快速抓取目标信息的意识和技巧。图 3-43 所示为新旧两款真空发生器的对比。新旧两款的最高真空度接近，但新款的压力曲线更陡，说明其能更快地获得最高真空度；同样达到最高真空度，新款的吸入流量为 50 多 L/min，小于旧款的 60 多 L/min；新款的供给气压也有所下降……

还有很多，案例不胜枚举，限于篇幅和行业属性，此处不予赘述，请广大读者自行在工作中收集、总结、积累。

综上，从事非标机构设计工作，要避免陷入“设计是计算出来的”误区，也不能完全靠虚无缥缈的感觉做设计，重要场合进行适度的理据分析和校核是必要的。而在具备本节内容的基本认识后，我们在对机构进行分析评估时就会有一定的思路。下面从“学以致用”的角度，再举个实际机械设计的分析案例。

表 3-8　多摩川 TS 系列电动机规格表

尺寸	□ 40		□ 60				□ 80	
型号	TS4603N □□	TS4603N □□（带刹车）	TS4607N □□	TS4607N □□（带刹车）	TS4609N □□	TS4609N □□（带刹车）	TS4614N □□	TS4614N □□（带刹车）
搭配驱动器	TA8480N0000	TA8480N0000	TA8480N0100	TA8480N0100	TA8480N0200	TA8480N0200	TA8480N0300	TA8480N0300
额定功率 /W	100	100	200	200	400	400	750	750
额定扭矩 /N · m	0.318	0.318	0.64	0.64	1.27	1.27	2.39	2.39
瞬时最大扭矩 /N · m	0.95	0.95	1.91	1.91	3.82	3.82	7.16	7.16
额定 / 最大转速 /r/min	3000/5000							
转子惯量 /kg · m²	0.043×10^{-4}	0.052×10^{-4}	0.19×10^{-4}	0.28×10^{-4}	0.34×10^{-4}	0.44×10^{-4}	1.06×10^{-4}	1.3×10^{-4}
每秒最大功率 /（kW/s）	23.5	19.5	21.5	14.5	47.9	36.9	53.6	43.7
机械常数 /ms	0.8	1	0.9	1.4	0.6	0.8	0.6	0.7
额定电流 /A	1.1	1.1	1.7	1.7	3.3	3.3	5	5
瞬时最大电流 /A	3	3	5	5	9.7	9.7	14.5	14.5
刹车额定电压 /V		24		24		24		24
刹车摩擦转矩 /N · m　min		0.318		1.27		1.27		2.39

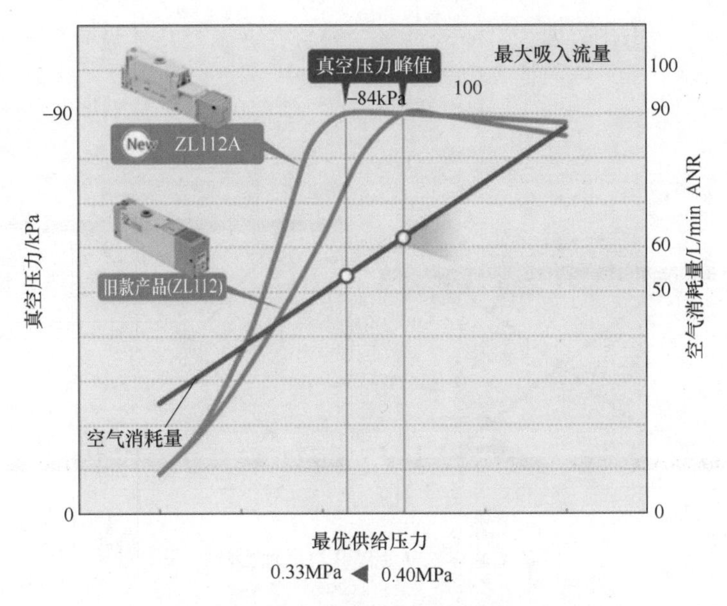

图 3-43 新旧两款真空发生器的对比

【案例】 如图 3-44 所示，试分析剪叉式提升机的提升重力 G 与摇柄施加的转矩 T 是什么关系？

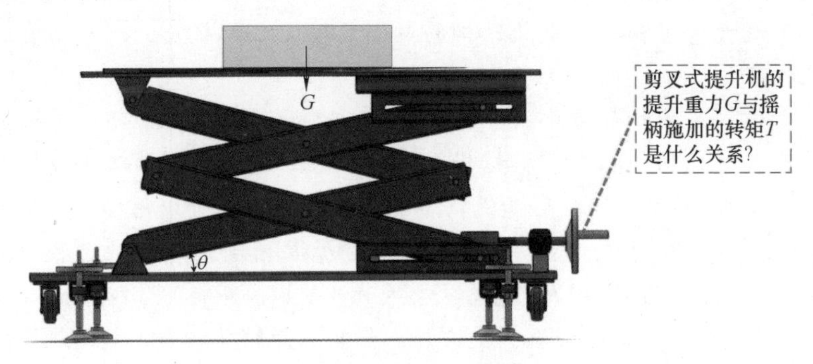

图 3-44 剪叉式提升机

【简析】 类似提升机属于机械产品，如果非标机械中需要用到，最好直接从市场采购后进行“集成设计”，或交由纯粹的机械工程师去设计。当然，对其进行简单的结构和功能分析，有助于更好地理解和用好这类机械。在实际分析和解决动态问题时注意把握三个技巧：对象（分析的是什么），要因（忽略次要因素），糟糕状态（允许极限值）。

首先，将实际案例简化为如图 3-45 所示的结构。对机构系统的 A 点施加一个水平向左的力 F，使 B、A 两点的距离由 L_1 缩短至 L_2，此过程对系统（提升机 + 重物）做功 $W=F(L_1-L_2)$，由于初末状态均为静止（动能为 0），重物势能增加为 $E_{势}=Gh$，忽略能量损失，根据功 - 能守恒关系有 $W=F(L_1-L_2)=Gh$，即 $F=Gh/$

(L_1-L_2)。注意，此处的F是“平均效果”的力，并不能反映提升过程中实际所需外力的极限值。

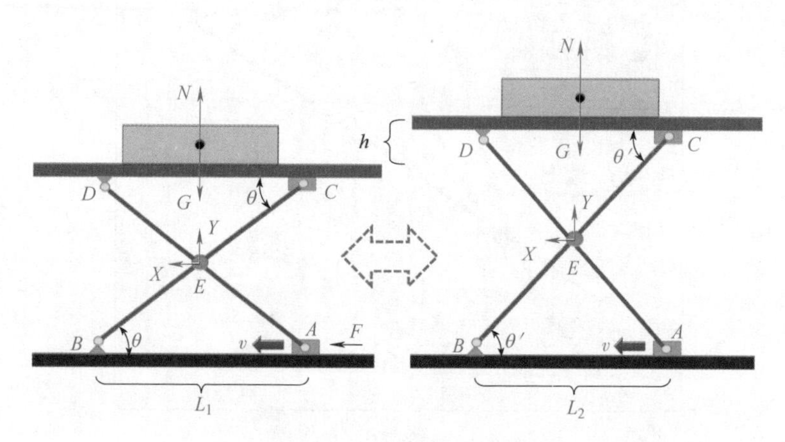

图 3-45 剪叉式提升机的结构简化

其次，我们对该结构进行受力分析。提升机动作平缓，可认为其处于平衡状态。显然，在Y方向上，A、B两点向上需要提供支持力F'，根据力的平衡原理有$F'+F'=G$；在X方向上，施加于A点的力会被B点的反作用力平衡。如图 3-46 所示，根据余切三角函数关系可知，$\cot\theta=F/F'$，亦即$F=F'\cot\theta=G\cot\theta/2$。由于角度越小余切值越大，可模拟该剪叉结构的最小角度（比如 10°），此时需要的外力最大，代入即可。

至此，该剪叉结构最重要的分析已完成，之后的动力评估部分，根据实际灵活处理。比如，采用液压缸直接提供动力F，则像选气缸一样确定规格即可。如果采用“电动机 + 丝杠”的形式提供轴向动力F，同样可以用功 - 能守恒原理来分析。假设所需转矩为T，旋转一周（2π）做功为$W_1=2\pi T$，在此过程中，丝杆行进一个螺距P，做功为$W_2=FP$，忽略次要因素（如摩擦损耗），则有$2\pi T=FP$，所以$T=FP/2\pi$，代入结构分析过程F的最大值，据此选定转矩相当的电动机。比如，采用“摇柄 + 丝杆”的形式提供轴向动力F，如图 3-47 所示，则有$T=F_{摇}\times L=\cdots\cdots$由于理论分析得到的结果是理想化的，最后再以安全系数或传动效率方式将所需的动力规格增加裕量考虑即可。

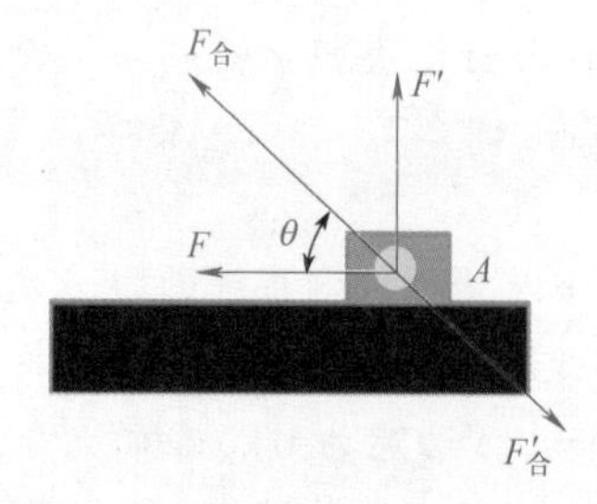

图 3-46 剪叉式提升机的结构受力分析

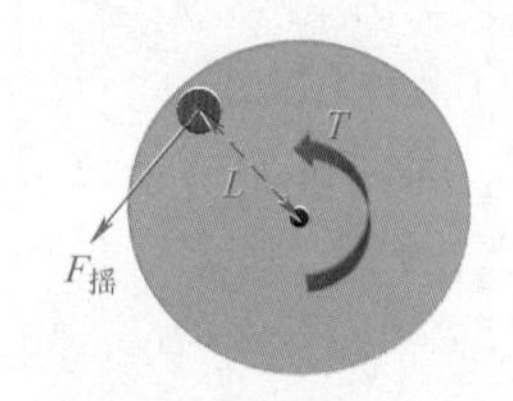

图 3-47 摇柄施加力和转矩的关系

3.2 整机方案相关的计算

与标准设备只关注本身性能指标不太一样，非标设备整机方案相关的计算，反而是集中在与客户或作业环境相关的部分，如生产节拍、能耗等，多数情况采用“估算”方式，越接近真实情况越好。之所以建议“估算”，原因是非标设备的设计周期实在太短，从业人员的理论功底普遍一般，基本上没有展开深入分析、论证的余地；而再深入的理论分析得到的数据，最后在实际运作设备时，都可能“大跌眼镜”。如果涉及计算，目的也很简单，为了给客户提供整体定制方案时提供必要的数据支撑。比如，您答应客户设备一天能生产 1 万个产品，总不能信口开河，得有哪怕是粗略的评估依据吧？

3.2.1 设备生产节拍（C/T）

缺乏基本机械设计和产品工艺经验前，这个参数几乎不太可能合理地制定。由于涉及客户实际生产结果和设备合同验收问题，“生产节拍”数据的拟定还是需要重视并认真对待。新人在学习过程中，常有以下三大认识误区。

误区一：以为生产节拍是设备的参数。事实上，生产节拍和生产周期是两个概念，前者对客户有意义，后者才是设备设计指标 / 参数。举个例子，减去午餐、休息交接班和基本维护检查的时间，假设客户生产每班（工作时间为 480 分钟）可用的工作时间为 400 分钟，当客户的需求为每班 800 个零件时，则每个零件的生产时间应控制在 0.5 分钟以内，此为生产节拍，是人为制定的动态的目标时间；生产周期则不然，是线体 / 设备本身的加工能力，不管是 1 分钟、0.1 分钟还是其他时间，一般只有通过管理和技术才可能缩短。由于非标设备为客制化产品，客户要求什么，我们自然就承诺什么，因此实际给出的，包括合同拟定的都是客户根据生产实际拟定的“最小生产节拍”而非“生产周期”，除非客户特别说明。

误区二：以为生产节拍等于生产周期。当生产节拍大于生产周期时，生产能力过剩，设备闲置；当生产节拍小于生产周期时，生产能力不足，需要加班，但这些都是客户内部的事。因此，作为客户，对线体 / 设备提出“生产节拍”要求时，需要预留足够的空间；作为供应商，在承诺“生产节拍”时，如设备“生产周期”小于客户要求的“生产节拍”时，可以认为其与生产周期是一个意思，否则就要和客户提前沟通好。比如，客户要求每班生产 900 个产品，现有设备的生产周期为 0.5 分钟，按每班的工作时间为 480 分钟计，理论上可以生产 960 个 / 班，没有问题，但由于实际工作时间有折扣（假设实际工作时间为 400 分钟），客户实际每班只能产出 800 个产品，如果要达成生产目标，就得把生产节拍调整到 0.5 分钟以内，但设备可能满足不了，只好安排加班……于是产生分歧或困扰。

误区三：以为生产节拍是计算出来的。对客户来说，他们的确是根据订单大小“算出生产节拍”的，但对于非标设备厂商来说，可能粗略计算是必要的，但得到的结果充其量只是辅助评估的依据，绝对不要简单地把“设备运动速度参数折算出来的时间”当作设备“生产周期”或“生产节拍”给到客户。举个例子，一般工业机器人的线性速度可达到2000mm/s，作为一个标准设备，给出这样的设备参数没问题，但如果集成到非标设备中去，则给出的“生产周期”或“生产节拍”要远远低于这个速度折算出来的时间。最主要原因就是非标设备实际的“生产速度”取决于很多因素，包括设备本身的机械电气性能，生产方面的物料状态、工艺能力、管理要求等，是根据实际运行结果定论的。相关的论述散落于“速成宝典”的各个篇章，如实战篇的第 24 页～第 25 页，高级篇的第 40 页～第 57 页，广大读者可以稍作了解。

1. 结合实际案例拟定设备生产周期（或生产节拍）

不管怎样，要满足或承诺给客户“生产节拍”，设计工程师首先需要评估和拟定设备的“生产周期”。需要强调的是，这方面没有捷径，有赖于平时的总结和积累。在此基础上，我们可以借助一些工具或方法（如“速成宝典”高级篇介绍的时序图）更直观清楚地进行评估，但这些工具或方法本身并不能输出实际案例该有的经验或数据，很多时候是作为传播或存储技术内容的文件。举个例子，图 3-48 所示为某个设备生产周期分析图（它类似于时序图，尤其适合作“并列式”动作的时间分析），很清晰地呈现出设备的动作次序、时间排配情况。但是，比如第 2 项充磁给定 2s 的时间是怎么来的，上气缸上升给定 0.5s 合理吗……这些最终都是一些估测数据罢了，不可能做到准确无误，只要尽可能接近实际就好，或者说所谓的“准确的预估”多是基于大量实践项目得到的经验。

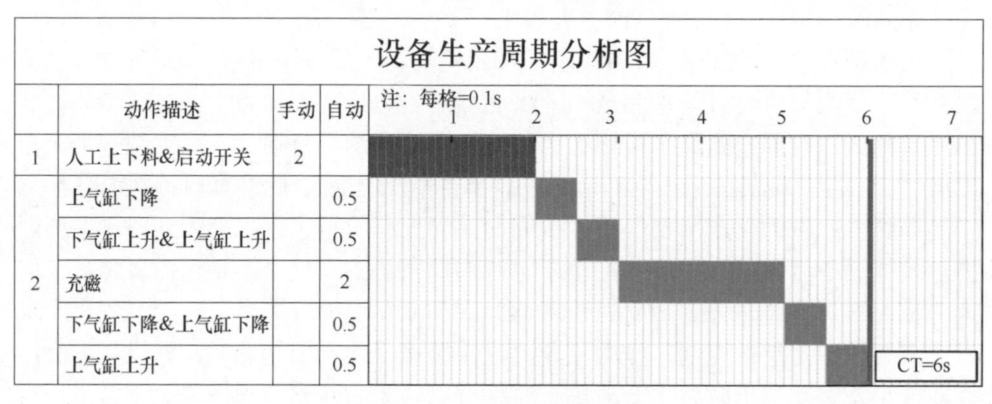

图 3-48　设备生产周期分析图

不管设备动作复杂与否，如果是“顺延式”动作（概念参考“速成宝典”高级篇第 44 页的描述），时间叠加后就是作业周期。举个例子，某工程师做的 ×× 工业机器人集成设备作业时间预估见表 3-9。比如人工放置底壳，并启动设备，类似作业的时间差不多为 5s；比如取出半成品工序，实际从机器人夹爪移动到半成品位置，夹住产品，移动到放置位置，张开夹爪，回到作业位置等大量案例表明，时间大概也是 5s……类似这种思路，把动作拆解后，赋予合理的时间（以上单个动作的时间预估虽然都是 5s、10s，看起来比较粗略，但是有结合实际作业或参考现成案例，不是随便填写的)，最后加上 10%~20% 的弹性时间，便是设备生产周期的估测数据。如果设备有多个并行的制程或动作，可以借助图 3-48 所示的形式进行综合分析。

表 3-9 工序 / 动作拆解

序号	工序 / 动作	时间	备注
1	预装混合齿轮 A	5s	作业准备，步骤 1 直接连在步骤 9 之后，完成后暂停，等待
2	人工放置底壳，并启动设备	5s	
3	装入一个轴销	5s	时间包含移动和工艺两部分
4	放置混合齿轮 B，并重复步骤 3	10s	
5	取滚筒，并定位滚筒	10s	
6	安装压盘（2X）	10s	
7	安装小齿轮	10s	
8	安装滚筒到底壳	15s	
9	取出半成品	5s	移动
10	弹性时间	10s	预估偏差
预估 C/T		85s	

综上，无论是并列式还是顺延式抑或是交叉式动作，时间周期计算都是“简单的时间加减”。但是，工具方法虽然有了，相当于有了计算器，但填入什么数据，取决于工程师自身的专业认知和项目掌控能力。所谓专业认知，比如一个伺服电动机从静止加速到额定转矩几乎只需几毫秒到几十毫秒，这个好理解。那么何谓项目掌控？即具体问题具体分析的意识和能力，比如表 3-7 所示的工艺动作，同样是取出半成品，有些情况可能只要 2s，而为什么不是 5s？这就回到笔者经常提到的“……没有捷径，有赖于平时的学习和积累”。

2. 根据客户要求或项目实际输出产能数据

不管设备的生产周期如何，设计工程师还需要结合稼动率、良率等，输出产能数据（通常是每小时的生产数量），因为设备的实际产能才是客户最终关心的指标。相关内容在“速成宝典”入门篇第 58 页 ~ 第 64 页有详尽论述，此处不再赘述。

3.2.2 设备能耗（功率、耗气量）与机台质量

如果是台标准设备，一般由制造厂家在设备铭牌上定义出性能参数，如生产能力、额定功率、供电频率、出厂日期、厂商名等内容（图 3-49）。非标设备的情况不太一样，铭牌信息是根据客户要求来制定的。而设备能耗和机台质量未必会

被要求标记于铭牌上，但这可能是某些客户所关心的技术数据。

（1）设备能耗 就工厂能源消耗而言，非标设备的能耗大概分为电和气两方面，前者用功率来定义，后者用耗气量来衡量。

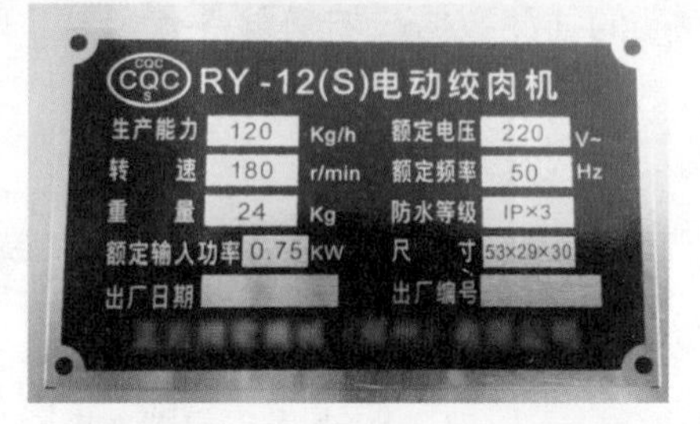

图 3-49 标准设备 / 产品的铭牌

① 耗电功率。一般来说，耗电功率的计算和建议是电气工程师负责的，但机构设计工程师最好也稍微了解下。对于单台设备而言，把耗电较多的动力元器件（如电动机、气缸配套电磁阀、真空发生器、工业机器人等）以及纯电气元件的功率查询核对下，然后累加即为设备耗电功率。比如，发那科 LR Mate 200iD 系列工业机器人的耗电功率约为 1.2kVA（视在功率 = 有用功率 + 无用功率，VA 为视在功率单位，kW 为有用功率单位），见表 3-10；比如，SMC 的 SY 系列电磁阀的耗电功率约为 0.5W（直流供电，24V 的情况下），见表 3-11；比如，普通电批的耗电功率约为 50W，如图 3-50 所示……比如一般输出点控制继电器的线圈，一个点的电流大概在 0.05A 左右，接到 24V 电压后大概耗电 1.5W 左右，然后用 1.5W 乘以同时最大输出点数即可；输入点控制的继电器线圈耗电量较小，点数不多的话可以忽略。大多数普通单机设备的耗电功率汇总后也就三五千瓦，如果是规模较大的线体，只需把各个设备的功率累加。

表 3-10 发那科 LR Mate 200iD 机器人参数

型号	LR Mate 200iD/7L					
机构	多关节型机器人					
控制轴数	6 轴（J1、J2、J3、J4、J5、J6）					
可达半径	911mm					
安装方式	地面安装、倒吊安装、倾斜安装					
动作范围（最高速度）	J1	340°/360°（370°/s）	J2	245°（310°/s）	J3	430°（410°/s）
	J4	380°（550°/s）	J5	250°（545°/s）	J6	720°（1000°/s）
手腕部最高运动速度	4000mm/s					
手腕部最大负载	7kg					
J3 手臂部最大负载	1kg					
手腕允许负载转矩	J4	16.6N·m	J5	16.6N·m	J6	9.4N·m
手腕允许负载惯量	J4	0.47kg·m^2	J5	0.47kg·m^2	J6	0.15kg·m^2
驱动方式	交流伺服电动机驱动					
重复定位精度	±0.018mm					
机器人质量	27kg					
防尘防液等级	符合 IP67 标准（可选项：IP69K）					
输入电源功率（平均功耗）	1.2kVA（0.5kW）					

表 3-11 某型号电磁阀的线圈规格

导线引出方式			直接出线式（G·H） L形插座式（L） M形插座式（M）	DIN形插座式（D·Y） M8接头式（W）
			G、H、L、M、W	D、Y
线圈额定电压/V	DC		24、12、6、5、3	24、12
	AC 50/60Hz		100、110、200、220	
允许电压波动			额定电压 ±10%	
消耗功率/W	DC	标准	0.35{带灯：0.4（DIN形插座式带灯0.45）}	
		带节电回路	0.1（带灯）	
视在功率/VA	AC	100V	0.78（带灯：0.81）	0.78（带灯：0.87）
		110V [115V]	0.86（带灯：0.89） [0.94（带灯：0.97）]	0.86（带灯：0.97） [0.94（带灯：1.07）]
		200V	1.18（带灯：1.22）	1.15（带灯：1.30）
		220V [230V]	1.30（带灯：1.34） [1.42（带灯：1.46）]	1.27（带灯：1.46） [1.39（带灯：1.60）]
过电压保护回路			二极管（DIN形插座式、无极性式为可变电阻）	
指示灯			LED（DIN形插座式的AC为氖灯）	

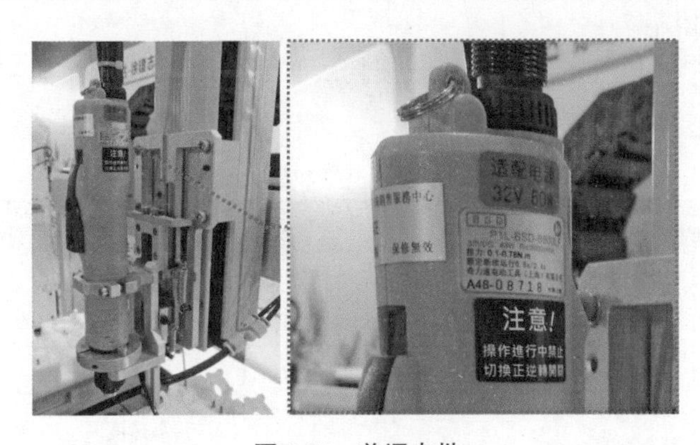

图 3-50 普通电批

② **耗气量**。流体在一定时间内通过某一横断面的容积或质量称为流量，用 Q 表示。用容积 V 表示流量时，单位为L/s或m³/h，也常用L/min，注意下换算关系，$1L=1000mL=0.001m^3=1000cm^3=10^6mm^3$。在所有物理量均采用米制单位的前提下，假设流体在截面积为 S（直径为 D）的管道内流动，经过 t 时间，流过的距离为 L（即平均流速 $v=L/t$），当绝对压力为标准大气压 $P'=0.1$MPa时，流量 Q 和流速 v 关系可表示为：

$$Q=SvP' \text{ 或 } Q=SP'L/t$$

从定性分析的角度看，管道中绝对压力与流量的关系是正比例关系，即绝对压力越大，流量越大。而绝对压力一般表示为“表的示值 P+ 大气压 P'”，其相对大气压的比例关系（相当于倍数）可记为 $k=(P+P')/P'$，即 $k=P/P'+1$”，故流量公式可表达为：

$$Q=SvP'(P/P'+1)=SvP'k$$

如果是直径为 D 的圆截面管道，由于 $S=\pi D^2/4$，则有

$$Q=SvP'k=(\pi D^2/4)vP'k$$

如果实际已知条件为工程单位，比如流量单位为 L/min，直径单位为 cm，速度单位为 mm/s，压力差单位为 bar，其与米制单位的关系分别为：

$1\text{L/min}=10^{-3}\text{m}^3/\text{min}=(10^{-3}/60)\ \text{m}^3/\text{s}$

$1\text{cm}^2=10^{-4}\text{m}^2$

$1\text{mm/s}=10^{-3}\text{m/s}$

$1\text{bar}=0.1\text{MPa}=0.1\times10^6\text{Pa}=10^5\text{Pa}$

代入原始公式得到

$$(10^{-3}/60)Q=10^{-4}(\pi D^2/4)\times10^{-3}vk=10^{-7}(\pi/4)D^2vk$$

即 $Q=[60\times10^{-7}(\pi/4)D^2vk]/10^{-3}=0.0047D^2vk$

许多资料常用上述推导的公式来表达，跟米制单位的公式差异很大，主要采用了工程单位换算后产生的系数的关系。实际计算时，要么将已知量的单位全部转为米制单位，再代入原始公式进行计算；要么直接利用推导公式，注意各个计算量的单位不能搞错。

气动管路中的耗气量相当于流量损耗，实际应用时有两个概念需要理解，即平均耗气量和最大耗气量，见表 3-12。

表 3-12　平均耗气量和最大耗气量

项　目	释　义	公式表达
平均耗气量 Q	标准大气压状态下，执行元件（如气缸）完成一个或多个周期过程所损耗的空气流量	一般平均耗气量 $Q<$ 最大耗气量 Q_{max}
最大耗气量 Q_{max}	标准大气压状态下，执行元件运动部件（如气缸活塞）以最大速度 v_{max} 动作时，经计算得到的空气流量峰值	以气缸为例：$Q_{max}=$ 活塞面积 $S\times$ 活塞速度 $v_{max}\times$ 绝对压力 ΔP

（A）最大耗气量（用于评估管道或阀门的流通能力）。 该物理量主要用于评估气动元件在短时间内出现极限流量时的流通能力。比如电磁阀选型，从原理上就需要首先知道最大耗气量，进而根据流量系数 C_v（欧美标准，C_v 越大则流过阀体压力损失越小，其与流通面积的关系为 $S=18C_v$）来定规格。

根据专业厂商的培训资料，流量系数 C_v 的计算公式为

$$C_v=\frac{Q}{400\sqrt{(P+0.1)\Delta P}}$$

其中 Q 为空气流量，单位为 L/min，P 为设备供应气压（单位为 bar，1bar=

0.1MPa），ΔP 为压强差（单位为 bar，相当于压力损耗，即空气经过阀门前后的压强差）。

由于 C_v 值计算的最大流量是在一定压力范围内测出的数值，是一个估算值。因此，在工作压力为 0.5MPa 的条件下，可以粗略估算 Q（L/min）$=C_v\times1000=(S/18)\times1000=55.5S$。举个例子，工作压力为 0.5MPa，管子内径为 12.7mm，求得有效流通截面积 $S=12.7^2\pi/4=126\text{mm}^2$，则气管流量 $Q=55.5S=55.5\times126\text{L/min}=7000\text{L/min}$，$C_v$ 值约为 7。

【案例一】 已知缸径 D 为 10cm，最大速度 v 为 300mm/s，使用压力 P 为 0.6MPa，求气缸的最大耗气量。

【简析】 先求绝对压力比值（压强单位不影响比值）。由于使用压力 $P=0.6\text{MPa}$，大气压力 $P'=0.1\text{MPa}$，故 $k=P/P'+1=0.6/0.1+1=7$，根据推导公式可知最大耗气量 $Q_{\max}=0.0047D^2vk=0.0047\times10^2\times300\times7\text{L/min}\approx989.1\text{L/min}$。

当然，我们也可以将工程单位转化为米制单位再计算。依次得到缸径 $D=0.1\text{m}$，最大速度 $v=0.3\text{m/s}$，使用压力 $P=0.6\times10^6\text{Pa}$。同上求得 $k=P/P'+1=(0.6\times10^6)/(0.1\times10^6)+1=7$，再根据原始公式可知最大耗气量 $Q_{\max}=(\pi D^2/4)vk=\pi/4\times(0.1)^2\times(0.3)\times7\text{m}^3/\text{s}=0.0165\text{m}^3/\text{s}$。最后，有必要的话，也可以再折算成常用的 L/min 单位，即 $Q_{\max}=0.0165\times[1000/(1/60)]\text{ L/min}\approx989.1\text{L/min}$。

【案例二】 某机构的一个未知规格的气缸，在 0.6MPa 的供气压强下，动作速度为 400mm/s，最大耗气量为 444L/min，则该气缸缸径多大？如何配置 SY 系列的电磁阀及气管？

【简析】 由于使用压力 $P=0.6\text{MPa}$，大气压力 $P'=0.1\text{MPa}$，故 $k=P/P'+1=0.6/0.1+1=7$。根据公式 $Q=0.0047D^2vk$，可得 $D=\sqrt{\dfrac{Q}{0.0047vk}}=\sqrt{\dfrac{444}{0.0047\times400\times6}}\text{ cm}=5.81\text{cm}=58.1\text{mm}$，比较接近这个值的气缸缸径是 63mm。

若实际采用缸径为 63mm 的气缸，同样条件下，其最大耗气量 $Q=0.0047D^2vk=0.0047\times63^2\times400\times7\text{L/min}=522\text{L/min}$。取气缸工作压强为 5bar，空气经过阀门的压差为 1bar，代入公式后得到 $C_v=522/(400\times\sqrt{(5+0.1)\times1})=0.58$。倘若将气缸动作调快到 500mm/s，其最大耗气量和流量系数分别为 $Q=652\text{L/min}$、$C_v=0.72$。查询 SMC 的 SY 系列电磁阀的流量系数，SY3000 的流量系数为 0.26，SY5000 的流量系数为 0.68，SY7000 的流量系数为 1.1，显然可选择 SY5000，但其能力略有不足，应尽量选择 SY7000。

此外，要知道配管管径 d（单位为 mm），可先求管的有效流通截面积 S（单位为 mm^2），其与流量系数 C_v 的关系为 $S=18C_v$。取 $C_v=0.72$，代入公式 $S=18C_v=18\times0.72\text{mm}^2\approx13\text{mm}^2$，再根据 $S=\pi d^2/4$，求出 $d\approx4\text{mm}$。由于有效流通面积会比截面积偏小，因此最少要配用内径 $\phi4\text{mm}$ 及以上的气管，当然，越粗越好。

（B）平均耗气量（用于评估气动系统的流量损耗）。该物理量主要用于评估气动系统（含管道）在一段时间（如1分钟）内的总流量损耗。比如某设备上有N个气缸，求得每个气缸以及管路的耗气量后汇总得到设备总耗气量，据此评估气源是否能满足需求。

【案例】 已知气缸直径D=10cm，行程L=100mm，活塞在1分钟内往复N=60周（气缸顶出、缩回为1周），配管的内径d=1cm，长度为l=60mm，工作压力为P=0.6MPa，请求出平均耗气量Q。

【简析】 由于使用压力P=0.6MPa，大气压力为P'=0.1MPa，故$k=P/P'+1=0.6/0.1+1=7$。在1分钟内，气缸活塞走的距离$s=2LN$，相当于气流速度$v=s/60=2LN/60=NL/30$mm/s，根据流量的推导公式可知

对气缸：$Q_1=0.0047D^2vk=0.0047D^2(NL/30)k=0.000157D^2NLk$

对管道：$Q_2=0.0047d^2vk=0.0047d^2(Nl/30)k=0.000157d^2Nlk$

故总的平均流量为$Q=Q_1+Q_2=0.000157D^2NLk+0.000157d^2Nlk=0.000157N(D^2L+d^2l)k=0.000157\times60\times(10^2\times100+1^2\times60)\times7$ L/min =662L/min。

（2）机台质量 与标准设备不同，非标自动化设备集成的装置和元器件太多太杂，一般难以在设计时精确计算或校核，或者耗费大量时间去得到一个质量预估数据，意义不大。建议参考实际案例的质量（比如类似的设备在出货前经磅秤称重的数据），或者根据设计软件大概估测一下即可。举个例子，如图3-51所示的设备，使用软件进行质量评估，总体积约89000cm³，钢铁密度约7.9g/cm³，两者相乘，则该设备大概就六七百千克上下。如果要细致一些，可将设备或机构进行拆解，用同样的方法进行分析评估，比如1200mm×1000mm×20mm的底板约200kg，配置的方通机架/机箱接近200kg……最后汇总叠加。

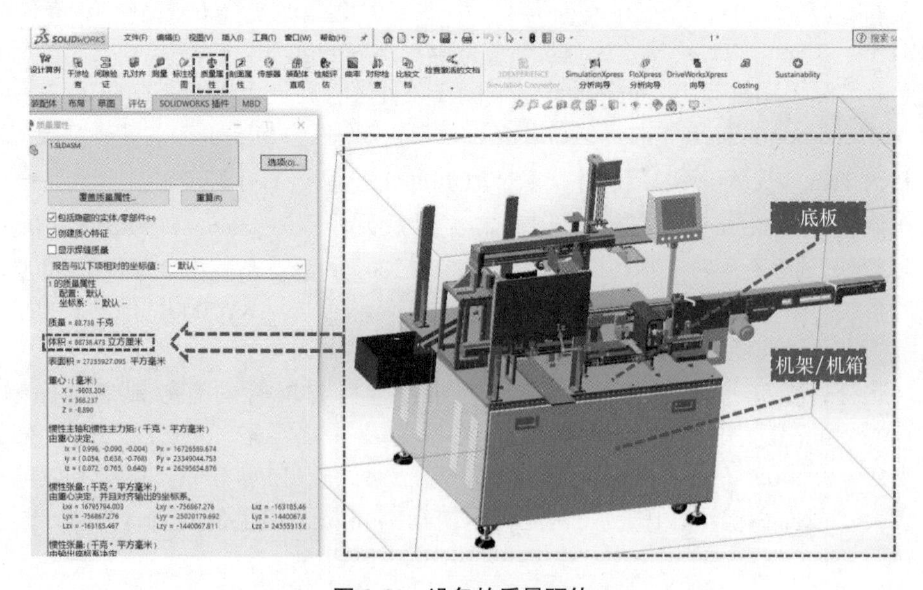

图3-51 设备的质量预估

3.2.3 设备的其他数据（如核算成本、占据空间、使用寿命、配置技师等）

诸如设备成本、长宽高尺寸、使用寿命、操控人员配置等，也是整机方案设计需要考虑的内容。由于内容相对简单，这里只略微谈谈使用寿命。众所周知，绝大多数供应商承诺客户的非标设备的保修期一般都是 1 年，言下之意其实就是保证使用寿命是 1 年，之后有问题即便配合维护，也可能要额外收费，至于设备实际运行 3 年还是 5 年，那是客户的事了。供应商在承诺使用寿命时偏于保守，原因是多方面的，但可以用三个词概括：客制化，集成化，项目化。设备是为当前客户定制的，难免有些不成熟的装置和做法，供应商也不确定寿命如何；设备是各类装置、元件的集成产品，可能用了机器人、线轨、电动机、气缸等，还包括了加工件，确实保障不了所有零配件的品质寿命；通常非标定制化设备都是项目性质，供应商一年要做很多个项目，巴不得每个项目都现在立刻马上结案。另一方面，作为客户，则希望供应商承诺的使用寿命或免费保修期越长越好……

双方博弈下来，行业常规的做法就是免费保修 1 年，通常能在正常生产活动中“挺”过 1 年的设备，也不太可能有大的问题，有些小修小改的地方是正常的，也是客户可以接受的事。对于设计人员来说，如果要满足设备 1 年不出“大的问题”，只要设计上没有致命的疏漏（如出现类似转轴反复断裂的情况），一般是可以努力做到的。比如，该积累的行业经验数据注意收集下，该提升的设计思维与专业认知加强学习下，该计算的、拿捏不准的设计内容稍微校核下，该讲究的设计规范和该避免的设计禁忌主动贯彻下……

比如，设备中用了线性导轨，评估其“使用寿命”时，主要看基本动态额定负载 C。该参数是使一组相同的直线导轨在相同的条件下分别移动，其中 90% 不会因滚动疲劳而产生材料损坏，且可以恒定方向滑动 50×10^3m 的负载。假设线性导轨单个滑块的工作载荷为 F（单位为 kN），如果不考虑环境影响，则其寿命 $L=(C/F)^3\times50\times10^3\text{m}=(C/F)^3\times50\text{km}$。若考虑环境影响，则其寿命 $L=[(Fh\cdot Ft\cdot Fc\cdot C)/(Fw\cdot F)]^3\times50\times10^3\text{m}$。其中 Fh 为硬度系数，Ft 为温度系数，Fw 为负荷系数，Fc 为接触系数，各自取值查询型录图表即可确认。

而线性导轨选型还会接触到另一个近似的概念，即基本静态额定载荷 C_0。这个参数是使在承受最大应力的接触部分上，滚动体的永久变形量与滚动面的永久变形量之和为滚动体直径的 0.0001 倍所需的静止负载，如果不满足可能造成损坏或失效问题。假设（径向）允许负载为 F，静态安全系数为 fs（具体同样查表可得），则应满足 $F\leqslant C_0/fs$。

显然，倘若我们不去关注基本动态额定负载 C，只作静态额定载荷 C_0 的评估，在实际使用上可能不一定会有问题，但对于机构或线性导轨的使用寿命就缺乏基本的判断了。因此，对于重要的设备机构，我们应该尽可能熟悉各项参数、指标，全面评估。

3.3 构件设计相关的计算（略）

构件相关的计算主要围绕强度、刚度等展开，是传统机械设计工作非常重要的内容。然而非标机械比较特殊，往往是“一次性产品”（定制性质），投资也抠抠搜搜（功利性强），对于要求不高或构件多的场合，如若动辄进行深层次的校核计算，不仅耗费人力成本，还可能因为“交期变长，客户不接受”而失去订单。因此，笔者反而倾向于提出这样的建议：通常情况下，非标机械上 99% 的零部件以定性设计为主即可，重要场合再根据现实情况或条件选择合理的方式去评估和判断。

1. 注重构件的定性设计

请注意，定性设计≠糊涂设计，定量设计≠可靠设计。在设计过程中“凭感觉”检讨和评估机构如何做得更好、更合理，即为定性设计。这种“感觉”是建立在大量案例、规范、禁忌等认知的基础上的，不是毫无根据的“臆想”或“搏一把”。在设计过程中推演功能指标之间的“关系”（公式）与“数据”（计算），即为定量设计。请不要主观认为，用公式计算才叫“够严谨”，得到一个数据才叫“有依据”。

如果做的是普通的非标设备，在设计策略方面，“定性”可能比“定量”更有意义和价值，尤其是构件的设计，建议以“定性”为主。只有两种情况可能需要在“定性设计”的基础上辅以“定量校核”，尽量做到理据化，减少不必要的疏失和成本浪费。

① **关键机构的核心零件**。何谓关键机构？比如可能通用于其他项目设备的机构，比如在当前设备上有重要工艺或功能的机构，比如经验不足的创新或原创机构，比如偏传统机械类型（类似凸轮机构和连杆机构之类）的机构，比如速度、精度和负载要求高的机构等，如果不太有信心，当有理论支撑时，可以进行相关的计算校核、推导，参考本书“4.2.3　零件的外形设计”相关论述。

② **重要的转轴**。比如凸轮机构的转轴，相关建议见“速成宝典”高级篇第 114 页～第 133 页，此处不再赘述。

2. 注重机构的整体性能（图 3-52）

具体绘制非标机构时，一般反复围绕设计的性能指标去不断修正。性能指标包括笔者一直强调的“一力二度三性四束”。

“一力”，即负载能力（带动机构、承受外力、克服阻力的能力宽裕程度）。**“二度”**，即速度表现（在达到机构设计速度要求的前提下，该机构的速度指标）和精度级别（在达到机构设计精度要求的前提下，该机构的精度指标）。**“三性”**，即经济性、可调性、稳定性，顾名思义，是一些难以量化但有基本原则和趋势的做法、经验、规律。**“四束”**，即四个约束，包括：观念，即对自己的要求不高，纯属态度问题，务必端正；认知，即我们说的专业基本功不扎实，平时要下的功夫难有捷径；标准，即没有留意或积累行业很多约定俗成的做法；案例，即没有储备足够多的能用、有用的机构案例，或空有案例但没有去学习。

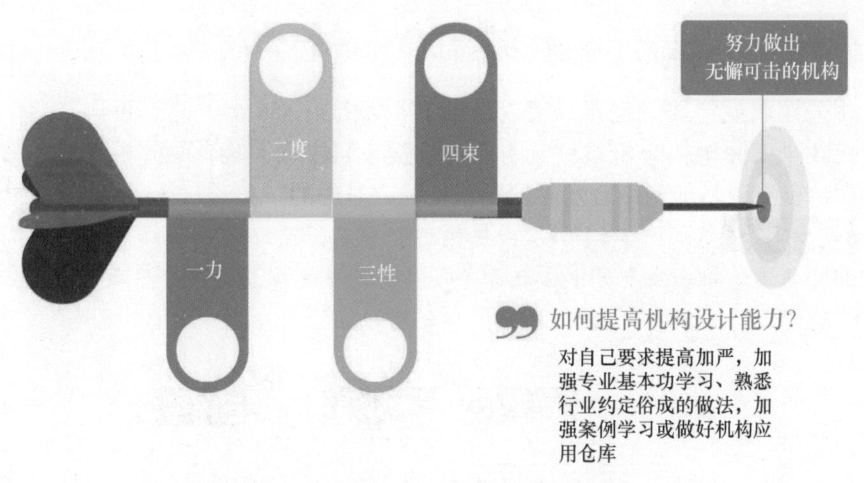

图 3-52　非标机构设计的通用检讨指标

不同机构对于这些方面的潜在要求不太一样。例如，做 3C 行业设备机构的，一般不太会在“力”上有障碍，主要是在“二度”上经常有困惑，反之在稍微偏重工业的行业，可能对于速度、精度的要求不高，但对于负载方面的要求很高……至于“三性”，属于通用要求，虽然没有量化指标，以定性为主，但是能确确实实指导设计。我们很多机构设计出来后被别人挑三拣四，往往就是“三性”做得不好，需要不断检讨、优化。影响到你能不能把机构的“一力二度三性”做好的根本原因，大家也需要注意下，你为什么不能把机构做好，很大概率是没有突破“四束”的原因。

3.4　气动选型相关的计算

气动选型相关的计算内容如图 3-53 所示，主要涉及气缸及电磁阀、真空组件等。由于气动本身不是一个稳定的可控的动力形式，因此在进行理据化学习时无需过于纠结计算或推导结果是否足够精确，而是重点在分析过程中加深对机构的确认和熟悉即可。

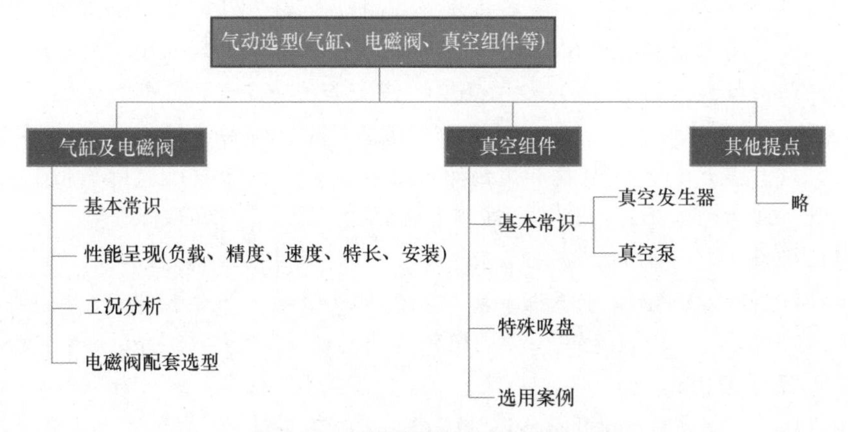

图 3-53　气动选型相关的计算内容

3.4.1 气缸及电磁阀选型相关的计算

相关建议见“速成宝典”实战篇第144页~第156页，此处不再赘述。这里再补充3个实际机构分析案例。同样，请读者们注意下笔者的分析思路，除了常规的理论推导，是如何结合实际问题进行综合考虑的。

【案例一】 如图3-54所示，机构水平布置，气缸需要在t=1.5s的时间内将G=294N的重物推出s=0.8m的距离，假设重物与支撑面的摩擦系数μ=0.1，工作压力0.6MPa，则气缸应选用缸径多少为合理？

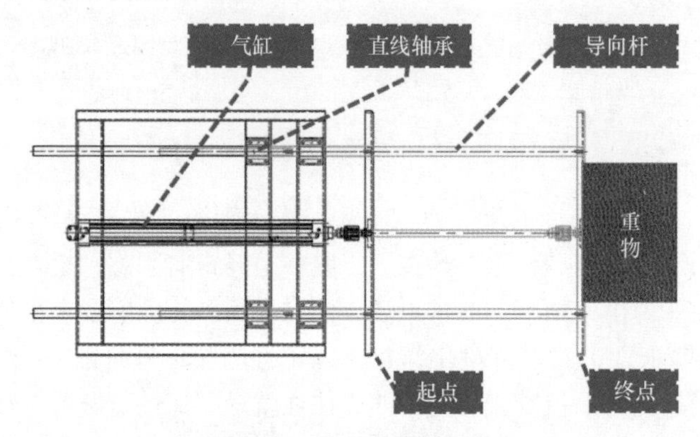

图3-54 水平布置的机构

【简析】 气缸实际需要的动力F'至少要比阻力$f=\mu G=0.1\times294$N=29.4N大，速度$v=s/t$=0.8/1.5mm/s=533mm/s，根据厂商型录建议安全系数取0.3，则理论需要动力$F=F'/0.3$=29.4/0.3N=98N，查厂商型录的气缸出力表（亦可根据出力=压强×截面积，截面积=$\pi D^2/4$等关系进行推导计算，但实际没必要），在工作压力0.6MPa、缸径ϕ为16mm的气缸的推出力F为103.2N。作为一道题目，到这一步似乎答案已经昭然若揭了。

但是作为一个实际问题，我们在分析实际所需推力F'时过于理想化了，比如实际工作气压有可能低于0.6MPa，比如机构可能装得不太好以致导引杆和直线轴承之间的阻力较大（摩擦系数μ大于0.1）。最重要的一点是，气缸推动的重物质量达到近30kg，运动到静止、静止到运动的状态变化，都存在较大冲击的加减速情形，必须考虑其运动的加速度和惯性力问题；如果重物质量小，比如几千克，只是受到纯粹阻力的情形，可忽略加减速和惯性力问题，简化问题分析。

假设重物加速度为a，匀速时速度为v，加减速时间我们先设定为t'=0.1s，则$a=v/t$=0.53/0.1m/s^2=5.3m/s^2，则根据牛顿第二定律$F'-f=F'-29.4=(G/g)a$=(294/10)×5.3N=155.8N，所以F'=185N，对应理论输出力$F=F'/0.3$=155.8/0.3N=516N，需要选到缸径为ϕ40mm的气缸，如果t'=0.2s呢，则分别得到F'=107N，F=356N，需要选到缸径为ϕ32mm的气缸，结果和我们不考虑物体惯性问题时的偏差

较大。

那最后该怎么定所需的理论输出力呢？首先，大家知道查表的时候，厂商建议的安全系数是建立在气缸运作速度的前提下，已有各种影响因素的考量。以本案例来说，理论力已经是需求力的3倍多，本来无可厚非，问题是需求力的求得没有考虑大质量物体的惯性问题，不太能够反映实际的动作状态。其次，气动不是稳定的动力形式，所以计算加速度过程虽然有板有眼，但得到的数据充其量可作为工况分析参考，并不能量化实际的运动状态，既然用到气缸机构，普遍对速度要求不高，这么重的物体要求加减速时间为0.1s和0.2s，冲击太大，或者说这个时间要求已经足够严苛。因此综合考虑，机构速度要求不高，可以选择缸径ϕ32mm，大不了把气缸调慢一点；如果对机构速度有要求，则至少考虑到类似上述分析的机构加减速情况，实际再结合机构重要性以及未来的拓展性，在规格上往有利方向选型，ϕ40mm甚至更大的缸径，亦无不可。

【案例二】 在0.5MPa的工作压力下，图3-55所示的机构经分析需要铆压力F=300N，气缸的工作速度为400mm/s，忽略线轨的摩擦力，请问气缸至少需要选多大？

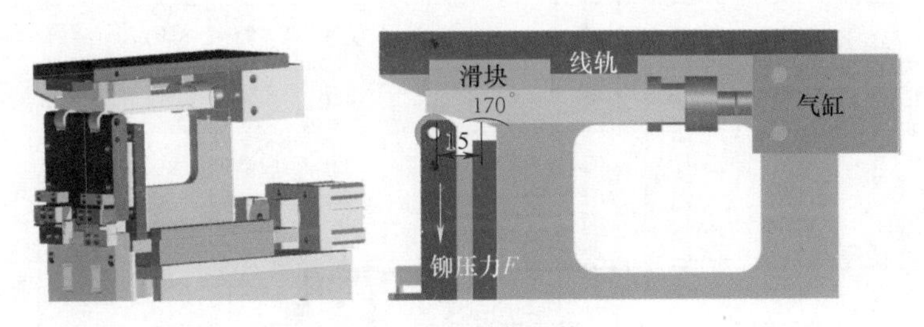

图3-55 斜契机构

【简析】 在分析之前，我们先看另一道题目。某气缸的工作速度为300mm/s，气压为0.5MPa，实际需要输出负载为6kgf，请问理论上应选择至少多大缸径的气缸？题目很简单，因为比较烦琐的需要定负载的步骤已经省了，直接告诉大家实际需要气缸出力6kgf，并且给定运行速度条件，据此可确定安全系数(如果看过笔者的书或有厂商培训过的应该知道)，此时可取0.5，相当于要选的是理论输出力为12kg的气缸。那么接下来，可以用公式算，也可以查型录（见表3-13)，理论上应该选用缸径为ϕ20mm的气缸。但是，实际项目的选型工作重点是不一样的，查表只是一步模式化的工作，类似这个6kgf是怎么来的才是设计人员需要根据不同机构具体分析和估测的重点和难点，甚至很多是依赖于经验和实验才能确定，这里不展开。

回到案例问题。这是一个斜楔机构，有省力功能，需要F=300N的铆压力，但实际需要气缸活塞杆定出方向的输出力F''并非300N，因此首先要建立F和F''的关系。方法有很多，例如三角函数关系，这是最直接的。如图3-56和图3-57

所示，tan10°≈0.18，所以实际需要气缸的力 $F''=F\tan10°=300\times0.18\text{N}=54\text{N}$，根据速度取安全系数为 0.5，理论力为 108N。查表 3-13 可知，应选取 ϕ20mm 缸径的气缸。但考虑到实际有摩擦力等影响，且机构用于铆压工艺（力方面宜大不宜小），实际选取 ϕ25mm 及以上缸径的气缸更为合理（考虑到机构的协调性，笔者会选 ϕ32mm）。

表 3-13　某厂商型录的气缸输出压力表（截图）

SMC **气缸理论输出压力表**

适合的标准型双作用气缸(CJ2 · CM2 · CA2 · CS1系列)　　伸出　缩回　　（单位：10N）

缸径/mm	活塞杆直径/mm	动作方向	受压面积/cm²	使用压力/bar								
				2	3	4	5	6	7	8	9	10
6	3	伸出	0.283	0.57	0.85	1.13	1.41	1.70	1.98	—	—	—
		缩回	0.212	0.42	0.64	0.85	1.06	1.27	1.48	—	—	—
10	4	伸出	0.785	1.57	2.36	3.14	3.93	4.71	5.50	—	—	—
		缩回	0.660	1.32	1.98	2.64	3.30	3.96	4.62	—	—	—
16	5	伸出	2.010	4.02	6.03	8.04	10.05	12.06	14.07	—	—	—
		缩回	1.814	3.63	5.44	7.26	9.07	10.89	12.70	—	—	—
20	8	伸出	3.14	6.28	9.42	12.57	15.71	18.85	22.0	25.1	28.3	31.4
		缩回	2.64	5.28	7.92	10.6	13.2	15.8	18.5	21.1	23.8	26.4
25	10	伸出	4.91	9.82	14.73	19.63	24.5	29.4	34.4	39.3	44.2	49.1
		缩回	4.12	8.24	12.4	16.5	20.6	24.7	28.8	33.0	37.1	41.2
32	12	伸出	7.07	14.14	21.2	28.3	35.3	42.4	49.5	56.5	63.6	70.7
		缩回	5.94	11.88	17.81	23.8	29.7	35.6	41.6	47.5	53.4	59.4
40	14	伸出	12.57	25.1	37.7	50.3	62.8	75.4	88.0	101	113.1	125.7
		缩回	11.07	22.1	33.1	44.1	55.2	66.2	77.2	88.2	99.3	110.3
50	20	伸出	19.63	39.3	58.9	78.5	98.2	117.8	137.4	157.1	176.7	196.3
		缩回	16.49	33.0	49.5	66.0	82.5	99.0	115.5	131.9	148.4	164.9
63	20	伸出	31.2	62.3	93.5	124.7	155.9	187.0	218	249	281	312
		缩回	28.0	56.1	84.1	112.1	140.2	168.2	196.2	224	252	280
80	25	伸出	50.3	100.5	150.8	201	251	302	352	402	452	503

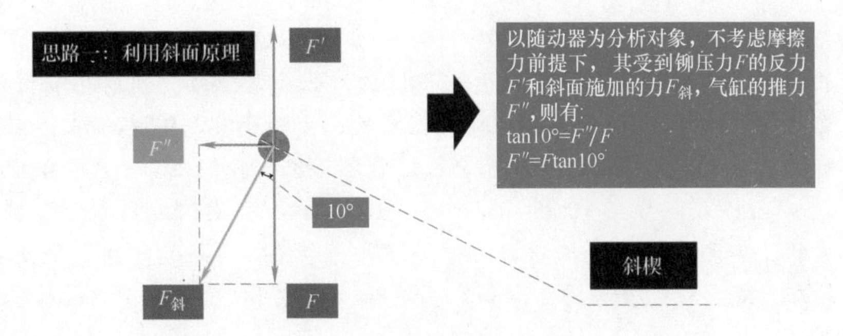

图 3-56 利用三角关系分析受力

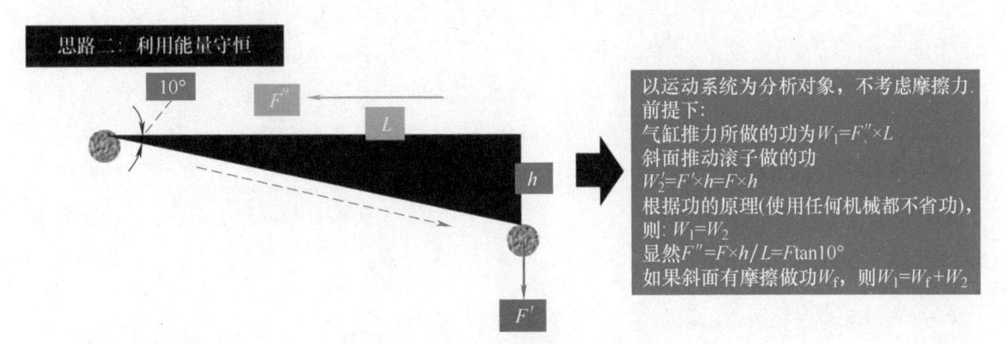

图 3-57 利用能量守恒分析受力

【案例三】 如图 3-58 所示的上料机构示意，假设水平动作行程为 100mm，上下动作行程为 50mm，一开始气缸位于载具上方，夹爪处于张开状态，则一个完整抓料的动作循环（水平气缸伸出、缩回各 1 次，竖直气缸伸出、缩回各 2 次，夹爪夹紧、松开各 1 次）大概需要耗费多长时间？

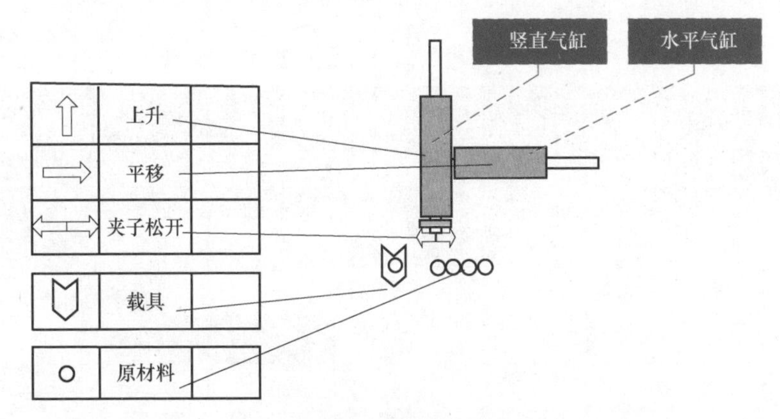

图 3-58 上料机构示意

【简析】 笔者在“速成宝典”入门篇和高级篇对气动机构的动作时间进行过分析和建议。大家牢牢抓住一点，气缸的时间是没法精准的，但是考虑到大量的案例，类似机构的气缸动作到位后有延时为好，大概为 0.1~0.2s，至于气缸运动过程的时间，通过调速阀可以改变，但因为冲击会影响到，所以很多时候是会降速来运行的。例如，50mm 或 100mm 左右的，会给个 0.2~0.5s 的样子。题目包含了水平反复 2 次，上下动作 4 次，夹放动作各 1 次，我们估算一下：0.25+0.1+0.25+0.25+0.25+0.1+0.25+0.25=1.7s，适当留些裕量，实际可定为 2s 或 2.5s。气动机构的速度无法用纯机构分析的方法得到一个实际运行的时间，往往需要结合具体的工艺或要求综合考虑，比如有些特殊情况，可能需要给到 3s 或 1.4s 之类的评估数据。

通过上述 3 个实际问题的案例学习，相信有读者应该会有感受，所谓的气动选型，说白了重点其实在于机构本身的分析和评估，而不是在于选型公式的计算，前者是活的，后者是死的。拿【案例二】来说，如果换个动力源，采用“电动机 + 凸轮”来驱动，也同样需要有类似的分析、推导，或者换个机构形式，则可能动力和执行机构之间的关系就不是三角函数关系了，需要具体问题具体分析。如果大家在实际元件选型工作中有些困扰和迷茫，请一定记住上述建议，那代表您需要再花点心思去加强机构学习，提升专业认知，而不是简单地以为，选型就是按型录步骤走一遍。

3.4.2 真空系统选型计算

相关内容在“速成宝典”实战篇第 162 页 ~ 第 180 页有详尽介绍，此处不再赘述。所谓“吸附工艺”，指的是通过各种类型的吸盘（常见吸盘材质特性见表 3-14，材质的选择见表 3-15）实现物件的吸取搬移。动力源一般为真空发生器，少数情况也用到真空泵或风机，主要差异见表 3-16，我们一般很少需要去纠结到底用真空发生器还是真空泵。除了一般吸附工况，由于应用场合和工件种类不同，很多时候也用到特殊吸盘，如图 3-59~ 图 3-63 所示。

表 3-14 吸盘材质特性

吸盘橡胶材质	硬度 HS	使用温度范围 /℃	性能							
			耐油性	耐气候性	耐臭氧性	耐酸性	耐碱性	耐磨性	电绝缘	耐气体穿透性
丁腈橡胶	55	−30~120	优	不可	不可	可	良	优	不可	良
硅橡胶	55	−60~250	可	优	优	可	良	不可	优	不可
聚氨酯橡胶	55	−20~75	可	优	优	不可	不可	优	良	良
氟橡胶	70	−10~230	优	优	优	优	可	良	优	优
氯丁橡胶	15	−30~130	良	良	优	良	优	良	良	良
天然橡胶	40	−60~80	不可	可	不可	良	良	不可	优	可

注：橡胶的硬度为吸盘所使用的标准的硬度，该表示为天然橡胶合成橡胶的一般特性。

表 3-15 材质的选择

材 质	相应吸附物
丁腈橡胶	一般物体
硅橡胶	半导体、薄型物体、食品、成型品
聚氨酯橡胶	铁板、薄型板、纸箱
氟橡胶	药品

注：根据使用条件，使用流体，环境条件选择适当的材质。

表 3-16 真空产生装置的对比

项 目	主要特点	适用场合	备 注
真空发生器	真空度高（最高接近 90kPa），小巧，节能，便利，压缩空气驱动	频繁起停，流量不大	接负压容器 / 吸盘，自动化设备常用
真空泵	流量大，真空度高（最高可达 100kPa），价格高，电驱动	连续工作，流量偏大	接负压容器 / 吸盘，自动化设备少用
风机	流量超大，真空度低（约 50kPa），占空间，安装不便，电驱动	连续工作，低真空度	吹吸两用，如仟样机的负压吸料，压铸机的正压送风冷却

非接触式吸盘SBS

基于伯努利原理，铝质机身，垂直和水平气压连接，集成了真空发生装置(无需真空发生器)，轻接触搬运敏感工件，如纸张、薄片、木材内衬、导电板、晶片和太阳能电池等

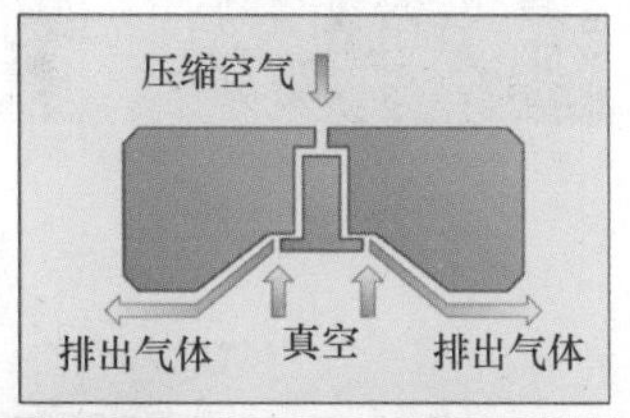

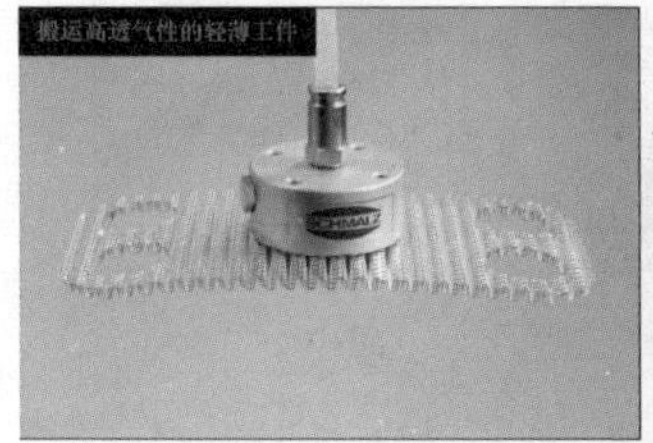

图 3-59 非接触式吸盘

磁性吸盘SGM

铝质机身，永磁铁安全抓取，抓取有孔的金属板，铁磁性工件或复杂形状的金属板材的搬运

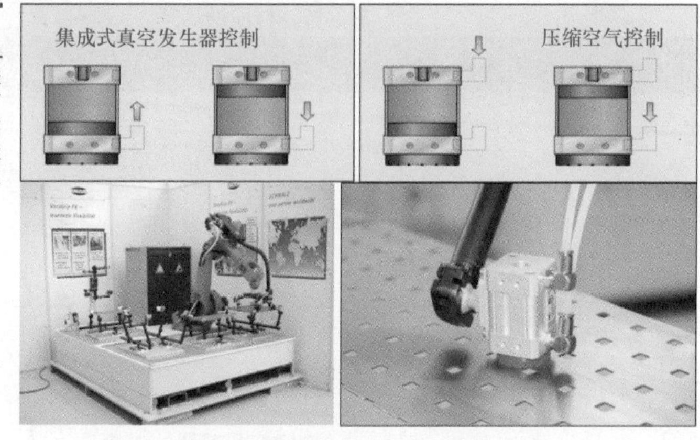

图 3-60 磁性吸盘

针式吸盘SNG

铝质机身，针行程可调，搬运多孔性或者不稳定的工件、纺织品和泡沫材料

通过压缩空气来控制针的伸出和收回(2条回路)　通过压缩空气控制针伸出，通过弹簧来控制针收回

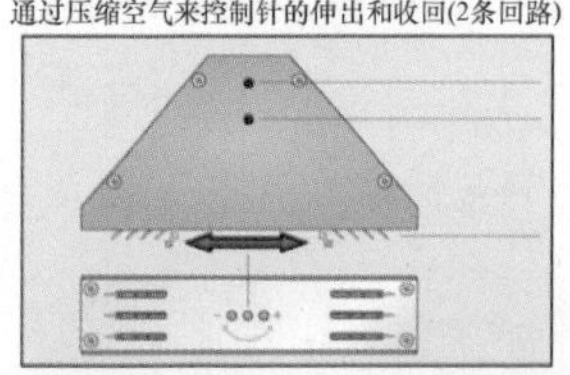

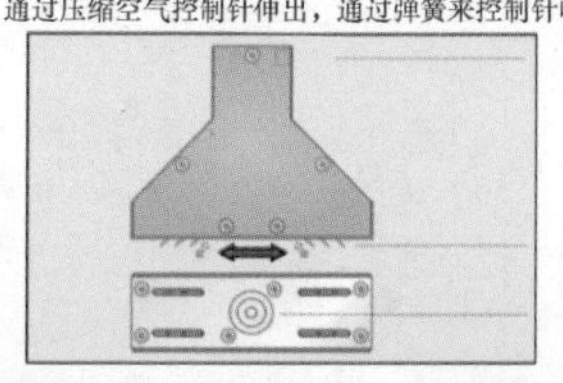

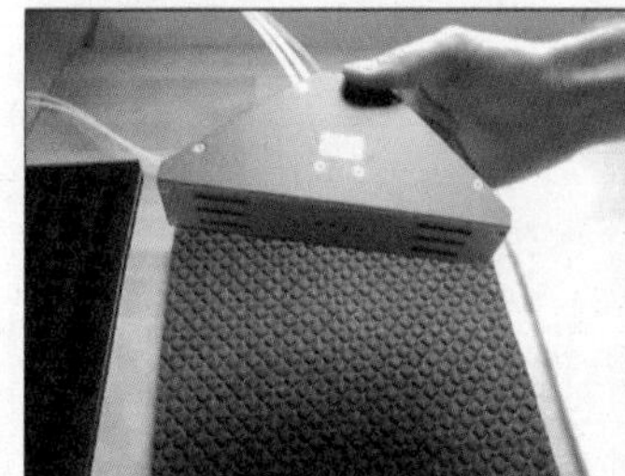

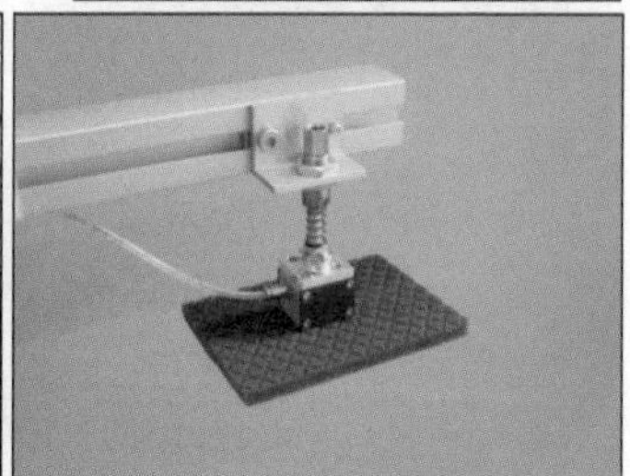

图 3-61 针式吸盘

图 3-62 海绵吸盘

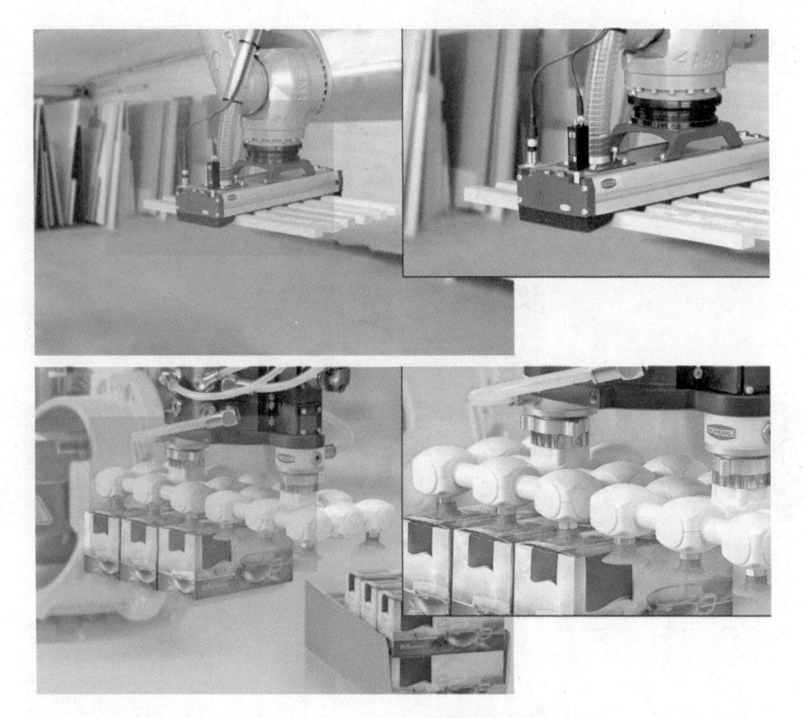

图 3-63 各行业所用的吸盘

3.4.3 气动配件选型相关的计算

相关建议见“速成宝典”实战篇第 156 页 ~ 第 162 页，此处不再赘述。这里补充一个实际机构分析案例。

【案例】 在 0.5MPa 的工况下，有一个缸径 ϕ32mm 气缸水平推动质量 M=20kg 的物体，运行 100mm 耗费了 0.4s，如果用亚德客 ACA 系列液压缓冲器（见表 3-17），请问哪个规格合理些？

【简析】 液压缓冲器是一个吸收能量的元件，起着让运动部件更平稳减速的作用，选型计算的关键考量词是“能量”。水平运动的话，运动部件的能量包含两块，一是运动动能 E_1，一是气缸推力对缓冲器所做的功 E_2。其中 $E_1=mv^2/2$，由于平均速度 $v'=0.1/0.4\text{m/s}=0.25\text{m/s}$，最大速度取 $v=2v'=0.5\text{m/s}$，所以 $E_1=20\times0.5^2/2\text{J}=2.5\text{J}$，至少应选 ACA1007 或更大规格。假定选择 ACA1007 型号，则缓冲行程为 7mm，在 0.5MPa 的工况下，缸径为 ϕ32mm 的气缸水平推力约 400N，所以 $E_2=Fs=400\times0.007\text{J}=2.8\text{J}$，以上一共 5.3J 的能量，取 1.5~2 倍，则为 10J 左右，查表 3-17，显然应该选 ACA1210。这个规格缓冲器的缓冲行程为 10mm，同样方式可得 $E_2=Fs=400\times0.01\text{J}=4\text{J}$，此时最大吸收能量一共 6.5J，也是适用的。

表 3-17　亚德客液压缓冲器

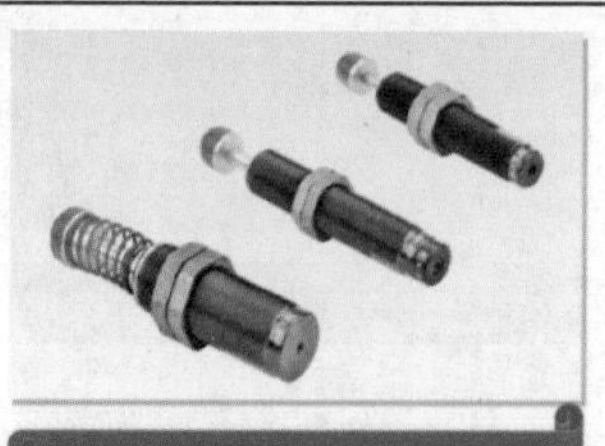

注：液压缓冲器的选型主要看最大吸收能量，而在评估该指标时需要同时考虑行程

规格	行程 / mm	最大吸收能量 / N·m	小时吸收能量 / [(N·m)/h]	最大有效重量 /kg			最高撞击速度 / (m/s)			质量 /g
				高速型	中速型	低速型	高速型	中速型	低速型	
ACA0806	6	3	5400	5	20	25	4	2	1	12
ACA1007	7	6	14500	10	40	50	4	2	1	26
ACA1210	10	10	30000	18	60	80	4	2	1	40
ACA1215	15	12	35000	20	75	100	4	2	1	48
ACA1412	12	18	36000	30	110	150	4	2	1	70
ACA1416	16	22	39000	40	140	180	4	2	1	78
ACA1420	20	25	45000	45	155	200	4	2	1	85
ACA2020	20	60	50000	240	660	960	4	2	1	175
ACA2025	25	65	54000	260	720	1040	4	2	1	185
ACA2030	30	70	58000	280	780	1120	4	2	1	210
ACA2040	40	80	65000	320	890	1280	4	2	1	225
ACA2525	25	100	75000	400	1100	1600	4	2	1	290
ACA2550	50	150	85000	600	1650	2400	4	2	1	370
ACA2725	25	140	85000	560	1550	2240	4	2	1	372
ACA2750	50	250	95000	1000	2780	4000	4	2	1	475
ACA3325	25	180	100000	720	2000	2880	4	2	1	596
ACA3350	50	300	120000	1200	3300	4800	4	2	1	750
ACA3625	25	220	135000	880	2400	3500	4	2	1	702
ACA3650	50	350	150000	1400	2500	5600	4	2	1	889

目前，多数标准件厂商型录的资料都整合了选型方法、步骤和案例，只要勤于翻阅，熟悉标准件选型设计障碍不大。但是，请注意，选型≠选用，前者专业厂商可以帮我们“答疑解惑”，后者则更多依赖自己主导。比如，针对某个机构，我们对气缸很熟，也选对了，但没固定好，动作时有晃动，导致不稳定或接头经常断，这就达不到我们说的合理选用的目的。所以会选只是个基础，会用也很关键，请大家把思维开拓一下，不要停留在选型上，尤其不要以为所谓的选型设计就是用公式算算算。举个例子，气缸头部和滑动件之间的连接有如图3-64所示的方式，当我们设计如图3-65所示的气缸需要摆动的装置时，宜采用“关节轴承和耳环型”连接方式。连接头形式的选择看起来很简单，但也非常重要。

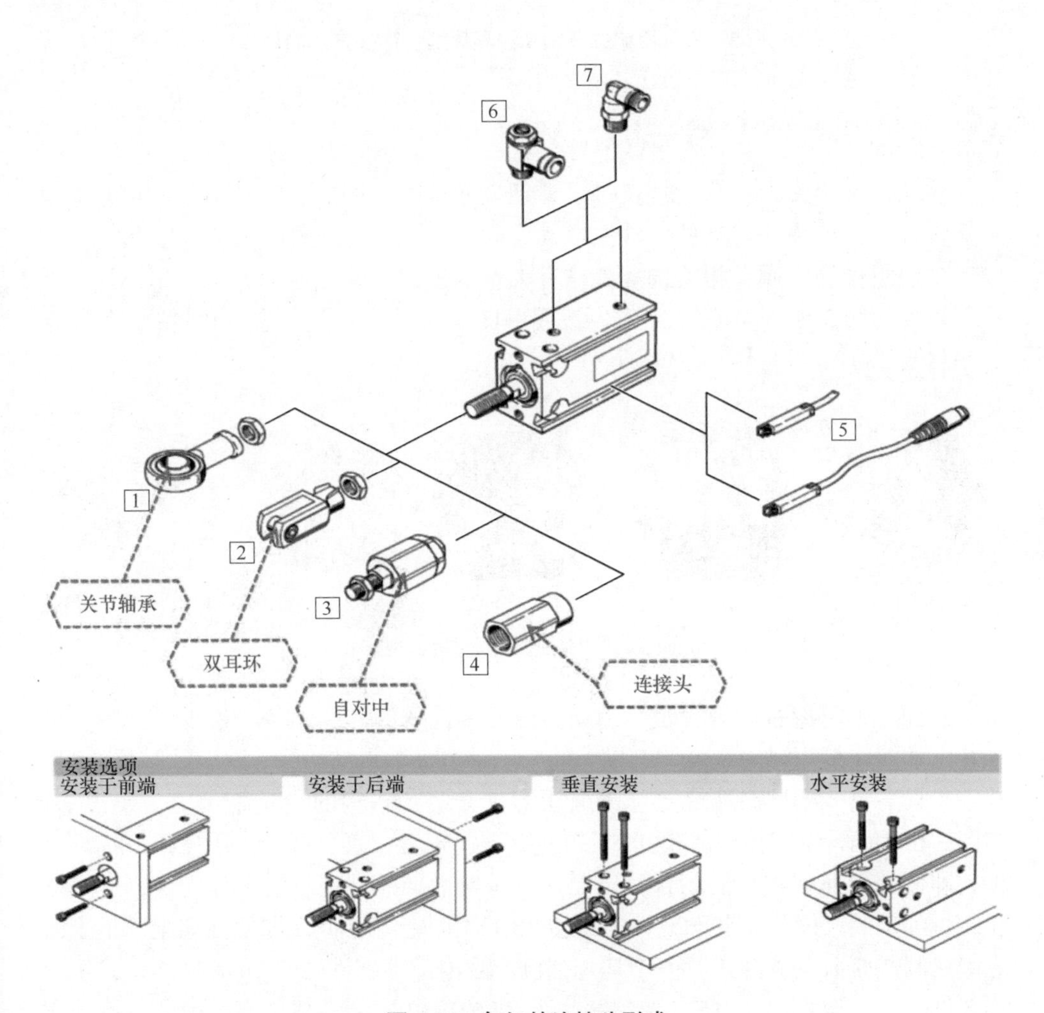

图3-64 气缸的连接头形式

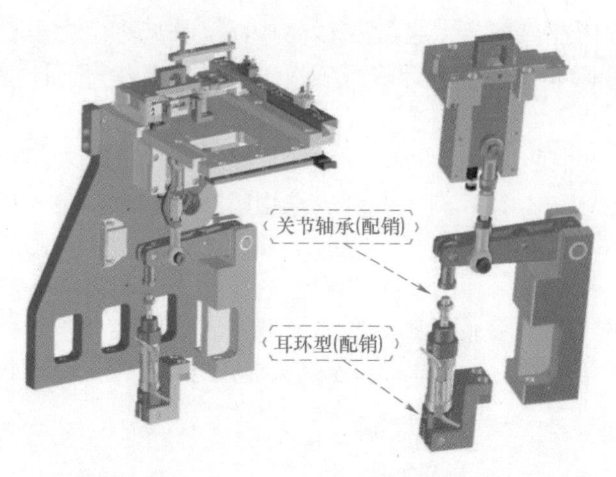

图 3-65 宜采用“关节轴承和耳环型”连接方式的场合

3.5 常见的传动设计相关的“计算”

传动设计相关的计算，是很多设计新人非常关心的内容。理由很简单，需要传动设计的机构往往复杂些，涉及电动、同步带、滚珠丝杆、分割器、齿轮、气缸等功能组件的应用，相关选型工作有大量的公式计算、原理分析，稍不注意就可能出现如图 3-66 所示的“工作失效或不良”的问题……感觉都很重要，但又不容易驾驭。

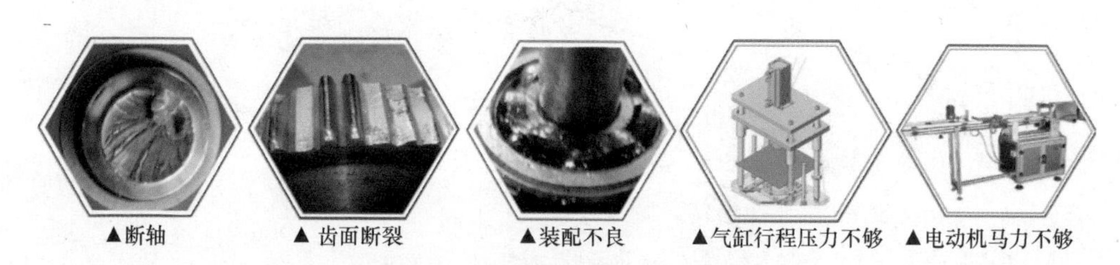

图 3-66 常见的部件工作失效或不良

然而，不可忽视的现实是，绝大多数应用性质的非标设备项目设计节奏普遍偏快，如何在最短时间获得“结果”的“工程思维”贯彻始终。这个“结果体现”往往是设备整体的“高性价比”，而不是某个装置或机构的“新奇特”“高精尖”。如图 3-67 所示，在时间和精力有限的前提下，笔者建议尽可能多用成熟的标准机件，即便需要非标设计的场合，也无妨多借鉴标准机件现成的设计内容，这样能将大量烦琐的“模式化”的设计工作转嫁给“机械工程师”。即便强如全球最牛的光刻机制造商荷兰 ASML，由于其光刻机产品内部零部件高达 10 万件之多，所有零部件也并非全部出自 ASML 一家，而是集众于多家高科技厂商。因此，设计方式最终还是取决于设计目标，都是为了最快地设计制造出高性价比的产品。“取长补短”“善假于物也”“为最终结果负责”，才是非标设备机构设计的王道。

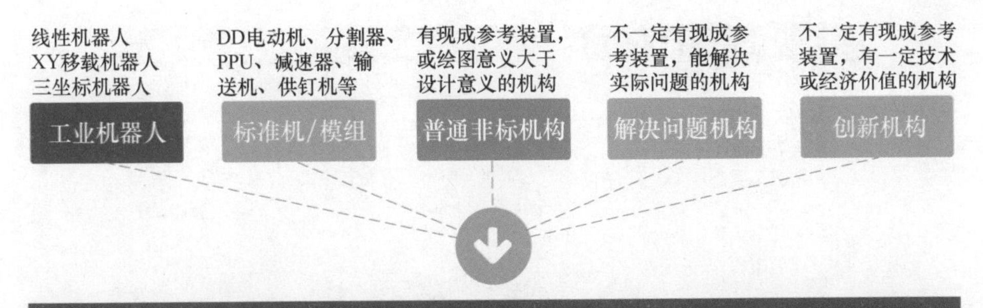

图 3-67 “集成设计模式”

举个例子，一般非标的“电动机 + 同步带”模组，可拆解为框架、线性导轨、同步带、执行机构、电动机等装置或零部件，如图 3-68 所示，各自的作用如图 3-69 所示。其中，“框架 / 基座”和“执行机构 / 工具”通常每次都需要根据不同的项目条件、要求进行定制设计；“线性导轨”“同步带 / 齿条 / 丝杠”、电动机等组合而成的功能装置，则可以用合适规格的标准机 / 件来替代，耗费太多精力去重复设计这部分内容意义不大。因为后者装置“推敲”得再严谨，无论是架构还是校核，过程跟专业厂家的比，差异都不大，属于“标准化设计内容”。尤其是对初学者而言，倘若一开始就把设计学习的焦点放在电动机该多少瓦、同步带用什么规格、线轨如何选定等，这除了增加大量无谓的“工作焦虑”和“学习障碍”，其实并不符合“非标机构设计”工作的特性和实际。这就好比明明是个攒计算机的，专业能力和经验均欠缺，不注重客户定制化的模块配置优化研究，却把精力都放在琢磨 CPU 是几纳米制程，主板连接器是如何焊接的，硬盘的工作原理是什么……探讨这些让自己显得知识渊博，也可能长远地促进个人技能成长，但不太能直接、迅速地让工作变得高效顺畅。

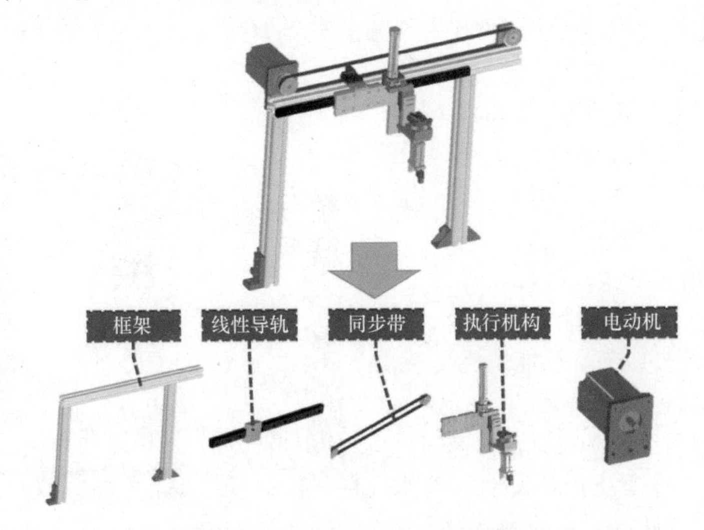

图 3-68 简易的非标同步带移载机构

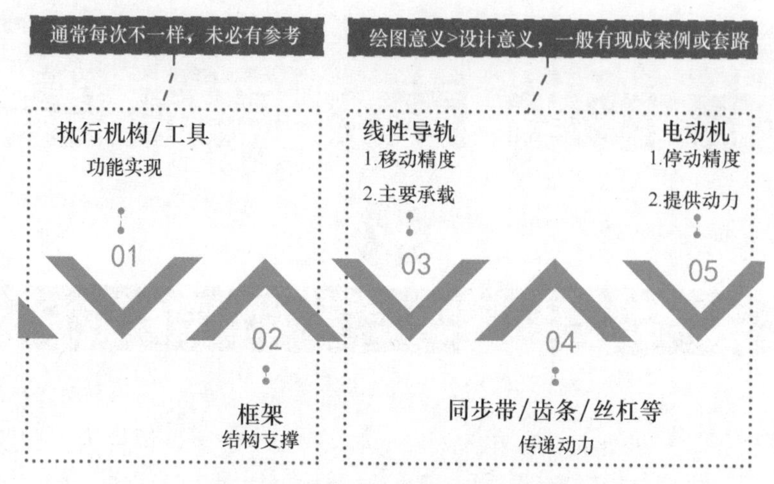

图 3-69　同步带移载机构的功能拆解

有鉴于此，笔者在“速成宝典”系列书籍中虽然也做了大量“理据分析的内容”，但更多的是跟广大读者一起交流机构、装置的来龙去脉，注重的是引导读者朋友拓展能力和提升素质，在具体项目的实际设计工作中，大家其实应该以“工程思维为先”，怎么更便捷、更可靠地得到设计结果就怎么来。

3.5.1 “电动机 + 同步带”模组

标准化的机构模组比较成熟，市面上俯拾皆是。找到厂家的模组产品型录，很容易就能完成机构零部件的选型工作，找到最贴近工况需求的产品，再根据实际工况对装置作些调整和修正即可完成设计，这样能省去大量摸索和验证的功夫。如果要自行非标设计或分析现成模组，一般来说可围绕着机构的“负载”“速度”“精度”等指标进行评估。

【案例】 如图 3-70 所示的非标机构，可将物料从起点移动到若干位置，最大行程 s=500mm，执行机构（含物料）质量约 1.5kg，带轮节径 R=50mm，忽略线性导轨的摩擦力，忽略带轮和联轴器的惯性，试对该机构的设计要点及运作性能进行简单分析。

【简析】 移载机构的分析内容，无论是负载能力（相对来说，是机构分析的难点和重点）还是精度或速度等，均包含导引机构和动力两个方面，而且一般是从执行机构 / 移载物体开始着手。其他形式的传动机构分析，基本思路和方法大同小异，一通百通。

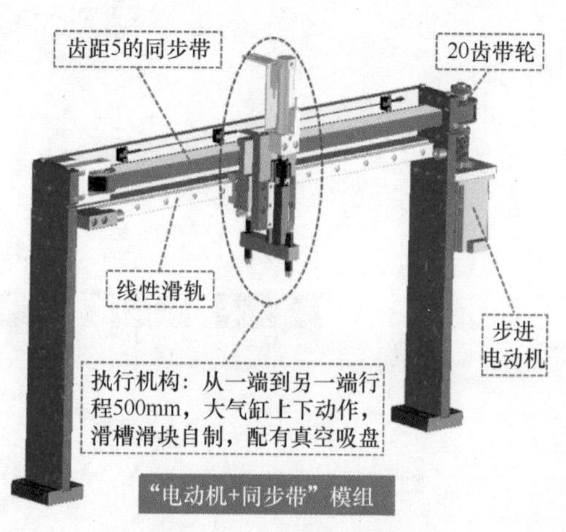

图 3-70　非标同步带移载机构

① 负载能力（主要是评估动力件和导引件）。

● **动力件**。我们在作动力件选型（假设电动机的最大转矩和额定转矩分别为$T_{最大}$和$T_{额定}$，安全系数为A）时，一般需要求出具体工况所需瞬时最大转矩T_{max}和加权平均转矩T_{av}，满足$T_{max}<0.8T_{最大}$，$T_{av}<0.8T_{额定}$，或至少满足$AT_{max}<T_{最大}$。

例如有一个皮带传动机构，750W伺服电动机的运转模式如图3-71所示。加速时间$t_a=0.1s$，所需转矩$T_a=0.812N \cdot m$，匀速时间$t_b=0.8s$，此时转矩$T_b=0.061N \cdot m$，减速时间$t_d=0.1s$，所需转矩$T_d=0.69N \cdot m$，循环时间$t_c=2s$，该电动机的动力是否能满足？

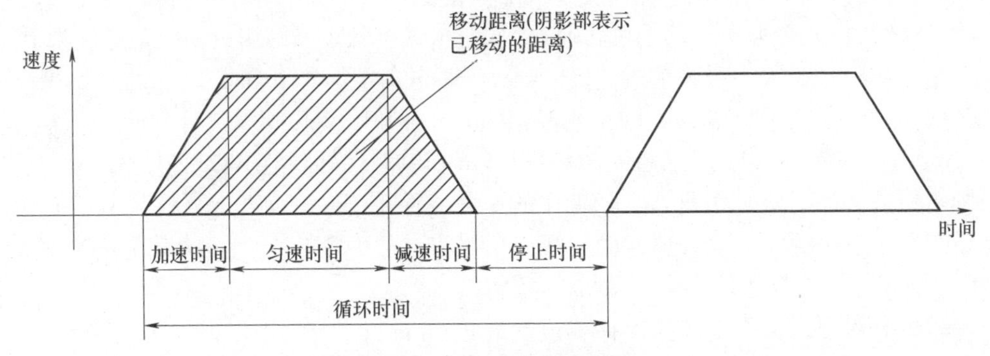

图 3-71 电动机的运转模式

750W伺服电动机的最大转矩和额定转矩分别为$T_{最大}=7.1N \cdot m$，$T_{额定}=2.4N \cdot m$，而该工况用于电动机选型的转矩值分别是：

$$最大转矩\ T_{max}=T_a=0.812N \cdot m<T_{最大}$$

加权平均转矩

$$T_{av}=\sqrt{\frac{T_a^2t_a+T_f^2t_b+T_d^2t_d}{t_c}}=\sqrt{\frac{0.812^2\times0.1+0.061^2\times0.8+0.69^2\times0.1}{2}}N \cdot m=$$

$0.241N \cdot m<T_{额定}$，因此满足。

回到本案例，进行简化后的移载机构的受力如图3-72所示。

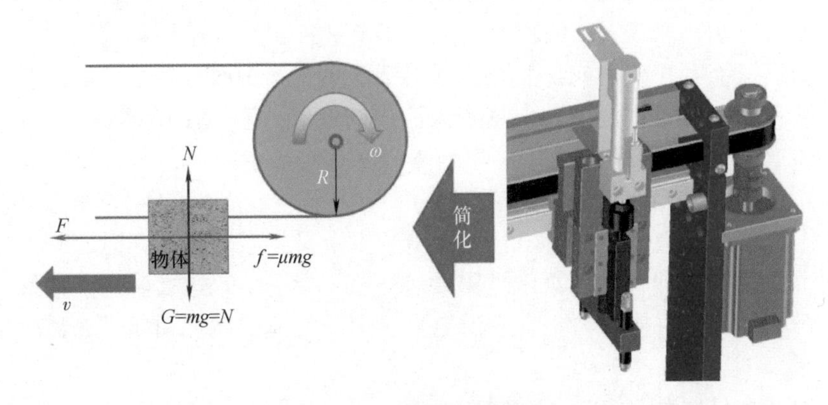

图 3-72 移载机构的受力

物体（质量 m）在皮带牵引力 F、线性导轨的摩擦力 f 的共同作用下产生运动。假设从静止到产生速度 v 的时间为 t_a，则加速度 $a=v/t_a$，根据牛顿第二定律有 $F_{合}=F-f=ma$，亦即 $F=f+ma$。假设电动机输出转矩为 T，忽略带轮和皮带转动、摩擦造成能量损失，做功使物体移动，根据功能守恒，转一圈（物体移动距离等于带轮节圆周长即 $L=2\pi R$）的话是 $T\times 2\pi=F\times 2\pi R$，亦即 $T=F\times R$。最后由选型转矩 $T_m=AT$ 即可大概定下电动机的负载参数，其中 A 为经验性安全系数，根据不同工况和重要性，个人常取 1.5~3。

显然，从上述分析可以看出，加速度 a 是关键参数，但许多初学者往往摸不着头脑。根据定义 $a=v/t_a$，加速度 a 跟工作速度 v 和加速时间 t_a 有关。

这里的 v 主要取决于电动机转速 n。假定电动机转子做圆周运动的角速度为 ω，带轮运动半径为 R，则皮带线速度 $v=\omega R$。而电动机转速 n 和 ω 之间的关系则是 $\omega=2\pi n/60$，因此有 $v=2\pi n R/60$，或者 $n=60v/(2\pi R)$。可以根据设计预期（速度 v）选定对应转速 n 的电动机，亦可以根据电动机转速 n 逆向判定移动速度 v。但需要强调的是，为了稳定作业，实际工作的速度往往小于装置理论速度（最好留有足够裕量，不然机构一旦有加速的拓展应用时将“能力不足”），而计算校核时一般用理论速度，这样才能充分评估机构的性能。

举个例子，实际工作要求移载速度为 300mm/s，但配置动力的理论速度可能是 500mm/s 之类的，则校核计算时应取速度 500mm/s。需要注意的是，这种主动赋予机构拓展性能的设计操作，跟在校核过程中放置安全系数不是一回事。前者是因为非标设备的机构经常需要改进升级，难免会有实际应用上的“变数”，倘若非常明确当前工作要求就是设计“最高要求”，则无需考虑此项或灵活处理；后者是为了避免设计过程各种不确定因素以及忽略次要因素带来的潜在失效问题，一般情况下均应考虑，尤其是遇到难以量化的工艺或非常重要的场合，安全系数“宜大不宜小”。

这里的 t_a 不是一个确定的数值，主要取决于电动机的加减速特性和实际机构的质量（平移部分）/ 惯量（转动部分）设计。倘若机构的质量和惯量合理或者偏小的前提下，对伺服电动机而言，t_a 非常小，也就几十毫秒左右，对其他加减速性能较差的电动机来说，t_a 稍微大些，从几十毫秒到几百毫秒不等。比如普通的步进电动机，笔者在“速成宝典”实战第 205 页 ~ 第 206 页有过对加速时间的描述，请读者朋友自行重温下。根据个人应用的经验，装置用了伺服电动机，则 t_a 取 0.05~0.15s，用了步进电动机，则 t_a 取 0.15~0.50s，用了普通电动机（三相异步电动机），则别指望有多好的加减速性能了，t_a 甚至可能需要数秒，详情咨询厂商。显然，作为非标机构设计人员，我们在给装置定义加减速时间 t_a 时，一方面要看装置的重要性和笨拙程度，对于越重要越笨拙的装置，t_a 的取值越大越好，另一方面是在具体设计机构时，要有意识地减轻运动物体的质量和惯量，最后稍微校核下即可。

综上，由于采用步进电动机，一般转速为几百 r/min，实际取值取决于设计需要以及具体品牌电动机的性能，这里暂定 n=200r/min，则 $v=2\pi nR/60$=200 × 2 × 3.14 × 50/60mm/s = 1046mm/s ≈ 1.05m/s，t_a 取 0.3s，则 $a=v/t_a$=1.05/0.3m/s^2=3.5m/s^2，因此 $F=f+ma$=（0+1.5 × 3.5）N = 5.25N，即 $T=F\times R$=5.25 × 0.05N · m = 0.26N · m。由于采用容易失步的步进电动机作为动力，且分析过程忽略了摩擦力等，此处取 A=3，则需要选用保持转矩 $T_保=AT$=3 × 0.26N · m = 0.78N · m。注意，求得的这个值并不是标准答案，应基于项目具体实际情况和要求后灵活处理！

● **导引机构承载能力**。单滑块线性导轨的承载能力，一般看其型录规格的 M_A、M_B、M_c 及线性力 F 等指标。首先，将执行机构（连接滑块部分）整体独立出来，如图 3-73 所示，再进行简单的受力分析，如图 3-74 所示。重心位置可用软件的质量属性功能大致模拟出来，从而得到力臂 L_1 ≈ 35mm，L_2 ≈ 2mm。对于滑块而言，根据力的平移定理，其所受到的外力，M_A 可以忽略，$M_B=FL_1$=5.25 × 0.035N · m = 0.18N · m，$M_C=G\times L_2=mgL_2$=1.5 × 9.8 × 0.032 N · m = 0.47N · m，$F=G=mg$=1.5 × 9.8N = 14.7N……将计算得到的值乘上安全系数后，再核对线性导轨的规格是否满足要求即可（一般来说，类似这种案例都属于“轻载型”，基本上无需校核，只要线性导轨不是非常小的规格，都能满足）。

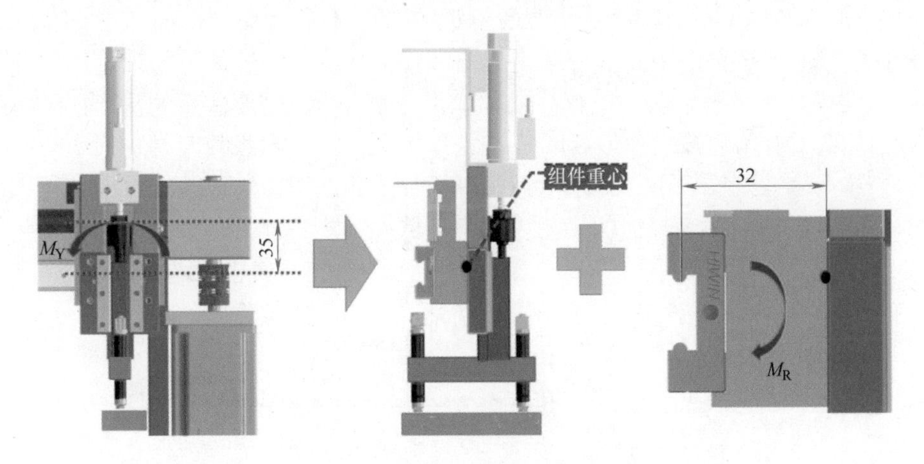

图 3-73 执行机构重心与力臂模拟

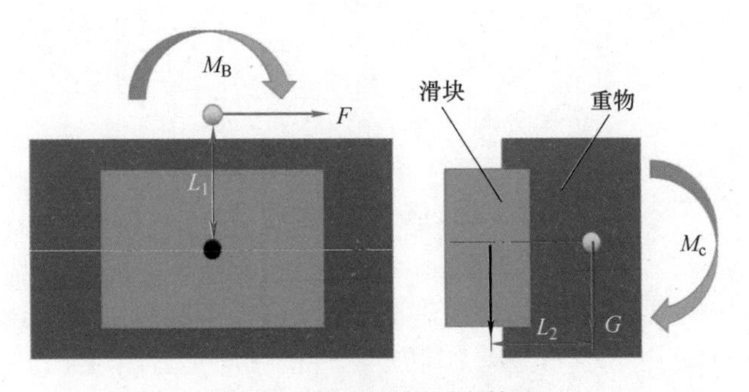

图 3-74 执行机构受力简图

● **负载与电动机的惯量比**。对于控制电动机，如果涉及频繁加减速的场合，我们还要校核下“惯量比”这个参数。其中，电动机的惯量可以通过查询具体品牌、型号电动机的规格书获得，而负载的转动惯量可抓几个重要的部件稍微校核下。移动执行机构的惯量可以通过折算获得。设执行机构转动惯量为J'，电动机角速度$\omega=2\pi n/60=2\times3.14\times200/60\text{rad/s}=20.9\text{rad/s}$，故角加速度$\alpha=\omega/t_a=20.9/0.3\text{rad/s}^2=69.8\text{rad/s}^2$。因此，$J'=T/\alpha=0.26/69.7\text{kg}\cdot\text{m}^2=0.0037\text{kg}\cdot\text{m}^2$。再依次算出带轮的转动惯量$J_{轮}=M_{轮}R^2/2=$……联轴器转动惯量$J_{联}=M_{联}r^2/2=$……最后对惯量进行汇总，即为负载惯量$J_L$，进而求得惯量比$J_L/J_m$。

② **速度**。这个一般根据设计需求来定。展开来说，主要包含动力装置的速度和导引机构的速度能力两个重点。

● **动力装置的速度**。不同动力的速度有局限性，要稍微校核下，如用的是步进电动机，一般转速就几百转，折算成线性速度，然后和设计预期（最大行程 / 移载时间）对比判断，不够就换动力件。假设本案例中的机构机动作周期为T：气缸驱动吸盘上下动作各耗时 0.2s，吸取产品停顿取 0.3s，则一共 0.7s，终点放产品耗时也取 0.7s，此项共约 1.4s；电动机通过同步带驱动执行机构从静止（速度=0）到速度v是需要时间的，在终点从速度v到静止也一样需要时间，加减速各约 0.3s，单程此项共约 0.6s。由于同步带结构的线性移动速度较高，加减速可采用三角形曲线速度模式（一般来说，短行程的话，推荐使用无匀速段的三角形速度模式；长行程的话，有匀速段的梯形速度模式会更有效率），最后大致时间预估如图 3-75 所示。这里应特别注意下，如果从纯机械设计的角度来看，该装置可能有很大的提速空间，但放到一个具体的工艺应用中，情况就不一样了，务必多结合实际案例合理评估。

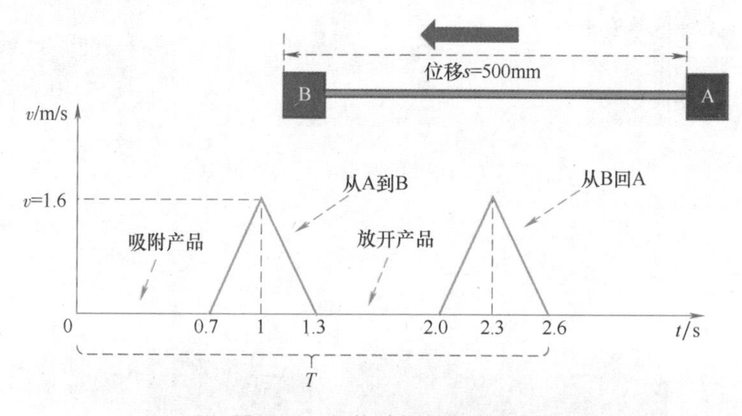

图 3-75　机构动作周期分配

● **导引机构的速度能力**。低速要求时，此项忽略，但若是速度较快的场合，应确认机构的整体刚性是否足够，以及零部件的性能是否满足工况。

③ 精度（略）。精度方面的把握，同样主要包含动力装置和导引机构两个方面。根据电动机的分辨率和线性滑轨的精度可大致算出重物的搬移精度，例如2相全波步进的步距角为0.9°，乘以带轮半径换算成弧长，就是重物的停止精度，而同步带传动方式几乎没间隙和伸缩，线轨本身的精度也较高……“电动机 + 同步带”模组的重复定位精度一般≤0.1mm，做得好一点的大概±0.05mm。

事实上，往下继续分析的意义不大，我们只要稍微浏览下制造厂家的产品型录，就大概能够了解到该类机构的设计参数。如图3-76所示的线性模组，无论是外购还是自制，要求水平拖动负载为10kg（垂直拖动负载约为水平的1/2），速度≤0.7m/s，精度≤0.1mm，则可以配置：皮带3M-15，皮带轮HTD3M-25Z，57步进电动机（保持转矩为3N·m），40mm的导轨……

图3-76 市场成熟的同步带移载装置

3.5.2 “电动机 + 齿轮齿条”模组

分析内容与“电动机 + 同步带”模组的类似，无论是负载能力、精度或速度等，均包含导引机构和动力两个方面，而且一般是从执行机构/移载物体开始着手。

【案例】 图3-77所示为发那科LRMate200iD机器人的“地轨”（采用齿轮齿条传动）设计，最大速度v_m=0.5m/s，试对该机构的设计思路或运作性能进行简单分析。

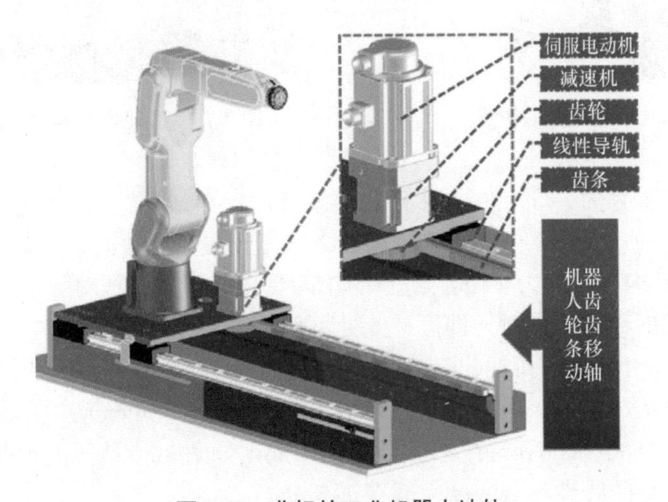

图3-77 非标的工业机器人地轨

【简析】 类似机器人“地轨”（第 7 轴），一般厂商都有专门的配置，可直接跟厂商咨询索取，既能缩短设计周期，也能提高机构的可靠性，自行制造的意义不大。

如果非要自行非标设计，则主要的考量点如下：

① 负载能力。

● 动力件。如图 3-78 所示，移载装置的总质量 m 约 90kg。如图 3-79 所示，假定机器人及底板在齿轮传动下以速度 v 运动，加速时间为 t_a，则其加速度 $a=v/t_a$，根据实际工作需要取 $v=0.5\text{m/s}$，$t=0.2\text{s}$，则 $a=2.5\text{m/s}^2$，粗略预估 $F=ma=90\text{kg}\times2.5\text{m/s}^2=225\text{N}$，施加于齿轮（节径 $R=50\text{mm}$）的转矩 $T=F\times R=225\times0.05\text{N}\cdot\text{m}=11.25\text{N}\cdot\text{m}$。如果配置传动比 $i=5$ 的减速机，则伺服电动机端正常工作输出转矩 $T_w=T/5=11.25\text{N}\cdot\text{m}/5=2.25\text{N}\cdot\text{m}$。安全系数取 2，则所需电动机的输出转矩 T_w 为 4.5N · m。因此，选 1kW 的伺服电动机 MDMF102L1G6（额定转矩为 4.77N · m，瞬时最大转矩为 14.3N · m，额定转速为 3000r/min），配置传动比为 5 的减速机，可满足需要。由于该设备为专机，且已定义理论速度 v，不太需要考虑拓展空间。市面上标准“电动机 + 齿轮齿条”模组，水平搬运 100kg（垂直搬运质量约为水平的 1/3~1/2）的重物所使用的电动机约 750W。

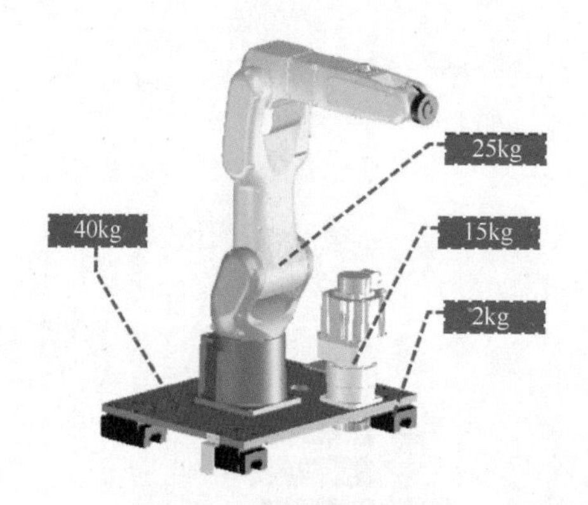

图 3-78 移载部分的质量

图 3-79 齿轮齿条的动力传动示意

根据所选动力，如果采用直齿轮，传递的最大力矩 $T_{max}=14.3\text{N}\cdot\text{m}\times5=71.5\text{N}\cdot\text{m}$，查表 3-18 可知，采用模数 2 的齿轮时，齿数应大于 28……

● 导引机构承载能力（略）。进行简单的受力分析后，核对导引件的承受负载能力，和实际搬移重物体对比即可，此处不作赘述。

② 速度。由于电动机输出速度 $v'=iv=5\times0.5\text{m/s}=2.5\text{m/s}$，则所需要电动机转速 $n=60v'/(2\pi R)=60\times2.5/(2\pi\times0.05)\text{r/min}=478\text{r/min}$。如若选用伺服电动机，一般额定转速在 1500~6000 r/min，满足要求。市面上如图 3-80 所示的标准“电动机 + 齿轮齿条”模组的线性移载速度大概在 1~3m/s。

表 3-18 模数 2 的齿轮规格表

型式		齿数	B	齿轮形状	轴孔直径 P_{H7}（指定单位 1mm）		d 基准圆直径	D 齿顶圆直径	G 齿根圆直径	H	L	t_1	t_2	1 容许传递力 / N·m 弯曲强度
种类	模数				圆孔 圆孔 + 螺纹孔	键槽孔 键槽孔 + 螺纹孔								
圆孔（A 形 /B 形）GEAHBH 圆孔 + 螺纹孔	2	15	20	—	12~17	12N~14N	30	34	25	24	36	16	8	35.81
		16			12~18	12N~15N	32	36	27	26				39.67
		18			12~21	12N~18N	36	40	31	30				47.59
		20			15~22	15N~19N	40	44	35	32				50.67
		22					44	48	39	36				58.24
		24			15~26	15N~23N	48	52	43	38				65.86
		25			15~28	15N~24N	50	54	45	40				69.81
		28			15~31	15N~28N	56	60	51	45				81.96
		30			18~35	18N~31N	60	64	55	50				89.70
		32					64	68	59					97.27
		36					72	76	67					113.78
		40			20~42	20N~38N	80	84	75	60				130.13
		45					90	94	85					151.46
		48					96	100	91					164.04
		50			25~42	25N~38N	100	104	95					172.31
		60			25~45	25N~42N	120	124	115	65				205.60

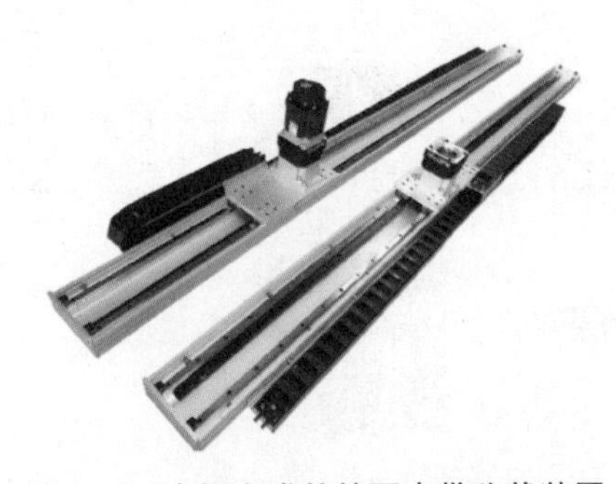

图 3-80 市场上成熟的同步带移载装置

③ 精度（略）。“电动机 + 齿轮齿条”模组的重复定位精度一般为 ±0.05mm，做得好一点的可达 ±0.01mm。

3.5.3 “电动机 + 输送带”模组

分析内容与其他模组的类似，无论是负载能力、精度或速度等，均包含导引机构和动力两个方面，而且一般是从执行机构 / 移载物体开始着手。

【案例】 如图 3-81 所示，重力为 G 的物体经由拾放机构抓取后，放到非标的小型输送机的皮带上，再排放到设备指定位置，试对该非标输送机进行简单分析。

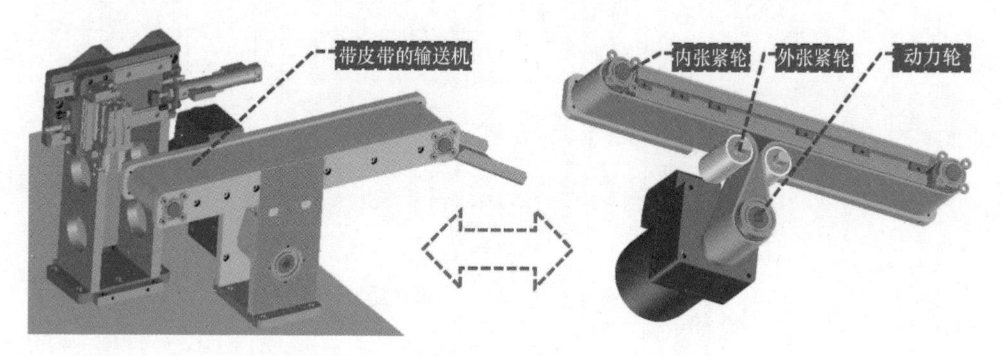

图 3-81 小型输送机

【简析】 先理一理装置、机构的基本力学关系。首先，如图 3-82 所示（以重物为研究对象），物体一开始是静止的，受到平皮带外侧面摩擦力 F 后产生加速度 a。忽略内、外张紧轮等转动阻力，皮带外侧面与重物的摩擦系数为 μ（查表可得），有 $F=\mu G=\mu mg$，且物体与皮带不打滑的条件是 $F=ma\leqslant\mu N=\mu mg$，亦即 $a\leqslant\mu g$。由于物体和皮带无相对运动，其达到稳定速度 v 后，与皮带之间无相对作用力。只有当输送机停下来时，皮带才需要给物体一个和运动方向相反的力，使其减速。为简化问题，我们只研究物体瞬间加速的过程。

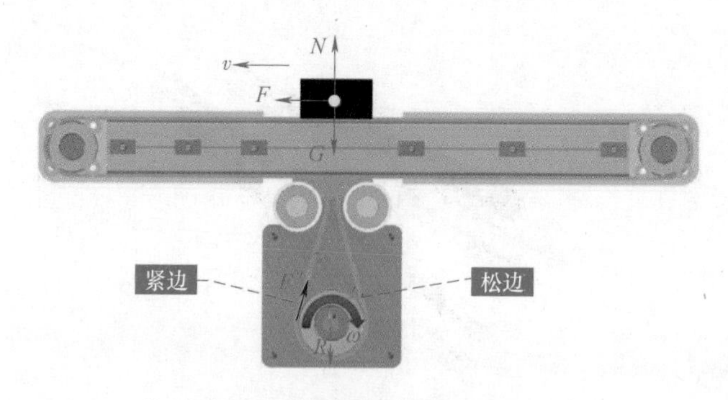

图 3-82 物体的受力简图（一）

如图 3-83 所示（以放置重物的皮带段为研究对象），设放置物体时的皮带张紧力为 F''，未放物体时的皮带张力为 T_c（查表可得），皮带内侧面与支撑板的摩擦系

数为 μ'（查表可得），起动时皮带受到支撑板的摩擦阻力 $f=\mu'N'=\mu'G'\approx\mu'G=\mu'mg$，则 $F''=F'+f+T_c=F+f+T=\mu mg+\mu'mg+T_c$。故所需电动机驱动转矩 $T=F''\times R=(F+f+T_c)\times R$。显然，此处的 F'' 是有约束的，太大的话，皮带与带轮之间、皮带与物体之间容易打滑。

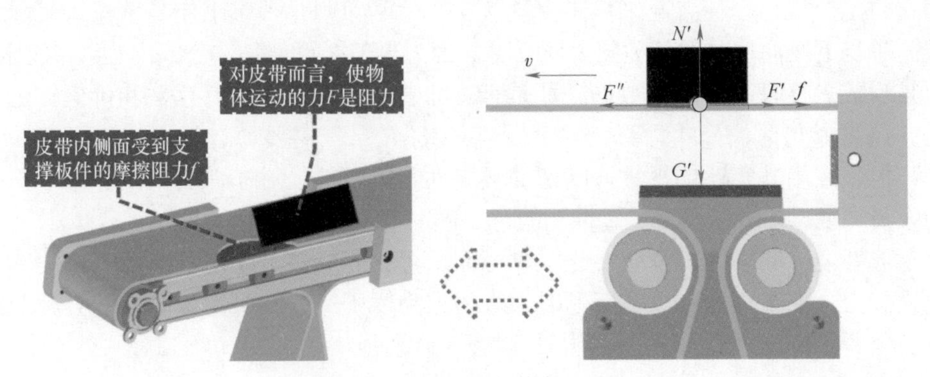

图 3-83 物体的受力简图（二）

有了上述基本认知后，其实之后的相关选型计算步骤都是模式化的内容。比如，要配置电动机（动力件），只要求出 $T=(\mu mg+\mu'mg+T_c)\times R$；比如要配置皮带（宽度为 B），只要求出皮带单位宽度张力 $F''/B=(\mu mg+\mu'mg+T_c)/B$；再比如……由于许多教材和型录有详尽论述，本书不作赘述。

3.5.4 “电动机 + 滚珠丝杠”模组（略）

请查阅“速成宝典”实战篇第 267 页 ~ 第 274 页的相关内容。

3.5.5 “电动机 +（凸轮）分割器”模组（略）

请查阅“速成宝典”实战篇第 210 页 ~ 第 226 页的相关内容。

本章小结

本章涉及一些计算和图表，公式和字母较多，学习能力或耐心不足的读者，可能一时半会驾驭不了。但请不要气馁，更不要放弃，老老实实翻阅教材，认识和理解相关的概念、原则、规律等，再找几个案例演练摸索下，慢慢地就找到门道了……对于该部分内容，我们千万不要像学生一样把重点放在“公式演算”或“追求答案”上，而是应该侧重于掌握机构设计的机理和逻辑。举个例子，当我们在用牛顿第二定律去分析问题时，重点不在于通过 $F=ma$ 得到一个精确的力，而在于把握 F 的影响因素，从而在具体机构上有些优化或良性的设计考虑。比如，尽可能将运动的机构绘制得轻盈一些，比如尽可能赋予“笨拙的装置”更多的加减速时间，比如移载物又重又快时需要慎重评估装置的刚性和承载能力……

另一方面，大部分“计算校核”的内容充其量就是辅助设计的手段或工具，应用得当则相得益彰，生搬硬套只会徒增学习焦虑或浪费时间罢了。例如，现在有一个缸径为 ϕ32mm 的 SMC 气缸，如何适配电磁阀？倘若设计新人接受的教育是，先算下气缸的最大耗气量，然后根据公式得到电磁阀的流量系数 C_v，据此查表选得适合规格……看起来像是有理有据，但学习归学习，工作是工作，实际一般简单查下厂商型录的相关图表就好了。因为再怎么算都是“公式内容”，得到的也是现成表格呈现的那些数据。那是否意味着，公式计算没有意义和价值？也不是。还是那句话，公式计算是“手段或工具”，自然需要通过学习加以了解和掌握，但怎么用其实还要视具体问题的必要性和重要性。对非标机构设计这个职业的人员来说，多数情况下“定性”的意义远大于“定量”。

或者说，职场人士没必要为了学习而学习，而应该是立足于提高工作效率和个人能力，那么在面临具体问题时，以需求为原则，以结果为导向，学会灵活应对、处理才是技术生涯的大课题。

阅读笔记（本页用于读者总结学习内容）

第4章 常见的非标机构设计规范及禁忌

非标设备即“无标准设备”，那是否意味着设计可以天马行空、毫无章法？不尽然。在满足客户项目约束的前提下，非标设备的设计制造总体来说比较“自由、随意”，而且项目一般也有多种设计方案和机构细节，见仁见智。但既然是机电一体化设备，必然有大量需要我们学习了解的专业共识——技术逻辑或设计机理。另一方面，为了凸显本书的实战性和读者群体定位，笔者放弃对相关知识、理论的系统归纳，转而以设计规范及禁忌的形式，为广大读者梳理、总结常见的一些“好的做法”“建议 / 不建议的做法”“有问题的做法”，所见即所得，所得即所用。

1）设计规范，即好的做法 / 建议的做法，有些公司会明文规定，比如 M4 螺钉的锁付光孔一般开设为 ϕ4.5mm。倒不是说实际开成 ϕ4.4mm 或 ϕ4.6mm 就一定错了，而是通过规范可以统一设计、形成标准、利于传承。与计算公式注重理据分析和量化结果不同，设计规范更多是以图文描述“经验”（定性为主）的形式展现，通俗易懂。

2）设计禁忌，即有问题的做法 / 不建议的做法，相当于以反面教材的形式描述的特殊的“设计规范”，有些见仁见智，仅供决策参考，有些则约定俗成，强烈建议规避。比如人机界面的安装，笔者建议放在右侧，但部分读者可能有异议，这很正常；再比如制作切刀的材料不能用软钢材（如 S45C），这个就没什么争议的，属于“共识”。

4.1 线体 / 整机方案设计规范

这里的“线体 / 整机”，指的是多台设备的排配，或单台设备的机架、防护罩、电控箱、功能机构整体布局等方面，讲究规范或禁忌可能不太容易，因为实际开展项目时都是灵活多变的。换言之，线体 / 整机方案设计规范方面的学习，读者朋友应注意“功夫在平时”，多积累相关的经验或数据，同时依次按“（甲方）客户规范—（设备）公司规范—个人规范”去考量即可。举个设备噪声方面的例子，所在公司没有明确规定，您通过类似图 4-1 所示的学习，认为只要不大于 70 分贝即可（相当于个人规范），而某个客户则要求不高于 60 分贝，则该项目需要遵循的规范就是 60 分贝，至于能否达成以及接下去的谈判，那就是另一回事了。

10分贝	20～30分贝	40分贝	50分贝	60分贝	70～80分贝
正常呼吸	五英尺内窃窃私语	轴流风机运行声音	安静教室	轻声交谈	大声呼喊

图 4-1　噪声级别的形象说明

（1）客户规范　以某甲方公司为例，相关内容见“速成宝典”实战篇第 104 页～第 109 页。

（2）公司规范（设备）　多数情况下，客户标准和要求才是设计规范、禁忌的制定依据，但客户并不是唯一的，水平也参差不齐，这必然会导致我们在设计线体 / 设备时，无法“按同一套规范”执行，甚至稍不留意就触犯到“某个客户的禁忌”，这是正常的。那么应如何应对？送给读者朋友一句话：**秉持正道，尊重客户，把握底线，灵活处理**。

（3）个人规范（略）　个人规范可能部分来自实际项目经验，也可能来自书籍、培训、见闻等的记录，留待广大读者自行总结。设计新人如果暂时不具备“规范设计意识”也没关系，稍微用心沉淀积累，慢慢会形成一套属于自己的“设计套路”的。

4.1.1　线体 / 设备全局

这部分“设计内容”跟客户要求、现场条件等息息相关，很多时候需要妥协于客户的干涉与建议。

1）线体 / 设备的外观应统一基调，这点在“速成宝典”实战篇第 327 页～第 338 页有介绍，读者朋友可自行温习，在制订整体方案时严格落实。举个例子，客户要求设备的钢丝围栏烤黄漆，且与其生产线既有设备保持一致，则最好有相应的色卡（图 4-2）去比对，不管是 RAL1016 还是 RAL2000 或其他颜色，都应在技术要求项内定义清楚。如若没有客户要求或公司规范，一般设备机箱烤漆颜色为淡灰色或亮白色，安全防护罩为橘黄色，局部可用蓝色、黄色或紫罗兰色凸显，如图 4-3 所示。

2）在设计线体 / 设备时，需考虑物流搬运问题。举个例子，大多数普通的单台自动化设备质量都在 1000kg 以内，在车间不同楼层进行搬运时，一般采用手动叉车。图 4-4 所示为工厂常用的额定负载小于 3000kg 的手动叉车，其货叉长度约为 1.5m，宽度约为 700mm，下降时高度约为 90mm，可提升高度至 200mm 左右。设备应考虑叉车双臂能否顺利插入设备下面，以及相应着力点是否有足够可靠的强度设计。比如，线体 / 设备的尺寸或质量过大，无法用叉车来搬运，且线体 / 设备无法进行临时性拆解（一般大型线体都是拆解成单机后到现场再装配成整线）时，就需要用到起重机，机台应有类似图 4-5 所示的足够强度和负重的吊环设计。

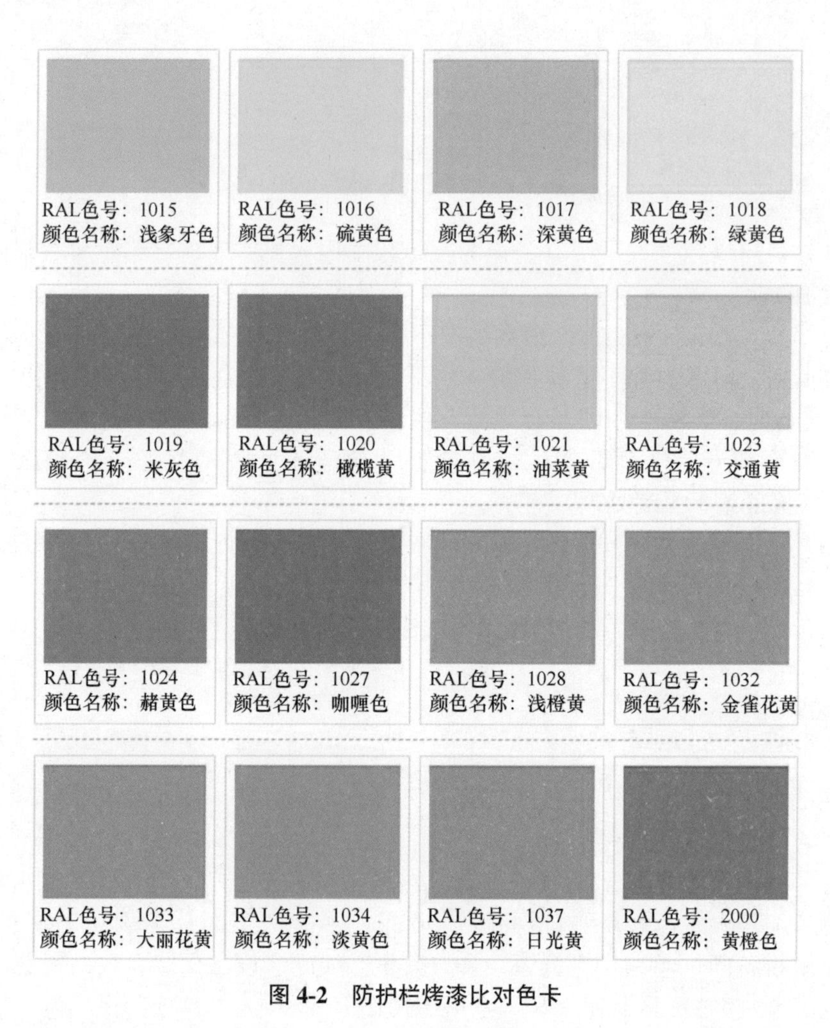

图 4-2　防护栏烤漆比对色卡

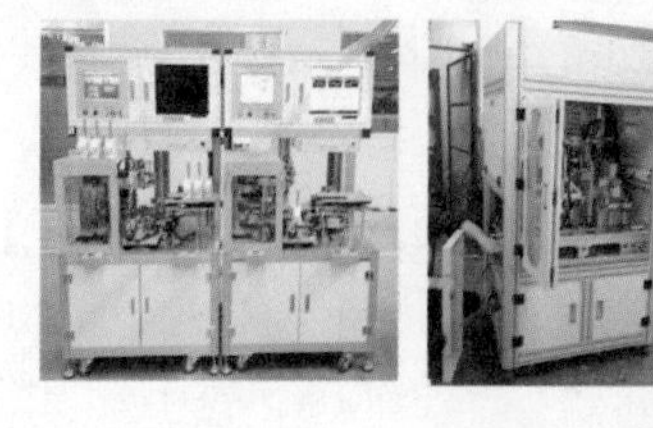

图 4-3　常见的非标自动化设备

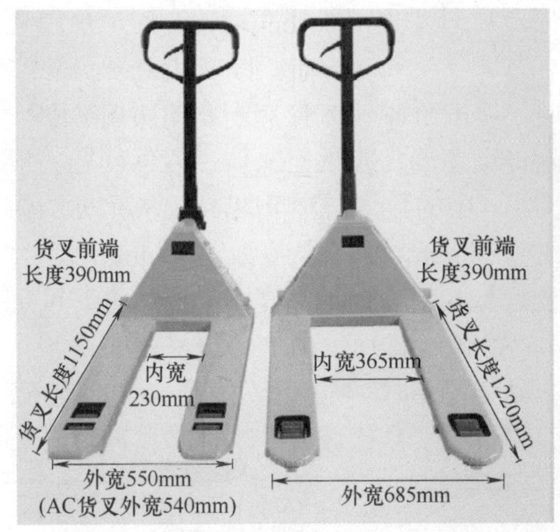

手动叉车

项目/车型	单位	DF1.68	DF20	DF2.5	DF30	AC25	AC30
额定负载	kg	1680	2000	2500	3000	2500	3000
货叉降低高度	mm	75				85	
货叉提升高度	mm	195				205	
转向轮	mm	180×50(尼龙/聚氨酯)					
承重轮	mm	74×55		74×70		80×70	
货叉尺寸	mm	150/50		160/50			
货叉外宽	mm	550	550/685			540/685	
货叉长度	mm	1150	1150/1220				
自重	kg	55	55-65	65-75	73-80	75-75	75-80

图 4-4　制造车间常用的手动叉车

3）产品制造流程烦琐复杂导致线体偏长时，设备布局应尽量采用模块式（线体由单任务的小设备组成），避免采用一体式（多任务的大设备，可靠性和柔性较差），后者一旦有工序出现故障或不稳定，将会造成线体停止运作或稼动率偏低，非常麻烦（图 4-6）。如若线体一定要采用“一体式”设备布局，则应充分评估线体稼动率是否满足客户要求，或者提前拟好设备出现故障

图 4-5　设备的起重吊环设计

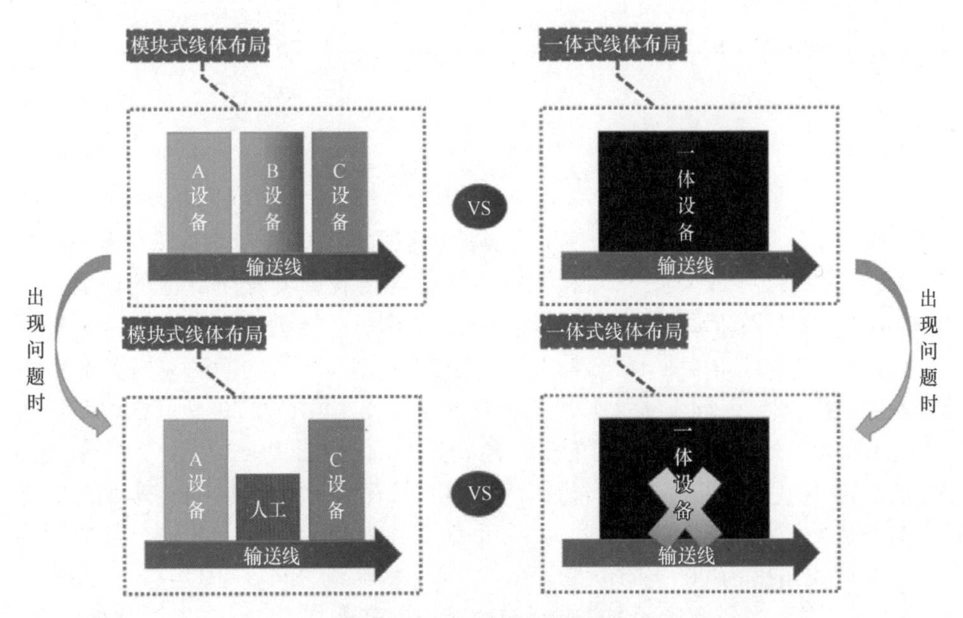

图 4-6　设备的线体布局模式

问题时的补救对策，确保生产线可以不停产！只要生产线还在运转，商量余地还是有的，一旦停产则可能“鸡飞狗跳”。

4）线体 / 设备的外形尺寸及物料流向，须按照客户要求和现场条件严格定义，同时兼顾操作、调试、维护的便利性。这方面主要考量的是人体工程学问题。根据 GB/T 10000—1988《中国成年人人体尺寸》中的数据，对于图 4-7，A 尺寸约为 950mm，B 尺寸约为 750mm，C 尺寸约为 1500mm，D 尺寸约为 1200mm。显然，如若机台有人工参与的工序，则对于作业区域相对合理的高度，采用站姿时可定为 950mm 左右，采用坐姿时可定为 750mm 左右。再根据 GB/T 13547—1992《工作空间人体尺寸》中的数据，对于图 4-8，人站姿操作时，在躯干处于不动的前提下，手的活动范围：A 区域为手臂的最大可及工作范围，B 区域为手臂的正常工作范围，C 区域为手臂的有效工作范围（活动频数应较低），D 区域为手臂的有利工作范围。我们在定义机台尺寸时，若有频繁操作或维护的位置能落在 D 区域会相对合理些。

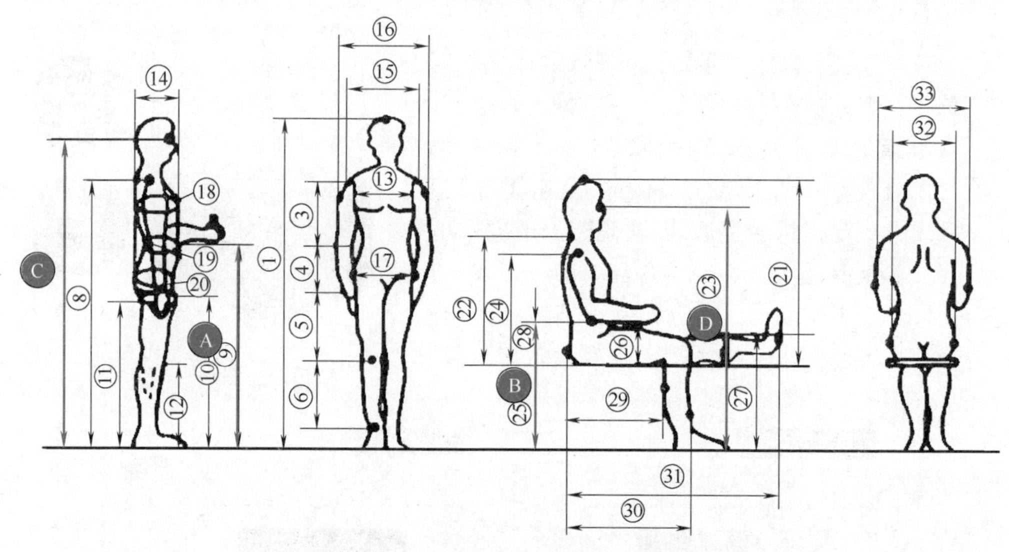

图 4-7 人体站姿和坐姿参考尺寸

5）线体 / 设备有显示器、触摸屏之类的可视化装置时，应考虑人体尺寸（如图 4-7 所示的 C 尺寸或 D 尺寸）和视野，尽量落在观测者较为舒适的视线范围内。图 4-9 所示为人转动眼睛和头部时的视线范围。只转动眼睛时，如图 4-9a 所示，左右方向的最佳角度为 15°，最大角度为 35°；对上下方向而言，如图 4-9d 所示，最佳角度为 15°，向上最大角度为 40°，向下最大角度为 20°。其次，转动头部时，如图 4-9b 所示，左右方向的最大角度为 60°；如图 4-9e 所示，向上最大角度为 65°，向下最大角度为 35°。最后，头部和眼睛都转动时，如图 4-9c 所示，左右方向最佳角度为 15°，最大角度为 95°；如图 4-9f 所示，上下方向最佳角度为 15°，向上最大角度为 90°，向下最大角度为 70°。综合图 4-6~ 图 4-8，可知当操作员站姿，线体 / 设备有显示器、触摸屏之类时，高度在 1400mm 左右比较合理；

如为悬挂安装，则向上最大角度为 25°，向下最大角度为 30°，距工作台面的高度为 400 ± 50mm。如果设备台面有物料架，其倾角建议设置为 20° ± 5°。

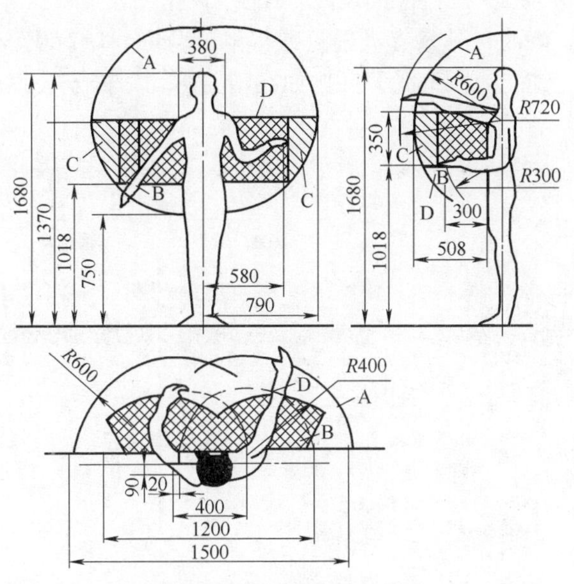

图 4-8　工作区域的人体尺寸

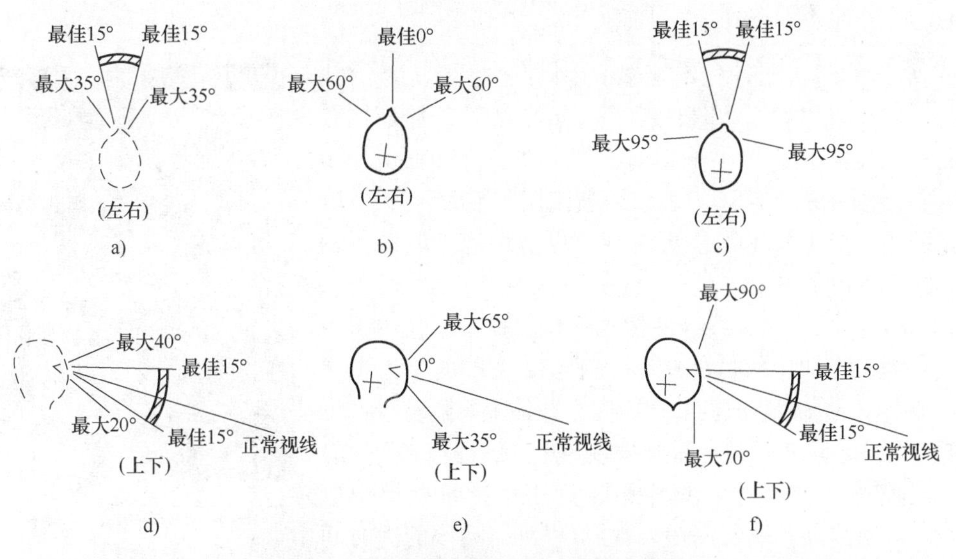

图 4-9　人转动眼睛和头部时的视线范围

a）左右方向转动眼睛　b）左右方向转动头部　c）左右方向头和眼睛都转动
d）上下方向转动眼睛　e）上下方向转动头部　f）上下方向头和眼睛都转动

6）许多项目开展不了往往是由于工厂的空间不足导致的，在设计多设备构成的线体方案时，应尽量有意识地控制总体占据尺寸，但同时应注意线体 / 设备之间的过道的最小宽度应为 0.8m；如果过道需要过卡板，则最小宽度应为 1.5m。设备 / 线体的长度超过 20m 时，建议采取措施（比如伸缩输送机，如图 4-10 所示），以确保线体每 20m 均能两侧通行，否则可能导致相关人员要“兜一大圈”才能到达设备的另一侧。同时，凡是有人经过或接触的范围，所有机构或零部件的切口或端面都需要进行钝化或圆润处理（比如在精益管切口处安装闷头），避免划伤产品或员工。

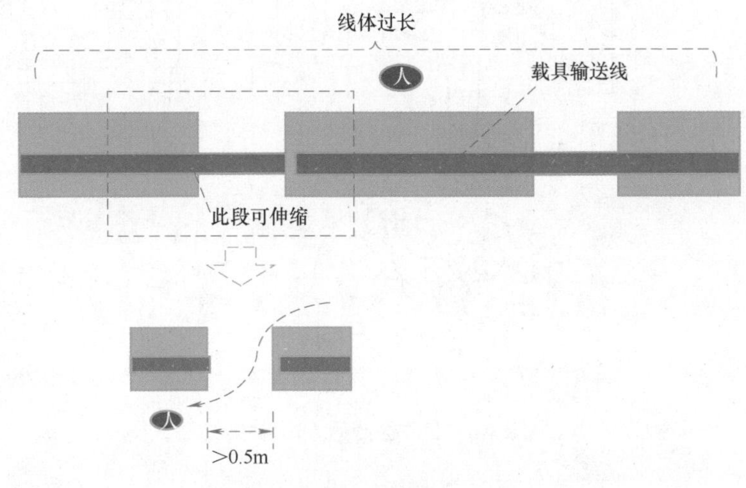

图 4-10　考虑线体两侧的人员通行

7）线体 / 设备应有必要的引导、标识、警示功能，如设备铭牌、零件图号、警示贴纸等，凡是带有显示功能的元器件尽量朝前、朝上布置在显眼处（如图 4-11 所示的真空压力表示值被遮挡，不太合理），以保证操作员或技术员能更直观、更清晰地读取设备相关的工作指示。

图 4-11　显示功能器件的示值被遮挡

8）流线型超长线体的稼动率比较低，不宜用于生产量大、附加价值低的产品（图 4-12）。同时，为了缓解个别设备故障造成的效率影响，线体上每隔若干台设备（无固定标准）通常需要设置一个“缓冲设备”（对后段设备而言相当于供料机），用于小批量存储半成品，即使前段“设备停摆”，也可以维持后段的短时间生产。

9）移载机构是影响设备 / 线体布局的关键机构，采用何种设备 / 线体布局或移载机构，主要根据效率要求、品质管控、产品工艺、现场条件等综合评估。若是采用环形移载机构，设计考量如图 4-13 所示，空间架构如图 4-14 所示，其中一体式环形移载装置类型如图 4-15 所示。

图 4-12　超长的线体

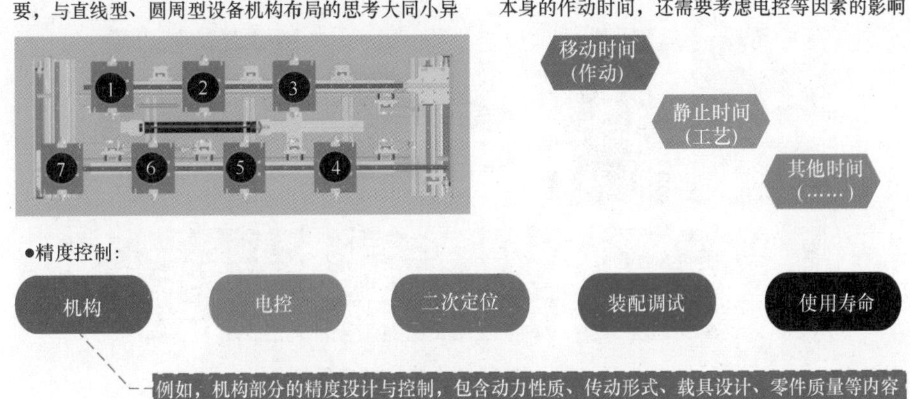

图 4-13　环形移载机构的设计考量

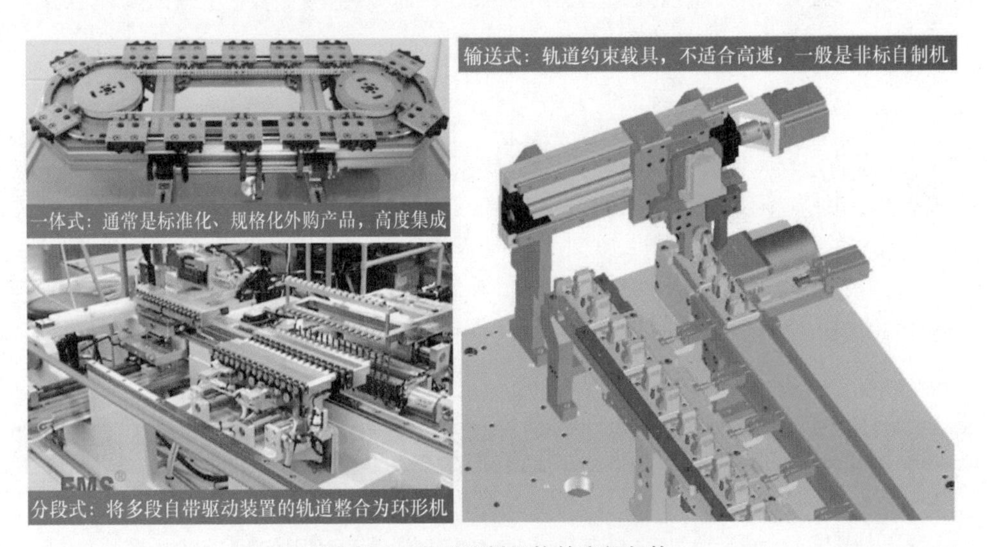

图 4-14　环形移料机构的空间架构

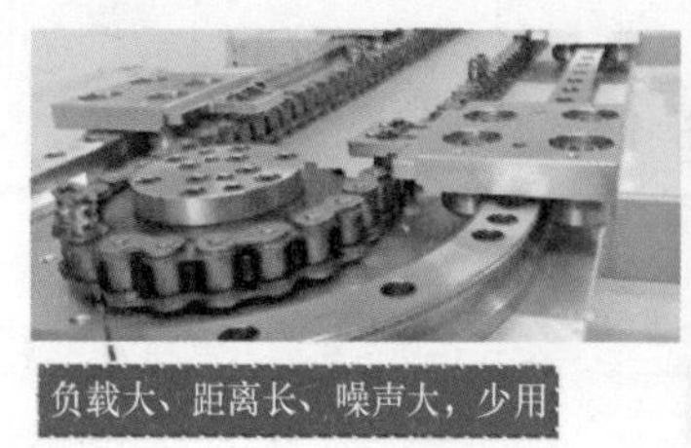

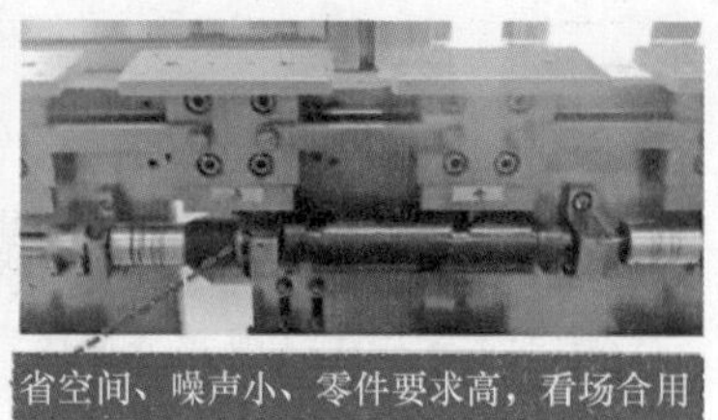

图 4-15　一体式环形移载装置

10）设备的移载机构含有电线或气管时，应考虑配套拖链，如图 4-16 所示。

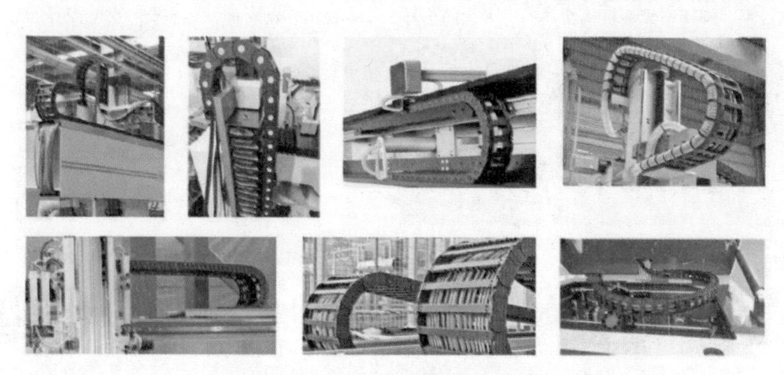

图 4-16　移载机构的拖链应用

11）线体 / 设备需考虑关键部件（如 CCD 镜头、光纤、滚珠丝杠等）的“非正常损坏”问题，一方面要通过加强防护设计提高其使用寿命，另一方面也应充分考虑组装维护的便利性和经济性。

4.1.2　机架 / 电控箱

在没有客户标准或要求的前提下，如若公司已有标准化或规格化的机架 / 电控箱模型，则应予优先套用，如果特殊情形需要进行非标设计，也应遵循客户或公司的设计规范。

1）机箱设计需考虑防护等级，具体视设备工作环境或客户要求而定，一般设定为 IP30（IP 后两位数字的含义见表 4-1）。

表 4-1　防护 IP 等级表

第一个数字：防尘	第二个数字：防水
0：无防护	0：无防护
1：可阻挡直径 >50mm 物体	1：可阻挡垂直落下的液体
2：可阻挡直径 >12.5mm 物体	2：可阻挡垂直到 15° 的喷洒液体
3：可阻挡直径 >2.5mm 物体	3：可阻挡垂直到 60° 的喷洒液体

（续）

第一个数字：防尘	第二个数字：防水
4：可阻挡直径大于 1mm 物体	4：任何方向的喷洒液体都可阻挡
5：防止有害粉尘堆积	5：可抵挡低压水柱喷洒
6：完全防止粉尘进入	6：可抵挡高压水柱喷洒
	7：可浸入 1m 水深 30min

2）机箱内用于安装元器件的电控板一般垂直布置（除非机箱内有足够的高度空间，能容纳人钻入或便于检修，否则应避免将电控板水平布置），正对着机箱门，且与机箱门应有合适的纵深距离（容纳元器件的同时便于检修，一般为 350mm 左右），如图 4-17 所示。倘若机箱周边有防护装置或其他配套装置，务必确认机箱门是否可以自由打开，且便于电控人员进行配电、配管及线路检修操作。

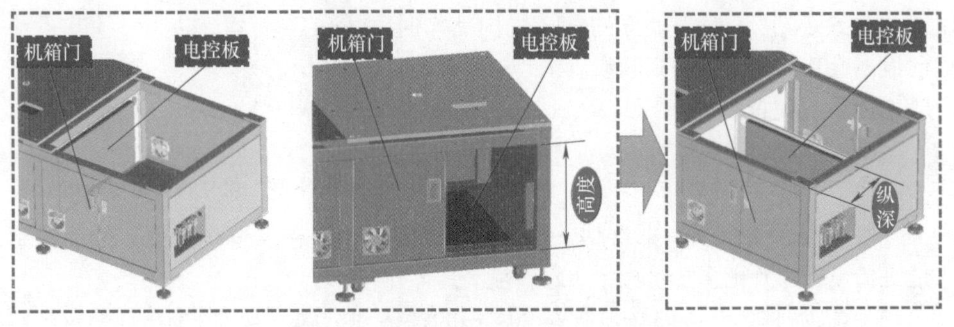

图 4-17　机箱内电控板和机箱门的布置

3）一般小型设备的机架至少用 40mm × 40mm × 2mm 方通或 40mm × 40mm 铝型材，较重型设备则用 60mm × 60mm × 4mm 及以上方通；方通作为横梁时，若长度超过 1m，则应考虑是否增加支柱；机台底板尺寸较大时，可在机架的边角上布置若干垫块，根据装配效果适当修磨垫块厚度进行微调（尽量确保大板的安装平整度），如图 4-18 所示：脚杯和脚轮的规格和数量也应充分考虑机台的重量。

4）电控箱的门需配置安全锁（一般采用三角锁），且关闭门后，电控箱门的表面应尽量与机架外表面平齐。电控箱壳体为厚度 1.5mm 的 SPCC 板（冷轧钢板），电控元器件安装板为厚度 2.5mm 的镀锌板或厚度为 10mm 的电木板。电控箱一般需要安装轴流风机（带安全防护），用于电气元件的散热，并且需要考虑良好的接地，走线方式尽量为侧面走线，普通走线孔直径统一为 ϕ50mm，必要时需配有防护零部件（如防水接头、线缆夹板等），以防止金属屑进入机箱内部，造成线路短路。

5）设备长度 L 在 2m 内的，机架可设计成一体式，但超过 2m 的，尽量拆分成独立机台。此外，设备上的底板长度大于 1.5m 时可考虑进行拆分（减少加工麻烦以及降低成本），安装时再连接到一起，如图 4-19 所示。

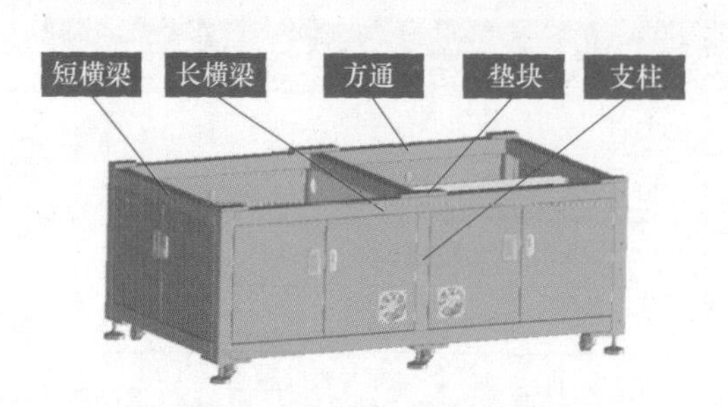

图 4-18 机架的垫块设计

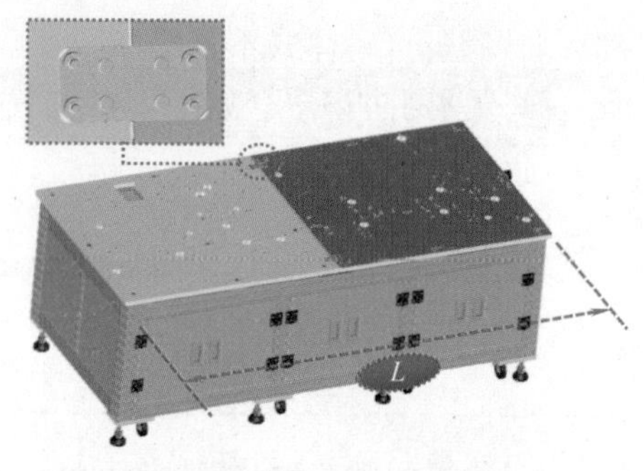

图 4-19 机架、底板偏长时的拆分处理

6）如非普通的工作台，设备的机架应以“扎实稳当”为前提，不能轻易压缩尺寸或减小质量。如图 4-20 所示的设备，机架长、宽分别为 650mm 和 500mm，且用铝材拼接而成，似乎显得“精致小巧”，但当上方的移载机构动作时，整台设备会有“摇晃”的问题，因此应对机架进行尺寸拓展或配重。

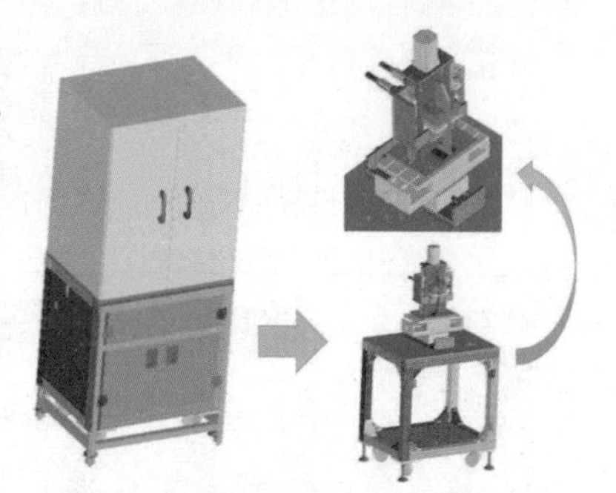

图 4-20 尺寸和质量过小的机架

4.1.3 安全防护设计

一般来说，防护罩并非线体 / 设备的功能装置，但在安全生产第一的前提下，它是机构设计工作必须重点关注的内容。

1）所有线体 / 设备都必须有安全防护的评估和措施。常见的防护类型有设备局部防护、设备整体防护和工作区域防护等，如图 4-21 所示。根据线体 / 设备实际和现场条件，优先采用“设备整体防护”和“工作区域防护”。特殊情况下，如生产制程 / 工艺不要求防尘、降噪，且防护装置会影响到正常作业（比如设备调试或物料更换）时，可考虑“设备局部防护”，只“防护”有安全隐患或伤害风险的装置，但务必征得客户同意或认可。

图 4-21 线体 / 设备的防护类型

2）“设备整体防护”类型的防护罩大概有 4 种形式，如图 4-22 所示。其中，“亚克力防护罩”（一般采用 30mm × 15mm 或 30mm × 30mm 的铝型材架构）常用于各类中低端的非标设备；“钣金 + 亚克力窗”防护罩则更多用于成熟线体 / 设备

或标准机型；“一体式不锈钢防护罩”主要用于标准化设备（如食品机械）或测试机；而“钢网防护罩”则较为少用，常见于一些简单或标准的工艺设备（如铆压机或封箱机之类）。

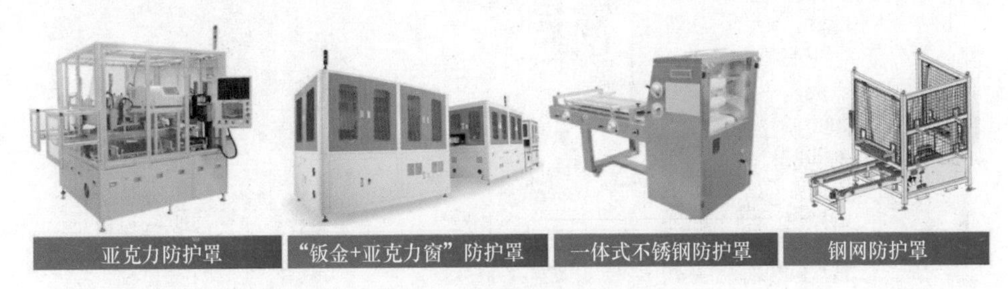

图 4-22　设备防护罩形式

3）在保证防护功能的前提下，防护罩的设计应关注“三不影响”和“一个外观”：不影响正常的供料、收料操作，不影响到日常维护调试工作，不影响到设备运作的观测，防护罩设计案例如图 4-23 所示；在外观设计上应稍微讲究，具体建议参考“速成宝典”实战篇第 4.3 节“如何设计出美观的设备”的相关内容。

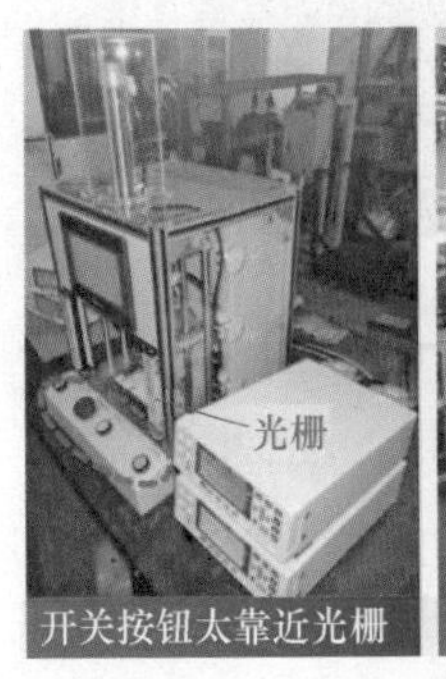

图 4-23　防护罩设计案例

4）“工作区域防护”网状围栏一般采用 304 不锈钢，钢丝直径 $>\phi 4\text{mm}$，网孔方形 $<40\text{mm}\times 40\text{mm}$，钢网支撑结构件采用 $40\text{mm}\times 40\text{mm}$ 方钢，壁厚 $>2\text{mm}$，间隔 $\leqslant 1.5\text{m}$，围栏高度 $\geqslant 2\text{m}$。围栏色调通常需要跟机器人匹配（实际以客户导向为准），比如整体表面做亮黄色油漆喷涂处理，如图 4-24 所示。大型机械手围栏要保证安装后的围栏足够稳固（其地脚用膨胀螺栓固定），不能晃动，围栏棱边使用软泡棉包边。

5）“设备整体防护”亚克力防护罩一般采用厚度 $>8\text{mm}$ 的透明材料，支撑结构件采用 $40\text{mm}\times 40\text{mm}$ 的铝型材。围栏高度不低于工作面 1m，铝型材立柱 $\geqslant 40\text{mm}\times 40\text{mm}$，壁厚 $>2\text{mm}$，立柱间隔 $\leqslant 1\text{m}$，如图 4-25 所示。需要特别注意的是，倘若设备上的工艺为激光雕刻、CCD 检测，以及扫二维码之类，则防护罩应采用茶色或不透光的材料。

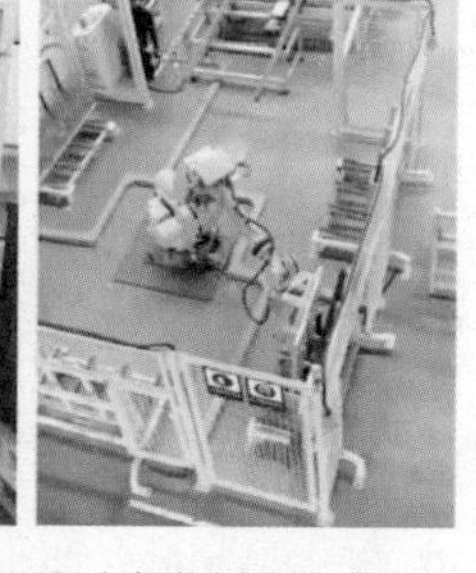

图 4-24 围栏色调与机器人匹配（或遵循客户指示）

图 4-25 亚克力护罩

6）如需在围栏或防护罩上开设小型通孔，且不需要产品通过，则必须安装类似 KEYENCE GL-GF 系列的安全光栅，光栅检测体直径应≤ϕ14mm，并且应给孔周边做包边（防刮），如图 4-26 所示。如需在围栏或防护罩上开设横向滑动的移动门，建议宽度<1.5m，上下安装滚轮和导轨，此外必须安装开门断电保护装置（安全限位开关，开门即停机）。

图 4-26 开孔后的防护

4.1.4 其他方面

1）设备中的高精度光学检测装置设计应确保被检测物落在模拟的视野内，并留有足够的调节空间（尤其是检测方向），如图 4-27 所示。尽可能维持镜头不动，如因视场不足而需要移动相机时，优先采用独立移载机构（与其他机构并行动作），避免和其他工艺机构集成后导致相机停动时发生“振动”，影响相机检测速度或精度。

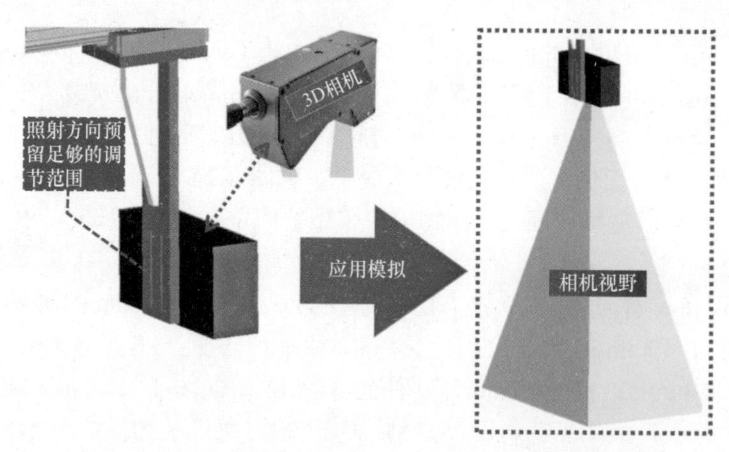

图 4-27 设计光学检测装置应考虑视野、调试和稳定问题

2）供料装置涉及人工换料、添料时，应考虑人体负荷，使操作用力保持在生理上可承受的限度以内，同时要考虑人的疲劳问题。以立姿为例，如图 4-28 所示，最大拉力与体重的关系，最大推力与体重的关系，均随方向而定。与此同时，在小批量的间歇作业中，操作者的物理负荷一般限制在 10kg 以内，在大批量的循环作业中，操作者的物理负荷则限制在 1.5kg 以内，超过 15kg 的产品与夹具的低频搬移，也应考虑采用安全辅助工具。

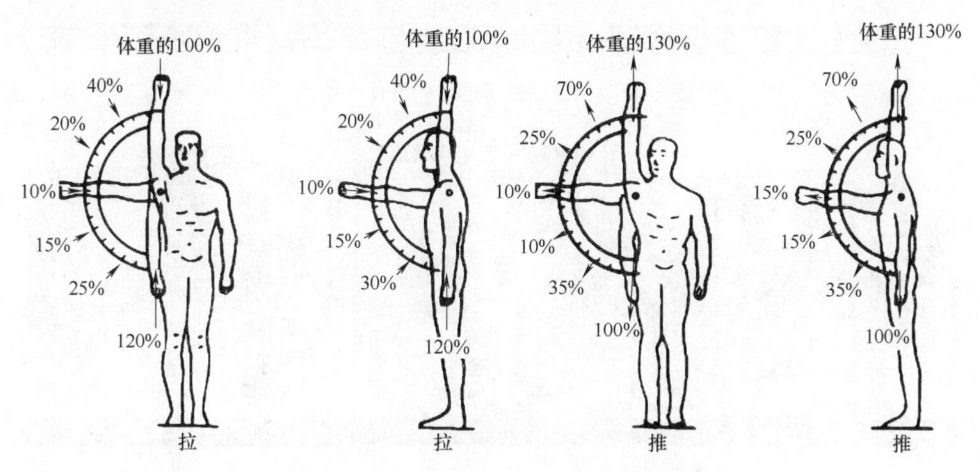

图 4-28　立姿最大拉力 / 推力和体重的关系

3）振动盘是小型零件供料的常用装置，其发包图纸应清楚标示或说明要求：底座至出料口的高度，中心至出料口的长度，振盘的外径，每分钟要求达到的出料数量（一般比机台产能多 10 个），储料量（一般至少满足机台正常运行 30 分钟），需要的个数，振动盘的制造工艺要求（如精密小件应指定 CNC 加工方式）等。此外，振动盘应设计防护罩，顶面为便于开合的门，侧面与顶面均装隔音棉，机架尽量采用方通结构（因振动盘不仅有重量，还有振动，对支撑装置的刚性有要求），避免用小尺寸铝材搭建，整体高度应尽量控制在便于添加物料的范围（<1.5m），顶面应有便于开合的设计，脚杯选择接触地面直径较大的类型，如图 4-29 所示。

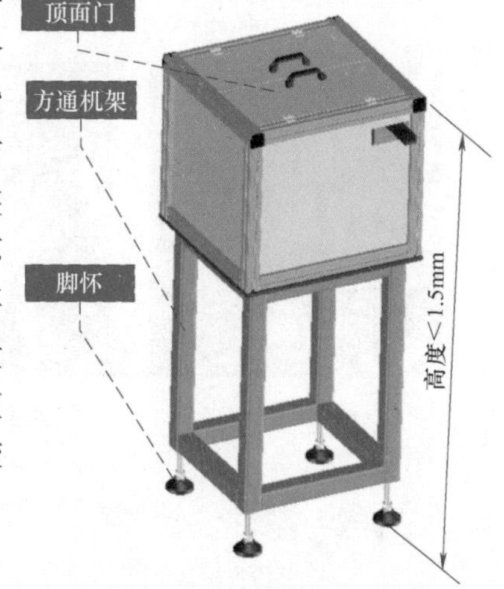

图 4-29　振动盘配套装置设计

4）如果生产线中转小车需要配套定位架，设计考量点如图 4-30 所示。

5）人机界面（触摸屏）的布置，除了安装于防护罩上的做法，还有诸如图 4-31 所示的形式。设计原则是，平时不妨碍操作维护，一旦跟设备“对话”时能触手可及。

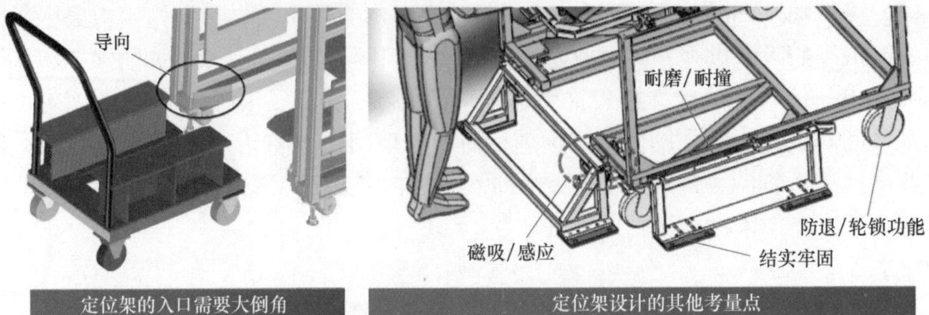

图 4-30 中转小车定位架的设计考量点

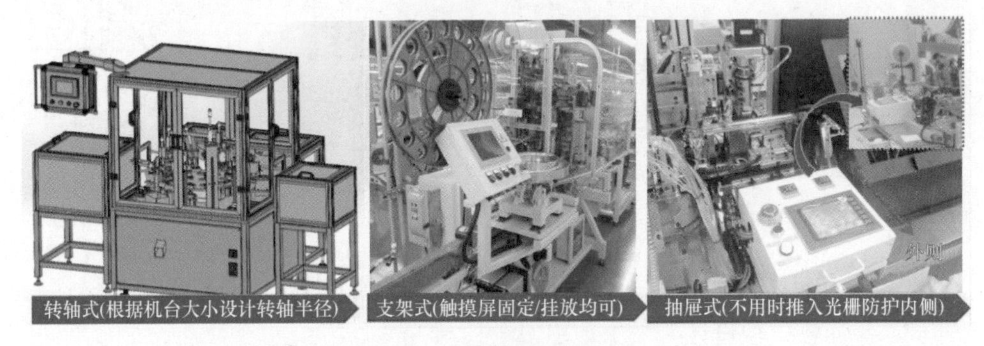

图 4-31 人机界面的灵活布置

6）在设备中集成工业机器人时，其固定方式如图 4-32 所示，优先采用落地正装方式。如果设备集成的是小型机器人，并且工作台面机构布置得比较“饱满”，有时为了充分利用上方的空间，可考虑侧挂安装和倒挂安装。

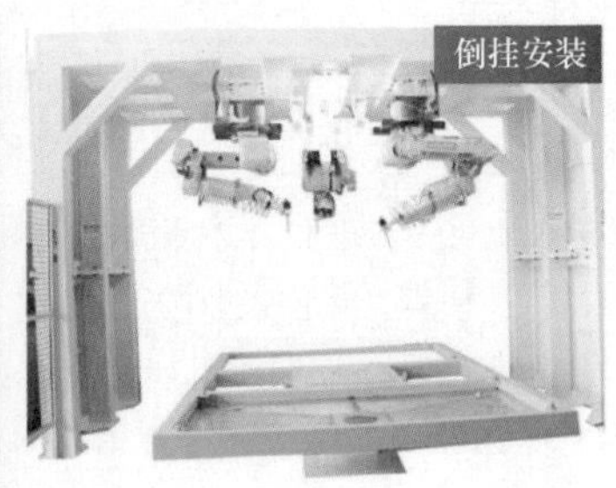

图 4-32 机器人的固定方式

4.2 机构与零件设计规范

相较于“线体 / 整机”以“客户规范”为主，较大程度受制于客户标准与偏好，机构与零件设计方面更多遵循的是“公司规范”或设计者的“个人规范”。大多数客户都不太关心供应商的机构与零件细节设计问题，但这不意味着设计就能“想怎样就怎样”，还是有些专业共识或技术逻辑的。比如，机构的定位、限位和紧固，零件的外形和选材设计，配套应用的标准件选型等，都有大量需要认知和讲究的内容，平时应予重视与积累。所谓非标机构设计过程，形象地说，就是为了达成个性化的设计要求，在有限的空间布置一些特定“长法”的零件，通过定位后紧固到一起或通过限位控制移动的范围，并配套合适的外购件……让这个工作更合理、高效，是本节内容的学习目标。

4.2.1　机构的定位和限位设计

定位和限位的学习包括定位机理和原则、限位机理和原则、定位 / 限位设计案例三个部分，请大家耐心和认真学习、消化。

1. 定位机理和原则

所谓定位，就是对工件的一个或数个自由度进行限制，以达到确定方位的效果。首先，在设计机构时，我们一般会画出零件，然后依据一定的理念、原则和工艺将零件有机地拼装到一起，相应地，也需要确保零件与零件之间维持一定的位置和方向关系，也就是定位设计。其次，绝大多数工艺都需要待加工产品具有确定的方位，所以需要提前对产品进行定位，涉及定位方式、定位元素等设计考量。此外，定位设计直接影响到装配调试和维护操作的便利性，如果我们的机构经常被技术员抱怨这不好装那不好调，往往是与定位设计不佳或不到位有关，因此需要特别重视定位设计的学习和应用。

（1）定位原理

自由度　空间物体共有 6 个自由度，包括沿 x 轴平移，沿 y 轴平移，沿 z 轴平移，绕 x 轴转动，绕 y 轴转动，绕 z 轴转动，如图 4-33 所示。其中，涉及转动的自由度容易被忽略，需要稍微留意，比如挡住物体至少挡到重心及以上，否则可能会发生翻倒。

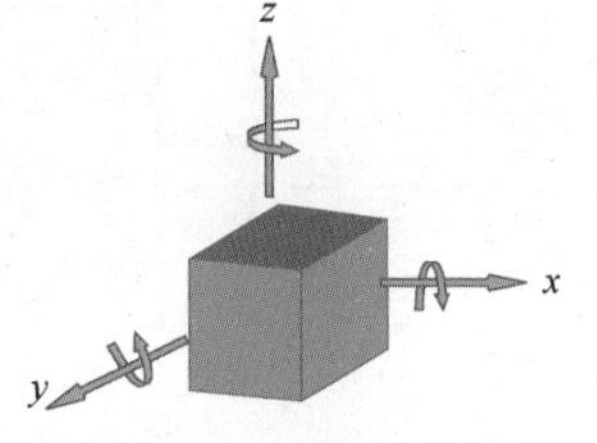

图 4-33　空间的 6 个自由度（3 个平动，3 个转动）

约束　是对物体活动空间的约束，故约束度为自由度的减少量。

六点定位原则　定位系统的功能，就是限制工件的一个或数个自由度，以达到安装或加工的位置或方向要求。空间物体要完全被约束住，需要限制 6 个自由度。

（2）定位元素

面定位　一个平面可以限制一个方向的平动和两个方向的转动，通常作为空间定位的第一基准。

【注意】　i. 三点组成一个平面，用点支承构建定位面时，除了定位用的三点，其余支承点应设置成浮动支承。ii. 两根平行的直线构成一个平面。但在实际应用中，通常由若干个点或小平面共同构成一个大的定位面，定位面与工件的接触面积应尽量小，以减小因加工误差和工件外形误差及表面脏污带来的影响，如图 4-34 所示。

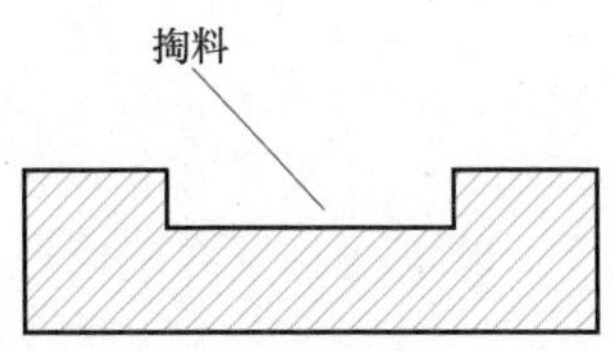

图 4-34　定位面的掏料（减小接触面积）

线定位　一根直线可以限制一个方向的平动和一个方向的转动，通常作为空间定位的第二基准。空间的任意两点构成一条直线。但在实际应用中，通常由两段圆弧顶点来构建一条直线，定位点应尽量小，间距应尽可能大，以满足定位稳定性，如图 4-35 和图 4-36 所示。

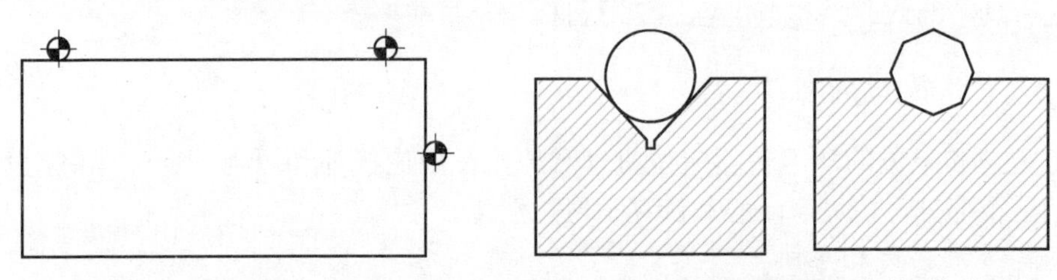

图 4-35　线 / 点定位（销钉）

图 4-36　V 形块同时定心（对圆柱形工件进行纵向的外形定位）

点定位　一个点可以限制一个方向的平动，一般作为空间定位的第三基准。实际的应用以圆弧的顶点或极小平面来代替点定位，如图 4-37 和图 4-38 所示。

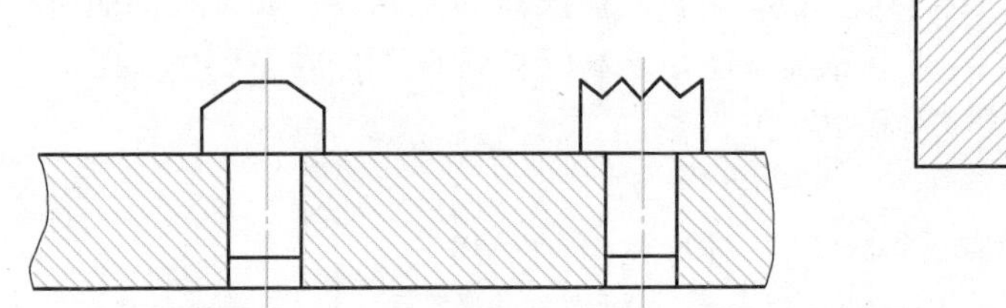

图 4-37　圆顶支承和锯齿面支承

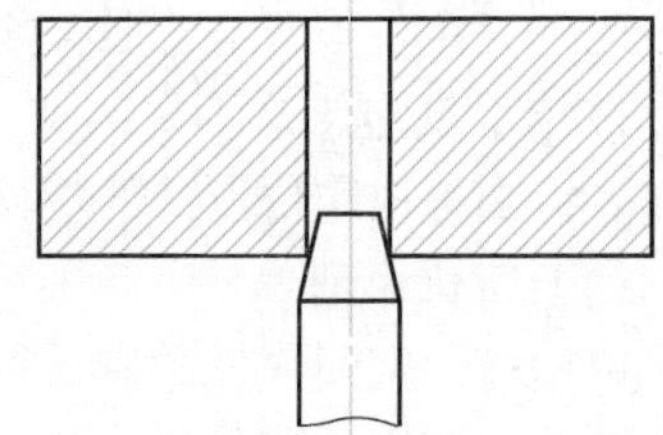

图 4-38　用于工件圆孔大小有变动，但要求以孔中心精确定位的场合

【注意】　ⅰ. 定位元素与工件的接触面积应尽量小。ⅱ. 减少磨损带来的影响。

● **引申学习：定位销**

定位销是连接定位件和固定件的桥梁，在公差标注和安装时须注意合理性，由于销本身也有不同规格，应根据要求选用，这里列举一些要点。

ⅰ. 通常使用 2 个销，相对于夹具对工件进行定位，销定位一般选择对称 / 对角位置，且尽量取较大的间距值，如图 4-39 所示。零件有正反时，定位销应有防呆功能，如图 4-40 所示。

ⅱ. 定位销有正公差（+0.005/0.015）和负公差（0/−0.01）。普通定位选择正公差，且和孔的配合应该是轻轻敲进去的效果；如果用了负公差定位销，为了防止掉落，往往需要在销的圆周面沾点厌氧胶之类后再进行安装。如果是销和衬套配合，或需要频繁匹配定位零件的场合，一般选择负公差。

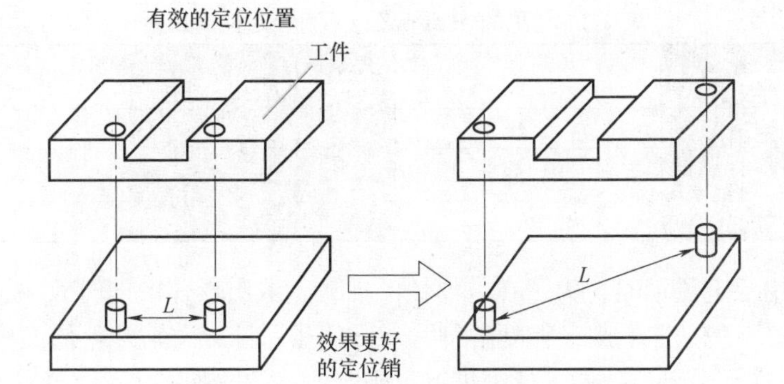

图 4-39　定位销位置和间距选取

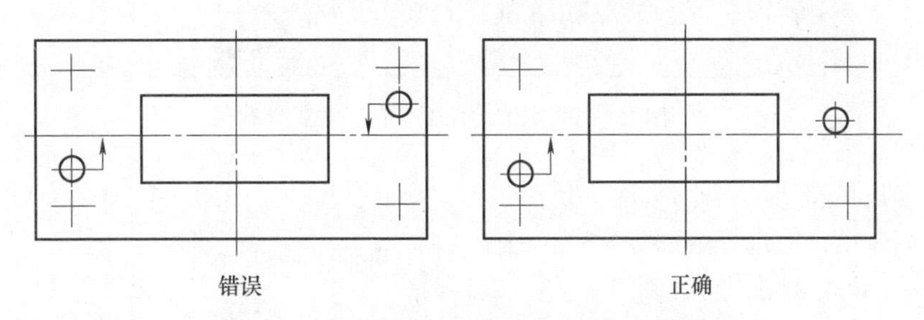

图 4-40　定位销的防呆布置（零件有正反时）

此外，类似图 4-41 所示的转销和固定块紧配，旋转零件和转销为滑动配合。尽管在该工况下要求不太严苛，但如果标注不当，也可能造成旋转零件晃动或卡死。如果转销是非标的，则自行决定公差，如果是外购标准件，则应注意，一般用于定位的转销为正公差，常见的 ϕ6mm 及以下直径定位销公差见表 4-2。为了确保旋转零件配合孔与转销之间有合适的间隙（旋转顺畅且没有明显晃动感，在不重要的场合，这个间隙约为零点几毫米），对应孔的公差可标注为 $^{+0.05}_{+0.01}$。

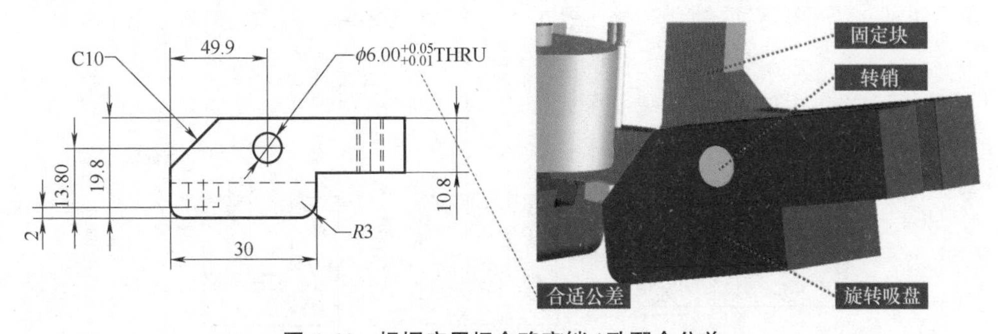

图 4-41　根据应用场合确定销 / 孔配合公差

表 4-2 常见的 ϕ6mm 及以下直径定位销公差

直径 ϕ/mm	6	直径 ϕ 公差	+0.010 +0.005
形状	直杆	有无拉拔螺纹	无
硬度 HRC	≥58		
L（全长）/mm	20		

ⅲ. 采用双定位销时，为了在方便销的插入、取出操作的同时兼顾销的定位精度，一般对应销孔设计成 1 个圆孔和 1 个长条孔，且 2 个销外露的高度不同，以便插入高销进行预定位，插入低销进行正确定位，如图 4-42 所示。

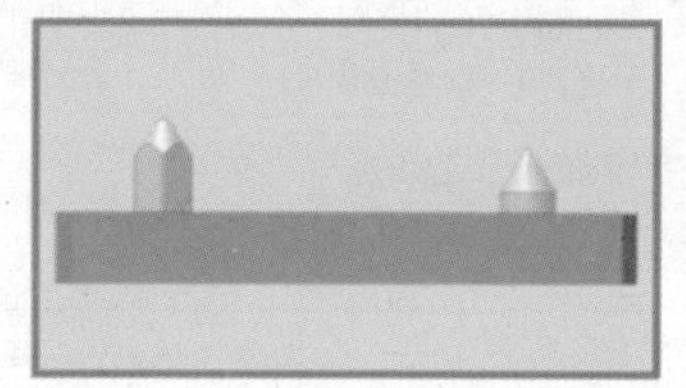

图 4-42 销钉定位（有 1 个孔应为长条孔）

ⅳ. 销的端部形状有圆头形、圆锥形、C 倒角形几种。如图 4-43 所示，对于插拔频繁的定位销，应选择端部导向较长的销（端部为圆头形 + 圆锥形）；对于圆锥形端部，当工件较轻，人工操作时，采用 60° 以下较大的圆锥角；当工件较大，人工操作不便，或者用于自动机械等时，多采用 10° ~ 30° 圆锥角；销的配合部分长度根据 2 个零件的精度（平行度）和操作频繁程度设定。

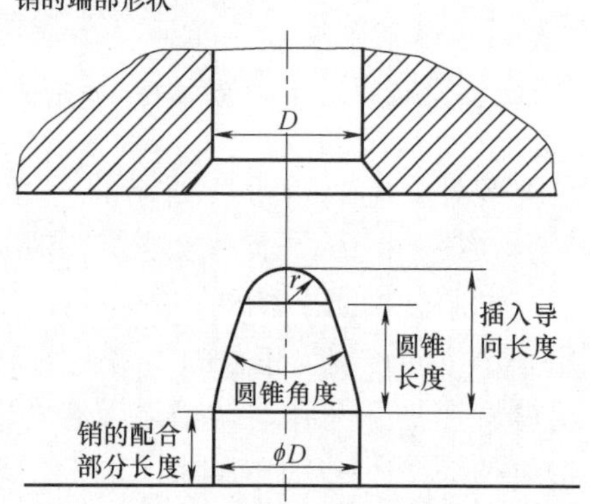

图 4-43 定位销端部的导向功能

ⅴ. 定位销也会磨损或损坏，需要考虑更换便利性，如图 4-44 所示。如果是盲孔且没取销孔的话，由于内部气体的作用，安装时并不便利，需要开设取销孔和排气孔。

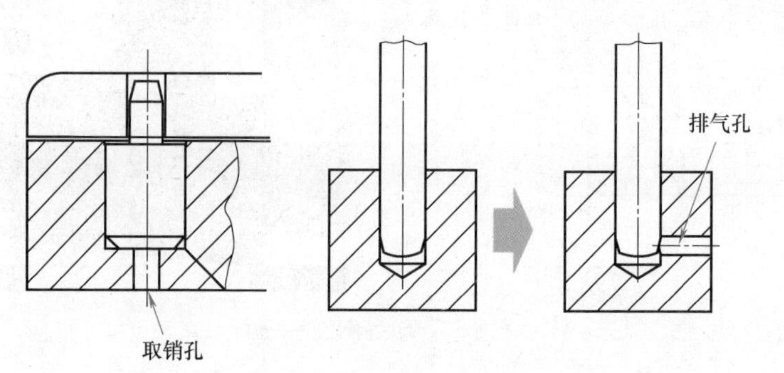

图 4-44 定位销的工艺孔

ⅵ. 一些精度不是特别高的产品工装定位，不一定要做定位块，抓住主要特征，用相应的定位销就可以进行定位，如图 4-45 所示。

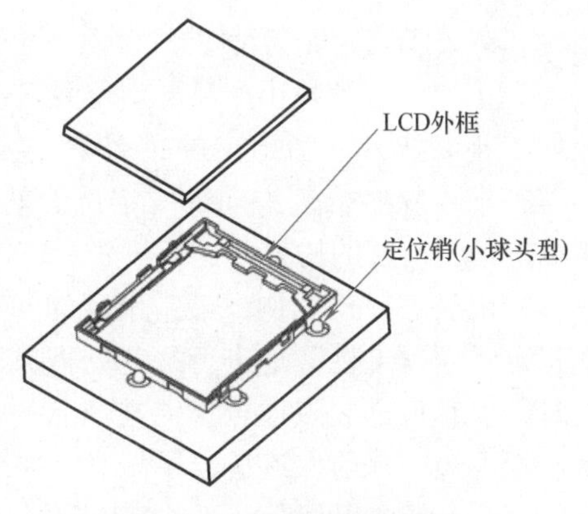

图 4-45　定位产品的外形

（3）定位设计（主要包括产品的工装定位和零件之间的关系定位）

① 产品的工装定位。根据定位元素发挥的作用，一般产品的工装定位以“面定位”为主。需要特别注意的是，一个面可能约束了产品移动，但其本身未必是定位面，约束面不等于定位面，只有和产品保持接触状态的“约束面”才是定位面。如图 4-46 所示，产品在工装流道上可以滑动，我们可以将产品约束面进行进一步拆分。

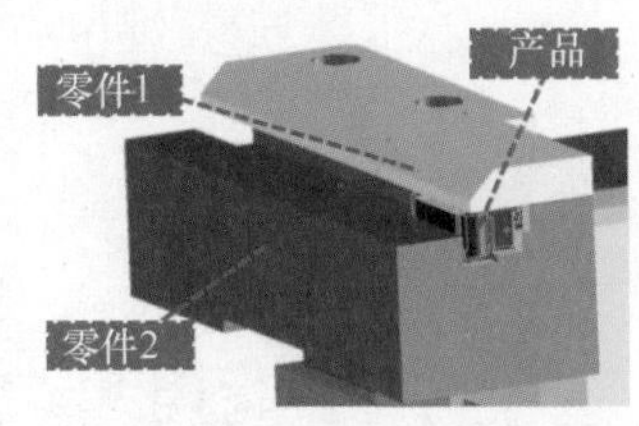

图 4-46　产品的工装定位

定位面（零件 2 约束产品的面）　有精度和表面粗糙度要求，应使定位面与设计基准、加工基准一致，一般选择产品外形尺寸相对稳定（耐磨性、硬度、强度或刚度较高）的元素为定位基准，其所对应的面为基准面、定位面。其中，确保产品重心平稳、不会翻动的“定位面”也称为“支承面”，一般平行或垂直于工艺方向，单边支承产品时至少要超过重心，否则就要双边扶持或“整体支承”。此外，左右两个面虽然约束着产品沿着流道前行，但不是严格意义的“定位面”，其与产品的间隙越大，定位效果越弱，理想的定位状态是产品贴着约束面流动，较差的定位状态是产品在流道晃动、摆动、卡住等。

阻挡面（零件 1 约束产品的面）　平行于支承面或定位面，起辅助限位作用，一般约束 1/3~2/3 的产品尺寸，不用完全阻挡，以留出一些窥视空间。

一般来说，增强定位效果的有效途径就是让产品贴近定位面。流道上不同方位的“定位”意义是有差别的，所以对于定位面的选择也是有讲究的。基准定位要选择产品受力平衡且结构尽可能强壮的面，挡位定位则只要产品不翻转或掉出去就可以了。如图 4-47 所示，盖板定位要求产品不要跳出来，支承定位应选取产品处于最平稳状态的面（自然状态下不翻转，否则要增大定位面）来实现。

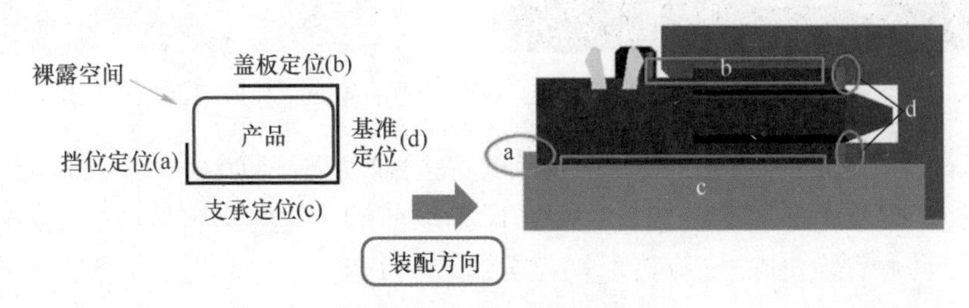

图 4-47　产品的流道定位

● 引申学习：产品的定位设计思路

ⅰ. 约束，即找出产品的定位元素，根据定位原理进行产品位置和方向的限制。如图 4-48 所示，流道定位面不应该选择物料容易受前段工艺影响而波动的尺寸方向，本着物料行进方向的“定位面就长就宽”原则，应选择定位 *B* 方向的尺寸 / 面进行自由度的约束。

以流道设计为例，最常出现的问题是卡料，原因是多方面的，对设计本身而言，要“预见性”地进行一些处理。比如，评估一个塑胶或一个铁壳的流道设计时，要知道进胶点或合模线在产品的哪个位置，同时注意下塑胶的哪个位置容易产生毛边，提前在流道给予规避，如图 4-49 所示。此外，还有尖锐的棱边、起模斜度……考虑得越全面，流道越顺畅。

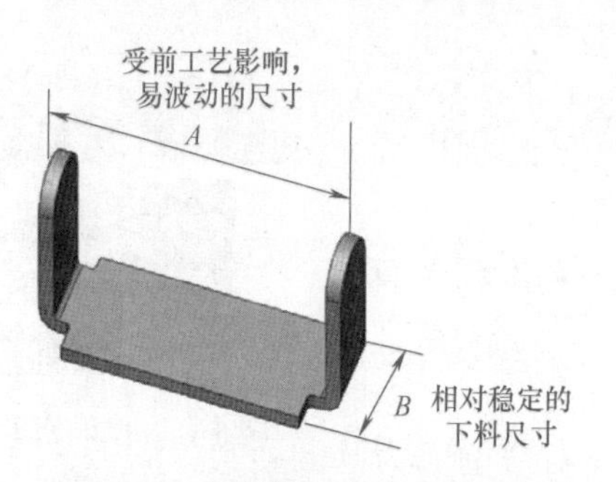

图 4-48　物料部分尺寸受前工序影响较大

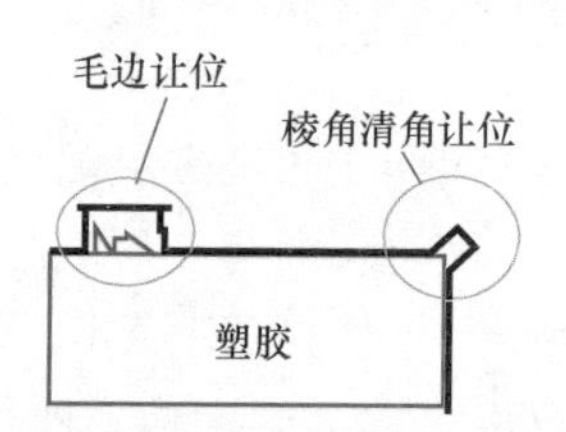

图 4-49　流道应开槽或清角以避开毛边、披锋、棱边等

ⅱ. 仿形，少数产品可能需要采用仿形定位，工装夹具一般通过 CNC 或者开模以及零件组合的形式来达成。但要注意的是，产品有内腔和外形时，优先选用内腔定位，如图 4-50 所示。如果采用外形定位，则要注意满足作业“取放易”的要求，如图 4-51 所示的情况，如果是人工“取放作业”就不太合理。

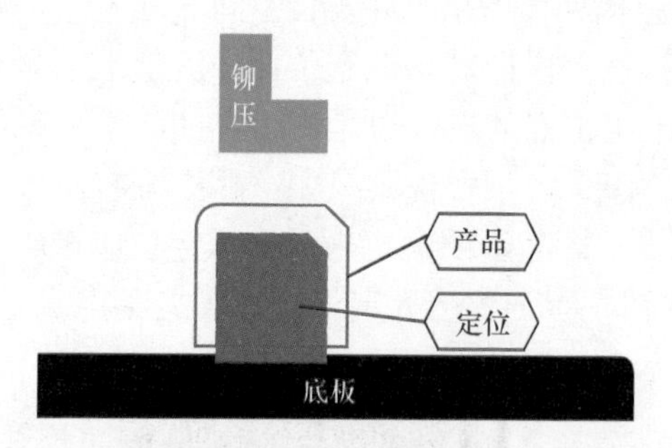

图 4-50　内腔定位

图 4-51　外形定位（未考虑取放）

ⅲ. 矫正，有两种常见的方式，一种是机构辅助进行微小的调整，确立产品状态，比如产品较小或较长的情况，要考虑抓取前赋予导向或校正功能，如图 4-52 所示；另一种是先通过感应器、视觉分拣，再用机构方式调整位置，如图 4-53 所示。

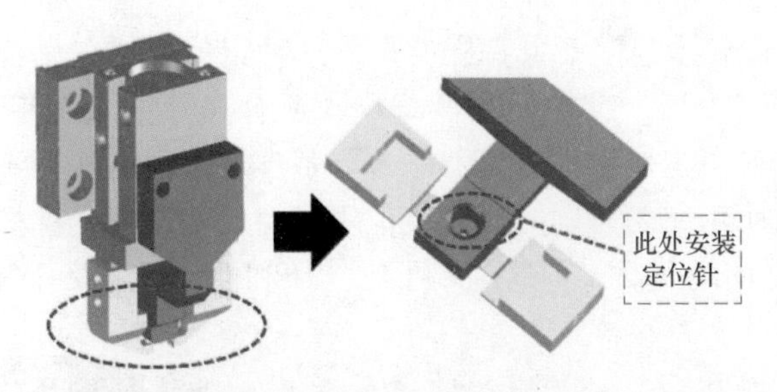

图 4-52　抓取前利用定位针对产品进行微小调整

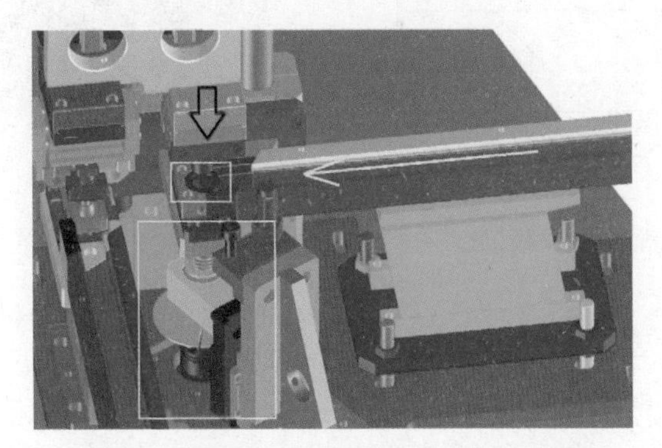

图 4-53　根据判断结果对产品进行方位调整

② 零件之间的关系定位（常见的有 3 种）。

销钉定位　重复精度普通，维护性好，适用于多数尺寸适中的零件。如图 4-54 所示，用两个销钉定位零件，左图是两个圆销钉，但其中一个孔需开设成长条孔，优先采用；右图是一个圆销钉和一个菱形销钉，孔可以都是圆的，一般在开设不了长条孔的情况下采用。

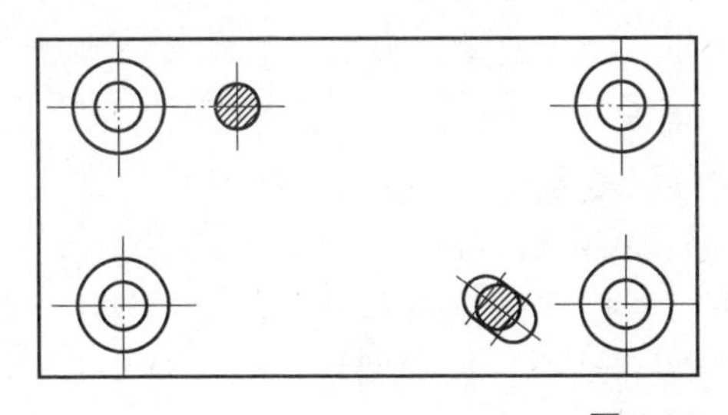

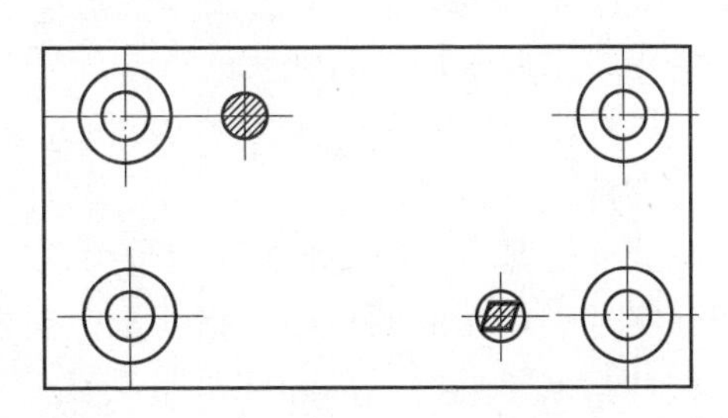

图 4-54　销钉定位

卡槽定位　重复精度普通，维护性好，适用于尺寸偏小的零件，如图 4-55 所示。如图 4-56 所示，由于卡槽和定位零件之间有间隙，所以实际零件可能会偏 *A* 方向或 *B* 方向一点，这取决于公差放置或加工精度，相对来说比较常用。

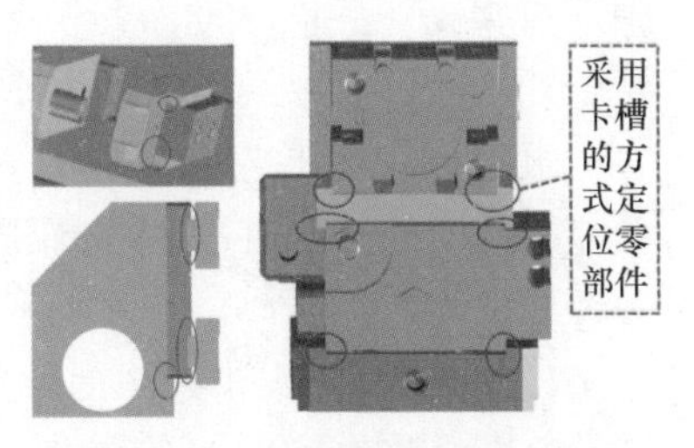

图 4-55　平行移动的双杆机构

紧靠定位 和卡槽定位不太一样的是，这种定位方式“靠着”统一的装配基准，重复定位精度较高，维护便利性普通，适合尺寸偏大的零件（图 4-57）。如图 4-58 左所示，如果定位零件只是“靠着”基准定位，最好不要承受 *B* 方向的负载；如图 4-58 右所示，两侧同时压紧定位零件时，则重复定位精度较高，且能承受一定的 *A*、*B* 方向的负载，但这削弱了维护便利性，适合尺寸偏大的零件。

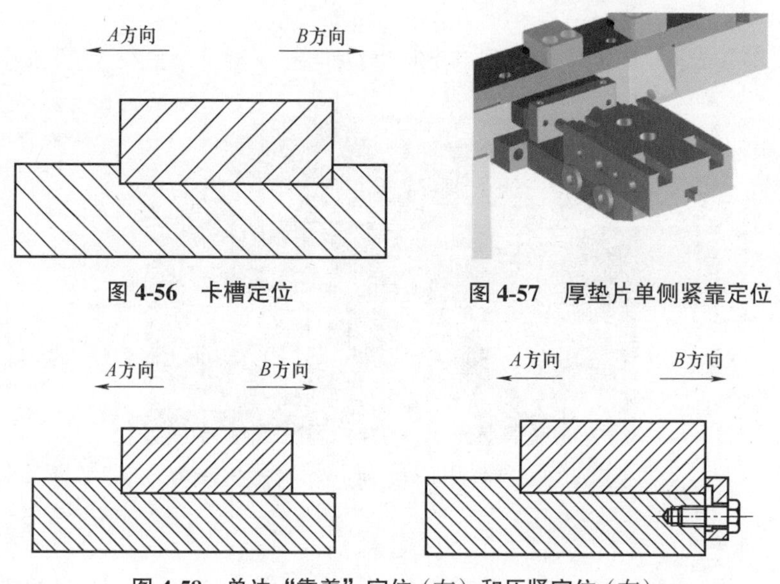

图 4-56 卡槽定位

图 4-57 厚垫片单侧紧靠定位

图 4-58 单边“靠着”定位（左）和压紧定位（右）

此外，有时为了组装调试方便或节省成本，可以选用混合定位方式，如“槽 + 销”的形式，但要避免定位方式的堆叠，以免“过定位”。

③ **定位增强**。定位增强的意思是，定位的要求比较高，但一般的定位方式难以满足，因此采用“增强”的方式给予弥补。虽然方法有很多，但基本原则就一条，尽量让产品可靠贴着设计的定位元素（面）。

夹持 产品和定位座之间有间隙时，可以考虑通过单边夹紧或抵住的方式消除或减少位置偏差的影响，有时也可以通过夹持的方式矫正位置或维持位置不变。能够实现夹持功能的气动手指有很多类型，根据定位效果来设计，其中两爪（平行移动）最常见，三爪和四爪常用在一些特殊场合，比如圆柱形、圆环形零件，用三点夹持（三爪气动手指）更合理；比如，安装矩形密封圈（安装前四个边需要张开）就可以用四爪气动手指来实现，如图 4-59 所示。

吸附 有些工艺或移料的动作幅度大，产品可能会跳动，需要有位置保持的功能，此时往往会在机构中加上吸附功能，如图 4-60 所示，但由于比较麻烦，非必要尽量不用。

二次定位 如图 4-61 所示的案例使用摆动气缸，由气压驱动做直线运动和转动，并采用真空吸盘传送小型基板，在吸取位置利用定位销和定位衬套配合来减小摆动气缸轴杆结构的间隙（松动），亦即“二次定位”（采用长销时，如果无排气槽，则销难以从衬套中抽出，需在衬套上开设排气孔，或者在销上加工排气槽）。

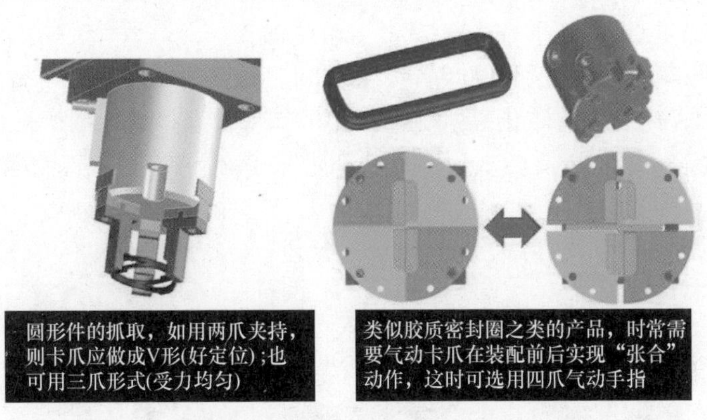

图 4-59　适用不同工况的气动卡爪（三爪和四爪）

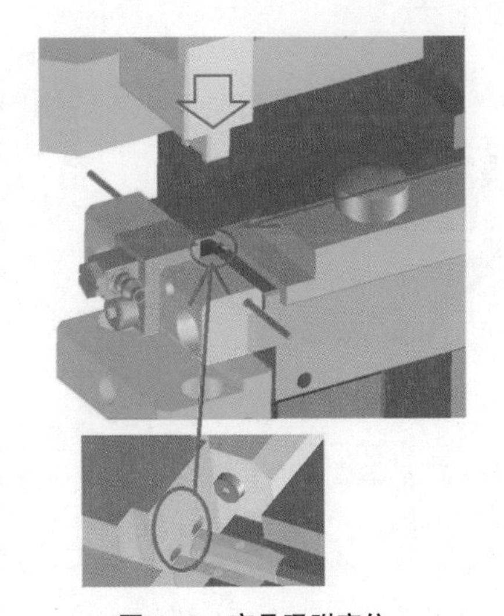

图 4-60　产品吸附定位

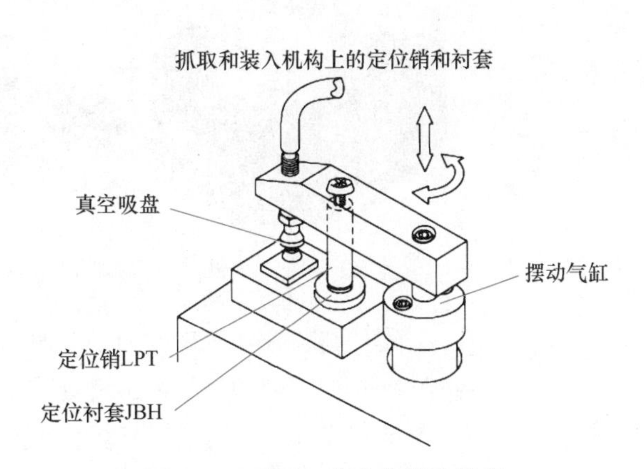

图 4-61　采用二次定位提高精度

防呆　有些产品可能外形是对称的，但又需要分辨方向，这时定位设计要注意利用细小特征加强防呆效果，避免产品错漏。

（4）定位原则（“一精”“二要”“三不”）　从理论上讲，定位设计涉及基准、公差、尺寸链等内容，具体请参考理论书籍的相关论述。但在实际设计工作中，我们不太可能去进行各种“推敲”“计算”，一般把握好基本的设计原则（方向）即可。

① 一精。定位精度的核算可表达为：总定位误差 = 工件定位元素误差 + 工件定位面误差 + 两者间隙。一般来说，当部件精度能够被机构精度要求所覆盖

时，可以考虑通过加工或装配要求达到所需的精度，但当部件的精度要求超过机构的精密能力时，务必预留调整功能（相当于尺寸链里边的调整环）。此时，所谓“定位”更多起着“基准”或“参照”的作用，精度取决于调试手段、方法及结果——这在做传统机械的人的观念里简直“无法接受”，但在做非标机械项目中则“司空见惯”。

② 二要。第一，要能明确产品状态，如图 4-62 所示的喇叭产品，定位设计如图 4-63 所示，挡块起着防止喇叭转动作用，如果没有挡块，则产品将处于可旋转的不确定状态。第二，要能观察产品状态，除了必要的支承和定位，以及必要的阻挡或遮盖，尽量让产品裸露出来。

图 4-62 喇叭产品

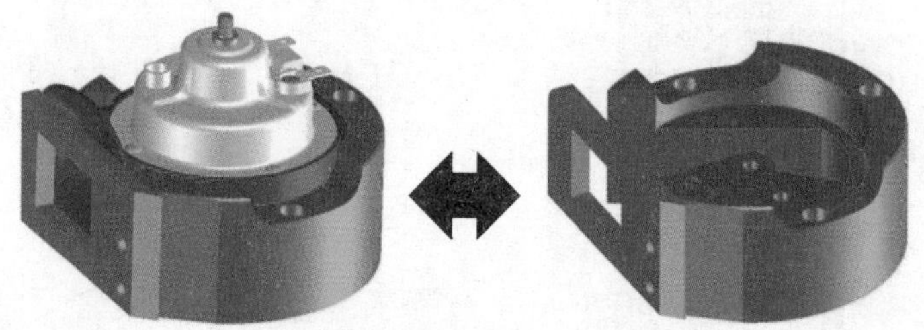

图 4-63 喇叭产品的定位

③ 三不。第一，不能伤产品，比如尽量减少对产品薄弱部位的碰触，如果避不开夹持之类的操作，零件应选用相对不易刮伤或磨损产品的材质，如 PE、电木之类。第二，不能过定位或少定位，避免 2 个或 2 个以上的具有重复功能的定位面，避免阻挡面没发挥作用或者造成重复定位精度降低，尽量避免造成零件拆装不便。图 4-64 所示的线性移动机构，左图明显是“过定位”，安装和固定时很容易因为搭配问题“卡死”“憋住”，所以应该设计成右图的模式。第三，不能防碍作业，应充分考虑装配调试和作业的便利性，如图 4-65 所示，显然取放产品都不容易，难以达到同时放两个产品实施工艺的设计预期，最后只能“一出一”。

总体来说，由于定位涉及精度问题，所以除了考虑定位方式，还要注意如何保证达到预期的效果，比如从作业（人工、自动、试制、批量生产及其他因素）和工件（精度等级、外观品质等级、材质及其他因素）的特点以及经济性综合考虑。

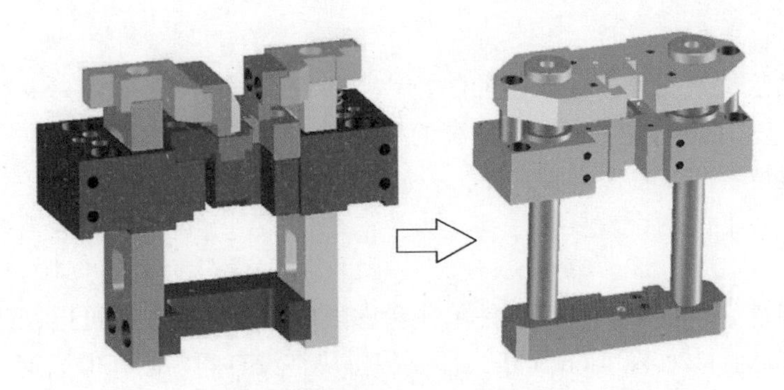

图 4-64 线性移动机构（左：过定位；右：常用）

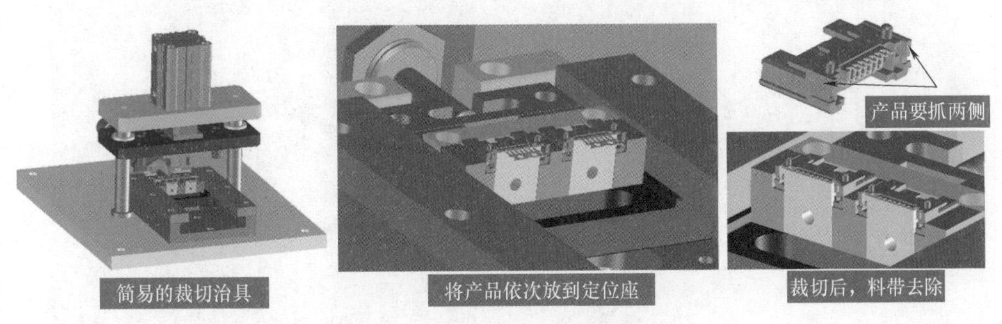

图 4-65 没有考虑产品取放的设计

2. 限位机理和原则

所谓限位，指的是让受力运动的物体在设定的位置准确而平稳地停下。对于机构设计来说，问题就变成了要让机构实现这样的动停预期，应有怎样的实现方式和技巧讲究。一般来说，需要稍微讲究机械限位设计的，主要是气动类型的机构。因为该类机构的冲击性较大，如果限位不稳或者没有足够的缓冲时间，容易造成机构运行不稳定或寿命短的问题。

（1）基本认知 在经典力学里，动量 mv 为物体质量 m 和速度 v 的乘积，物体所受合外力 F 的冲量 I 是一个过程量，等于它的动量的增量 Δmv（即末动量减去初动量），称为动量定理。一个恒力的冲量 I 指的是这个力 F 与其作用时间 t 的乘积，如若使质量为 m 的物体从运动速度 v 停下来（即速度为0），则 $I=Ft=\Delta mv=mv$（直线运动状态下，力 F 的方向和动量或者速度方向是相反的）。显然，为了达成极小 t 的目标，我们总是希望 mv 越小越好，或者 F 偏大（这会带来机构刚性要求高、动力要求大等问题）。

或者换个角度，我们大概有这样一些基本认识即可：负载上，一个 ϕ100mm 的气缸和一个 ϕ16mm 的气缸，改变运动状态的难易程度相差很大；精度上，对于特别精密的场合，限位最好有调节装置，并带有可视刻度；在速度上，改变状态的瞬间的物体速度越大，使其停下来的负加速度越大……

（2）设计原则

强壮的限位块 经常受撞击的限位块，不仅要强度高（不容易变形或疲劳失效），而且应采用经过热处理的硬度高的构件。

尽量维持平衡 就像桌脚一样，去掉一个，剩下的三个就要以等三角形布置，去掉两个，剩下的两个就要粗一些，去掉三个，那剩下这个就要更粗……粗到不会翻倒为止。

结构刚性好 一个机构，不是单纯考虑限位做得多粗壮就可以，还要兼顾动力（性质和大小）。如图 4-66 所示，即便限位块是没有问题的，但固定气缸的工件容易受力摇晃，因此也需要设置加强筋，如图 4-67 所示。

图 4-66 不考虑机构刚性的设计

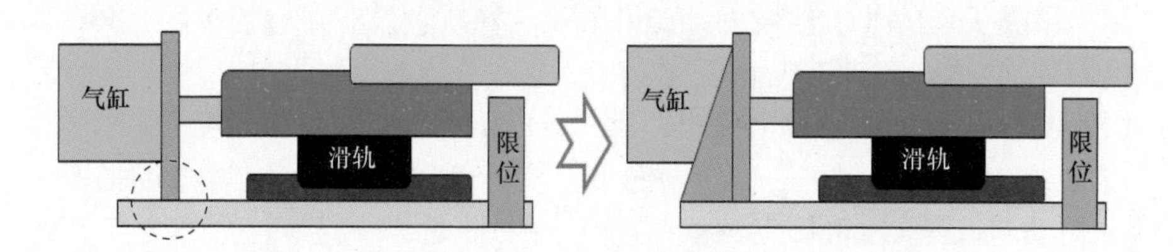

图 4-67 考虑动力（性质和大小）的机构限位设计

图 4-68 液压缓冲器

（3）关于液压缓冲器 气缸动作到行程终点停止时，如无外部制动或限位器，活塞与端盖将产生冲击，为缓和其冲击力并降低噪声，一般需要有缓冲装置。大多数气缸动作的机构通过如图 4-68 所示的（液压）缓冲器来减少冲击和降低噪声。有的厂商干脆定下一条“凡气缸动作的机构必用缓冲器”的设计标准，可见其对气动类机构稳定性所起的作用之大。

事实上，未必一定要处处用到液压缓冲器，是否需要添加缓冲器，主要还是看冲击的大小（与动能或动量有关，而动能或动量取决于物体的质量和运动速度），而不是光看气缸多大，见表 4-3。

表 4-3　缓冲形式及其适用情形

缓冲形式	适用情形
无缓冲	适合微型气缸、小型气缸和中小型薄型气缸
垫缓冲	适合缸速 ≤ 750mm/s 的中小型气缸和缸速 ≤ 100mm/s 的单作用气缸
气缓冲	将动能转换为封闭空间的压力能，适合缸速 ≤ 500mm/s 的大中型气缸和缸速 ≤ 1000mm/s 的中小型气缸
液压缓冲器	转化为热能和油压弹性能，适合缸速 > 1000mm/s 的普通气缸和缸速不大的高精度气缸

在具体选用液压缓冲器时应注意以下几点。

ⅰ. 缓冲器不是限位元件，一般和限位工件邻近组装在一起，如图 4-69 所示。但是，在其负荷范围内，缓冲器也可直接用于限位（阻挡工件，使其停到所需位置），如图 4-70 和图 4-71 所示。

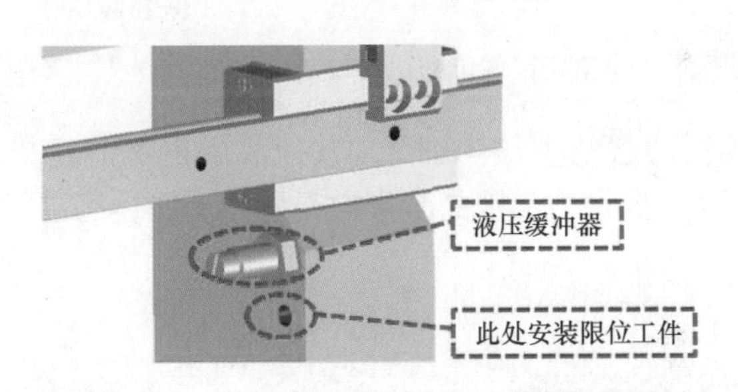

图 4-69　液压缓冲器和限位工件邻近组装

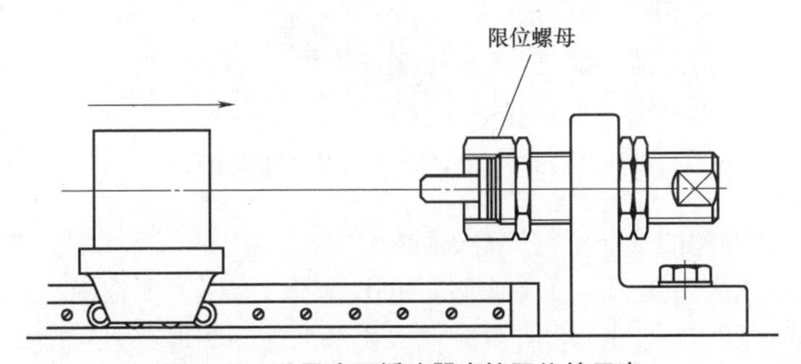

图 4-70　采用液压缓冲器直接限位的示意

ⅱ. 假设移动机构的质量为 m，到达终点的最大速度为 v，可根据 $E=mv^2/2$ 粗略计算“动能变化量”，大概乘上 2 倍的系数后，再核对液压缓冲器的主要指标，选用合适的规格，如图 4-72 所示。

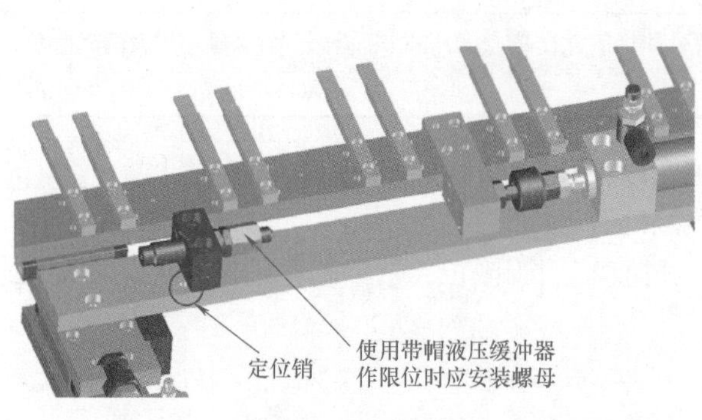

图 4-71　采用液压缓冲器直接限位的机构

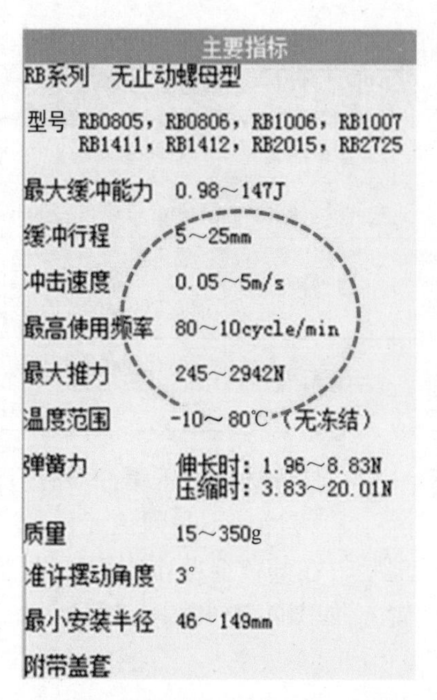

主要指标	
RB系列	无止动螺母型
型号	RB0805，RB0806，RB1006，RB1007 RB1411，RB1412，RB2015，RB2725
最大缓冲能力	0.98～147J
缓冲行程	5～25mm
冲击速度	0.05～5m/s
最高使用频率	80～10cycle/min
最大推力	245～2942N
温度范围	-10～80℃（无冻结）
弹簧力	伸长时：1.96～8.83N 压缩时：3.83～20.01N
质量	15～350g
准许摆动角度	3°
最小安装半径	46～149mm
附带盖套	

图 4-72　液压缓冲器的主要指标

ⅲ. SMC 液压缓冲器的螺纹为细牙（其他品牌也可能是粗牙），如图 4-73 所示。设计安装孔前要查询具体品牌的型录进行牙型确认，搞错的话就安装不上。

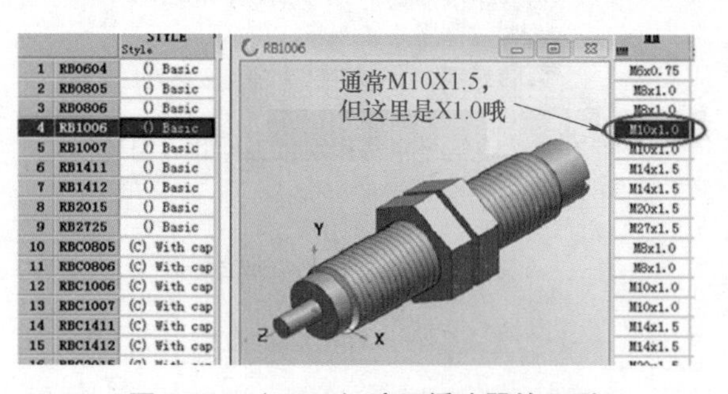

图 4-73　（SMC）液压缓冲器的牙型

ⅳ. 液压缓冲器的选择不仅仅看气缸的大小，还跟移动物体的质量、机构的布局、缓冲的距离等有关，存在少许偏差也不要紧，并不需要精确。在对工况有基本了解的前提下，也可进一步计算校核，相对严谨一些地选取液压缓冲器，其基本思路是先计算出运动机构的能量，然后乘上安全系数，根据最大吸收能量或当量质量来选取，相关的计算和工况分类见表 4-4~ 表 4-6。

表 4-4　计算相关的概念和单位

符　号	使用条件	单　位
E	吸收能量	J
E_1	动能	J
E_2	推力 / 自重能量	J
G	重心位置	—
S	FCK 行程	m
g	重力加速度（9.8）	m/s²
n	转速	r/min
M_e	冲撞物相当质量	kg
T_d	电动机起动转矩	N · m
K	减速比	—

表 4-5　计算工况（一）

使用示例	水平冲撞		
	单纯的水平冲撞	有气缸推力时	有电动机驱动力时
	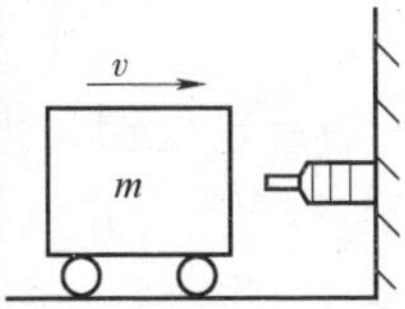	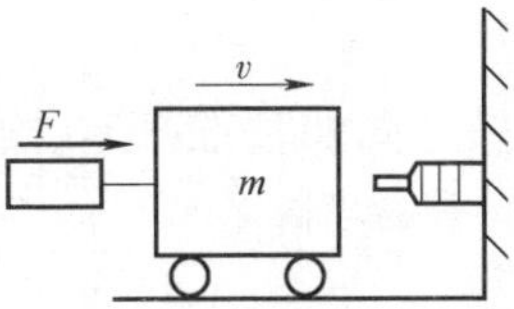	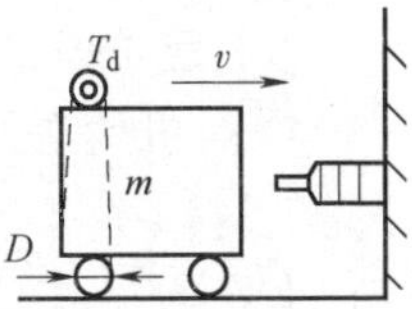
动能 E_1/J	$E_1=\dfrac{mv^2}{2}$	$E_1=\dfrac{mv^2}{2}$	$E_1=\dfrac{mv^2}{2}$
推力 · 自重能量 E_2/J	—	$E_2=FS$	$E_2=\dfrac{2KT_dS}{D}$
全部吸收能量 E/J	$E=E_1$	$E=E_1+E_2$	$E=E_1+E_2$
冲撞物相当质量 M_e/kg	$M_e=m$	$M_e=\dfrac{2E}{v^2}$	$M_e=\dfrac{2E}{v^2}$
每小时吸收能量 E_t/（J/h）	$E_t=60En$	$E_t=60En$	$E_t=60En$

表 4-6 计算工况（二）

	垂直冲撞		
	自由落下	气缸下限挡块	气缸上限挡块
使用示例	m H v	F m v	v m F
动能 E_1/J	$E_1=\frac{mv^2}{2}$	$E_1=\frac{mv^2}{2}$	$E_1=\frac{mv^2}{2}$
推力·自重能量 E_2/J	$E_2=mgS$	$E_2=(mg+F)S$	$E_2=(F-mg)S$
全部吸收能量 E/J	$E=E_1+E_2$	$E=E_1+E_2$	$E=E_1+E_2$
冲撞物相当质量 M_e/kg	$M_e=\frac{2E}{v^2}$（$v=\sqrt{2gH}$）	$M_e=\frac{2E}{v^2}$	$M_e=\frac{2E}{v^2}$
每小时吸收能量 E_t/（J/h）	$E_t=60En$	$E_t=60En$	$E_t=60En$

3. 定位 / 限位设计案例

下面以一台物料直线流向布局的设备来说明定位 / 限位设计。

（1）定位设计

① 对机构之间抓定向和基准，定位件一般是定位销，也有用定位块的情形。首先，对设备进行整体规划（图 4-74），由于该组机构并无精度要求，因此不建议在大板上做定位设计；如图 4-75 所示，由于直振精度很差，理论上没必要定位，当然如果考虑到调好后整组机构可能拆下来再装回去，也可以添加几个定位销“靠位置”；如图 4-76~ 图 4-78 所示，从物料分离开始的整个流道需要定位设计，但由于机构之间有一定距离，每个机构的支撑构件的精度不好保障，因此机构与机构之间以及其与大板的相对位置，一般以“定向和共基准”为原则，且以移料机构为定位中心基准展开。

② 对机构本身抓定位和精度。机构本身构件之间的关系一般需要确保相对位置，即应有定位设计。如果零件尺寸不大，通常采用卡槽形式（根据零件厚度，深度一般为 0.5~3mm），如图 4-79~ 图 4-83 所示；如果零件尺寸较大，也可以采用定位销形式（可以选择跟附近紧固螺钉外径差不多尺寸的定位销，以 $\phi3$~$\phi6$mm 居多），如图 4-84 所示。

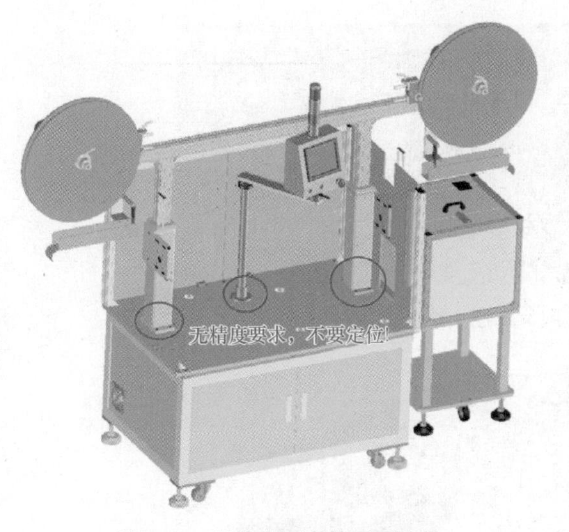

图 4-74　无精度要求的不要定位

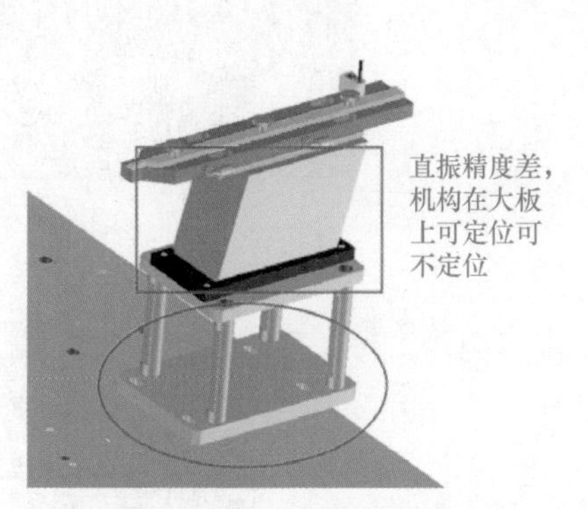

图 4-75　可定位可不定位的情形

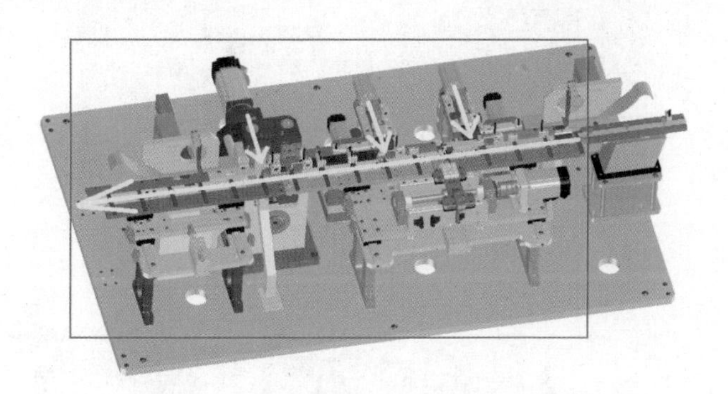

图 4-76　考虑定位的核心机构（移料机构）

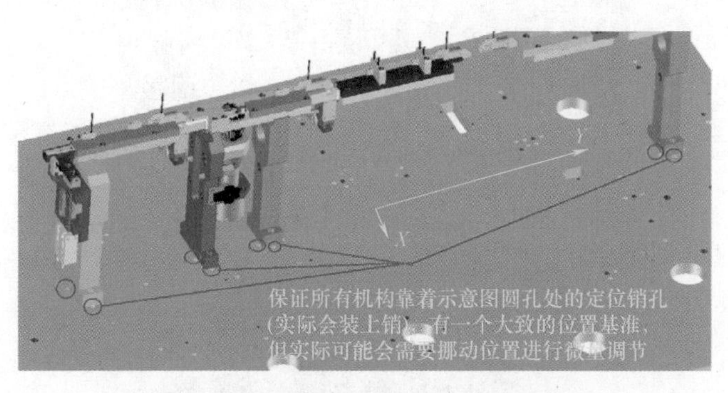

图 4-77　定位的意义在于有个装配基准和方向

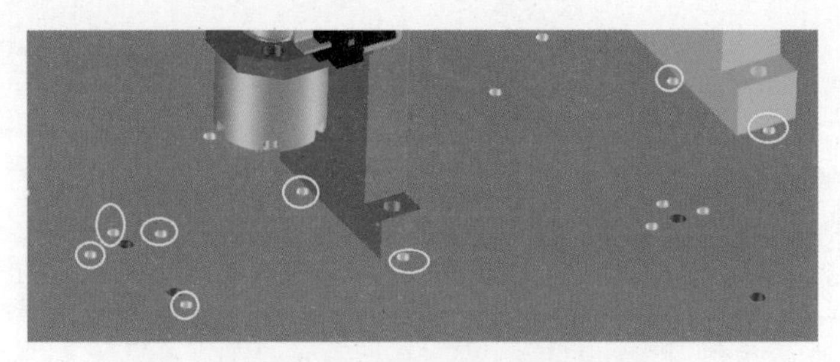

图 4-78 机构站脚在大板上的定位

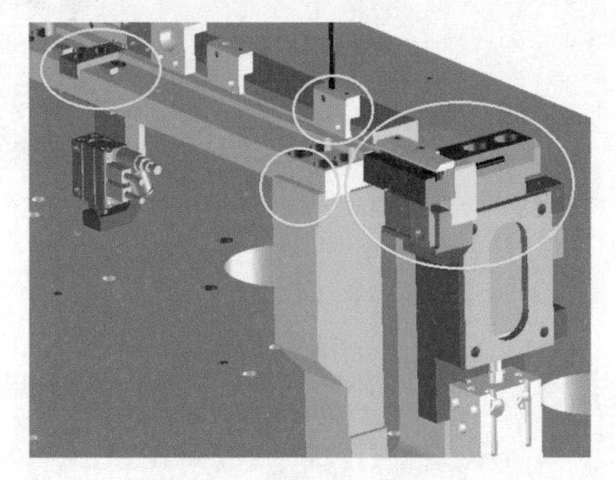

图 4-79 卡槽定位方式（一）

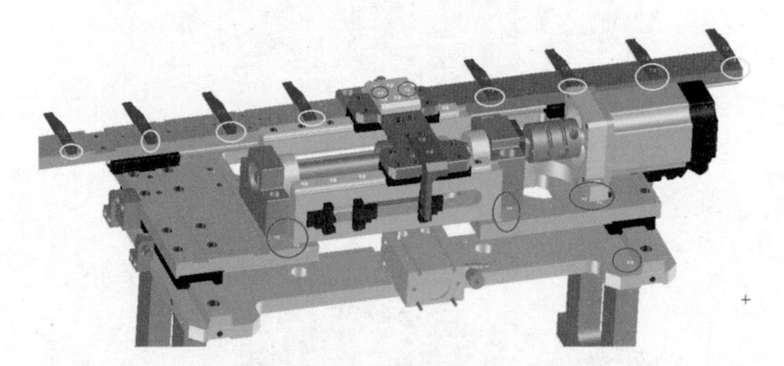

图 4-80 卡槽定位方式（二）

图 4-81 卡槽定位方式（三）

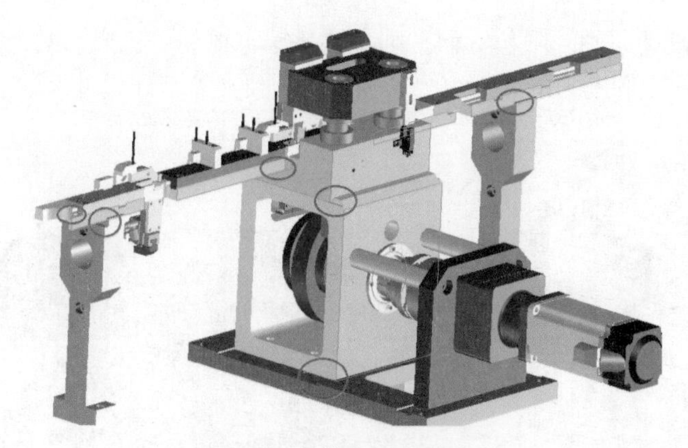

图 4-82　卡槽定位方式（四）

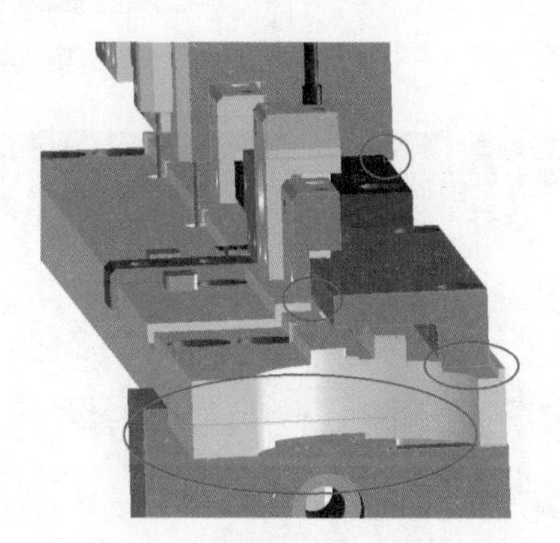

图 4-83　卡槽定位方式（五）

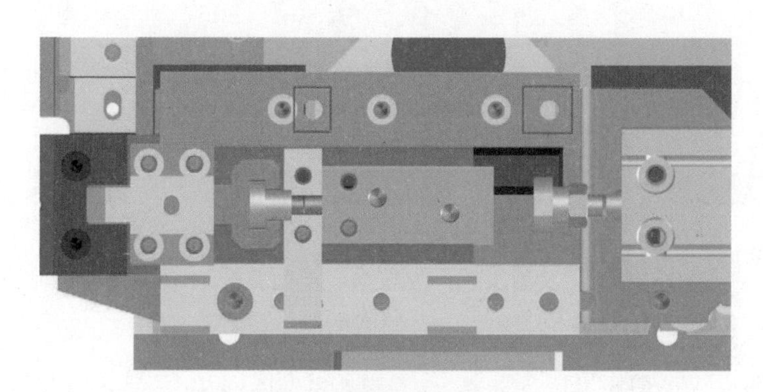

图 4-84　销钉定位方式

（2）限位设计（如图 4-85~ 图 4-87 所示）　这方面的案例很多，广大读者朋友可以搜集学习，只是务必在设计时多注意本节内容强调的一些原则、认知。

最后总结一下，本节我们需要掌握定位的机理和原则、限位的机理和原则，如图 4-88 所示。尤其是定位方面，包括定位原理、定位元素的选择、定位方式、定位增强以及一些设计原则。限位方面，则主要是牢牢抓住“稳当”两个字，不仅限位件要强壮可靠，紧固动力的零件也要加强，此外要注意液压缓冲器的选用。

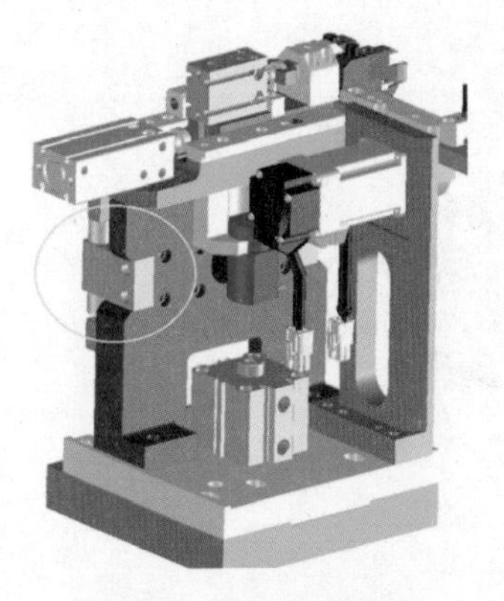

图 4-85 限位方式（一）

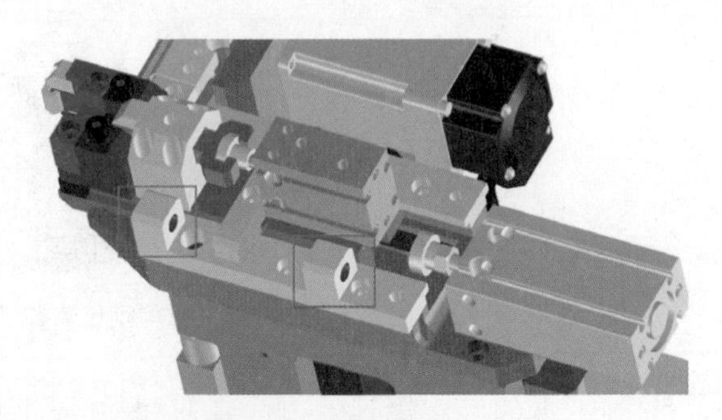

图 4-86 限位方式（二）

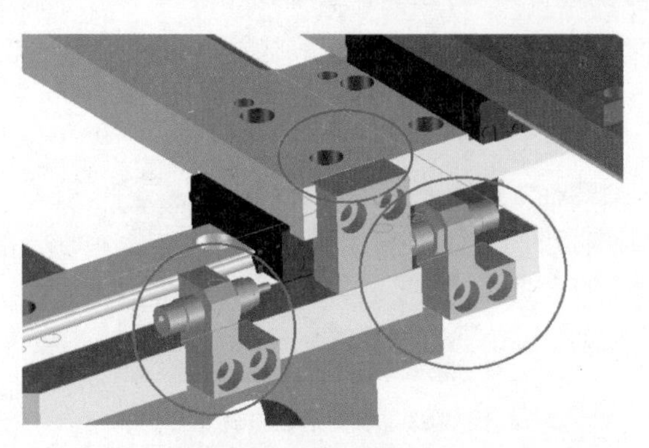

图 4-87 限位方式（三）

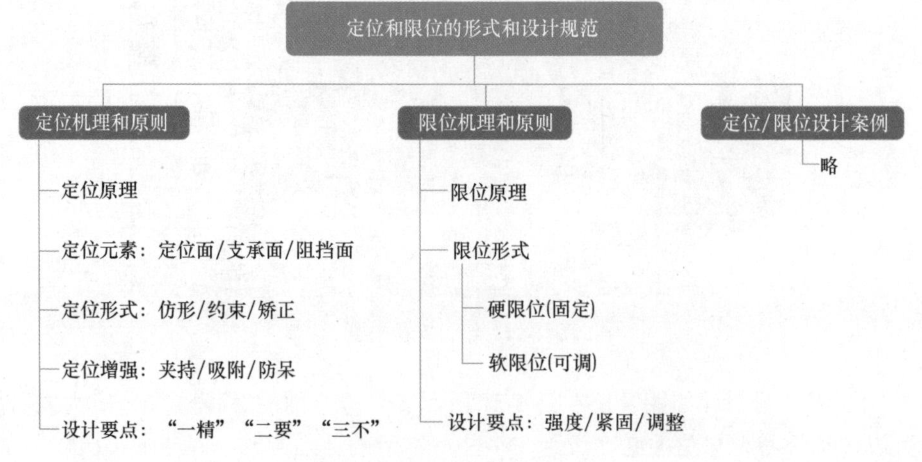

图 4-88 本节小结

4.2.2　零件的紧固设计

在设计机构时，我们一般会先画出零件，然后依据一定的理念、原则、工艺将零件进行定位后拼装到一起，再接着，就要考虑如何确保零件可靠连接和固定问题。零件的紧固可以说是最基础的设计内容之一，但对机构乃至设备的性能和寿命却有着至关重要的直接影响。本节内容包括零件紧固的意义、常用的螺纹紧固件、紧固件孔槽的尺寸规范、机构的紧固方式案例等四个部分。

1. 零件紧固的意义

零件紧固设计是加强机构设计基本功的必修课。原因有二，其一是设备上有大量的紧固件，少则几十个，多则成千上万个，是装配调试工作的作业要素；其二是至少 30% 以上设备不稳定的原因与紧固件松脱、失效有关，而大部分的紧固不良问题跟设计和装配不可靠息息相关。因此，必须在平时设计绘图或装配过程中，重视零件与零件之间的紧固规范，从源头上规避或减少紧固相关的问题！

2. 常用的螺纹紧固件

（1）种类和应用　设备上各种应用场合的紧固件很多，但我们此阶段着重学习螺纹紧固件，包括螺栓、双头螺柱、螺钉、螺母、垫圈等，如图 4-89 和图 4-90 所示。这些都是国家标准将其形式、结构、材料、尺寸、精度及画法等予以标准化的零件，由专门厂家大批量生产。

螺纹的分类如图 4-91 所示，包括连接螺纹、传动螺纹和特种螺纹等。其中，连接螺纹具体又分为代号为 M 的普通螺纹和代号为 G 的管螺纹，见表 4-7。普通螺纹属于米制三角形螺纹，牙型角为 60°，同一公称直径下有多种螺距，螺距最大的称为粗牙螺纹，其余为细牙螺纹；管螺纹属于英制螺纹，牙型角为 55°，公称直径是管子内径，可分为圆柱管螺纹和圆锥管螺纹，前者用于低压场合，后者用于高温高压或密封管连接。

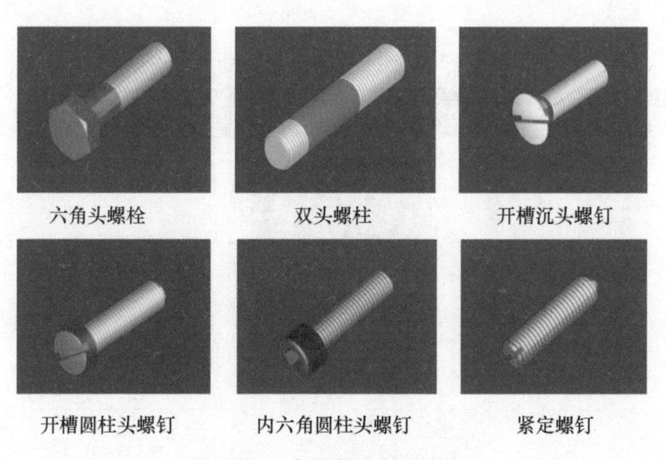

图 4-89　常见的螺栓和螺钉

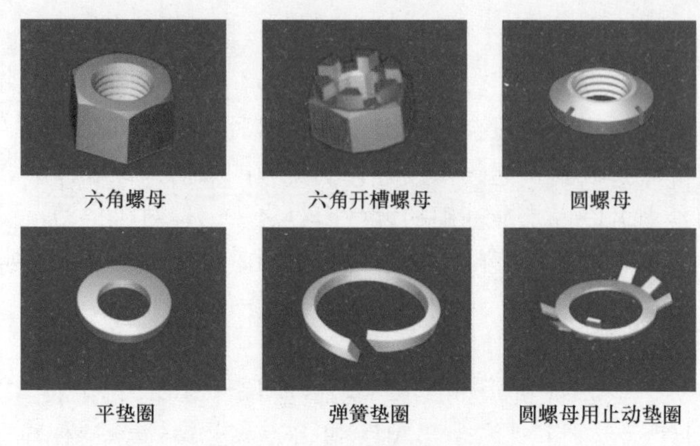

图 4-90　常见的螺母和垫圈

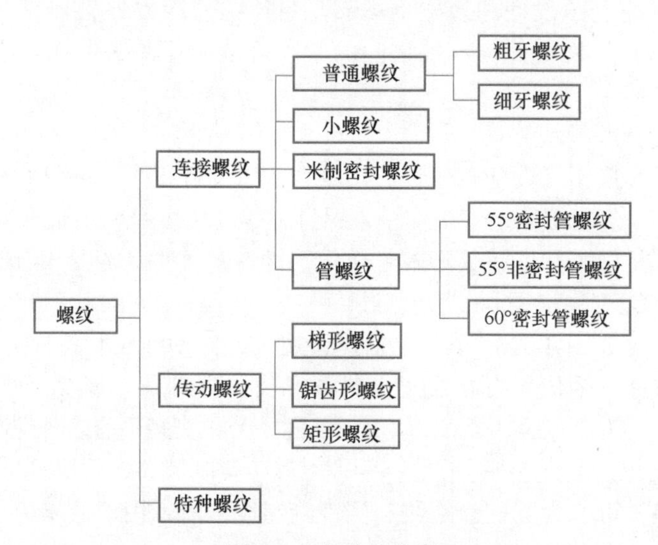

图 4-91　螺纹的分类

表 4-7　常用螺纹的特征代号及用途

螺纹类型			特征代号	外形	用途
连接螺纹	粗牙	普通螺纹	M		是最常用的连接螺纹
	细牙				用于细小的精密零件或薄壁零件
	管螺纹		G		用于水管、油管、气管等薄壁管子上，用于管路的连接

（续）

螺纹类型		特征代号	外　形	用　途
传动螺纹	梯形螺纹	Tr		用于各种机床的丝杠，作传动用，牙型为等腰梯形，牙型角为 30°，传动效率低于矩形螺纹，但牙根强度高，对中性好，广泛用于传力或传导螺旋，如机床的丝杠、螺旋举重器等
	锯齿形螺纹	B		工作面的牙型斜角为 3°，非工作面的牙型斜角为 30°，综合了矩形螺纹效率高和梯形螺纹牙根强度高的特点，但仅用于单向受力的传力螺旋

普通 M 螺纹连接的特点和应用（图 4-92），描述如下。

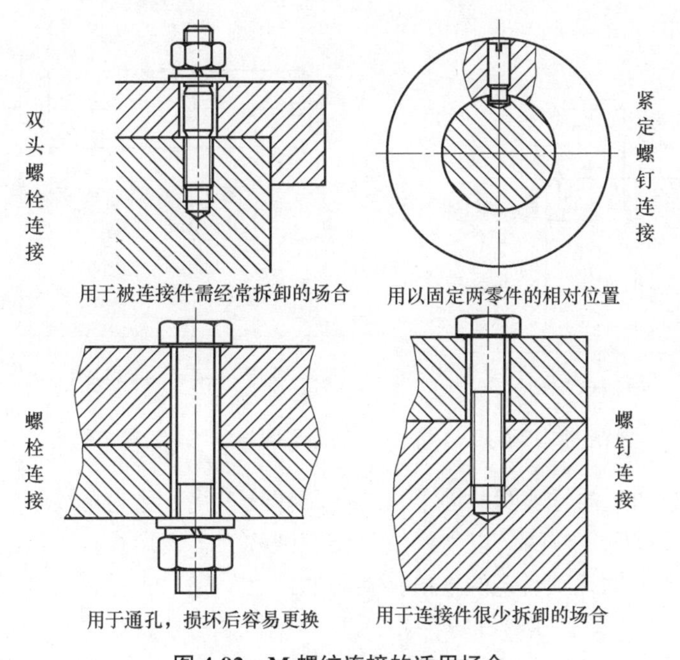

图 4-92　M 螺纹连接的适用场合

1）双头螺柱连接。被连接件之一较厚，在其上制盲孔，且在盲孔上切制螺纹。薄件制通孔，无螺纹，用双头螺柱加螺母连接，允许多次装拆而不损坏被连接件（拆卸时只需拆螺母，而不将双头螺柱从被连接件中拧出）。通常用于被连接件之一太厚，不便穿孔，结构要求紧凑，必须采用盲孔的连接或需经常装拆处。

2）螺栓连接。被连接件均较薄，在其上制通孔（不切制螺纹），用螺栓、螺母连接，结构简单，装拆方便（可以两边装配）。一般用于被连接件厚度较小，不受被连接件材料限制，允许常拆卸，应用广泛。根据螺栓受力情况，分为两类：

普通螺栓连接（受拉螺栓）　被连接件 $D_{孔}>D_{栓}$（查手册：M20 以下 $D_{孔}=D_{栓}+1$，

如 M10：$D_{孔}=11\text{mm}$）。

铰制孔螺栓连接（受剪螺栓）　$D_{孔}=D_{柱}$（名义上相等，用公差控制），即孔壁间无间隙，适用于承受横向载荷（垂直螺栓轴线方向），如图 4-93 所示。

3）螺钉连接。 不需要螺母，将螺钉穿过被连接件的孔，旋入另一被连接件的螺纹孔中即可，结构上比双头螺柱简单，常用于被连接件之一太厚，受力不大且不经常装拆的场合。

4）紧定螺钉连接。 利用紧定螺钉（也称止付螺钉）旋入一零件的螺纹孔中，并以末端顶住另一零件的表面或顶入该零件的凹坑中，一般用于固定两零件的相对位置，并可传递不大的力或转矩。其中，紧定螺钉的锥端类型适用于零件表面硬度较低且不常拆卸的场合；平端类型的接触面积大、不伤零件表面，用于顶紧硬度较大的平面，适用于经常拆卸的场合，如图 4-94 所示。

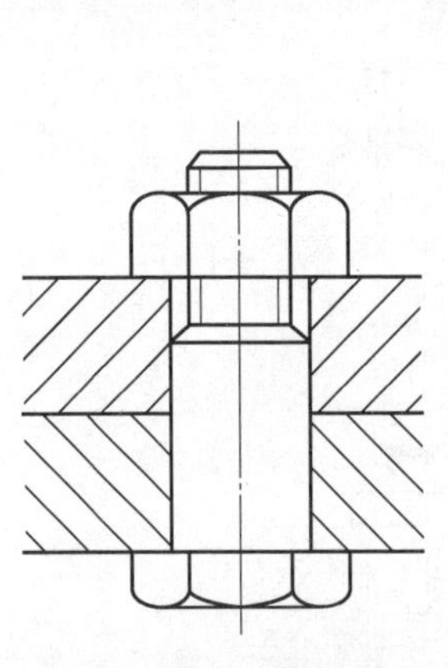

图 4-93　铰制孔螺栓连接

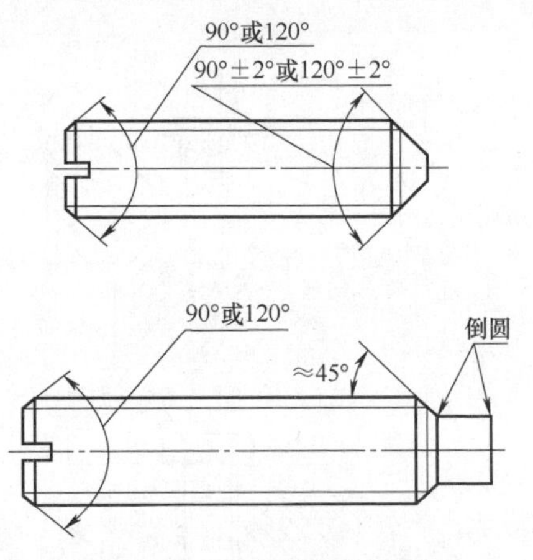

图 4-94　紧定螺钉的类型

（2）线数和旋向　若圆柱面上只有一条螺纹盘绕，称为单线螺纹，一般用于紧固。若同时有两条或两条以上螺纹盘绕，则称为多线螺纹，一般用于传动，如图 4-95 所示。根据螺纹盘绕的方向，旋向可分为左旋（顺时针拧松，逆时针拧紧）和右旋（顺时针拧紧，逆时针拧松），常见的螺钉、螺栓，如果不加以说明，都是右旋的，如图 4-96 所示。

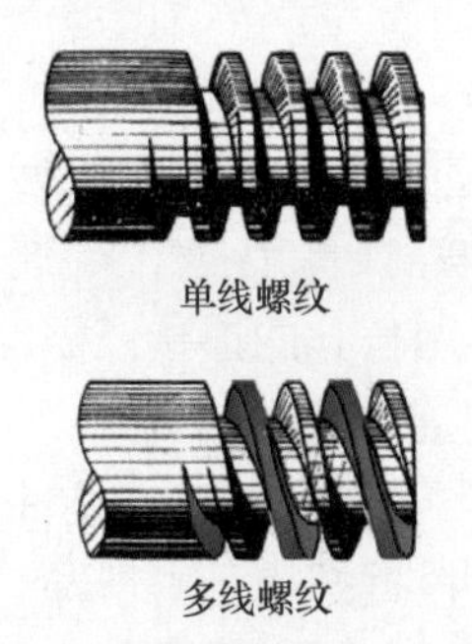

图 4-95　单线螺纹和多线螺纹

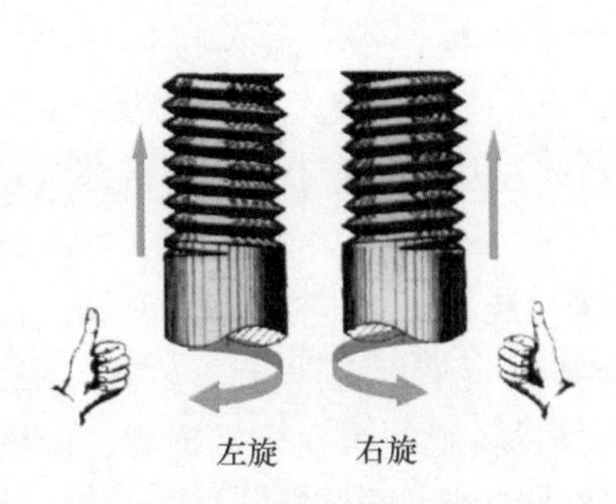

图 4-96　螺纹的旋向

（3）螺距和导程　螺纹上相邻两牙在中径线上对应两点之间的轴向距离 P 称为螺距。同一条螺纹上相邻两牙在中径线上对应两点之间的轴向距离 P_h 称为导程。二者之间的关系：螺距 = 导程 / 线数，如图 4-97 所示。

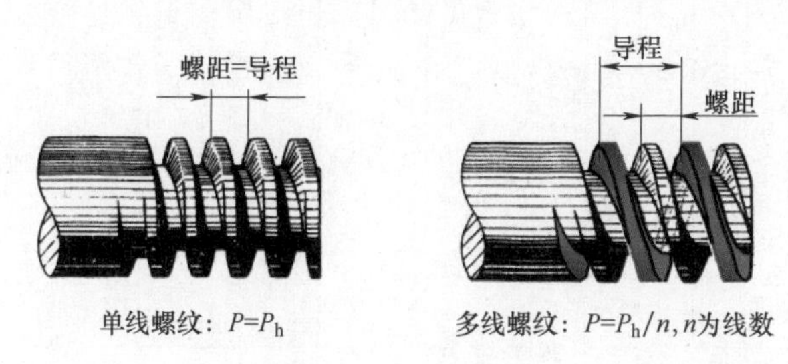

图 4-97　导程与螺距

（4）直径和牙距　常用 M 螺纹的规格见表 4-8，内六角螺钉的规格见表 4-9。

3. 紧固件孔槽的尺寸规范

（1）零件标识　如图 4-98 所示，螺栓的强度等级标记代号由“.”隔开的两部分数字组成。标记代号中“.”前面数字的含义为公称抗拉强度，如 8.8 级前面的“8”表示公称抗拉强度 800N/mm² 的 1/100。标记代号中的“.”和其后面数字的含义为屈服强度比，即公称屈服点或公称屈服强度与公称抗拉强度之比，如 8.8 级产品的屈服强度为 0.8 × 800N/mm²=640N/mm²。米制螺钉的强度等级主要有 3.6、4.6、4.8、5.6、5.8、6.8、8.8、9.8、10.9、12.9 共 10 个性能等级，等级越高，扭矩越大。标准件厂商 MISUMI 销售的螺钉等级一般是 8.8 和 12.9。扭矩的国际单位为“牛顿米”（N · m），工程单位为“千克力厘米”（kgf · cm），换算关系为 0.98N · m=10kgf · cm。

（2）紧固原理　一般螺纹连接在装配时都必须拧紧，以增强连接的可靠性、紧密性和防松能力。首先，需要了解螺栓 / 螺钉紧固的原理。如图 4-99 和图 4-100 所示，施加在螺栓上的是扭矩 T（扭矩 = 力 × 力臂），目的是为了夹紧零件，也就是说夹紧力 F 才是我们所需要的。此外，扭矩 T 并没有全部转化为夹紧力，而是大部分被螺钉头与工件表面、螺栓螺纹和工件螺纹之间的摩擦力矩消耗掉，大致的扭矩消耗占比如图 4-101 所示，遵循“5-4-1 规则”。根据摩擦力和夹紧力的分配关系，假设螺钉生锈或有损伤，在同样的扭矩下，有可能达不到“拧紧”效果，如图 4-102 所示。对于固定好的零件，应尽量避免其受到剪切力作用，或者零件之间增加卡位之类的结构，以增强“抗剪”防松能力，如图 4-103 所示。

螺栓紧固时，我们重点要保证夹紧力（也叫预紧力）F_0 的大小，如果是普通连接，可凭经验来定，小于 M6 的场合，拧到扳手略微变形即可，大于 M6 的场合见表 4-10（仅供参考，不同产品标准对应表格的数据差别很大，建议以客户要求为主）。由于仅凭手“感觉”的方法来确定螺钉是否拧紧的方式因人而异，并不

表 4-8　M 螺纹的规格

类　别	规　格	螺距 /mm	成品大径		线　径	类　别	规　格	螺距 /mm	成品大径		线　径
			最　大	最　小	±0.02mm				最　大	最　小	±0.02mm
国标粗牙60°	M1.4	0.30	1.38	1.34	1.16	国标粗牙60°	M16	2.00	15.95	15.74	14.5
	M1.6	0.35	1.68	1.61	1.42		M18	2.50	17.95	17.71	16.2
	M2.0	0.40	1.98	1.89	1.68		M20	2.50	19.95	19.71	18.2
	M2.3	0.40	2.28	2.19	1.98	国标细牙60°	M4.0	0.5	3.97	3.86	3.58
	M2.5	0.45	2.48	2.38	2.15		M4.5	0.5	4.47	4.36	4.07
	M3.0	0.50	2.98	2.88	2.60		M5.0	0.5	4.97	4.86	4.57
	M3.5	0.60	3.47	3.36	3.02		M6.0	0.75	5.97	5.85	5.41
	M4.0	0.70	3.98	3.83	3.40		M7.0	0.75	6.97	6.85	6.41
	M4.5	0.75	4.47	4.36	3.88		M8.0	1.00	7.97	7.83	7.24
	M5.0	0.80	4.98	4.83	4.30		M9.0	1.00	8.97	8.83	8.24
	M6.0	1.00	5.97	5.82	5.18		M10	1.00	9.97	9.82	9.23
	M7.0	1.00	6.97	6.82	6.18		M10	1.25	9.96	9.81	9.07
	M8.0	1.25	7.96	7.79	7.02		M12	1.25	11.97	11.76	11.07
	M9.0	1.25	8.96	8.79	8.01		M12	1.50	11.96	11.79	10.89
	M10	1.50	9.96	9.77	8.84		M14	1.50	13.96	13.79	12.89
	M11	1.50	10.97	10.73	9.84		M16	1.50	15.96	15.79	14.89
	M12	1.75	11.95	11.76	10.7		M18	1.50	17.95	17.78	16.86
	M14	2.00	13.95	13.74	12.5		M20	1.50	19.95	19.65	18.85

表 4-9　内六角螺钉的规格

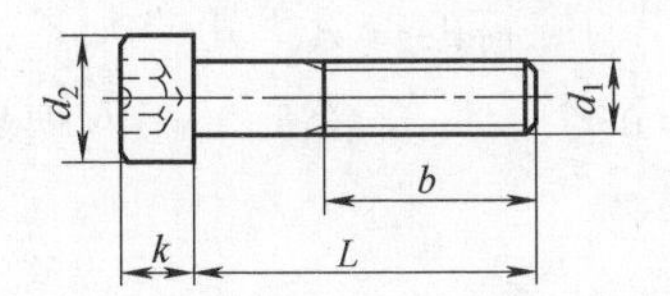

d_1	M1.4	M1.6	M2	M2.5	M3	M4	M5	M6	M8	M10
P	0.3	0.35	0.4	0.45	0.5	0.7	0.8	1	1.25	1.5
d_2	2.6	3	3.8	4.5	5.5	7	8.5	10	13	16
k_{max}	1.4	1.6	2	2.5	3	4	5	6	8	10
s	1.3	1.5	1.5	2	2.5	3	4	5	6	8
b	14	15	16	17	18	20	22	24	28	32
d_1	M12	M14	M16	M18	M20	M22	M24	M30	M33	M36
P	1.75	2	2	2.5	2.5	2.5	3	3.5	3..5	4
d_2	18	21	24	27	30	33	36	45	50	54
k_{max}	12	14	16	18	20	22	24	30	33	36
s	10	12	14	14	17	17	19	22	24	27
b	36	40	44	48	52	56	60	72	78	84
L	2.0~700									

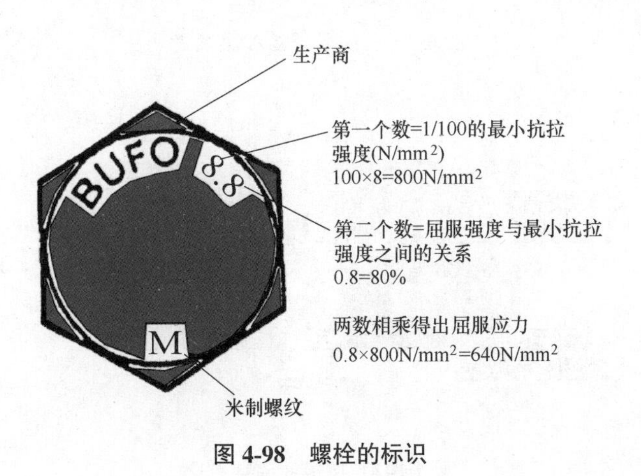

图 4-98　螺栓的标识

能准确判断螺钉的松紧。因此，在比较重要的场合，即便小于M6的场合，也必须查询客户指定或研发部门推荐的螺钉的拧紧力矩与预紧力值（不同行业不同客户不同产品，拧紧力矩的要求可能不一样），然后采用力矩扳手或带刻度、数显值的工具来紧固。

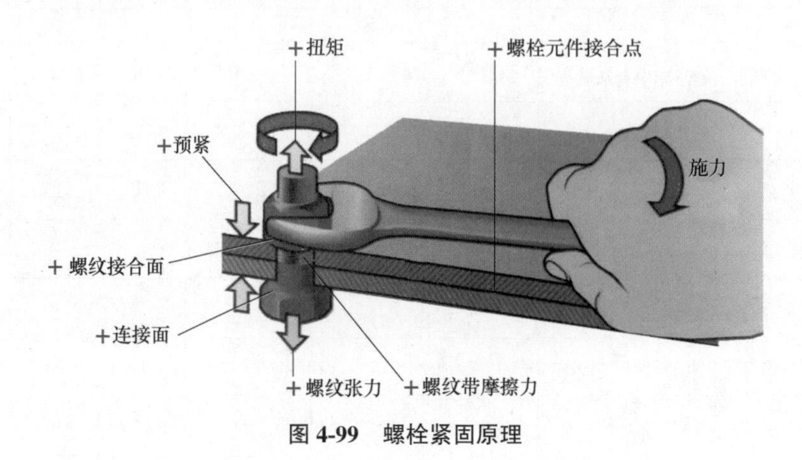

图 4-99 螺栓紧固原理

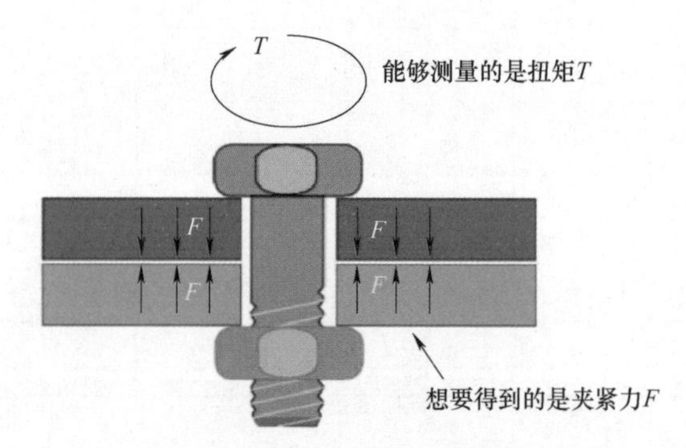

图 4-100 关于扭矩和夹紧力

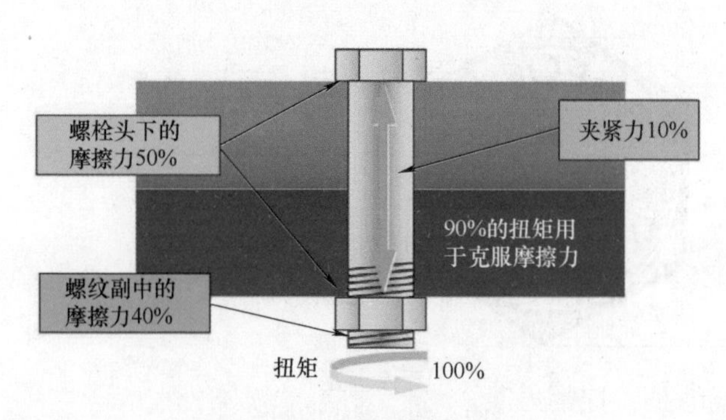

图 4-101 扭矩的消耗占比

通常的情况

螺栓头下的摩擦力50%　螺纹副中的摩擦力40%　夹紧力10%

在螺栓头下加润滑油

螺栓头下的摩擦力45%　螺纹副中的摩擦力40%　夹紧力15%

螺纹副中有杂质或螺纹受损

螺栓头下的摩擦力50%　螺纹副中的摩擦力45%　夹紧力5%

图 4-102　不同状态下的扭矩分配

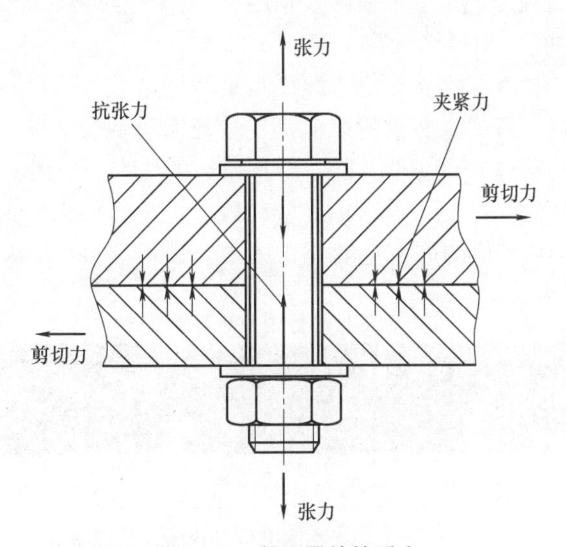

图 4-103　紧固零件的受力

表 4-10　M6~M24 的拧紧力矩

螺纹公称直径 /mm	拧紧力矩 /N · m	施 力 要 领	螺纹公称直径 /mm	拧紧力矩 /N · m	施 力 要 领
M6	3.5	施加腕力	M16	71	施加全身力
M8	8.3	施加腕力、肘力	M20	137	压上全身重量
M10	16.4	施加全身臂力	M24	235	压上全身重量
M12	28.5	施加上半身力	……		

应特别注意的是，拧紧力矩并不是越大越好。预紧力 F_0 太小，螺栓连接可能振动或者松脱，但预紧力太大同样可能发生螺栓断裂的危险。因此，对于众多的紧固要求，每个螺纹连接都有某个合适的拧紧力矩。只有经过深思熟虑的预紧力

矩值（比如重要场合用数显扭矩扳手来作业），才能使得螺纹连接是安全的。假设 K 为拧紧力矩系数，d 为螺纹公称直径，T_1 为克服螺纹副的螺纹阻力矩，T_2 为螺母和被连接件接触面的端面摩擦力矩，则拧紧时扳手力矩一般为

$$T=T_1+T_2=KF_0d$$

其中，螺纹连接预紧力 F_0 的大小要根据螺钉组受力和连接的工作要求决定。设计时，首先要保证所需的预紧力，且不应使连接的结构尺寸过大。一般规定拧紧后螺纹连接件的预紧力不得大于其材料屈服强度 R_{eL} 的 80%。对于一般连接用的钢制螺栓，推荐的预紧力限值如下：

$$碳素钢螺钉\ F_0=(0.6\sim0.7)\ R_{eL}A_s\ (N)$$

$$合金钢螺钉\ F_0=(0.5\sim0.6)\ R_{eL}A_s\ (N)$$

其中，R_{eL} 为螺钉材料的屈服强度（MPa），A_s 为螺纹公称应力截面积（mm^2），后者可通过螺纹中径、小径等计算得到。

K 值则与螺纹中径、螺纹升角、螺纹当量摩擦系数、螺母与被连接件支承面间的摩擦系数有关，而这些参数的取值都比较复杂。一般情况下，在各种条件下的 K 值，可参考表 4-11 中的数据（随着摩擦系数的增大而增大）。举个例子，螺钉拧紧在发热盘铝合金基材上，因为铝合金硬度较低，摩擦力较大，故按干燥加工表面无润滑取值，则 K 值的取值范围是 0.26~0.30，可取最小值 K=0.26。

表 4-11　拧紧力矩系数

摩擦表面状态	K 值	
	有润滑	无润滑
精加工表面	0.10	0.12
一般加工表面	0.13~0.15	0.18~0.21
表面氧化	0.2	0.24
镀锌面	0.18	0.22
干燥加工表面	—	0.26~0.30

此外，在实际工作中，外载荷有振动、变化，材料高温蠕变等因素会造成摩擦力减小，或使螺纹副中的正压力在某一瞬间消失、摩擦力变为零，从而使螺纹连接松动，如经反复作用，螺纹连接就会因松驰而失效。因此，重要场合必须进行额外的或增强性防松设计，否则会影响正常工作，造成事故。防松的底层原理是消除（或限制）螺纹副之间的相对运动，或增大相对运动的难度，比如：

- **增大摩擦力**　如自锁螺母、止动垫片等，如图 **4-104** 所示。

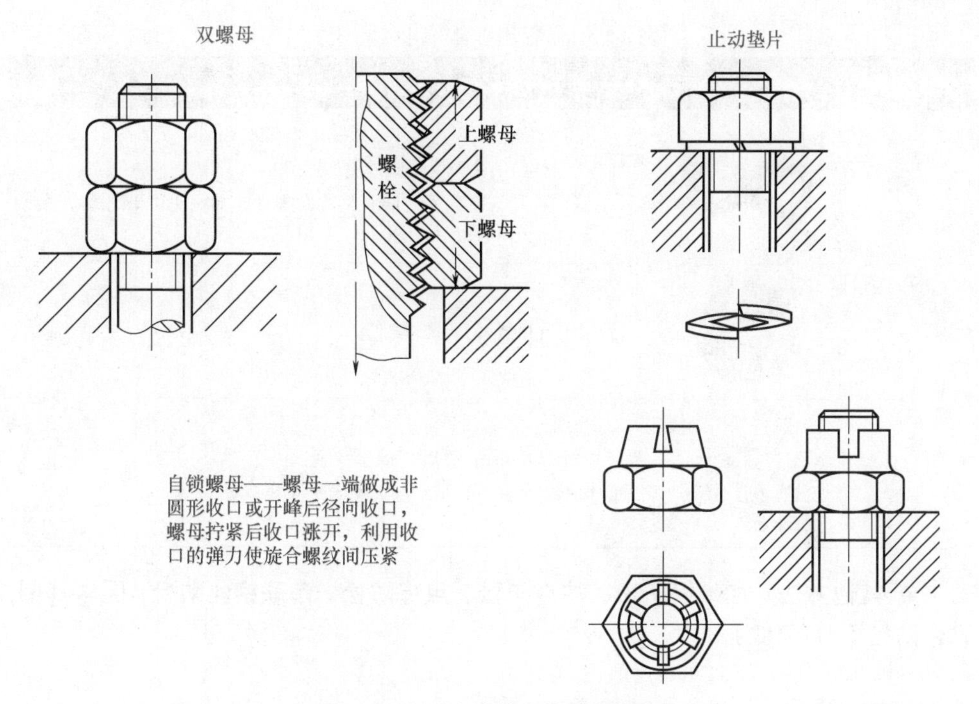

图 4-104　增大摩擦力的防松措施

● 机械方法　开槽螺母、双联止动垫圈、止动垫片。机械式防松措施如图 4-105 所示，防松用零件见表 4-12。

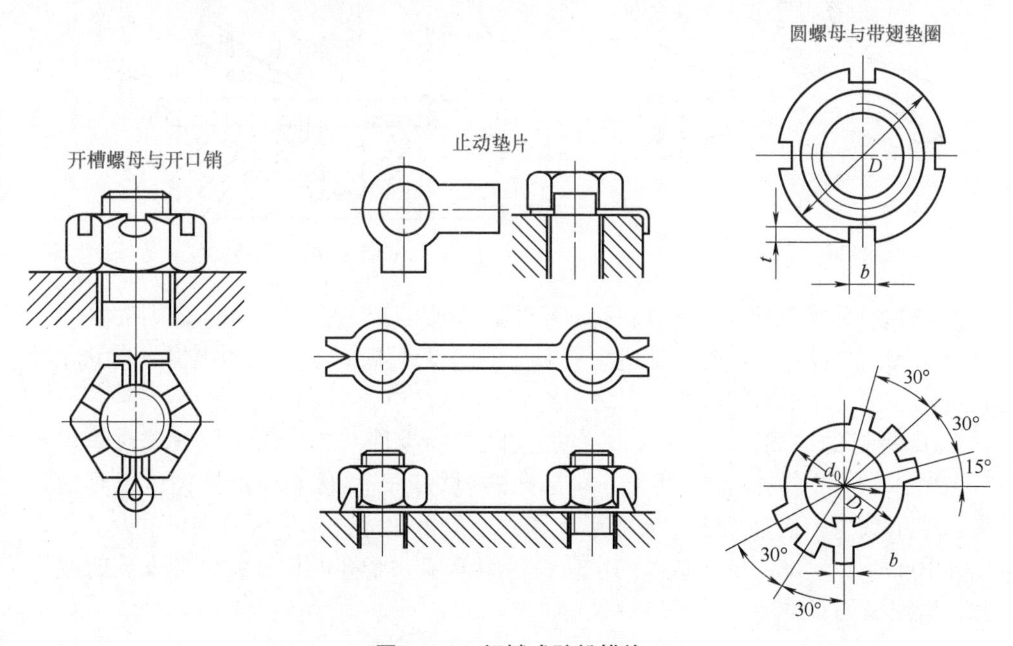

图 4-105　机械式防松措施

表 4-12 防松用零件（很多类型）

名称	图示	备注
齿形垫圈		适用于紧固件和被紧固件的硬度比垫圈硬度低的场合 1. 紧固材料上会产生垫圈外侧的印痕 2. 紧固件和被紧固件之间直接用此零件，不能使用平垫圈，否则可能达不到防松效果
U 形螺母		效果与开口式弹簧垫圈类似
防松动螺母		适用于振动相当大且相当关键的场合 防松效果很好，但成本高，安装空间要求高

● **其他方法** 如端铆防松、冲点防松、点焊防松、串联钢丝防松（图 4-106）、黏合防松（图 4-107）。

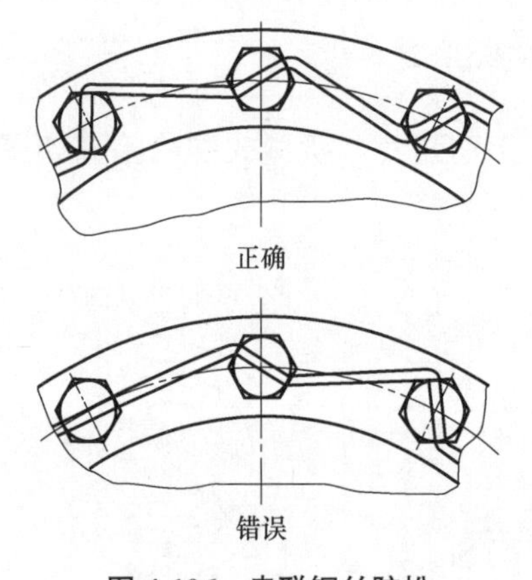

图 4-106 串联钢丝防松

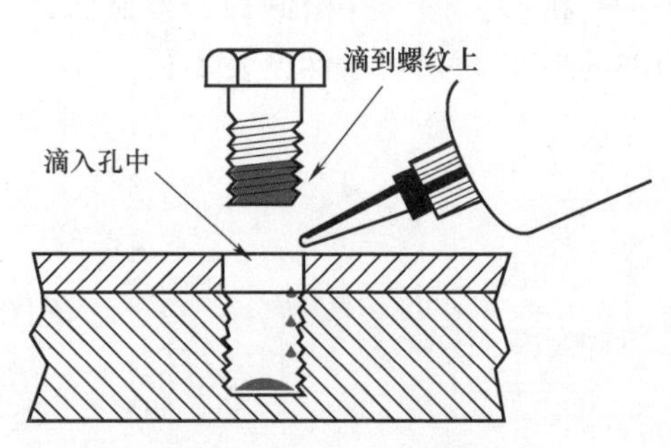

图 4-107 黏合防松

（3）尺寸规范 由于紧固件都是标准件，所以相应的尺寸都是“规格化”的，反过来我们在设计零件时，就应该有对应的“设计规范”。内六角螺钉是自动化设备机构最常用的紧固件，我们以之为例展开介绍，其他类推。

① **螺钉的布局**。对于方形、矩形或圆形的零件，螺钉数量一般成对数均布（如 2、4、6、8 等），且尽量统一螺钉孔的规格，以尽量减少更换锁付工具的频率。为了减少因接触面积过大而影响紧固效果，常常进行一些“掏料”设计，如图 4-108 所示。如果没有基本的定位，尽量避免一个孔的设计，以免安装时找不到位置或需要对位置。

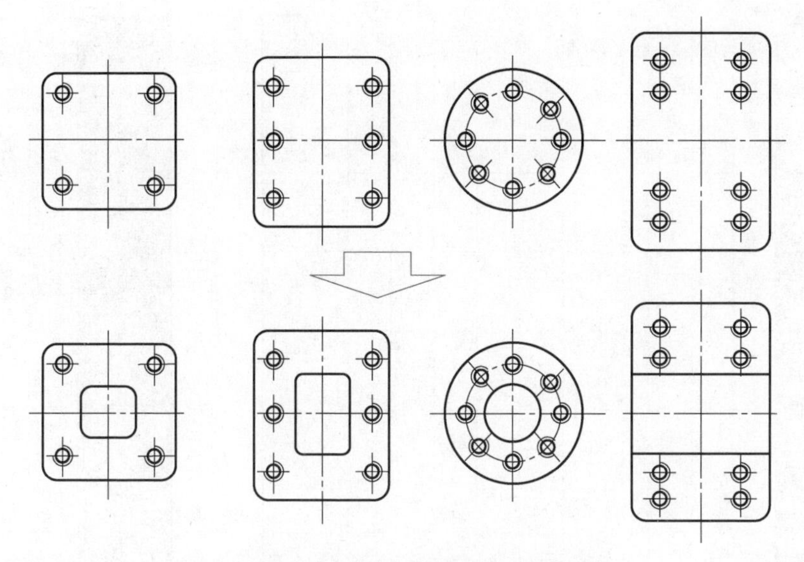

图 4-108　考虑零件接触面积过大的影响

② **螺钉规格的选择**。如果不计沉头深度，根据不同的零件厚度，我们可以总结一下不同厚度所用的螺纹规格，推荐值见表 4-13。一般来说，我们可以考虑选择偏大规格的紧固件，以确保预紧力足够，尤其是经常拆卸的零件可取较大的螺纹，不易损坏。但事实上，预紧力过大也可能破坏薄弱的零件，因此也不宜选择不匹配的螺纹规格，建议螺纹的大径 ≤ 攻螺纹孔零件的厚度。

③ **沉头孔和光孔的尺寸**。如果没有特别情况（外观、让位、安全等考虑），一般不采用沉头孔设计。沉头孔尺寸见表 4-14，其中 d_1 为光孔直径尺寸，适用于不开沉头的场合。对深度和位置的建议如下：

深度　下沉深度 t 根据实际情况定，但下沉面到零件底面的厚度（即螺钉压紧零件的厚度）至少取 1 个螺纹公称直径值，如果沉头后的厚度过小，可选圆头螺钉或平头螺钉。

位置　沉头孔中心与零件边缘的最小距离可取其公称直径值 +1mm，如果不能满足，则直接破孔处理，如图 4-109 所示的右侧孔。

此外，由于螺钉和孔之间有较大的间隙，因此这种紧固方式没有定位效果，零件之间的配合往往需要借助定位销或者卡槽之类来实现定位，如图 4-110 所示。

④ **零件螺纹深度和螺纹间距**。如果零件不是很厚，尽量开通孔，如果是盲孔且工件偏薄的情况，必须在图纸上注明“不能通孔”。在零件上开设螺纹孔时，如果零件较薄，则保证其最小深度，推荐值见表 4-15。同样，如果孔与孔之间的距离比较紧凑，也应保证其最小间距，推荐值见表 4-16。

表 4-13　根据板厚选择螺钉的规格

螺纹大径	压紧板厚																	
	0~2	2~3	3~4	4~5	5~6	6~8	8~10	10~12	12~14	14~16	16~20	20~24	24~28	28~32	32~36	36~40	40~45	45~50
（M2）																		
（M2.5）																		
M3	■	■	■	■	■	■	■											
M4		■	■	■	■	■	■	■										
M5			■	■	■	■	■	■	■									
M6				■	■	■	■	■	■	■								
M8					■	■	■	■	■	■	■	■						
M10						■	■	■	■	■	■	■	■					
M12							■	■	■	■	■	■	■	■				
M14								■	■	■	■	■	■	■	■			
M16									■	■	■	■	■	■	■	■		
M20										■	■	■	■	■	■	■	■	■

表 4-14　沉头孔尺寸

螺纹规格 d	常见沉头孔尺寸建议											
	M4	M5	M6	M8	M10	M12	M14	M16	M20	M24	M30	M36
d_2（H13）	8	9	11	15	18	20	24	26	33	40	48	57
t	5	5.5	7	9	11	13	15	18	22	26	32	38
d_1（H13）	5	5.5	7	9	11	13	15	17.5	22	26	33	39

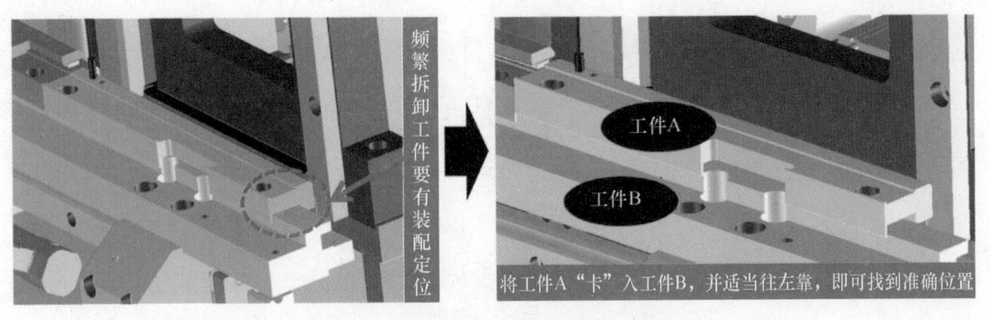

图 4-109　考虑螺钉和孔“松配”的影响

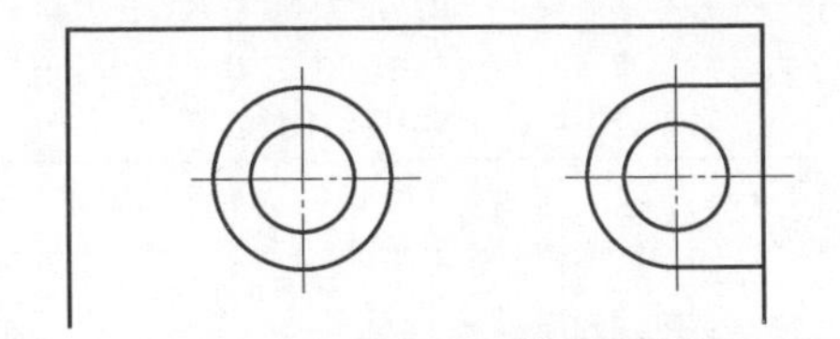

图 4-110　考虑沉头孔距的情况

表 4-15　螺纹孔最小深度

螺纹孔尺寸	M2	M2.5	M3	M4	M5	M6	M8	M10	M12	M14	M16	M20
零件最小螺纹深度 /mm	5	6	7.5	10	12.5	15	20	25	30	35	40	50

表 4-16　螺纹孔最小间距

螺纹孔尺寸	M2	M2.5	M3	M4	M5	M6	M8	M10	M12	M14	M16	M20
螺纹孔之间的最小距离 /mm	6	7	8	12	13	14	17	22	25	28	32	40

⑤ **长条孔的锁合**。有时为了零件能方便调节，会开设长条孔，此时要避免孔太宽，一般参考相应螺纹对应的光孔，比如 M8 就开 8.5mm 宽（最大不超过 9mm），且装配时要加上平垫片，如图 4-111 所示。长条孔的长度能覆盖到调节范围即可，切勿毫不讲究地把本来调节距离只有 5mm 的长条孔设计成 10mm 甚至更长的尺寸，一方面纯属没必要，另一方面会削弱零件强度。

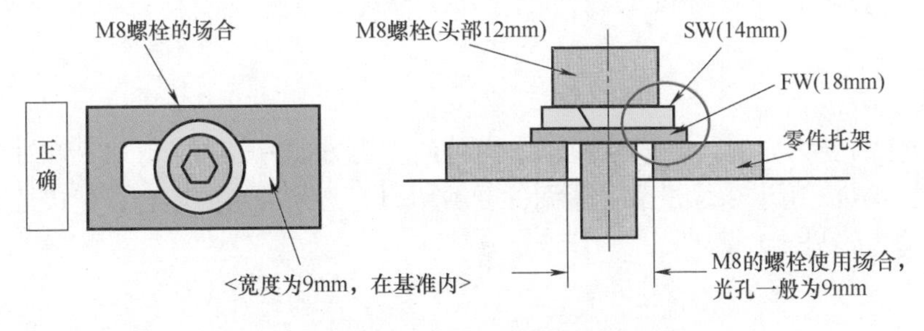

图 4-111　长条孔的锁合规范

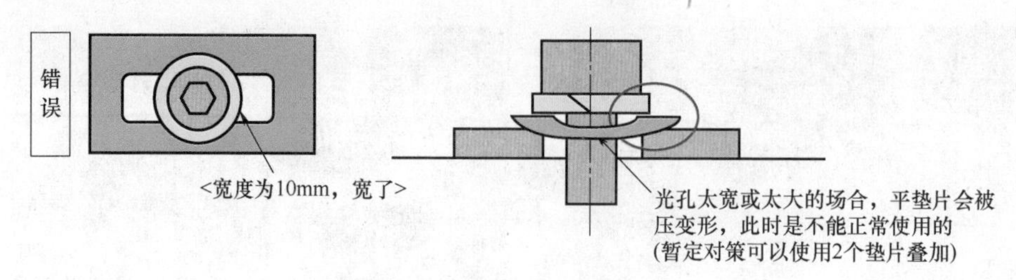

图 4-111 长条孔的锁合规范（续）

⑥ 螺纹倒角。为了防止螺纹损坏，螺钉或孔的头部应倒角、去毛刺，推荐值见表 4-17（一般无需在图纸上标注螺纹的倒角尺寸）。

表 4-17 螺纹孔倒角

螺纹孔尺寸		M2	M2.5	M3	M4	M5	M6	M8	M10	M12	M14	M16	M20
倒角 C/mm	min	0.4	0.4	0.5	0.7	0.9	1	1.3	1.5	1.7	2	2	1.5
	max	1	1	1.5	2	2.5	3	3.5	4	4.5	5	5	6.5

（4）设计注意 紧固失效的原因可能是多方面的，比如设计拧紧力不合理，螺栓抗拉强度不足，选错拧紧工具等，在设计工作上可以努力的思路和对策主要有以下几个方面。

1）从源头上避免设计不当。一般来说，零件螺纹紧固失效主要有三大类型，分别为螺纹连接失效、紧固件失效、连接件失效，应从设计上避免或减少发生。

① 螺纹连接失效。

● 因强度不够引起螺纹紧固件破坏，如螺杆拉断、螺纹破坏（滑丝）。

● 松动或松脱。

● 由于压力不够，从而使密封、屏蔽、接地、低阻电导通等场合不能达到相应的要求。

② 紧固件失效。

● 外观损坏，从而进一步影响连接性能，如锈蚀等。

● 螺钉槽型损坏。

③ 连接件失效。

● 主要表现在连接件强度不够或连接压力过大，从而引起连接件被压溃、折断。

● 外观损伤。

④ 紧固件的受力方向。一般来说，紧固件的受力方向有径向（剪切）和轴向（拉伸），如图 4-112 所示。尽量避免紧固件受剪切力，必须采用的场合，建议铰制孔螺栓连接（受剪螺栓）。

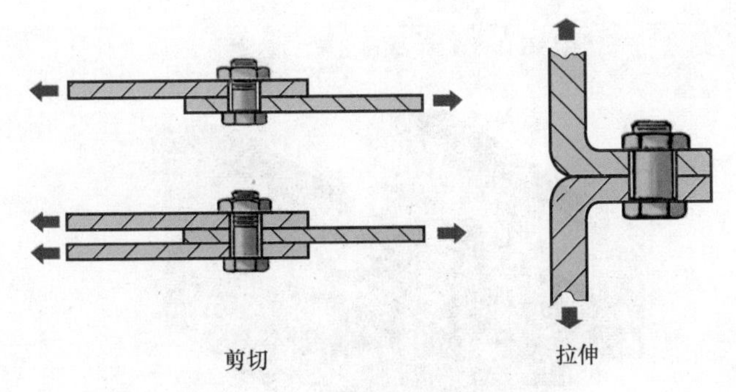

图 4-112　紧固件的受力方向

⑤ **没有考虑标准件的匹配。**有调整要求或零件比较薄的场合，经常会使用细牙螺纹，此外有些标准件可能也是细牙螺纹，此时相应的零件应匹配开设螺纹，如图 4-113 所示。

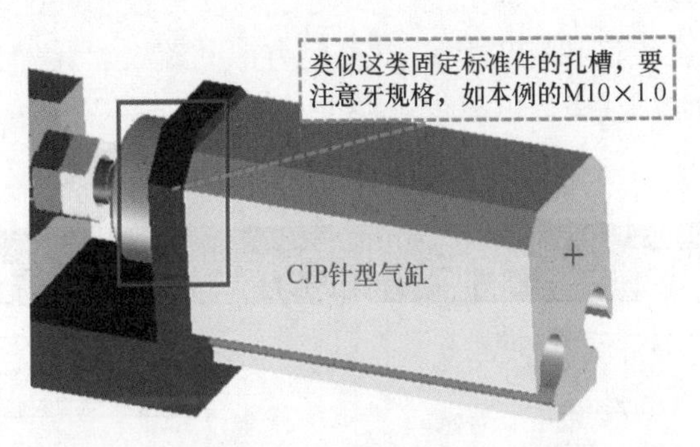

图 4-113　工件的螺纹孔要和标准件（气缸）匹配

⑥ **没有考虑加工便利性的设计。**避免如图 4-114 和图 4-115 所示的开孔反面案例，同时避免在斜面开孔，应保持螺钉头和螺母的压紧面为平面且与通孔轴线垂直。

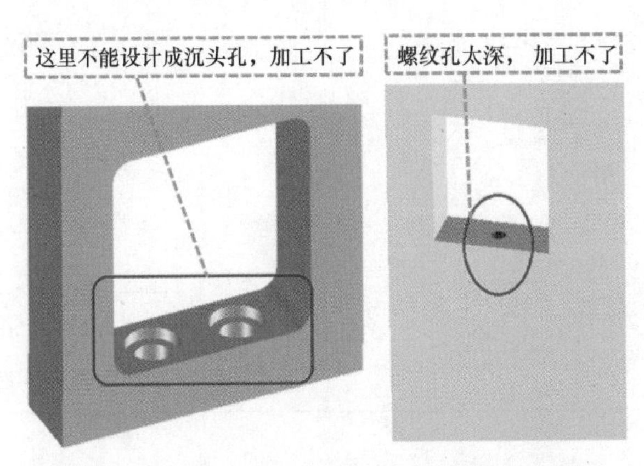

图 4-114　没考虑加工可行性的沉头和螺纹孔设计

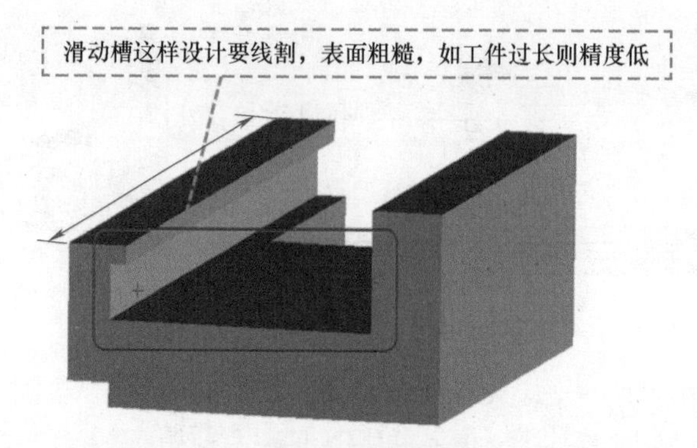

图 4-115　没考虑加工难度的槽孔设计

⑦ **没有考虑调试维护便利性。**尤其是易损件、经常需要调试的零件，必须赋予足够的装配调试空间，如图 4-116 所示。因此，对一些常用紧固工具需要稍微熟悉，见表 4-18~ 表 4-22。如果设计人员对于内六角扳手和配套使用的螺钉尺寸有一个基本认识，在绘制机构时就可以避免类似的疏失。此外，应尽量减少螺纹的规格，尽量统一螺钉规格，以减少更换工具的频率。

表 4-18　考虑工具的作业空间

不 正 确	正　确
下部安装不便操作	
内部安装不便操作	
工具难以接近	
工具接近后空间太小	

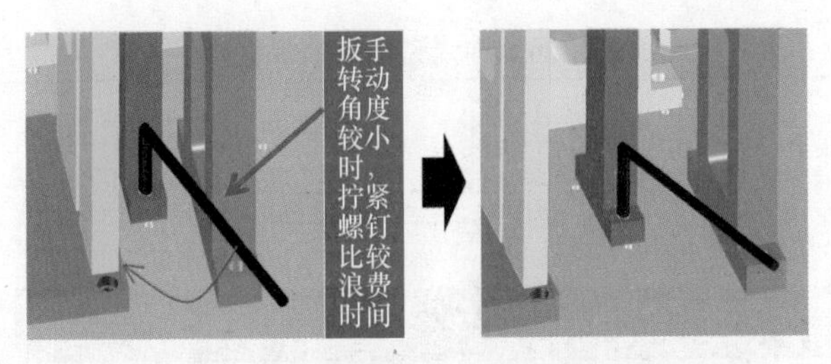

图 4-116　机构应预留内六角扳手的拧紧空间

表 4-19　内六角扳手和螺纹零件适配

内六角扳手型号 /mm	内六角螺栓	平头螺钉	半圆头螺钉	紧定螺钉	定位螺栓
1.5	M1.6，M2	—	—	M3	—
2	M2.5	M3	M3	M4	—
2.5	M3	M4	M4	M5	—
3	M4	M5	M5	M6	M5
4	M5	M6	M6	M8	M6
5	M6	M8	M8	M10	M8
5.5	—	—	—	—	—
6	M8	M10	M10	M12，M14	M10
7	—	—	—	—	—
8	M10	M12	M12	M16	M12
9	—	—	—	—	—
10	M12	M14，M16	M14，M16	M18，M20	M16
12	M14	M18，M20	M18，M20	M22，M24	M20
14	M16，M18	M22，M24	M22，M24	—	—
17	M20	—	—	—	—
19	M24	—	—	—	—
22	M30	—	—	—	—
24	M33	—	—	—	—
27	M36	—	—	—	—
32	M42	—	—	—	—

表 4-20　内六角扳手的规格表

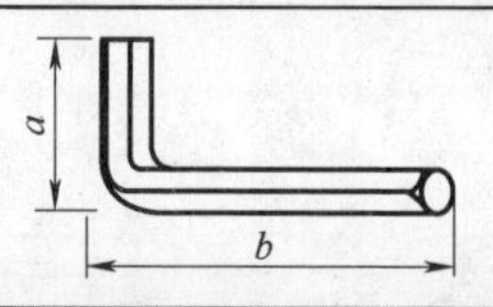

规　　格	*a*/mm	*b*/mm	质　　量
M1.5	16	45	0.9
M2	18	50	1.05
M2.5	20	54	2.9
M3	22	60	4.5
M4	25	68	9.4
M5	29	78	16.5
M6	32	88	26.5
M8	38	100	45
M10	47	114	100
M12	54	132	166
M14	68	140	238
M16	73	160	450
M17	78	170	454
M19	84	190	620
M22	95	205	800

表 4-21　常用扳手和螺纹规格适配

螺 纹 规 格	开口扳手规格	内六角扳手规格	梅花扳手（套筒）规格
M3	—	S2.5	S5.5
M4	S7	S3	S7
M5	S8	S4	S8
M6	S10	S5	S10
M8	S14	S6	S13、S14
M10	S17	S8	S16、S17
M12	S19	S10	S18、S19

表 4-22 活扳手的基本尺寸

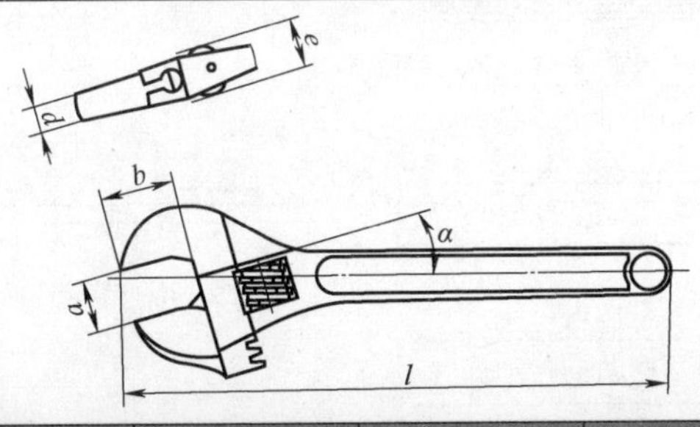

长度 l/mm		开口尺寸	开口深度	扳口前端深度	头部厚度	夹角 α/(°)	
规格	公差	a/mm ≥	b/mm ≥	d/mm ≤	e/mm ≤	A 型	B 型
100	+15 0	13	12	6	10	15	22.5
150		19	17.5	7	13		
200		24	22	8.5	15		
250		28	26	11	17		
300	+30 0	34	31	13.5	20		
375		43	40	16	26		
450	+45 0	52	48	19	32		
600		62	57	28	36		

2）装配作业指导（其实也是设计内容）。尽管设计规范与否从源头上决定了设备或机构的紧固性能，但装配环节如果没有规范或执行到位，也会严重影响紧固的可靠性，达不到预期效果。设计人员有必要制定相应的装配说明或规范，并在项目进程中指导和监督装配作业。

装配调试环节表面上跟设计人员没太大关系，因为一般的公司都配备具体项目的装配调试人员。但出于加强自身动手能力和确保项目进度可控的考虑，建议设计人员在从业前几年能够深度介入。比如，有些时候装配调试人员的技能不足，对于设备的设计机理和装配技巧缺乏认识，就可能会“装”出一些设备问题（如位置不准、紧固不足、损坏元件之类），导致项目的进度超出计划（设计人员就很抓狂）；再比如，可能有一些大大小小的设计疏失，但被装配人员“自行解决”了，或者“硬着头皮”克服了，但没有从根本上解决问题，也没有反馈给设计人员，带着问题把设备交付给客户后，会遭到客户投诉，同时也可能造成下次还犯同样的错误……其中作为装配工作的重点，螺钉紧固的作业步骤如图 4-117 所示。

① 关于扭紧力矩 T 和压紧力 F_0。零件紧固的唯一目的是要保持夹紧力在相应的公差范围内，在装配中，夹紧力必须足够大，以确保被装配零件绝对不会相对移动，同时必须保证紧固时所施加的夹紧力不会使螺纹紧固件发生破坏或塑性变形。

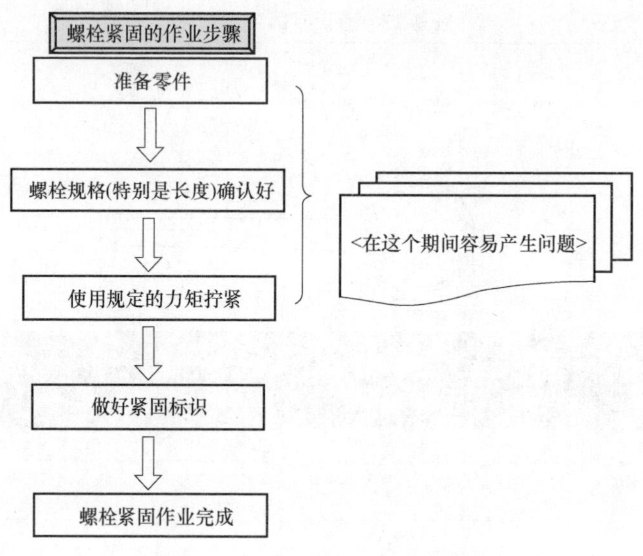

图 4-117　螺钉紧固的作业步骤

紧固扭矩主要由 3 部分组成，50% 用来克服螺纹紧固件和螺纹连接件结合面之间的摩擦扭矩，40% 用来克服螺纹副之间的摩擦扭矩，其余 10% 用来克服螺纹副之间的反拧扭矩。可见结合面之间的粗糙度和润滑程度也直接影响紧固扭矩的大小，为保证足够的预紧力，对粗糙结合面的连接应使用较大的紧固扭矩；而对于光滑结合面，就可以使用较小的紧固扭矩。

装配调试设备时，我们经常会遇到这样一个问题：到底多大的力才能将机构可靠地紧固？这个问题其实不简单，首先取决于设计是否合理，现今做机构设计，我们很少会做强度校核或失效分析，更多凭着经验甚至感觉来处理，要减少失败率，就要讲究一些基本的原则，比如特别重要的场合能用 M5 就不要用 M4（能多固定几个螺钉就多几个）；其次也与装配调试的技巧有关，比如拧紧内六角扳手，一般是施力到扳手有适当变形即可（施加太大力可能会破坏螺钉头或直接把扳手折断），比如一个机构的紧固需要精确的扭矩时，可采用带刻度的扭力扳手（指导技术员按此方式进行），见表 4-23。

表 4-23　常用的扭力紧固工具

扭力工具	扭力批	Max：3.0 kgf · cm	
	扭力批	Max：20 kgf · cm	
	扭力批	Max：50 kgf · cm	
	扭力批	Max：100 kgf · cm	

（续）

扭力工具	开口扭力扳手	170~230 kgf · cm	
	扭力扳手	Max：60 kgf · cm	
	扭力扳手	200~1000kgf · cm， 15~80 lbf · ft	

② 薄零件的紧固方式。钣金类的零件紧固，由于螺纹数量少，一般会采用图 4-118 所示的方式。

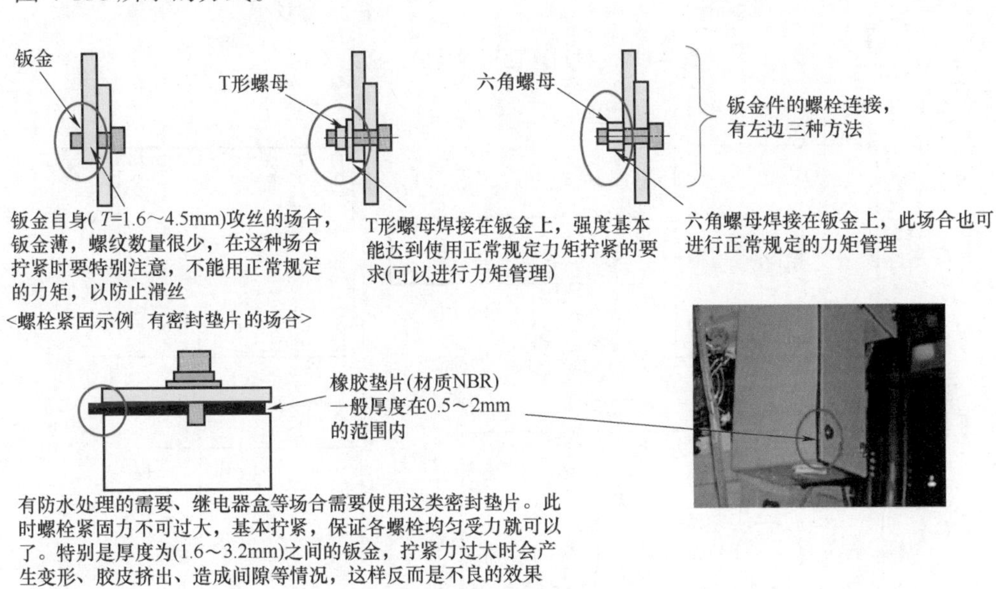

图 4-118　钣金类薄零件的紧固方式

③ 偏软材质的紧固。对于零件的紧固，通常有硬连接和软连接两种。硬连接，顾名思义，指的是拧紧后连接零件不会有多少变形，通常拧紧到贴合点后，再旋转 30° 以内即可达到目标扭矩。软连接则是指被紧固的材料弹性松弛（图 4-119），会使夹紧力衰减，一般紧固到贴合点后再旋转 2 圈以上才能达到目标扭矩。

此外，对于材质很软的零件，可考虑采用金属螺纹套（有现成标准品）或金属件嵌入的方式来设计紧固螺纹，以防止材料变形或螺纹强度不足导致无法紧固。对于有绝缘要求的场合，需要注意一般螺钉是会导电的，可以考虑用绝缘螺钉或使用绝缘螺纹套。

④ 安装成组螺钉的原则是交叉、对称、逐步地紧固。如图 4-120 所示，紧固条形、方形和圆形工件上的螺钉须按一定顺序，有定位销钉时，则先从定位销

钉附近开始。拆卸螺钉时，同样必须按相反顺序，依次将所有螺钉都松动一下，然后再完全拧紧。螺母的紧固和拆卸方法和螺钉相同。逐步紧固是先将所有螺钉拧入1/3（预装在螺孔内），然后再紧固其余2/3，逐步紧固是为了减少被紧固件的变形，减小应力。

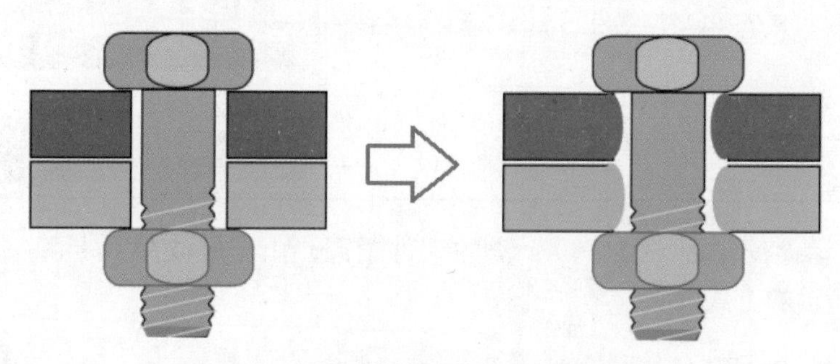

图4-119　材料弹性松弛会使夹紧力衰减

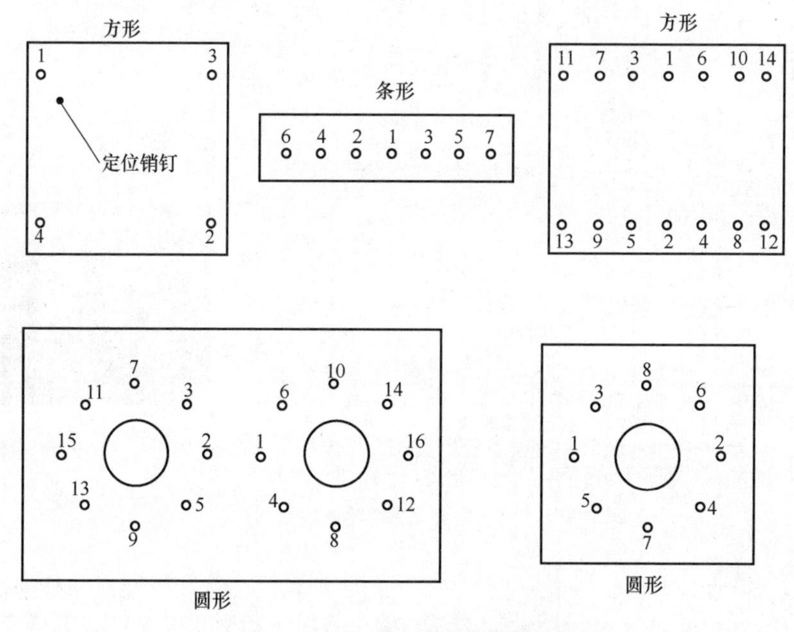

图4-120　多个螺钉时的紧固次序

⑤ 平垫和弹垫的使用。关键场合尽量用垫片增强紧固效果（采用沉头孔时不使用平垫），螺钉采用弹垫时，螺钉紧固以弹垫切口被压平为准，避免出现图4-121所示的情形。弹垫下应有平垫，禁止在螺钉下直接垫弹垫紧固，如图4-122所示。是否使用平垫或弹垫的优缺点如

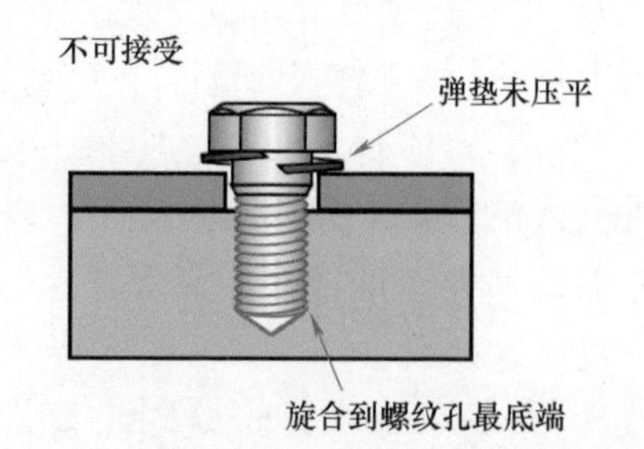

图4-121　螺纹孔的深度不足导致弹垫未压紧

图 4-123 所示。

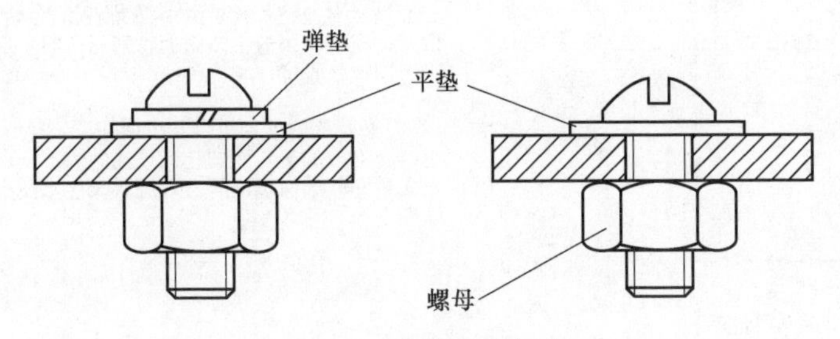

图 4-122　弹垫下应有平垫

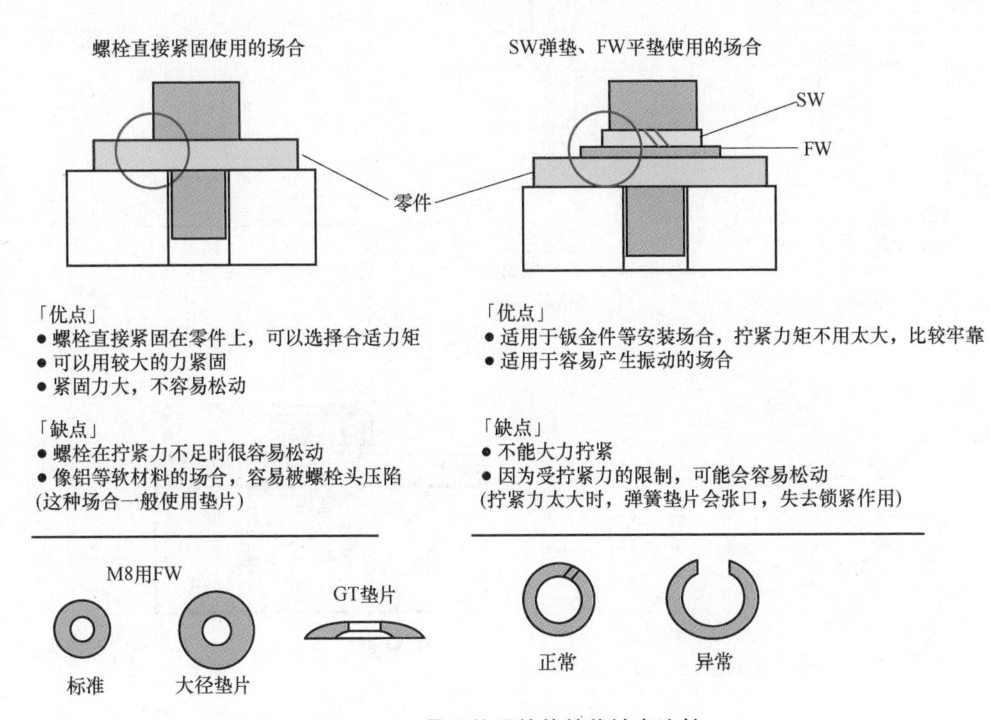

图 4-123　是否使用垫片的优缺点比较

⑥ 螺钉的旋合尺寸。设 L 为螺钉与螺母（或工件）的旋合长度，M 为螺纹伸出量，d 为螺钉直径，一般来说，螺钉与螺孔的旋合长度 $L \geqslant 1.5\sim2.0d$，如图 4-124 所示。但具体的机械结构可灵活处理：当内螺纹为钢、铸铝等材料时，可以采用较小值，如图 4-125 所示；对于铝合金、铜、非金属材料等，可以采用较大值，如图 4-126 所示。

使用螺纹紧固件时，除非工程图纸特别标明，否则至少应有 1~1.5 圈螺纹伸出量，如图 4-127 所示，但当螺纹可能干扰到其他元件或线缆或者使用锁紧装置时，螺栓和螺钉可以与螺纹紧固件底面平齐。

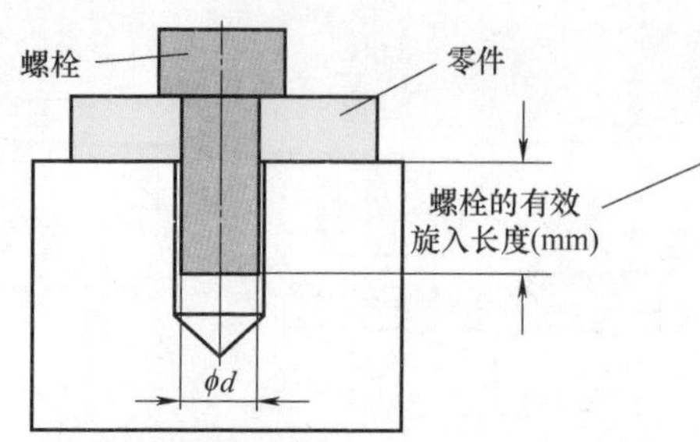

一般设定有效旋入长度(mm)为螺栓直径(φd)的1.5~2.0倍。但是，在机械制造上，面有特别指示时，应按照具体要求选用螺栓长度

例：M8螺栓的使用场合长度应在12～16mm的范围内。有时会出现加工零件的孔比较浅的情况，所以装配作业人员必须确保螺栓的有效旋入长度不能小于1.5倍的螺栓直径

「螺栓的合适长度」
<螺栓长度选定示例及说明>

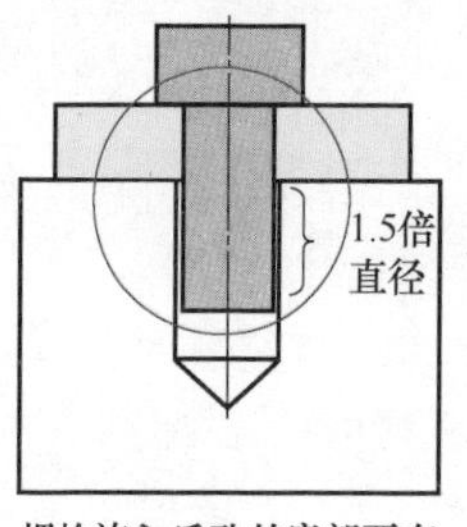

螺栓旋入后孔的底部要有充分的富裕量
<正确>

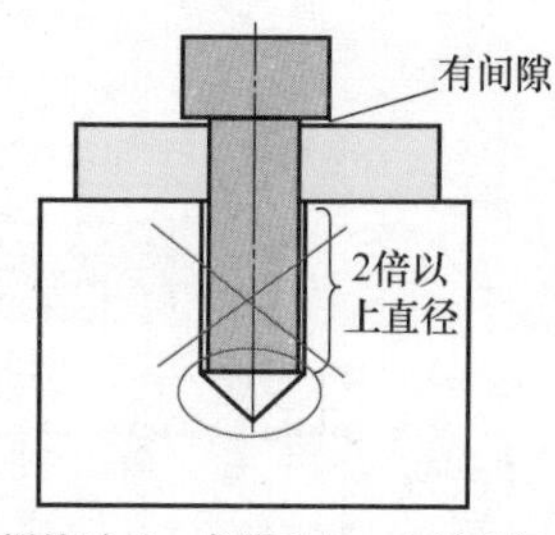

螺栓过长，底部顶上，上部有间隙，根本没有起到紧固的作用
<错误>

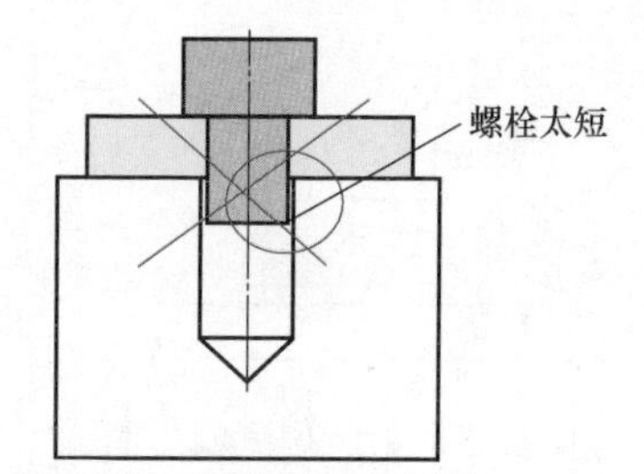

螺栓太短，紧固不可靠，且旋入的螺纹牙很容易被损坏
<错误>

图 4-124 螺钉的旋合深度

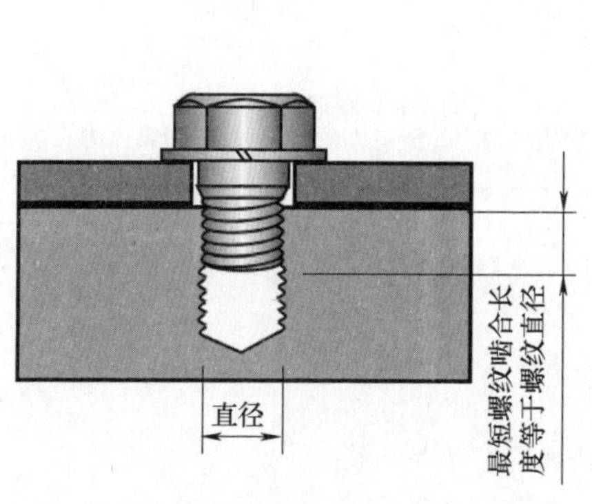

图 4-125 钢及铸铝的最短螺钉旋合深度

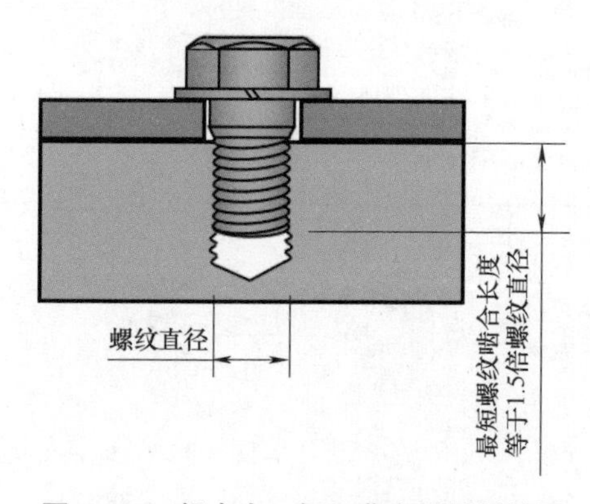

图 4-126 铝合金、铜和非金属材料的最短螺钉旋合深度

⑦ 吊环螺栓的使用（如图 4-128 所示）。

● 螺纹端面应与加工面贴紧，必要时使用垫片。

● 钢丝绳起吊角度在 60° 以内，否则受侧向力大，螺栓容易变形或被剪断。

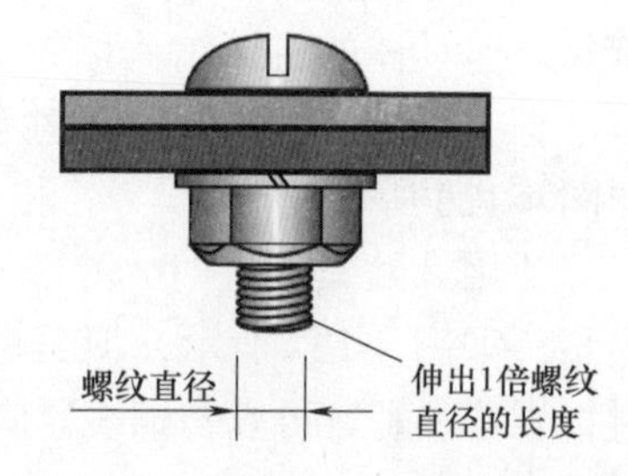

图 4-127 铝合金、铜和非金属材料

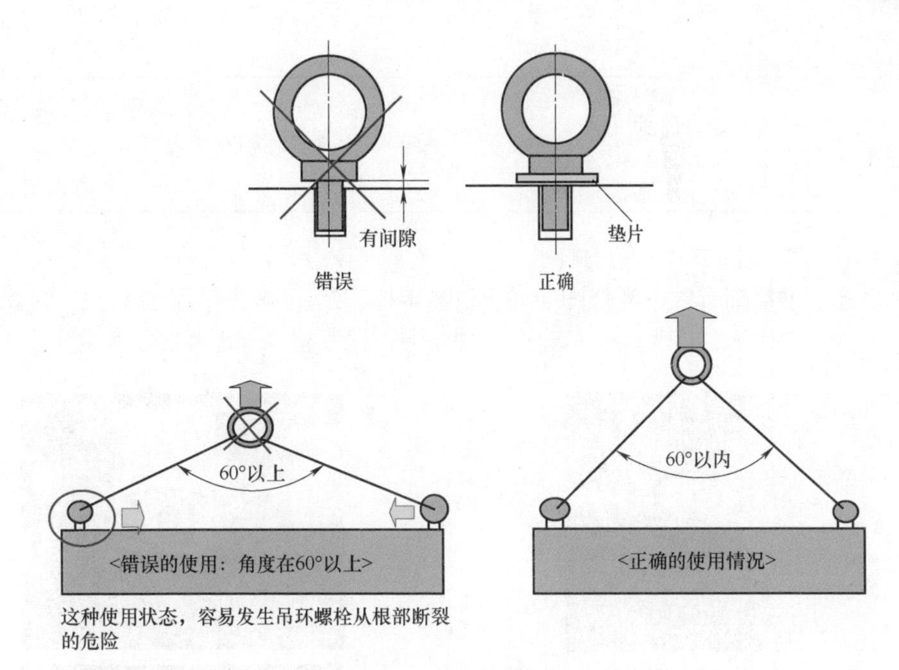

图 4-128　吊环螺栓的使用

⑧ 紧固状态的标示。对于比较重要的场合，可以在螺钉和螺母（或螺孔）的结合点上涂颜色醒目的漆（如红色硝基磁漆），以标示紧固状态，如图 4-129 所示。频繁拆装且不重要的场合，可用表 4-24 所示的紧固件。

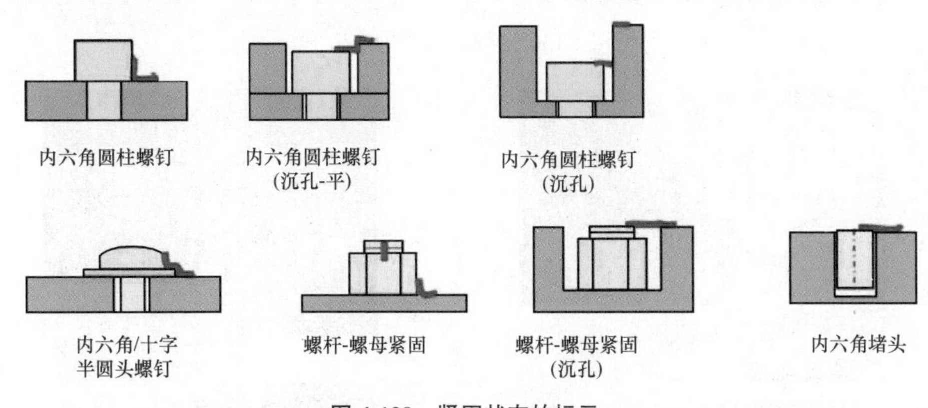

图 4-129　紧固状态的标示

表 4-24　频繁拆装且不重要场合所用的紧固件

蝶形螺钉		非技术人员需要频繁拆卸的场合，如端子盖板

（续）

L形把手	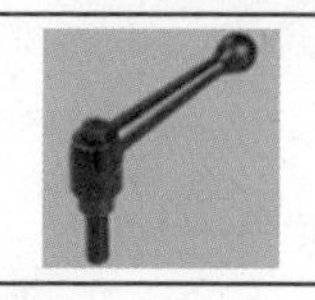	非技术人员需要频繁拆卸的场合，如端子料盘

4. 机构的紧固方式案例（略）

由于本书篇幅有限，类似图4-130和图4-131所示的案例，俯拾皆是，包括相关的专业基础认知，广大读者可自行整理学习，线索梳理如图4-132所示。

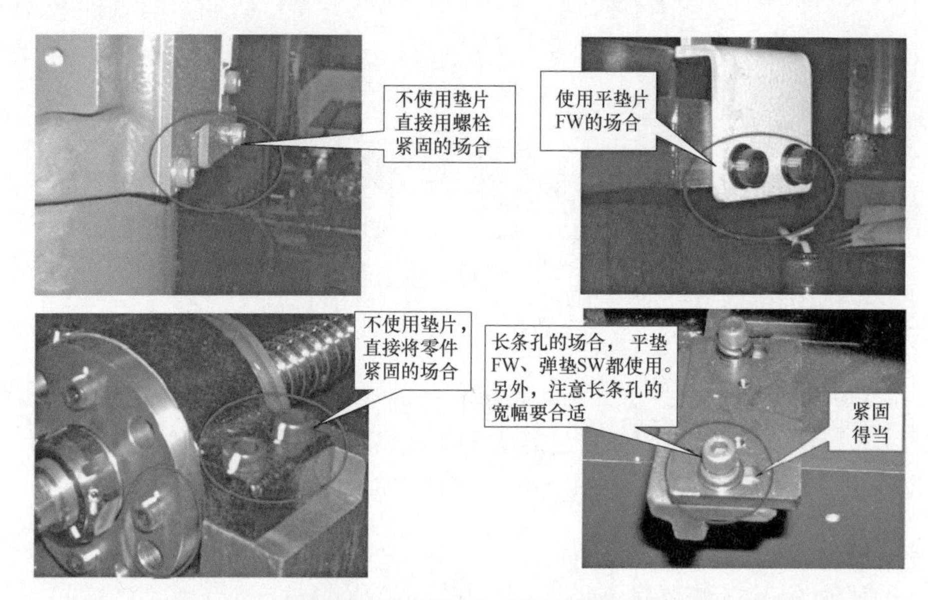

图4-130　紧固方式案例（一）

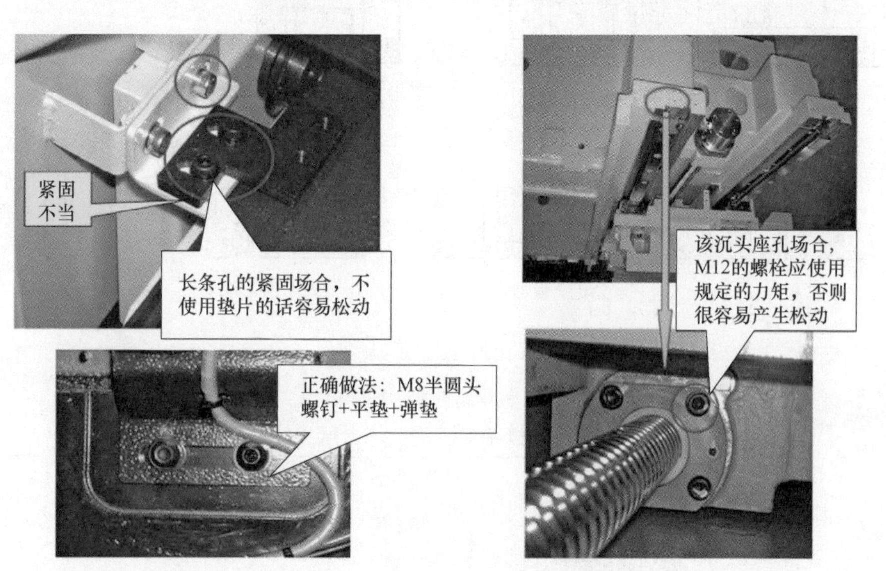

图4-131　紧固方式案例（二）

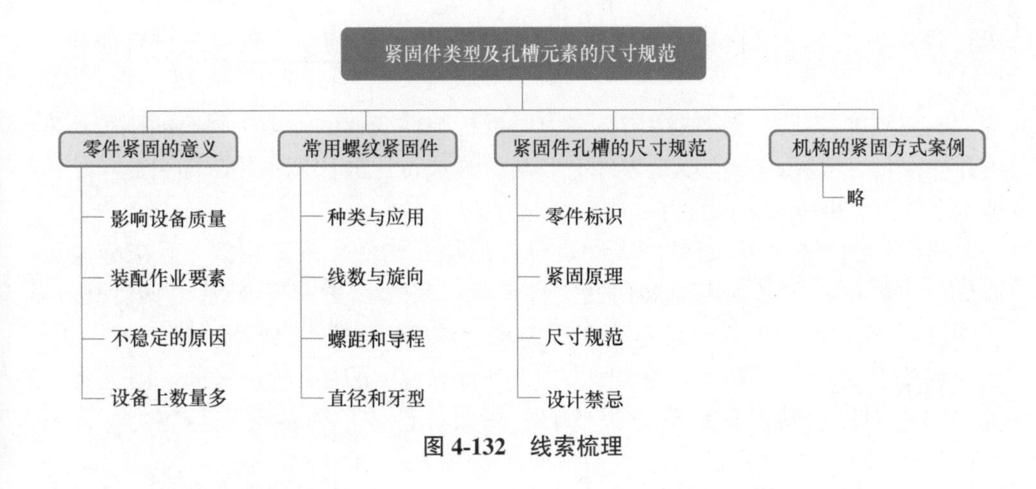

图 4-132　线索梳理

4.2.3　零件的外形设计

与标准件不同的是，一般的非标机构和零件设计，给人的感觉是随心所欲的。但其实是有前提的，自由发挥也是建立在一定的原则、规律、经验之下的。由于这部分内容涉及基础力学、机械原理、零件加工等，相应的理论量很大。但是，考虑到读者群体特殊的实际情况，笔者尽量控制了深度和广度。读者朋友们也无需过于纠结某个公式或定理，先有个基本认识，应付于普通的机构设计，以后有必要再深入学习。

1. 零件设计的指导原则（材质 + “三性”）

普通的非标设备领域，并不是制造飞机大炮，所以绝大多数情况下，我们在具体绘制零件时，并不需要靠计算校核来达成，主要围绕着力学性能、经济性、外观性等有个粗略的定性考量或判断即可。只有特别重要的场合，尤其是涉及大负载、高精度或有速度要求的情况，才需要采用特别的方式（计算、模拟、试验等）确认、校核强度。比如，某个夹爪太薄弱采用什么材料不容易断裂，某个受力的细长工件易变形如何克服……建议不要以做传统机械设计的方法或习惯去看待非标机构的零件设计。

（1）力学性能　非常重要的场合（比如重载型、标准化之类的设备或机构），我们会有疑问，当前构件能承受多大载荷，或者说承受一个载荷，该构件需要多大尺寸（包括材料选用），为什么机构过个一年半载开始不稳定了，如何确保机构的精度……这些就涉及力学方面的考量，主要包含以下几个方面。

① 强度和刚度应满足要求（结构 / 尺寸质量）。材料，尤其是金属材料的失效主要有屈服（应力几乎不变，应变不断增加，产生明显塑性变形的现象）和断裂（无明显的变形下突然断裂）两种。

所谓强度，就是材料抵抗屈服（塑性变形）和断裂的力学性能。常用的强度性能指标有拉伸强度和屈服强度（或屈服点）；承受弯曲载荷、压缩载荷或扭转载荷时，则应以材料的弯曲强度、压缩强度及剪切强度来表示材料的强度性能。

所谓刚度，就是材料或结构在受力时抵抗弹性变形的能力。材料的刚度通常用弹性模量 E 来衡量。刚度是零件荷载与位移成正比的比例系数，即引起单位位移所需的力，可分为静刚度和动刚度。

我们绘制零件时，如果该零件是机构的核心构件，或者构件一旦失效就会造成严重后果，则必须考虑如何使零件形状、尺寸和受力等合理，以确保强度和刚度足够，满足加工、装卸和使用要求，这个工作即便做不到量化的层次，也一定要有合理的定性考量。如图 4-133 所示，为了避免杆件失效，首先评估机构的动力传递情况，然后选择核心、重要杆件的危险截面进行应力、应变分析。

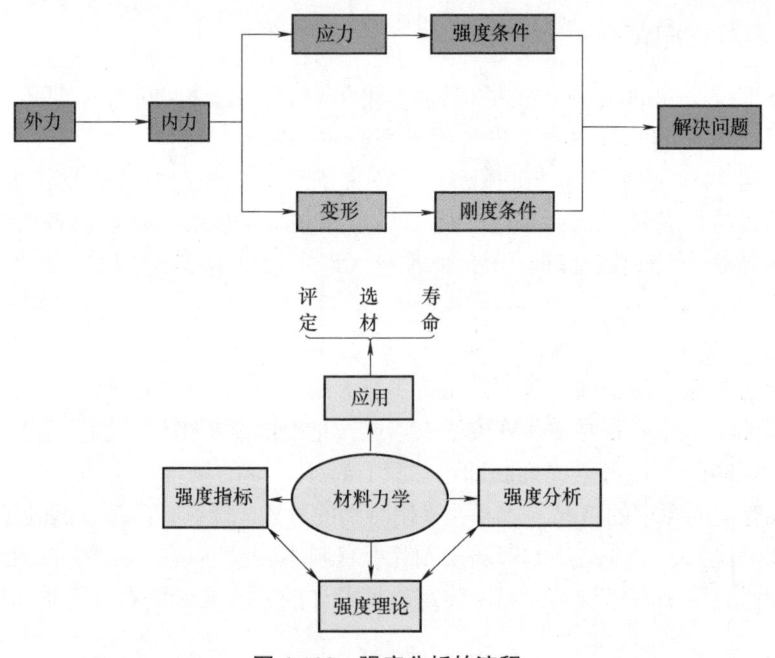

图 4-133　强度分析的流程

（A）受拉伸力或压缩力情况。主要考虑最小截面的单位面积承载（即所谓的工作应力）情况。如图 4-134 所示，材料丧失正常工作时的危险点处的应力（符号为 σ_u）称为极限应力：对于塑性材料（断裂前拉伸量>5%，适合做拉件），可取屈服极限 $\sigma_{max}=\sigma_u=\sigma_s/X$，$X$ 为安全系数，取 1.2~2.5；对于脆性材料（断裂前拉伸量<5%，适合做压件），可取抗拉 / 抗压应力 $\sigma_{max}=\sigma_u=\sigma_b/X$，$X$ 为安全系数，取 2~3.5。塑性材料在断裂前有很大的塑性变形，脆性材料在断裂前的变形则很小。塑性材料抗压与抗拉的能力相近，适用于受拉构件。脆性材料的抗压能力远比抗拉能力强，且其价格便宜，适用于受压的构件而不适用于受拉的构件。影响材料

脆性和塑性的因素很多，如低温能提高脆性，高温一般能提高塑性；在高速动载荷的作用下脆性提高，在低速静载荷的作用下保持塑性。

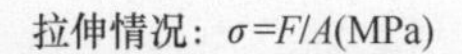

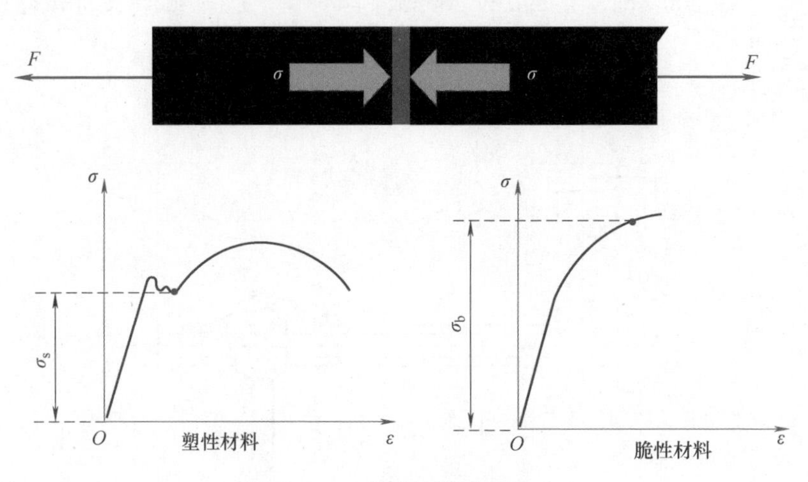

图 4-134　不同材料的极限应力

如图 4-135 所示，构件变形分轴向（L 拉长到 L_1，变形量为 $\Delta L=L_1-L$）和径向（b 缩减到 b_1，变形量 $\Delta b=b_1-b$）。一旦构件的强度或刚度不足，则可能会造成断裂或过度形变的失效。

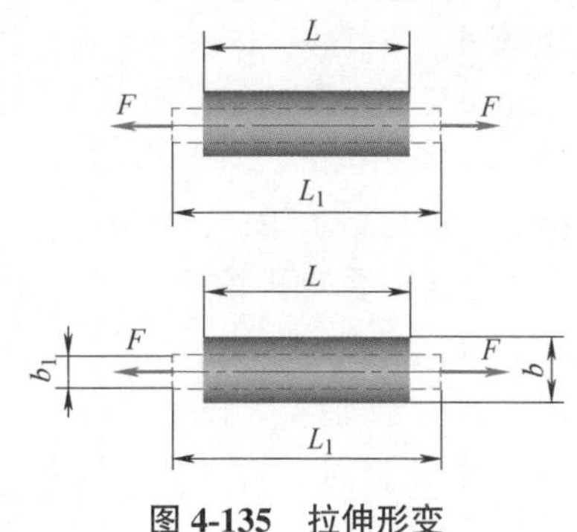

图 4-135　拉伸形变

拉杆的轴向伸长量（绝对变形，有单位）为

$$\Delta L=L_1-L$$

线应变（相对变形，无单位）为

$$\varepsilon=\Delta L/L$$

假设 E 为弹性模量，单位为 GPa（由实验测定，各种钢材的 E 大概为 200GPa），则有

$$\sigma=\varepsilon E$$

以上应力与应变的关系，也称胡克定律。

$\because$ 应力 $\sigma=F/A$，

$\therefore$ $F/A=(\Delta L/L)E$

即轴向变形 $\Delta L=FL/(EA)$，其中 EA 称为抗拉刚度。

拉杆的径向变形量为

$$\Delta b=b_1-b$$

线应变为

$$\varepsilon'=\Delta b/b$$

轴向和径向的线应变存在一定的关系，设泊松比为 μ，则

$$\mu=|\varepsilon'/\varepsilon|$$

金属材料在弹性范围内泊松比 μ 保持常数，对于塑性材料，μ 的数值较大（取 0.3~0.47），对于脆性材料，μ 的数值较小（取 0~0.1）。

【案例】 如图 4-136 所示的三角架构杆件系统分析案例，假设 AB 拉杆的抗拉强度［σ］为 200MPa，直径 d 为 20mm，其与水平支杆 AC 的夹角 α 为 30°，搭钩承重 Q 为 19.35kN，请问 AB 拉杆安全吗？

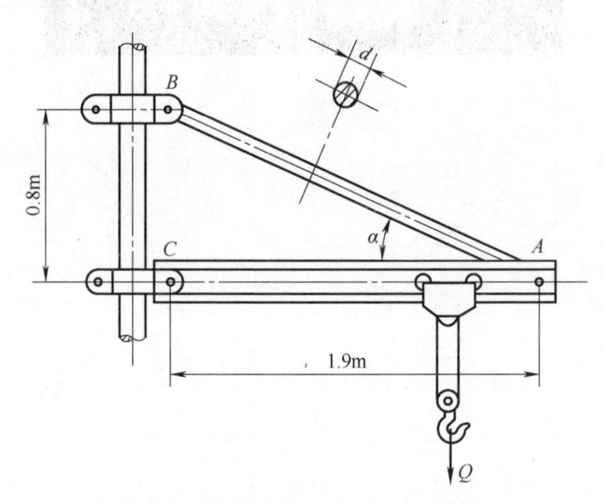

图 4-136 杆件拉伸分析案例

【简析】 搭钩移动到 A 点时，AB 杆承受最大拉力 N_{max}，如图 4-137 所示。根据三角函数关系，$N_{max}=Q/\sin\alpha=19.35\times10^3/(\sin30°)$ kN=38.7kN，而 AB 杆的截面积 $S=\pi d^2/4=\pi\times(0.02)^2/4\text{m}^2=3.14\times10^{-4}\text{m}^2$，则其承受应力 $\sigma=N_{max}/S=(38.7\times10^3)/(3.14\times10^{-4})$ Pa=123×10^6Pa=123MPa<［σ］=200MPa，因此安全。

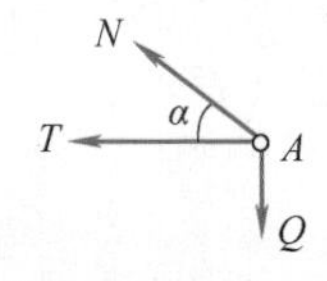

图 4-137 杆件在 A 处受力的三角函数关系

（B）受弯矩情况。受弯矩的构件一般称为梁，除了考虑危险点的最小单位承载，还要考虑截面形状。对某一截面来说，最大正应力发生在距中性轴（横截面与应力平面的交线，其各点的正应力值均为零）最远的地方；梁各截面上的弯矩是随截面的位置而变的，对等截面梁来说，弯矩最大的截面为危险截面。就全梁而言，最大正应力位于最大弯矩所在截面上距中性轴最远的地方。

首先，了解下惯性矩（单位为 m^4）。这是个几何概念，跟我们平时说的转动惯量不是一回事。如图 4-138 所示，假设任一微小面积为 dA，I_ρ 称为对 O 点的极惯性矩，I_x、I_y 称为对 X 轴、Y 轴的惯性矩（如将 dA 看成质量 d_m，则 I_x、I_y、I_ρ 分别为平面体对 X 轴、Y 轴和原点的转动惯量）。

$$I_\rho=\int_A\rho^2\mathrm{d}A$$

$$I_x=\int_A y^2\mathrm{d}A$$

$$I_y = \int_A x^2 \mathrm{d}A$$

惯性矩与极惯性矩的关系

$$I_\rho = \int_A \rho^2 \mathrm{d}A = \int_A (x^2 + y^2)\mathrm{d}A = I_y + I_x$$

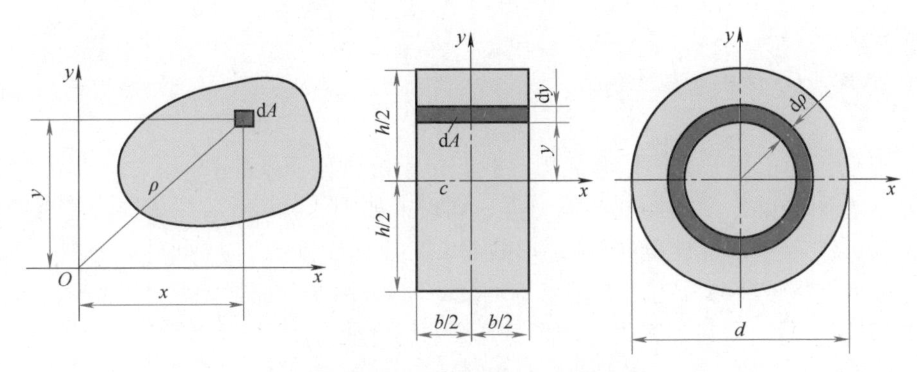

图 4-138 惯性矩的定义和求解

上述内容比较晦涩，我们可以这样来理解：惯性矩 I= 距离 L 的平方与规则面积 A 的乘积。但如若面积 A 不规则，则可以先将其无限分成规则的小面积 dA，且每个 dA 相对某点的距离为 L_1、L_2、L_3 等，对应无限个惯性矩 $I_1=L_1^2\mathrm{d}A$、$I_2=L_2^2\mathrm{d}A$、$I_3=L_3^2\mathrm{d}A$……解决这类问题就要用到微积分，表达为类似 $\int L^2\mathrm{d}A$ 或 $\int y^2\mathrm{d}y$ 之类的函数——常用函数的积分公式见表 4-25，具体曲线的任意常数 C 可取 0。

表 4-25 常用函数的积分公式

常用函数	函数	积分
常数	$\int a\,\mathrm{d}x$	$ax+C$
变量	$\int x\,\mathrm{d}x$	$x^2/2+C$
平方	$\int x^2\,\mathrm{d}x$	$x^3/3+C$
倒数	$\int (1/x)\,\mathrm{d}x$	$\ln\|x\|+C$
指数	$\int \mathrm{e}^x\,\mathrm{d}x$	e^x+C
	$\int a^x\,\mathrm{d}x$	$a^x/\ln a+C$
	$\int \ln x\,\mathrm{d}x$	$x\ln x-x+C$
三角法（x 的单位为 rad）	$\int \cos x\,\mathrm{d}x$	$\sin x+C$
	$\int \sin x\,\mathrm{d}x$	$-\cos x+C$
	$\int \sec^2 x\,\mathrm{d}x$	$\tan x+C$

对于具体构件来说，横截面上任一点（到中性轴 z 的距离为 ρ）的抗拉 / 抗压应力

$$\sigma = M\rho / I_z$$

其中，M 为横截面上的弯矩；ρ 为待求点到轴心或圆心的距离；I_ρ 为截面对其形心的极惯性矩，如果是规则截面，则可以通过简单公式获得。

假设中性轴为 z，横截面上任一点到中性轴 z 的最大距离为 r，则其弯曲应力为

$$\sigma = M\rho / I_z \leqslant [\sigma]$$

$$\sigma_{max} = Mr / I_z$$

设 $W_z = I_z / r$ 为抗弯截面系数，则

$$\sigma_{max} = M / W_z$$

显然，为了提升梁的抗弯能力，我们希望抗弯截面系数 W_z 趋大，如图 4-139 所示，右图的梁比左图的抗弯能力强。同理，如图 4-140 所示，从抗弯能力的角度上看，工字型和槽型截面 > 圆环形截面 > 矩形截面 > 圆截面。此外，合理布置载荷（增加支座或将点受力改为多点平均受力），采用变截面梁（受力大的地方粗壮些），采用合适的材料等方式，也能提升梁的抗弯能力。

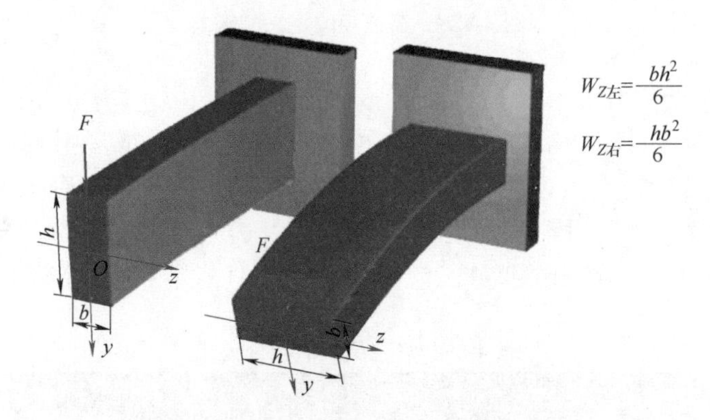

图 4-139　矩形截面梁的抗弯截面系数

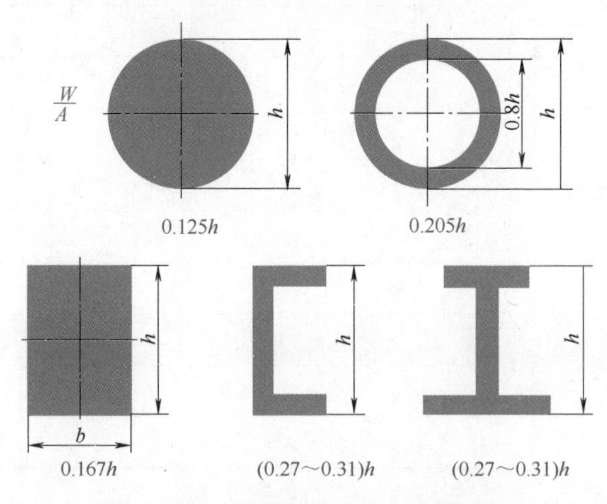

图 4-140　不同截面梁的抗弯截面系数

由于梁受弯矩时，对于中性轴 z 的一边受拉，一边受压，因此应该分开来校核。如果所选材料的抗拉强度［σ_t］和抗压强度［σ_c］相等，则只须校核最大弯矩 M_{max} 处；对于［σ_t］≠［σ_c］的情况，对于中性轴对称的截面，只须校核 M_{max} 处，对于中性轴不对称的截面，则应校核 M_{max}（+）与 M_{max}（-）两处（对应着梁的内凹和上凸部位）。

【案例】　如图 4-141 所示的铸铁梁，许用拉应力［σ_t］=30MPa，许用压应力［σ_c］=60MPa，$I_z=7.63\times10^{-6}\text{m}^4$，截面为 T 形（截面尺寸的单位为 mm），试校核此梁的强度。

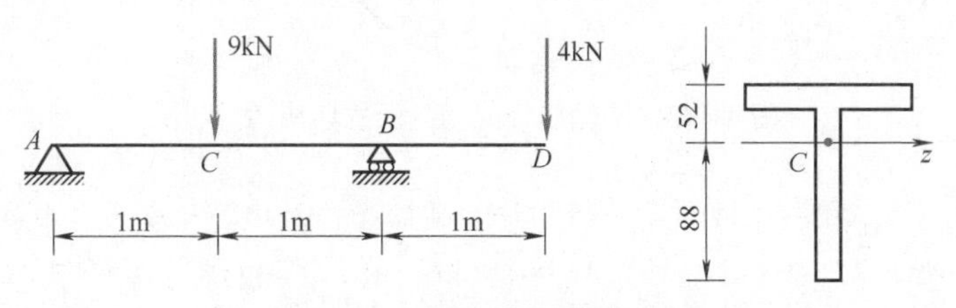

图 4-141　铸铁梁的强度分析

【简析】　设 A 和 B 的支点反力分别为 F_A 和 F_B，则 $F_A+F_B=(9+3)$ kN=12kN。对于支点 A，有 $9\times1+4\times3=F_B\times2$，所以 $F_B=10.5$kN，$F_A=2.5$kN。相应地，弯矩分别为 $M_C=2.5$kN·m，$M_D=4$kN·m，弯矩图如图 4-142 所示。

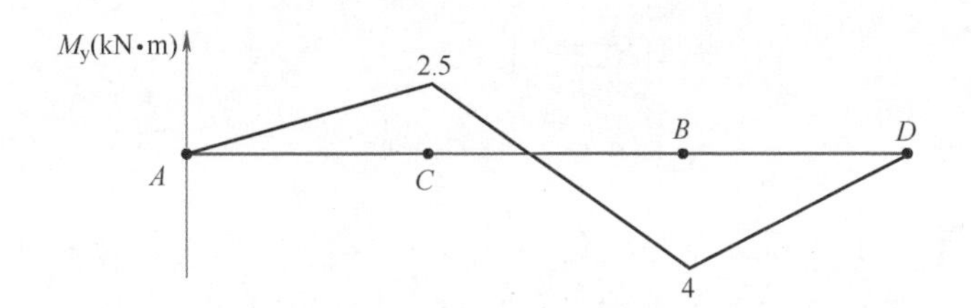

图 4-142　铸铁梁的弯矩图

对于下凹截面 C，中性轴 z 下方受拉，最大抗拉强度 $\sigma_t=M_C\times88\times10^{-3}/I_z=2.5\times10^3\times88\times10^{-3}/7.63\times10^{-6}\text{Pa}=28.8\times10^6\text{Pa}=28.8\text{MPa}$；中性轴 z 上方受压，最大抗压强度 $\sigma_c=17$MPa。对于上凸截面 B，中性轴 z 上方受拉，下方受压，同理得到 $\sigma_t=27.3$MPa，$\sigma_c=46.1$MPa。此梁的强度均没有超过许用应力。

（C）受扭矩情况。如图 4-143 所示，受扭矩情况跟受弯矩情况类似，圆轴扭转时横截面上任意点的切应力为

$$\tau=T\rho/I_\rho$$

其中，T 为横截面上的扭矩；ρ 为待求点到圆心的距离，最大距离为 r；I_ρ 为截面对其形心的极惯性矩，如果是规则截面，则可以通过简单公式获得。

最大切应力为

$$\tau_{max}=Tr/I_\rho$$

设 $W_\rho=I_\rho/r$ 为抗扭截面系数，则

$\tau_{max}=T/W_\rho$

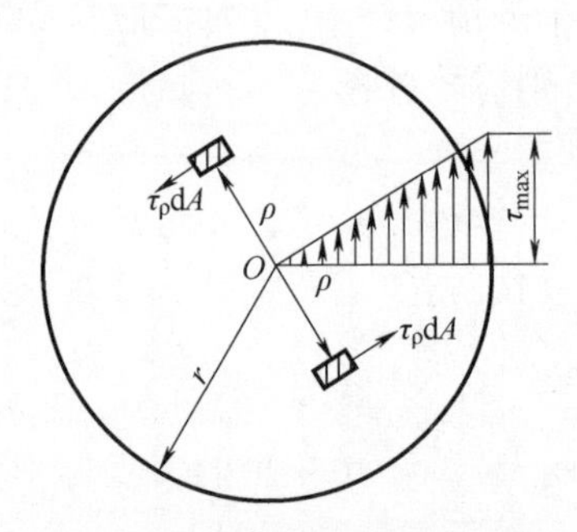

图 4-143　圆轴扭转时横截面的切应力分析

【案例】　已知图 4-144 所示的传动轴的直径 d=50mm，外力偶矩 M_A=3.19kN · m，M_B=1.43kN · m，M_C=0.8kN · m，M_D=0.96kN · m，已知材料的许用切应力［τ］= 80MPa，试校核该轴的抗扭强度。

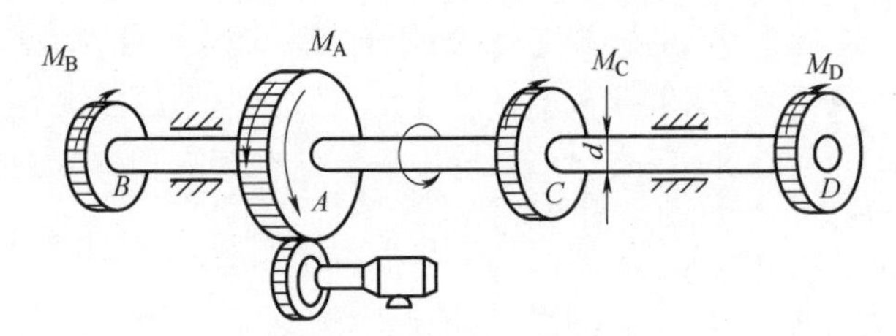

图 4-144　轴的传动示意

【简析】　用截面法求得 BA、AC、CD 段的扭矩，并绘制扭矩图，如图 4-145 所示。因为传动轴为等截面，所以最大切应力发生在 AC 段内各截面周边上各点。

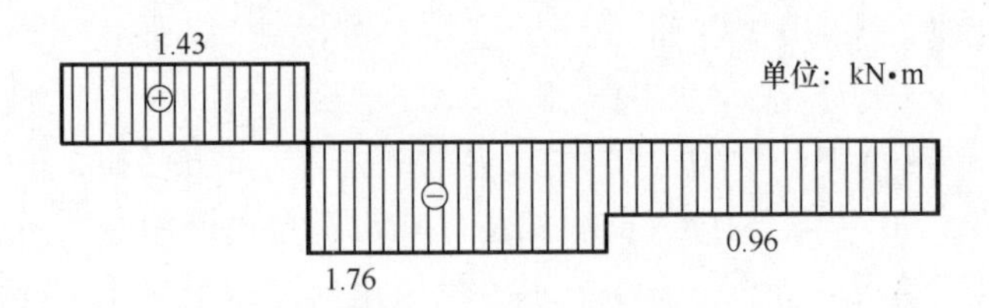

图 4-145　轴的扭矩图

$$\tau_{max}=\frac{T_{max}}{W_\rho}=\frac{1.76\times10^3\text{N}\cdot\text{m}}{\frac{\pi}{16}\ (0.05\text{m})^3}=71.7\times10^6\text{Pa}=71.7\text{MPa}<[\tau]$$

该轴满足强度条件。

（D）受剪切情况。如图 4-146 所示，构件两侧作用有垂直于轴线的横向外力，外力作用线相距很近时会对构件产生剪切作用。一般来说，[σ] 为极限应力，即许用剪应力：塑性材料，[τ] =（0.5~0.6）[σ]；脆性材料，[τ] =（0.8~1.0）[σ]。

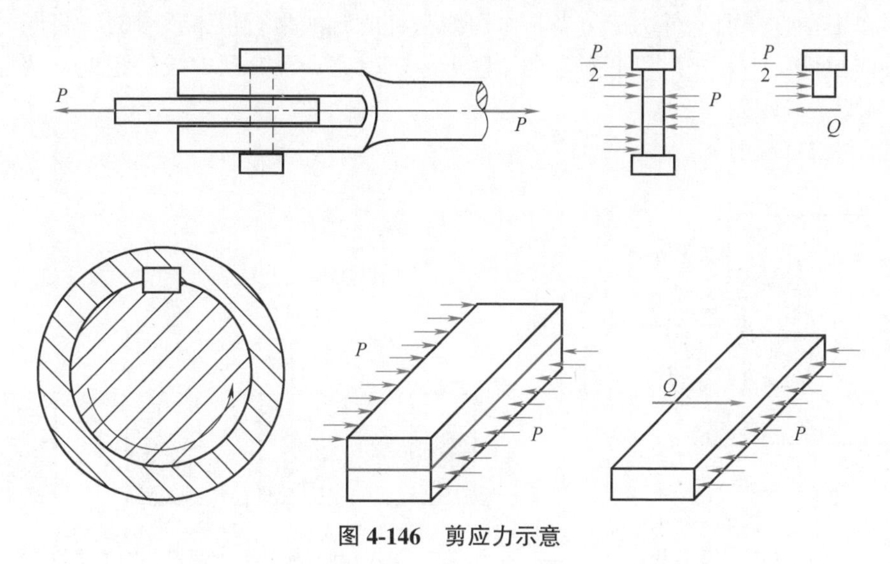

图 4-146　剪应力示意

如图 4-147 所示，$\tau=P/A=P/\pi dh$，$\sigma=P/(\pi d^2/4)$，假设 [τ] =0.6 [σ]，则 $d/h\approx2.4$。假设拉杆头部的直径为 D，则 $\sigma=P/[\pi(D^2-d^2)/4]$。$P$ 的单位为 N，D、d、h 的单位为 mm，τ、σ 的单位为 MPa。

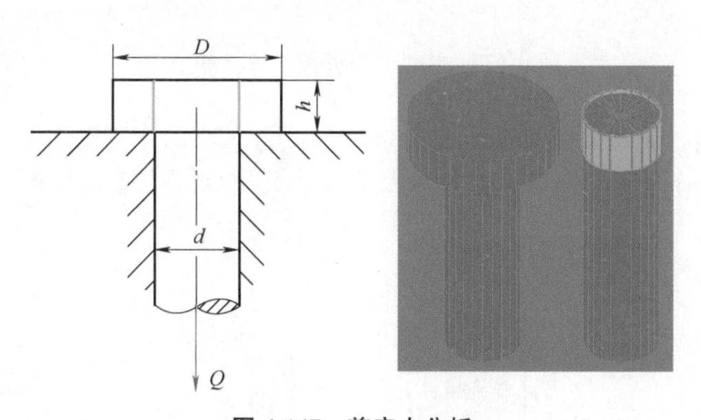

图 4-147　剪应力分析

（E）综合受力（采用叠加法）。实际构件的受力比较复杂，往往同时发生两种或两种以上的基本变形。如图 4-148 所示，一般截面上的内力是一个空间力系，其力与力矩的六个分量分别表示不同基本变形的内力分量。在小变形、线弹性的前提下，构件上各力作用效果（反力、内力、应力、变形等）彼此独立，互不影响，可分别研究每种基本变形，然后把所得的结果叠加。本部分内容仅掠影介绍，基础薄弱的读者了解有这么一回事即可，亦可直接跳过。

● **拉（压）/ 弯组合变形**。如图 4-149 所示，当构件受到一个斜力 F 的时候，可以对其进行分解，垂直向下的分力为 F_y，水平分力为 F_x，将 F_y 平移到中性轴后，还将产生一个附加力矩 $M=F_y \times L$，L 为受力点到 Y 轴的水平距离。如图 4-150 所示，作用在直杆上的外力 P，当其作用线与杆的轴线平行但不重合时，将同时引起轴向拉伸（外力 P）和平面弯曲（弯矩 $=P \times L$，L 为 P 到中线的距离）两种基本变形。

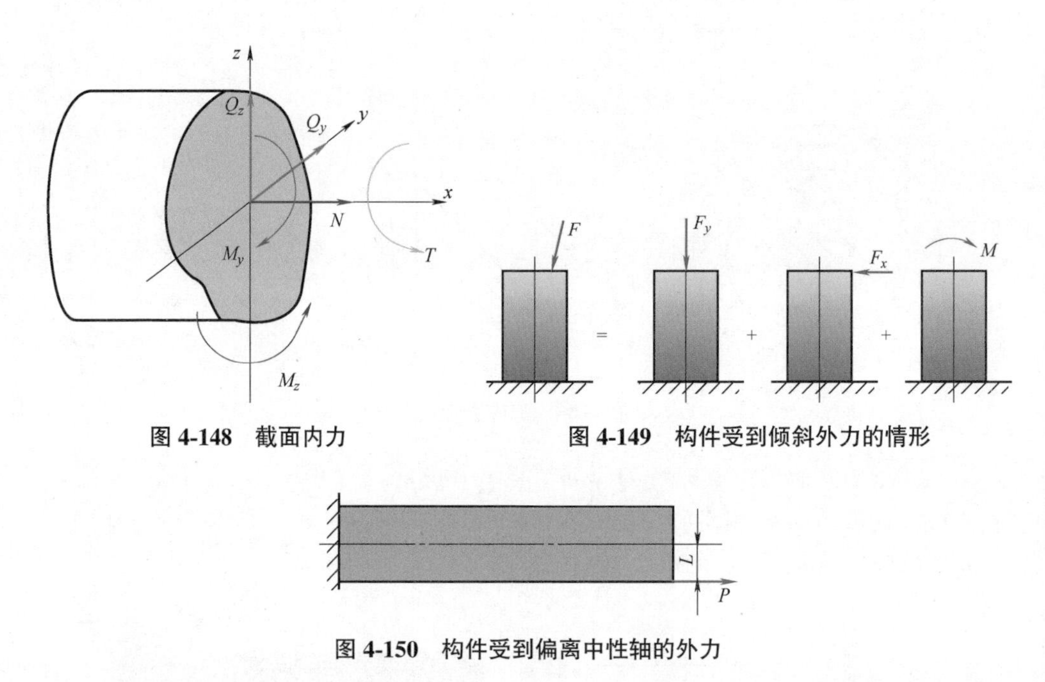

图 4-148　截面内力

图 4-149　构件受到倾斜外力的情形

图 4-150　构件受到偏离中性轴的外力

【案例】　如图 4-151 所示，在正方形截面立柱的中间处开一个槽，使截面面积为原来截面面积的一半。开槽后立柱的最大压应力是原来不开槽的几倍？

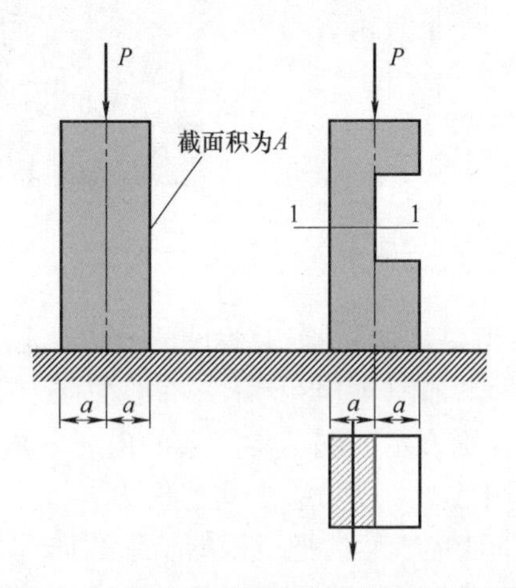

图 4-151　在正方形截面立柱的中间处开槽

【简析】 未开槽时，轴向压应力 $\sigma_c=P/A=P/(2a)^2=P/4a^2$。如图 4-152 所示，开槽后立柱危险截面为偏心压缩，根据力的平移定理，将有弯矩 M_y 产生，$M_y=P\times(a/2)=Pa/2$，压应力分为两部分：$\sigma_{c1}=P/A'=P/[(2a)\cdot a]=P/2a^2$；$\sigma_{c2}=M_y\cdot(a/2)/I_z=Pa/2\cdot(a/2)/I_z=(Pa^2/4)/(a^4/6)=3P/2a^2$，或者 $\sigma_{c2}=M_y/W_z=(Pa/2)/(a^3/3)=3P/2a^2$，根据叠加原理，压应力 $\sigma'_c=\sigma_{c1}+\sigma_{c2}=P/2a^2+3P/2a^2=2P/a^2$。因此，开槽和未开槽的压应力之比为 $(2P/a^2)/(P/4a^2)=8$。其中，I_z 为惯性矩，W_z 为抗弯截面系数。

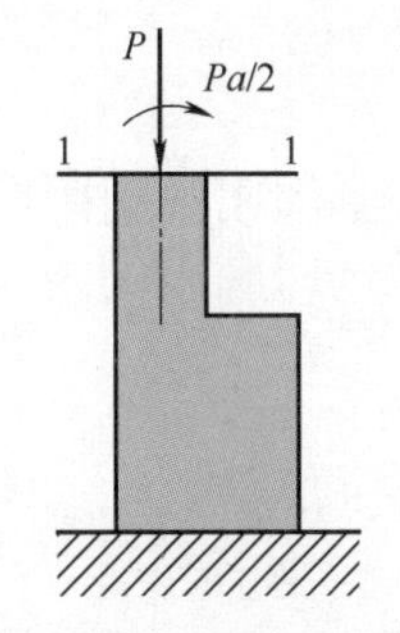

图 4-152　正方形截面立柱的最大压应力分析

需要注意的是，对于均质规则截面，惯性矩 I_z 或抗弯截面系数 W_z 都是可以查表求得的。如图 4-153 所示，有 $I_x=ab^3/12$，在本例中，a 相当于 $2a$，b 相当于 a，则 $I_z=(2a)\cdot a^3/12=a^4/6$，$W_z=I_z/r=(a^4/6)/(a/2)=a^3/3$。

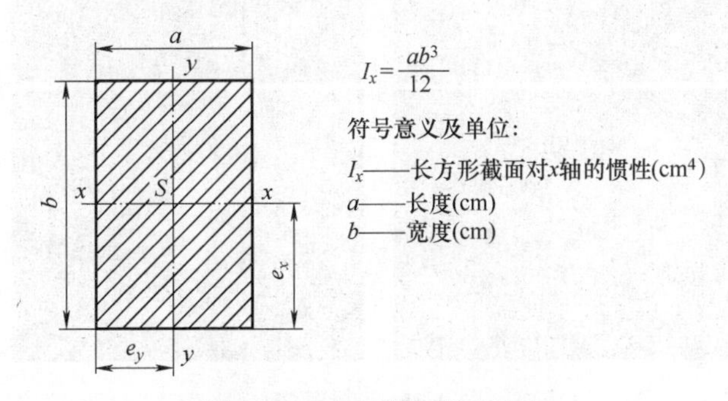

图 4-153　矩形截面的惯性矩

- 扭 / 弯组合变形。如图 4-154 所示构件，根据力的平移（从 C 到 B），P 将使杆件产生弯曲变形，$T=P\times a$，同时杆件产生扭转变形。构件承受的扭矩 / 弯矩如图 4-155 所示，显然在 A 截面处弯矩最大。
- 斜弯曲。如图 4-156 所示的矩形截面轴，当受到清晰的力时会产生斜弯曲，一般要进行力的分解，然后分别进行校验，如图 4-157 和图 4-158 所示。对于圆轴不会发生斜弯曲，但对力进行分解时常按一般方法分解为两个垂直平面内的弯曲力，然后分别计算弯矩 M_y、M_z，而总弯矩 M 满足：$M^2=M_y^2+M_z^2$

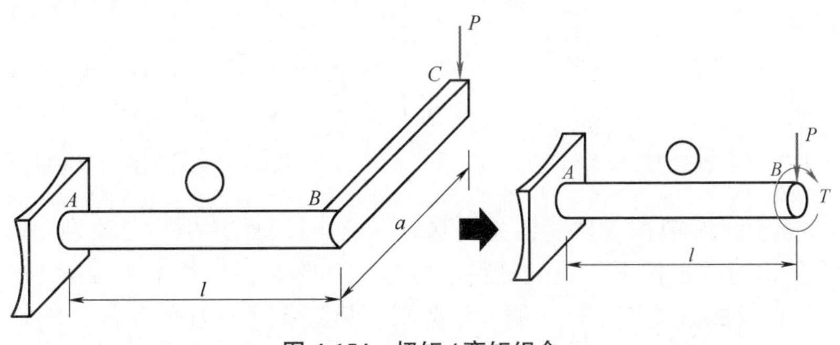

图 4-154　扭矩 / 弯矩组合

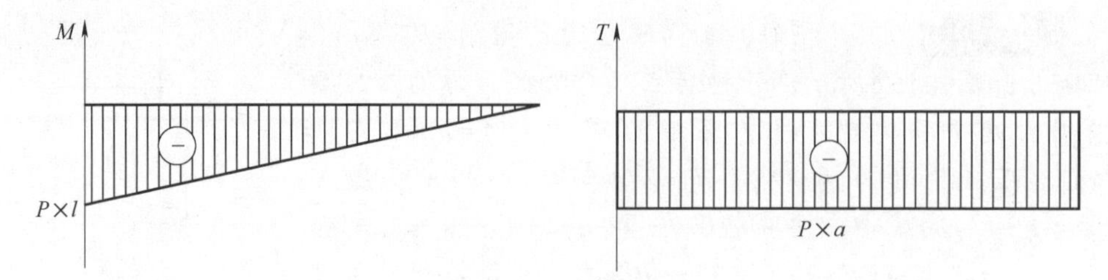

图 4-155 扭 / 弯力矩图

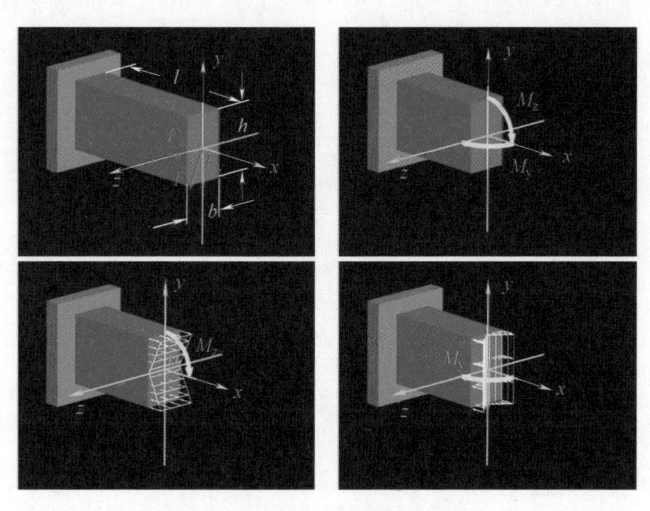

图 4-156 斜弯曲

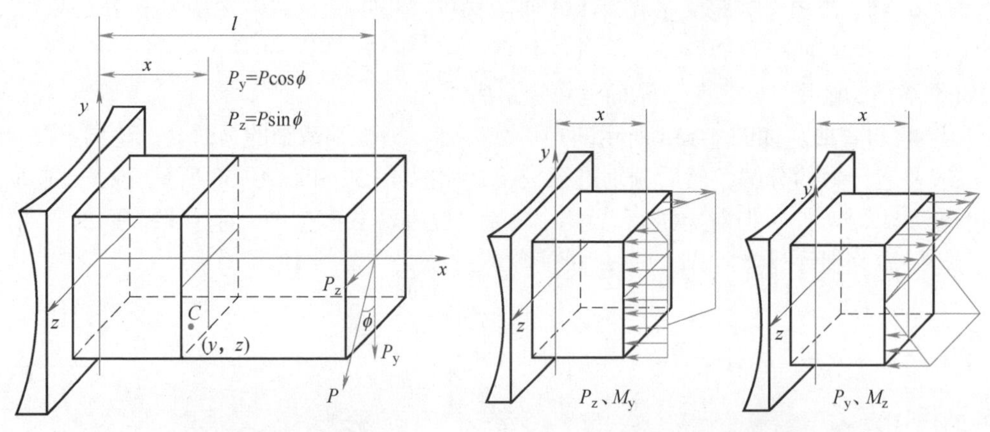

图 4-157 斜弯曲的力分解示意 图 4-158 斜弯曲的应力示意

（F）关于强度校核。强度相关的基础理论，其总结如图 4-159 所示。一般说来，在常温和静载条件下，脆性材料多发生脆性断裂，故通常采用第一、第二强度理论；塑性材料多发生塑性屈服，故应采用第三、第四强度理论。

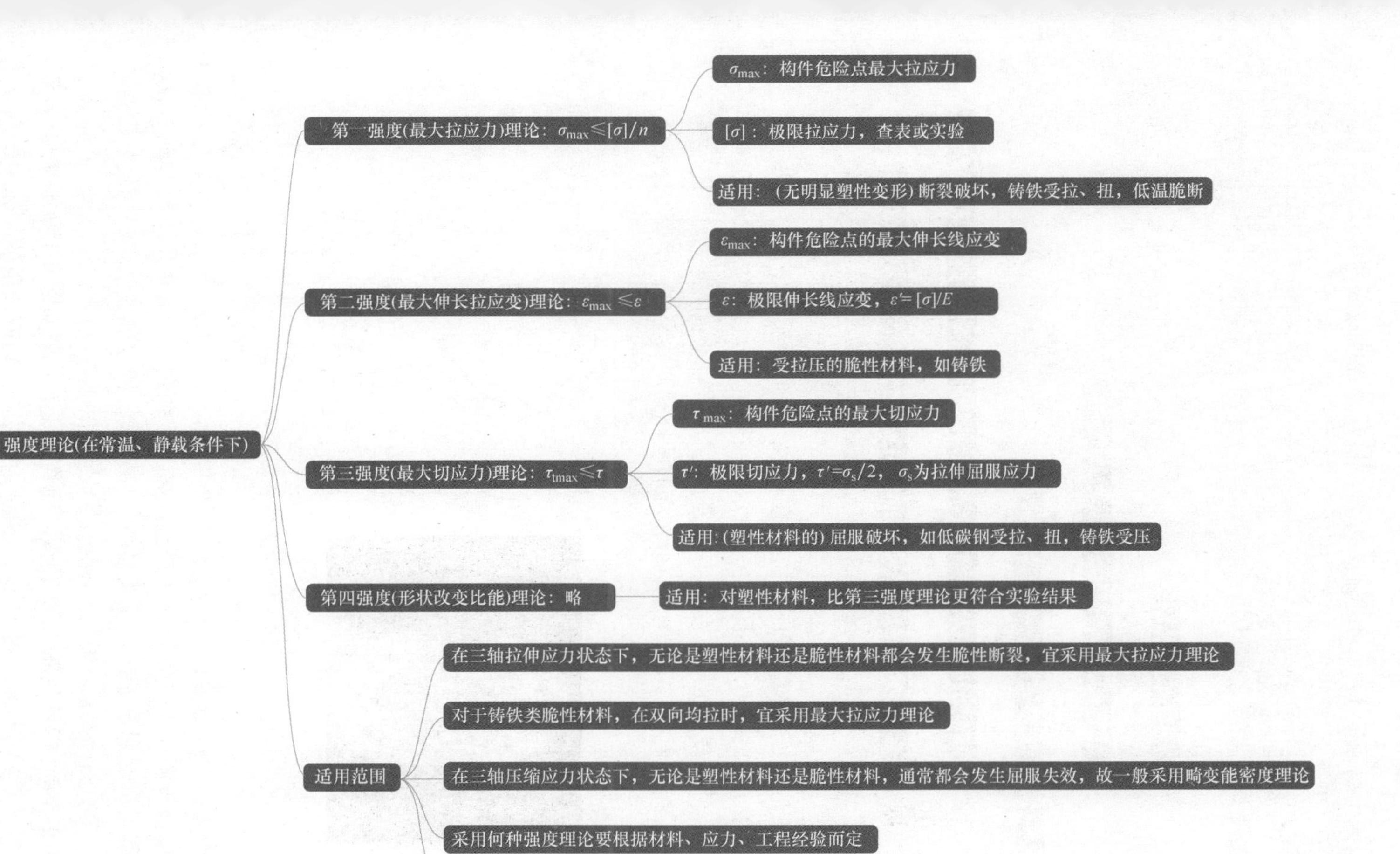

图 4-159　强度基础理论

（G）关于疲劳破坏。一般我们表示静强度只用强度极限即可；而对材料的疲劳强度而言，它跟载荷性质、强度极限以及对应的破坏循环次数 N 均有关。机械零件尤其是高速运转零部件的破坏，大部分属于疲劳破坏（特点如图 4-160 所示），主要成因是受到不当的交变应力。

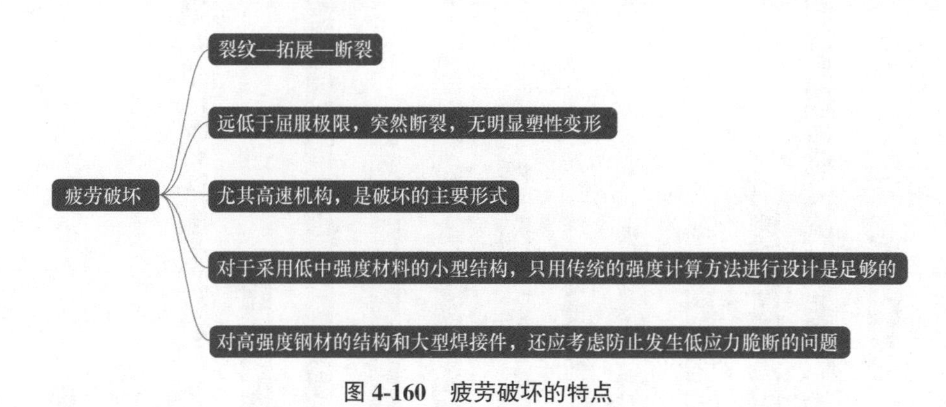

图 4-160 疲劳破坏的特点

所谓交变应力（交变载荷），指的是迅速由零增加至最大值，然后减小至零，随时间作周期性变化的应力。如图 4-161 所示，齿轮在啮合过程中，力 F 迅速由零增加至最大值，然后减小至零。如图 4-162 所示，由于电动机的重力作用产生静弯曲变形，由于工作时离心惯性力的垂直分量随时间作周期性变化，梁产生交变应力。

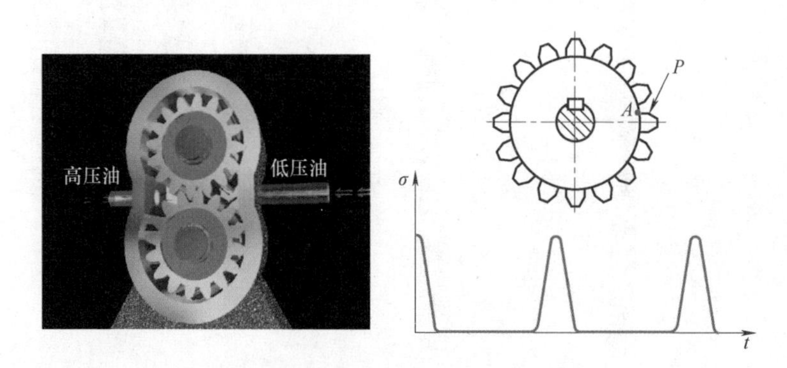

图 4-161 齿轮承受交变应力

交变应力的破坏应力值一般低于静载荷作用下的强度极限值，有时甚至远低于材料的屈服极限；无论是脆性还是塑性材料，在交变应力作用下均表现为脆性断裂，断裂前没有明显征兆，无明显塑性变形；机械零件尤其是高速运转零部件的破坏，大部分属于疲劳破坏，因此应给予足够的重视。

② **确保精度（运行品质）。**有些读者可能不太会把精度跟构件力学扯上关系，事实上是有很强关联性的。比如我们买回来的剪刀，刚开始用的时候很锋利，用过一阵子后剪切效果就差了，除了刀片变钝之外，还有就是夹持状态松动，剪切

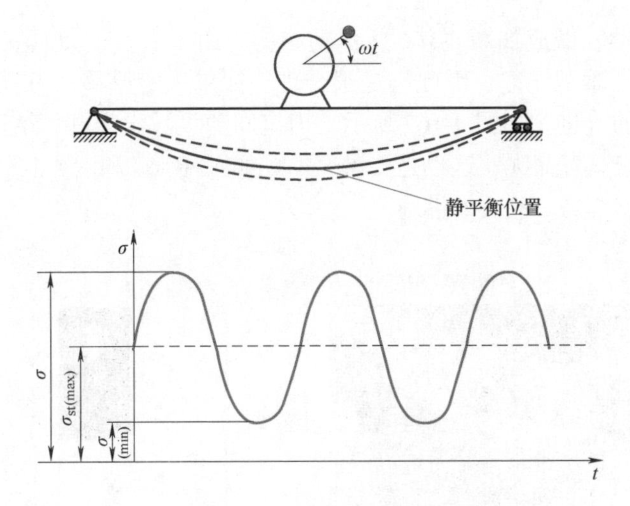

图 4-162　梁产生交变应力

时甚至会卡物料，最后只能扔了。同样地，我们的构件也需要一定的精度，尤其是在配合性质的场合，如果精度达不到，就会有不恰当的间隙，加剧磨损、发热、振动……最后整个机构的受力状态发生改变，出现意外的失效形式，所以特别重要的机构，一定要重视精度设计和保证。

以“裁切机构设计”为例。刀口间隙很重要，它取决于物料材质、厚度和裁切要求。当工件的断面质量没有严格要求时，为了提高模具寿命和减小冲裁力，可以选择较大间隙值；当工件断面质量及制造公差要求较高时，应选择较小间隙值。对刀口间隙不讲究，要么裁切效果不佳，要么可能会造成构件损耗严重。对于普通裁切，最佳刀口间隙，其实就是刀具贴在一起，但能相对滑动时的间隙。典型例子：刚买回来的剪刀。

知道刀口间隙是多少还远远不够，机构怎么去确保这个间隙，也是要深入考虑的。笔者在“速成宝典”入门篇里提过，裁切机构上的刀具设计，最好有统一而确定的基准。如图 4-163 所示，请大家比较，工件的精度标注接近时，哪种方式相对合理些？（设计三相对合理，有统一的基准，案例如图 4-164 所示）。如图 4-165 所示，如果刀具和刀具之间是“靠”在一起的，那么就能确保不会撞刀。如

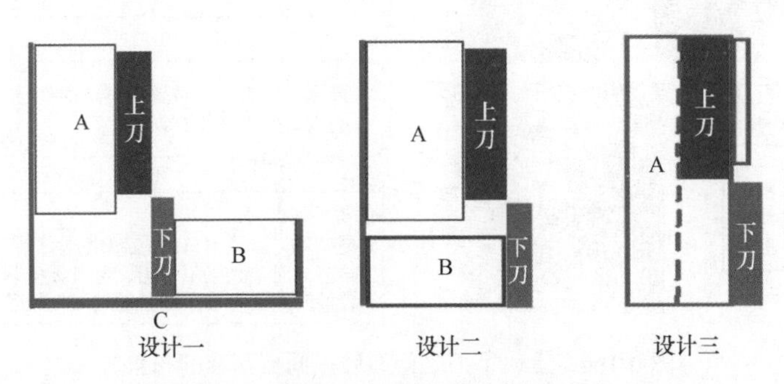

图 4-163　不同设计折弯出来的板材品质不同

果刀具需要移动，做成如图 4-166 所示的结构，由于上、下刀具安装位置的相对设计基准有工件累积误差，因此不是很合理。如果一定要移动刀具，可对机构进行一些针对性的改进，如图 4-167 所示。刀口间隙设计没问题，结构也比较合理，但是如何提高刀具寿命呢？这也是要讲究的。如图 4-168 和图 4-169 所示增加导引结构和斜切口，都是一些有效措施。

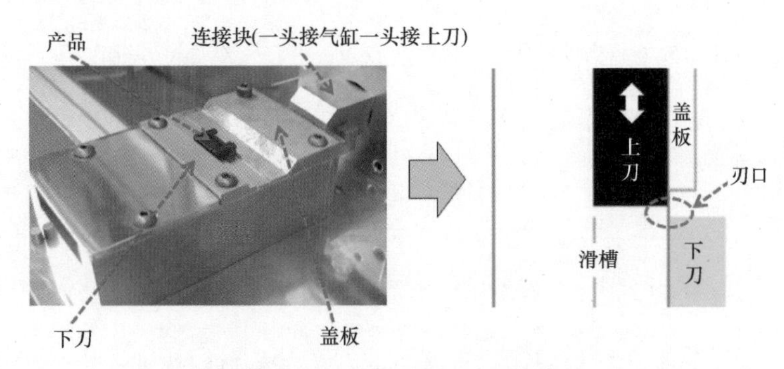

图 4-164　上、下刀基准统一的布置方式

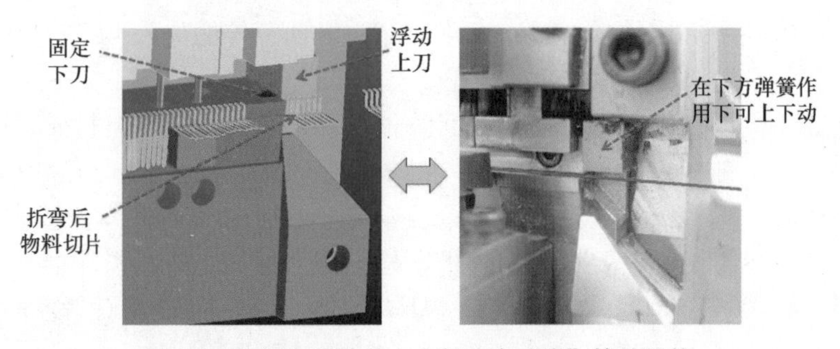

图 4-165　闭上眼睛装上去都不会“崩”掉的结构

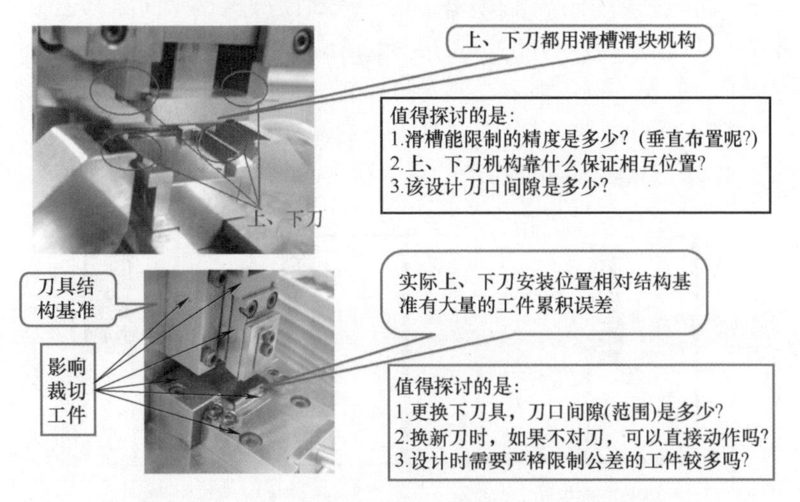

图 4-166　上、下刀之间有较多间接基准的布置方式

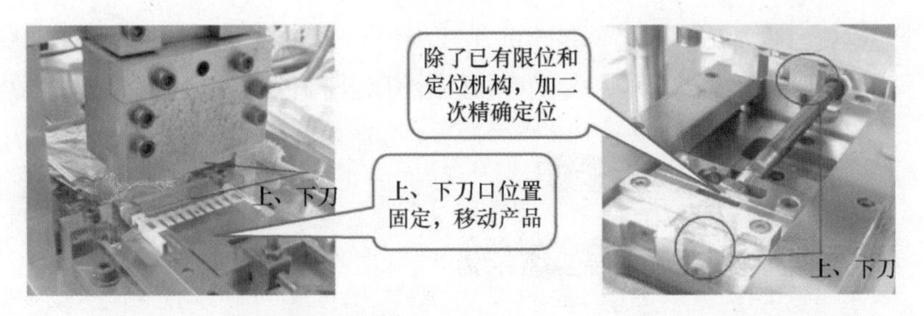

图 4-167　移动式刀具布置（左：移动产品；右：加二次定位）

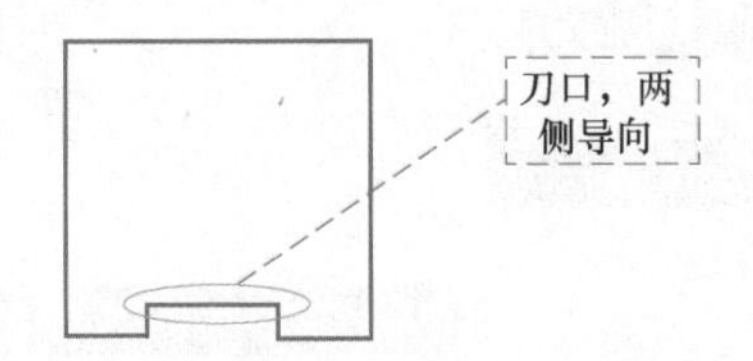

图 4-168　在刀具的刀口附近增加导正功能（一）

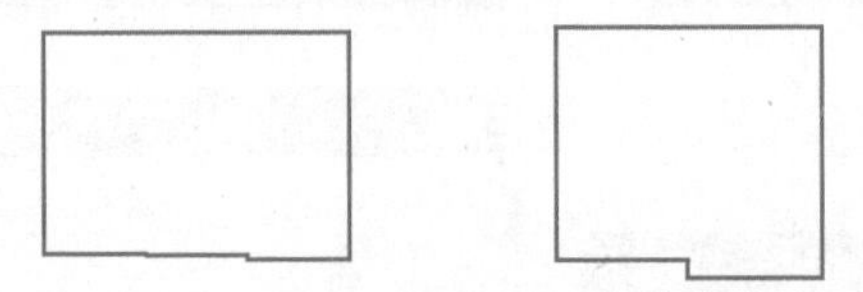

图 4-169　在刀具的刀口附近增加导正功能（二）

③ 提高耐磨性（表面品质）。磨损是机构失效和零件报废的常见原因之一，因此也是构件设计要注意的地方，提高零件耐磨性的措施，如图 4-170 所示。

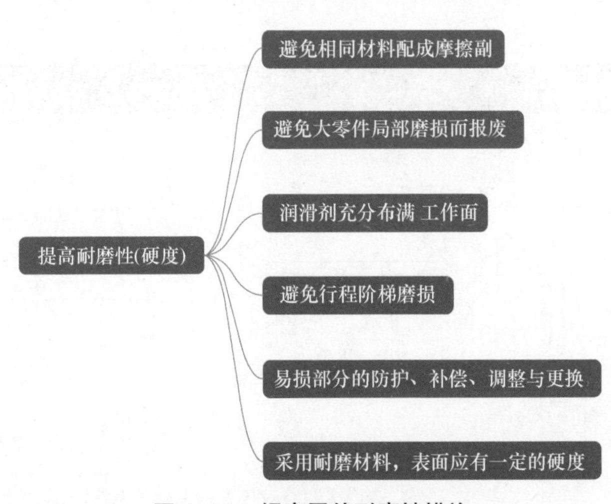

图 4-170　提高零件耐磨性措施

综上，我们做机构构件设计，考虑力学性时，主要侧重于核心零部件的强度、刚度是否满足所需，同时需要注意有配合性质的零件的耐磨性与精度设计，注意设计上避免不合理的削弱机构 / 零件可靠性的设计，如图 4-171、表 4-26 和表 4-27 所示，只有这样才能提高机构稳定性和可靠性以及构件的使用寿命。

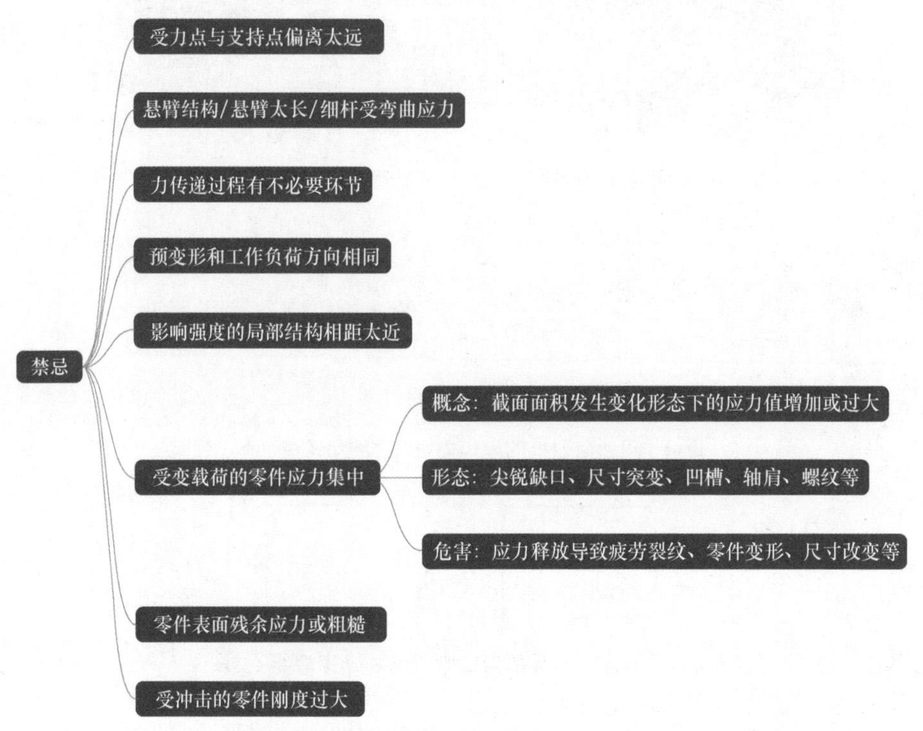

图 4-171　削弱机构 / 零件可靠性的设计禁忌

表 4-26　设计应注意的问题（一）

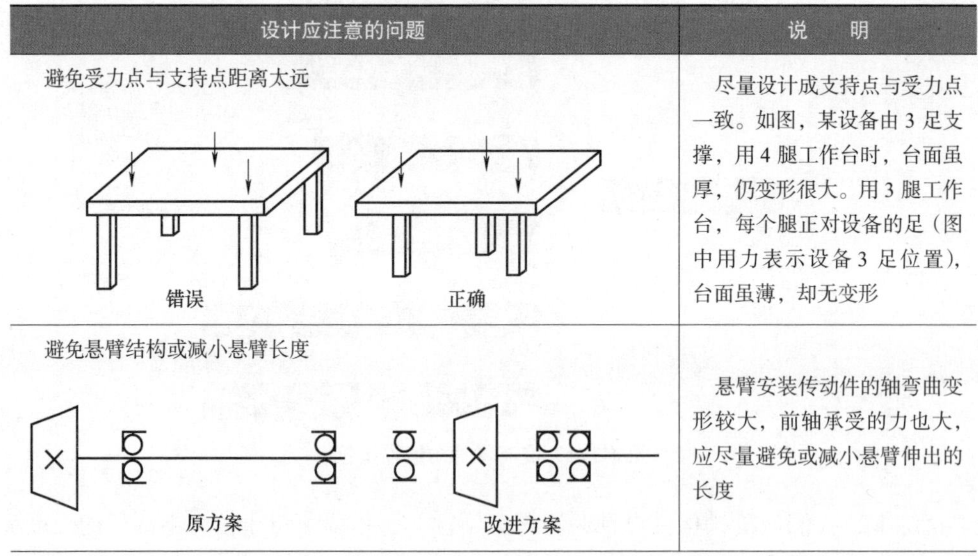

设计应注意的问题	说　明
避免受力点与支持点距离太远 错误　正确	尽量设计成支持点与受力点一致。如图，某设备由 3 足支撑，用 4 腿工作台时，台面虽厚，仍变形很大。用 3 腿工作台，每个腿正对设备的足（图中用力表示设备 3 足位置），台面虽薄，却无变形
避免悬臂结构或减小悬臂长度 原方案　改进方案	悬臂安装传动件的轴弯曲变形较大，前轴承受的力也大，应尽量避免或减小悬臂伸出的长度

（续）

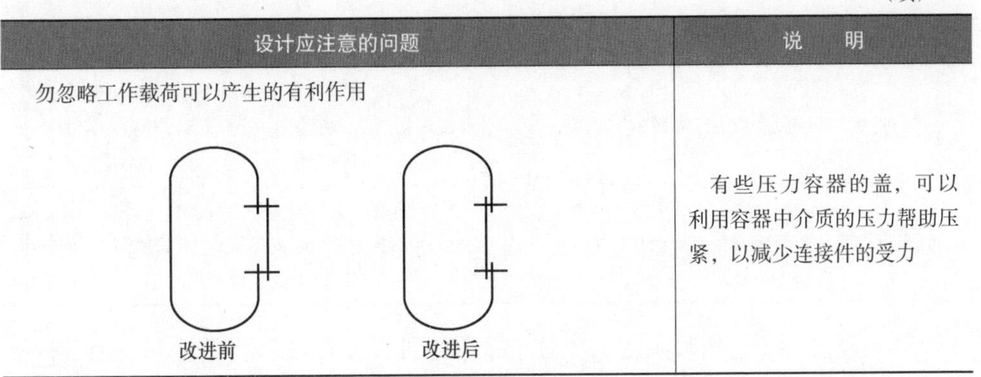

设计应注意的问题	说　明
勿忽略工作载荷可以产生的有利作用	有些压力容器的盖，可以利用容器中介质的压力帮助压紧，以减少连接件的受力

表 4-27　设计应注意的问题（二）

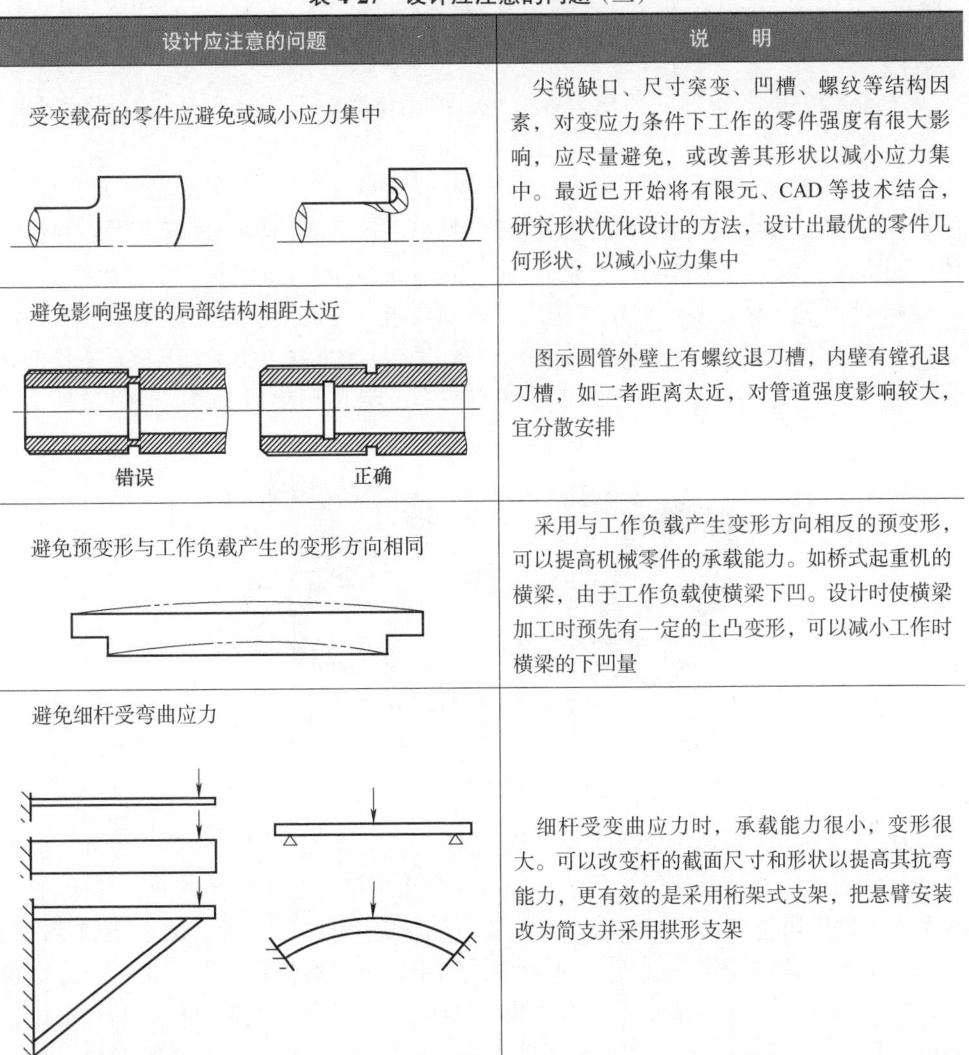

设计应注意的问题	说　明
受变载荷的零件应避免或减小应力集中	尖锐缺口、尺寸突变、凹槽、螺纹等结构因素，对变应力条件下工作的零件强度有很大影响，应尽量避免，或改善其形状以减小应力集中。最近已开始将有限元、CAD 等技术结合，研究形状优化设计的方法，设计出最优的零件几何形状，以减小应力集中
避免影响强度的局部结构相距太近	图示圆管外壁上有螺纹退刀槽，内壁有镗孔退刀槽，如二者距离太近，对管道强度影响较大，宜分散安排
避免预变形与工作负载产生的变形方向相同	采用与工作负载产生变形方向相反的预变形，可以提高机械零件的承载能力。如桥式起重机的横梁，由于工作负载使横梁下凹。设计时使横梁加工时预先有一定的上凸变形，可以减小工作时横梁的下凹量
避免细杆受弯曲应力	细杆受变曲应力时，承载能力很小，变形很大。可以改变杆的截面尺寸和形状以提高其抗弯能力，更有效的是采用桁架式支架，把悬臂安装改为简支并采用拱形支架

（续）

设计应注意的问题	说　明
受变应力零件避免表面过于粗糙或有划痕	受变应力零件一般容易由表面开始产生裂纹，逐渐扩展，表面粗糙或划痕可以导致裂纹的产生和扩展，因此必须使受变应力零件的表面光滑
受变应力零件表面应避免有残余拉应力	表面的残余拉应力使零件的疲劳强度降低。宜采用表面淬火、喷丸等强化方法使零件表面产生残余压应力，以提高其疲劳强度

（2）经济性（结构和加工）　对于重要零件，要保质就要重视其“力学性”，这是我们上一小节跟大家探讨的内容。但光讲究品质肯定也行不通，对于更多零件，由于市场成本和竞争关系，也需要考虑“经济性”，力求机构或零件有较高的“性价比”。对于设计人员来说，能有效贯彻的途径，主要有结构和加工两个方面（设计）。

① 结构方面。包括简易化、省材化、通用化等，都是行之有效的设计原则，下面进行简单介绍。

（A）简易化。做结构、画零件一定要简单、直接，这个提法没有人会反对，但具体要怎么来落实？正所谓说时容易做时难。什么是简易，理解因人而异。具体落实下来，也有很多技巧，只是看我们对于设计是否有观念和要求，比如：

● **对称法**。除非零件有特殊作用或防呆要求，可能需要有意做成不对称的形式，否则尽可能设计成对称形式。直接的好处是2D图纸简单明了，其次在零件的安装调试上显得比较便利，再者对于机构外观也有一定的正向作用，如图4-172所示。

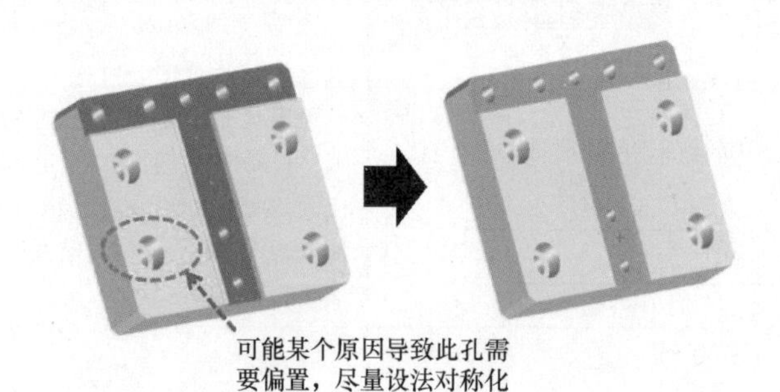

图4-172　零件对称设计

● **拆合法**。复杂结构拆分成若干简单零件，简单零件组合成单一零件。何谓复杂，何谓简单，这个就凭感觉了，如果你觉得零件看起来怪怪的或者有些烦琐，或者大零件里边包含了可能会磨损、需要不定期更换的部分（避免太复杂的零件因局部磨损而导致整个零件报废），或者零件的组合特征有微调需要，则可以考虑将其拆分成若干个零件，如图4-173和图4-174所示。反之，如果零件看起来都比较简单，且尺寸不太大，则可以研究下能否将其组合成一个零件，如图4-175所示。

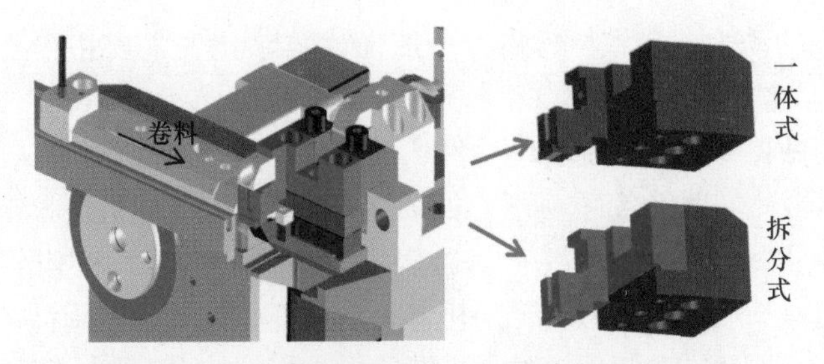

图 4-173　包含易损部分的复杂零件宜拆分（一）

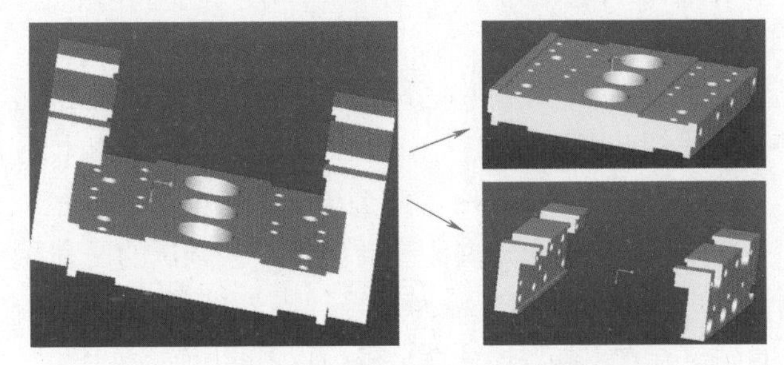

图 4-174　包含易损部分的复杂零件宜拆分（二）

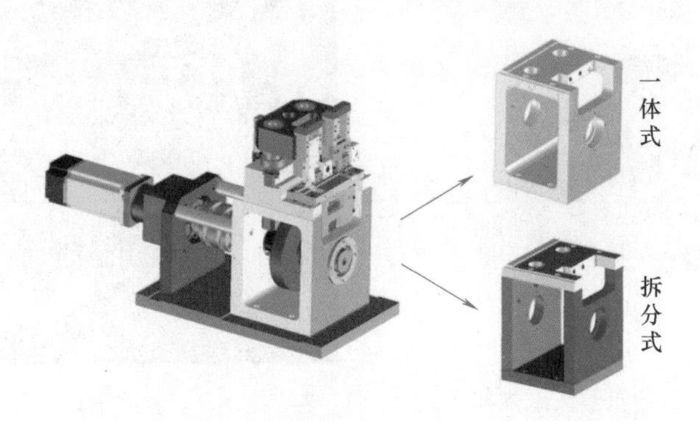

图 4-175　简单外形且尺寸不大的场合可一体化

● 适用法。如图 4-176 所示的低速重载（如冲切工艺）的机构，再比如包括自动切削机床的走刀凸轮机构之类，一般来说凸轮曲线采用等速运动规律，即曲线轨迹整体是一条直线，在衔接处光滑过渡即可；但如果很随意地采用高阶一些的曲线规律，比如修正正弦或者多次项运动规律，则会增加曲面加工的难度和要求，而这种方式的必要性又体现在哪里呢？显然不适当。

（B）省材化。大多数零部件的成本主要来自于加工，按理说也没必要去纠结材料用得多些还是少些。实则非也。比如，一个移动的机构，本来可以做到 5kg，结果却是 7kg，这多出来的 2kg

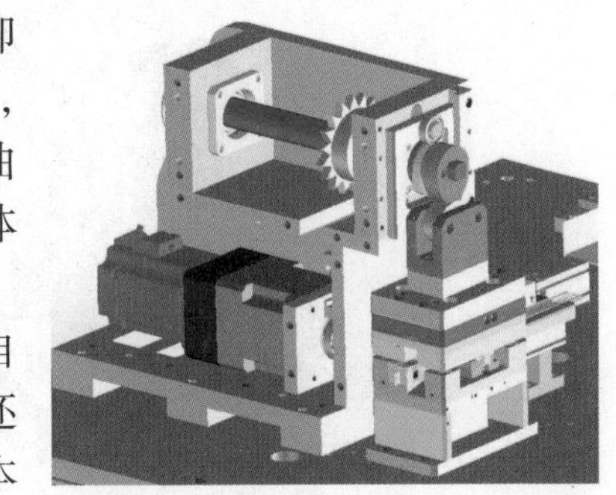

图 4-176　低速重载的凸轮冲切机构

就需要提供额外的动力，导致机构做得更加强壮，导引件等也相应增大规格……

● **轻量法**。比如铝材代替钢材后，机构或零件的质量变小了，相应的结构件、支撑件也就不用做得太强壮，配套动力件、导引件等也可以降低规格，这样就能间接节省材料、减少成本。举个简单例子，如图 4-177 所示，工业机器人末端的执行夹具很多时候就是用铝材或型材来制造的，减轻了“移载”重量，该挖的挖，该薄的薄，该用铝材的用铝材……自然而然地，对机器人负载能力的要求就降低了。普通机构其实也是一个道理，不一定动辄用钢材，当然前提是零件的强度和刚度足够。

● **紧凑法**。顾名思义，就是使空间占据尺寸小一些。有两层意思，一个是指压缩机构的尺寸，减少零件与零件之间不必要的间隔、堆叠，另一个是指零件本身的尺寸趋小化。客观地说，要把机构设计得松散很容易，但要做到紧凑，需要一定的锤炼能力，否则容易弄巧成拙。因为机构过于紧凑，一方面会削弱机构刚性和零件强度，另一方面也不利于装配调试的发挥，所以务必在设计过程中反复检讨、反复检讨、反复检讨。如图 4-178 所示，机构布局间距主要考虑安装调试的便利性；如图 4-179 所示，紧凑机构的设计考量点分别是安装、调试、定位和紧固；如图 4-180 所示，稍微调整下光电开关的固定方式，零件尺寸就可得到较多的压缩空间。

图 4-177 工业机器人末端执行夹具轻量化

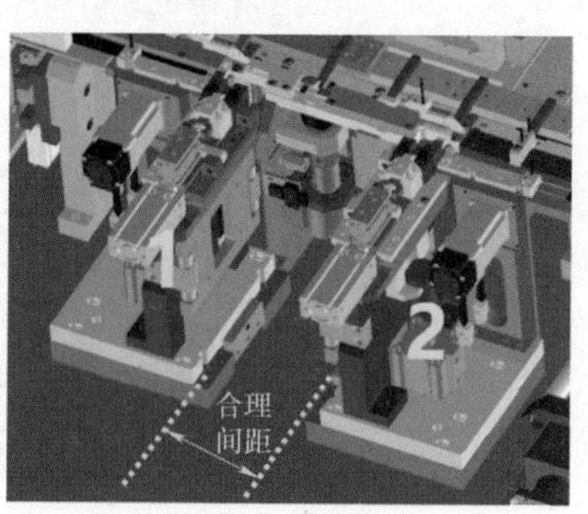

图 4-178 机构布局时的间距考虑

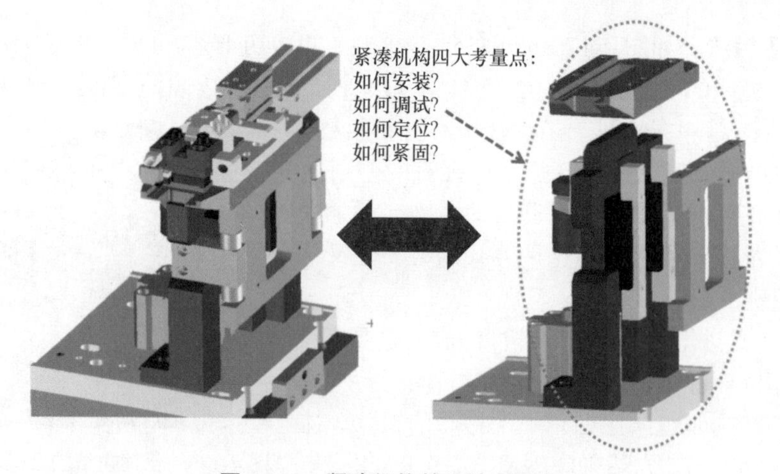

图 4-179 紧凑机构的设计考量点

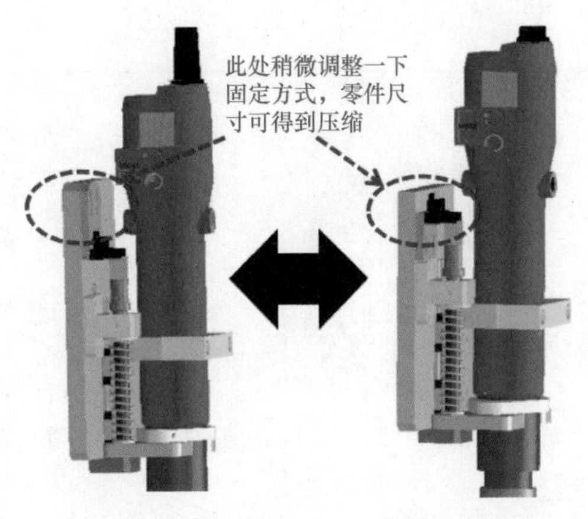

图 4-180　压缩零件尺寸的设计案例

训练方法与产品设计一样，首先应给机构定义一个空间占据尺寸的目标，然后尽量在标准件选型和工件的绘制上给予保证。这个过程有时很困难，有时可能结果未必理想，但经常这样训练自己的设计能力，会有意想不到的效果。

在考虑装调便利性时，有很多设计经验 / 禁忌，应当熟稔于胸，减少疏失。不管怎样，应尽量避免在拆卸一个主要零件时必须拆下其他的次要零件，避免同时装配两个配合面，避免工具操作空间不足，避免因错误安装而不能正常工作，等等（表 4-28）。

表 4-28　设计经验 / 禁忌

在拆卸一个零件时避免必须拆下其他零件 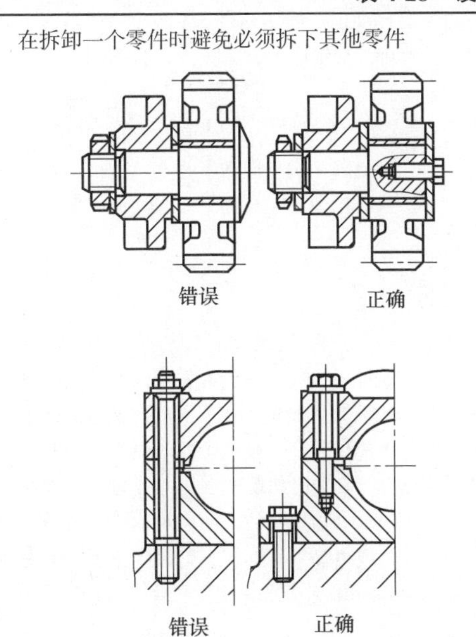 	在设计时应避免各零件之间的装配关系相互纠缠。其中，主要零件可以单独拆装，这样就可以避免许多安装中的反复调整工作。如图中的小齿轮拆下时，不应必须拆下固定齿轮的轴。拆下轴承盖时，底座不应同时被拆动，这样在调整轴承间隙时，底座的位置就不需重新调整

（续）

避免同时装入两个配合面 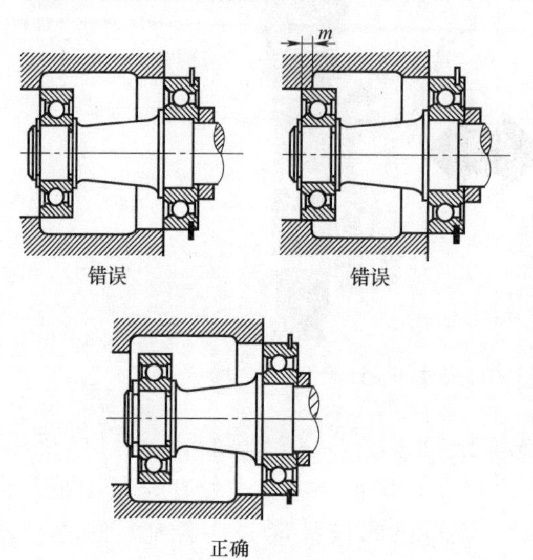	图中所示轴承与箱体相配，两个轴承同时装入，装配困难，不易同时对准。先装入外面的大轴承，则在继续安装里面的小轴承时，装配很难观察对准情况。应该设计成两个轴承依次装入孔中，先装入里面的小轴承，后装入外面的大轴承
要为拆装零件留有必要的操作空间 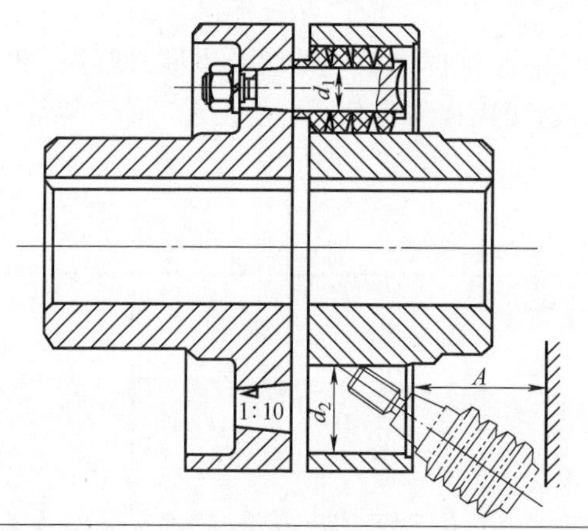	如螺栓连接应为拧紧螺母留有必要的扳手空间，弹性套柱销联轴器的弹性柱销，应在不移动其他零件的条件下自由装拆。在联轴器标准中，尺寸 *A* 有一定要求，就是为了拆装弹性柱销而定
避免因错误安装而不能正常工作 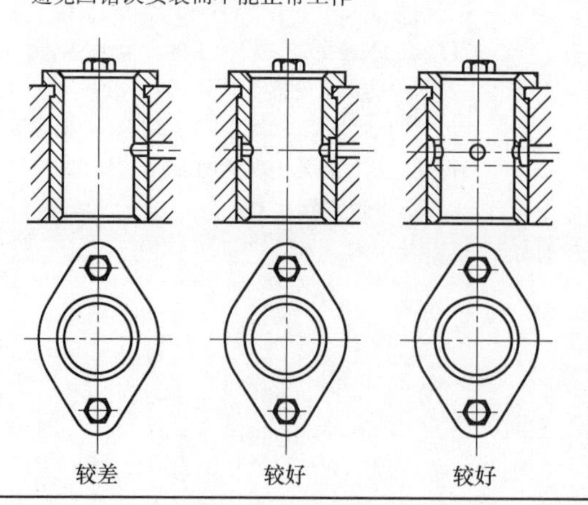	错误安装对装配者而言是应该尽量避免的。但设计者也应考虑到万一错误安装，应不致引起重大的损失，并采取适当措施，这些措施不应该是很昂贵的。如图中所示轴瓦上的油孔，安装时如反转 180° 装上轴瓦，则油孔不通，会造成事故，如在对称位置再开一油孔，或再加一个油槽，则可避免由错误安装引起的事故

（C）**通用化**。所谓通用化，意思是机构应尽可能系列化，并尽可能多采用标准件。采用标准件就不多说了，道理简单。机构通用化该如何来理解呢？它包含了两个要点：一是模组化，机构是一组一组的，每一组就像大树一样，有干有枝，拆下来或装上去都是一个整体，而不是零零散散，像搭积木一样缺乏层次关系；二是标准化，机构的主干应尽可能做到外形、尺寸、功能等一致或接近，以尽可能提升其通用性。一般来说，机构的模组化是标准化的前提，经过持续改进的模组化机构，有很多能形成标准化的规格，进而对机构的经济性有实质的贡献。市面上很多标准化、规格化的设备、装置大都是有模组概念的，其核心部分都是模组化、标准化到一定程度后形成的规格产品，比如工业机器人就是这样一个类型。反之，机构七零八落，零件乱七八糟，则很难模组化，更别说标准化，从长远看也就缺乏经济贡献的可能性。这里要强调的是，大家不要以为模组化、标准化仅仅是一种设计观念，比较难以落实，不是的，只要我们牢牢抓住这个思想，在实际设计时，只要有自我要求和意识，绝大多数的机构都能体现出来。图 4-181 和图 4-182 所示便是模组化的案例，笔者做的设备基本上都是这个套路。

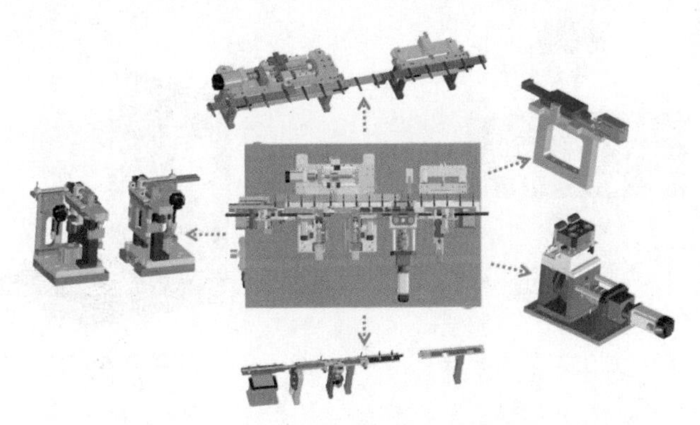

图 4-181　机构模组化是标准化的前提（一）

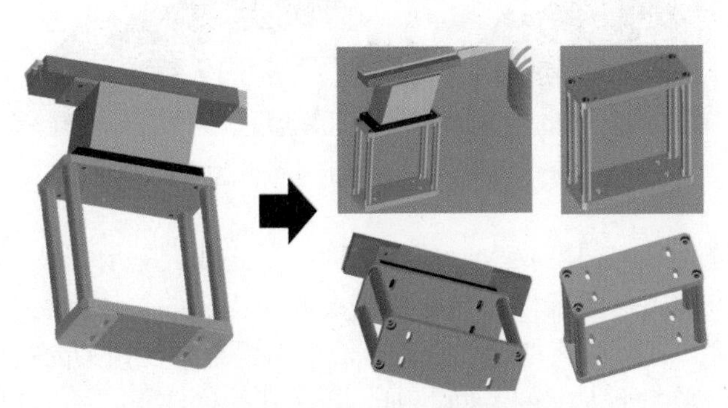

图 4-182　机构模组化是标准化的前提（二）

② **加工方面**。除了以上在结构设计方面我们需要重点贯彻的原则和思路，在具体设计一个机构和零件时，我们还需要关注加工方面的内容，如图 4-183 所示。

有人说，不懂加工做不好机械设计，这是有一定道理的，除了加工的可行性之外，很多时候在于对经济性的拿捏，下面也强调几点。

（A）选择合适的加工方式。

● **精度适用**。常见的加工方式就是钻 / 铣 / 车、研磨、放电、线切割之类，一般根据零件品质要求来选定。换言之，对于机构而言，有一个精度性能指标，对于零件来说，也有它的精度等级要求，不能说做到绝对定量，但起码应该有大致把握。所以，首先应该熟悉零件各种特征对应的加工方法，在合乎品质要求的前提下尽量降低要求，或者选用价格更低廉、加工更高效的方式。如图 4-184 所示的零件，除非很必要，否则不建议开沉头孔，增大加工难度。如图 4-185 所示的零件，有无 R 角的设计，对应着不同的加工方式，左边可以直接铣出来，右边的需要放电，如果不是很必要，当然应该做成左边的样子，而且槽越深，R 角应越大。至于各种加工方法对应的精度、表面粗糙度等内容，大家参考“速成宝典”入门篇第 71 页～第 91 页中的介绍。

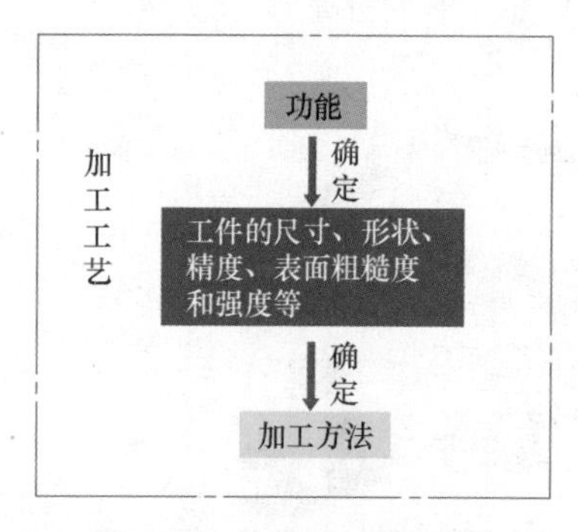

图 4-183 加工工艺的考量

图 4-184 这种零件不适合开沉头孔

图 4-185 空槽有无 R 角对应的加工方式不同

任何零件都有它的精度要求，高低之别罢了。我们一般需要找出影响机械总体工作精度的关键零件或部件，判断哪些误差对机械的总体精度有重要影响，以及影响程度如何，从而对该零部件合理、恰当地提出精度相关的技术要求。反之，那些对总体精度影响不太大的零件，则应降低其精度要求，然后根据不同的精度选用对应的加工方式。

对局部品质有要求，考虑用涂层代替整件。类似轴或者凸轮之类的零件，往往只要求表面具有一定的硬度和耐磨性即可，所以没必要直接用硬材来制造。比如凸轮，一般采用 S45C 材质，轮廓表面高频淬火即可。相对来说，软材单价低，加工也容易，在经济性这块有比较好的呈现。

（B）减少加工尺寸数量、面积。零件之间用 4 个 M4 的螺钉紧固，可否改为 2 个 M5 或 M6 呢？如果零件有 M3、M4、M5 等螺钉类型，可否统一为 M4 之类的？一个 300mm × 200mm 的面要加工，是否都需要精加工呢，是否有一部分可以粗加工，如图 4-186 所示。

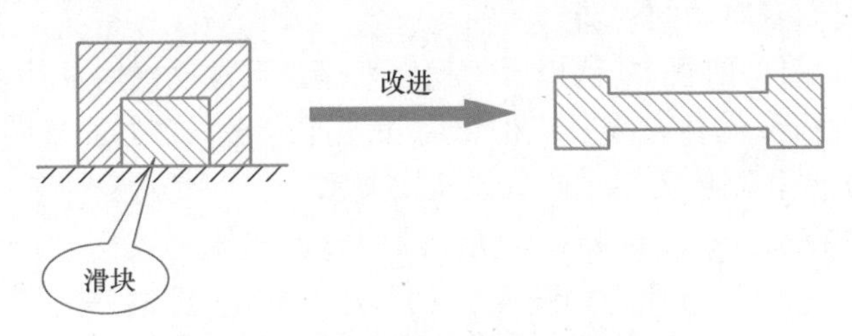

图 4-186　减小精加工面的长度或宽度

（C）少品类、多件数。所谓少品类、多件数，指的是在总零件数不变的情况下，尽量控制加工件的“类型”，相当于减少图纸的张数。假设有 100 个零件对应 100 张图纸，看看有没办法做到 70 张图纸或 60 张图纸，其中某张图纸可能是若干件的情形，这样可以降低加工成本，同时也节省设计环节的时间，起码可以少画几个零件，少标几张图纸。大家不要想着这个好像有点难，只要有意识，机构很多零件只要稍加处理或改动，是可以做到共用互换的。如图 4-187 所示，站脚 1、2 和站脚 3、4 如果尺寸偏差不太大的话，则可以考虑做成一样的。

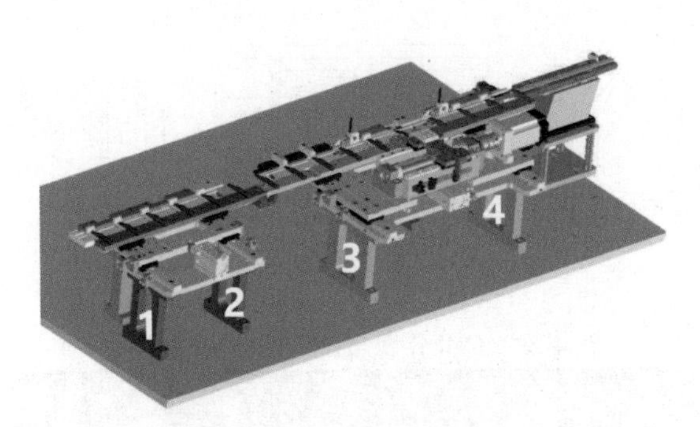

图 4-187　机构零件“共用设计”

（3）外观性　除了保质和性价比，还有个卖相问题，也就是外观设计问题，这个笔者在“速成宝典”实战篇第 327 页 ~ 第 338 页有专题描述，此处不再赘述。

综上，在零件设计上，当我们能有意识地在力学性能、经济性和外观性几个方面有综合的考量时，就意味着我们的设计认知和能力达到了一定层次。

2. 机构设计的指导原则（一力二度三性）

无论是评估别人设计的机构，还是自己做的机构，应牢牢抓住“一力二度三性”。也就是说，无论是什么样的设备，基本上我们都要判断其负载能力、精度和速度性能呈现、稳定性、可调性和经济性是否可以。如果都挺好，则机构设计这方面就没有多大问题（不表示机构没问题，对非标机构而言，还有许多影响因素，比如工艺搞错了也是问题），如果哪里不满意，就持续改进，至于怎么发现，怎么改进，取决于我们基本功的强弱。

基于以上对零件和机构的认识后，我们来探讨下常见机构及其零件的“长法”与尺寸。笔者大概从设备布局、机构布局和零件组合三个方面来阐述，因为这几个要素之间有协调和制约关系，或者说从属关系。

（1）设备布局 这个涉及线体设计的内容。传统的工厂生产作业以流水线形式为主，尤其是电子行业，如图 4-188 所示；随着产业往中下游流动，更多作业模式采用 Cell（细胞、单元的意思，可以理解为工作坊）模式，如图 4-189 所示。一般来说，流水线模式适合少品种、大批量、小零件生产，而 Cell 线体生产模式强调“一人多工”，更适合小批量、多品种、大零件生产，两种方式的优缺点见表 4-29。

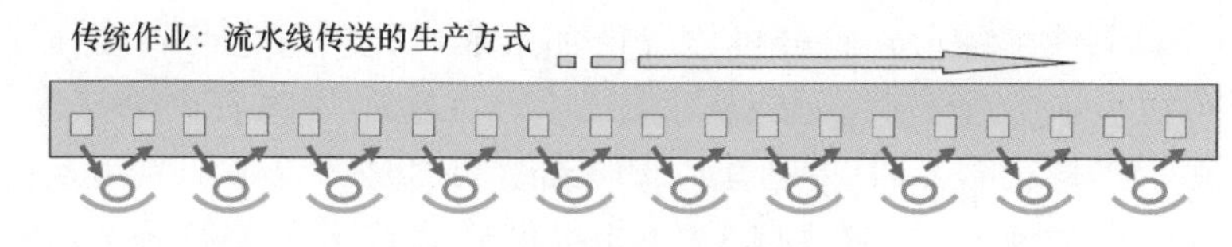

图 4-188 传统流水线生产模式

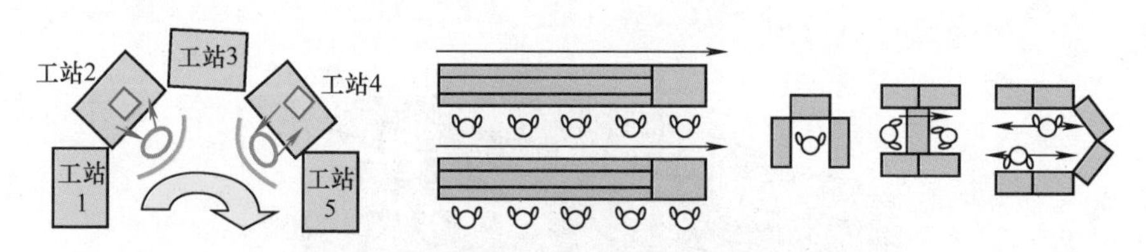

图 4-189 Cell 线体生产模式

表 4-29 Cell 作业与传统作业优缺比较

作业方式	优 点	缺 点
流水线作业	➢ 可定时定量输送产品，产量易保证 ➢ 依据不同工站，排配专人专项作业 ➢ 工站作业简单，作业容易学习 ➢ 产量依工时可作平衡化管理（pitch mark，流程化生产） ➢ 产量不依人定而依线速 CT 来定（转速）	➢ 占空间且换线损失大 ➢ 工站多，取放动作多，工时损失大 ➢ 人员需求多，个人能力难发挥 ➢ 人员流失或请假产量影响他人 ➢ 异常发生时，整线停工，工时损失大 ➢ 治具专用化，成本高

（续）

作业方式	优　点	缺　点
Cell 作业	➢ 作业多由 1 人完成，无工站间工时不平衡损失，取放少，减少了取放浪费 ➢ 消除了工站间产品的堆积、停留 ➢ 发生质量异常时，可及时处理，损失少 ➢ 依据产量和人数，可灵活弹性调整 ➢ 人员流失或请假不会影响其他人的效率 ➢ 个人能力容易得到最佳发挥 ➢ 机种间换线简单 ➢ 治具简单，场地占用少	➢ 人员训练时间较长（1 个月） ➢ 治具专用化高，使用效率低 ➢ 产量多依赖人员作业 ➢ 人员流失或请假影响产量

在“速成宝典”实战篇的书里，给大家介绍过传统的自动化设备机构布局，大概有直线型、圆周型、回字型、工站型等基本形式，自行温习即可。这里结合上述提到的 Cell 线体生产模式，再补充一种柔性生产的设备布局类型——集成型（如果功能单一，则称之为“工站型”），如图 4-190 所示。大家可以看到，这个布局模式，一般会用到类似工业机器人这种柔性智能的机构、模组，其身兼多职，可以实现不同工序的切换和作业。工业机器人末端的工装夹具可以设计成多功能的组合类型，同时也可以通过标准快换头（图 4-191），完成不同工装夹具的在线切换，全程无须人工参与，便可实现自动完成若干工艺或动作。

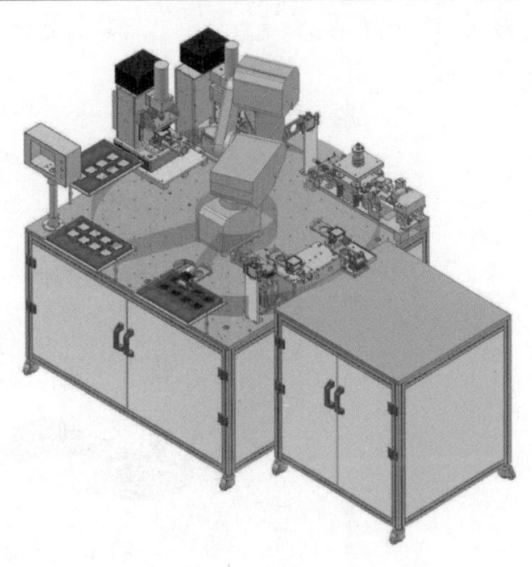

图 4-190　集成型设备布局

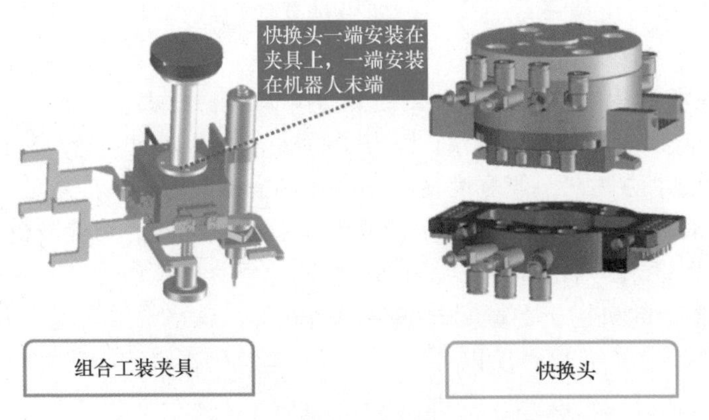

图 4-191　采用标准快换头的机器人组合工具

总之，大家慢慢地要多考虑一些小批量、多品种的生产有怎样的线体和机构布局方式，不要局限于传统的自动化情形。因为很多工厂能自动化的场合基本都实现了，剩下的都是些难啃的骨头，或者代表着智能制造的工厂解决方案还没有大面积铺开。

（2）机构布局 / 零件组合 解决了线体模式、物料流向问题后，接下来就是机构的布局和细化工作，即在大的框架下自由发挥零件“长法”与组合的问题。在非标机构设计的意义上，零件并没有固定的“长法”，只能说见多了轻车熟路，或者说做多了自成一家，真正制约着设计的潜在因素是设计观念、自我要求、专业基本功以及项目条件等。如图 4-192 所示，右边的明显比左边的“简洁”（省零件），为什么会这样，因为设计者有自我要求，想做得更好，这修修那改改就变得更好了，如果总是一副不在乎的态度，那左边这个也不能说不行吧？

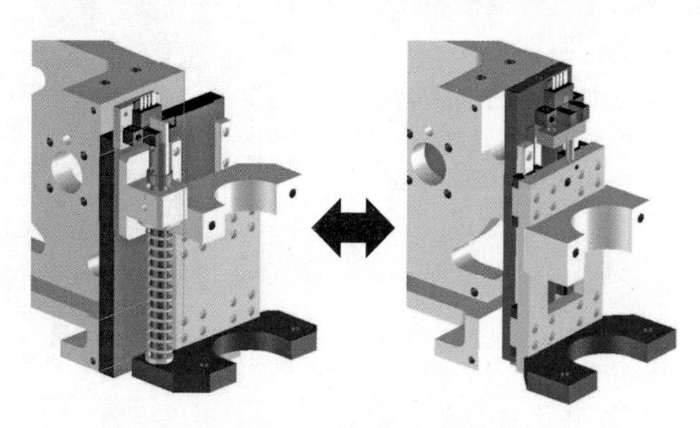

图 4-192 机构的简洁化设计

下面从设计的角度罗列一些个人的总结和理解，仅供参考。一般来说，零件的组合设计要考虑好三个方面：整体性、结构件、功能件。

① 整体性。设备要有整体的格调，一般根据产品工艺来定，如果需要大负载，设备就要尽量沉稳一些。反之，如果是高速轻载，就要往精致小巧的方向去发挥。

（A）现场约束。不同行业，由于产品（大小）和工艺（特性）等原因，生产线设备的布局与尺寸略有差异。以电子行业为例，如图 4-193 所示，为了和原来生产线的尺寸协调，一般宽度多在 700~1000mm（太宽可能突兀，太窄又不够布局，常取 800mm），长度则根据具体项目具体现场来定，可能联机后十米八米，也可能一两米，高度则相对有较大的利用空间（至少两米）。

至于设备上的机构，在宽度 B 满足的基础上，总是希望长度 L 偏小为好，不然就可能影响设备的长度，所以可以有意识压缩机构这个方向的尺寸，如图 4-194 所示，某些机构甚至可以尝试“悬空设计”。

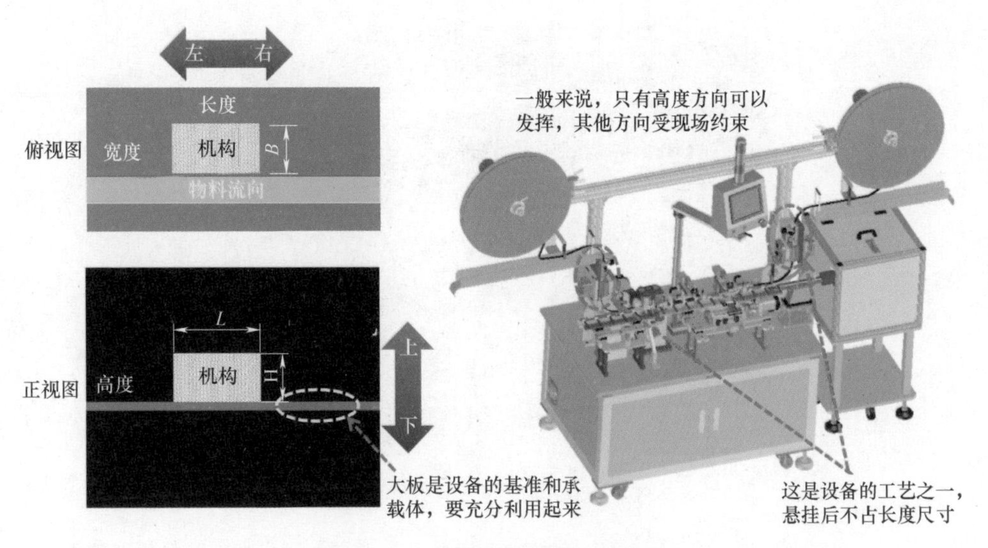

图 4-193 有意识缩减设备的长度

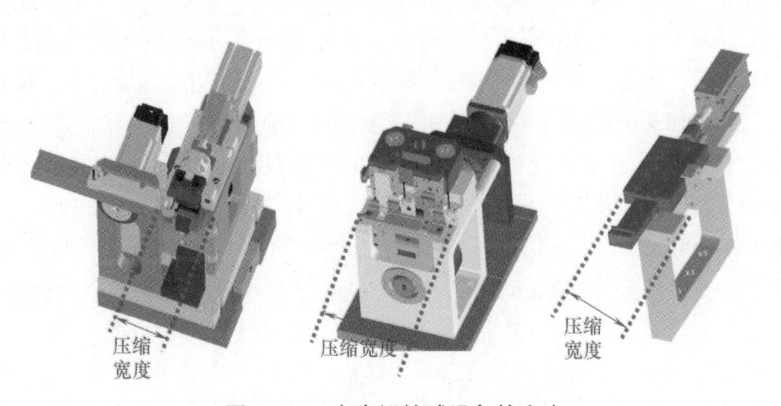

图 4-194 有意识缩减设备的宽度

笔者曾经做过一个项目，有意识压缩新设备线体的总长度，仅为原来同类型设备线体长度的1/3左右，如图4-195所示。从这个角度来说，非标机构设计的结果，很大程度上取决于设计人的基本观念和自我要求，到最后“无招胜有招”。同样的设备线体，如果随随便便，毫不讲究，做成多长都是正常的。

另一方面，客户肯定希望机台占用的空间越小越好，毕竟厂房也是寸土寸金。因此，在没有特别要求的前提下，设备及其机构以尽可能占据较小空间为宜。但是，约束归约束，很多时候可能设备很难按“预期尺寸”以内去设计，比如工站较多的转盘机，有可能尺寸偏大，遇到这种个案情况，务必在方案里强调，让客户知晓，如果其车间能腾出足够的空间，则问题不大。对于过长、大尺寸的设备线体，务必提前考量好其进入客户工厂的运输、安装、调试环节，是否能进入客户的货梯，是否需要吊车，有没必要设置吊装结构……

图 4-195 新旧线体的长度比较

（B）人机工程 / 工艺需要。解决了设备的空间占据问题后，接下来就是机构布局问题。同样，我们面临一个问题，即机构该如何排配以及对应尺寸怎么定。其实到了这个环节，只要不跳出现场约束条件，能遵循协商方案的约定，设计人员都有足够的发挥空间。当然，也不是说可以随意乱来，是有“潜规则”的。最主要的有两条：人机工程和工艺需要。在制程和工艺正确的前提下，以人机工程为例，主要考虑的是操作员作业的舒适性和维修员调试的便利性，一般来说机台的大板距离地面约 750mm 为宜，如果流道采用站脚架高，或者类似转盘机的移载分度盘，其距离大板约 150~300mm。大多数工艺机构的高度 H 约为 200~400mm，机构与机构之间的间距至少一个拳头（100mm 以上）宽，并充分考虑扳手的动作空间，如图 4-196 所示。再以工艺需要为例，如果采用标准机构，则以该标准设备尺寸为准，如果采用非标机构，则以照顾设备整体协调性为前提，如果工艺机构的尺寸太大太重或有大震动，可以考虑单独拉出来成为小型设备，或者应该有针对性地提高集成该机构

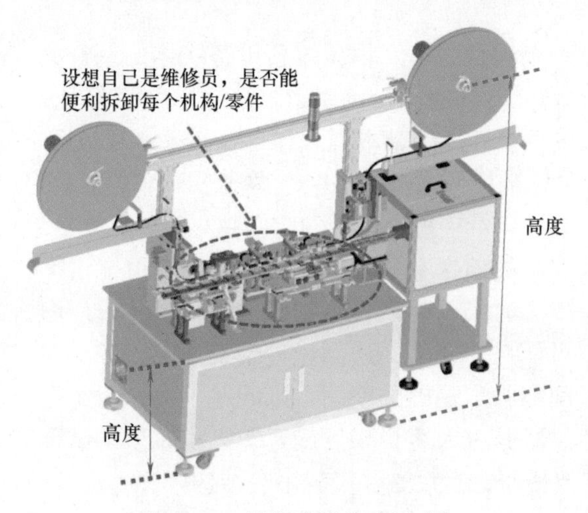

图 4-196 设备功能的“尺寸”

的结构设计，避免出现头重脚轻或者摇摇晃晃的运作情形。自动化设备的机构，自始至终都要考虑“人”的因素。最重要的莫过于设备的操作员和维护人员，体现为能够让操作员舒适操作，让维护人员方便维护。

我们平时在培养空间 / 平衡感时，有一个方法行之有效，那就是选取参照物。做机构设计时，如果对设备的空间占据没有“感觉”，可以调用一个现成的标准的人体 3D 模型（1.7m 高），放在机构旁边，这样在具体的机构尺寸上，就会有个参照，如图 4-197 所示，从中很容易判断三色灯的高度约为 1.8m。

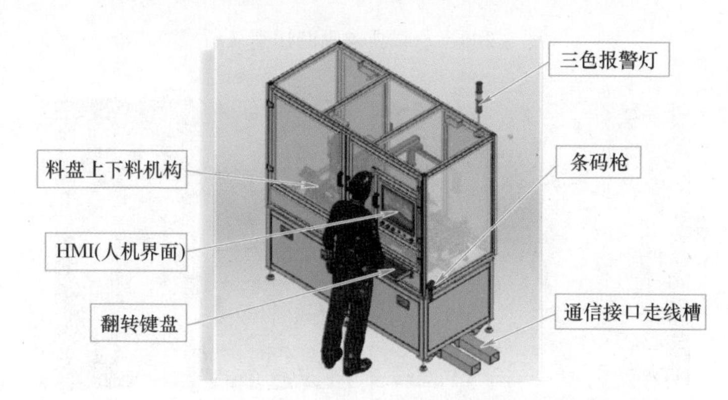

图 4-197　设备的“长、宽、高”可参考人的尺寸来定

② 结构件。结构件指的是起支撑、定位、紧固等作用的普通零件，如图 4-198 所示的支架。一般来说，结构件的形式多样，也没有严格的套路，考虑较多的是力学性、加工性和整体协调性。

（A）考虑力学性。这方面主要看行业或设备类别，如果是重工业，必须有理有据地做好各项校核工作，但在电子行业，由于偏轻载性质，结构件一般都问题不大。只有极少数场合需要确认工况和能力。比如标准化、规格化的设备机构（图 4-199）；比如承受较大负载的场合（图 4-200）；比如空间局促，零件单薄、脆弱的场合（图 4-201）。绝大多数情况都凭感觉来设计，也并无不妥，如图 4-202 所示。

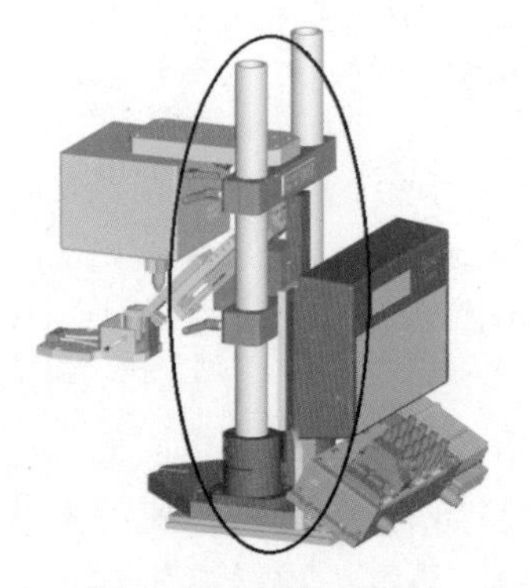

图 4-198　双轴式支架

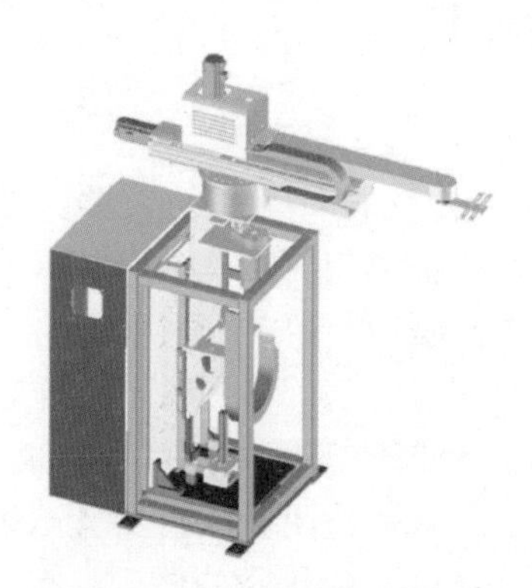

图 4-199　带旋转功能的升降机器人

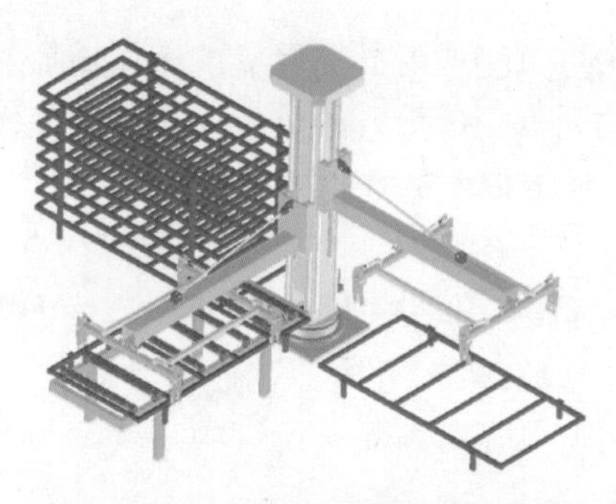

图 4-200 承载要求高的搬运装置

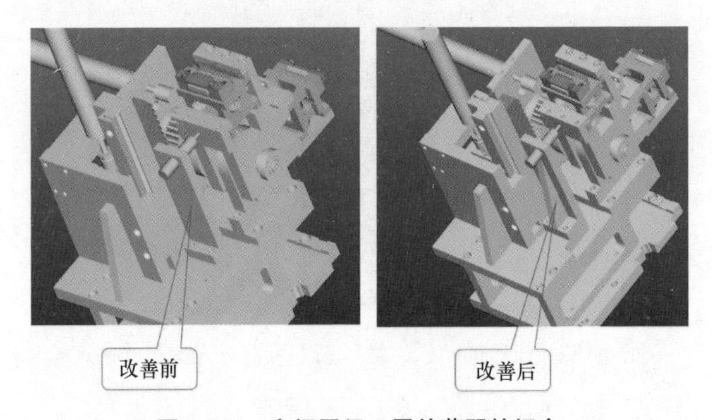

图 4-201 空间局促、零件薄弱的场合

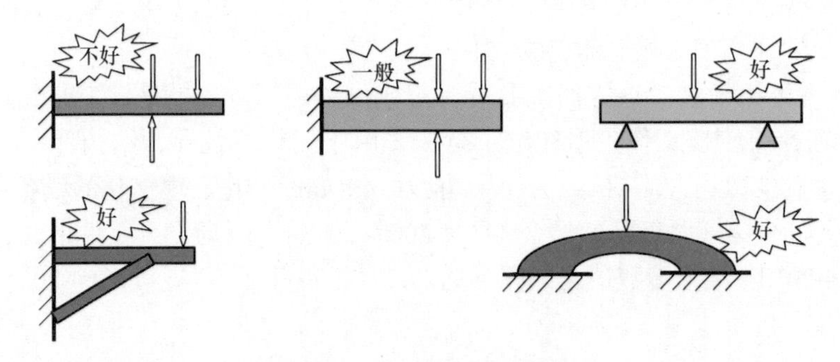

图 4-202 杆件设计的“感觉”

刚从事机构设计工作的人员，可以找些成功案例或经验案例（尤其是各类标准机），从中抽离出“结构件”（模式），如图 4-203 和图 4-204 所示。由于结构件是相对稳定的构件（如果确认能用，调用时一般不需要大的改动），在类似场合下可以“拿来就用”，间接提升了设计效率。

（B）考虑加工性。在对工件进行公差标注时，既要考虑应用层面，也要考虑经济性，不要随便标注，要让人看出一定的设计信息。同时，要特别注意零件之间的配合关系和公差体现，单一工件即使精度再高，也没有机构精度上的贡献！

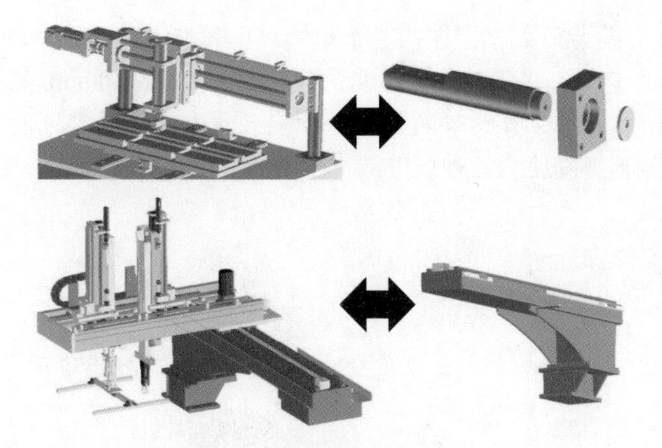

图 4-203　现成案例的结构件（一）

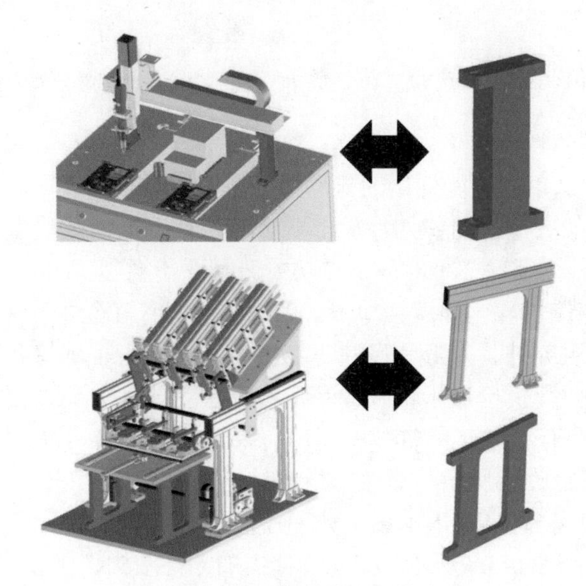

图 4-204　现成案例的结构件（二）

平时可以稍加留意加工常识。比如，某个规格的传统铣床三轴的加工行程为 X=640mm，Y=300mm，Z=350mm；加工精度为 0.02mm。普通用的 JL-618 型磨床加工行程为 X=450mm，Y=200mm，Z=300mm；精度可达 0.002mm。线切割角度最大可达 15°，不超过 80mm 厚，精度可达 ±0.002mm。一般来说，最小放电间距为 0.50mm，R 角可达 R0.05~R0.07mm，放电深度可达 30mm±0.02mm，放电精度通常为 ±0.01mm，表面粗糙度 Ra 为 0.8μm……这样，我们在设计零件及其特征外形尺寸时才有一定的“谱”。比如，有平面精加工需要的零件，尽量控制在 450mm 以内的长度，200mm 以内的宽度，这样可以减少普通磨床的装夹次数，当然，不是说再长了不行，要看必要性。比如零件需要细孔加工，若孔径为

ϕ0.5mm，就不要设计得太厚，在四五十毫米以上就有点困难了。图 4-205 所示的棒料直径尺寸的定义，将影响外购棒料的规格尺寸，定 ϕ100mm 还是 ϕ98mm 呢？再如图 4-206 所示，如果知道导轨的安装面应该足够光滑平整，而对应的加工方式不能满足，就不会随便用这种放电或铣出来的方形盲孔。

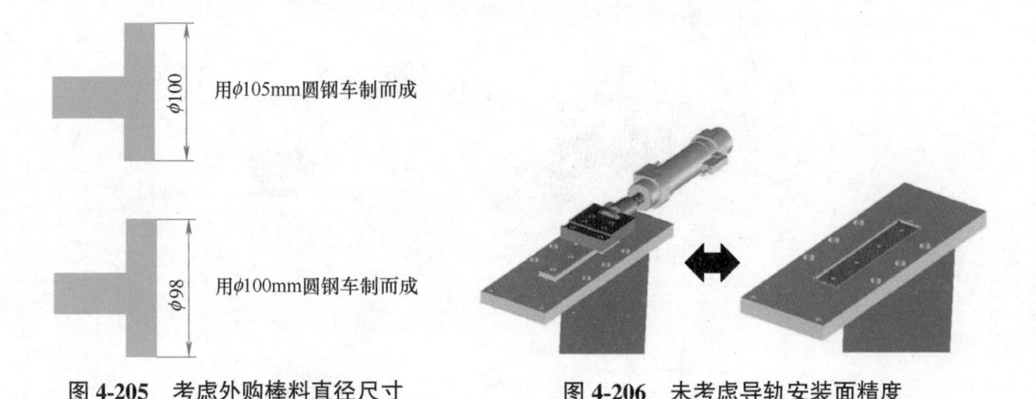

图 4-205　考虑外购棒料直径尺寸

图 4-206　未考虑导轨安装面精度

（C）考虑整体协调性（前面提过，略）。

③ 功能件。这里的功能件指的是滑槽滑块、刀具、冲子、转轴之类具有特定功能的零件。一般来说，功能件每次都要重新设计，虽然数量占比不大，但往往是设备或机构的核心零件，平时应下点功夫揣摩设计要点。

（A）考虑功能性。比如模具冲子，用来冲切精密五金件，这种功能客观要求零件除了材质要讲究外，外形和尺寸等都需要确保，为了维持和增强互换性，零件精度也非常重要。机构过于精致的情形，除了重要部分要进行一些校验外，工件的“长法”也要有所讲究，如图 4-207 所示的冲子外形，其尺寸过渡合理。

（B）考虑可靠性。所谓可靠性，指的是稳定、有一定寿命，定性上要确保设计不违背基本原则，如若确实必要，定量上则可以借助有限元分析之类的分析手段来增强和优化。图 4-208 所示为一个受冲击的零件结构，显然右图更扎实稳固。

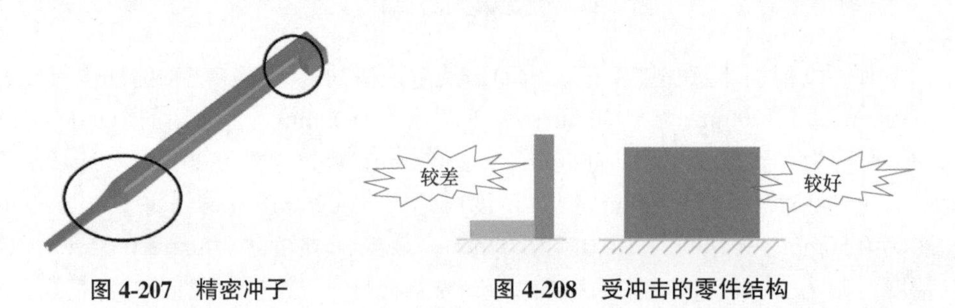

图 4-207　精密冲子

图 4-208　受冲击的零件结构

（C）考虑维护性。功能件通常都是易损件或消耗品，常常需要更换或调整，因此必须十分注意其安装、拆卸、调试方面的便利性，如图 4-209 和图 4-210 所示。

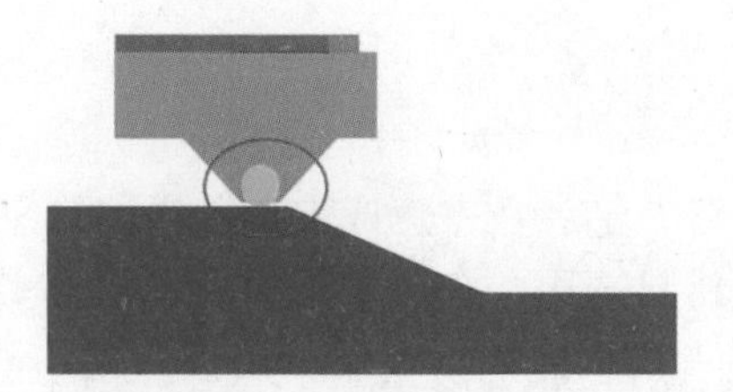

图 4-209　考虑易损件的更换

图 4-210　考虑零部件拆卸的便利性

零件的外形设计与组合（成机构）的能力，不是三两天能够练就的，需要有一定的“量的积累”，慢慢地才会有“质的提升”，如图 4-211 所示。最后，给大家作个小结，如图 4-212 所示。

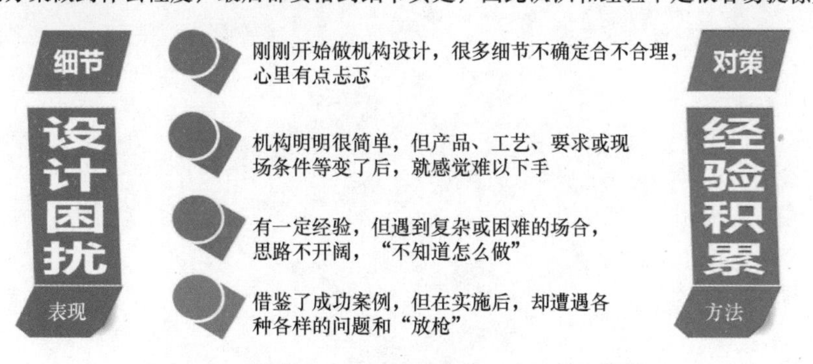

图 4-211　零件的外形设计与组合（成机构）的能力

图 4-212　零件外形设计的要点

（注：具体内容请扫描上方二维码查看）

4.2.4 典型零件的选材

材料选用的相关内容，笔者在“速成宝典”入门篇第 72 页 ~ 第 91 页有过介绍。自动化设备用到的材料选用，有很多是前人累积下来的经验，只是偶尔可能某个机构需要针对性地再斟酌或确认罢了，所以一般不会成为设计工作的难题。当然，从提高设计品质和减少设计疏失的角度看，有必要对材料选用做到熟稔于胸。这里从精简、实用、重点的角度再给各位读者梳理一番。

1. 材料特性

学习上，只要抓住“获取简易化”“追求性价比”两个思想，抓住材料的重点指标“三度”“三性”（图 4-213 和图 4-214），则之后的工作就比较模式化，无非是查表确认特性及对号入座。

图 4-213 材料的重点指标（一）

“获取简易化”，指的是材料最好是常规在用的，加工容易的，或者可以直接买现成标准件的。“追求性价比”，指的是合适够用，忌不分场合滥用材料，也忌乱标公差，乱套加工方式。“三度”指的是强度、刚度和硬度，“三性”指的是脆韧性、耐磨性、加工性，而加工性又分切削性、可焊性、抛光性等，只要理解这些概念，就能相对合理地找到相对合适的材料应用于设计的机构。

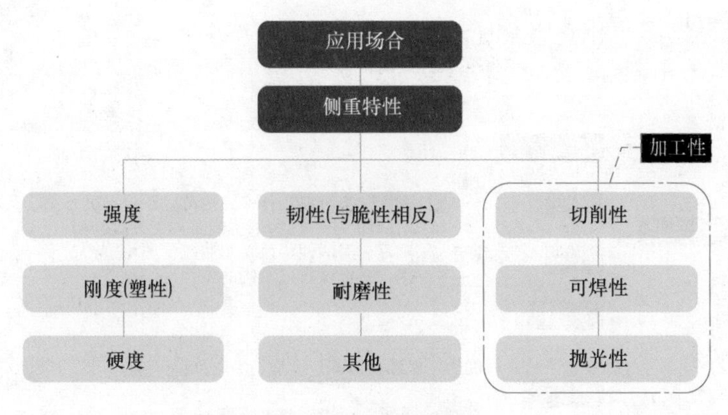

图 4-214　材料的重点指标（二）

举个例子，图 4-215 所示两个零件精密配合，可相互滑动，应如何选材？先看“三度”，强度是几乎所有零件都要的，刚度呢，如果小了就容易受力变形，变形了还有精度吗？因此肯定需要刚度，硬度就更不用说了。再看“三性”，显然加工性几乎是所有零件都希望好的，至于耐磨性，顾名思义，如有相对滑动、互相磨损，自然需要耐磨，不然磨着磨着就没了，脆韧性在这里没特别要求。但如果是一把冲针或切刀，大家想想，是脆一点好还是韧一点好？脆性是指材料在外力作用下（如拉伸、冲击等）仅产生很小的变形即产生断裂破坏的性质。脆性材料抗动荷载或冲击能力很差，陶瓷、玻璃、铸铁等都是脆性材料，钢铁的韧性则有

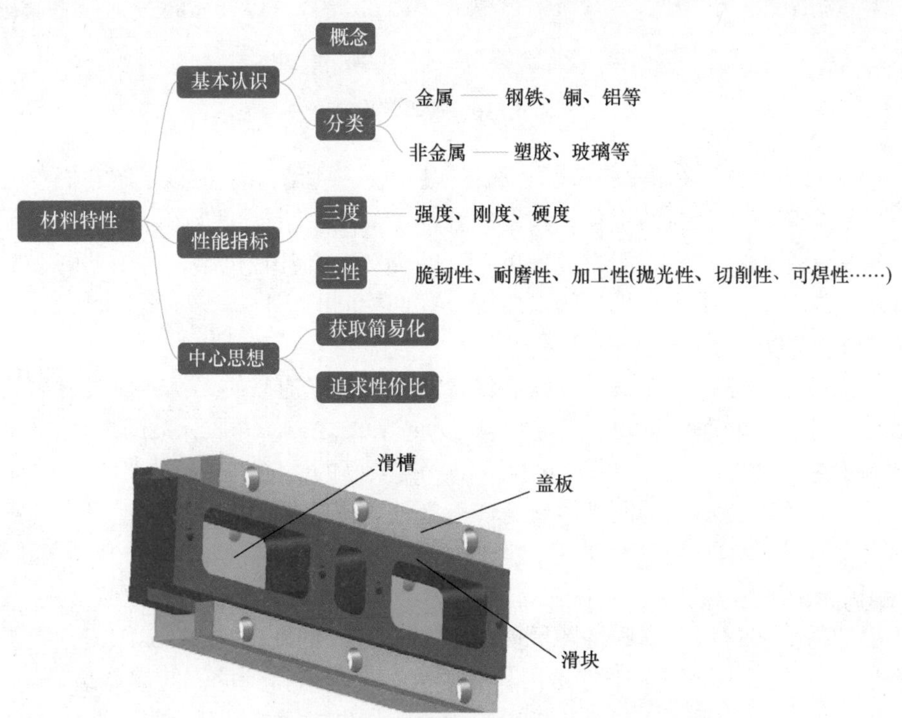

图 4-215　滑配零件的选材考量

优劣之分，显然作冲针或切刀时，我们希望韧性好点。

2. 加工常识（图 4-216）

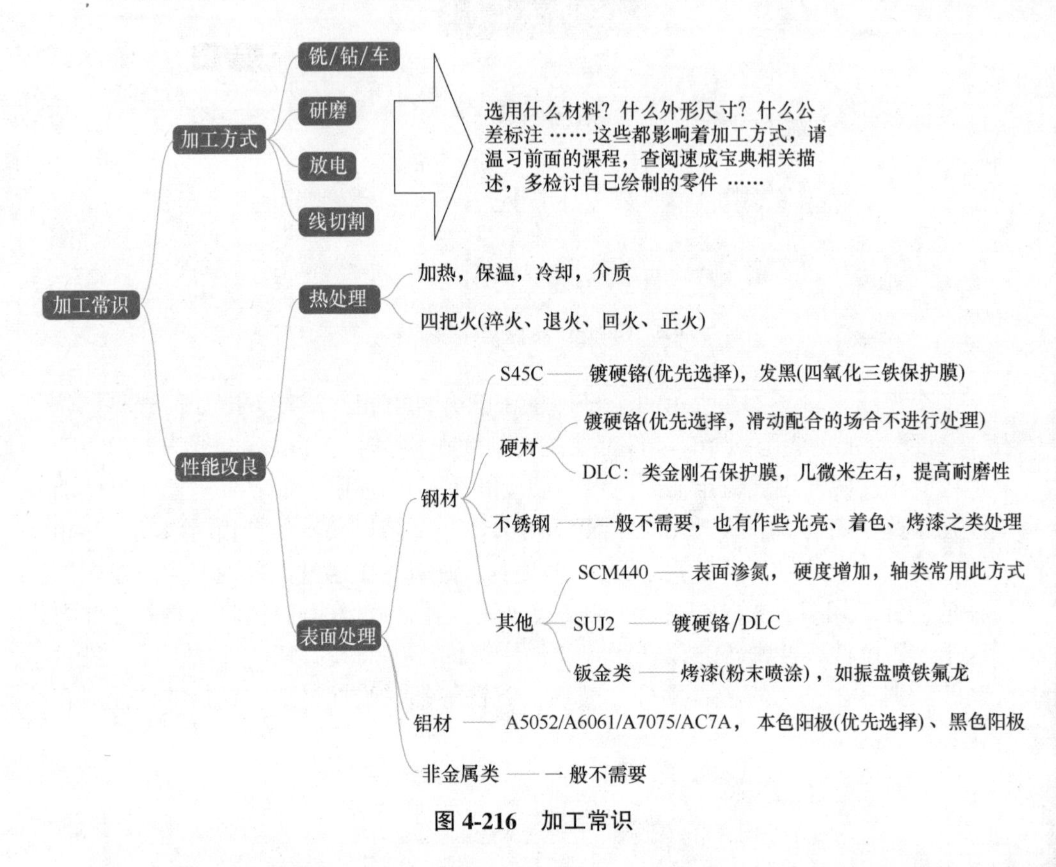

图 4-216 加工常识

常见的加工方法有钻 / 铣 / 车、研磨、放电、线切割等，应该了解它们各自的特点，比如钻用于普通的没什么精度的孔加工，车用于加工外圆，镗用于加工内圆，铣用于平面、孔槽、曲面等皆可，它们都对应着各种机床，有手动的，也有数控的。当然，光了解加工没用，关键是我们绘制的零件，是什么材料，什么外形，什么尺寸，什么公差……需要合理化。

加工出来的零件，尤其是钢铁零件，要获得较好的品质，就需要进行热处理和表面处理。热处理一般就是通过空气、水或者油之类的介质，借助加热、保温、冷却等工艺，实现对钢铁组织的优化，以获得较好的性能，主要是“四把火”。其中，淬火是为了提高钢的刚性、硬度、耐磨性、疲劳强度以及韧性；退火和正火都是释放应力、增加材料延展性，降低硬度，提高韧性，退火用于中、高碳钢，正火用于低碳钢；回火呢？同样是消除应力，一般和淬火配合……类似这些东西，起码要知道哪些材料有哪些特性呈现，比如 SKD11 的硬度是 58~62HRC，把要求清晰地标注在图纸上，至于它是用什么“火”处理后得到的，能清楚最好不过，即便不了解也没关系。这就有点像厨师炒菜，如果要做的是荷兰豆炒腊肉，即便不知道腊肉是怎么制作的，也并不影响把这道菜做得美味可口。

表面处理这块，同样需要在图纸上说明。比如常用的 S45C，一般镀铬，也有发黑，还可以烤漆。类似 SKD11、SKD61、ASP60、DC53 等硬材以及轴承钢 SUJ2，可以镀铬，可以 DLC（类金刚石保护膜处理，膜层几个微米厚度，可提高耐磨性），如果是配合滑动的，也可以不处理。再比如不锈钢，一般不需要处理，但如果在腐蚀环境下，有可能需要进行一些光亮、着色、烤漆之类的处理，不然可能生锈。还比如，钣金类以烤漆为主，铝材本色阳极或黑色阳极，也就是将电解产生的氧化膜覆盖到表层……这些都要靠平时的了解和积累，或者需要时到网上查询下即可。

3. 选用经验

在具体选用某个材料时，如图 4-217 所示，我们大都遵循三大原则：按使用性能，如电气绝缘一般用 PE、FR-4、电木等；按工艺要求，如螺纹胶管道用铁氟龙，其他的容易固化干结；按经济原则，同样做塑胶零件，采用 PEEK 品质占优但成本略高。由于品质是前提，因此性能和工艺优先考虑，经济性作为重要参考。

特定行业都有大量什么样场合用什么材料的实际案例和经验，我们进入到某个行业或某家公司，首先要有大致的了解。其次，结合特定项目特定机构具体分析，不同材料找到合适的类别，合适的材料如有多种备选（品质过关），应根据经济原则选择“性价比高的”……这就是我们作为机构设计工程师该有的材料选用观念。下面以钢材为例，进行简单梳理，请根据所在行业和公司规范灵活吸收、消化、应用。

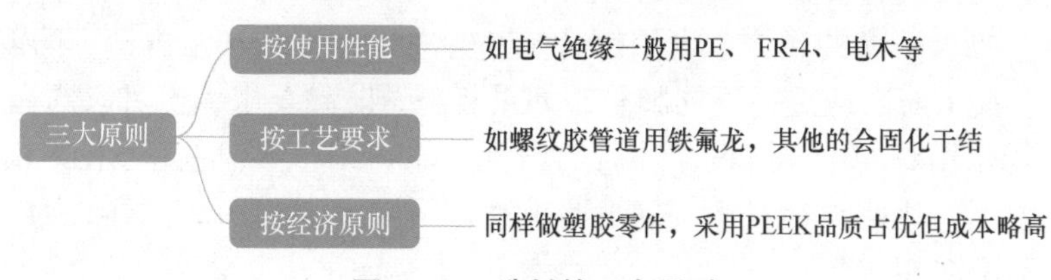

图 4-217　选材的三大原则

4. 钢材选用

设备的机构及零件所用到的钢材见表 4-30，有起结构作用的（比如支撑、紧固、定位等），有作工具用的（比如刀具、量具、模具等），当然也有特殊用途的，相应地就会有不同的考虑点。

表 4-30　部分常用钢材的规格

品　名	CR12	CR12MOV	SKD11	DC53	SKD61
状态	淬火料	淬火料	淬火料	淬火料	淬火料
硬度	52~56HRC	56~59HRC	58~60HRC	59~62HRC	50~56HRC
厚度	12~65mm	12~100mm	12~100mm	12~80mm	12~100mm

（续）

品　名	CR12	CR12MOV	SKD11	DC53	SKD61
长（mm）×宽（mm）	200×200 250×200 300×200 300×250 300×300	200×200 250×200 300×200 300×250 300×300	200×200 250×200 300×200 300×250 300×300	200×200 250×200 300×200 300×250 300×300	200×200 250×200 300×200 300×250 300×300

品　名	SKH-9	SKH-51	SKH-55	M42	w18cr4v
状态	淬火料	淬火料	淬火料	淬火料	淬火料
硬度	62~64HRC	62~64HRC	62~64HRC	62~64HRC	62~64HRC
厚度	5~60mm	5~60mm	5~60mm	5~60mm	5~60mm
长（mm）×宽（mm）	200×200 250×200 300×200 300×250 300×300	200×200 250×200 300×200 300×250 300×300	200×200 250×200 300×200 300×250 300×300	200×200 250×200 300×200 300×250 300×300	200×200 250×200 300×200 300×250 300×300

同样是起结构作用，是静止不动的，还是配合滑动的，又或者是有其他辅助功能的，图 4-218 所示为相应的总结。静止不动的结构件，如果对“三度”（即强度、硬度、刚度）有要求，大多数情况下用 45 钢；如果希望机构轻一点且对结构的“三度”要求不高的场合，可用铝合金，针对不常拆卸、常拆卸、防腐蚀或者有其他细分要求等，应选择不同牌号；如果有防锈防磁要求，也可以选择不锈钢，甚至某些场合用到非金属。两个零件有滑配要求，则很多时候用 SKD11、SKS3，如果环境温度变化明显且对零件韧性要求高，可以换 SKD61，同样，为了防锈防磁也可用不锈钢 SUS404C。

此外，如果是硬度和耐磨性要求高的空轴类配合，可以选用轴承钢。对于起轴承作用的零件，如果希望耐磨性好点，可以用青铜。如果精度、负载、硬度等没多大要求的配合，也可以用铝合金，如 A7075，凸轮齿轮等若有配合要求，常用 SCM440……包括其他钣金、铸件的形式，也都有特定的选材方法，大家自己平时多总结记录。

5. 工具用钢

机构中也有一部分零件起工具作用，这种对于钢材品质要求略高。比如裁切薄片状的铜、铝之类的刀具一般用 SKD11，如果想要品质更好点或更耐用，可用 SKH9、SKH51 等，如果材料用于裁切硬一点的不锈钢薄片，则用 ASP60、ASP23，甚至钨钢（某板材规格钨钢如图 4-219 所示）。除了刀具之外，还有些“工艺零件”的选材也是比较讲究的。比如，用来作五金件折弯用的成型块对硬度和刚度要求高，可用 DC53。还有大量的实际应用场合对硬度和刚度要求低，可用铝合金或者非金属，对硬度要求高但对韧性要求不高，可用 SKD11、SKS3 等……如图 4-220 所示，选材工作很多时候就是看机构和工况侧重于哪个性能参数，重点就挑那种有优势的材质来用。比如防锈防磁，可用奥氏体不锈钢 SUS316 之类，但应注意其他类型的不锈钢可能不防磁，要求高的场合再查机械设计手册等核对下材质的性能即可。

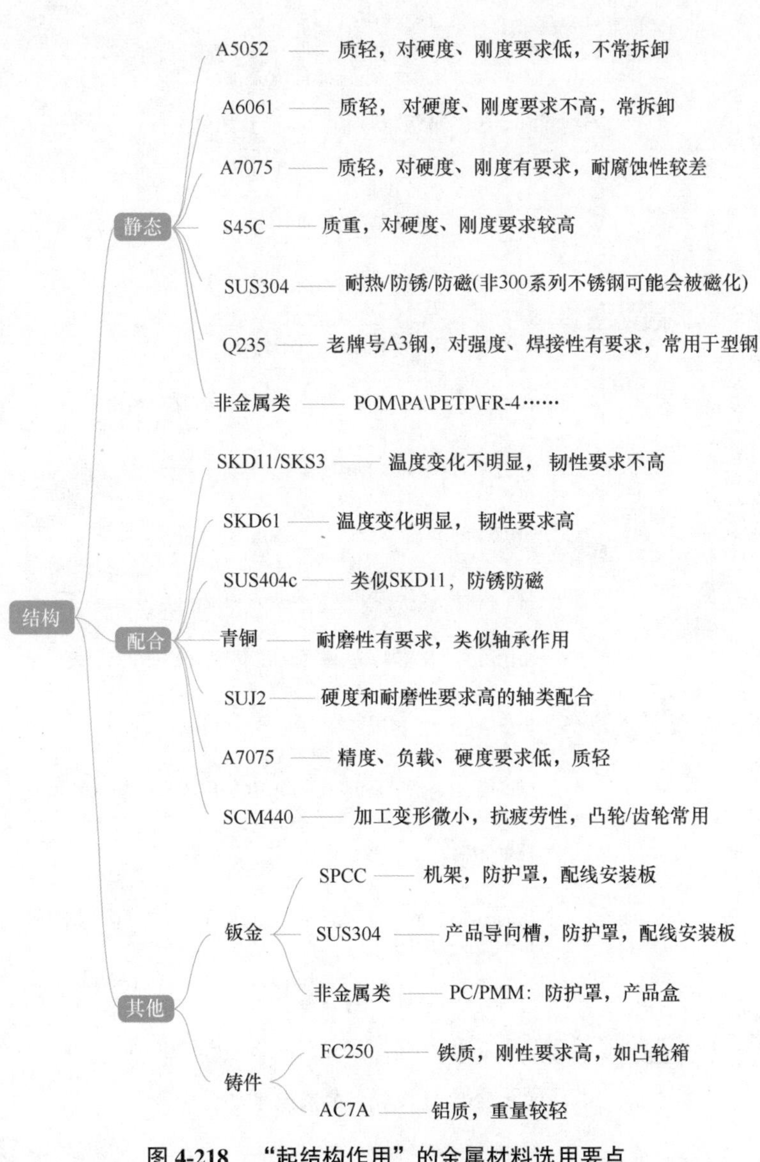

图 4-218　“起结构作用”的金属材料选用要点

【名称】钨钢(硬质合金)板材
【材质】YG8/YG15/YG20/YN15/YH80
【规格】厚度(2.0～80mm)
宽度(105～200mm)
长度(105～200mm)
【用途】钨钢板材具有极好的经硬性、硬度高、耐磨性好
钨钢板材主要应用于制作铝、不锈钢、五金件、标准件、
上下冲头等薄片的高速冲模和多工位级进模具

注: 1.上述规格均有现货供应，如需非标规格可订做。
2.以上产品规格的价格均为毛坯料实际，不议价。
3.非标规格的产品需按毛坯料的(重量×单价)+加工费+运费来计算。
4.计算公式：长度×宽度×厚度×0.0000145×单价。

图 4-219　某板材规格的钨钢介绍

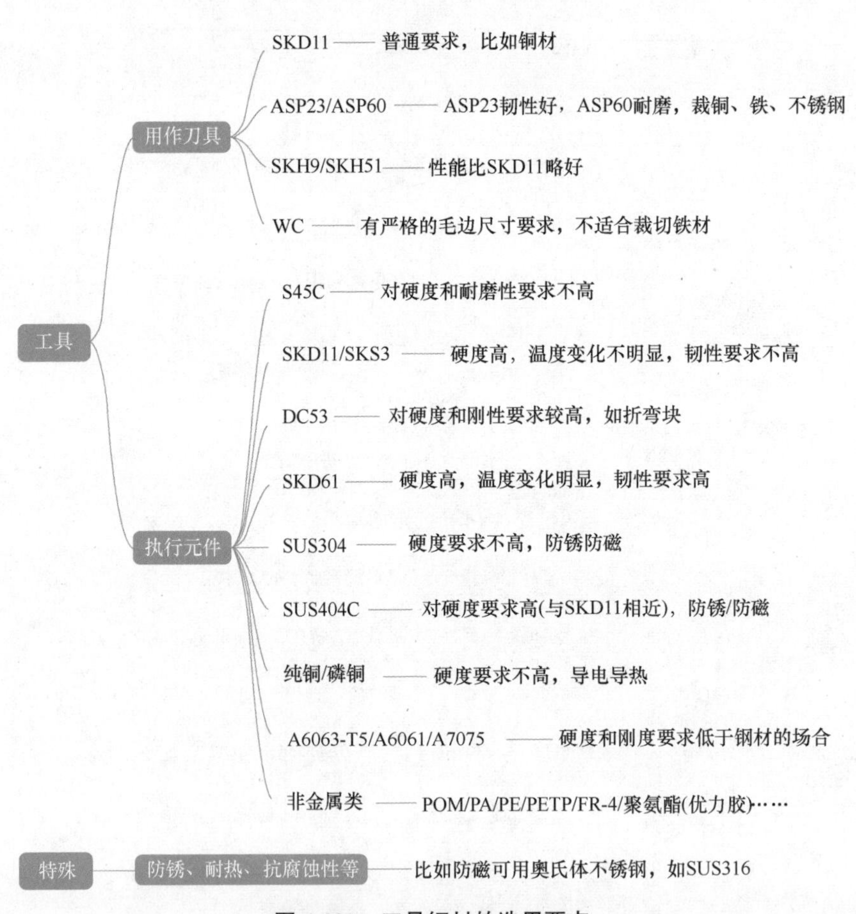

图 4-220　工具钢材的选用要点

6. 工程塑胶

工程塑胶是常用的非金属材料。非金属材料的选型要点如图 4-221 所示，如用于普通零件的有赛钢 POM、铁氟龙、PE、PEEK、尼龙等，用来耐温隔热用的

有合成石（碳纤维）、云母板、陶瓷纤维板等，用来作电气绝缘的有电木、FR-4、亚克力……那么有多个选择时，具体要用哪种呢？这就回到了上面提到的“三大原则”。比如，基于经济原则，同样做零件，如果要求很高，如在航空业或医疗行业，可能会用 PEEK，但一般行业则用其他工程塑胶多些。再比如，SMT 行业的过炉治具往往用的是合成石，点胶管道零件用铁氟龙，高温环境下避免用 PE，这是工艺和性能原则。大家除了看总结，最好能多留意所见所闻，看看各种场景下设备中一些非金属的应用。图 4-222~ 图 4-229 所示为常用非金属的特性介绍，图 4-230 所示为大理石的特性与某厂商的销售规格，不同隔音材质的对比见表 4-31……请大家稍微留意和记忆，因为常用的其实不太多，基本可以做到模式化。

工程塑料

PMMA
不易碎的玻璃，也称有机玻璃、亚克力，一般采用透明的，如设备对光敏感则用茶色
透光率高达90%，质轻、价廉，易于成型，主要用于防护罩、绝缘针板、夹治具箱体等

PEEK
耐高温、耐腐蚀、自润滑、易加工、耐磨损、电绝缘等，综合性能好，但价格偏高
可代替金属、陶瓷等，用于制作质轻零件，尤其航天、医疗(人造骨骼)等行业

PU
优力胶，介于塑料和橡胶，具有塑料的刚性，又有橡胶的弹性，易于切削，研磨，钻孔等加工
具有缓冲，静音，减震，耐磨，耐高温等特点，可适用于机械缓冲材料(如冲切模的看限位缓冲)

PTFE
俗称铁氟龙，“不粘涂层”（防粘涂层)，电绝缘性好，耐高温，摩擦系数低，抗酸抗碱
几乎不溶于所有溶剂，应用于性能要求较高的管道、容器、泵、阀、针盘、流道等

PE
耐低温，耐腐蚀，电绝缘性优良，可燃，白色蜡状半透明材料，柔而韧，不粘性好，某些方面有点类似铁氟龙
力学性能一般，拉伸强度较低，抗蠕变性不好，耐冲击性好，用于薄膜制品、管材、注射成型制品、电线包裹层等

电木
表面坚硬，质脆易碎，机械强度一般、良好的绝缘性，耐热、耐腐蚀，绝缘材料
常用于制造电器材料，如开关、灯头、耳机、电话机壳、仪表壳等

FR-4
也叫环氧板，具有较高的机械性能和介电性能，较好的耐热性和耐潮性并有良好的机械加工性
PCB使用的基板，环氧玻璃纤维板，用于电气、电子等行业绝缘结构零部件，颜色有白色、黄色、绿色，常温150°C 下仍有较高的机械强度，干态、湿态下电气性能好，阻燃

合成石
(碳纤维板)是玻璃纤维和防静电高机械强度树脂制成的复合材料，耐温、防潮、绝缘
绝缘测试治具、波峰焊、回流焊、SMT表面贴装、过炉托盘、过锡炉夹具等PCB和电子行业

POM
浅白色，表面有光泽，硬且光滑，有质密感，有较高底机械强度、硬度和刚性，抗冲击和抗蠕变性均很好，耐疲劳性最好，长期使用中尺寸稳定。耐磨性很好，自润滑性好，近似PA；具有良好的弹性
防静电，耐磨性低摩擦系数，抗磨蚀性佳，不易吸收水分、抗溶剂侵蚀，耐冲击，尺寸精度差，替多种金属制作一般结构零件、耐磨件及承受大负荷的零件

尼龙
人工合成材料，耐磨性高于普通的纤维，一定的机械性能，尺寸稳定性好，适合做各种零件

云母板
耐高温，绝缘，抗弯强度高，韧性好，用于各种热加工领域的隔热

陶瓷纤维板
绝缘、耐高温、保温、隔热、耐潮，可接触明火，用于比如加热炉内衬保温

图 4-221　非金属材料的选型要点

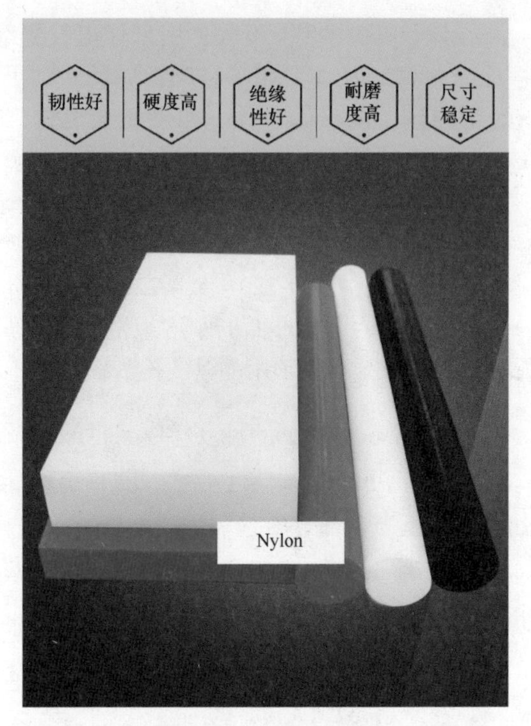

图 4-222　尼龙的特性

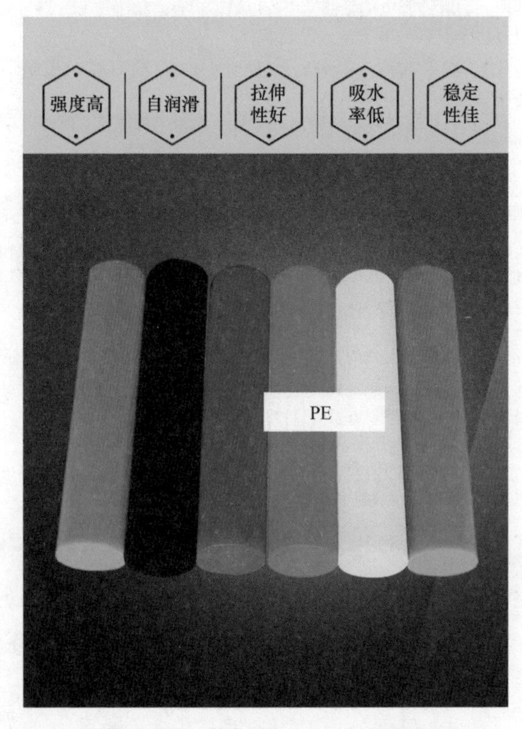

图 4-223　聚乙烯（PE）的特性

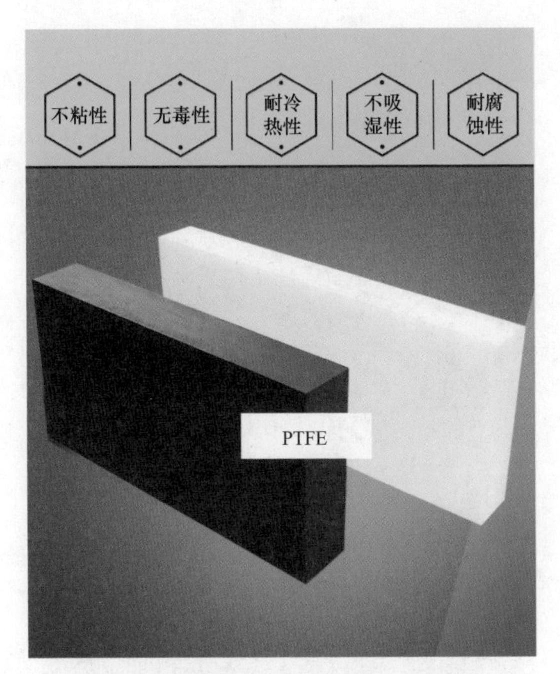

图 4-224　聚四氟乙烯（PTFE）的特性

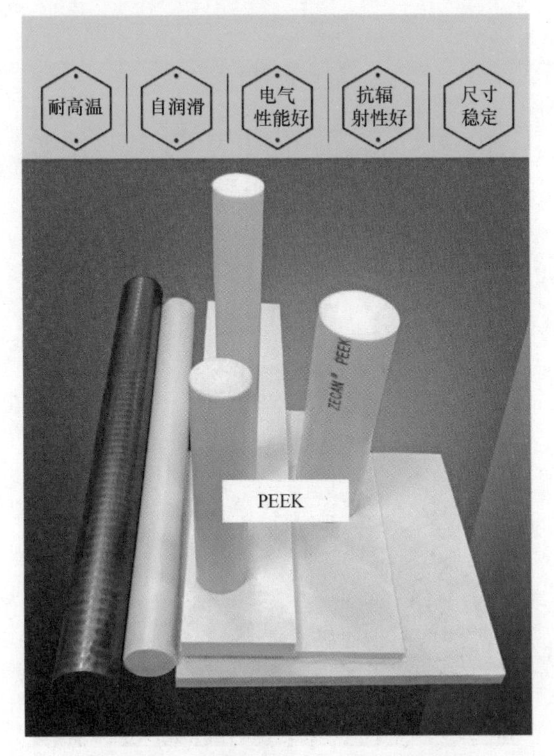

图 4-225　聚醚醚酮（PEEK）的特性

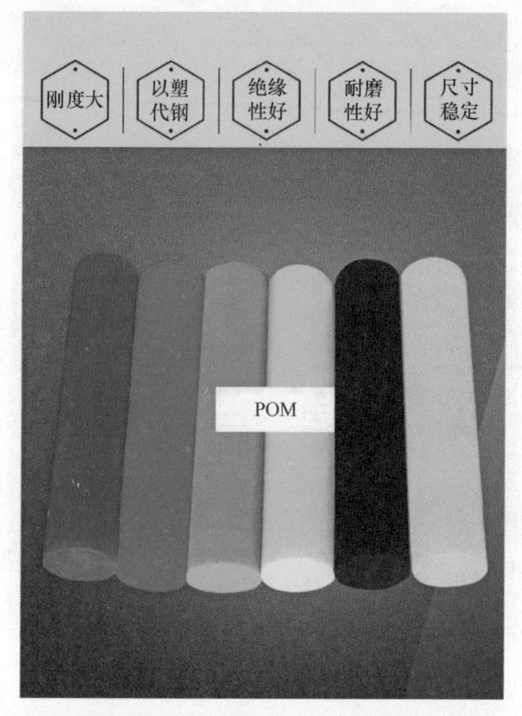

图 4-226 聚甲醛（POM）的特性

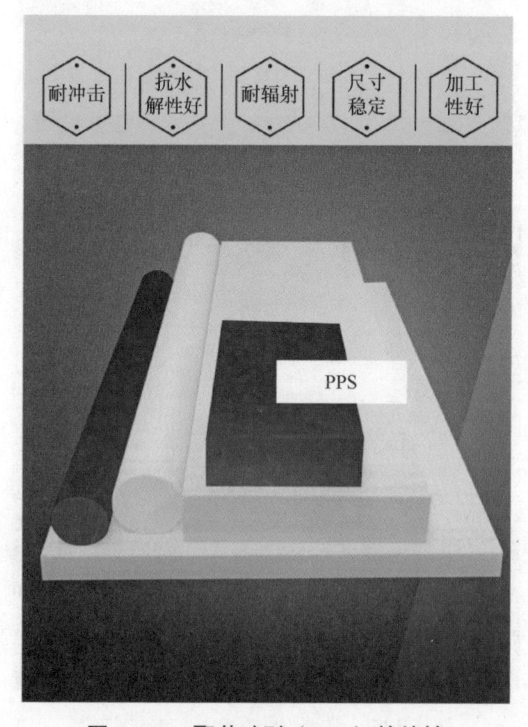

图 4-227 聚苯硫醚（PPS）的特性

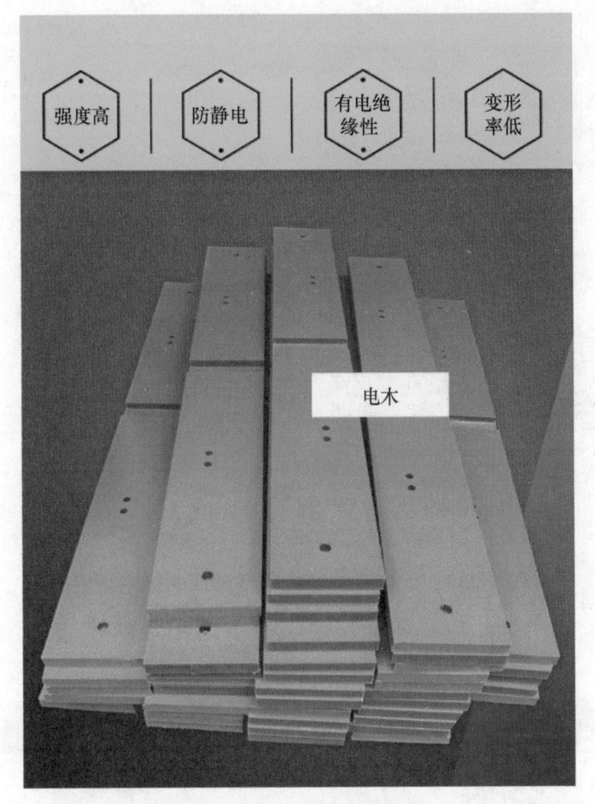

图 4-228　电木的特性

图 4-229　FR-4 的特性

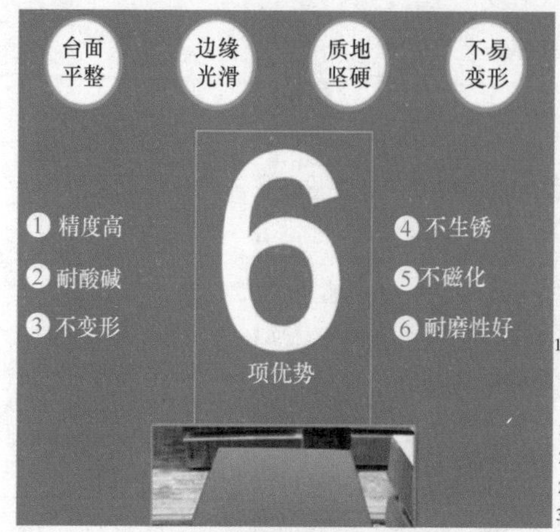

大理石特别适合用于高精度的测量

产品参数信息

规格/mm	重量/kg	精度等级			
		000级/μm	00级/μm	0级/μm	1级/μm
300×200×50	14	1.5	3	5.5	11
300×300×50	19	1.5	3	5.5	11
400×300×70	21	1.5	3	6	12
400×400×100	48	2	3.5	6.5	13
630×400×100	76	2	3.5	7	14
600×600×130	155	2	4	8	16
800×500×130	156	2	4	8	16
1000×630×150	284	2.5	4.5	9	18
1000×750×150	338	2.5	4.5	9	18
1000×1000×150	450	2.5	5	10	20
1200×800×150	432	2.5	5	10	20
1600×1000×200	960	3	6	12	24
2000×1000×250	1500	3.5	6.5	13	26
2000×1600×300	2880	3.5	7	14	28
2500×1600×300	3600	4	8	16	32
3000×2000×400	9000	4.5	9	18	36

注：本数据来自禾木实验室测试，因测试环境及工具不同有所差异。

图 4-230　大理石的特性与某厂商的销售规格

表 4-31　常用的隔音材料对比

对比项	泡沫铝	聚酯纤维	玻璃丝棉	聚氨酯泡沫
样式				
材质	铝、发泡剂	饱和的二元酸与二元醇高分子聚合物	二氧化硫矿物	聚氨酯预聚物、发泡剂、催化剂
短期吸音率	>0.7	>0.7	>0.75	>0.65
长期吸音率	保持性能、吸音性持久	性能下降	性能下降	性能下降
隔音能力	具有良好的隔音能力	隔音效果差	隔音效果差	隔音效果差
环保性能	100% 可再生循环利用，对人体无害	不能再利用，容易燃烧少量产生微粒子	不能再利用，燃烧产生有害气体，污染环境，对人体有害，国家将逐步取消并禁止生产	不能再利用，易燃烧，燃烧后产生剧毒氰化氢，人体吸入一口就会中毒死亡
施工便捷性	施工便捷	施工便捷	施工便捷	施工便捷
吸排水性	不吸收水分；材质形态保持性优良	在排水时间以及形态保持性方面良好	吸收水分时，排水性低下；导致水分渗入，引发吸音性下降	吸收水分时，因排水性不良，吸声性能下降

7. 积累常识

从专业角度看，大家平时需要积累常识。例如，对于钢的品类（图 4-231），有钢板、钢管、钢丝、型钢等形式，都是有现成规格的东西，如果我们稍微了解下，也是有帮助的。比如，无缝钢管比焊接钢管的品质好一些，如果是要求高的场合，就可以采用前者。比如，多数情况下我们用的是热轧钢板，有一定的规格，这样我们在定零件尺寸，尤其是厚度的时候，就有一定的谱了。再比如，各种钢的俗称也应稍微留意下，什么是赛钢，什么是塑钢，什么是油钢，什么是玻璃钢，常用的钨钢又有哪些，它有什么特性，主要用来做什么……再比如，对于铝板的常规厚度和价格，见表 4-32 和表 4-33，加工方式如图 4-232 所示。

总之，对于材料选用需要学习的深度和广度，跟个人从事的行业有关。例如，笔者早年在连接器行业，多数产品工艺都是插端针或者裁切五金件，对于零件的材质就很模式化，几乎 95% 都是 SKD11、S45C，很少用到其他。如果是做非标的，可能会面对不同行业的不同客户，接触杂七杂八的项目或工艺，这就需要对材料及其选用有相对大范围的认识，但无论怎么庞杂，梳理之后都是“套路”。

表 4-32　常用的铝板规格

产品名称	铝合金板		材质	1060、5052、6061、7075	
产品规格 / mm	1220 × 2440		产品厚度 / mm	0.6~200	
加工方式	激光切割、线切割、折弯、氧化、CNC、车床等工艺（支持任意零切）				
产品用途	广泛自动化机械零切、精密加工、模具制造、家居使用、电子及精密仪器等				
铝板厚度一览表（整板长宽可零切定制）/mm					
0.2	0.3	0.4	0.5	0.6	0.8
1.0	1.2	1.5	2.0	2.5	3.0
4.0	5.0	6.0	8.0	10	12
15	20	25	30	35	40
45	50	55	60	65	70
75	80	85	90	95	100
105	110	115	120	125	130
135	140	145	150	155	160
165	170	175	180	185	190
195	200	以上为常规厚度			
厚度：0.2~0.6mm，整板 1000mm × 2000mm / 厚度：0.8mm 以上，整板 1220mm × 2440mm					

表 4-33 常用的铝板价格（仅参考）

小规格价格参考			
规格 /mm	价格（元）	规格 /mm	价格（元）
100×100×1【10片装】	16.50	100×100×2【5片装】	16.50
100×100×3【3片装】	15.80	100×100×4【2片装】	15.00
100×100×5【2片装】	16.50	200×200×1【2片装】	15.00
200×200×2【1片装】	15.00	200×200×3【1片装】	18.23
200×200×4【1片装】	22.00	200×200×5【1片装】	25.00
200×300×1【2片装】	18.00	200×300×2【1片装】	18.23
200×300×3【1片装】	23.50	200×300×4【1片装】	28.50
200×300×5【1片装】	34.00	300×300×1【1片装】	16.00
300×300×2【1片装】	23.50	300×300×3【1片装】	31.00
300×300×4【1片装】	39.00	300×300×5【1片装】	46.50
500×500×1【1片装】	29.50	500×500×2【1片装】	51.00

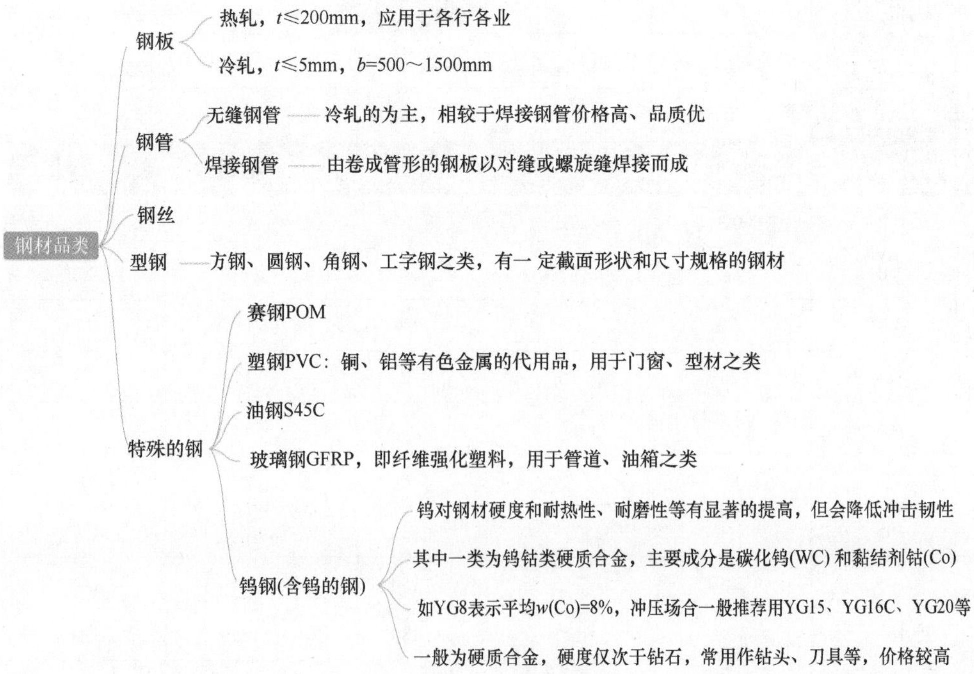

图 4-231 钢的品类

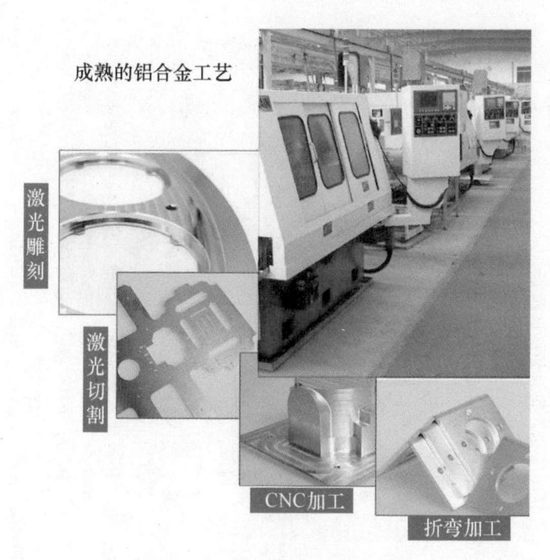

图 4-232　铝材的加工方法

4.2.5　常用标准件的选型（略）

这部分内容散落于“速成宝典”各个篇章的相关章节，请广大读者自行阅读、参考，本节从略。但是，有四个题外话温馨提示下：第一，标准件选型的难点不在标准件或选型工作本身，而在于我们对设计机构的理解和驾驭程度，如果对机构功用和性能缺乏理据化的认知，则接下去的标准件选型工作也只是“走过场”。第二，在标准件选型工作中，最有价值的是第一步，通过分析拟定选型的“已知 / 工况条件”（参数化），如果能做到，往下一般就能得到相对准确或合理的结论 / 结果，如果做不到，再往下的意义几乎为零，或者说只会得到徒劳无功的结果。第三，标准件种类繁多，即便同类功能的器件也各有适应面，只有多做类似图 4-233 和图 4-234 所示的“总结”“对比”，才能让“选型工作”变得相对准确、合理、细致。第四，查询类似表 4-34 和图 4-235 所示的标准件图表，这是日常设计工作的内容，需要经常做，达到熟练的水平。

4.3　其他常见的设计禁忌

由于本书的论述对象是非标设备、机构，所谓的“设计规范”“设计禁忌”，不可能重复传统机械那样的条条框框。例如，在设计禁忌方面，笔者经过思考总结，大概梳理了图 4-236 所示的框架。具体内容可能视不同行业不同公司而有所差别，但思维图展示的线索基本上是一致的。由于篇幅有限，下面抛砖引玉，简要介绍部分设计禁忌，仅供参考，更多设计规范 / 禁忌案例，留待广大读者自行摸索、总结，基本思路大同小异。

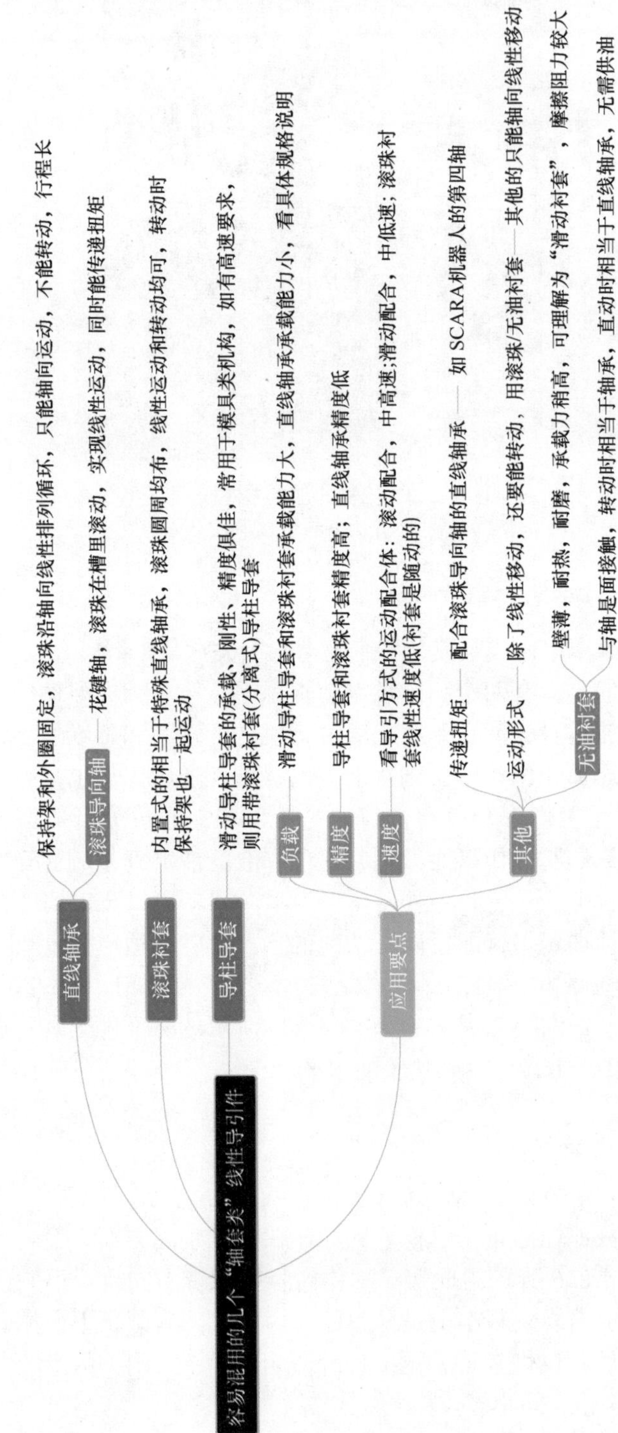

图 4-233 常用"轴套类"线性导引件对比

图 4-234　伺服电动机和步进电动机的差异对比

表 4-34 RTB 滑台型旋转气缸的允许负载

负载方向		(a)	(b)	
负载	侧边负载 /N	转盘负载 /N		允许扭矩 /N · m
		(a)	(b)	
RTB 3	33	48	48	1.1
RTB 7	54	71	71	1.5
RTB 10	70	78	74	2
RTB 20	140	130	130	3.5
RTB 30	185	188	358	4.8
RTB 50	300	285	442	9
RTB 70	333	296	476	12
RTB 100	390	493	706	18
RTB 200	543	740	1009	25
RTB 300	850	950	1500	30
RTB 500	1200	1400	2100	38

规格	RTB 3	RTB 7	RTB 10	RTB 20	RTB 30	RTB 50	RTB 70	RTB 100	RTB 200	RTB 300	RTB 500
质量 /g	150	250	530	990	1290	2100	2890	4100	7650	8960	11170

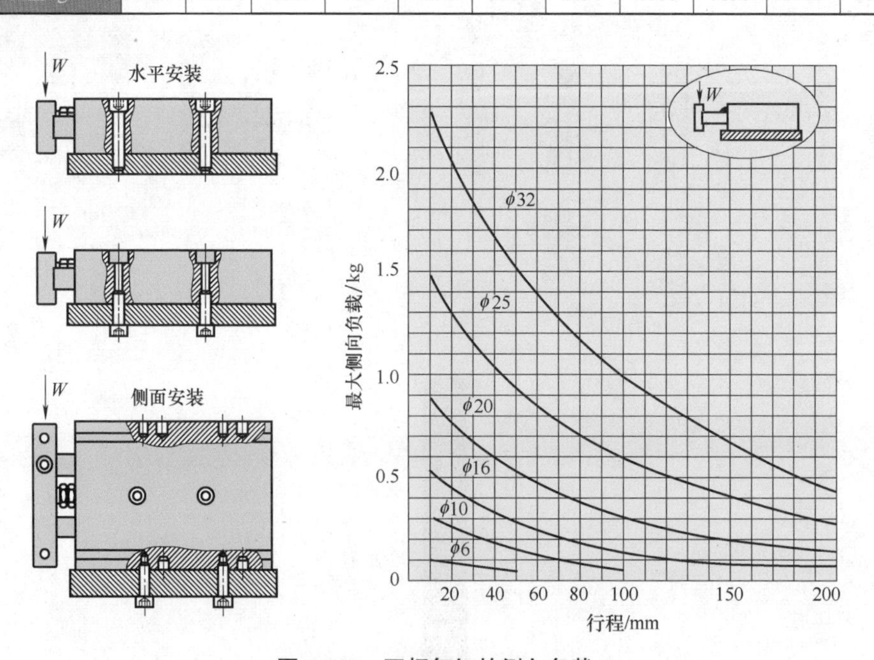

图 4-235 双杆气缸的侧向负载

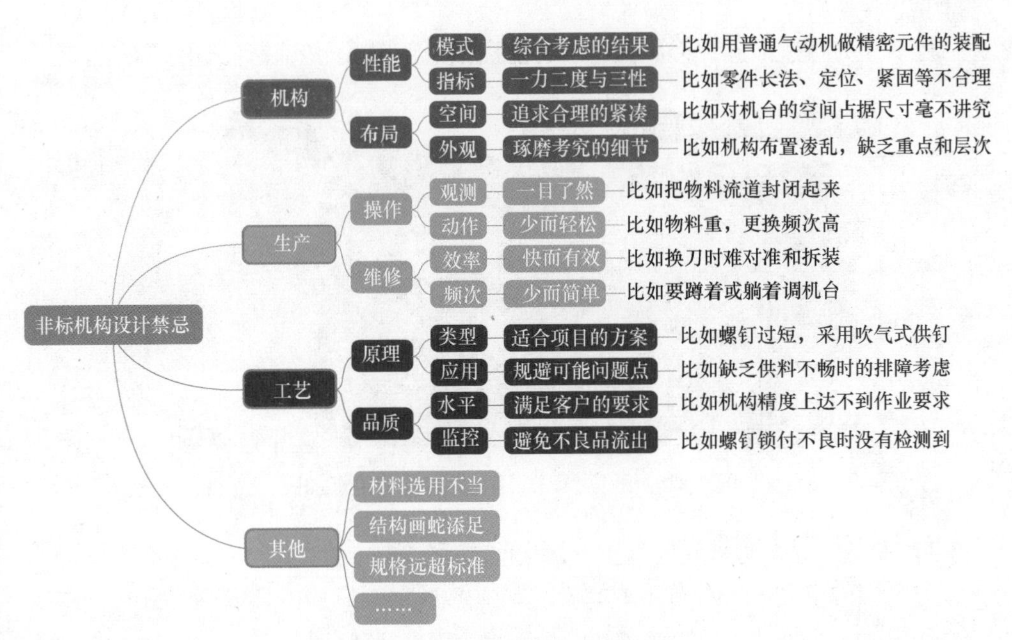

图 4-236　非标机构设计禁忌思维导图

4.3.1　见仁见智的禁忌

类似下述“设计禁忌”，见仁见智，仅供参考。

1）精密应用场合的机构，零件与零件之间应有“定位关系”，既维持精度，也便于装调。如图 4-237 所示的机构，零件 1 和零件 2 缺乏定位关系，不利维护。

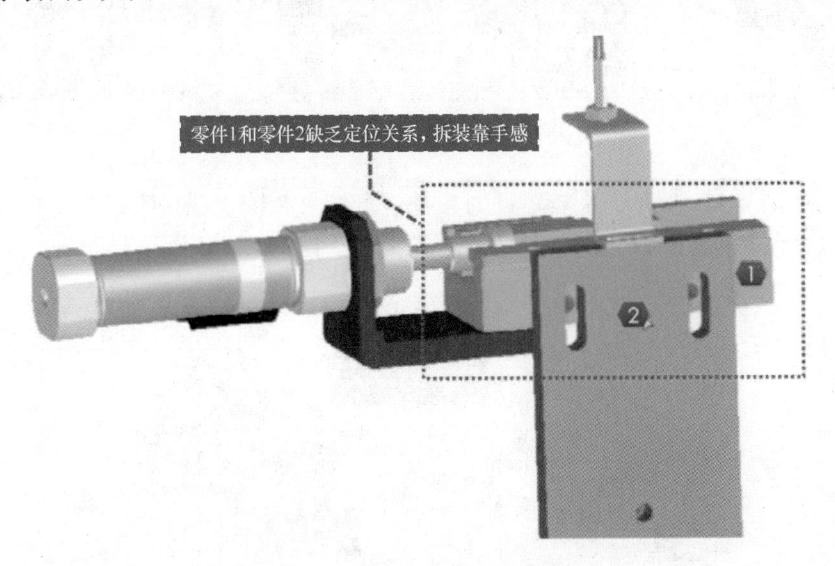

图 4-237　零件之间缺乏定位关系

2）防护罩可以是低成本的，但如图 4-238 所示的亚克力之类的材料做成的门，边角容易因为磕碰而碎裂或破损，最好能用铝材包覆后再安装到护罩框架。

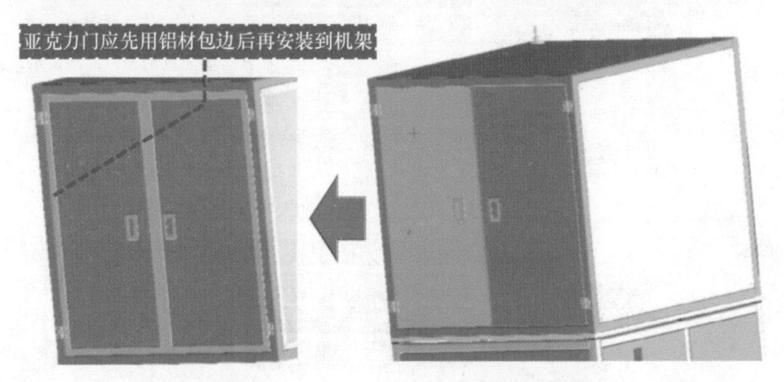

图 4-238　亚克力门应通过铝材包覆给予加固

3）螺钉锁付方向尽量从上往下，从前往后，从右往左，如果做不到，则应充分考虑紧固的空间和操作便利性。如图 4-239 所示的机构，螺钉朝上锁付，不仅拆装有些别扭，而且工具作业空间的预留也不太够。

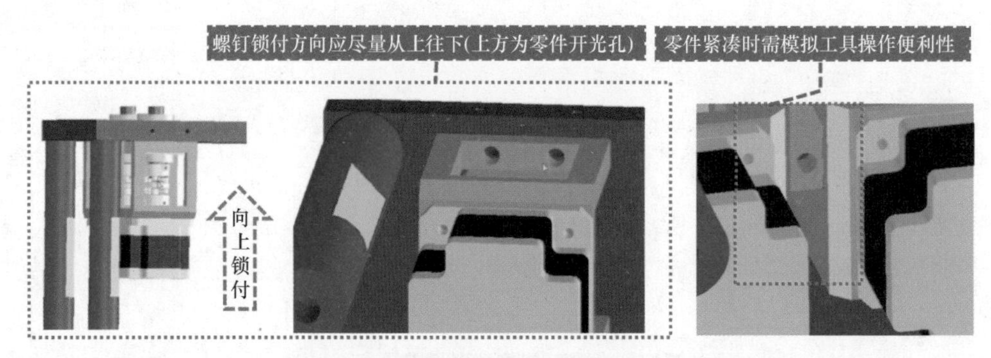

图 4-239　紧固操作便利性考虑不充分

4）如图 4-240 所示，倘若需要对零件进行掏料、挖空、开槽处理，其形状尽量和轮廓保持一致（或者说尽量让未挖部分的尺寸过渡均匀），这样不容易削弱强度，也稍微美观一些。

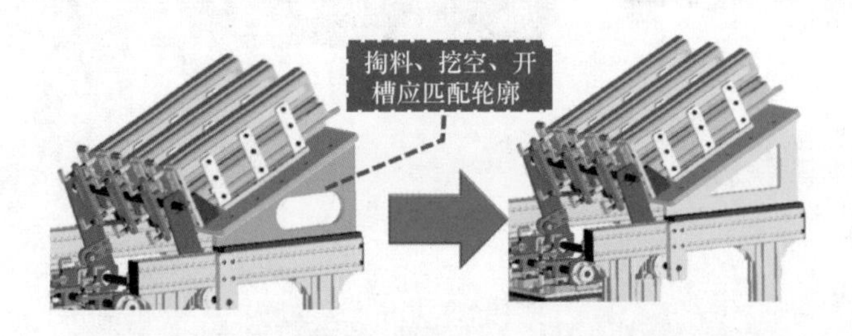

图 4-240　“去除材料”的形状应尽量与轮廓保持一致

5）设备的转角或接合处的过渡讲究平缓、圆润及整体性，因此如非频繁拆装或的确需要辅助操作的场合（例如我们有时会让大板凸出机箱 30~50mm，因为大板太重，凸出部分便于安装时挪动位置），应避免零件的凸出设计。如图 4-241 所示的机构，零件没必要凸出来。

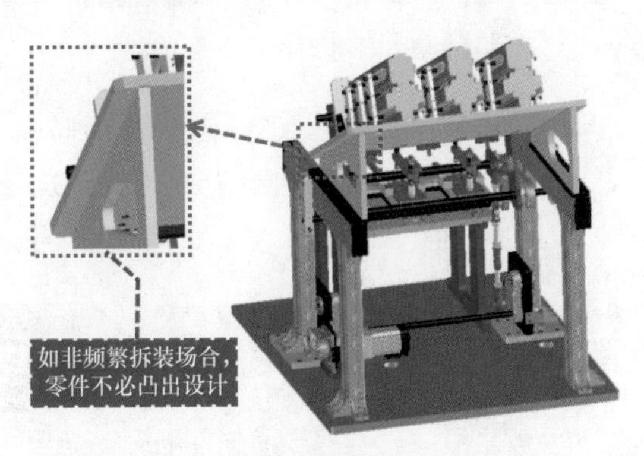

图 4-241　非必要场合的零件凸出设计

6）机构中的零件应尽量统一和减少设计基准，如图 4-242 所示的装置，不仅有多个基准块，而且高高低低，这样不利于保证安装精度；或者说要保证精度，需要对更多的零件给予精度管控。

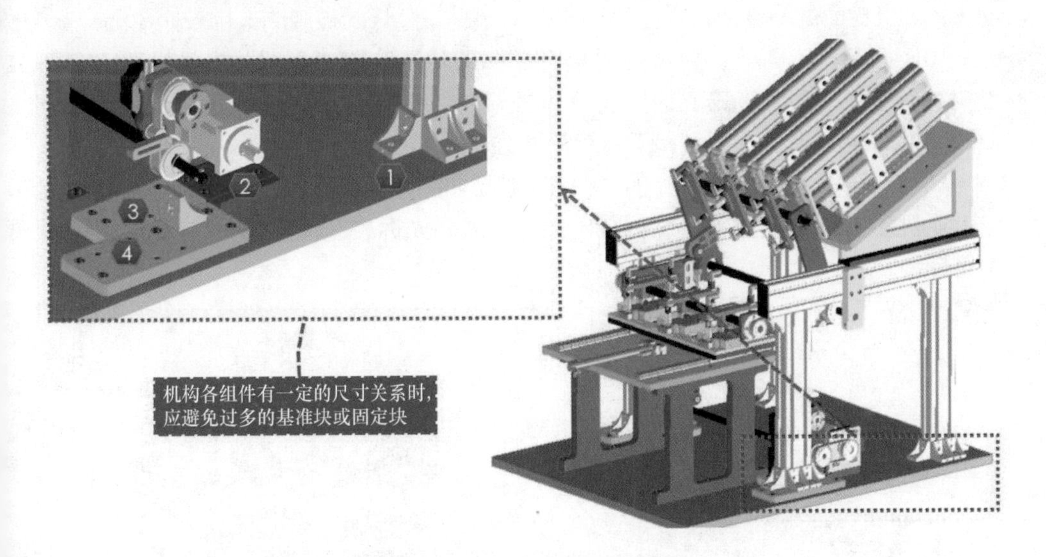

图 4-242　安装基准过多且不统一

7）如图 4-243 所示，左图的对射型感应器“藏到挡板内”会带来零件加工烦琐以及线材弯折问题，不如直接锁付在挡块的侧面（如为漫反射型感应器，则应考虑感应器距离，尽可能将感应器布置在靠近检测物较近的位置）。

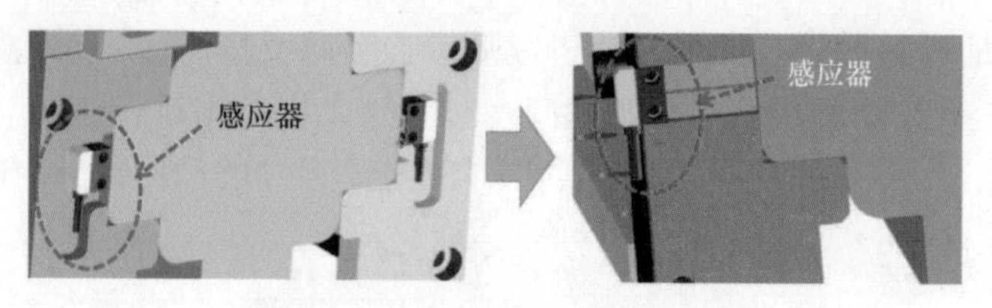

图 4-243 对射型感应器的布置

8）焊接到机架上的紧固块不仅用于紧固大板，也能起到一定的“支撑”作用。如图 4-244 所示，大板与机架之间的接触为方通面，紧固块仅有紧固作用，不太理想，建议设计成右图的形式。

图 4-244 机架的紧固块

9）“显示”“操作”“报警”等功能装置应充分考虑人机工程。如图 4-245 的设计，人机界面的高度使得操作变得别扭，而且三色灯的被观测范围较小（低）。

10）如非万不得已，应尽量避免将非标的功能装置“藏到”机箱机架内。如图 4-246 所示，线性移载装置被设计到机架内，看似充分利用了空间，但不便于观测设备的运作状态，也不利于后续调试维护。

11）末端工具的设计应提倡“模组化”。如图 4-247 所示，假设都能安装到类似工业机器人末端，但工具 1 拆装不便利（需要先拆装其他零件），工具 2 则可以整组拆装。

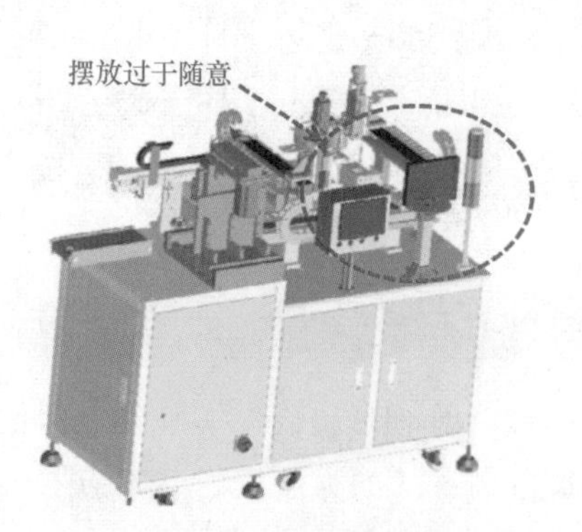

图 4-245 缺乏人机工程考虑的设计

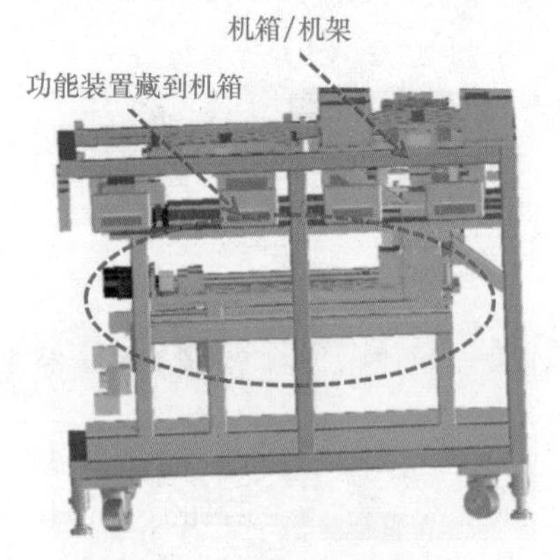

图 4-246 避免将非标的机构“藏到”局促或封闭空间内

12）如图 4-248 所示，工业机器人的选型规格值得商榷，显然该工况的负载要求并不高，如若增加底座，则有机会选择小一些规格的工业机器人。

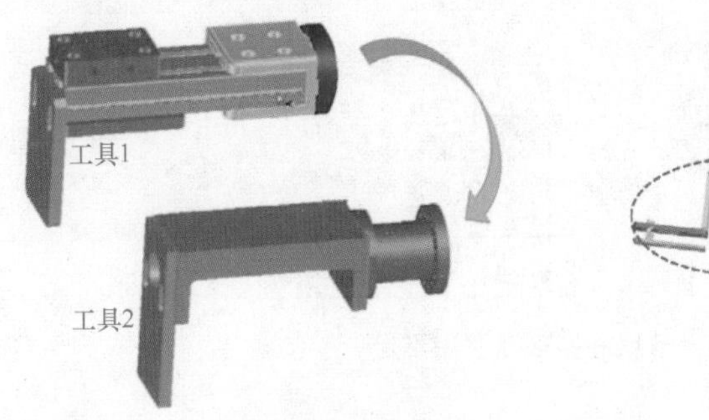

图 4-247　末端工具的“模组化”

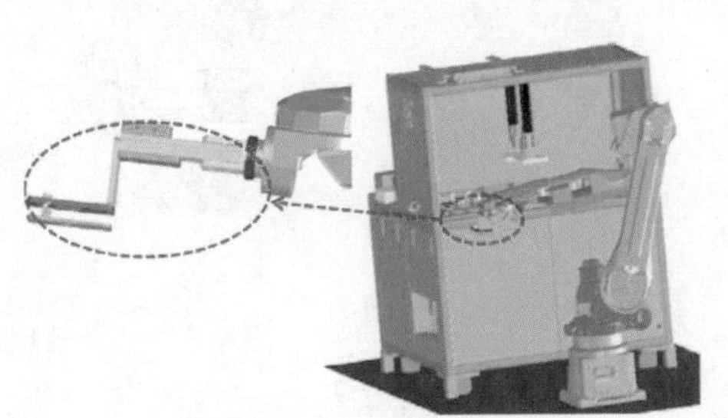

图 4-248　工业机器人的选型

13）如图 4-249 所示的大型的设备，机架应避免用小规格的铝材拼接而成，那样容易因为机架整体的刚性和承载能力不足，造成设备的摇晃或松垮问题。

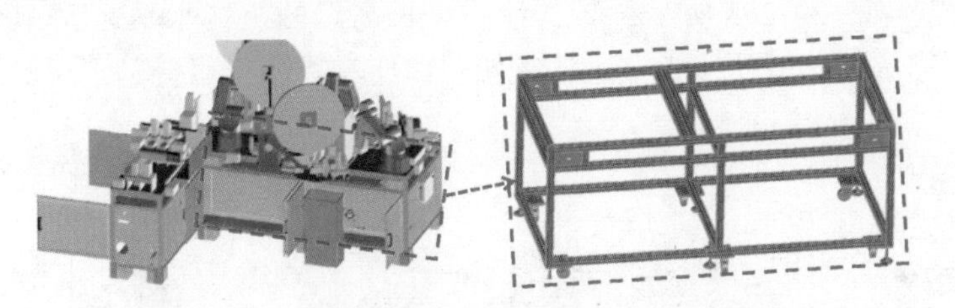

图 4-249　大型设备的机架不宜采用小规格铝材拼接

14）如非空间局限，应尽量让机构的调节方向和实际方向一致。如图 4-250 所示，同样的调节尺寸，左图的效果比右图的稍差些。

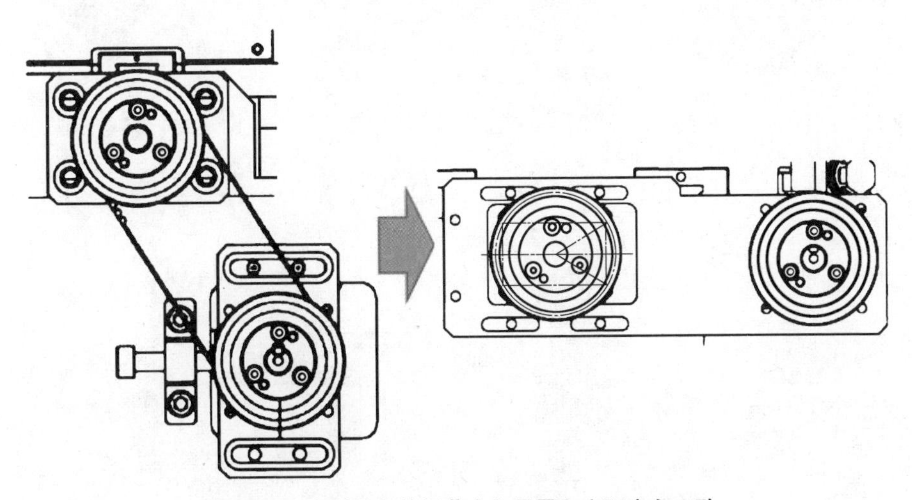

图 4-250　大型设备的调节方向尽量和实际方向一致

15）在不违背设计规范且兼顾品质的前提下，设计人员应有压缩设备空间尺寸的意识。如图 4-251 所示，稍微调整下供料装置的方向，设备的尺寸就可以缩减些。

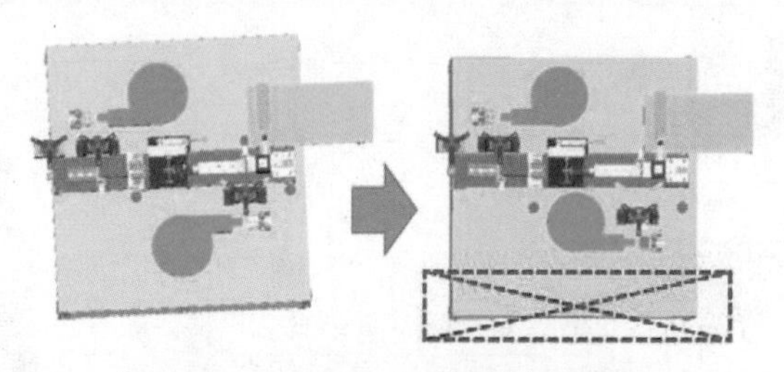

图 4-251　设备尺寸的精简意识不足

16）机构支架应避免“悬空型”“7 字型”“瘦长型”“贴板型”结构以及“下盘不稳”，同时也应避免将支架做得很累赘。如图 4-252 所示，机构动作起来可能会有刚性不足的问题，可将底板延长后，将其紧固在底座上；图 4-253 和图 4-254 所示的支架，同样“下盘不稳”，刚性不足，在负载和速度要求高的场合应避免这种支架形式；如图 4-255 所示，与其让一个长高型的机构水平运动，不如直接将机构抬高；如图 4-256 所示，左边的支架明显比右边的要累赘，不可取。

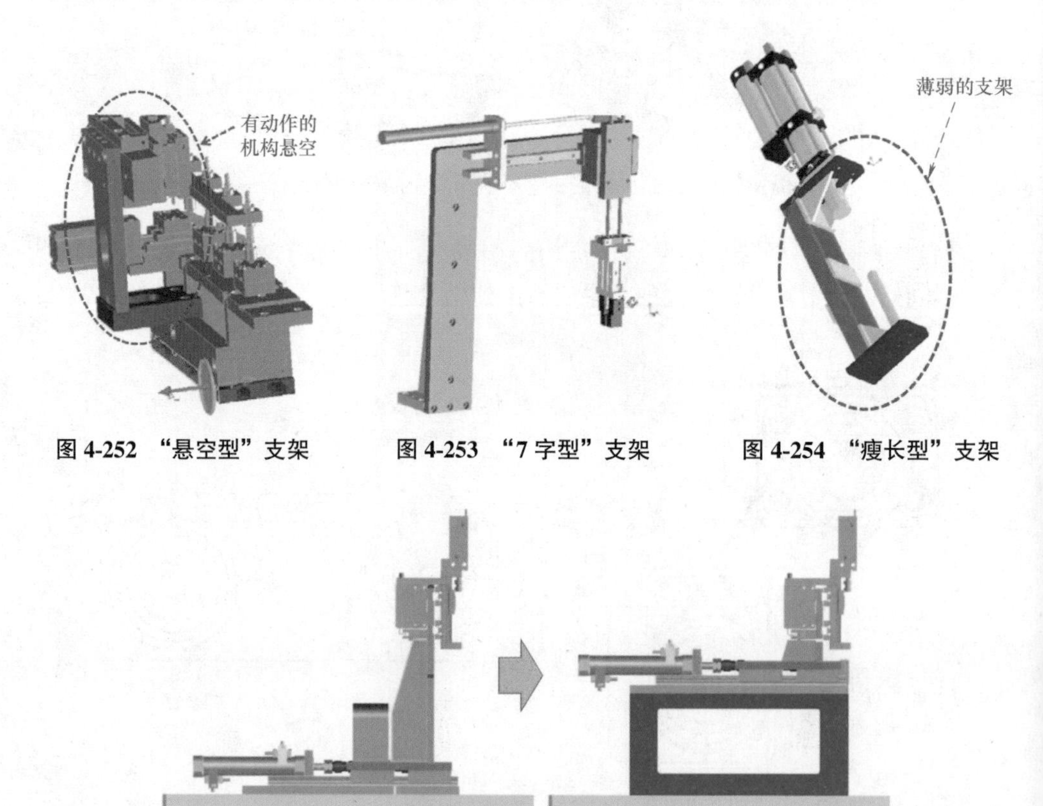

图 4-252 “悬空型”支架　图 4-253 “7 字型”支架　图 4-254 “瘦长型”支架

图 4-255 “贴板型”支架

图 4-256　累赘与简洁的支架对比

17）如采用气缸作动力的斜契顶升机构，因为推力大于拉力约 30%（活塞杆影响），应尽量让推力充当顶升的动力，如图 4-257 所示。

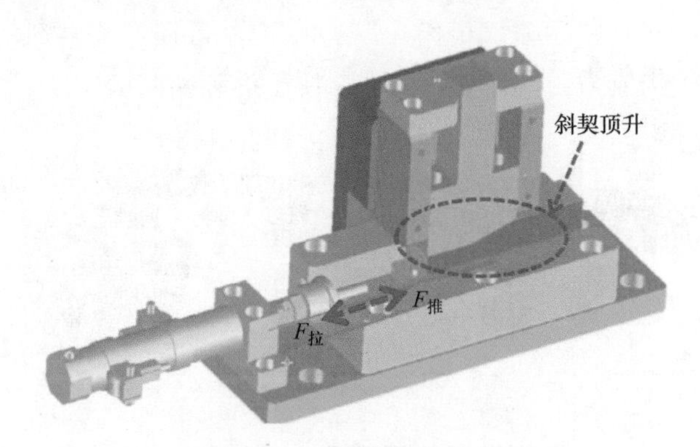

图 4-257　气动斜契顶升机构

18）夹紧作用的零件需要有一定的“变形量”，如图 4-258 所示的结构，右图会合理一些。

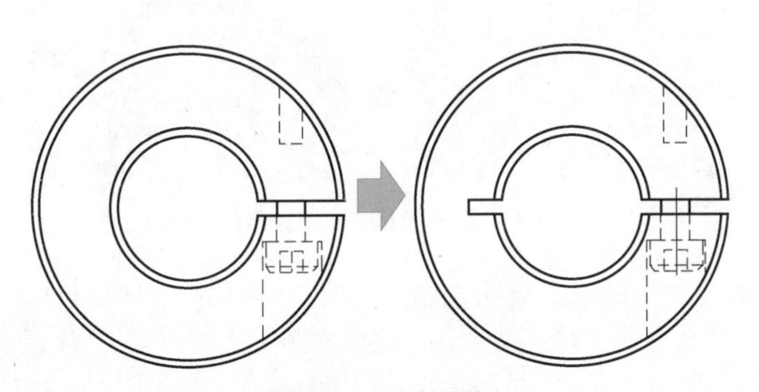

图 4-258　夹紧结构

19）强化非标机构的可调性非常有必要，但这只是非标机构的“三性”（稳定性、可调性、经济性）之一，如图 4-259 所示的做法，显然牺牲了经济性。

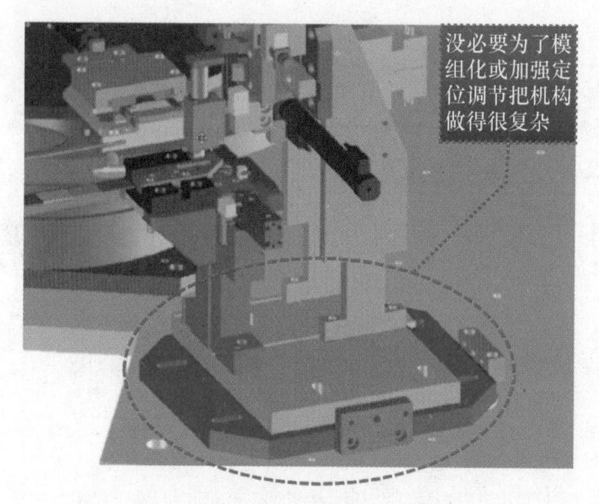

图 4-259 过于累赘的紧固和定位方式

20）设备上的机构应尽量“模组化”，如图 4-260 所示，右图虽然增加了一个底板，但能够使机构成为一个独立的组件，便于拆装和调试。

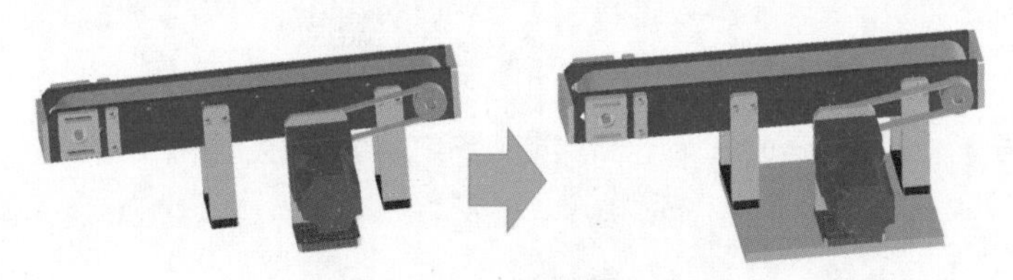

图 4-260 机构模组化考虑

21）设备上需要人工参与作业的机构（如摆盘上料装置），应尽量留出足够的空间，避免磕碰。如图 4-261 所示，将分离机构布置于下方更合理一些。

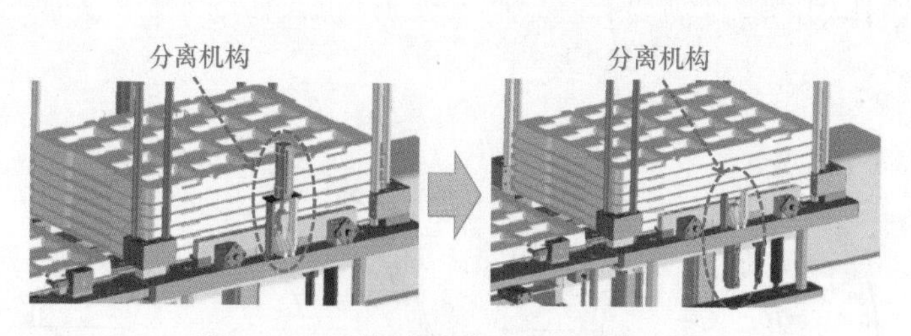

图 4-261 避免将机构布置到作业空间

22）供料装置中的振动盘和直振虽然由厂商制造，但应用时有所讲究。如图 4-262 所示，直振的支撑杆伸太长，将供料装置高度方向“垫高”显得有些累赘；如图 4-263 所示，直振上的流道水平伸出量有些比例失调（参考厂商直振的安装建议）。

23）类似图 4-264 所示的钣金件，使用长条孔可防止因钣金变形而装不上（钣金件下料多使用激光切割，使用长条孔并不会增加多少成本）。

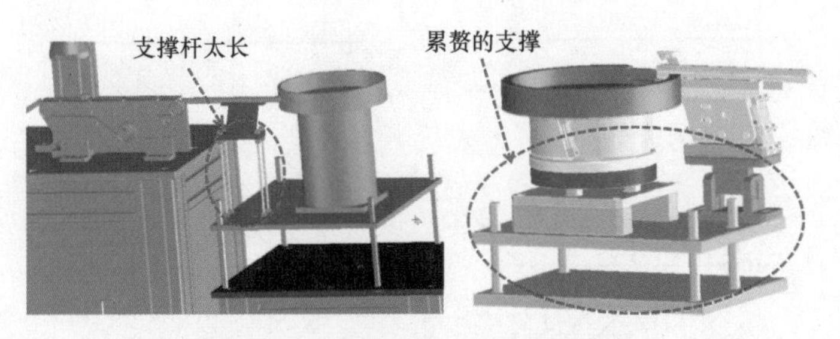

图 4-262　振动盘和直振紧固与定位

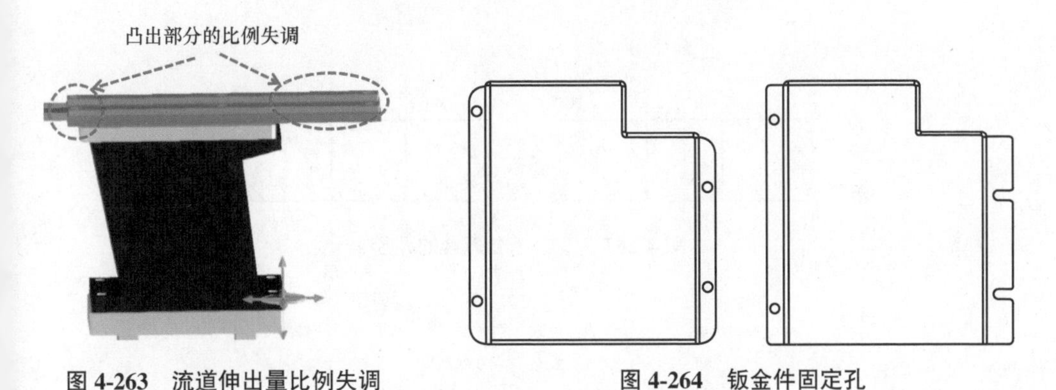

图 4-263　流道伸出量比例失调

图 4-264　钣金件固定孔

24）暗销改为靠销，可使结构能进行微调，如图 4-265 所示。

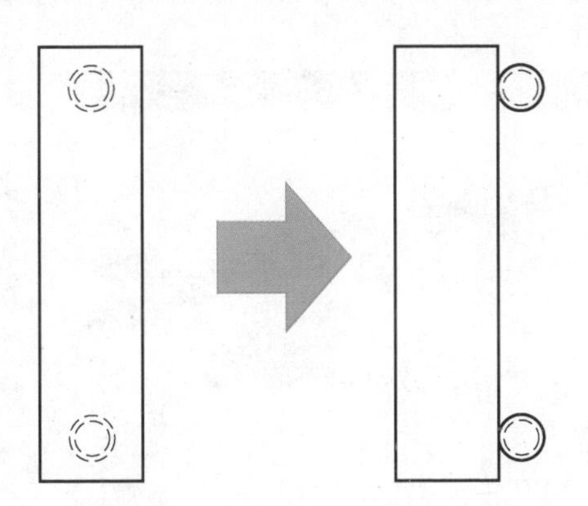

图 4-265　有微调需要的定位方式

25）沉头孔深度不够，容易导致无法找到合适长度的螺钉（尤其是 M3 以下规格的螺钉），如图 4-266 所示。

26）开设孔槽尺寸时，应尽量考虑采用标准刀具，如图 4-267 所示。

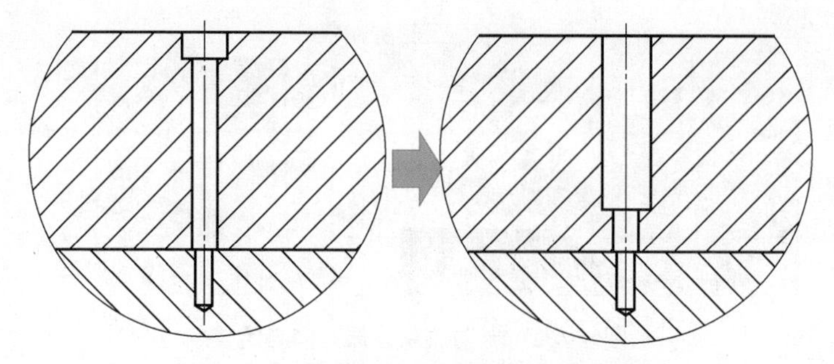

图 4-266 适合零件较厚场合的沉头孔深度

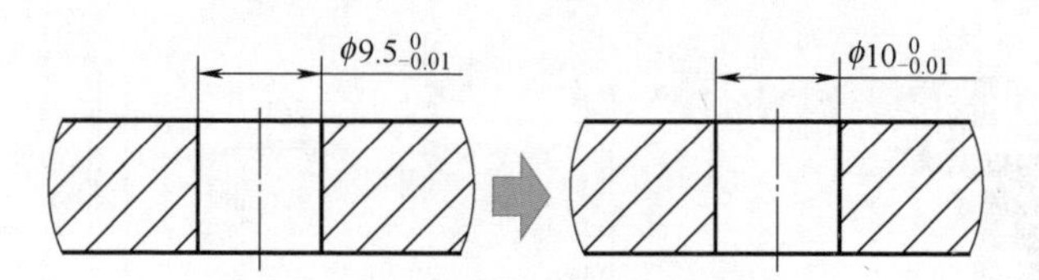

图 4-267 考虑标准刀具的孔径

4.3.2 约定俗成的禁忌

类似下述“设计禁忌”，不合机理，最好规避。

1）动力件的固定块务必足够强壮，如图 4-268 所示的气缸虽小，但动作起来有“弯矩效果”，固定件过于薄弱的话，容易摇晃或变形并最终断裂。

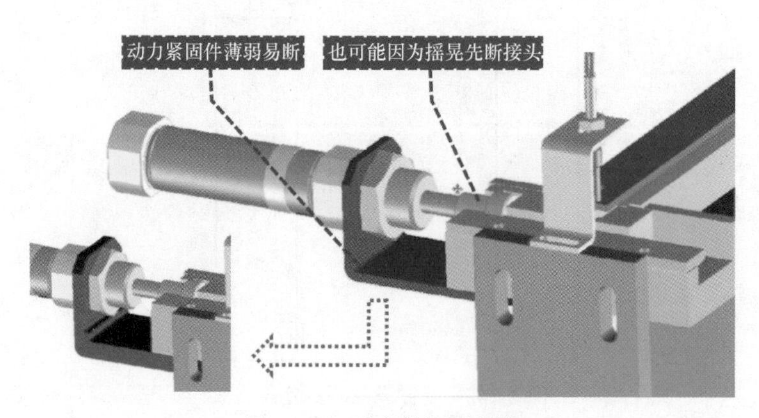

图 4-268 动力件的固定块

2）如图 4-269 所示，如果动力气缸为滑台或双杠之类自带导向功能的气缸，则一般无需增加直线轴承之类的导向装置，如非要增加，动力和导引件之间应为柔性连接；气缸活塞杆头部与滑块之间同样不能是刚性连接，否则会降低使用寿命。

3）如图 4-270 所示，类似振动盘之类的小机架务必确保足够的刚性，避免用小规格的铝材拼接而成。

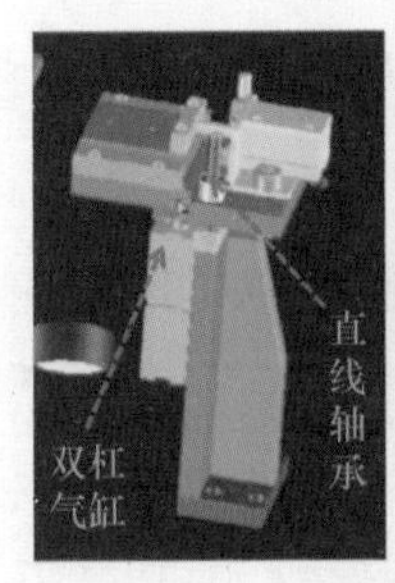

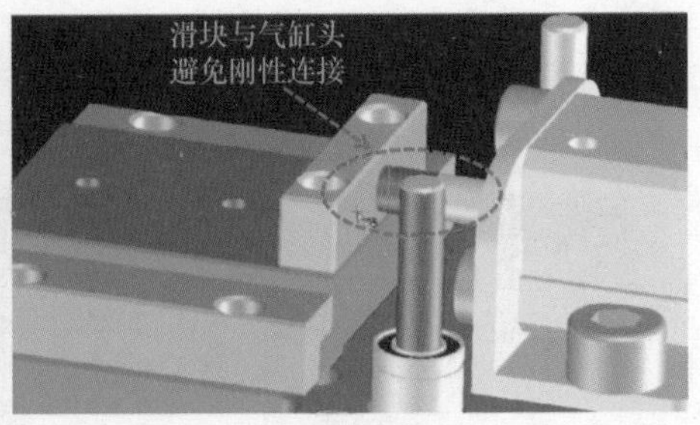

图 4-269　气动元件“使用不当”

图 4-270　振动盘机架不宜用小规格铝材拼接而成

4）有点重量的设备，应避免配用小直径且为金属的脚杯，如图 4-271 所示。

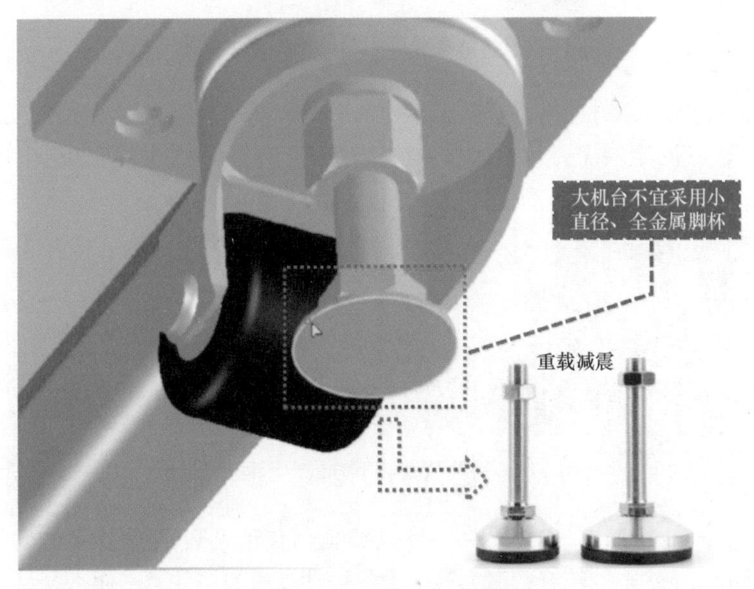

图 4-271　设备机架的脚杯

5）机构用到棒类零件时，应考虑开口扳手的紧固问题，如图 4-272 所示，需要开出便于紧固的开口。

图 4-272 考虑棒类零件的紧固

6）设备的安全问题为重中之重，需要考虑动态的情况。如图 4-273 所示，显然当移载装置到达放置产品的位置时，存在安全问题。

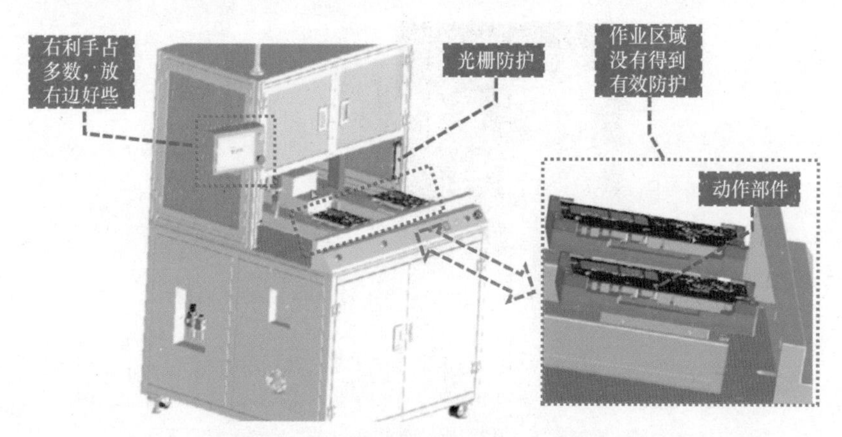

图 4-273 没有动态考虑设备的安全隐患

7）设备的大板下方通常是机箱，不便于进行常规的装配和调试动作。如图 4-274 所示的气缸，其固定块需要从大板下方进行紧固，应尽量避免这种情况出现。

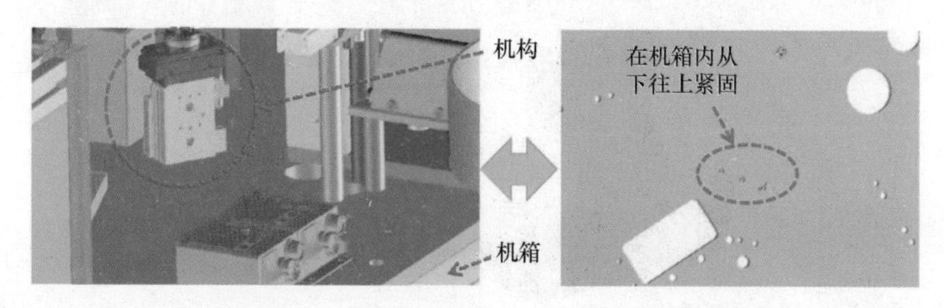

图 4-274 需要从大板下方进行紧固的设计

8）设备的电控箱布置应考虑是否会影响到其他装置或受其他装置影响。如图 4-275 所示，显然电控箱开门时会被旁边的振动盘机架挡住，不便进行日常维护。

图 4-275　电控箱的开门受周边装置影响

9）连续转动的机构设计，应考虑动力的电线或气管配置问题。如图 4-276 所示，如果气缸连续转动，会有线管缠绕问题，如若不是连续转动的场合，用旋转气缸可能更适合。

10）避免给普通气缸配置单轴约束的导向机构。如图 4-277 所示，由于气缸动作的随机性，显然用一个直线轴承去约束，无法保证导向精度。

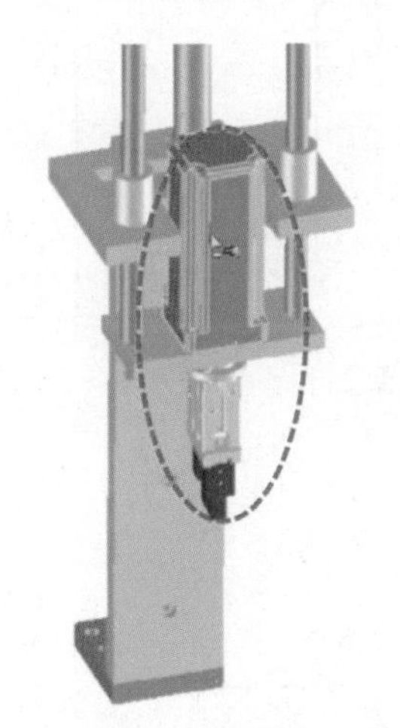

图 4-276　连续转动的场合需考虑线管缠绕问题

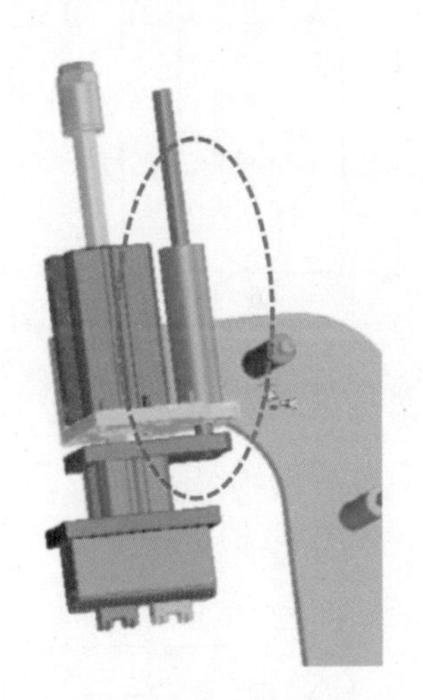

图 4-277　无法保证导向精度的设计

11）机构紧固设计有一条重要的原则：迁就标准件。比如，固定动力件的孔数和规格应大于气缸（标准件）。图 4-278 所示为冲切模座的动力部分，气缸的 4 个安装孔（代表它需要这种“紧固水平”）大于固定零件的紧固孔（且只有 2 个），不太合理。

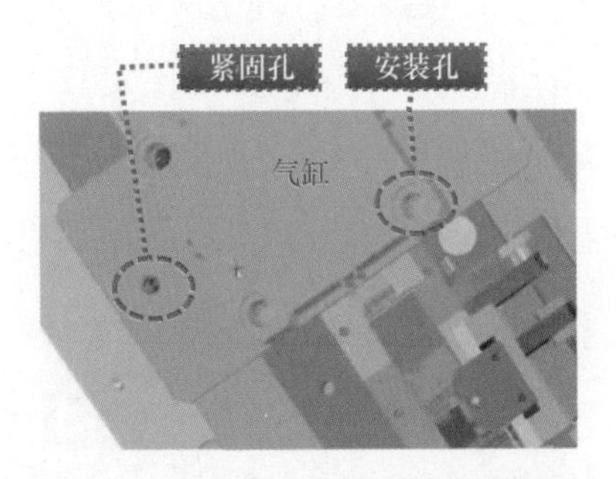

图 4-278　固定件没有迁就标准件的设计

12）紧固孔的上方有零件时，必须考虑工具的操作便利性。如图 4-279 所示，T 形零件的拆装不便利，被上方的圆棒和弹簧挡住了。

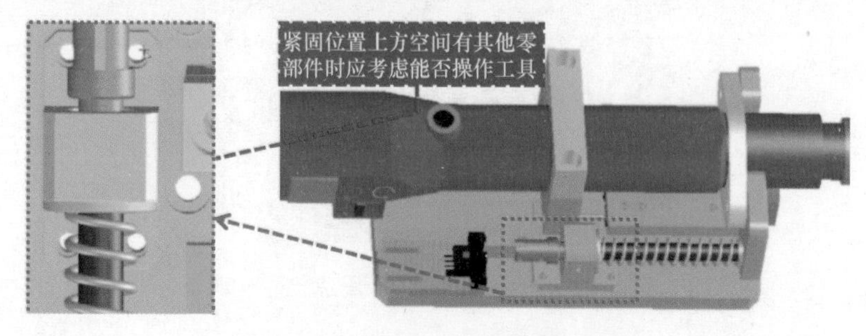

图 4-279　紧固作业空间被零件占据

13）零件上开设矩形孔槽时，需要考虑实际的加工工艺。如图 4-280 所示，采用钻铣加工，开设 R 角，采用放电或线切割加工，可开设穿线孔。

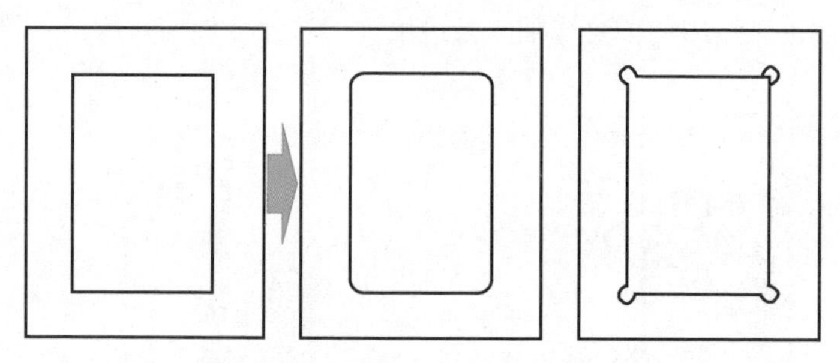

图 4-280　考虑加工工艺的孔槽设计

14）过盈配合的轴类零件，一般先装入键，需要有明确的定位结构，有足够的配合长度，如图 4-281 所示。

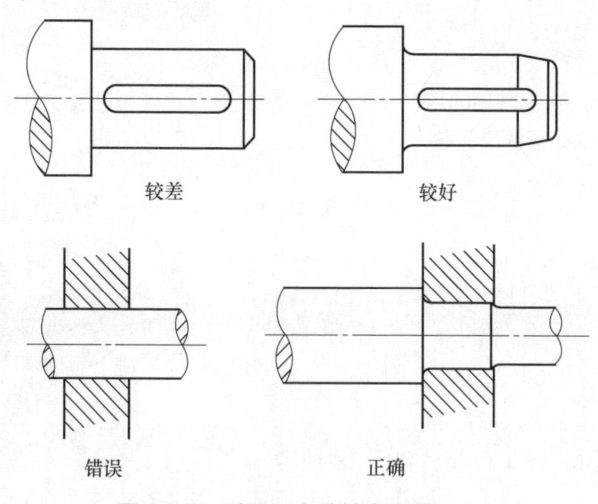

图 4-281　过盈配合的轴类零件设计

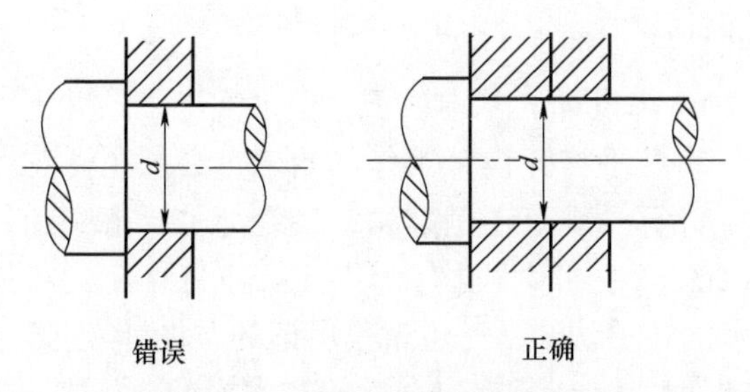

图 4-281　过盈配合的轴类零件设计（续）

15）悬臂结构的转盘 / 转轴，应尽可能减少“可动部分”的跨距。如图 4-282 所示，同样是实现转盘的转动，左图的整体刚性比右图的略差。

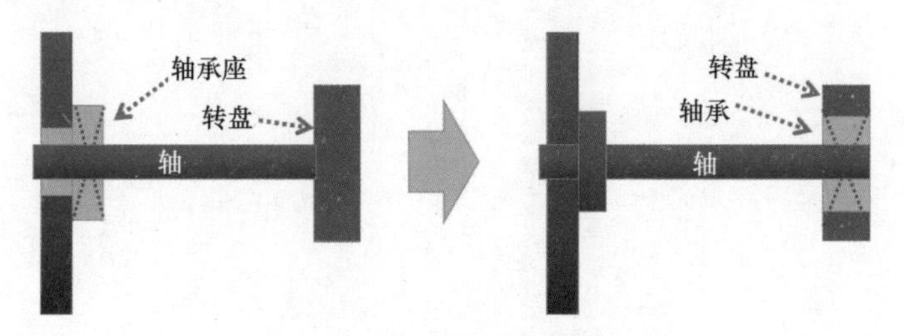

图 4-282　悬臂结构的轴承布置

……

本书毕竟篇幅有限，图文表达不便利，“设计禁忌”的相关内容便介绍到这里。请读者朋友自行积累相关的经验或数据，注意“功夫在平时”，同时区别对待“见仁见智的禁忌”和“约定俗成的禁忌”即可。

非标设备机构设计工作是比较繁杂而灵活的行当，因此本章的“设计规范及禁忌”仅供参考，读者朋友们无需过于纠结。也就是说，您在设计一个机构时，如果自己已经有足够的经验和认识，那么建议按自己的理解来，反之则选择性借鉴本书的一些总结和建议。为了帮助大家更好地学习，这里再提几点建议。

● 本章的许多规范内容，是建立在前一章“机构设计常用的计算及其建议”的基础上的，因此在阅读时最好将两个章节联系起来，反复阅读和消化。但是，相关的内容没有必要当作“知识点”去记忆或套用，而应该视为建议或观点，吸收后转化为自己的理解，在实际设计工作中“条件反射式”地应用——画图时不需要首先想该遵循哪个条文或依据，但设计出来的内容符合并体现自己理解的“条条框框”。

● 实践胜于雄辩。非标设备的制造过程总会遇到各种大大小小的问题，其中有些触犯设计禁忌的问题其实设计者事后是清楚不能那样做的，但结果还是会出现“纰漏”，这主要是态度或习惯导致的，比如画图时粗心大意或心不在焉，画完也不检查，或者“借鉴”别人的作品前没有审核、确认。因此，要做好规避和减少“设计禁忌”这件事，并不能单纯靠专业知识，还要注意提升个人素养和端正工作态度，培养设计的良好习惯。

- 本章内容属于对入门设计的基本认识，但事实上，这并不表示内容太简单或没有用，恰恰相反，它几乎贯穿设计工作的始末，必须稍微花点时间和精力了解。另一方面，不管是计算、规范还是禁忌，最终都是要落实到具体的机构设计内容中去的，只有不断做项目、画机构，不断遇到问题、改善问题、解决问题，才可能积累或消化更多的相关认知——也就是所谓的“设计经验”。

- 每家公司都应根据实际情况拟出合适的技术标准、规则（规定该怎么做和不该怎么做），通过文件或条文形式训导相关人员朝着合理、正确的方向做设计工作——做这件事的目标是为了提升设计效率，或者加强技术管理，因此值得花大力气和适当投资。

阅读笔记（本页用于读者总结学习内容）

第5章 高效的案例学习方法

在具备扎实的专业基本功和掌握基本的设计规范（禁忌）后，我们学习的重点一般转而放在行业案例上。但是需要面对的现实是，自己公司的、网上传播的、展会推介的……案例资源实在太多太杂了，而且有很多是重复的，甚至是“反面教材”，如果我们缺乏正确的认识和方法，钻研起来反而会无所适从、无从下手。本章结合设计和培训的从业经验，给大家提供些切实可行的学习建议。

5.1 案例学习的切入点：找茬儿 / 找亮点

5.1.1 找茬儿（略）

非标设备难以像标准设备一样，多数有点价值的非借鉴、非模仿性质的创新机构，能一步到位做得尽善尽美的几乎没有，往往是实验、摸索、优化出来的。即便是行业大神的得意之作，“第一版非标机构”也或多或少都有些“问题”，更何况传播于各种渠道、良莠不齐的海量设计案例资源（90% 以上都难以“拿来就用”）。因此，我们在学习时最好能带着批判的眼光去看待，鸡蛋里面挑骨头也是一个好方法。比如，拿到一个案例，不管三七二十一，从中挑出 3~5 条设计疏忽或不合理之处，然后按自己的理解加以改进，坚持这个习惯必能慢慢提升自己的“评估能力”，继而提升设计的规范程度。

5.1.2 找亮点

一般来说，用心做的或有创意的设计作品，无论实际运行结果如何，都可能具备一些“设计亮点”，如果我们能抓到，再尽量融入自己的设计作品中，可以有效提升设计的层次。举个例子，连接器行业插针工艺的相关机构五花八门，但从网上下载到的如图 5-1 所示的微型插针装置则比较特别。原始版本的机构，尺寸跟烟盒一般大，由一个动力实现多个动作的联动，对比普通机构不仅看起来有“设计感”，而且应用上确实占空间少，节省材料（成本）——这是一个有“亮点”的机构，值得我们花费时间和精力加以学习研究，抓住其“亮点”（小巧、单动力），或借鉴，或改良，或创新。那么，实际该如何展开学习呢？

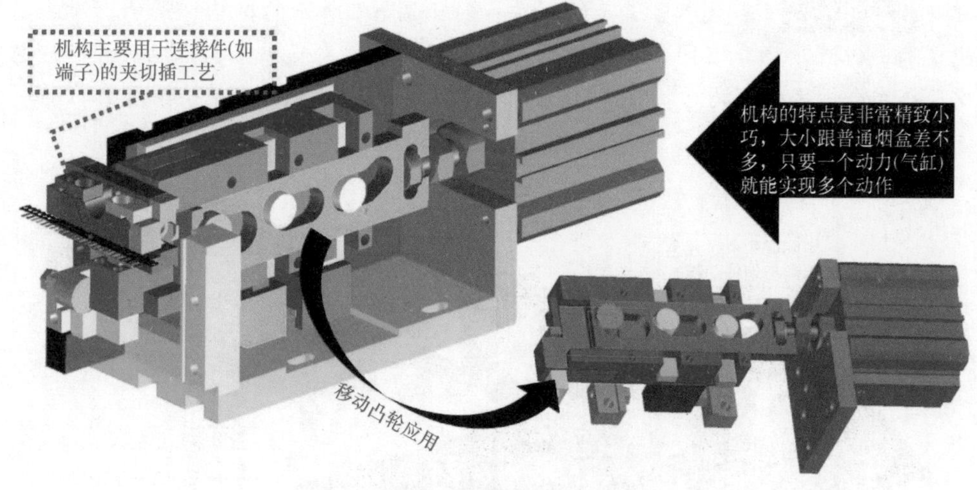

图 5-1 微型插针装置

首先很明确，“设计牛”或“有亮点”的装置、机构，极大可能是企业的技术秘密或专利，最好能够加以了解。如果确认没有侵权问题，作为一个非标定制化机构，“拿来就用”未尝不可；反之，如果确实是个专利机构或可能会损害其他企业的利益，学习归学习，尽量不要去抄袭。其次，对于“有亮点的专利产品”，如果忍不住想要“借鉴或引用”，其实方法还是有的。个人的建议如图 5-2 所示，对标原作品，我们的设计内容至少要满足这几个技巧（原则）中的 2 个及以上。其中，第 1 个技巧往往来自于灵感或联想，比如机构画着画着突然想起了某个“经典结构”，不觉间就“用”上了；第 2 个技巧，通俗点说，就是我们首先要学会在复杂机构（“形”）中抽离出有共性的设计原理、思维和逻辑（“神”）等，然后重点“借鉴”别人机构的“神”，并尝试用属于自己的“形”去呈现和诠释。为了让大家更好地理解上述建议，下面举几个例子，它们都或多或少“借鉴”了图 5-1 所示机构。

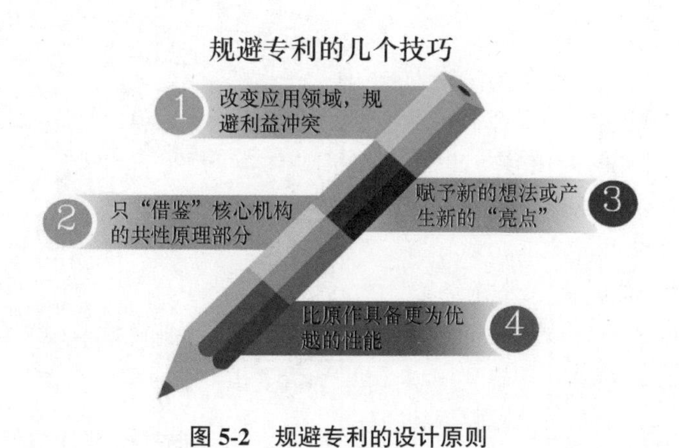

图 5-2 规避专利的设计原则

【案例一】 如图5-3所示的机构，对比图5-1所示的机构，虽然有附属功能增加，但应用场合雷同，核心机构基本原封不动，看不出机构性能有升华，也没有凸显个性化的“亮点”，这种设计就没有意义，或者说，这是绘图员干的事。

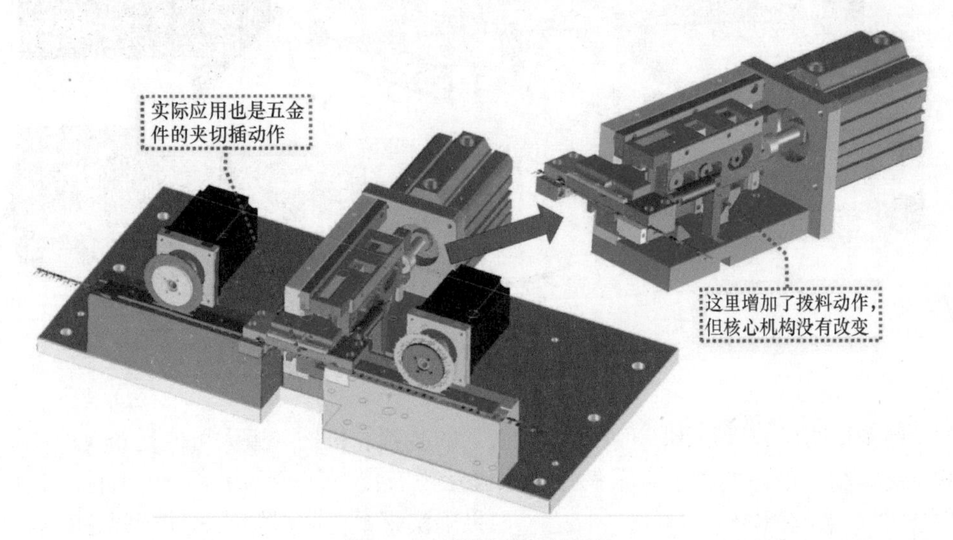

图5-3 纯模仿性质的设计

【案例二】 如图5-4所示的机构，据分享者在网页的介绍“有改进”（姑且认为比原作具备更优越性能），但应用场合雷同，核心机构的设计内容（一看就是仿图5-1所示的机构）没有个性化的“想法”“亮点”，甚至还丢失了原作品的亮点之一“小巧”。显然，工程师只是根据经验做了改图的工作，这个案例同样没有体现设计的价值。

【案例三】 同样“仿照”了图5-1所示的原作，对比案例一和案例二的机构，图5-5和图5-6所示的机构就有本质的差异。其一，应用场合改变了，不是用来实现“插针工艺”，而是被改为非标夹爪并整合到了新机构中；其二，“借鉴”的是原作品核心机构用到的“几何封闭移动凸轮”（“神”），这个部分纯粹是基础的通用机械原理的应用；其三，赋予了借鉴机构新的功能，夹爪带有旋转、摆动功能，而这个是该机构的“新亮点”：如图5-2所示的“技巧”（原则）占了3个，因此我们可以认为案例三的作品是一个创新机构。

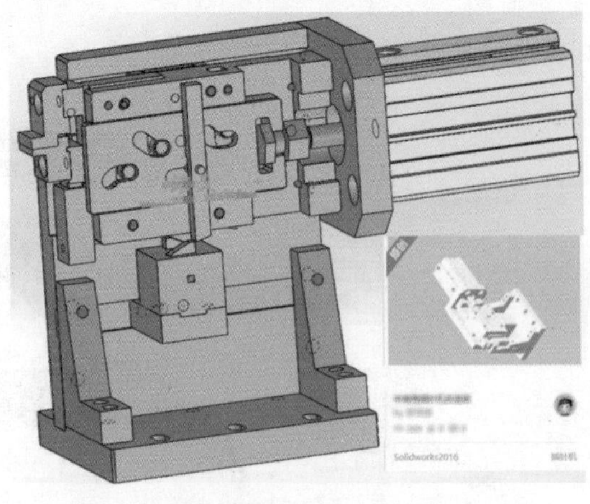

图5-4 有改进性质的设计（插针机改进版）

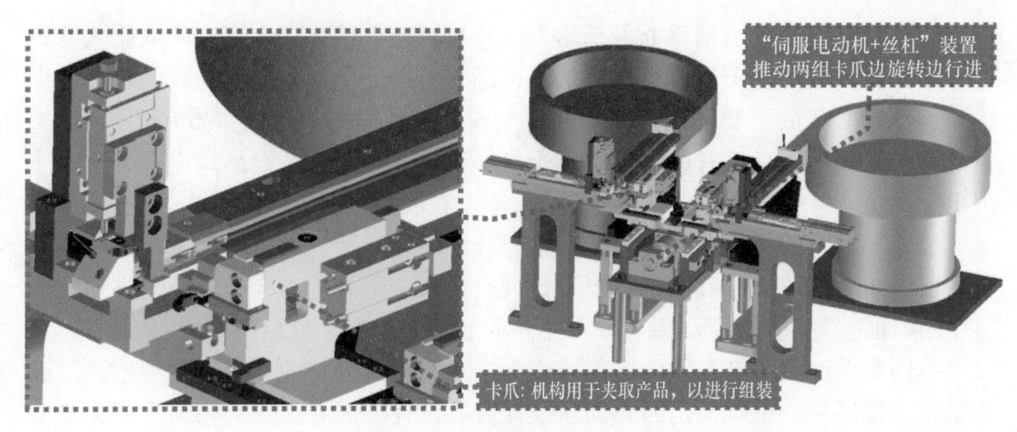

图 5-5　破旧立新的设计（一）

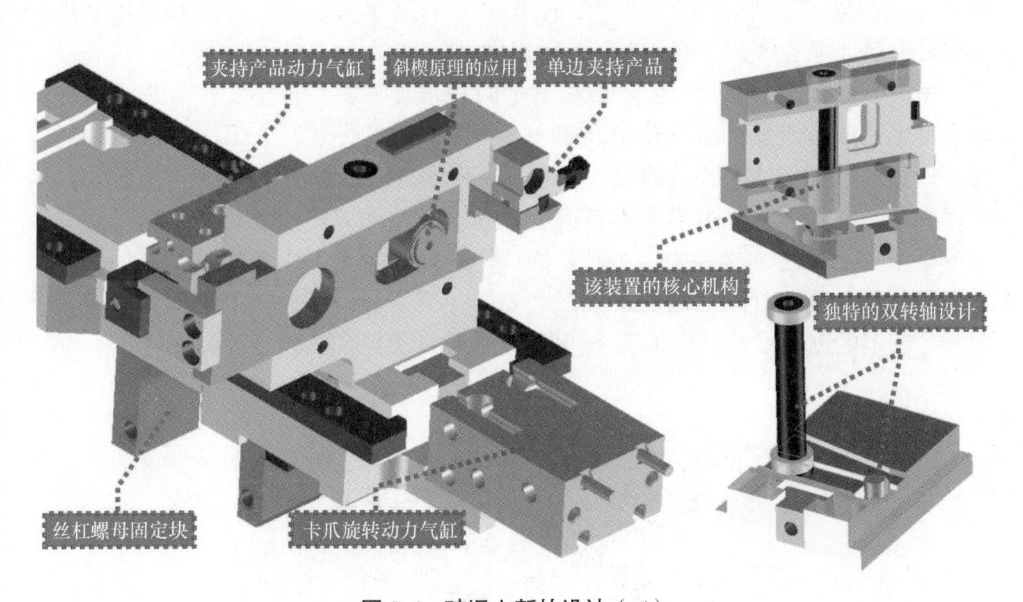

图 5-6　破旧立新的设计（二）

那么，为什么同样是"增加功能"，上述案例一和案例二的机构没有产生"新亮点"，而案例三的机构有"新亮点"呢？可以这样来评估判断：如果赋予借鉴机构新的设计功能后，并没有改变核心部分或关键功能，则可以认为没有新的想法与亮点；反之则有。案例一的机构即便新增了拨料功能（非核心部分），但核心机构和关键功能（夹切插联动的插针工艺）并没有改变，稍微有点行业经验的，一看就知道是"抄的"。案例二的机构标榜"改进版"，应该是有案例经验的迭代设计作品，但是看不出有"创新设计的味道"，因此从技术角度看也属于"伪设计"。这里插点题外话，任何行业最多也就 20% 的人在创新，这是很正常的现象。创新意味着风险、不成熟，很多创新作品其实在导入应用之初可能"问题很多"，相应的“持续改善”“精益求精”“优化升级”工作同样至关重要，也很考验从业人员的能力和经验。因此，无论自己从事的是创新设计还是“伪设计”（只是画图、改图）工作，二者的重要地位是对等的，只要把工作做好，把设备成功卖给客户，也就体现了技术人员该有的价值。至于要不要、能不能创新设计，很多时候也受限于行业和公司的文化和能力，不是个人能左右的事，没必要去纠结。

说回案例三的机构，新增加的转轴部分恰恰是新装置的核心部分，发挥着关键功能，至于夹取部分反而是次要设计内容，如非笔者描述，旁人是很难和“借鉴作品”扯上关系的，但该装置设计思路的展开的确源于图 5-1 所示机构。

我们要设计一个有创新内容的机构，这跟写出有创意的文章道理类似，说难不难，说易不易。说难，是因为创新设计需要设计人员有强烈的创新意识、基本的专业认知、宽泛的行业视野、解决项目问题的干劲等，不是光空想或喊口号就能达成的；说易，是因为绝大多数应用设备的创新设计都不依赖所谓的“高精尖技术”，做出来之后看上去往往“挺简单的”，只要掌握一定的方法和技巧，在实践项目中多训练思维，大部分人都是可以做到的。

另一方面，“巧妇难为无米之炊”，平时积累足够多“有亮点”“有想法”的设计素材也是非常重要的事。这里介绍一个行之有效的办法。大家平时可以多到官网去搜集一些如图 5-7 所示的设计专利（专利设计一般都有“亮点”“想法”），然后仔细阅读、消化，进可参考本节内容给大家介绍的方法、技巧，尝试将其“借鉴或应用”到自己的机构中去（但要特别注意，既然是专利作品，无论是参考还是学习，务必谨慎处理，以免带来不必要的知识产权纷争！）；退则当作学习，以积累足够多的创新设计“点子”，有利于发散设计思维和激发设计灵感。

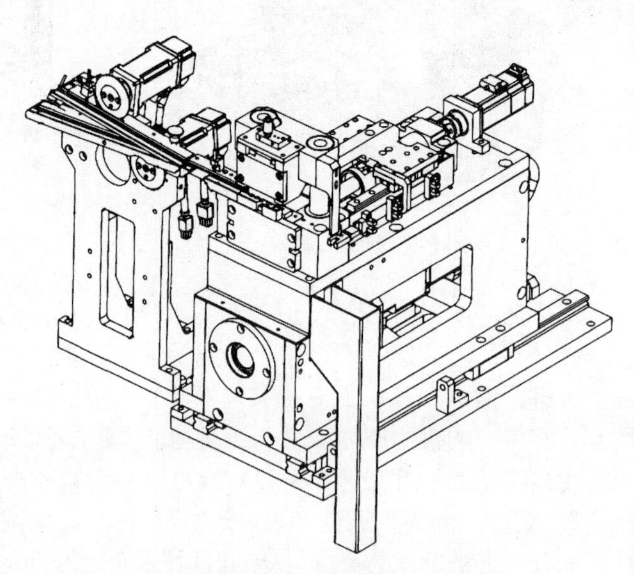

图 5-7 从专利文库下载的作品介绍

本插针装置包括第一送料轨道、第二送料轨道和共用送料轨道；第一送料轨道和第二送料轨道还用于给共用送料轨道送料；第二送料轨道位于第一送料轨道正下方且与第一送料轨道之间存在夹角；夹角为锐角；还包括第一驱动机构、第二驱动机构、裁切机构和推插机构。第一送料轨道和第二送料轨道既可以分别输送两种不同端子的端子料带，也可以输送相同端子的端子料带；用于输送两种不同端子的端子料带时，既可以节省生产空间，又可以节省成本；用于输送相同端子的端子料带时，既可以减少停机时间，降低因停机造成的损失，又可以提高工作效率

倘若广大读者觉得从外部资源去筛选“创意作品”比较麻烦，那还有另外一种方式，就是多留意自己所在公司的一些有特点、有新意的设计作品。比如，在连接器行业，除了图 5-1 所示的“微型插针机构”，其实还有“微型裁切机”，如图 5-8 所示，大概尺寸为 230mm × 90mm × 40mm，远远小于该行业一般的裁切机构。

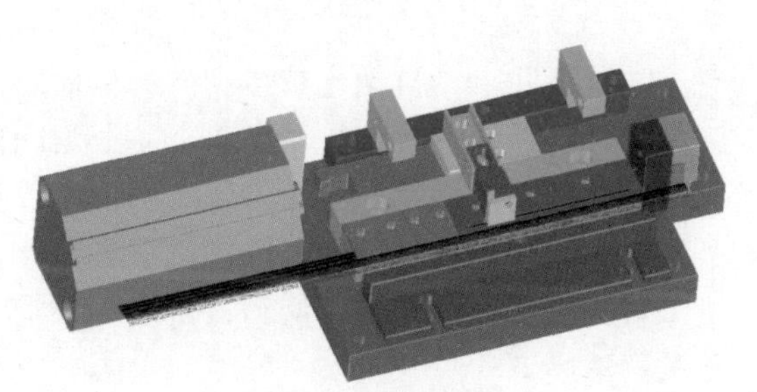

图 5-8　微型裁切机

该裁切机构同样采用一个气缸作为动力，实现物料（连料的五金件）供给和裁切成片的工艺，如图 5-9 所示。其中，最核心的设计内容是拨料滑块（带动拨料装置）和顶刀滑块（利用斜面推动切刀旋转裁切物料）的“分段式动作”与“玻珠螺钉应用”，如图 5-10 所示。首先，气缸推动顶刀滑块 2，在玻珠螺钉的作用下，拨料滑块 1 也跟着运动，从而实现拨料动作；当拨料滑块 1 运动到所需位置后立即停止，即送料到位，此时气缸仍然推动顶刀滑块 2 继续运动，直到其前端斜面将旋转式切刀顶起，完成切料动作。气缸复位时，则拨料滑块 1 和顶刀滑块 2 的动作为……

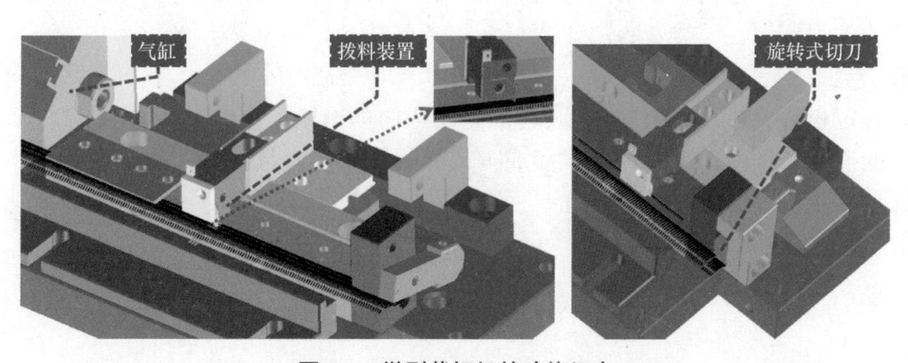

图 5-9　微型裁切机的功能组合

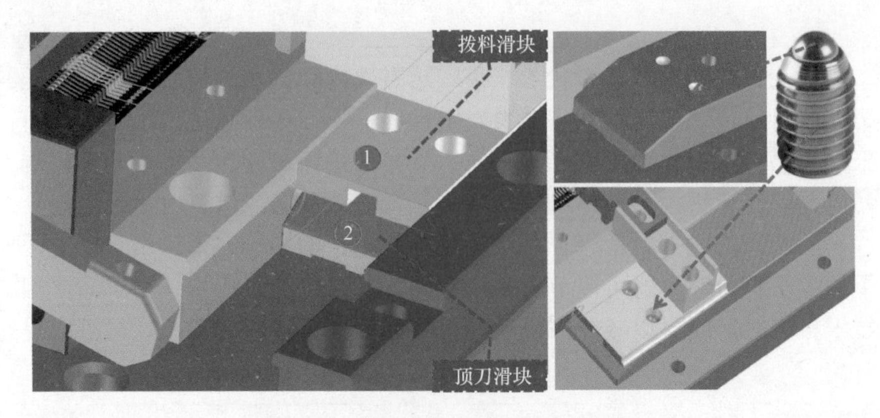

图 5-10 微型裁切机的核心设计内容

那么问题来了，假设让您来“借鉴”上述机构，您会怎么着手进行，能否借由设计衍生出更有想法和亮点的机构来？实战的建议和方法已给到，剩下的就留给广大读者自行去寻找答案吧。

5.2 案例学习的终极目标

随着近几十年自动化技术和网络传播媒介的蓬勃发展，相关的技术资源俯拾皆是。可以说，现今从事自动化机构设计工作，几乎不存在缺乏“参考案例”“借鉴机构”的情形。然而，凡事皆有两面性，资源泛滥了，必然参差不齐，必然凌乱不堪，需要耗费大量的时间去筛选和消化，对于技术能力薄弱和经验欠缺的人员来说，这是一件吃力未必讨好的事。如何应对，笔者在“速成宝典”入门篇有相关的论述。

笔者早年经营的自动化生产技术社区，注册会员分享了大量的设计图纸，再加上从其他商业图纸网站转载的部分，可以说积累的设备资源“多如牛毛”。但是，笔者绝少去翻阅这些资料，究其原因，在于技术资源有层次差别，如图 5-11 所示。A 类资料属于根据实际情况调整的可选性学习资料，一般只有研发实力强或规模较大的公司才有，具有较高的商业价值，而且往往以类似表 5-1 所示某公司的部分“技术秘密”的形式呈现，大部分不会申请专利或流传于网络，是相对稀缺的学习资源。B 类资料属于入行新人务必快速学习和消化的重点内容，C 类和 D 类资源则更多是资深设计人员开阔视野、取长补短的可选内容。跟大家一样，笔者肯定也不会排斥“案例学习”，但是精力时间有限，更倾向于对 A、B、C 类资源的搜集和学习，没有浪费太多成本或时间在那些海量的 D 类网络资源上。事实证明，这并不妨碍设计工作的正常开展，更没有影响到创新设计内容的持续输出。

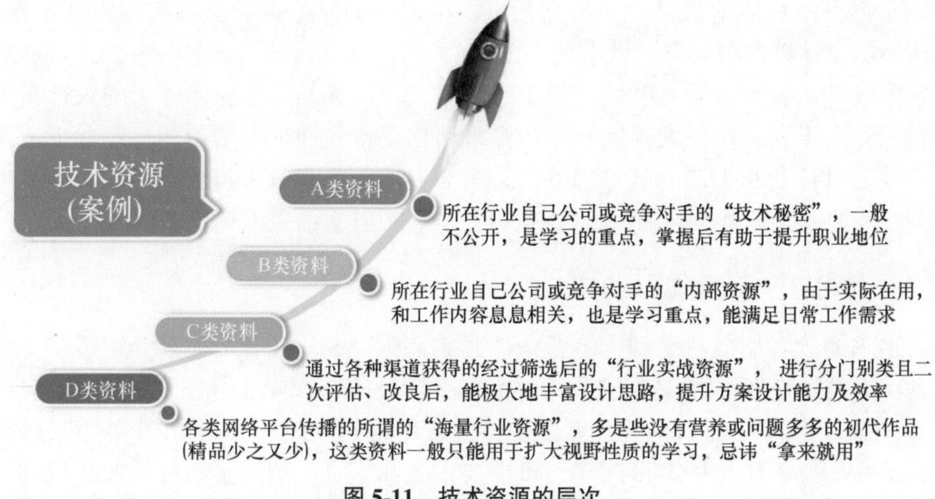

图 5-11　技术资源的层次

表 5-1　某公司的部分“技术机密”(专利)

核 心 技 术	技术来源	先进性和表征	保护形式
超高速精密曲面共轭凸轮技术	原创	• 凸轮组具有优秀的运动特性，极大地减小了高速运动下的冲击载荷和振幅 • 动态平衡性能优秀，消除了抖动问题，工作过程精密、高速、平顺 • 可实现超高速精密装配，装配速度可达 1200 次 / 分钟 • 加工精度高，装配精度可达 ± 0.01mm • 减小了时效变形，增强了表面硬度，提升了凸轮机构的寿命 • 结合该技术开发了 PCB 超高速插针机，打破了德国 Eberhard、美国 UMG 等欧美厂商的垄断，生产效率提升 20% 以上，大幅降低了成本，处于国际领先水平	专利 技术秘密
控制芯片高速边界扫描技术	原创	• 可高效对 MCU、ASIC、DDR、CPLD 等大规模的集成电路进行测试，快速定位 • 开发了边界扫描测试技术，可以快速定位 BGA 封装芯片的测试问题	技术秘密
高速压力位移检测控制技术	原创	• 对压力及位移信号进行动态实时采集，使同步采集速率达到纳秒级别 • 利用自主研发的软件算法对压力信号与位移信号进行高速运算，实时生成压力 - 位移曲线，保证端子制程品质	技术秘密

反观许多读者都有从网上大量下载设计案例的习惯，但不知道有没思考过类似的问题：如果一个设计案例不能拿来用，那么下载或学习它有什么意义？可能有的读者会想，通过案例可以学习人家的设计思路、原理，可以学习设计方法、

知识，再不济总能增长见识，扩充视野，毕竟干的是非标设备的机构设计工作。其实不然，这种典型的“舍近求远”“四处撒网”“漫无目的”的学习方式，可能对于资深设计人员来说难言利弊，但对于急需“快速成长、适应工作”的入行新人来说，弊大于利，是一大误区——非标自动化设备往往带着浓烈的行业和工艺属性，缺乏对行业和工艺的基本理解，案例学习的效率和效果将大打折扣。本节内容结合经验，就“案例学习的三大终极目标”，再着重给大家提供些学习建议。

5.2.1 化为己用（入行新人的目标）

追书的读者们能感受到，笔者在“速成宝典”中并没有给大家介绍过多专题机构（招式）。主要原因是制造业门类太多，读者所属行业、所在公司、所做设备都不一样，讲解了也不是所有人都看得懂、用得上。此外，一个 60 秒短视频能介绍清楚的案例，用图文形式表达可能要占去几十页，费力不讨好，便尽量挑选通用的内容（如学习方法、设计常识、公司规范、行业见闻、个人建议等）作为切入点来展开论述。换言之，“工程师速成宝典”不是“设备制造宝典”，它的出发点是“以人为本”“授人以渔”，定位于帮助读者本人提升设计素养和能力（内功），而非“以机为本”“授人以鱼”，输出特定行业自动化设备的设计讲解或案例展示（招式）。因此，大部分设计新人看完书，在技术认知和工程素养方面，应该都会或多或少有所提升，但是离实际做项目可能还有一层窗户纸需要捅破。

这层窗户纸就是您自己所在行业所在公司的各种设备案例，需要您有针对性的主动去研究和学习，这也是设计新人最高效的提升设计效率和自信心的学习途径之一。举个例子，如果您进入的是电子（如连接器）行业，那么除了通过各种渠道学习来增强设计内功，最重要的事情就是以最快的速度搜集、整理、消化类似表 5-2 所示的工艺及其设备机构（招式），“化为己用”。倘若“朝三暮四”，今天参加个培训，了解下点胶机是怎么回事，明天又上网搜资料，研究下口罩机是如何设计的……一两年下来，好像懂了很多，但都是些零碎、表面的知识，反而实际工作表现捉襟见肘，没法独立设计插针机，做个裁切机也一堆问题，被老板这批那批的，这就得不偿失了。道理就像您是少林派的，掌门要求练大力金刚指，但您一会儿痴心降龙十八掌，一会儿迷恋流星蝴蝶剑，结果到了要展示少林正宗武功时让人失望连连。那么为什么不尝试着先把金刚指练到炉火纯青的境界，再去考虑其他门派的武功呢？从实践经验来看，许多行业大神虽然干的是“非标机构设计工作”，但在能够得心应手、运筹帷幄的前提下，往往聚焦于某个行业或领域。毕竟任何一个行业没有十年八年的沉淀，真的难有深刻的理解和认知，也就无法轻松应对设计工作的层层挑战。

如果说个人素养和能力是内功，那行业具体项目的设备机构设计则是招式，两者相辅相成，缺一不可。获取渠道、训练方法也完全不一样，建议如图 5-12 所示。

表 5-2　连接器行业的案例学习重点

案例学习重点（以连接器行业为例）	
认识行业	行业概况
	产品、工艺、品质等认知
设备案例	插针设备（气动和凸轮）
	铁壳组装设备
	产品检测设备
	其他相关设备
备注	案例学习应坚持“两个先”原则：先从所在行业开始，先从行业认识开始

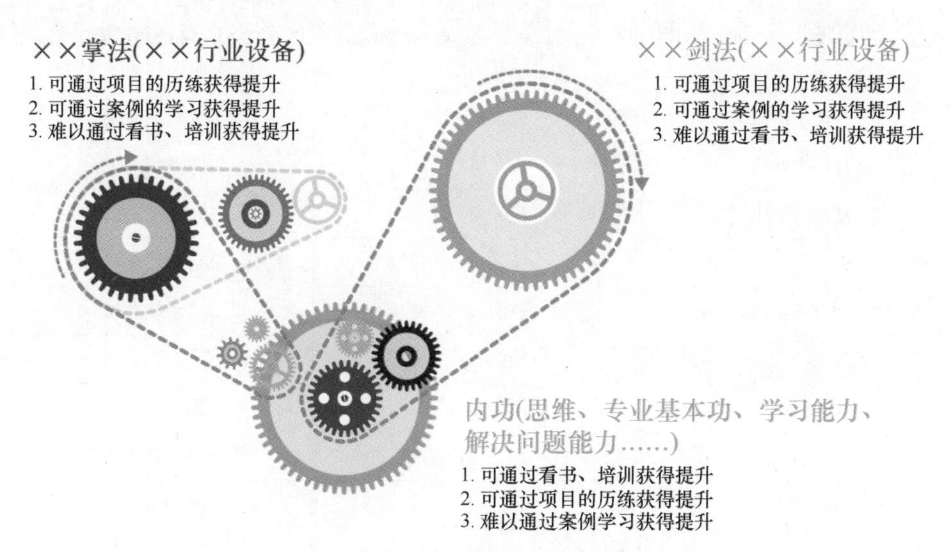

图 5-12　“内功”与“招式”的修炼方式、渠道

内功修炼方面，做非标机构设计工作最重要的是提升自己的设计思维、学习能力及专业基本功，掌握机构背后的逻辑与机理，并在工作实践中逐步提升自己解决问题的能力，因为谁也预测不到自己下一个项目是什么，只有这样才能立于不败之地。比如观念方面，包括外观设计、细节考究等，笔者在书上谈了很多，大家自己去复习、理解；比如工艺方面，类似螺钉锁付、点胶、焊接之类的通用工艺，类似插针机、裁切机之类的专用工艺，要根据实际所需花时间钻研、掌握；比如多了解一些基础研究性质的指导或理论，真空怎么产生的，供料是基于什么规律来实现的等；再比如设计思路的梳理，笔者在多本书的多个案例中都进行过介绍……总之大家需要在这些方面有意识、有计划、有行动地去学习，方能有实质性的提升。因为即便计算机硬盘里有几万套“海量资源”，跟“内功”也没

有一毛钱的关系。做技术也没有绝对的速成，只有不断积累才能一点一滴地提升内功。

至于招式训练（案例学习）方面，则因地制宜，因人而异。假设您是在面向表 5-3 所示行业提供非标自动化设备的公司谋职，毫无疑问，理论上对应的设备类型均应逐一“攻破”。但如果是设计新人，处于长经验的初期阶段，不太可能被安排接触过于庞杂的项目，学习则应当围绕自己从业方向或当前工作需要筛选案例，先集中精力加强某类设备学习即可，千万不要“东一锹西一镐”，需考量的问题如图 5-13 所示。具体方法也可参考前一节给大家提供的那些建议，比如“找茬儿”“找亮点”等。最后，就是在不侵权或损害他人利益的前提下，尽可能地将案例充实到您的“设计素材库”备用。表 5-3 列出了部分行业的常用设备类型。

表 5-3 部分行业的常用设备类型

行业	常用设备	行业	常用设备	行业	常用设备
电子	自动插件机	加工	钻孔机	锁具	气液增压冲床
	自动贴片机		拉丝机		卡簧组装机
	自动螺丝机		攻丝机		螺丝机
	载带包装机		激光切割机		自动涂油机
	SMT 锡膏印刷机		抛光机		自动攻丝机
	超声波熔接机		打磨机		自动钻孔机
	PCB 下板机		精雕机		自动输送线
	喷码机		激光焊接机		抛光机
	激光打码机		超声波清洗机		激光打码机
LED 灯具	自动输送线	小家电	点胶机	手机	螺丝机
	烤箱		焊锡机		自动贴膜机
	自动螺丝机		螺丝机		自动点胶机
	自动点胶机		扭力测试机		激光打码机
	自动焊锡机		卡簧组装机		自动焊锡机
	耐久测试机		电测机		电测机
	自动包装机		激光打码机		抛光机
	自动上板机		—		—
	自动铆钉机				

注：不同行业的整体制造工艺虽然千差万别，但拆解为工艺单元后，主要集中在锁紧螺钉、包装、焊接、抛光、喷码等，机构原理大同小异。

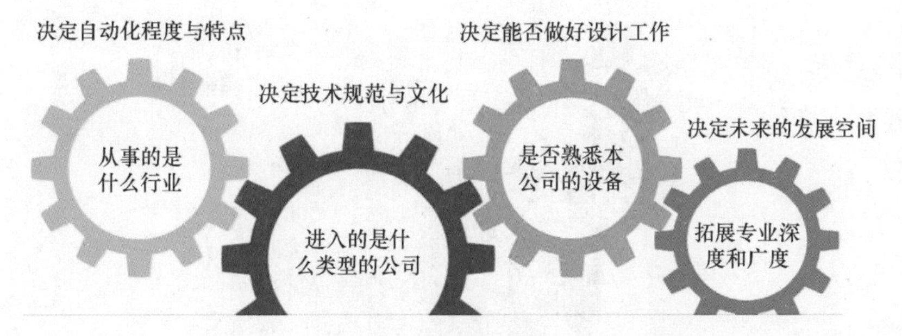

图 5-13　“招式”训练（案例学习）的考量点

诚然，将案例（招式）“化为己有”并非易事，效率和成功率很多时候受限于个人的能力（内功），因此广大读者最好能在从业历程中内、外功同步兼修，且前期以内功修炼为主，比如多看看“速成宝典”系列丛书，多做项目评估和工作检讨，多听取前辈建议和指导；在招式训练策略上不要好高骛远，也不要贪多求杂，先把“本门派武功练好”。

5.2.2　持续改善（多数人员的目标）

即便通过学习、钻研，成功地将案例纳入“设计素材库”，但开展项目时“拿来就用”的过程也可能存在各种突发问题，此时就需要“见招拆招”，为了使项目顺利进行，少不了对机构进行一些改良或二次开发——**持续改善**。如果说努力将案例扔进“素材库”是认真学习的结果，那对“素材库”案例的持续维护，则是能力经验提升的源泉。设计人员千万不要害怕问题，解决问题的过程不仅对职业绩效有贡献，也能扎实地提升个人能力和经验。那到底什么才是设计工作中的“持续改善”呢？对于应用型非标自动化设备来说，“持续改善”绝对不是简单地改改机构、画画图的活儿，而是一个可能需要跨学科，多部门、团队协作，技术管理兼顾的事。

【案例】　图 5-14 所示为两种规格的 CPU 连接器（主要组件为端子和塑胶）产品，A 是旧产品，B 是新产品，两者的核心工艺插针采用的是设计原理类似的设备（图 5-15）。但由于 B 产品较为复杂，新制设备生产的插针良率仅为 60%，设备稼动率低至 50%，客户不接受，应如何着手改善？

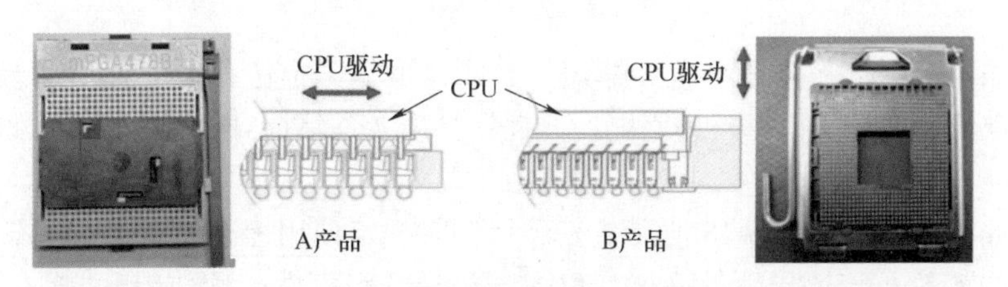

图 5-14　两种规格的 CPU 连接器产品

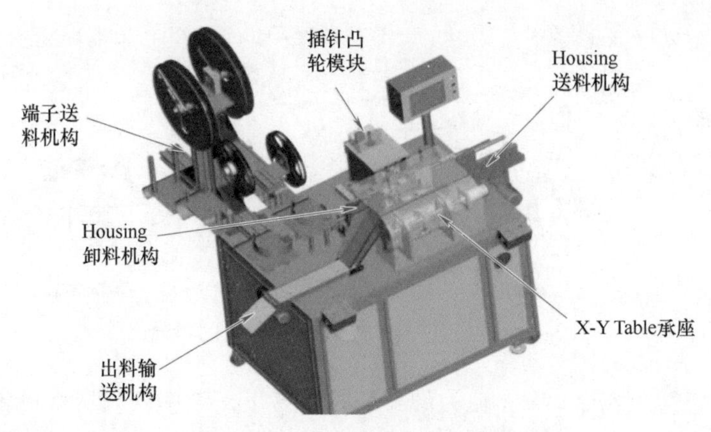

图 5-15　CPU 连接器插针设备

【简析】　既然是设备完成的插针工艺，那是否意味着改改机构就可以提高良率和稼动率呢？不完全是。首先，设备生产的良率和稼动率影响因素较多，需要逐项进行评估确认，然后再一一分析，拟出对策，如图 5-16 所示。

	当前	1	2	3	4	5	6	7	8	9	10	11	12	13	14	15	16	17	目标
项目		刀具脱料	缩短导轨	组装精度	插针深度	刀具导向	端子矫正	盖板更改	载具高度	端子展平	端子送料	落料失效	落料翻转	检料	变速插针	高低针	倒料带	孔改善	
稼动率	50%	5.5%	0	3%	0	2%	3.5%	1%	3.5%	2%	4.5%	1%	1.5%	1%	1.5%	0	0	1%	80%
良率	60%	3%	2%	2%	2%	2%	1%	1%	1%	1%	0.5%	0	0	0.5%	0	1%	0	3%	80%

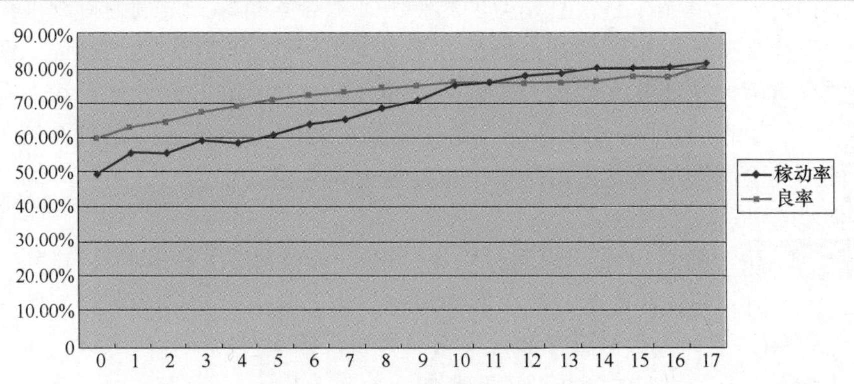

图 5-16　设备“持续改善”计划

比如第 2 项，将流道导轨 L 缩短后，能减少端子定位孔距的累积误差，降低被机构定位针插伤的概率，进而能提升插针品质，预估提升 2% 的良率，如图 5-17 所示。

比如第 3 项，如图 5-18 所示，安装机构时规定使用标准 Gauge（检具），统一插针机的棘轮与流道导轨的高度，以保证送料的稳定性，预估提升 3% 的稼动率和 2% 的良率。

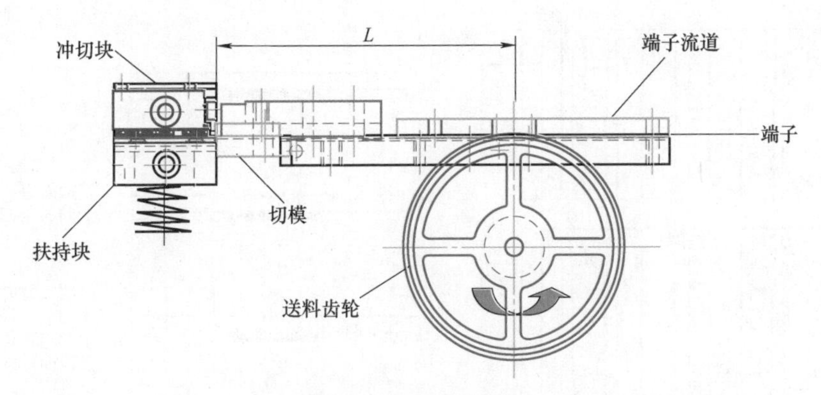

图 5-17　缩短流道导轨

图 5-18　棘轮与流道导轨的高度的标准化安装

比如第 4 项，产品插针时（图 5-19），长排区域受插入力比短排大，长排中间部分离塑胶基座上分布的 8 个站脚相对较远，中间部分相对强度较弱，易变形，会出现长排中间部分插针深度小于两边，插针深度不均匀的情况。如图 5-20 所示，在塑胶承座的中间部分增加加强筋，能减小插针时的塑胶变形量，改善效果明显。

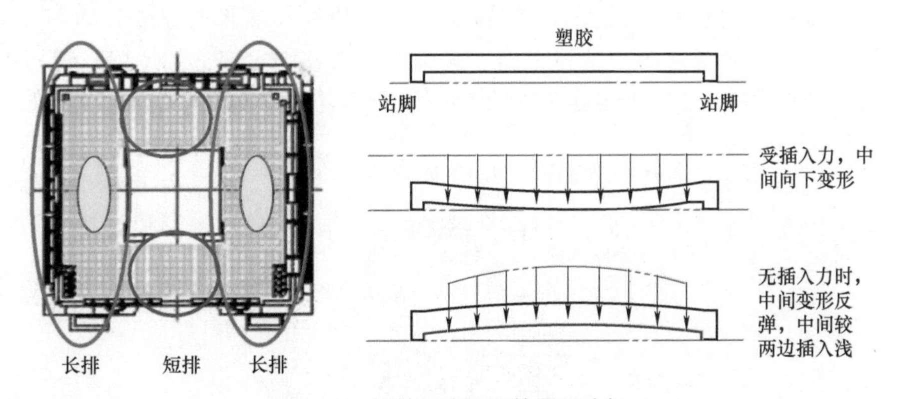

图 5-19　插针深度不一的原因分析

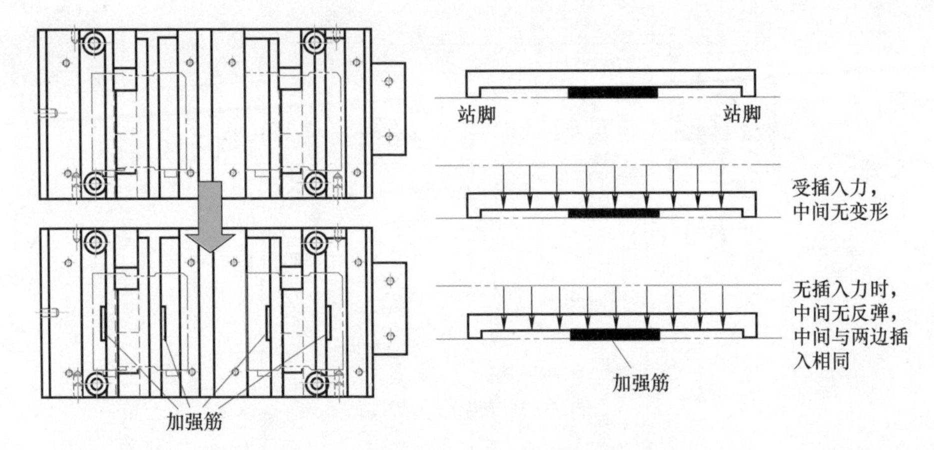

图 5-20　克服插针深度不一问题的改进结构

比如第 5 项，增加冲切块导向面积后，能有效减少其与切模的碰撞损伤，提高刀具的使用寿命（减少更换次数和时间），预估提升 2% 的良率和稼动率，如图 5-21 所示。

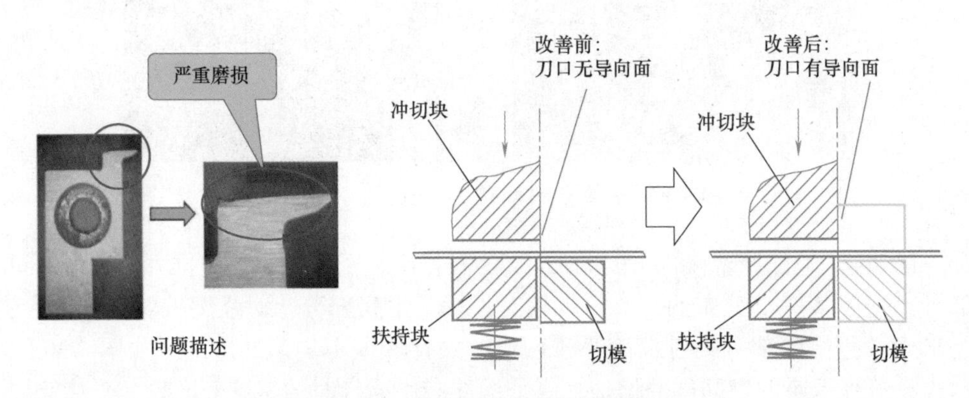

图 5-21　提升刀具使用寿命的措施

比如第 13 项，如图 5-22 所示，原塑胶送料检测传感器位于塑胶内框区域，当塑胶方向错误时无法检出造成卡料，改到检测塑胶突出部分的位置，则塑胶返料流入时能被检知，实时停机，可避免后续组装不良品浪费塑胶及端子。

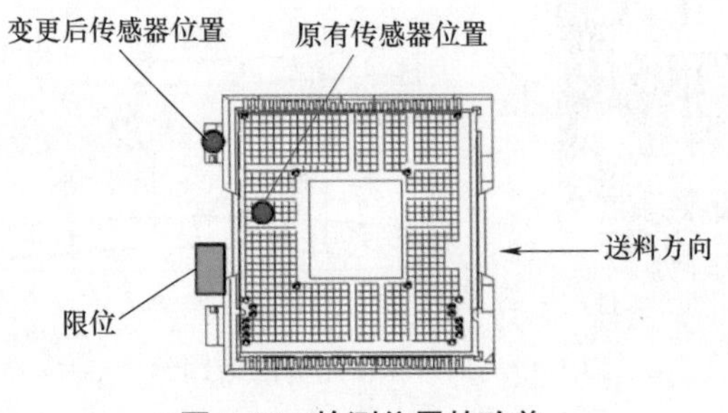

图 5-22　检测位置的改善

比如第14项，如图5-23所示，由于插针机一般是匀速状态作业，当速度过快时，定位针头部锥形起不到插入端子定位孔后导正端子的作用，容易插伤端子定位孔，影响后续工艺质量，但降低速度会影响产能，在采用伺服电动机进行变速控制后，此问题得以改善。

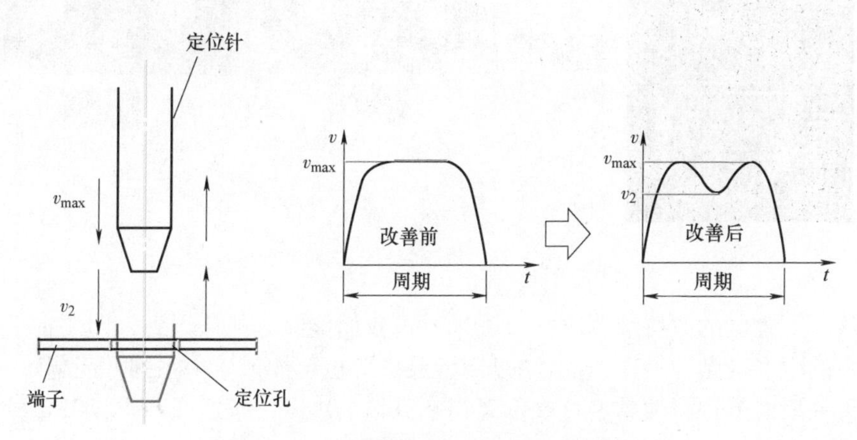

图5-23　改变插针机动作的时间分配

比如第15项，经DOE（DESIGN OF EXPERIMENT试验设计）分析端子高低针是造成插针不良的第二主因，对插针机端子流道进行设变，如图5-24所示，增加感应电极来检测高低针，并在插针之前将不良端子切掉，从而提高插针良率。

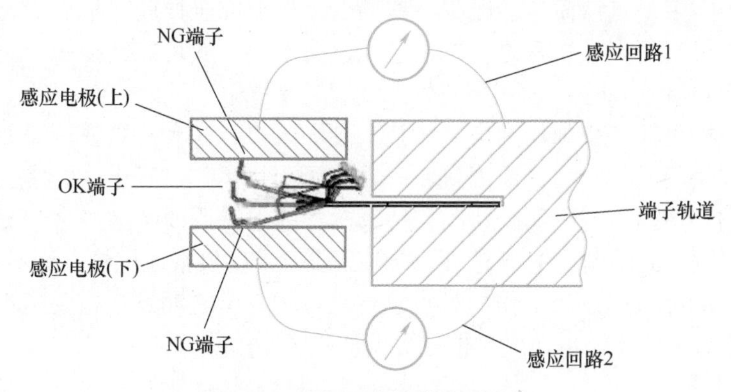

图5-24　增加不良针的侦测功能

比如第17项，在不影响功能的前提下设变产品物料，将塑胶的孔在X方向扩大0.05mm，Y方向扩大0.05mm，减少了插针时端子和塑胶孔壁的碰撞，此项预估提高3%的良率和1%的稼动率，如图5-25所示。

其他改善对策，考虑到广大读者未必熟悉该行业，仅为论述举例，此处不再赘述。

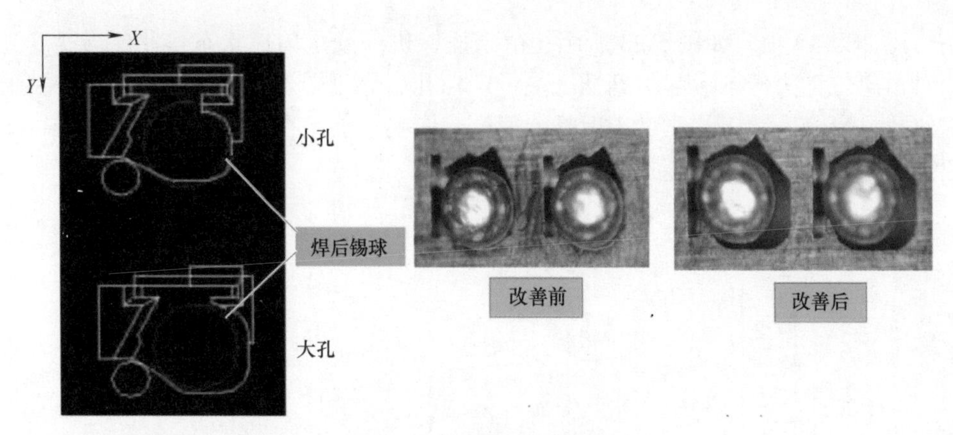

图 5-25 塑胶配合孔改善

从以上案例的“持续改善”过程来看，我们能深刻地认识到，即便本来是成熟稳定的生产设备，换个产品，“复制型设备”也可能产生一系列“问题”，从而不得不采取对策进行改善，这些都是司空见惯的事。一条线或一个设备要导入生产，让客户“埋单”并不是件容易的事，单纯只靠设计机构画图的能力，根本无法驾驭，也就会使得项目磕磕绊绊，甚至夭折。可能新入行的读者朋友会纳闷儿，为什么不在一开始设计设备时就把所有问题都考虑到位呢，非要等到“水深火热”时才来补救？其实是这样的，非标自动化设备属于项目性质的定制化设备，只要是新的项目（哪怕设备是一样的）就难免有新的问题，而且在实际应用时综合影响因素太多了，设计时难免“顾此失彼”“百密一疏”，之所以说经验很重要也是这个原因，做多了自然而然会减少一些问题，但要完全摆脱“事后诸葛亮”的魔咒几乎是不可能的事。换言之，即便这次过关了，下次可能又是一个新项目，难保不会有新的问题出现，正所谓“改善无止境”。

非标机构设计工程师作为项目的技术主导人员，笔者一直强调需要有较强的综合性的解决问题的能力，原因就在于在实际项目运作过程中，经常会突发如同案例描述的“烦琐、棘手”的状况，持续改善的思路既要考虑机台本身的设计问题，也要兼顾产品结构、生产管理、物料品质等，仅仅精通机构设计不容易应对。或许这就是非标机构设计工作的难点表现之一吧，读者朋友一定要迎难而上，经过三五个项目的磨炼，后面自然也就慢慢适应了。

5.2.3 破旧立新（资深达人的目标）

笔者回顾多年的从业生涯，自认为没取得什么职业成就，但有一点感到欣慰的是，大部分的项目机构设计作品，每每都能或多或少融入些创新元素。是什么因素驱使自己的设计工作得以长期维持“破旧立新”的状态，丰富的经验？扎实的基础？抑或创新的激情？好像都不是。这个问题笔者最近才找到答案：对设计工作的敬畏。创新设计是一件有挑战性也有成就感的事。作为设计人员，不管能力如何，总要有些追求，如无创新，谈何设计，因此做项目的时候，即便可能有些折腾，也总是有意识地想突破一下。相信广大读者也是一样的，随着经验的增长，若还保有对设计工作的热诚和敬仰，肯定也希望“破旧立新”。“光说不练假把式”，对于部分有想法但缺方法的读者，下面为大家总结几条切实可行、行之有效的建议。

1. “设计” 工艺

工艺是制造产品的方法与过程。一般来说，工艺是稳定的，要设变也不容易。也正因此，如若能够改变或完善工艺，相应的自动化机构就会有“新意”出来。“改善并设计新的工艺”，是大多数设计人员可以努力的设计技巧，有些时候调整下工序或者替换下工具，可能就会带来设计上的创新效果。“速成宝典”实战篇第 306 页 ~ 第 316 页，关于机构设计思路的论述中，有重点提到“从工艺设计着手构思”，读者朋友们可阅读温习。

2. 解决问题

非标设备项目很特殊，由于要求、条件、物料、工艺等存在差异，机构设计过程可能会遇到有些特殊难度的情况。如若大家都觉得棘手乃至“束手无策”，但通过设计的 ×× 机构或方式解决了，不就等于创新了？

【案例】　图 5-26 所示的说明书 / 保修卡是产品包装工艺常见的装箱附件，推行自动化时，如何用一个机构实现说明书 / 保修卡的取放？

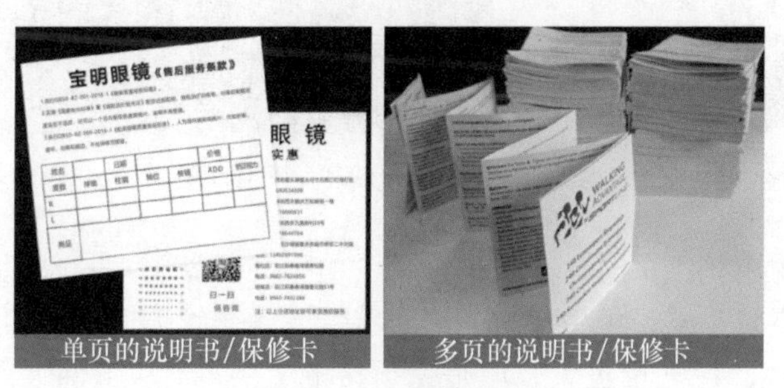

图 5-26　说明书 / 保修卡

【简析】　由于说明书 / 保修卡属于软性物料，无论外形和尺寸均存在较大的不确定性，采用抓取方式肯定是不行的，如果用真空吸附的方式呢，似乎可行，但其实问题挺多的。通常，我们会简单直接地构思类似图 5-27 所示的装置来实现，但案例描述的场合显然不适用。比如吸附时“真空力”容易透过纸张造成多页同时被吸住的现象（“粘页”）；比如吸附折页或整本说明书时，页面容易展开、拉长（“风琴页”），可能影响机台作业……如果没有解决方法，同时还要求用一个机构来实现，则设计上会有一定的障碍或困难。图 5-28 所示为一个针对性解决上述问题的吸附机构，无论是自行设计还是借鉴他人，都有一定的学习价值。

图 5-27 说明书与吸盘

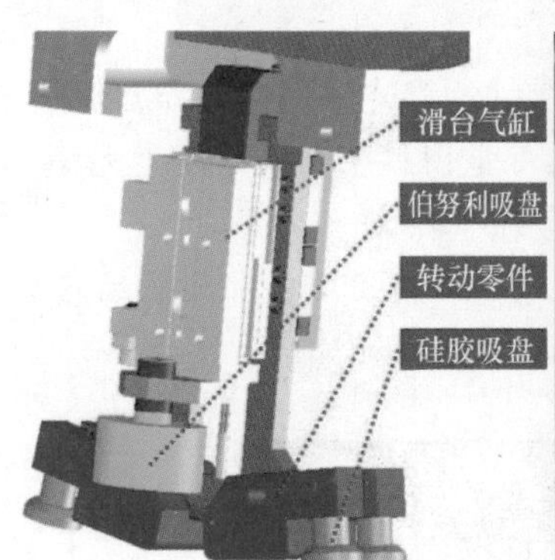

图 5-28 说明书 / 保修卡吸附机构（左：3D 图；右：实物图）

首先，吸附单张纸页时，该机构采用“伯努利吸盘”——原理如图 5-29 所示，其动力并非真空发生器，可像气缸一样直接接入正压管道使用。“伯努利吸盘”工作时虽然噪声大，耗气量也大，但是无须接触工件（不从工件吸入空气，几乎不会造成工件变形），且低真空、高流量，漏气补偿性好，能较好地分离轻薄透气性物体（如纸页），进而能避免“粘页”问题，常用于表面凹凸的、有孔洞的、不能承压的或有无尘、无恒定外观要求的轻质零件（如印制电路板、纸片、布片、扁平垫圈、玻璃、芯片、薄膜等）吸附工艺。更细致的元件介绍和用法，广大读者可自行查询相关资料，关键词为“伯努利吸盘”或“非接触式吸盘”。

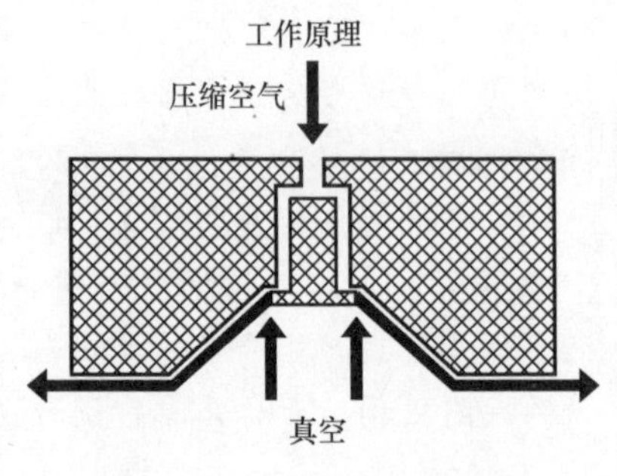

图 5-29 伯努利吸盘的原理

其次，通过对具体项目折页说明书的实物与模拟分析，发现吸附如图 5-30 所示的点 1 和点 2 后再折起一定角度，吸附过程的“风琴页”现象可得到有效克服，于是针对性设计出动作顺序如图 5-31 所示、带摆动功能的非标吸附装置。最后，通过一个滑台气缸对“伯努利吸盘”的动作进行控制，从而在一个机构整合了两种独立的吸附功能。

图 5-30　实物的吸附点分析

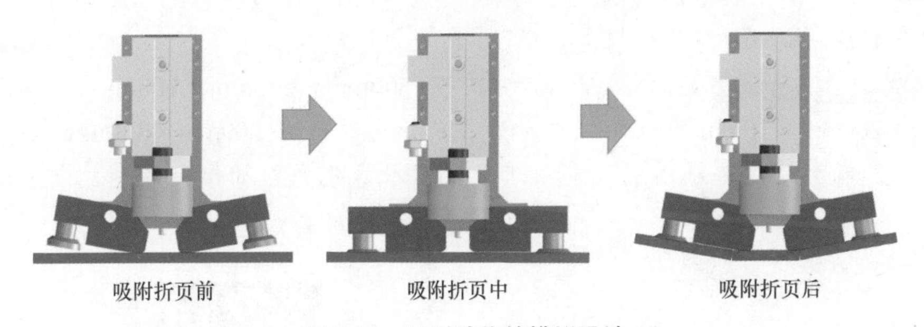

图 5-31　吸附动作的模拟设计

通过上述学习后，我们进能掌握基本的学习思路和设计思维，退也能在脑海里留个印象，将来万一遇到类似的状况，在“一筹莫展”时可借鉴该方法、方案。当然，必须要说明的是，我们平时选个标准设备、标准件都要纠结半天，何况非标设备的机构都是针对性的、定制化的，换个哪怕“看起来差不多”的场合，都需要具体问题具体分析，千万不要“拿来就用”。比如，有些比较厚的说明书或者折页，该机构的吸附效果不太好，在评估具体项目时最好能花点小钱做个机构提前验证下，至于原因或解决方案，留给广大读者去探索和发挥。此外要注意的是，以上是一个基于既有机构的学习分析，如果是未知机构的设计构思，则过程刚好是逆过来的。牢牢记住这句话：先有工艺，后有机构，机构不是唯一的，要找到最适合当前工况或要求的那个。

实践上如果不是项目本身难度太大或者属于行业空白，一般都有很多案例可供参考，这点是我们从事自动化技术工作需要重视的，尽量做到博闻强识。类似图 5-32 所示的鸡蛋托盘、可乐罐、回形针等，如果要用“吸附工艺”来实现搬移或码垛之类的动作，因为都是“非常规”情形，平时疏于学习的设计人员可能会在“吸盘选用”问题上有思路受限的情况，实际分别可用伯努利吸盘、海绵吸盘，磁性吸盘等来实现。

图 5-32 鸡蛋托盘、可乐罐、回形针

3. 做加减法

“加减法”是机构创新设计的基本技法之一，加法即把多个机构组合到一起，往往是基于现成机构做的创新；减法即把机构组合进行拆解、删减或单元化，考虑的点不充分时，失效风险高。相对来说，给机构“做减法”比“做加法”的难度和障碍多一些，因为要考虑的点较多，创新性也略高。

【案例】 如图 5-33 所示，现需要在一个 500mm × 500mm × 10mm 的纸皮上粘贴一道 200mm × 10mm 的双面胶，然后在其上贴附一层 300mm × 300mm × 10mm 泡棉，产能和精度要求不高，采用工业机器人来完成，如何设计悬挂于末端的工具？

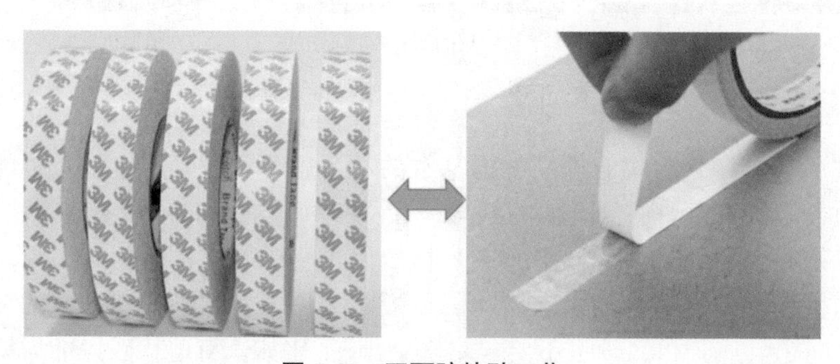

图 5-33 双面胶粘贴工艺

【简析】 类似双面胶粘贴工艺，行业成熟的设备、机构有一些，比如图 5-34 所示的标准设备和工具（特定应用场景），比如图 5-35 所示的悬挂于工业机器人上的非标机构（带有裁剪胶纸功能，但离型纸需要手工剥撕）。从项目达成立场来看，直接找个现成的合适装置“改一改”，也是一个“设计思路”。但是，比较特殊的是，姑且不论“借鉴现成机构”是否可行，案例还要求贴完双面胶后再贴泡棉，又该如何实现？再增加一台机器人，然后做一组泡棉粘贴工具，还是直接采用非标机构去完成泡棉粘贴动作？实施方案肯定不止一个，但是哪种更合理、更能体现设计的价值，则见仁见智了。

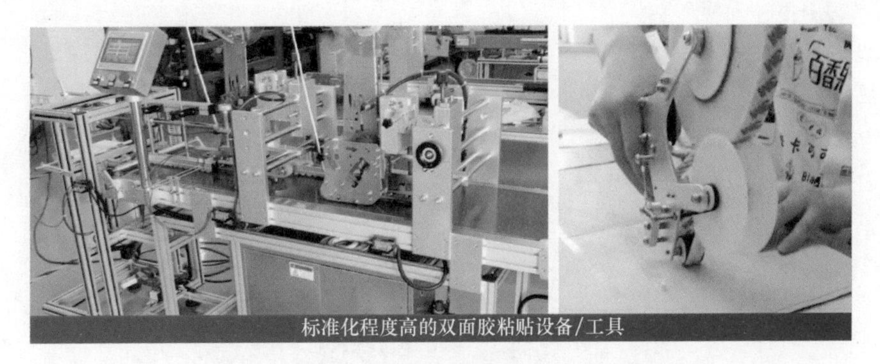

图 5-34　市面上常见的双面胶粘贴设备 / 工具

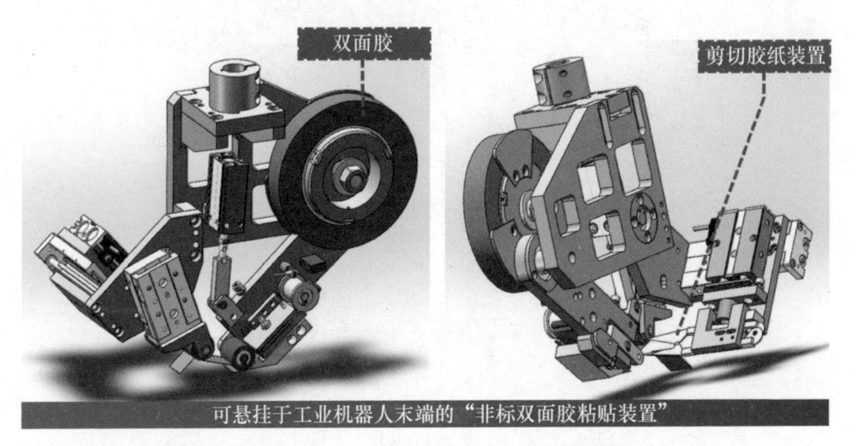

图 5-35　非标的双面胶粘贴机构

作为案例的解决方案之一，图 5-36 所示为一个粘贴双面胶的装置，很好地诠释了“机构加减法”的设计技巧。首先说“加法”，机构将双面胶粘贴装置和用于贴泡棉的吸附装置组合到一起，在机器人的控制下，可实现对产品或部分组件的吸取、搬移动作，同时完成双面胶的粘贴，能相对完整地取代人工生产的多个工序作业。需要注意的是，这种通过做加法得到的组合机构，尤其适合小批量、多品种的生产模式，倘若是大批量、少品种的产品生产，则因为组合之后的机构动作是顺延式的，周期偏长，反而未必是合适的选择。

其次说“减法”，在设计之前，笔者曾经反复评估图 5-35 所示的机构，有过想直接借鉴的想法，但出于对设计工作的敬畏，最后还是选择自主设计。那如何落实呢？由于工况的双面胶粘贴精度要求不高，因此粘贴后可以考虑直接撕断，即拿掉“剪切功能”，此时无论是工艺还是机构，都有本质的改变，最后设计出来的机构自然会有创新的意味出来，如图 5-37 所示。倘若笔者没有从“改变或设计工艺”着手，仍然按照固化思维进行，参考图 5-35 所示机构的“贴胶、滚压、剪断……”工艺流程去设计机构，显然无论怎么费脑筋，最后都不太容易有新的亮点或想法出来。

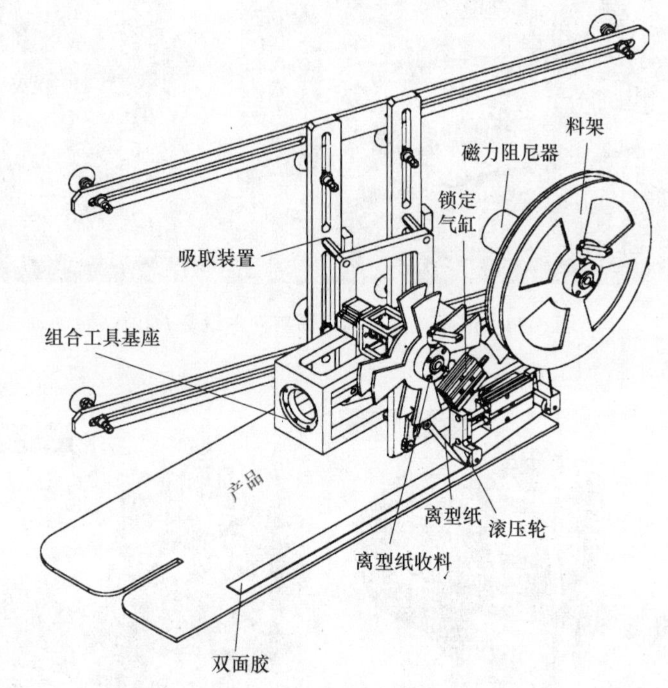

图 5-36 “双面胶粘贴 + 泡棉粘贴”组合工具

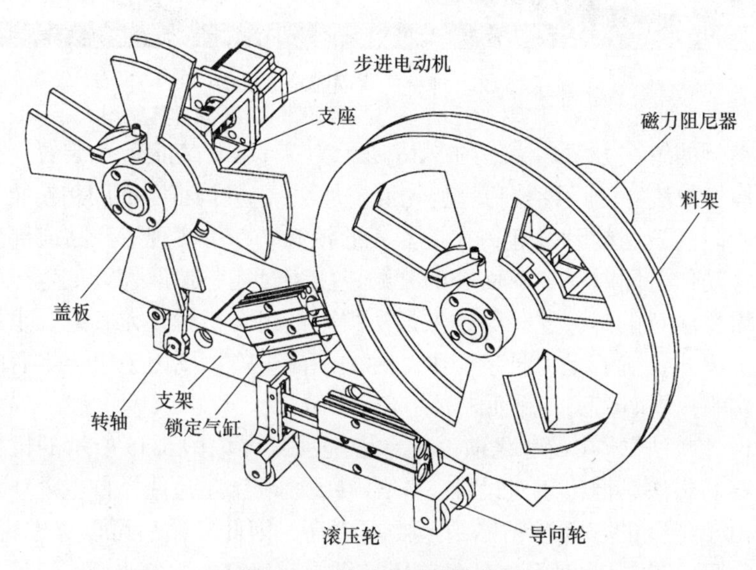

图 5-37 粘贴双面胶的装置

设计方法、建议还有很多，限于篇幅就不展开了，以后有机会再分享。毫无疑问，讲究方法、策略的案例学习，将大大减少设计工作的“难度”，何乐而不为？笔者并不是在给广大读者介绍虚无缥缈的方法，而是对自己设计过程的方法进行客观的总结以供读者参考。

但若只是到网上下载一堆机构设备图纸，或者把公司的机构案例往硬盘一保存，那叫收集资料，要“化为己有”就需要自己首先把内功修炼好，不然出招无力，打出去也是“花拳绣腿”。可能你每天都很忙，但做的东西没啥创意或价值，那工作只是提升你的熟练度，这很难构筑职场竞争力，你需要经常思考和检讨，不断有想法，有新东西，敢于挑战和尝试……这样的人才不可或缺。

最后，关于“创新设计”，希望广大读者能认真理解这句话：为创新而创新，普通制造业企业伤不起，其实尝试把事情做得更好（更高效率，更低成本，更优品质……），创新自然就出来了。

阅读笔记（本页用于读者总结学习内容）

工程图纸的规范标注

本节内容主要包括公差配合认知、图纸标注的指导思想、常见构件和特征的标注，以及轴系零件（如轴承、轴承座）的标注。要特别强调的是，图纸标注的标准可能时不时会更新，因此本书相关内容仅供学习参考，建议广大读者在实际标注图纸时，找到并参考最新的国家标准执行。

具体内容请扫描下方二维码观看。

后记

“自动化机构设计工程师速成宝典”系列图书包含入门篇、实战篇、规范篇、高级篇、番外篇，不觉间已相继完成。理论上各个篇章是独立的，但也是互补的，零经验读者可整套阅读，或至少选择性读完入行篇、实战篇、规范篇。

但凡教材都有特定的阅读对象及功用。“速成宝典”系列图书主要面向工科毕业生及从业经验欠缺的行业新人、自动化爱好者，在内容和编排上注重“实战性”“口语化”“速成目标”，因此跟机械设计手册之类兼具深度与广度的“鸿篇巨著”有天壤之别。笔者从职场人士充电学习的实际情况（如荒废理论基础，没时间，做的是应用型设备……）出发，放弃“先学原理知识再做具体设计”的编书逻辑，以实际工作需求为中心，对常用设备的机构设计内容进行“逆向”总结、梳理，并适度引入部分传统机械理论加以阐释，同时也输出了大量设计建议和学习方法，“所见即所得”。

此外特别强调的是，“工程师速成宝典”不是“设备制造宝典”，它的出发点是“授人以渔”，定位和致力于帮助读者本人提升设计素养和能力（内功），而非“授人以鱼”，输出 × × 行业自动化设备的设计讲解或案例展示（招式）。这种“以人为本”“侧重内功修炼”的编写定位、性质，注定它不太适合用于指导具体项目设计工作（需要各种招式），但作为从业人员自身技术成长的辅助读物则相当贴合，读者朋友们如能认真阅读、消化，有助于快速上手本职工作。

诚然，受篇幅和笔者水平局限，书中难免有不当之处，读者可通过封底的联系方式进行反馈，笔者将持续改进。如果将来还有机会或时间，笔者会考虑针对其他群体推出“进阶宝典”“配套宝典”之类，敬请关注。在此，对长期追书的读者朋友们致以诚挚谢意，同时也祝大家工作顺利，技术精进，家庭幸福。

感谢广大读者朋友们！

柯武龙

2022 年 8 月